Mathematik für das Lehramt

Mathematik für das Lehramt

K. Reiss/G. Schmieder[†]: Basiswissen Zahlentheorie

A. Büchter/H.-W. Henn: Elementare Stochastik

J. Engel: AnwendungsorientierteMathematik: Von Daten zur Funktion

K. Reiss/G. Stroth: Endliche Strukturen

O. Deiser: Analysis 1

O. Deiser: Analysis 2

Herausgeber: Prof. Dr. Kristina Reiss, Prof. Dr. Thomas Sonar, Prof. Dr. Hans-Georg Weigand

*Die Mathematik ist die Königin der
Wissenschaften, und die Zahlentheorie ist die
Königin der Mathematik.
Carl Friedrich Gauß*

Kristina Reiss · Gerald Schmieder

Basiswissen Zahlentheorie

Eine Einführung in Zahlen und Zahlbereiche

3., überarbeitete Auflage 2014

Kristina Reiss
Heinz Nixdorf-Stiftungslehrstuhl für
  Didaktik der Mathematik
Technische Universität München
München, Deutschland

Gerald Schmieder
Institut für Mathematik
Universität Oldenburg
Oldenburg, Deutschland

ISBN 978-3-642-39772-1   ISBN 978-3-642-39773-8   (eBook)
DOI 10.1007/978-3-642-39773-8

Die Deutsche Nationalbibliothek verzeichnet diese Publikation in der Deutschen Nationalbibliografie; detaillierte bibliografische Daten sind im Internet über http://dnb.d-nb.de abrufbar.

Mathematics Subject classification (2010): 11Axx, 11-01

Springer Spektrum
© Springer-Verlag Berlin Heidelberg 2005, 2007, 2014

Springer Spektrum ist eine Marke von Springer DE. Springer DE ist Teil der Fachverlagsgruppe Springer Science+Business Media
www.springer-spektrum.de

*Die Mathematik ist die Königin der
Wissenschaften, und die Zahlentheorie ist die
Königin der Mathematik.
Carl Friedrich Gauß*

Vorwort zur dritten Auflage

Haben Sie, liebe Leserin, lieber Leser, zunächst vielen Dank für die freundliche Aufnahme dieses Buches. Ihr Interesse und Ihre Unterstützung haben diese dritte Auflage ermöglicht, die sowohl in gedruckter als auch in elektronischer Form vorliegt. Nach wie vor ist mit dem Buch der Anspruch verbunden, die elementare Zahlentheorie als ein zentrales mathematisches Gebiet verständlich darzustellen und an ihrem Beispiel grundlegend in mathematisches Denken und Arbeiten einzuführen.

Damit das noch besser gelingt, sind in diese Auflage viele kleinere Korrekturen eingeflossen, die das Nachvollziehen der Inhalte erleichtern sollen. Sie gehen vielfach auf Ideen meiner Studentinnen und Studenten oder meiner Mitarbeiterinnen und Mitarbeiter zurück. Ich habe in den Lehrveranstaltungen insbesondere viele direkte und indirekte Rückmeldungen bekommen, die mich immer wieder auf mögliche Verständnisschwierigkeiten aufmerksam gemacht haben. Aber auch Leserinnen und Leser außerhalb meiner Universität haben mich sehr freundlich unterstützt, indem sie zahlreiche Kommentare und Anregungen geschickt haben. Wie schön, dass Sie den Text zum Teil äußerst gründlich gelesen haben, sodass Fachliches und Formales genauso wie die Rechtschreibung in dieser neuen Bearbeitung davon profitiert hat. Ich hoffe, dass ich möglichst viele Fehler korrigieren konnte, die sich auch in die zweite Auflage hineingeschlichen hatten. Verbliebene Fehler sehen Sie mir bitte nach, aber ich würde mich sehr freuen, wenn Sie mich darüber informieren würden.

Ich wünsche Ihnen einen guten Einstieg in einen Bereich der Mathematik, der Ihre Aufmerksamkeit und Ihr Engagement voll und ganz verdient hat. Halten Sie mich auf dem Laufenden, ob das geglückt ist.

München, November 2013 Kristina Reiss

Vorwort zur zweiten Auflage

Es sind nur wenige Änderungen, die sich zwischen der ersten und der zweiten Auflage ergeben haben. So wurden Fehler korrigiert, wobei hoffentlich nicht allzu viele neue hinzu gekommen sind. Darüber hinaus sind an einigen Stellen Ergänzungen und Präzisierungen gemacht worden, die das Lesen und Verstehen erleichtern sollen. Weiter nach vorne gerutscht ist das Kapitel über „Anwendungen der elementaren Zahlentheorie". Der Grund dafür ist allerdings eher psychologischer als inhaltlicher Natur: In einem guten Mathematikbuch erwartet man auf den hinteren Seiten schwerere Kapitel als auf den vorderen Seiten und liest sich vielleicht nicht ganz bis zum Schluss durch, wenn vorher Hürden aufgebaut sind. Dies kann als Hinweis darauf genommen werden, dass Anwendungsaspekte der Zahlentheorie nicht schwer zu verstehen sind. Die Umstellung sollte aber nicht zu dem Schluss verleiten, dass nun die zahlentheoretischen Funktionen der schwierigste Inhalt sind, denn *ein* Kapitel muss schließlich das letzte Kapitel sein. Gerade dieser Inhalt war meinem Freund und Koautor Gerald Schmieder wichtig, der leider im Sommer 2005 viel zu früh verstorben ist und an der neuen Auflage nicht mehr mitwirken konnte.

Allen Leserinnen und Lesern gilt mein herzlicher Dank für ihre Kommentare, ob es sich nun um Hinweise auf Fehler oder um Anmerkungen zur Verständlichkeit des Textes handelte. Ich werde mich auch bei dieser neuen Auflage über konstruktive Rückmeldungen sehr freuen.

München, Januar 2007   Kristina Reiss

Vorwort zur ersten Auflage

Liebe Leserin, lieber Leser,

herzlich willkommen zu diesem Einstieg in die Zahlentheorie. Wir vermuten, dass Sie das Mathematikstudium vor nicht allzu langer Zeit begonnen haben und denken, dass Sie Mathematik für ein Lehramt studieren. Dieses Buch wendet sich nämlich in erster Linie an Studienanfängerinnen und Studienanfänger des Lehramtstudiengangs Mathematik und ist fast unabhängig vom angestrebten Lehramt. Sicherlich werden angehende Realschul- und Gymnasiallehrer am leichtesten profitieren können, doch auch Studierende für die anderen Schultypen wollen wir keinesfalls ausschließen. Sicherlich kann die Lektüre auch für Studierende in einem Fachstudium Mathematik von Nutzen sein.

Ein Grund ist, dass viele Inhalte in dieser Einführung deutlich ausführlicher dargestellt sind, als dies in universitären Lehrbüchern üblich ist. Es geschieht in der Absicht, die oftmals recht tiefe Kluft überbrücken zu helfen, die sich zu Beginn des Studiums auftut. Es scheint manchem, der mit dem Studium beginnt, als hätte man in der Schule im Vergleich zu einer Lehrveranstaltung an der Universität eine ganz andere Art von Mathematik gelernt. Darüber hinaus wird in Lehrveranstaltungen in der Regel davon ausgegangen, dass alle Studierenden in etwa die gleichen Inhalte aus der Schule mitbringen. Die Erfahrung zeigt, dass diese Annahme auf einem Trugschluss beruht. Es gibt individuelle Unterschiede, es gibt Unterschiede zwischen Schulen, und es gibt Unterschiede zwischen den Lehrplänen verschiedener Bundesländer. Wichtig ist eigentlich nur, dass diese Unterschiede nicht den Studienerfolg beeinträchtigen. Deswegen enthalten die folgenden Seiten auch einige Begriffe, Regeln und Fakten, die eigentlich Schulstoff sind oder sein sollten. Wir sind fest davon überzeugt, dass Wiederholungen weder schädlich noch überflüssig sind, sondern vielmehr helfen, der Mathematik auf den Grund zu gehen und sie besser zu verstehen.

Mit diesem Buch kann man auf verschiedene Weise arbeiten. Man sollte aber vermutlich zunächst die ersten fünf Kapitel lesen, die einen eher einführenden Charakter haben. Doch nicht immer ist der Stoff eines ganzen Kapitels die Voraussetzung, um das nächste Kapitel zu lesen. Es wird jeweils darauf hingewiesen, wenn ein Kapitel oder ein Abschnitt nicht unbedingt zum Verständnis des nachfolgenden Stoffes notwendig ist. Man kann also, zumal beim ersten Lesen, entsprechend auch einmal „springen".

Nun trainiert aber nur die Beschäftigung mit Mathematik die eigene mathematische Denkfähigkeit, sodass wir Sie ausdrücklich ermuntern möchten, sich auch einmal mit neuem Stoff auseinander zu setzen und Vorurteile wie „das verstehe ich sowieso nicht" zu überwinden oder, besser noch, gar nicht erst aufkommen zu lassen. Bedenken Sie immer, dass sich viele kluge (und manchmal auch nicht ganz so kluge) Menschen vor Ihnen erfolgreich mit dem Thema des Buchs beschäftigt haben. Dann wird es sicherlich auch Ihnen gelingen. Freuen Sie sich, wenn Sie nach heftiger Auseinandersetzung mit dem Inhalt das Erfolgserlebnis des Verstehens haben. Damit das noch besser klappt gibt es am Ende eines jeden Kapitels zahlreiche Übungsaufgaben. Wer Lösungstipps dazu möchte, findet sie, wie auch die kompletten Lösungen, am Ende des Buchs.

Wir haben es nicht als Tugend angesehen, Redundanz zu vermeiden. Ein Computer hat gespeichert, was einmal auf die Festplatte geschrieben worden ist, das menschliche Gehirn arbeitet sicher anders. Dinge von verschiedenen Seiten und wiederholt zu betrachten ist notwendig, um neue Inhalte zu lernen. Diese Redundanz betrifft auch die Beweise. Nach Möglichkeit werden die Ideen, die hinter den Beweisen stecken, vor dem eigentlichen Beweis dargestellt. Das soll helfen, den Kerngedanken eines Beweises leichter zu verstehen. Man hat ja doch oft in der Mathematik das Problem, vor lauter technischen Details den eigentlichen Sinn nicht mehr erkennen zu können (ganz davon abgesehen, dass es am Anfang des Studiums nicht leicht ist, die Kernideen von den technischen Details zu unterscheiden). Außerdem werden immer wieder mathematische Sätze mehr als einmal bewiesen. Die Mathematik kennt viele Wege zum Ziel, und verschiedene Argumente für eine Behauptung geben eine Vorstellung davon.

Viele Menschen (und das betrifft auch Studienanfänger und Studienanfängerinnen des Fachs) bringen aus der Schule die Meinung mit, die Mathematik sei eine in sich abgeschlossene Wissenschaft, in der es vielleicht ein paar ungelöste Probleme, aber keinesfalls aktuelle Forschungsfragen gibt. Im Unterricht wird der Blick auf mathematische Probleme ja meist vermieden. Das ist auch verständlich, denn der Mathematikunterricht soll Grundfertigkeiten vermitteln und nicht speziell auf eine Karriere als Mathematiker oder Mathematikerin vorbereiten. Wer jedoch Mathematik studieren und später sein erworbenes Wissen motiviert an andere Menschen weitergeben will, muss einen weiteren Horizont besitzen, als das Abitur ihn vermittelt. In das Studium sollte man daher Neugier und Begeisterung für das Fach mitbringen, aber auch ein Interesse an Problemen und ein gewisses Quantum Fleiß und Ausdauer. Selbstverständlich wird Lernen nicht durchgehend Glücksgefühle auslösen können. Auch wer zum Beispiel Pianist werden möchte, kann sich auch nicht einfach an den Flügel setzen und sofort gefeierte Konzerte geben. Haben Sie also Geduld mit sich und dem Fach, aber behalten Sie die Freude an der Mathematik.

Diesen Prinzipien folgt auch die Auswahl des angebotenen Stoffs. Wir haben uns zunächst daran orientiert, Grundlagenwissen bereitzustellen, das wir als unverzichtbar für angehende Lehrerinnen und Lehrer ansehen. Wir haben aber darüber hinaus Inhalte aufgenommen, die wesentliche Aspekte mathematischen Arbeitens exemplarisch aufzeigen können. Mathematik treiben bedeutet ganz besonders zu vermuten und zu explorieren,

Zusammenhänge zu erkennen und herauszuarbeiten, den Spezialfall zu betrachten und zu verallgemeinern, das Allgemeine im Speziellen zu sehen, zu argumentieren und zu beweisen.

Das erste Kapitel behandelt einige grundlegende Mengenschreibweisen und Inhalte der elementaren Aussagenlogik. Damit wird eine gemeinsame Sprache zur Verfügung gestellt. Ohne eine solche Sprache ist es zwecklos, sich über Mathematik verständigen zu wollen. Im zweiten Kapitel geht es am Anfang um das Rechnen mit natürlichen Zahlen. Obwohl man meint, mit diesen Dingen seit der Grundschule vertraut zu sein, lohnt es sich, genauer darauf einzugehen. Es folgt eine Betrachtung der natürlichen Zahlen als unendliche Menge und eigenartiger Konsequenzen, die sich aus der Unendlichkeit ergeben. Vielen wird diese Zahlenmenge danach nicht mehr so selbstverständlich und unproblematisch vorkommen. Schließlich wird eine Möglichkeit vorgestellt, wie man sich die Menge der natürlichen Zahlen durch geeignete Axiome verschaffen kann, was das vorher eher erschütterte Vertrauen wieder aufzubauen geeignet ist.

Ist eine konkrete Zahl gegeben, so notiert man sie meistens im Dezimalsystem, als Summe von Zehnerpotenzen, multipliziert mit der jeweils zugehörigen Ziffer, die im Dezimalsystem eine der Zahlen $0,1,\ldots,9$ ist. Das ist zwar alte Gewohnheit, aber keineswegs die einzig mögliche Methode. Das ist der Gegenstand des dritten Kapitels. Kapitel 4 ist den Grundzügen der so genannten elementaren Zahlentheorie gewidmet. Es geht dabei um Teilbarkeit, Primzahlen und um den Hauptsatz der elementaren Zahlentheorie über die Primfaktorzerlegung natürlicher Zahlen. Das fünfte Kapitel vertieft diese Thematik, gibt aber auch erste Einblicke in genauso alte wie aktuelle Probleme der Zahlentheorie.

Das sechste Kapitel stellt das vertraute Rechnen mit ganzen Zahlen auf eine solide Basis. Es bereitet damit auf die folgenden beiden Kapitel vor, in denen das Rechnen mit Kongruenzen betrachtet wird. Kongruenzen sind ein Kernbereich zahlentheoretischer Betrachtungen, und so geht es gerade im achten Kapitel durchaus um Inhalte, die ein wenig Eindenken erfordern.

Das neunte Kapitel fällt schließlich etwas aus dem Rahmen. Hier wird die Teilbarkeit in den so genannten Integritätsringen behandelt. Es geht prototypisch um einen Einblick in die Art und Weise mathematischen Arbeitens, also um das bereits angeführte Vermuten, Explorieren und Verallgemeinern. In den Kapiteln 10 bis 12 wird der Bereich der ganzen Zahlen nochmals erweitert. Gegenstand des zehnten Kapitels ist es, die rationalen Zahlen aus den ganzen Zahlen zu konstruieren, was durch die Nichtlösbarkeit von Gleichungen wie $2x = 1$ innerhalb der ganzen Zahlen motiviert wird. Hinter der Einführung der reellen Zahlen steckt dagegen ein ganz anderer Wunsch, den die rationalen Zahlen nicht erfüllen. Für die meisten Leserinnen und Leser dürften die Betrachtungen in Kapitel 11 Neuland sein, obgleich die reellen Zahlen aus der Schule durchaus vertraut sind. Im Gegensatz dazu werden die komplexen Zahlen kein Schulstoff gewesen sein, und schon der Name erzeugt oft Ehrfurcht und Respekt, weil man leicht „komplex" gedanklich mit „kompliziert" gleichsetzt. Dabei lassen sich die komplexen Zahlen aus den reellen viel einfacher erhalten als die reellen aus den rationalen, wovon man sich in Kapitel 12 überzeugen kann, und sie haben noch dazu eine leicht vorstellbare

Veranschaulichung in Form der Punkte der Ebene. In Bezug auf das Lösen von Gleichungen eröffnen sie geradezu ein Paradies.

Kapitel 13 soll einen ersten Einblick in die Welt der zahlentheoretischen Funktionen
geben, ohne dass dieses Gebiet vertieft dargestellt wird. Es wäre auch ohne sehr solide
Kenntnisse der Analysis nicht möglich. Wer sich fragt, ob es in der Mathematik eigentlich noch offene Probleme gibt, findet hier reichlich Antworten. Das letzte Kapitel stellt
Anwendungen vor, die vor allem auf dem Restklassenkalkül beruhen. Die aus dem
Supermarkt bekannten Scannercodes und moderne Verschlüsselungsmethoden wie das
so genannte RSA-Verfahren gehören dazu.

Es gibt viele Personen, die uns dabei geholfen haben, aus einem Vorlesungsskript ein
Buch zu machen, und denen wir dafür ganz herzlich danken möchten. An erster Stelle
sind hier Dr. Christian Groß (Augsburg) und Dipl. Math. Barbara Langfeld (München)
zu nennen. Beide haben nicht nur klaglos Korrektur gelesen, sondern das Manuskript
durch viele konstruktive Vorschläge bereichert. Christian Groß hat uns darüber hinaus
bei der Erfassung in TeX und bei der Erstellung von Abbildungen immer wieder mit Rat
und Tat zur Seite gestanden. Doris Brückner (Augsburg) hat einen Teil der Erfassung
in TeX übernommen und in vielen Arbeitsgängen Korrekturen am Manuskript einge-
arbeitet. Ebenfalls Korrektur gelesen hat Dr. Matthias Reiss (Augsburg), von dem auch
zahlreiche Vorschläge eingegangen sind, die den Text lesbarer gestaltet haben. Unser
Dank gilt darüber hinaus Marianne Moormann (Augsburg), Dr. Renate Motzer (Augsburg) und Dipl. Soz. Franziska Rudolph (Augsburg) für ihre Anmerkungen. Schließlich
geht ein ganz besonderer Dank an den Springer-Verlag. Die kompetente, herzliche und
unterstützende Betreuung hat uns ermutigt, dieses Buch zu schreiben, und sie hat uns
gerade in der letzten Phase sehr geholfen, dieses Buch auch tatsächlich fertig zu stellen.
Ganz besonders danken möchten wir aber (last not least) unseren Studentinnen und Studenten, die durch kritische Fragen immer wieder gezeigt haben, an welchen Stellen des
Manuskripts Erklärungsbedarf bestand (und uns sicherlich auch weiter zeigen werden,
wo er noch immer besteht).

Wir hoffen, dass Sie, liebe Leserin, lieber Leser, genauso kritisch konstruktiv an den
Text herangehen. Wir hoffen außerdem, dass Sie Freude an einem Gebiet der Mathematik gewinnen, das sicher nicht zu Unrecht mit dem Titel einer *Königin* dieser Wissenschaft bedacht worden ist.

Augsburg und Oldenburg, Juni 2004   Kristina Reiss
                                                                 Gerald Schmieder

Inhaltsverzeichnis

Grundlagen und Voraussetzungen

Inhaltsverzeichnis

In diesem Kapitel geht es darum, eine gemeinsame Kommunikationsbasis für den folgenden Text zu schaffen. Wer schon ein wenig mit mathematischen Bezeichnungen und Arbeitsmethoden vertraut ist, kann das Kapitel vermutlich ohne Probleme überspringen. Vielleicht lohnt sich aber doch ein kurzer Blick in die Inhalte, um vorhandenes Wissen aufzufrischen oder zu systematisieren. Geklärt werden Basiskonzepte wie der Mengenbegriff, aber auch die wichtigsten Verknüpfungen von Mengen sowie die entsprechenden Notationen. Darüber hinaus werden Grundlagen des mathematischen Beweisens und logischen Schließens behandelt, die man implizit oft korrekt verwendet, sich aber durchaus auch einmal explizit klar machen sollte. Dabei geht es wirklich nur um einen groben Überblick und eine kurze Einführung. Praktische Beispiele sollen den Zugang erleichtern, auch wenn das Sprechen über Mathematik wohl eher Regeln folgt, denen man im Alltag in dieser Strenge kaum begegnet.

K. Reiss und G. Schmieder, *Basiswissen Zahlentheorie*, Mathematik für das Lehramt, DOI: 10.1007/978-3-642-39773-8_1, © Springer-Verlag Berlin Heidelberg 2014

Kommunikation über Mathematik

> *Die erste Regel, an die man sich in der Mathematik halten muss,*
> *ist, exakt zu sein. Die zweite Regel ist, klar und deutlich zu sein*
> *und nach Möglichkeit einfach.*
>
> Lazare N. M. Carnot

Wenn man sich mit Mathematik beschäftigen möchte, kann man ein Buch, ein Skript oder eine Internetseite zur Hand nehmen, sich einen guten Lehrer suchen oder mit anderen Lernenden über Mathematik reden. In jedem Fall kommuniziert man (direkt oder indirekt) mit anderen Personen, sei es mit dem Autor des Buches, sei es mit einem Lehrer, sei es mit einer Kommilitonin. Es ist also notwendig, sich auf gemeinsame Grundlagen zu einigen, etwa auf Redeweisen und Schreibweisen. Nur so kann man sicher sein, dass alle Beteiligten auch tatsächlich über die gleichen Dinge reden. Im Prinzip gilt das natürlich für alle wissenschaftlichen Disziplinen, aber ganz besonders gilt es für die Mathematik. Glücklicherweise ist hier der Wille zu einheitlichen Darstellungen im Vergleich zu anderen Fächern auch besonders groß. Viele der grundlegenden Begriffe, Benennungen und Verfahren sind sogar in einem internationalen Kontext geläufig und werden insgesamt recht einheitlich verwendet.

Dieses erste Kapitel soll eine gemeinsame Basis für die Beschäftigung mit der Zahlentheorie schaffen. Dabei werden die wesentlichen Grundlagen für den Umgang mit Mengen sowie elementare logische Begriffe dargestellt. Verschiedene Konventionen für die (schriftliche) Kommunikation in der Mathematik kommen hinzu. Schreibweisen sind dabei immer als Vereinbarungen aufzufassen, die im Rahmen dieses Buches (und meist auch darüber hinaus) Gültigkeit haben. Manche wird man bereits aus der Schule kennen, manche sind vielleicht noch gänzlich unbekannt, manchen ist man vermutlich in anderer Form schon einmal begegnet. Gerade in Bezug auf den letzten Fall sei angemerkt, dass auch in der Mathematik nicht *alles* ein für alle Mal und in genau einer Art und Weise festgelegt sein muss. Wichtig ist nur, dass man sich über die verwendeten Vereinbarungen, Bedingungen, Einschränkungen, also kurz über die jeweiligen Spezifika in einem Kontext einig ist. Die hier zusammengestellten Grundlagen sind entsprechend nicht mehr und nicht weniger als ein Gerüst, auf dem die Kommunikation über Mathematik basieren wird. Um miteinander zu sprechen, muss die verwendete Sprache beiden Gesprächspartnern bekannt sein.

1.1   Mengen

1.1.1   Mengen und ihre Elemente

Der Begriff der *Menge* ist ein mathematischer Grundbegriff, auf dem vieles aufbaut, der aber als Grundbegriff innerhalb der so genannten „naiven" Mengenlehre (deshalb heißt sie so) nicht streng definiert wird. Dennoch muss man sich darüber klar werden, was mit einer Menge gemeint ist. Die folgende Beschreibung des Begriffs geht auf Georg Cantor (1845–1918), einen der Begründer der Mengenlehre, zurück. „*Unter einer Menge verstehen wir jede*

Zusammenfassung M von bestimmten, wohl unterschiedenen Objekten unserer Anschauung und unseres Denkens (welche die Elemente von M genannt werden) zu einem Ganzen." Mengen bestehen also aus (voneinander verschiedenen) *Elementen.* Es gibt außerdem eine Menge, die kein Element enthält und als *leere Menge* bezeichnet wird. Eine Menge wird in der Regel mit einem großen lateinischen Buchstaben bezeichnet. Für die leere Menge sind die speziellen Notationen {} oder ∅ üblich. Man schreibt $x \in M$, um zu verdeutlichen, dass ein bestimmtes Element x zu einer Menge M gehört. Schreibt man $x \notin M$, so heißt dies hingegen, dass x kein Element der Menge M ist. Wenn also $M = \{1, 2, 3\}$ ist, dann gilt $1 \in M$, $2 \in M$ und $3 \in M$, aber beispielsweise $7 \notin M$. Als Sprechweisen sind „2 ist ein Element der Menge M" bzw. „7 ist kein Element der Menge M" oder kürzer „2 ist aus M" bzw. „7 ist nicht aus M" üblich. Die Elemente einer Menge müssen selbstverständlich nicht unbedingt Zahlen sein. Mengen können genauso aus Buchstaben oder aber auch aus (wohl unterschiedlichen und das heißt unterschiedlichen) anderen Dingen wie Legosteinen (rote, grüne, blaue) oder Äpfeln (Cox Orange, Granny Smith) oder Personen (Anna, Bert, Carola, Doris, Elisabeth) bestehen. Auch {∅} ist eine Menge. Sie enthält als einziges Element die leere Menge und ist damit insbesondere *nicht* leer.

Eine Menge gibt man häufig durch die (im Beispiel oben bereits verwendete) Aufzählung ihrer Elemente an und schreibt $M = \{a, b, c\}$, das heißt, man setzt die Elemente der Menge in geschweifte Klammern. Außer über diese *aufzählende Mengenschreibweise* kann man Mengen auch durch *Eigenschaften ihrer Elemente* beschreiben. So bezeichnet $M = \{x \in \mathbb{N} \mid x \le 6\}$ die Menge aller natürlichen Zahlen zwischen 1 und 6. Vor dem Strich „|" steht eine allgemeine Bezeichnung der Elemente, nach dem Strich „|" steht die Eigenschaft, durch die sie zusammengefasst sind. Dabei bedeutet $x \in \mathbb{N}$, dass die Elemente x aus der Menge $\mathbb{N} = \{1, 2, 3, 4, \ldots\}$ der natürlichen Zahlen sind.

Eine solche spezielle Bezeichnung gibt es nicht nur für die Menge $\mathbb{N}$ der natürlichen Zahlen. Man schreibt $\mathbb{Z}$ für die Menge der ganzen Zahlen, $\mathbb{Q}$ für die Menge der rationalen Zahlen und $\mathbb{R}$ für die Menge der reellen Zahlen. Im Moment sollen diese Zahlenmengen und das Rechnen mit ihnen als bekannt aus dem Schulunterricht vorausgesetzt werden. In den folgenden Kapiteln werden diese Zahlen dann fundierter behandelt.

Noch ein weiterer Begriff ist in diesem Zusammenhang manchmal nützlich, nämlich der Begriff des kartesischen Produkts von Mengen. Wenn zwei nicht leere Mengen A und B gegeben sind und $a \in A$ und $b \in B$ ist, so heißt (a, b) ein geordnetes Paar. Die Menge aller dieser Paare wird mit $A \times B$ bezeichnet und *kartesisches Produkt* der beiden Mengen genannt. Das kartesische Produkt ist wiederum eine Menge. Man kann schreiben $A \times B = \{(a, b) \mid a \in A, \; b \in B\}$. Es ist zu beachten, dass $(a, b) \neq (b, a)$ ist, es sei denn, es ist $a = b$.

Beispiel 1.1.1

(i) Sei $A = \{1, 2\}$ und $B = \{2, 3, 4\}$. Dann ist das kartesische Produkt der beiden Mengen $A \times B = \{(1, 2), (1, 3), (1, 4), (2, 2), (2, 3), (2, 4)\}$. Offensichtlich hat diese Menge $2 \cdot 3 = 6$ Elemente und besteht aus allen möglichen *geordneten* Paaren von

Elementen aus A und B, das heißt, das erste Element ist jeweils aus A und das zweite Element ist aus B.

(ii) Das kartesische Produkt mutet zwar wie eine sehr formale Begriffsbildung an, es gibt aber durchaus Beispiele dafür, die nicht aus der Mathematik kommen. Sei etwa $M_1 = \{A, B, C, D, E, F, G, H\}$ und $M_2 = \{1, 2, 3, 4, 5, 6, 7, 8\}$. Dann werden durch das kartesische Produkt $M_1 \times M_2$ die 64 Felder eines Schachbretts beschrieben.

Ganz ähnlich kodiert man mit den zehn Buchstaben $A, B, C, D, E, F, G, H, I, K$ und den Zahlen von 1 bis 10 die Felder beim in der Schule so beliebten „Schiffeversenken".

(iii) Ein wichtiges (und wohlbekanntes) Beispiel für ein kartesisches Produkt ist schließlich die Menge $\mathbb{R} \times \mathbb{R} = \{(x, y) \mid x, y \in \mathbb{R}\}$, die man als Menge aller Punkte der Ebene in einem kartesischen Koordinatensystem auffassen kann.

Ein kartesisches Produkt kann man natürlich auch für mehr als zwei Mengen definieren. Seien $A_1, A_2, \ldots, A_n$ nicht leere Mengen, dann ist ihr kartesisches Produkt durch $A_1 \times A_2 \times \ldots \times A_n = \{(a_1, a_2, \ldots, a_n) \mid a_i \in A_i \text{ mit } i = 1, 2, \ldots, n\}$ definiert. Man bezeichnet die Elemente $(a_1, a_2, \ldots, a_n)$ als n-Tupel von Elementen aus den A_i, wobei es wieder entscheidend ist, welches Element auf welchem Platz steht. Für $n = 3$ und $A_i = \mathbb{R}$ gibt es auch hier ein Beispiel, das schon aus dem Schulunterricht bekannt ist. Es ist $\mathbb{R}^3 := \mathbb{R} \times \mathbb{R} \times \mathbb{R} = \{(x, y, z) \mid x, y, z \in \mathbb{R}\}$ der dreidimensionale euklidische Raum, der so genannte Anschauungsraum.

1.1.2   Mengen und ihre Mächtigkeit

Mengen können endlich viele Elemente haben wie beispielsweise die Menge $M = \{1, 2, 3, 4, 5, 6\}$ der ersten sechs natürlichen Zahlen. Mengen können auch unendlich viele Elemente haben wie etwa die Menge $\mathbb{N}$ aller natürlichen Zahlen. Die Anzahl der Elemente einer Menge M wird als ihre *Mächtigkeit* bezeichnet, und man schreibt dafür $|M|$. Die Menge $M_1 = \{3, 4, 5, 6, 7, 8\}$ hat die Mächtigkeit $|M_1| = 6$, und die Menge $M_2 = \{a, b, c\}$ hat die Mächtigkeit $|M_2| = 3$. Die Mächtigkeit der leeren Menge ist 0, denn sie hat keine Elemente. Es ist offensichtlich, dass die Mächtigkeit einer endlichen Menge eine natürliche Zahl bzw. 0 (und das ist nach einer üblichen Vereinbarung *keine* natürliche Zahl) im Fall der leeren Menge ist. Wenn zwei endliche Mengen die gleiche Anzahl von Elementen haben, dann nennt man sie gleichmächtig. So sind die Mengen $\{1, 2, 3, 4\}$, $\{a, b, c, d\}$ und $\{rot, gelb, grün, blau\}$ gleichmächtig, denn alle haben jeweils 4 Elemente.

Schwieriger wird es mit dem Begriff der Mächtigkeit (und erst recht mit dem Begriff der Gleichmächtigkeit) bei unendlichen Mengen. Wie viele natürliche Zahlen gibt es? Wie viele rationale Zahlen gibt es? Spontan würde man vermutlich in beiden Fällen mit „unendlich" antworten. Bereits in Kapitel 2 wird sich zeigen, dass Spontaneität hier weniger angebracht ist. Der Umgang mit unendlichen Mengen ist nicht ganz ohne Probleme und erfordert eine Vielzahl recht formaler Überlegungen. Trotzdem darf man $|M| = \infty$ für die Mächtigkeit einer unendlichen Menge M schreiben. Dabei bezeichnet „∞" nichts anderes als ein Symbol für „unendlich" im Sinne von „nicht endlich". Man darf allerdings nicht mit einem solchen Symbol rechnen und noch nicht einmal davon ausgehen, dass zwei unendliche Mengen so etwas wie eine gleiche Anzahl von Elementen haben. Vom mathematischen Standpunkt aus gibt es beispielsweise genauso viele natürliche wie rationale Zahlen (!), aber viel mehr reelle als rationale Zahlen (das wird erst später ausführlich behandelt).

Georg Cantor und die Idee der unendlichen Mengen

Georg Cantor (1845–1918), Professor an der Universität Halle, hat sich als einer der ersten Mathematiker intensiv mit dem Problem der Unendlichkeit von Mengen auseinander gesetzt. Die Grundlage seiner Überlegungen waren eineindeutige oder bijektive Zuordnungen (die Details werden in Definition 6.3.2 geklärt) zwischen den Elementen von Mengen.

Eine solche eineindeutige Zuordnung ist bei endlichen Mengen einfach. Soll etwa eine Schulklasse mit 27 Kindern mit Mathematikbüchern versorgt werden, so braucht man 27 Bücher, 26 sind zu wenig (ein Kind bekommt kein Buch) und 28 sind zu viel (ein Buch bleibt übrig). Was man sich ohnehin intuitiv denken würde und was die Mathematik als Problemlösung vorschlägt stimmen perfekt überein. Komplizierter wird es leider bei nicht endlichen Mengen, bei denen man sich auf die Intuition nicht mehr verlassen darf. Was sollte es auch heißen, dass unendlich viele Kinder mit unendlich vielen Büchern versorgt werden? Können dabei überhaupt Bücher übrig oder Kinder unversorgt mit Literatur bleiben? An dieser Stelle setzen die Überlegungen von Cantor ein. Konkret verglich er die Mächtigkeit der Menge der rationalen Zahlen mit der Mächtigkeit der Menge der algebraischen Zahlen. Die algebraischen Zahlen sind (genauso wie die rationalen Zahlen) eine Teilmenge der reellen Zahlen: Eine reelle Zahl heißt algebraisch, falls sie Lösung einer Gleichung $a_n x^n + a_{n-1} x^{n-1} + \cdots + a_1 x + a_0 = 0$ (mit $a_i \in \mathbb{Q}$ und $n \in \mathbb{N}_0$) ist. So ist beispielsweise die Zahl $\sqrt{2}$ eine algebraische Zahl, denn sie ist Lösung der Gleichung $x^2 - 2 = 0$. Aber auch alle rationalen Zahlen sind algebraisch, denn die Bruchzahl $\frac{a}{b}$ mit $a, b \in \mathbb{Z}$ und $b \neq 0$ ist Lösung der Gleichung $b \cdot x - a = 0$. Cantor konnte nun zeigen, dass es eine solche eineindeutige Zuordnung (und was das genau ist, soll erst in Kapitel 6 geklärt werden) zwischen der Menge $\mathbb{Q}$ der rationalen Zahlen und der Menge der algebraischen Zahlen gibt.

An dieser Stelle scheint zunächst einmal nichts mehr in Ordnung zu sein. Es soll also genauso viele rationale Zahlen wie algebraische Zahlen geben? Aber einerseits sind alle rationalen Zahlen algebraisch und andererseits gibt es algebraische Zahlen, die nicht rational sind wie zum Beispiel $\sqrt{2}$, $\sqrt{7}$ oder $\sqrt[3]{99}$. Von einem naiven Verständnis her müsste es dann eigentlich „mehr" algebraische als rationale Zahlen geben. In Kapitel 11 wird ein Weg beschrieben, wie man das Problem auf mathematisch ehrliche Weise in den Griff bekommt und die Gleichmächtigkeit der beiden Mengen zeigt. Dabei wird eine Methode verwendet, die auf Georg Cantor zurückgeht, das *Cantor'sche Diagonalverfahren*. Einen ersten Ansatz zur Erklärung wird es aber schon in Kapitel 2 auf Seite 29 geben („Hilberts Hotel").

Es soll nicht unerwähnt bleiben, dass die Arbeiten von Cantor wegen des ungewohnten methodischen Ansatzes von manchen Fachkollegen zunächst heftig kritisiert wurden. Auch die Mathematik schwebt nicht über den Wolken, sondern entsteht wie jede andere Wissenschaft im Diskurs zwischen Menschen. Viele der heute fast selbstverständlichen Erkenntnisse waren historisch gesehen oft das Ende eines langen und mühsamen Wegs, der nicht immer frei vom Einfluss menschlicher Schwächen verlief. Fachliche Irrtümer gab es dabei genauso wie Neid, Anfeindungen oder Streit zwischen Kollegen.

1.1.3   Gleichheit von Mengen und Teilmengen

Wenn zwei Mengen A und B gegeben sind, dann liegt es nahe, sie in Bezug auf ihre Elemente miteinander zu vergleichen. Im einfachsten Fall haben die beiden Mengen alle Elemente gemeinsam. Das gilt etwa für die Mengen $A = \{x \in \mathbb{N} \mid x \leq 6\}$ und $B = \{1, 2, 3, 4, 5, 6\}$. Aber auch $A = \{1, 2, 3\}$ und $B = \{2, 3, 1\}$ sind gleich, denn auf die Reihenfolge kommt es in der Aufzählung der Elemente nicht an. Man schreibt $A = B$ und sagt, dass die Mengen *gleich* sind. Entsprechend bedeutet $A \neq B$ (wohl selbstverständlich), dass A und B verschieden sind, sich also mindestens in einem Element unterscheiden. Allgemein sind zwei Mengen A und B gleich, wenn mit $x \in A$ auch $x \in B$ gilt und aus $x \in B$ stets $x \in A$ folgt.

Intuitiv würde man sich unter der Gleichheit von Mengen vermutlich vorstellen, dass beide Mengen dieselben Elemente enthalten. Nichts anderes sagt die Definition: Immer wenn ein Element in der einen Menge ist, dann findet man es auch in der anderen Menge und umgekehrt. Wenn man es gerne formal aufschreiben möchte, kann man diesen Zusammenhang in der Form

$$A = B \iff (x \in A \iff x \in B)$$

darstellen. Das Zeichen „$\iff$" (und weiter unten „$\implies$") wird auf Seite 11 erklärt. Es sollte Leserinnen und Leser, die es noch nicht kennen, an dieser Stelle nicht verwirren. Oftmals ist es gerade nicht die formale Schreibweise, die zum mathematischen Verständnis beiträgt. Und im Moment geht es vor allem darum, Verständnis aufzubauen.

Falls für jedes $x \in A$ auch $x \in B$ gilt, über die Umkehrung dieses Schlusses aber nichts ausgesagt ist, so heißt A eine *Teilmenge* von B. Man schreibt $A \subset B$ und definiert

$$A \subset B \iff (x \in A \implies x \in B).$$

Auch hier entspricht die Definition dem, was man sich intuitiv vorstellen würde: Jedes Element von A ist gleichzeitig ein Element von B, aber B kann gegebenenfalls weitere Elemente haben. Beispielsweise gilt für die Mengen $A = \{1, 2, 3\}$ und $B = \{1, 2, 3, 4, 5, 6\}$ die Beziehung $A \subset B$. Für jede Menge A gilt $A \subset A$ und $\emptyset \subset A$. Damit ist jede Menge eine Teilmenge von sich selbst und die leere Menge eine Teilmenge jeder beliebigen Menge.

Die leere Menge

Die leere Menge ist schon auf den ersten Blick nicht ganz ohne merkwürdige Besonderheiten. Das Problem liegt darin, dass man sie mit „Nichts" verbindet, was wenig Ziel führend ist. Dabei gibt es durchaus gute Beispiele für die leere Menge, von denen sich ein sehr treffendes Beispiel in vielen Schulbüchern für das erste Schuljahr findet. Hier wird mit der Schüttelbox gearbeitet, einem kleinen Kästchen mit zwei Fächern und zumeist 10 Kugeln, die sich durch Schütteln zufällig in die beiden Fächer verteilen lassen.

Dabei kann es vorkommen, dass in einem Fach alle Kugeln und im anderen Fach keine Kugeln sind. Schon hat man die leere Menge einwandfrei dargestellt und es ist offensichtlich, dass sie keine Elemente und damit die Mächtigkeit 0 hat.

Seltsam erscheint es manchmal auch, wie mit der leeren Menge im mathematischen Kontext umgegangen wird. So wird man vielleicht nicht sofort als sinnvoll anerkennen, dass die leere Menge in jeder anderen Menge enthalten sein soll. Zum Verständnis kann es hier durchaus beitragen, wenn man sich auf einen ganz formalen Standpunkt begibt. Die Aussage $\emptyset \subset A$ bedeutet ja, dass mit $x \in \emptyset$ auch $x \in A$ gilt. Das ist nun aber selbstverständlich, weil es nichts nachzuprüfen gibt. Schließlich existiert kein $x \in \emptyset$, und man kann keine Aussagen über etwas nicht Vorhandenes machen. Man kann es auch so einsehen: Um die Behauptung $\emptyset \subset A$ zu widerlegen, müsste ein Element der leeren Menge aufgezeigt werden, das nicht in A liegt. Nun hat aber die leere Menge keine Elemente, also gibt es dafür gar keinen möglichen Kandidaten.

Üblich sind die Schreibweisen $A \subseteq B$, falls man betonen möchte, dass A und B auch gleich sein können (was in der Definition von $A \subset B$ vernünftigerweise nicht ausgeschlossen wird), und $A \subsetneq B$, falls A und B keinesfalls gleich sein können oder dürfen. Die Bedeutung der Pfeile in den Definitionen wird (wie bereits angekündigt) im nächsten Abschnitt genauer geklärt.

1.1.4   Verknüpfungen von Mengen

Für die Mengen A und B definiert man ihren *Durchschnitt von Mengen* $A \cap B$ als Menge der Elemente, die A und B gemeinsam haben, die also sowohl in A als auch in B liegen. Es ist entsprechend durch

$$A \cap B = \{x \mid x \in A \; und \; x \in B\}$$

dieser Durchschnitt (gesprochen „A geschnitten B") definiert. Seien beispielsweise $A = \{1, 2, 3, 4\}$ und $B = \{3, 4, 5\}$ gegeben, dann ist $A \cap B = \{3, 4\}$. Falls $A \cap B = \emptyset$ für die Mengen A und B gilt, nennt man A und B *disjunkt*. So sind die Mengen $B = \{3, 4, 5\}$ und $C = \{1, 2\}$ disjunkt, das heißt, sie haben keine gemeinsamen Elemente und $B \cap C = \emptyset$.

Der Durchschnitt von Mengen hat ganz praktische, alltägliche Bezüge. Wenn etwa der Zeuge eines Raubüberfalls einen blauen Lancia mit Hamburger Kennzeichen gesehen haben will, dann wird die entsprechende Datenbank nach Fahrzeugen mit den Merkmalen „blau", „Lancia" und „Kennzeichen HH" durchsucht. Es wird somit der Durchschnitt von drei Teilmengen der Menge aller Personenkraftwagen gebildet, nämlich der Menge aller blauen Personenkraftwagen, aller Lancias und aller Personenkraftwagen mit Hamburger Kennzeichen.

Die *Vereinigung* $A \cup B$ ist die Menge aller Elemente, die wenigstens in einer der beiden Mengen, also entweder in A oder in B (oder in beiden Mengen gleichzeitig) liegen. Betrachtet man noch einmal $A = \{1, 2, 3, 4\}$ und $B = \{3, 4, 5\}$, dann ist $A \cup B = \{1, 2, 3, 4, 5\}$. Die Definition der Vereinigung ist durch

$$A \cup B = \{x \mid x \in A \ oder \ x \in B\}$$

gegeben (gesprochen „A vereinigt B"). Dabei ist zu beachten, dass *oder* hier nicht im ausschließenden Sinn gebraucht wird (also nicht im Sinne eines „entweder – oder", wie man es umgangssprachlich meistens verwendet).

Auch die Vereinigung von Mengen kann man sich leicht mit Hilfe eines Alltagsbeispiels veranschaulichen. Ist sich der oben genannte Zeuge nicht sicher, ob das Fahrzeug nun blau oder schwarz gewesen ist, dann kommt man zur Vereinigung von Mengen, nämlich der aller blauen Lancias mit Hamburger Kennzeichen und der aller schwarzen Lancias mit Hamburger Kennzeichen.

Für *und* bzw. *oder* findet man in der mathematischen Literatur häufig formale Kürzel. Das mathematische *und* wird dabei symbolisch in der Form $\wedge$, das mathematische *oder* in der Form $\vee$ geschrieben. Entsprechend wird die Definition des Durchschnitts dann als $A \cap B = \{x \mid x \in A \wedge x \in B\}$ und die Definition der Vereinigung als $A \cup B = \{x \mid x \in A \vee x \in B\}$ angegeben. Inhaltlich macht das selbstverständlich keinen Unterschied.

Die Wörter *und* bzw. *oder* sind (wie bereits angemerkt) in den Definitionen im mathematischen und nicht im umgangssprachlichen Sinne benutzt worden. Die Verbindung zweier Aussagen durch *und* bedeutet, dass die gesamte Aussage nur dann wahr ist, wenn beide Teilaussagen wahr sind. Im konkreten Beispiel der Definition des Durchschnitts müssen also beide Bedingungen für das Element x erfüllt sein. Werden zwei Aussagen durch *oder* verbunden, dann ist die gesamte Aussage wahr, wenn mindestens eine der beiden Aussagen wahr ist. Bei der Definition der Vereinigung muss entsprechend mindestens eine der beiden angegebenen Bedingungen für das Element x erfüllt sein.

Noch einmal: Das mathematische *oder* unterscheidet sich von der Benutzung des Worts *oder* in der Umgangssprache. Wenn im Flugzeug die Frage nach „chicken or beef" gestellt wird, dann ist damit „*entweder* Hühnchen *oder* Rindfleisch" gemeint, aber sicher nicht an das Servieren von beiden Gerichten zur gleichen Zeit gedacht.

Als eine weitere Mengenverknüpfung soll an dieser Stelle die *Differenzmenge* $A \backslash B$ definiert werden. In der Differenzmenge $A \backslash B$ zweier Mengen A und B sind alle diejenigen Elemente zusammengefasst, die in A, aber nicht in B liegen. Entsprechend kann man

$$A \backslash B = \{x \mid x \in A \text{ und } x \notin B\}$$

definieren (gesprochen „A ohne B"). Sind also beispielsweise die Mengen $A = \{1, 2, 3, 4\}$ und $B = \{3, 4, 5\}$ gegeben, so ist $A \backslash B = \{1, 2\}$. Man kann an diesem Beispiel auch erkennen, dass in der Regel $A \backslash B \neq B \backslash A$ gilt, die Verknüpfung also nicht kommutativ ist. Im gegebenen Beispiel ist nämlich $B \backslash A = \{5\} \neq \{1, 2\} = A \backslash B$.

Auch die Bildung der Differenzmenge zweier Mengen ist eine aus dem Alltag bekannte Sache. Hat der Zeuge des Raubüberfalls einen Lancia mit Hamburger Kennzeichen erkannt, der auf keinen Fall rot ist, dann wird die Differenzmenge aus allen Lancias mit Hamburger Kennzeichen und allen roten Fahrzeugen gebildet.

Als Sprechweisen nimmt man „A geschnitten B" für den Durchschnitt, „A vereinigt B" für die Vereinigung und (wie ebenfalls bereits erwähnt) „A ohne B" für die Differenzmenge der Mengen A und B.

Für die Darstellung von Mengenverknüpfungen verwendet man häufig das Venn-Diagramm, dessen Name an den Logiker John Venn (1834–1923) erinnert. Ein Venn-Diagramm für zwei Mengen A und B zeigt die folgende Abbildung.

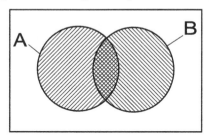

Durch den Kasten (der zwar nicht zwingend ein Kasten sein muss, aber häufig dafür benutzt wird) stellt man die so genannte *Grundmenge* (also zum Beispiel die Zahlen, Buchstaben oder Automarken) dar, von der A und B Teilmengen sind. Ganz offensichtlich ist, was in dieser Abbildung der Durchschnitt und was die Vereinigung der beiden Mengen A und B sein soll. Auch $A \backslash B$ wird man unschwer identifizieren können. Venn-Diagramme eignen sich sehr gut für schematische Darstellungen. Sie sind auch praktisch, wenn man Aussagen über Mengen zu prüfen hat. So kann man etwa zeichnerisch klären, dass Gleichungen wie $A \cup B = A \cup (B \backslash A)$ oder $(A \cup B) \cap C = (A \cap C) \cup (B \cap C)$ gelten. Man vergleiche dazu auch Übungsaufgabe 4 im Anschluss an dieses Kapitel.

1.2   Grundbegriffe des logischen Schließens

Beweisen aus der Sicht von Lukas, 8. Klasse eines Gymnasiums

Im vorangegangenen Abschnitt wurde der Begriff der *Aussage* benutzt. Auch dies ist ein Begriff, der in der Mathematik eine wichtige Rolle spielt. Der Begriff ist wiederum ein *Grundbegriff*, über dessen Bedeutung man sich im Klaren (und einig) sein sollte, der aber nicht in einem formalen Sinn definiert wird. Würde man den Begriff nämlich definieren, so bräuchte man andere Begriffe und Grundbegriffe, mit deren Hilfe man ihn beschreiben könnte. Irgendwo muss aber ein Anfang sein, das heißt, es muss Begriffe geben, von denen man ausgehen kann und muss, ohne sie zu hinterfragen. Der Begriff der *Aussage* ist ein solcher nicht weiter zu hinterfragender Grundbegriff.

Grundlegend an Aussagen ist, dass sie entweder wahr oder falsch sein können. „Rom liegt am Tiber" ist eine (wahre) Aussage und „Paris ist die Hauptstadt der Schweiz" ist eine (allerdings falsche) Aussage. Genauso ist „3 ist eine ganze Zahl" eine (wahre) Aussage und „$\sqrt{2}$ ist eine rationale Zahl" eine (falsche) Aussage. Weitere mathematische Aussagen sind „$3 \leq 5$" und „$3 \cdot 5 = 17$", wobei der Wahrheitsgehalt wohl leicht festzustellen ist. Auch der Satz „Jede gerade Zahl, die größer als 2 ist, kann als Summe von zwei Primzahlen dargestellt werden" (die so genannte *Goldbach'sche Vermutung*) ist eine Aussage, von der allerdings nicht bekannt ist, ob sie wahr oder falsch ist. Darauf soll an späterer Stelle noch einmal eingegangen werden. Jeder mathematische Satz (zum Beispiel der *Satz des Pythagoras* oder der *Höhensatz für rechtwinklige Dreiecke*) ist eine mathematische Aussage, von der man weiß, dass sie wahr ist (denn sonst würde man sie nicht als einen Satz, sondern höchstens als eine Vermutung bezeichnen).

Es ist sicher unmittelbar einsichtig, dass man sich zumeist nicht nur für die einzelnen Aussagen interessiert, sondern dafür, in welcher Art und Weise mathematische Aussagen zusammenhängen und welche Aussagen sich aus anderen mathematischen Aussagen ableiten lassen. Das ist im Alltag nicht anders. Wenn man weiß, dass der Täter eines Raubüberfalls in einem blauen Lancia geflüchtet ist, und man außerdem weiß, dass Frau P. einen blauen Lancia fährt und zu Raubüberfällen neigt, so ist Frau P. tatverdächtig. Hätte man sie allerdings zur Tatzeit in der Mensa gesehen, so würde man schließen, dass Frau P. wohl nicht als Täterin in Frage kommt. Kurz und gut, man bildet aus Fakten eine Schlusskette, die gegebenenfalls durch neue Fakten korrigiert wird. Sie sollte aber in sich konsistent sein und (nicht nur im Fall der Mathematik) möglichst auf korrekten Grundannahmen und bewiesenen Fakten beruhen.

1.2.1 Implikationen und die Äquivalenz von Aussagen

Man betrachte als Beispiel die folgende Aussage: Wenn a und b gerade natürliche Zahlen sind, dann ist ihr Produkt $a \cdot b$ durch 4 teilbar. Die Aussage besteht aus einer Bedingung oder Voraussetzung oder Prämisse („a und b sind gerade natürliche Zahlen") und einer Behauptung oder Folgerung („$a \cdot b$ ist durch 4 teilbar"). Formal und kurz gefasst würde man $a, b \in \mathbb{N}$ voraussetzen und diese Aussage als

$$2|a \wedge 2|b \implies 4|a \cdot b$$

schreiben. Das Zeichen „$\implies$" steht für „daraus folgt", man kann auch „impliziert" sagen. Die gesamte Aussage heißt eine *Implikation*, bei der aus einer Voraussetzung (Bedingung, Prämisse) eine Schlussfolgerung gezogen wird. Im Fall der gerade aufgeschriebenen Aussage ist diese Implikation korrekt (warum das so ist, wird in Übungsaufgabe 8 im Anschluss an dieses Kapitel geklärt).

Es gibt Implikationen, bei denen auch die Umkehrung eine wahre Aussage ist. Dies ist etwa im folgenden Beispiel erfüllt: „Sind x, y reelle Zahlen und gilt $x \cdot y = 0$, so ist $x = 0$ oder $y = 0$." Man überlegt sich leicht, dass hier die Implikation und ihre Umkehrung gelten. Sind nämlich x und y reelle Zahlen, von denen mindestens eine gleich 0 ist, dann ist auch das Produkt der beiden Zahlen gleich 0. Man kann entsprechend

$$x \cdot y = 0 \iff x = 0 \text{ oder } y = 0$$

für $x, y \in \mathbb{R}$ schreiben. Das Zeichen „$\iff$" steht für „genau dann, wenn", das heißt, die beiden Aussagen, die der Doppelpfeil miteinander verbindet, sind *äquivalent*, und es kann jeweils eine aus der anderen gefolgert werden. Ein weiteres Beispiel zeigt die Übungsaufgabe 10 im Anschluss an dieses Kapitel.

1.2.2 Mathematische Logik und Alltagslogik

Implikationen bereiten manchmal Schwierigkeiten, weil man versucht, Regeln der Alltagslogik auch in mathematischen Zusammenhängen zu verwenden. So ist es im Alltag gar nicht so selten, dass in einer Argumentation die Voraussetzung und die Folgerung umgedreht werden. Man weiß etwa, dass die Straße nass ist, wenn es zuvor geregnet hat. Genauso weiß man umgekehrt, dass es nicht unbedingt geregnet haben muss, wenn die Straße nass ist. Es könnte auch die Straßenreinigung unterwegs gewesen sein. Wenn man allerdings morgens aus dem Fenster schaut und eine nasse Straße sieht, dann schließt man (vielleicht ganz richtig) auf Regen als Ursache. In die reale Schlussfolgerung werden nämlich intuitiv Aspekte wie ein düsterer Himmel oder nasse Blätter an den Bäumen einbezogen. Darüber hinaus sind viele Schlussfolgerungen des Alltags mit einer gewissen Fehlerquote behaftet, die dort bisweilen nicht weiter stört. Was macht es schon, wenn man den Regenschirm mitnimmt, obwohl es nicht regnen wird.

Auch für die Mathematik braucht man zwar ein gutes Quantum Intuition, sie darf aber nicht statt eines Beweises benutzt werden. Außerdem haben fehlerhafte Schlussfolgerungen in der Regel unerwünschte Konsequenzen (was selbstverständlich auch im Alltag zutreffen kann, man denke nur an Fehlurteile vor Gericht). Es ist also wesentlich, die Voraussetzungen einer mathematischen Aussage ganz genau zu bestimmen. Nur auf dieser Basis darf dann (logisch konsistent) argumentiert werden.

1.2.3 Einige (wenige) Regeln des mathematischen Beweisens und logischen Schließens

Mathematisches Argumentieren und Beweisen ist keine Hexerei, sondern es beruht auf klaren Regeln. Solche Schlussregeln sind ein Bereich, mit dem sich die mathematische Logik beschäftigt. Nun ist es zum Verständnis des Buchs nicht notwendig, einen tiefen Einblick in dieses Gebiet zu bekommen. Es ist aber nützlich, sich zumindest einige grundlegende Regeln zu vergegenwärtigen. Sie sollen im Folgenden formuliert werden. Dabei werden die vorgestellten Regeln nicht im Rahmen einer Theorie der Logik abgeleitet, sondern lediglich angegeben. Für eine exakte und breitere Darstellung sei auf spezielle Literatur wie etwa das Buch von Bauer und Wirsing [3] verwiesen.

Ausgangspunkt aller folgenden Betrachtungen sind mathematische Aussagen, die für den Rest des Kapitels mit P und Q bezeichnet werden. Mit $\neg P$ ist die *Negation* von P gemeint, und das ist die Aussage, die genau dann wahr ist, wenn P falsch ist. Steht P etwa für die Aussage „$\sqrt{2}$ ist eine rationale Zahl", dann steht $\neg P$ für die Aussage „$\sqrt{2}$ ist keine rationale Zahl". Logisch steckt dahinter das Prinip von ausgeschlossenen Dritten („tertium non datur") nach dem entweder eine Aussage oder ihre Negation wahr ist, nicht aber beide wahr sein können.

Viele mathematische Beweise beruhen auf dem Prinzip der Deduktion. Man geht von einer oder mehreren Voraussetzungen aus und folgert direkt daraus weitere Aussagen. Die Voraussetzungen „Ludwig II. ist ein Mensch" und „alle Menschen sind sterblich" lassen die Folgerung „Ludwig II. ist sterblich" zu. In gleicher Weise lässt sich aus den Voraussetzungen „alle geraden Zahlen sind durch 2 teilbar" und „4 ist eine gerade Zahl" folgern, dass 4 durch 2 teilbar ist. Man geht also von wahren Aussagen aus und schließt daraus auf eine weitere Aussage, die dann auch wahr ist. Ein solcher Schluss ist korrekt, das sagt einem sicherlich nicht nur die mathematische Logik, sondern auch der eigene gesunde Menschenverstand. Was passiert nun, wenn man von einer falschen Aussage ausgeht? Nun, dann ist Vorsicht geboten, denn aus einer solchen falschen Aussage kann man mit zulässigen Operationen sowohl richtige als auch falsche Aussagen ableiten. So folgt aus der Voraussetzung „$0 = 1$" durch Multiplikation der Gleichung mit 0 die wahre Aussage „$0 = 0$" und durch Addition von 1 auf beiden Seiten der Gleichung die falsche Aussage „$1 = 2$". In beiden Fällen ist die Implikation korrekt, doch ist das natürlich eine ziemlich nutzlose Information. Über den Wahrheitsgehalt der hergeleiteten Aussage lässt sich nichts sagen, weil die Startaussage falsch ist.

Wem das zu abgehoben ist, der darf sich ruhig auf ein Alltagsbeispiel beziehen. Wie jeder weiß, sind Wale Säugetiere, sodass die Aussage „Wale sind Fische" falsch ist. Die Aussagen „Fische leben im Wasser" und „Fische haben Kiemen" sind hingegen richtig. Nun kann man aus der falschen Aussage sowohl „Wale haben Kiemen" (was falsch ist) als auch „Wale leben im Wasser" (was richtig ist) folgern.

1.2.4 Implikationen und Beweisverfahren

> *In der Mathematik gibt es keine Autoritäten. Das einzige Argument für die Wahrheit ist der Beweis.*
>
> Kazimierz Urbanik

Zum Verständnis dieses Abschnitts soll ein Beispiel beitragen, in dem eine Implikation aus dem Alltag im Vordergrund steht. Konkret geht es um eine Aussage aus der Werbung, die gut geeignet ist, Besonderheiten des logischen Schließens herauszuarbeiten.

Beispiel 1.2.1

Für die Zahnpasta *Zahngold* wird mit der Aussage geworben, dass sie zuverlässig die Zähne gesund erhält. Formal kann man das so schreiben:

$$MENSCH \text{ benutzt } Zahngold \implies MENSCH \text{ hat gesunde Zähne}$$

Offensichtlich kann dann ein Mensch, der keine gesunden Zähne hat, die Zahnpasta *Zahngold* nicht benutzt haben, das heißt auch die Implikation

$$MENSCH \text{ hat keine gesunden Zähne} \implies$$

$$MENSCH \text{ benutzt } Zahngold \text{ nicht}$$

ist gültig und mit dem Versprechen des Herstellers offensichtlich zu vereinbaren. Es gibt also, wenn man den Werbespruch als volle Wahrheit akzeptiert, nur zwei Möglichkeiten: Entweder hat man (aus welchem Grund auch immer) gesunde Zähne oder aber man gehört zu den Menschen, die auf *Zahngold* verzichten. Formal heißt das dann

$$MENSCH \text{ benutzt kein } Zahngold \lor MENSCH \text{ hat gesunde Zähne.}$$

Man könnte den Zusammenhang auch noch einmal anders ausdrücken, wenn man sich überlegt, dass die Benutzung von Zahngold und schlechte Zähne sich ausschließen. Dies lässt sich als

NIE (MENSCH benutzt Zahngold ∧ MENSCH hat kranke Zähne)

einigermaßen formal beschreiben. Insbesondere darf man aus dem Werbespruch nicht schließen, dass ein Mensch mit gesunden Zähnen die Zahnpasta *Zahngold* benutzt. Vielleicht sind ja gute Gene oder eine andere wundervolle Zahnpasta dafür verantwortlich. Wenn man also nur weiß, dass eine Person gute Zähne hat, dann kann man daraus leider (zumindest aus der Sicht des Herstellers von Zahngold) nicht unbedingt etwas über die Ursachen folgern.

Mathematisch betrachtet sieht das Ganze so aus: Seien P und Q mathematische Aussagen und sei $P \implies Q$ (was man auch „wenn P, dann Q" sprechen kann) ein korrekter Schluss, dann sind auch die Verknüpfungen $\neg Q \implies \neg P$, $\neg P \vee Q$ und $\neg (P \wedge \neg Q)$ wahr. Darüber hinaus gilt sogar, dass die vier Aussagen $P \implies Q$, $\neg Q \implies \neg P$, $\neg P \vee Q$ und $\neg (P \wedge \neg Q)$ äquivalent sind. Daraus ergeben sich verschiedene Möglichkeiten, aus einer Aussage P eine Aussage Q zu folgern. Eine dieser Möglichkeiten ist, von $\neg Q$ auf $\neg P$ zu schließen, eine andere ist es, die Äquivalenz der Implikation zu $\neg (P \wedge \neg Q)$ zu nutzen. Im ersten Fall bekommt man den *Beweis durch Kontraposition*, im anderen Fall den *Beweis durch Widerspruch*. Diese Verfahren werden nun erklärt.

▶ **Beweis durch Kontraposition** Seien P und Q mathematische Aussagen und sei $P \implies Q$ ein korrekter Schluss, dann ist auch $\neg Q \implies \neg P$ ein korrekter Schluss und umgekehrt. Die Aussagen $P \implies Q$ und $\neg Q \implies \neg P$ sind äquivalent. Möchte man den Schluss $P \implies Q$ durch Kontraposition beweisen, so geht man von der Folgerung Q aus. Ihre Negation $\neg Q$ wird angenommen, daraus wird $\neg P$, also die Negation der Voraussetzung abgeleitet. Ist dieser Schluss gelungen, so hat man damit (auch) die ursprüngliche Behauptung bewiesen. Ist etwa zu zeigen, dass x^2 eine ungerade natürliche Zahl ist, wenn $x \in \mathbb{N}$ ungerade ist, so kann man das per Kontraposition machen. Man würde annehmen, dass die Quadratzahl $x^2 \in \mathbb{N}$ gerade (also durch 2 teilbar) ist und daraus ableiten, dass dann auch x eine gerade natürliche Zahl sein muss (man vergleiche Übungsaufgabe 9).

Der Beweis durch Kontraposition hat durchaus ein Äquivalent in der Verwendung von Logik in Alltagssituationen. Nimmt man an, dass auch Herr H. in den beschriebenen Raubüberfall verwickelt ist, so kann man seine direkte Beteiligung leicht ausschließen, wenn man weiß, dass er nicht am Tatort war. Wenn Herr H. etwa eine Opernaufführung in München besucht hat, dann kann er *nicht* zur gleichen Zeit einen Raubüberfall in Hamburg durchgeführt haben. Hätte also Herr H. den Raubüberfall in Hamburg begangen, so wäre er nicht in München gewesen. Das ist genau der Umkehrschluss, mit dem man zur Entlastung von Herrn H. argumentieren würde. Formal kann man es so betrachten: Die Implikation „Herr H. ist der Täter $\implies$ Herr H. war zum Tatzeitpunkt in Hamburg" ist gleichbedeutend mit der Implikation „Herr H. war zum Tatzeitpunkt nicht in Hamburg $\implies$ Herr H. ist nicht der Täter".

▶ **Beweis durch Widerspruch** Auf der Äquivalenz von $P \implies Q$ und $\neg (P \wedge \neg Q)$ basiert der Beweis durch Widerspruch. Man nimmt an, dass P und gleichzeitig $\neg Q$ gilt und leitet daraus einen Widerspruch und folglich die Negation der Aussage in der Klammer ab. Gelingt dies, dann ist wiederum die ursprüngliche Behauptung bewiesen. Die aus der Schule bekannte Behauptung, dass eine Zahl x mit der Eigenschaft $x^2 = 2$ nicht rational sein kann, wird in der Regel mit einem Widerspruchsbeweis gezeigt. Man nimmt an, dass x eine rationale Zahl ist, also als (voll gekürzter) Bruch in der Form $\frac{p}{q}$ mit $p, q \in \mathbb{Z}$ geschrieben werden kann. Außerdem soll die Gleichung $x^2 = 2$ erfüllt sein. Setzt man nun den Bruch ein, so bekommt man $(\frac{p}{q})^2 = 2$. Daraus ergibt sich ein Widerspruch (nach ein paar Überlegungen sieht man, dass sowohl p als auch q durch 2 teilbar sein müssten), und die Behauptung ist bewiesen. Übrigens wird in einem späteren Kapitel (und zwar auf Seite 268f.) der Beweis noch einmal in aller Ausführlichkeit beschrieben. Eine Alltagssituation, die dem Beweis durch Widerspruch entspricht, ist leicht gefunden. Nimmt man wiederum an, dass Herr H. der Täter bei einem Raubüberfall in Hamburg war, er aber nicht am Tatort, sondern bei einer Opernaufführung in München war, so ergibt sich ein Widerspruch, durch den Herrn H. entlastet wird. Vergleicht man dieses Beispiel mit der beim Beweis durch Kontraposition geschilderten Situation, so wird sofort klar, dass sich die Situationen nicht grundlegend unterscheiden. Der Unterschied ist einzig und allein, aus welcher Perspektive auf diese Situation geblickt wird.

Der Beweis durch Kontraposition und der Widerspruchsbeweis sind so genannte *indirekte Beweise*, bei denen Negationen von wahren Aussagen (die dann also falsch sind) verwendet werden. Betrachtet man hingegen eine Schlusskette von Aussagen, die alle wahr sind, so spricht man von einem *direkten Beweis*.

▶ **Direkter Beweis** Direkte Beweise sind logisch unkompliziert, da hier einzig und allein wahre Aussagen zu einer gültigen Schlusskette zusammengesetzt werden. Das folgende Beispiel, bei dem auch noch eine Fallunterscheidung berücksichtigt wird, soll diesen Weg verdeutlichen. Die Behauptung ist, dass für beliebige Mengen A und B die Beziehung $(A \setminus B) \cup (B \setminus A) \subset (A \cup B)$ gilt. Dabei bietet sich ein direkter Beweis an. Sei also $x \in (A \setminus B) \cup (B \setminus A)$. Dann gilt $x \in A \setminus B$ oder $x \in B \setminus A$. Ist $x \in A \setminus B$, dann ist insbesondere $x \in A$ und somit $x \in A \cup B$. Ist $x \in B \setminus A$, dann ist $x \in B$ und somit auch $x \in A \cup B$. Damit ist die Behauptung gezeigt. Schließlich soll an dieser Stelle nicht unerwähnt bleiben, dass als weiteres Beweisverfahren der *Beweis durch vollständige Induktion* eine wichtige Rolle in der Mathematik spielt. Diese Beweismethode wird aber erst im Kapitel 2 besprochen.

1.2.5 Quantoren

In mathematischen Definitionen und Sätzen kommen immer wieder die Redewendungen „es gibt mindestens ein x …" bzw. „für alle x gilt …" vor. Man nennt sie *Quantoren* und spricht im ersten Fall vom *Existenzquantor* und im zweiten Fall vom *Allquantor*.

Beispiel 1.2.2

Hinter den folgenden (ausnahmsweise stets wahren) Aussagen verbirgt sich der Existenzquantor.

- Es gibt eine gerade natürliche Zahl n, die sich als Summe von zwei Primzahlen schreiben lässt.
- Mindestens eine Primzahl ist eine gerade Zahl.
- Es existiert eine nicht rationale Zahl, deren Quadrat 2 ist.

Hinter den folgenden (ebenfalls ausschließlich wahren) Aussagen verbirgt sich hingegen der Allquantor.

Beispiel 1.2.3

- Alle Primzahlen, die größer als 2 sind, sind ungerade Zahlen.
- Zu jedem $n \in \mathbb{N}$ kann man eindeutig n^2 bestimmen.
- Jede rationale Zahl lässt sich als Summe von Stammbrüchen schreiben (und wenn man wissen möchte, warum das so ist, sollte man in diesem Buch bis zur Aufgabe 8 auf Seite 295 im Anschluss an Kapitel 11 vorankommen).

Man kürzt den Existenzquantor durch das Zeichen $\exists$ (das die Autoren dieses Buchs prinzipiell bevorzugen, aber noch lieber lassen sie es bei der sprachlichen Formulierung) bzw. durch das Zeichen $\bigvee$ ab. Ein Beispiel für eine (wahre) *Existenzaussage* ist (man vergleich oben): „Es gibt eine gerade natürliche Zahl, die sich als Summe von zwei Primzahlen darstellen lässt". Diese Aussage ist bereits wahr, wenn man ein einziges Beispiel findet, das den Bedingungen genügt, also etwa $8 = 5 + 3$ angibt.

Häufig fragt man in der Mathematik aber auch, ob es weitere Beispiele gibt bzw. ob man alle Fälle bestimmen kann, für die eine bestimmte Aussage gilt. Im Beispiel würde sich die Frage stellen, ob *alle* geraden Zahlen als Summe von zwei Primzahlen darstellbar sind. Auf diese Frage soll später noch einmal eingegangen werden. Hier geht es nur um das Prinzip der so genannten *Allaussage*, die mit Hilfe des Allquantors formuliert werden kann. Für den Allquantor schreibt man $\forall$ (das ist die von den Autoren eher bevorzugte Schreibweise), man kann aber auch das Zeichen $\bigwedge$ verwenden. Ein Beispiel für eine (wahre) Allaussage ist: „Alle natürlichen Zahlen, die größer als 1 sind, lassen sich als ein Produkt von Primzahlen schreiben." Man hätte auch die folgende Formulierung wählen können: „Jede natürliche

Zahl, die größer als 1 ist, lässt sich als ein Produkt von Primzahlen schreiben." Insbesondere gibt es also auch für den Allquantor verschiedene sprachliche Formulierungen.

Existenzaussagen haben zum Inhalt, dass es *mindestens* ein Element der beschriebenen Art gibt, es können aber auch mehr sein. Wenn man betonen möchte, dass es *genau* ein solches Element gibt, dann schreibt man das in normalen Worten oder aber wählt das Zeichen ∃! für diesen Sachverhalt. Allaussagen beziehen sich hingegen, wie der Name es nahe legt, auf *alle* Elemente mit einer bestimmten Eigenschaft.

Vielleicht ist das Wesentliche an den Quantoren, sich bei einer bestimmten Aussage darüber klar zu werden, wie sie einzuordnen ist. Gilt eine Behauptung zum Beispiel für alle Elemente mit einer bestimmten Eigenschaft? Reicht es, wenn ein einzelnes Element identifiziert wird, das eine bestimmte Eigenschaft hat? Die Quantoren bieten vielleicht ein wenig Hilfe beim Sortieren von Voraussetzungen und Zielen an.

1.3 Übungsaufgaben

Eine mathematische Aufgabe kann manchmal genauso unterhaltsam sein wie ein Kreuzworträtsel, und angespannte geistige Arbeit kann eine ebenso wünschenswerte Übung sein wie ein schnelles Tennisspiel.

George Pólya

Bei den folgenden Übungsaufgaben werden nicht nur Begriffe benutzt, die im ersten Kapitel eingeführt wurden. Das ist sicherlich ungewöhnlich für ein Mathematikbuch, gerade nach diesem eher einführenden Kapitel aber recht nützlich. Man sollte sich also nicht scheuen, auch elementares Schulwissen bei der Lösung der Aufgaben zu berücksichtigen.

1. Sei A eine Menge und $a \in A$. Was ist
   a) $A \cap \{a\}$,s
   b) $A \cup \{a\}$,
   c) $\{a\} \cup \{\}$,
   d) $A \cup A$,
   e) $A \cap A$,
   f) $A \backslash A$,
   g) $A \backslash \{\}$,
   h) $\{\} \backslash A$?
2. Bestimmen Sie alle Teilmengen der Menge $A = \{1, 2, 3, 4\}$. Welche Teilmengen hat die Menge $B = \{1, 2, 3, 4, 5\}$?
3. Sei M eine Menge und $\mathcal{P}(M)$ die Menge aller ihrer Teilmengen. Man nennt $\mathcal{P}(M)$ die *Potenzmenge* von M. Wie viele Elemente hat die Potenzmenge einer Menge der Mäch-

tigkeit 4 bzw. 5 bzw. 6? Haben Sie eine Vermutung, wie viele Elemente die Potenzmenge einer Menge der Mächtigkeit n für eine beliebige natürliche Zahl n hat?

4. Prüfen Sie mit Hilfe eines Venn-Diagramms die Gültigkeit der beiden folgenden Gleichungen
   a) $A \cup B = A \cup (B \backslash A)$
   b) $(A \cup B) \cap C = (A \cap C) \cup (B \cap C)$
   für beliebige Mengen A, B und C.

5. Zeigen Sie, dass für beliebige Mengen A und B die folgenden Aussagen wahr sind:
   a) $A \subset B \Longleftrightarrow A \cap B = A$,
   b) $A \subset B \Longleftrightarrow A \cup B = B$.

6. Vergleichen Sie $(A \cap B) \cup C$ mit den beiden folgenden Mengen und prüfen Sie jeweils, ob die Teilmengenbeziehung gilt.
   a) $(A \cup C) \cap (B \cup C)$,
   b) $A \cap (B \cup C)$.

7. Seien A und B Mengen.
   a) Zeigen Sie, dass $(A \backslash B) \cup (B \backslash A) \subseteq A \cup B$ gilt.
   b) Unter welcher Bedingung gilt die Gleichheit $(A \backslash B) \cup (B \backslash A) = A \cup B$? Nutzen Sie für die Antwort ein Venn-Diagramm.

8. Zeigen Sie, dass für $a, b \in \mathbb{N}$ die Implikation $2|a \wedge 2|b \implies 4|a \cdot b$ gilt. Prüfen Sie auch die Umkehrung.

9. Sei x eine natürliche Zahl. Zeigen Sie, dass x^2 ungerade ist, wenn x ungerade ist.

10. Zeigen Sie, dass für $a, b \in \mathbb{N}$ aus $a \neq b$ die Ungleichung $\frac{a}{b} + \frac{b}{a} > 2$ folgt. Prüfen Sie, ob auch die Umkehrung gilt.

11. Zeigen Sie, dass sich jede ungerade natürliche Zahl k mit $k > 1$ als Differenz von zwei Quadratzahlen schreiben lässt. Überlegen Sie sich, dass es mehrere Lösungen geben kann und wie diese Lösungen aussehen.

12. Geben Sie verschiedene sprachliche Formulierungen für den Existenzquantor und den Allquantor an.

Natürliche Zahlen

2

Inhaltsverzeichnis

In diesem Kapitel stehen die natürlichen Zahlen im Mittelpunkt. Sie werden vor allem im Hinblick auf das Rechnen betrachtet. Dabei geht es nicht zuletzt darum, sich über eigentlich selbstverständlich scheinende Dinge Gedanken zu machen und sie nicht nur als gegeben hinzunehmen. Es werden dann aber auch Aussagen über natürliche Zahlen bewiesen. Beim ersten Lesen sollte man bis einschließlich Abschn. 2.3, also bis zum Abschnitt über das

K. Reiss und G. Schmieder, *Basiswissen Zahlentheorie*, Mathematik für das Lehramt, DOI: 10.1007/978-3-642-39773-8_2, © Springer-Verlag Berlin Heidelberg 2014

Beweisverfahren der vollständigen Induktion kommen. Der folgende Abschnitt zum binomischen Lehrsatz ist davon eine Anwendung. Der Satz selbst wird allerdings erst in Kapitel 8
benutzt, sodass man mit dem Lesen noch etwas Zeit hat. Der Rest des Kapitels, in dem es
darum geht, wie sich die natürlichen Zahlen auf ein tragfähiges Fundament gründen lassen,
kann eventuell später gelesen werden.

2.1   Rechnen mit natürlichen Zahlen

...an dero Aeltern von uns 3en, 2 Buben und ein Madl,
12345678987654321 Empfehlungen, und an alle gute freunde von
mir allein 624, von meinem Vatter 100(0) und von Schwester
150 zusammen 1774 und summa summarum 12345678987656095
Complimente

Wolfgang Amadé Mozart:
„Bäsle"-Brief vom 24. April 1780.

In diesem Abschnitt werden die natürlichen Zahlen 1, 2, 3, ... zunächst einmal als gegeben
angenommen. Später, nämlich im letzten Abschnitt dieses Kapitels, wird dann behandelt,
wie sie sich aus bestimmten Grundannahmen (allerdings nicht aus dem Nichts) herleiten
lassen. Auch wenn einige vertraute Regeln in diesem Abschnitt hinterfragt werden, wird
bei den Leserinnen und Lesern vorausgesetzt, dass ihnen das Rechnen mit natürlichen,
ganzen, rationalen und reellen Zahlen und die Kleinerbeziehung „$\leq$" oder „$<$" sowie die
Größer-Beziehung „$\geq$" oder „$>$" nicht unbekannt sind. Es arbeitet sich manchmal leichter,
wenn man bereits weiß, was man will und wohin man möchte. Die üblichen Schreibweisen
etwa bei Bruchzahlen und Potenzen sowie Vereinbarungen wie „Punktrechnung geht vor
Strichrechnung" zur Einsparung von Klammern werden wie gewohnt benutzt (und auch in
späteren Kapiteln nicht mehr diskutiert).

Anmerkung

Manchmal stellt sich die Frage, ob auch die Null eine natürliche Zahl ist. Die Antwort
ist pragmatischer Natur. Man kann die Null problemlos zur Menge $\mathbb{N}$ hinzu nehmen,
wenn man es so möchte. Man muss die Null sogar als natürliche Zahl ansehen, wenn
man sich nach der Norm DIN 5473 richtet. Allerdings sprechen für die Identifikation der
natürlichen Zahlen mit den Zählzahlen 1, 2, 3, ... sowohl historische als auch praktische
Gründe. Das gilt ganz besonders im Rahmen der Zahlentheorie. Es ist hier schlicht
einfacher, mit der Zahl 1 zu beginnen als die 0 immer wieder als einen Ausnahmefall
(etwa beim Rechnen) auszuschließen.

2.1.1 Addition und Subtraktion

Das Rechnen mit natürlichen Zahlen geht auf das Zählen zurück. Die *Addition* der Zahlen n und m dient der Vorhersage, wie viele Objekte (egal, ob es Menschen, Tiere, Bäume, Häuser oder was auch immer sind) man bekommt, wenn n Objekte mit m anderen Objekten zusammengebracht werden. Aus dieser Vorstellung heraus ist dann auch gleich klar, dass etwa $n + m = m + n$ gilt. Die *Subtraktion* natürlicher Zahlen n, m lässt sich so erklären, dass die Aussage $k = n - m$ gleichbedeutend (und das heißt äquivalent) sein soll mit $n = k + m$. Wenn man den Bereich der natürlichen Zahlen nicht verlassen will, so ist $n - m$ offenbar nicht für jedes Paar n, m definiert, denn zum Beispiel $3 - 5 = -2$ ist keine natürliche Zahl. Hierin liegt gleichzeitig die Motivation zur Erweiterung der natürlichen Zahlen zu den ganzen Zahlen (und diese Erweiterung wird in Kapitel 6 behandelt).

Anordnung

Sind n, m natürliche Zahlen, so heißt m *kleiner* als n, falls eine natürliche Zahl k mit $n = k + m$ existiert. Man schreibt kurz $m < n$ oder auch $n > m$. Vom Aspekt des Zählens aus betrachtet heißt $m < n$ einfach, dass n in der Abzählreihenfolge nach m kommt. Die Aussage „es ist $m < n$ oder $m = n$" wird kurz geschrieben als $m \leq n$ oder auch als $n \geq m$.

2.1.2 Das Prinzip des kleinsten Elements

Auf einem Zettel stehen einige (endlich viele) natürliche Zahlen, zum Beispiel 1012, 74, 237, 158, 23 und 67355. Es ist nicht schwer zu sehen, dass eine davon die kleinste Zahl ist, nämlich im Beispiel die Zahl 23. Ist diese Aussage aber wirklich so selbstverständlich, oder müsste sie eigentlich bewiesen werden (und wenn ja, wie)? Nun, in einem so konkreten Beispiel wie diesem lässt sich die Aussage natürlich leicht nachprüfen. Aber gilt sie wirklich immer und für alle denkbaren Beispiele? Gilt sie (was wiederum plausibel erscheint) auch für eine nicht endliche Auswahl natürlicher Zahlen?

Die zweite Frage wäre für rationale Zahlen zu verneinen. So gibt es unter allen positiven rationalen Zahlen keine kleinste Zahl, denn mit jeder rationalen Zahl $r > 0$ ist auch $\frac{r}{2}$ (oder auch $\frac{r}{3}$ oder $\frac{r}{99}$ oder $\frac{4r}{5}$) eine positive rationale Zahl, die aber kleiner als r ist. Die Null wäre zwar eine geeignete kleinste Zahl, aber sie ist eben nicht positiv. Auch die Gesamtheit der positiven rationalen Zahlen, deren Quadrat größer als 2 ist, hat kein kleinstes Element. Es ist etwa 2 eine Zahl mit dieser Eigenschaft, denn $2^2 = 4 > 2$. Genauso rechnet man $1, 6^2 = 2, 56 > 2$ und $1, 5^2 = 2, 25 > 2$ und $1, 42^2 = 2, 0164 > 2$ und $1, 415^2 = 2, 002225 > 2$. Weil die Quadratwurzel aus 2 aber nicht rational ist, kann man keine kleinste rationale Zahl mit der Eigenschaft finden (sollte diese Tatsache aus der Schule nicht mehr in Erinnerung sein, so kann der klassische Beweis auf Seite 276 nachgelesen werden; er ist übrigens einfacher als die hohe Seitenzahl suggerieren mag).

Was kann nun aber als Begründung dafür angeführt werden, dass bei Auswahl natürlicher Zahlen die Suche nach einem kleinsten Element in jedem Fall erfolgreich sein wird, sich bei rationalen jedoch nicht immer eine solche Zahl findet? Gerade bei Aussagen solcher Art erschwert einem manchmal das Gefühl der Vertrautheit mit diesen Dingen ein wirklich stichhaltiges Argument zu finden, ja sogar, das Problem wahrzunehmen. Manchem geht es da nicht anders als Lukas, dessen Meinung zu solchen Beweisen man auf Seite 10 nachlesen kann.

Im oben gegebenen Beispiel kann man natürlich die Zahlen nacheinander durchgehen und so die kleinste finden. Das funktioniert aber nur, wenn dieses Vergleichsverfahren zu einem Ende kommt (wie hier nach sechs Schritten), was nicht immer der Fall sein muss. Im Folgenden soll daher die Grundidee präzisiert und verallgemeinert werden.

▶ **Definition 2.1.1** Eine Teilmenge M von $\mathbb{N}$ heißt *endlich*, falls eine Zahl $n \in \mathbb{N}$ existiert mit $m \leq n$ für alle Elemente $m \in M$.

Man mag sich fragen, ob es nicht eine weniger komplizierte Formulierung auch tun würde. Kann man nicht einfach sagen, dass eine Teilmenge M natürlicher Zahlen endlich ist, wenn $|M| = n$ für ein $n \in \mathbb{N}$ gilt? Wie so oft, steckt auch hier der Teufel im Detail, und dieses Detail ist die leere Menge mit der Mächtigkeit 0. Die leere Menge ist Teilmenge jeder Menge, sie soll als endlich gewertet werden, aber ihre Mächtigkeit ist eben keine natürliche Zahl.

In jeder nicht leeren Teilmenge der natürlichen Zahlen gilt das *Prinzip des kleinsten Elements*, das im folgenden Text immer wieder eine grundlegende Rolle spielt. Auch der Begriff des kleinsten Elements soll der Vollständigkeit halber präzise definiert werden.

▶ **Definition 2.1.2** Sei M eine Menge natürlicher Zahlen. Dann heißt $m_0 \in M$ ein *kleinstes* Element von M, falls $m_0 \leq m$ für alle $m \in M$ ist.

In der ersten Formulierung soll das Prinzip nun für endliche Teilmengen von $\mathbb{N}$ behandelt werden. Die Erweiterung wird sich dann als ganz einfach herausstellen. Es gibt einmal wieder einen langen Beweis für eine eher selbstverständliche Aussage. Dieser Beweis zeigt dann allerdings auch auf, wie man das kleinste Element bestimmen kann. Diese Methode ist für die Arbeit mit dem Computer (und damit zum Beispiel für den Computereinsatz im Unterricht) geeignet.

▶ **Satz 2.1.1** Jede nicht leere, endliche Teilmenge M von $\mathbb{N}$ besitzt ein kleinstes Element.

▶ **Beweisidee 2.1.1** Um die grundlegende Idee zu verstehen, sollte man sich die Zahlen aufgeschrieben auf einzelnen Zetteln denken. Alle diese Zettel liegen übereinander, daneben steht ein leerer Schuhkarton. Die Zettel haben die Namen $m_1, m_2, \ldots, m_k$, der Schuhkarton bekommt den Namen m_0. Nun nimmt man den ersten Zettel vom Stapel und legt ihn in den Schuhkarton. Dann nimmt man den zweiten Zettel und vergleicht ihn mit dem Zettel im Schuhkarton. Steht auf dem neuen Zettel eine kleinere Zahl, so kommt der neue Zettel in den Karton. Ist die neue Zahl entweder größer oder gleich der alten Zahl, so bleibt der alte Zettel im Karton. Wenn man das Verfahren nacheinander auf alle Zettel des Stapels anwendet, dann hat man zum Schluss den Zettel (oder zumindest einen der Zettel) mit der kleinsten Zahl im Schuhkarton.

▶ **Beweis 2.1.1** Sei n eine beliebige natürliche Zahl. Dann gibt es nur endlich viele natürliche Zahlen, die kleiner oder gleich n sind. (Diese Aussage wird hier als evident behandelt wie auch der in ihr enthaltene Begriff „endlich viele". Im Abschn. 2.6.2 über die Peano-Axiome wird das Problem noch einmal aufgegriffen.) Sei M eine nicht leere, endliche Teilmenge von $\mathbb{N}$. Dann lässt sich M in der Form

$$M = \{m_1, m_2, \ldots, m_k\}$$

schreiben. Nun geht man folgendermaßen vor (und dieses Verfahren ließe sich genau so auf dem Computer programmieren, wenn die Anzahl k der Elemente nicht die Möglichkeiten des Computers übersteigt):

Es sei zunächst $m_0 := m_1$ gesetzt. Dabei ist m_0 einfach ein neuer Name für eine Variable, und dieser Variablen wird der Wert von m_1 zugeordnet. Für $j = 2, \ldots, k$ wird nun der Reihe nach abgefragt, ob $m_j < m_0$ ist oder nicht. Ist die Antwort „ja", so wird $m_0 := m_j$ mit diesem j neu gesetzt (das Zeichen := bedeutet „definitionsgemäß gleich"; was links steht, wird definiert durch die rechte Seite). Man wiederholt die Prozedur bis $j = k$ einschließlich. Das dann erhaltene m_0 ist nach Konstruktion das kleinste Element (das so genannte Minimum) in M. □

Das Zeichen „□" steht übrigens hier und im ganzen folgenden Text immer für das Ende eines Beweises. Es ist als eine kleine Orientierungshilfe gedacht, die wohl gerade zu Beginn nützlich sein kann.

Wie der nächste Satz zeigen wird, kann die in Satz 2.1.1 verwendete Voraussetzung der Endlichkeit von M auch fallen gelassen werden. Es wird bewiesen, dass *jede* nicht leere Teilmenge der natürlichen Zahlen ein kleinstes Element besitzt (und intuitiv ist das ja durchaus klar). Dieses *Prinzip des kleinsten Elements* wird im ganzen Buch immer wieder verwendet.

▶ **Satz 2.1.2** Prinzip des kleinsten Elements
Jede nicht leere Teilmenge N von $\mathbb{N}$ besitzt ein kleinstes Element.

▶ **Beweisidee 2.1.2** Man wählt sich eine beliebige natürliche Zahl in der nicht endlichen Menge N. Dann kann man N so in zwei Mengen N_1 und N_2 zerlegen, dass alle Elemente in N_1 kleiner oder gleich n sind und alle Elemente in N_2 größer als n sind. Nun kann man ausnutzen, dass N_1 als endliche Menge natürlicher Zahlen ein kleinstes Element hat und die Elemente in N_2 nach Wahl dieser Menge ohnehin alle viel zu groß sind.

▶ **Beweis 2.1.2** Sei eine nicht endliche Teilmenge N von $\mathbb{N}$ gegeben. Dann wählt man ein $n \in N$ und betrachtet die Menge $N_1 := \{m \in N | m \leq n\}$, die eine nicht leere, endliche Teilmenge von $\mathbb{N}$ ist. Nach dem obigen Ergebnis besitzt N_1 ein kleinstes Element m_0. Setzt man $N_2 := \{m \in N | m > n\}$, so gilt offensichtlich $N = N_1 \cup N_2$ sowie $m_0 \leq n$. Damit folgt $m_0 < m$ für alle $m \in N_2$, und somit ist m_0 kleinstes Element auch von N.   □

Man beachte, dass kein Computer in der Lage ist, mit unendlich vielen Zahlen umzugehen. Selbst bei endlichen Mengen kann das Auffinden einer kleinsten Zahl mühsam sein, wenn sehr viele Zahlen gegeben sind und nicht zufällig nach ein paar Schritten die 1 darunter gefunden wird (die dann ja nicht mehr zu unterbieten ist). Wenn man es genau nimmt, dann ist auch die Kapazität der leistungsstärksten Rechner erstaunlich begrenzt. Es sind eher pfiffige Ideen in Programmen, die den Umgang mit sehr großen Zahlen möglich machen.

2.1.3 Multiplikation und Teilbarkeit

Die Multiplikation natürlicher Zahlen lässt sich als mehrfach hintereinander ausgeführte Addition denken, und so wird diese Rechenoperation vor langer Zeit wohl einmal als praktische Abkürzung entstanden sein:

$$m \cdot n = \underbrace{n + n + \cdots + n}_{m\text{-mal}}.$$

So selbstverständlich diese Definition erscheint, sie wirft sofort eine gar nicht so leichte Frage auf: Warum ist $13 \cdot 7$ dasselbe wie $7 \cdot 13$? Oder allgemein, warum ist

$$m \cdot n = \underbrace{n + n + \cdots + n}_{m\text{-mal}} = \underbrace{m + m + \cdots + m}_{n\text{-mal}} = n \cdot m?$$

Um die Frage zu beantworten, hilft ein kleiner Trick weiter. Es ist nämlich von Vorteil, sich die natürlichen Zahlen m und n als Rasterpunkte eines zweidimensionalen Gitters vorzustellen.

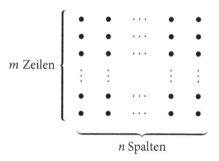

Die Gesamtzahl der Punkte ist nun offenbar unabhängig davon, ob zuerst die Anzahl n der Punkte in den einzelnen Zeilen bestimmt und dann das Ergebnis so oft wiederholt addiert wird, wie es die m Zeilen vorgeben, oder ob umgekehrt zuerst die Anzahl m der Punkte in den einzelnen Spalten bestimmt und dann das Ergebnis so oft wiederholt addiert wird, wie es Spalten gibt, also n-mal. Damit gilt das *Kommutativgesetz*

$$m \cdot n = n \cdot m$$

für alle natürlichen Zahlen m und n. Selbstverständlich kann diese anschauliche Betrachtung nicht den formalen Beweis ersetzen, aber sie kann sicherlich zum Verständnis beitragen. Ein formaler Beweis wird auf Seite 35 geführt.

Die anschauliche Methode soll auch noch verwendet werden, um das *Distributivgesetz*

$$k \cdot (m + n) = k \cdot m + k \cdot n$$

einzusehen. Es gilt für alle natürlichen Zahlen k, m und n.

Kommutativität im Mathematikunterricht der Grundschule

Die Abbildung zeigt, wie das Kommutativgesetz der Multiplikation natürlicher Zahlen in einem Schulbuch für die Grundschule veranschaulicht wird (Mathebaum 2, [10]). Man sieht, dass die oben beschriebene Methode zur Erklärung der Kommutativität durchaus geeignet ist, auch jüngeren Kindern eine Vorstellung davon zu vermitteln (und natürlich ist bei so kleinen konkreten Zahlen alles ganz einfach und das Bild schon der Beweis).

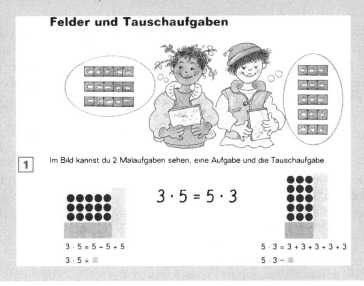

Wie die Subtraktion, so ist auch die Division im Bereich der natürlichen Zahlen nicht in jedem Fall ausführbar, denn $2 : 3 = \frac{2}{3}$ ist zum Beispiel keine natürliche Zahl. Der „Quotient" $n : m$ ist in der Menge der natürlichen Zahlen also nicht immer sinnvoll definiert, weshalb diese Schreibweise hier vorsichtshalber gleich vermieden wird. Ein gewisser Ersatz ist der nun folgende Begriff der Teilbarkeit.

▶ **Definition 2.1.3** Es seien k und n natürliche Zahlen. Dann heißt k ein *Teiler* von n, wenn eine natürliche Zahl m existiert mit $n = k \cdot m$. Gilt $k \neq 1$ und $k \neq n$, so heißt k ein *echter Teiler* von n.

Man interessiert sich im Rahmen der Zahlentheorie oft für diejenigen Zahlen, die ganz wenige Teiler haben, nämlich die so genannten Primzahlen. Die folgende Definition klärt, welche Zahlen das sein sollen.

▶ **Definition 2.1.4** Die natürliche Zahl n heißt *Primzahl*, wenn sie von 1 verschieden ist und keine echten Teiler besitzt.

Primzahlen haben viele spannende Eigenschaften. Sie werden daher in Kapitel 4 und 5 ausführlich betrachtet. Insbesondere wird man sehen, dass Primzahlen als eine Art „Grundbausteine" der natürlichen Zahlen angesehen werden können, denn jede natürliche Zahl, die größer als 1 ist, lässt sich als ein Produkt von eindeutig bestimmten Primzahlen schreiben.

2.1.4 Die Goldbach'sche Vermutung

Schon mit den wenigen hier aufgezeigten Begriffen kann man in recht tiefgründige Probleme der Zahlentheorie einsteigen. Es gibt viele alte und trotzdem immer noch offene Fragen, die eines gemeinsam haben: Sie sind ganz leicht zu formulieren, aber schwer zu entscheiden. Ein berühmtes Beispiel ist die *Goldbach'sche Vermutung*, die im 18. Jahrhundert formuliert wurde. Erstmals findet sie sich 1742 in einem Brief, den Christian Goldbach (1690–1764), ein in St. Petersburg lehrender Mathematiker, an Leonhard Euler (1707–1783) geschrieben hat. Euler war Schweizer und lehrte ebenfalls als Mathematiker an der Akademie in St. Petersburg. Die Abbildung auf Seite 27 zeigt diesen Brief.

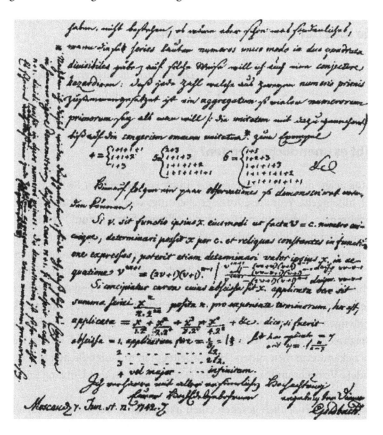

Die Goldbach'sche Vermutung besagt, dass jede gerade Zahl, die größer als 2 ist, auf mindestens eine Weise als Summe zweier Primzahlen geschrieben werden kann. Für die ersten geraden Zahlen, die größer als 2 sind, lässt sich das auch leicht nachprüfen. Es ist $4 = 2 + 2$, $6 = 3 + 3$, $8 = 5 + 3$, $10 = 5 + 5 = 7 + 3$, $12 = 7 + 5$, $14 = 7 + 7 = 11 + 3$ usw. Diese Vermutung hat man inzwischen in dem Umfang geprüft, den derzeitige Computer meistern können. Man ist dabei bisher auf kein Gegenbeispiel gestoßen. Doch die Mathematik ist keine empirische Wissenschaft. Noch so viele Beispiele können einen Beweis nicht ersetzen, und dieser Beweis der Goldbach'schen Vermutung steht aus. Es ist bis heute *nicht* bekannt, ob die Behauptung wirklich für alle geraden Zahlen größer als 2 stimmt.

Vielleicht findet man eines Tages eine gerade Zahl, die sich nicht als Summe zweier Primzahlen schreiben lässt. Es könnte aber auch eines Tages bewiesen werden, dass die Frage nicht entscheidbar ist (also weder diese Aussage noch ihr Gegenteil aus den zur Verfügung stehenden Grundlagen folgt), auch wenn dies unwahrscheinlich sein mag. In diesem Fall gibt es naturgemäß weder die Antwort „ja" noch „nein", und das Informationsbedürfnis wäre, wenn vielleicht auch in etwas überraschender Weise, befriedigt.

2.2   Die Idee der unendlichen Mengen

> *Die ich rief, die Geister, werd ich nun nicht los.*
>
> Johann Wolfgang von Goethe:
> Der Zauberlehrling

2.2.1   Gibt es unendliche Mengen?

Die Erfahrung zeigt, dass auch in einen eigentlich voll gepackten Koffer immer noch ein Taschentuch hineingeht. Wer diese Aussage allerdings vorbehaltlos akzeptiert, wird schnell Probleme bekommen. Erhebt man nämlich die Alltagserfahrung zum Prinzip, so kann man nicht nur zwei, drei oder vier, sondern auch tausend, zehntausend oder gar eine Million Taschentücher (immer schön nacheinander) in einem vollen Koffer unterbringen. So geht es bestimmt nicht, und das Prinzip ist folglich höchstens dann anwendbar, wenn man es auf eine überschaubare Anzahl von Taschentüchern bezieht. In den praktischen Strategien des täglichen Lebens geht man implizit von einer solchen Annahme aus, und weiß natürlich, dass große Mengen eher mit dem LKW als dem Koffer transportiert werden. Außerdem wird im Alltag weder real noch gedanklich mit unendlichen Mengen hantiert. Das ist in der Mathematik bekanntermaßen anders. Hier arbeitet man mit unendlichen Mengen, doch ist dabei besondere Vorsicht und Sorgfalt nötig. Das gilt auch für den Umgang mit natürlichen Zahlen.

Auch wenn sie oberflächlich gesehen einen harmlosen Eindruck macht, hat die Menge $\mathbb{N}$ der natürlichen Zahlen wie jede unendliche Menge ihre unheimlichen Seiten. Es fängt schon mit dem Glauben an ihre Existenz an. Was heißt es, dass die natürlichen Zahlen (als unendliche Menge) existieren? Für die Zahlen von 1 bis 15 lässt sich leicht ein Modell finden, etwa mit Hilfe der Finger dreier Hände. Auch für die natürlichen Zahlen bis 3 Milliarden könnte man das prinzipiell tun, wenn zum Beispiel entsprechend viele Menschen diese Zahlen repräsentieren würden. Aber schon wegen der Tatsache, dass es (nach heutigem physikalischen Weltbild) nur endlich viele Elementarteilchen im Weltall gibt, stößt diese Modellbildung an Grenzen. „Gibt" es tatsächlich Zahlen, die so groß sind, dass sie nicht als konkretes Modell vorgestellt werden können? Sind solche Zahlen nicht eher unsinnig und ein Hirngespinst? Vielleicht, aber die Grundidee der Unendlichkeit hat etwas sehr Faszinierendes an sich und das soll nun gezeigt werden.

2.2.2 Hilberts Hotel

Unendliche Mengen verhalten sich in mancher Hinsicht ganz anders als endliche Mengen. Dies soll das folgende Beispiel illustrieren, das als „Hilberts Hotel" Eingang in die Literatur gefunden hat. Der Name erinnert an David Hilbert (1862–1943), einen der bedeutendsten Mathematiker im ausgehenden 19. Jahrhundert und beginnenden 20. Jahrhundert.

Man denke sich ein Hotel mit unendlich vielen Zimmern, die mit den natürlichen Zahlen durchnummeriert sind. Es gibt also das Zimmer mit der Nummer 1, das Zimmer mit der Nummer 2, das Zimmer mit der Nummer 3, natürlich Zimmer mit den Nummern 20, 21 und 22, aber auch noch das Zimmer mit der Nummer 18 112 706 197 332 209 803 199 115 (und das ist nicht das letzte auf dem Gang). Das Hotel hat nur Einzelzimmer. Man stellt sich nun vor, dass in jedem Zimmer ein Gast wohnt, sodass das Hotel voll belegt ist.

Mitten in der Nacht erscheinen an der Rezeption zehn weitere Personen, die auch noch jeweils ein Einzelzimmer benötigen. Was jeden normalen Portier zur Verzweiflung bringen würde, ist in Hilberts Hotel kein Problem. Der Portier bittet den Gast aus Zimmer 1 nach Zimmer 11 umzuziehen, den Gast aus Zimmer 2 ins Zimmer 12 zu ziehen, also allgemein, den Gast aus Zimmer n in das Zimmer $n + 10$ zu wechseln. Selbstverständlich sind alle Hotelgäste absolut kooperativ und kommen der Bitte unverzüglich nach. Nun sind die Zimmer 1 bis 10 frei und können von den neuen Gästen belegt werden. In einem gewöhnlichen Hotel hätten nun zwar die zehn neuen Gäste ein Zimmer, dafür würden zehn andere auf der Straße übernachten müssen. Nicht so in diesem Hotel. Da es zu jeder natürlichen Zahl n eine Zahl $n + 10$ gibt, können alle Gäste unterkommen. Ganz offensichtlich ist es genauso problemlos möglich, 100 oder 1000 oder 1 000 000 neue Gäste zu empfangen, denn zu jedem $n \in \mathbb{N}$ kann man $n + 100$, $n + 1000$ und $n + 1 000 000$ bestimmen.

Doch das Schicksal will es komplizierter, denn kurz darauf fährt am Hotel ein Bus mit unendlich vielen Touristen $T_1, T_2, \ldots$ vor, die auch alle ein Zimmer für diese eine Nacht suchen. Man sollte meinen, der Portier würde sie mit dem Hinweis weiter schicken, es sei noch nicht einmal ein einziges Zimmer frei. Doch weit gefehlt, denn in diesem Hotel kann er (nur auf der Grundlage seiner Mathematikkenntnisse) alle Personen unterbringen.

Das geht zum Beispiel so: Die schon dort wohnenden Gäste sind, wie bereits gesagt, jederzeit kooperativ und bereit, vom Zimmer mit der Nummer n, das sie jetzt bewohnen, in Zimmer $2n$ umzuziehen. Nachdem das geschehen ist, ist jeder dieser Gäste wieder mit einem Einzelzimmer versorgt, und alle Zimmer mit ungerader Nummer sind frei für die unendlich vielen neuen Gäste aus dem Bus. Wenn der Portier seine Gäste auch einmal schlafen lassen will, so würde sich ein Umzug von Zimmer n nach $3n$ oder $5n$ anbieten, sodass sozusagen „auf Vorrat" gleich ein paar Zimmer mehr frei werden.

Der alltäglichen Erfahrung entspricht Hilberts Hotel sicher nicht. Lässt man sich auf die natürlichen Zahlen als unendliche Menge ein, so nimmt man solche paradox anmutenden Gegebenheiten aber zwangsläufig in Kauf. Die folgenden Aussagen machen intuitiv vielleicht keinen Sinn, scheinen aber als Ergebnis der Überlegungen zumindest aus mathematischer Sicht plausibel zu sein:

- Die Mächtigkeit von $\mathbb{N}$ ändert sich nicht, wenn man 10, 100, 1000 Zahlen wegnimmt. Sei beispielsweise $M = \mathbb{N}\setminus\{1, 2, 3, \ldots, 100\}$, dann ist $|M| = |\mathbb{N}|$.
- Es gibt genauso viele natürliche Zahlen wie es gerade natürliche Zahlen gibt.
- Es gibt genauso viele natürliche Zahlen wie es durch 5 teilbare natürliche Zahlen gibt.

Ganz offensichtlich könnte man eine Liste ähnlicher Aussagen recht beliebig aufstellen und in verschiedene Richtungen verallgemeinern. Für solche allgemeinen Formulierungen und vor allem ordentliche Beweise fehlen an dieser Stelle allerdings noch einige Voraussetzungen, sodass es bei den konkreten Beispielen bleiben soll (obwohl die Grundidee für einen möglichen Beweis bereits in den Überlegungen zum Hilbert'schen Hotel steckt). In Kapitel 11 werden diese Fragen noch einmal aufgegriffen und präziser behandelt. Man sagt übrigens, dass die natürlichen Zahlen, die geraden Zahlen, die durch 5 teilbaren Zahlen und die Menge $M = \mathbb{N}\setminus\{1, 2, 3, \ldots, 100\}$ *gleichmächtig* sind (eine ordentliche Begriffsklärung gibt es allerdings erst unter Definition 11.3.1).

2.3   Das Prinzip der vollständigen Induktion

> *Dem kommenden Tage sagt es der Tag:*
> *die Nacht, die verschwand der folgenden Nacht.*
>
> Franz Joseph Haydn:
> Die Schöpfung

2.3.1   Beweisen durch vollständige Induktion

Betrachtet man die Summe der ersten zwei, drei oder vier ungeraden Zahlen, so fällt ein erstaunliches Muster auf. Es ist $1 + 3 = 4$, $1 + 3 + 5 = 9$ und $1 + 3 + 5 + 7 = 16$, man bekommt also die Quadratzahlen 2^2, 3^2 und 4^2. Auch die Summe (wenn man das so nennen mag) aus nur einer Zahl passt in das Muster, denn $1 = 1^2$. Neugierig geworden probiert man noch ein paar Zahlen und merkt, dass $1 + 3 + 5 + 7 + 9 = 25 = 5^2$ und $1 + 3 + 5 + 7 + 9 + 11 = 36 = 6^2$ ist. Es sieht nach einer klaren Gesetzmässigkeit aus. Allerdings hilft es wenig, noch mehr Beispiele zu rechnen. Besser ist es, sich den Sachverhalt zu veranschaulichen. Dazu genügt ein Stück kariertes Papier. Man markiert zunächst ein kleines Quadrat mit („1"). Rechts und oberhalb grenzen an dieses Quadrat drei Quadrate, die auch markiert werden, sodass nun $1 + 3$ Quadrate gekennzeichnet sind. Sie bilden ein neues, größeres Quadrat aus 2×2 kleinen Quadraten. Wiederum rechts und oben kann man nun fünf kleine Quadrate ergänzen und erhält ein Muster aus 3×3 kleinen Quadraten. Wird dies in den folgenden Schritten in gleicher Weise fortgesetzt, so bekommt man eine zeichnerische Darstellung für die Gleichungen $1 + 3 + 5 + 7 = 4^2 = 16, 1 + 3 + 5 + 7 + 9 = 5^2 = 25$ und $1 + 3 + 5 + 7 + 9 + 11 = 6^2 = 36$. Aber die Zeichnung liefert mehr, nämlich die Grundidee für eine Verallgemeinerung. Offensichtlich kann man an ein Quadrat mit der Seitenlänge n (und das besteht aus n^2 kleinen Quadraten) oberhalb und rechts je n Quadrate anfügen und noch eines in die Ecke rechts oben setzen, um ein Quadrat mit der Seitenlänge $n + 1$ (bestehend aus $(n + 1)^2$ kleinen Quadraten) zu bekommen. Die beiden größeren Quadrate unterscheiden sich also gerade um $2n + 1$. Es kommt die Vermutung auf, dass die Beziehung $1 + 3 + 5 + \cdots + (2n + 1) = (n + 1)^2$ bzw. $1 + 3 + 5 + \cdots + (2n - 1) = n^2$ für alle natürlichen Zahlen n gilt, die Summe der ersten n ungeraden Zahlen also genau n^2 ist.

Wie lässt sich eine Behauptung, die für alle natürlichen Zahlen gültig sein soll, nun aber beweisen? Auch eine noch so schöne Zeichnung einzelner Quadrate zeigt die Wahrheit der Aussage nur für bestimmte natürliche Zahlen. Wenn der Nachweis zuerst für 1, dann für 2, danach für 3, 4, 5 und die restlichen Zahlen geführt wird, so wird man niemals fertig. Das ist also keine adäquate Methode für einen generellen Beweis. Doch man darf trotzdem Hoffnung schöpfen, denn es gibt tatsächlich einen *endlichen* Test für diesen Zweck. Man prüft Folgendes:

1. Stimmt die Behauptung für $n = 1$?
2. Falls die Behauptung für ein n richtig ist, kann man folgern, dass sie auch für $n + 1$ stimmt?

Sind beide Prüfungen erfolgreich verlaufen, so muss die Behauptung für alle natürlichen Zahlen richtig sein. Für die Begründung dieser Aussage benutzt man die (intuitiv wenig erstaunliche) Tatsache, dass zwischen einer beliebigen natürlichen Zahl n und $n + 1$ keine weitere natürliche Zahl liegt. Ganz ausführlich kann man sich den Vorgang des Testens dann so vorstellen: Ist nach (1) die Behauptung für $n = 1$ richtig ist, so muss sie nach (2) auch für $n = 2$ richtig sein. Ist sie aber für $n = 2$ richtig, so zeigt eine erneute Anwendung von (2) die Richtigkeit für $n = 3$. Setzt man die Anwendung von (2) fort, dann gilt die Aussage für $n = 4$ und $n = 5$ und $n = 6$ und so weiter.

Folgt daraus die Korrektheit für ein beliebiges n? Ja, denn wenn man überhaupt eine natürliche Zahl angeben könnte, für die die Behauptung nicht zutreffen sollte, so müsste es auch eine kleinste Zahl m mit dieser Eigenschaft geben. Dann ist wegen (1) jedenfalls $m > 1$ und somit ist $m - 1$ eine natürliche Zahl. Wegen der Minimalität von m gilt die Behauptung noch für $m-1$, und aus (2) folgt nun, dass sie dann auch für m gelten muss, im Widerspruch zur Annahme. Also existiert ein solches kleinstes m nicht, und damit existiert überhaupt keine natürliche Zahl, für die die Behauptung falsch sein kann.

Beispiel 2.3.1

Das erste Beispiel soll die Methode an einer relativ einfachen Aussage konkret zeigen. Dabei geht um die Summe der ersten n geraden Zahlen (nicht gleich weiterlesen, denn mit Hilfe der „Kästchenmethode" kommt man auch selbst auf eine Vermutung). Es soll also bewiesen werden, dass die Summe der ersten n geraden Zahlen gleich dem Produkt aus n und $n+1$ ist:

Es gilt $\sum_{i=1}^{n} 2i = n \cdot (n+1)$ für alle natürlichen Zahlen n.

Der Beweis geht nun über die folgenden Schritte, die regelmäßig so durchgeführt werden, wenn man die Gültigkeit einer Aussage für alle natürlichen Zahlen zeigt.

(1) Für $n=1$ ist die Behauptung richtig, denn $\sum_{i=1}^{1} 2i = 2 \cdot 1 = 2 = 1 \cdot 2$.

(2a) Nun soll von n auf $n+1$ geschlossen werden (im Sinne des zweiten Prüfungsschrittes) Also nimmt man an, dass die Behauptung für ein n richtig ist (zumindest für $n=1$ weiß man das ja auch schon sicher, sodass dies jedenfalls kein kompletter Unfug ist). Die Annahme ist also $\sum_{i=1}^{n} 2i = n \cdot (n+1)$ für ein $n \in \mathbb{N}$. Gezeigt werden muss, dass aus dieser Annahme die Gültigkeit für die nächste Zahl folgt, und diese Zahl ist der *Nachfolger* $n+1$.

(2b) Man betrachtet nun $\sum_{i=1}^{n+1} 2i$ und rechnet

$$\sum_{i=1}^{n+1} 2i = \sum_{i=1}^{n} 2i + 2 \cdot (n+1).$$

Nun weiß man nach Annahme (2a), dass $\sum_{i=1}^{n} 2i = n \cdot (n+1)$ ist. Das darf man einsetzen und bekommt so

$$\sum_{i=1}^{n+1} 2i = \sum_{i=1}^{n} 2i + 2 \cdot (n+1) = n \cdot (n+1) + 2 \cdot (n+1).$$

Jetzt genügt einfaches Rechnen und zielgerichtetes Umformen, um zu der gewünschten Gleichung zu kommen. Es ist

$$\sum_{i=1}^{n+1} 2i = n \cdot (n+1) + 2 \cdot (n+1) = (n+2) \cdot (n+1) = (n+1) \cdot (n+2),$$

womit die Behauptung bewiesen ist.

Beispiel 2.3.2

Die Methode ist auch für (mathematische) Situationen geeignet, die mehr als einfaches Rechnen verlangen. Das soll ein weiteres Beispiel zeigen. Die zu beweisende Behauptung ist dabei:

Eine Menge mit genau n Elementen hat genau 2^n Teilmengen.

Wieder überlegt man sich, dass die folgenden Schritte typisch für den Ablauf des Beweises sind:

(1) Für eine einelementige Menge $\{a\}$ stimmt die Behauptung. Die zwei Teilmengen sind die Menge selbst und die leere Menge, also $\{a\}$ und $\emptyset$.

(2a) Um den Schluss von n auf $n + 1$ gemäß (2) durchführen zu können, wird angenommen, dass die Behauptung für ein n richtig ist (zumindest für $n = 1$ weiß man das sicher, sodass diese Vorgabe wiederum kein kompletter Unfug ist). Nun ist das Ziel, zu zeigen, dass eine $(n + 1)$-elementige Menge genau 2^{n+1} Teilmengen besitzt.

(2b) Dazu sei eine Menge $M = \{a_1, a_2, \ldots, a_n, a\}$ mit genau $n + 1$ Elementen gegeben. Ein Element von M, das mit a bezeichnet sein soll, sei fest gewählt. Mit $M\backslash\{a\}$ sei (wie bereits vereinbart) die Menge bezeichnet, die nach Herausnahme von a aus M übrig bleibt. Dann ist $M\backslash\{a\}$ eine Menge mit n Elementen und besitzt nach der Annahme (2a) genau 2^n Teilmengen. Von allen Teilmengen von M fehlen dann noch diejenigen, die a enthalten, denn alle anderen sind auch Teilmengen von $M\backslash\{a\}$. Nun entsteht aber jede Teilmenge von M, die a enthält, durch Hinzunahme von a zu einer Teilmenge von $M\backslash\{a\}$ (man nehme nämlich aus einer solchen einfach a heraus – was übrig bleibt ist eine Teilmenge von $M\backslash\{a\}$). Das ist übrigens genau die Methode, die bei der Lösung der Übungsaufgabe 1 aus Kapitel 1 verwendet wurde (man vergleiche Seite 365).

Also gibt es noch einmal 2^n Teilmengen von M, die a enthalten. Insgesamt existieren damit $2^n + 2^n = 2 \cdot 2^n = 2^{n+1}$ Teilmengen der $(n + 1)$-elementigen Menge M, was zu zeigen war.

Die auf Seite 30 vorgestellte Beweismethode wird als *vollständige Induktion* bezeichnet. Der explizite Nachweis im ersten Schritt heißt *Induktionsanfang* (1), die Vorgabe einer Zahl n, für welche die Richtigkeit der Behauptung angenommen wird, heißt *Induktionsannahme* (2a), und der Schritt von n auf $n + 1$ wird als *Induktionsschluss* (2b) bezeichnet.

Es ist wohl unmittelbar einsichtig, dass der Induktionsanfang nicht immer bei 1 liegen muss. Im Fall des gerade behandelten Beispiels hätte es auch 0 sein können. Der Induktionsanfang fällt dann noch einfacher aus: Die einzige Menge mit 0 Elementen ist die leere Menge, und die hat genau eine Teilmenge (sich selbst), und das sind $2^0 = 1$ viele Teilmengen.

Beispiel 2.3.3

Mit Hilfe der vollständigen Induktion kann man eine Vielzahl von mehr oder minder sinnvollen Formeln zeigen, die für alle (oder manchmal auch nur für fast alle) natürlichen Zahlen gelten. Noch einmal soll ein Beispiel verdeutlichen, dass dazu immer wieder die gleichen Schritte (Induktionsanfang, Induktionsannahme, Induktionsschluss) notwendig sind.

Behauptung: Für alle $n \in \mathbb{N}$ gilt

$$\frac{1}{1 \cdot 2} + \frac{1}{2 \cdot 3} + \frac{1}{3 \cdot 4} + \cdots + \frac{1}{n \cdot (n+1)} = \frac{n}{n+1}.$$

Induktionsanfang: $n = 1$.
Für $n = 1$ steht auf der linken Seite $\frac{1}{1 \cdot 2} = \frac{1}{2}$ und auf der rechten Seite $\frac{1}{1+1} = \frac{1}{2}$. Damit ist die Aussage für $n = 1$ richtig.
Induktionsannahme: Für eine natürliche Zahl n gelte

$$\frac{1}{1 \cdot 2} + \frac{1}{2 \cdot 3} + \frac{1}{3 \cdot 4} + \cdots + \frac{1}{n \cdot (n+1)} = \frac{n}{n+1}.$$

Induktionsschluss: Mit der Zahl n aus der Induktionsannahme ist nun zu zeigen, dass $\frac{1}{1 \cdot 2} + \frac{1}{2 \cdot 3} + \frac{1}{3 \cdot 4} + \cdots + \frac{1}{(n+1) \cdot (n+2)} = \frac{n+1}{n+2}$ gilt.
Es ist

$$\frac{1}{1 \cdot 2} + \frac{1}{2 \cdot 3} + \frac{1}{3 \cdot 4} + \cdots + \frac{1}{n \cdot (n+1)} + \frac{1}{(n+1) \cdot (n+2)}$$
$$= \frac{n}{n+1} + \frac{1}{(n+1) \cdot (n+2)}$$

wegen der Induktionsannahme. Nun rechnet man

$$\frac{n}{n+1} + \frac{1}{(n+1) \cdot (n+2)} = \frac{n \cdot (n+2)}{(n+1) \cdot (n+2)} + \frac{1}{(n+1) \cdot (n+2)}$$
$$= \frac{n^2 + 2n + 1}{(n+1) \cdot (n+2)} = \frac{(n+1)^2}{(n+1) \cdot (n+2)} = \frac{n+1}{n+2}.$$

Damit ist auch diese Behauptung bewiesen.

Beispiel 2.3.4

Auch die auf Seite 25 bereits begründete *Kommutativität* der Multiplikation lässt sich mit Hilfe der vollständigen Induktion beweisen. Dazu gibt man eine natürliche Zahl m vor (die beliebig gewählt werden darf, aber im Folgenden immer dieselbe sein soll) und zeigt, dass $m \cdot n = n \cdot m$ für alle natürlichen Zahlen n ist.

Erfahrungsgemäß ist diese Arbeitsweise für mathematische Anfängerinnen und Anfänger nicht einfach zu verstehen. Deswegen also noch einmal ganz langsam: Die Zahl natürliche Zahl m wird fest gewählt, sie darf sich also im Verlauf der Argumentation nicht mehr ändern. Allerdings wird sie als Variable geschrieben, das heißt, im Beweis soll allenfalls genutzt werden, dass $m \in \mathbb{N}$ ist, aber nicht irgendeine spezifische Eigenschaft von m (wie etwa „$m = 5$" oder „m ist gerade"). Die Induktion wird nach n geführt, das heißt, n durchläuft alle natürlichen Zahlen.

Behauptung: Sei $m \in \mathbb{N}$. Dann ist $m \cdot n = n \cdot m$ für alle $n \in \mathbb{N}$.
Induktionsanfang: $n = 1$.
Betrachtet man die Multiplikation wiederum als fortgesetzte Addition, so gilt

$$m \cdot 1 = \underbrace{1 + 1 + \cdots + 1}_{m\text{-mal}} = m,$$

und es ist $1 \cdot m = m$, also $m \cdot 1 = 1 \cdot m$.
Induktionsannahme: Für eine natürliche Zahl n gelte $m \cdot n = n \cdot m$.
Induktionsschluss: Mit der Zahl n aus der Induktionsannahme ist nun zu zeigen, dass $m \cdot (n + 1) = (n + 1) \cdot m$ gilt.
Die linke Seite kann so umgeformt werden (dabei wird die Kommutativität der Addition benutzt):

$$m \cdot (n + 1) = \underbrace{(n + 1) + (n + 1) + \cdots + (n + 1)}_{m\text{-mal}}$$
$$= \underbrace{n + n + \cdots + n}_{m\text{-mal}} + \underbrace{1 + 1 + \cdots + 1}_{m\text{-mal}} = m \cdot n + m \cdot 1.$$

Nun wird die Induktionsannahme verwendet, und es ergibt sich

$$m \cdot n + m \cdot 1 = n \cdot m + 1 \cdot m = n \cdot m + m = \underbrace{m + m + \cdots + m}_{n\text{-mal}} + m$$
$$= \underbrace{m + m + \cdots + m}_{(n + 1)\text{-mal}} = (n + 1) \cdot m.$$

Häufige Fehler

Beweise mit Hilfe der vollständigen Induktion laufen nach einem bestimmten Schema ab, sodass in diesem Zusammenhang auch immer wieder ganz bestimmte typische Fehler auftreten. Diese Fehler sind allerdings nicht in der Methode selbst begründet, sondern gehen einzig und allein darauf zurück, dass die Methode nicht korrekt angewendet wird.

- Der Induktionsanfang wird weggelassen. Zwar ist er oft der einfachste Teil des ganzen Beweises, aber deshalb keineswegs überflüssig. Die Behauptung „alle natürlichen Zahlen sind größer als 99" ist offensichtlich Unsinn, aber der Induktionsschluss funktioniert: Ist $n > 99$, so ist auch $n + 1 > 99$ (eigentlich > 100). Hier rettet einzig und allein der Induktionsanfang. Die Behauptung stimmt erst für $n > 99$, also kann der Induktionsanfang minimal bei 100 liegen. Entsprechend stimmt alles für natürliche Zahlen $n \geq 100$, und für diese Zahlen ist die Behauptung keine Überraschung.

- Es kommt vor, dass zum Induktionsschluss von n auf $n + 1$ nicht nur die Gültigkeit der Behauptung für ein $n \in \mathbb{N}$ benötigt wird, um die Richtigkeit für $n + 1$ zu erkennen, sondern auch für $n - 1$. Dazu ist es aber erforderlich, dass $n \geq 2$ gilt, damit $n - 1$ eine natürliche Zahl ist, und außerdem muss für den Induktionsanfang die Behauptung für $n = 1$ *und* $n = 2$ geprüft werden, damit der Induktionsschluss auf sicherem Fundament steht.

- Die Induktionsannahme wird statt in der Form „die Behauptung gelte für eine feste natürliche Zahl n" aufgestellt als „die Behauptung gelte für beliebiges n". Das hieße dann, die Behauptung selbst schon anzunehmen, was für einen Beweis der Behauptung natürlich nicht in Ordnung ist. Kurz und gut, bei jedem Beweis durch vollständige Induktion ist es wichtig, sich den Geltungsbereich ganz präzise zu überlegen.

2.3.2 Definition durch Induktion: Das Produkt natürlicher Zahlen

Man kann es durchaus als Stilbruch empfinden, dass im eben durchgeführten Induktionsbeweis noch Punkte „..." auftauchen, für die der Leser oder die Leserin in Gedanken etwas einzusetzen hat. Der Grund für die Punkte im Induktionsbeweis besteht einfach darin, dass die obige Definition des Produkts den gleichen Schönheitsfehler hatte. Sollen diese Punkte vermieden werden, so muss diese Definition durch etwas „Punktfreies" ersetzt werden. Hier hilft ebenfalls das Induktionsprinzip weiter. Das Produkt zweier natürlicher Zahlen m und n lässt sich nämlich auch schrittweise erklären. Dazu setzt man:

(I) $1 \cdot 1 = 1$
(IIa) $(m + 1) \cdot n = m \cdot n + n$
(IIb) $m \cdot (n + 1) = m \cdot n + m.$

Man mache sich klar, dass sich jedes Produkt nach diesen Regeln berechnen lässt, zum Beispiel $2 \cdot 3$ in folgenden Schritten:

$$1 \cdot 1 = 1 \text{ nach (I)}, \quad 1 \cdot 2 = 1 \cdot (1 + 1) = 1 \cdot 1 + 1 = 2 \quad \text{nach (IIb)},$$
$$1 \cdot 3 = 1 \cdot (2 + 1) = 1 \cdot 2 + 1 = 2 + 1 = 3 \qquad \text{nach (IIb)},$$
$$2 \cdot 3 = (1 + 1) \cdot 3 = 1 \cdot 3 + 3 = 6 \qquad \text{nach (IIa)}.$$

Allerdings taucht die entscheidende Frage auf, ob verschiedene Wege zum selben, eindeutig bestimmten Ziel führen. Um etwa $2 \cdot 3$ zu berechnen, könnte man auch in anderer Reihenfolge vorgehen, zum Beispiel so (die erste Zeile ist unverändert):

$$1 \cdot 1 = 1 \text{ nach (I)}, \quad 1 \cdot 2 = 1 \cdot (1+1) = 1 \cdot 1 + 1 = 2 \quad \text{nach (IIb)},$$
$$2 \cdot 2 = (1+1) \cdot 2 = 1 \cdot 2 + 2 = 4 \qquad\qquad\qquad \text{nach (IIa)},$$
$$2 \cdot 3 = 2 \cdot (2+1) = 2 \cdot 2 + 2 = 4 + 2 = 6 \qquad\quad \text{nach (IIb)}.$$

Damit die schrittweise Definition des Produkts einen Sinn ergibt, muss stets gewährleistet sein, dass das Ergebnis unabhängig davon ist, wie die Faktoren schrittweise erhöht werden. Tatsächlich führt die Berechnung von $(m+1) \cdot (n+1)$ aus $m \cdot n$ zum selben Ergebnis, wenn die Station über $(m+1) \cdot n$ oder über $m \cdot (n+1)$ gewählt wird. Einerseits ist

$$(m+1) \cdot (n+1) = m \cdot (n+1) + n + 1 \quad \text{nach (IIa)}$$
$$= m \cdot n + m + n + 1 \quad \text{nach (IIb)},$$

und andererseits ist

$$(m+1) \cdot (n+1) = (m+1) \cdot n + m + 1 \quad \text{nach (IIb)}$$
$$= m \cdot n + n + m + 1 \quad \text{nach (IIa)}.$$

Wegen der Kommutativität der Addition (über die man sich eigentlich auch noch Gedanken machen sollte) ist $m + n = n + m$, und die beiden Ergebnisse stimmen überein.

Schon verhältnismäßig einfache Sachverhalte, die bereits aus der Grundschule bekannt sind und gar nicht mehr als Problem wahrgenommen werden, haben bei näherem Hinsehen manchmal ungeahnte mathematische Tücken. Das sollte das Beispiel in erster Linie aufzeigen.

2.3.3 Definition durch Induktion: n Fakultät

Die Definition mit Hilfe der vollständigen Induktion, die am Beispiel des Produkts natürlicher Zahlen bereits angewendet wurde, ist oftmals das einzig probate Verfahren, um einen Begriff einzuführen, der für alle natürlichen Zahlen erklärt werden soll. Das gilt auch für das Produkt $1 \cdot 2 \cdot \ldots \cdot n$ der natürlichen Zahlen von 1 bis n. Es wird häufig gebraucht, als $n!$ notiert und n Fakultät gesprochen. Schreibt man nun

$$n! = 1 \cdot 2 \cdot \ldots \cdot n,$$

so ist diese Darstellung unbefriedigend, weil die Punkte beim Leser oder der Leserin genau das auslösen sollen, was der Schreiber damit gemeint hat. Das kann man aber so nicht ohne weiteres annehmen. Wie setzt sich beispielsweise die Folge 1, 3, 5, 7, ... fort? Mit 9, weil es sich um die ungeraden Zahlen handeln soll, oder mit 11, weil genau diejenigen Zahlen in dieser Folge stehen, die keinen Teiler außer 1 und sich selbst haben?

Es ist unmittelbar einsichtig, dass Punkte keine gute mathematische Lösung sind. Bei der Definition von $n!$ ist die Unschärfe allerdings vermeidbar, wenn das Produkt der Zahlen von 1 bis n *induktiv* definiert wird. Dabei wird $1! = 1$ und $n! = n \cdot (n-1)!$ für alle $n > 1$ gesetzt.

▶ **Definition 2.3.1** Für eine natürliche Zahl n wird durch $1! = 1$ und $n! = n \cdot (n-1)!$ für $n > 1$ die Zahl $n!$ (gesprochen n Fakultät) definiert. Darüber hinaus soll $0! = 1$ sein.

Man hat damit einen Anfang (nämlich $1! = 1$) und kann alle Werte von $n!$ für ein beliebiges $n \in \mathbb{N}$ ableiten. Es ist $2! = 2 \cdot 1! = 2 \cdot 1 = 2$, also $3! = 3 \cdot 2! = 3 \cdot 2 = 6$ und somit $4! = 4 \cdot 3! = 4 \cdot 6 = 24$ sowie $5! = 5 \cdot 4! = 5 \cdot 24 = 120$. Es reicht sicherlich an dieser Stelle mit dem Rechnen, denn das Prinzip ist offensichtlich. Man baut auf, Schritt für Schritt, Zahl um Zahl.

2.3.4   Definition durch Induktion: Die Fibonacci-Zahlen

Auf den italienischen Mathematiker *Fibonacci* (Leonardo von Pisa, vermutlich 1180–1250, doch ganz sicher ist weder das Geburtsjahr noch das Todesjahr überliefert) geht die so genannte „Kaninchenaufgabe" zurück. Sie findet sich im *Liber abaci*, einem Buch, in dem er mathematisches Wissen seiner Zeit insbesondere aus dem indischen und arabischen Raum zusammenstellte und das über Jahrhunderte hinaus für die Entwicklung der Mathematik in Europa von Bedeutung war.

> Ein Kaninchenpaar wirft vom zweiten Monat an monatlich ein weiteres Paar, das wiederum vom zweiten Monat an jeden Monat ein Paar zur Welt bringt. Wie viele Kaninchenpaare leben nach n Monaten, wenn es zu Beginn genau ein Paar gibt und keines der Kaninchen stirbt?

Bezeichnet man mit F_n die Anzahl der Kaninchenpaare nach n Monaten, so gilt $F_1 = 1$ und $F_2 = 1$, denn in den ersten beiden Monaten hat das erste Paar noch keine Jungen. Im dritten Monat kommt ein Paar hinzu, sodass $F_3 = 2$ ist. Auch im vierten Monat kommt ein Paar hinzu, und es ist $F_4 = 3$. Nach fünf Monaten bekommen schließlich die beiden älteren Paare Junge, und es ist $F_5 = 3 + 2 = 5$. Man kann nun leicht einsehen, dass $F_6 = F_5 + F_4 = 8$, $F_7 = F_6 + F_5 = 13$ und $F_8 = F_7 + F_6 = 21$ ist. Allgemein gibt es nach n Monaten zunächst einmal so viele Kaninchenpaare, wie es sie nach $n-1$ Monaten gab, und es kommen so viele weitere Kaninchenpaare hinzu, wie es sie nach $n-2$ Monaten gab (denn all diese Paare vermehren sich).

Man kann somit die aufeinander folgenden Zahlen durch eine Definition beschreiben, bei der für $n \geq 3$ die n-te Zahl mit Hilfe der $(n-1)$-ten und der $(n-2)$-ten dieser Zahlen beschrieben wird.

▶ **Definition 2.3.2** Die durch $F_1 = 1$, $F_2 = 1$ und $F_n = F_{n-1} + F_{n-2}$ für $n \geq 3$ definierte Folge heißt Folge der Fibonacci-Zahlen.

Diese Folge der Fibonacci-Zahlen ist gut für allerlei Entdeckungen geeignet, denn es gibt vielfältige Beziehungen zwischen den Zahlen. So ist

$$1^2 + 1^2 = 1 \cdot 2, \ 1^2 + 1^2 + 2^2 = 2 \cdot 3,$$

$$1^2 + 1^2 + 2^2 + 3^2 = 3 \cdot 5, \ 1^2 + 1^2 + 2^2 + 3^2 + 5^2 = 5 \cdot 8.$$

Man vermutet daher (völlig korrekt), dass allgemein

$$\sum_{i=1}^{n} F_i^2 = F_n \cdot F_{n+1}$$

für alle $n \in \mathbb{N}$ gilt. Außerdem rechnet man

$$1^2 + 1^2 = 2, \ 1^2 + 2^2 = 5, \ 2^2 + 3^2 = 13, \ 3^2 + 5^2 = 34$$

leicht nach. Das ist kein Zufall, vielmehr ist die Beziehung

$$F_n^2 + F_{n+1}^2 = F_{2n+1}$$

für alle $n \geq 1$ erfüllt. Beide Behauptungen werden im Rahmen der Übungsaufgaben bewiesen (Aufgabe 8).

Die Fibonacci-Zahlen und der Goldene Schnitt

Eine Strecke wird im *Goldenen Schnitt* geteilt, wenn für die beiden Teilstücke a und b gilt, dass $\frac{a}{b} = \frac{a+b}{a}$ ist. Durch Umformen bekommt man die quadratische Gleichung $a^2 - ba - b^2 = 0$ mit der positiven Lösung $a = \frac{b}{2} + \frac{b}{2}\sqrt{5}$. Somit ist $\frac{a}{b} = \frac{1}{2} + \frac{1}{2}\sqrt{5} \approx 1,618$ (man vergleiche auch Seite 284).

Die Folge der Quotienten von zwei aufeinander folgenden Fibonacci-Zahlen ist konvergent. Es gilt

$$\lim_{n \to \infty} (F_{n+1} : F_n) = \frac{1}{2}\sqrt{5}$$

und man sieht, dass die Fibonacci-Zahlen und der Goldene Schnitt eine (erstaunliche) Verbindung aufweisen.

Die Fibonacci-Zahlen im Mathematikunterricht

Beziehungen zwischen den Fibonacci-Zahlen (man vergleiche Seite 38) kann man auch Schülerinnen und Schüler entdecken lassen. Es muss ja nicht unbedingt gleich die Verallgemeinerung auf beliebiges $n \in \mathbb{N}$ behandelt werden. Das zeigt etwa die folgende Darstellung im Lehrbuch „delta 5" für das fünfte Schuljahr ([18], S. 29).

> Der italienische Mathematiker Fibonacci (um 1170 bis ca. 1250) trug das mathematische Wissen seiner Zeit aus dem europäischen, dem arabischen und dem indischen Kulturkreis zusammen. Er war es, der als Erster die arabischen Ziffern in Europa einführte, die wir heute noch verwenden. Weltberühmt ist seine „Kaninchenaufgabe":
>
> > Ein Kaninchenpaar wirft vom zweiten Monat an monatlich ein weiteres Paar, das seinerseits vom zweiten Monat an monatlich ein Paar zur Welt bringt. Wie viele Kaninchenpaare leben nach n Monaten, wenn zu Beginn ein junges Paar lebte (und kein Kaninchen stirbt)?
>
>
>
> a) Gib die Anzahl der Kaninchenpaare in den Monaten des ersten Jahres an. Fertige dazu eine Tabelle an.
> b) Beschreibe, wie die Anzahl der Kaninchenpaare zunimmt. Die Zahlen, die sich auf diese Weise ergeben, nennt man „Fibonacci-Zahlen". Schreibe die ersten zwölf Fibonacci-Zahlen auf.
> c) In der Realität entwickelt sich die Zunahme der Kaninchen nicht so gleichmäßig. Warum?
> d) Welche Zahlzeichen benutzte man in Europa vor den arabischen Ziffern?
>
> Januar Februar März April Mai Juni
>
> Die Zahlen der Folge 1; 1; 2; 3; 5; 8; 13; 21; 34; 55; 89; 144; 233; 377; 610; 987; … nennt man Fibonacci-Zahlen (vgl. Aufgabe 7.). Diese Zahlenfolge hat erstaunliche Eigenschaften, z.B.:
>
> > Die Summe der Quadrate der 6. und der 7. Fibonacci-Zahl ergibt die (6 + 7 =)13. Fibonacci-Zahl: $8^2 + 13^2 = 233$.
>
> Überprüfe, ob dieser Zusammenhang auch für die 3. und die 4. Fibonacci-Zahl sowie für die 4. und die 5. Fibonacci-Zahl gilt.

Dort wird mit ganz spezifischen Werten gerechnet und experimentiert. Das Ergebnis sind dann nicht Sätze und Beweise, aber es sind Vermutungen und Belege für die Gültigkeit der Vermutungen. Viel anders geht man in der „richtigen" Mathematik auch nicht vor. Die schönen Sätze und ihre geschliffenen Beweise sind in der Regel das Ende eines langen und mühsamen Prozesses.

Bei der Beschreibung der Fibonacci-Zahlen wurde übrigens das *Summenzeichen* benutzt, das auf manche Menschen erschreckend (oder gar abschreckend?) wirkt. Dabei ist es wirklich ein äußerst nützliches Symbol und im Grunde einfach zu verstehen.

Man geht von m Zahlen $a_1, a_2, \ldots, a_m$ aus (wobei es keine Rolle spielt, ob dies natürliche, ganze, rationale oder reelle Zahlen sind). Bildet man nun die Summe $a_1 + a_2 + \cdots + a_m$, so schreibt man abkürzend dafür

$$\sum_{j=1}^{m} a_j := a_1 + a_2 + \cdots + a_m.$$

Das Symbol $\sum_{j=1}^{m} a_j$ steht also (ganz formal) für die Summe der Zahlen a_j, beginnend mit $j = 1$ (also mit a_1) und endend mit $j = m$ (also mit a_m).

Die vielen Variablen verwirren leicht, deshalb sollte man sich das Summenzeichen an einem ganz konkreten Beispiel überlegen. So würde man etwa

$$\sum_{j=1}^{10} 2j = 2 + 4 + 6 + 8 + 10 + 12 + 14 + 16 + 18 + 20$$

oder auch

$$\sum_{j=1}^{8} j^2 = 1^2 + 2^2 + 3^2 + \cdots + 8^2 = 1 + 4 + 9 + 16 + 25 + 36 + 49 + 64$$

schreiben. Allerdings bedeutet die Verwendung des Summenzeichens nicht immer, dass man eine so schöne Formel für die zu summendierenden Zahlen hat, wie es bei den geraden Zahlen oder den Quadratzahlen der Fall ist.

Ganz analog dazu kann man auch das *Produktzeichen* verwenden, das als abkürzende Schreibweise für ein Produkt von natürlichen (ganzen, rationalen, reellen) Zahlen benutzt wird. Es ist

$$\prod_{j=1}^{n} a_j := a_1 \cdot a_2 \cdot \ldots \cdot a_{n-1} \cdot a_n$$

und konkret beispielsweise

$$\prod_{j=1}^{n} j = 1 \cdot 2 \cdot \ldots \cdot (n - 1) \cdot n.$$

Mit Hilfe des Produktzeichens kann man nun für Definition 2.3.1 eine alternative Formulierung geben (die aber selbstverständlich keinen anderen Inhalt hat).

▶ **Definition 2.3.3** Das Produkt $n! = \prod_{j=1}^{n} j$ der natürlichen Zahlen von 1 bis n wird als $n!$ notiert (und genauso als n Fakultät gesprochen).

2.3.5   Geometrische Summenformel

Den Abschluss dieses Abschnitts soll ein Satz bilden, dessen Ergebnis recht häufig gebraucht wird. Es handelt sich um die so genannte *Geometrische Summenformel*. Es werden zwei Beweise für ein und denselben Sachverhalt gegeben, einmal durch vollständige Induktion und einmal mit direkter Umformung.

▶ **Satz 2.3.1** Geometrische Summenformel

Es sei x eine reelle Zahl und n eine natürliche Zahl. Dann gilt

$$x^{n+1} - 1 = (x - 1)(1 + x + x^2 + \cdots + x^n) = (x - 1) \sum_{j=0}^{n} x^j.$$

Wie bereits angekündigt, sollen hier zwei Beweise aufgeführt werden. Natürlich reicht ein einziger (fehlerfreier) Beweis aus, um sich der behaupteten Sache sicher zu sein. Doch in der Mathematik wird nicht nur bewiesen, um eine Vermutung zu überprüfen. Ganz häufig setzen verschiedene Beweismethoden verschiedene Akzente, zeigen Wege auf, die in der einen oder der anderen Richtung verallgemeinert werden können, oder aber basieren auf mehr oder minder komplexer Mathematik. Darüber hinaus kann es wohl für die eigene Einsicht in einen mathematischen Sachverhalt dienlich sein, verschiedene Zugänge zu kennen. Es ist manchmal individuell verschieden, welchen man leichter versteht oder auch nur schöner und angenehmer findet. Hier ist nun der erste Beweis von Satz 2.3.1, der mit Hilfe der vollständigen Induktion geführt wird.

▶ **Beweis 2.3.1** Sei x eine reelle Zahl. Es soll die geometrische Summenformel $x^{n+1} - 1 = (x - 1)(1 + x + x^2 + \cdots + x^n) = (x - 1) \sum_{j=0}^{n} x^j$ für alle $n \in \mathbb{N}$ gezeigt werden.

Induktionsanfang: $n = 1$.

Es ist bekanntlich $x^2 - 1 = (x - 1)(1 + x) = (x - 1) \sum_{j=0}^{1} x^j$.

Induktionsannahme: Für eine natürliche Zahl m gelte

$$x^{m+1} - 1 = (x - 1)(1 + x + x^2 + \cdots + x^m) = (x - 1) \sum_{j=0}^{m} x^j.$$

Induktionsschluss: Mit der Zahl m aus der Induktionsannahme ist zu zeigen

$$x^{m+2} - 1 = (x - 1)(1 + x + x^2 + \cdots + x^{m+1}) = (x - 1) \sum_{j=0}^{m+1} x^j.$$

Meistens ist es zum Nachweis einer Gleichung einfacher, mit der komplizierter aussehenden Seite zu beginnen. Das ist hier die rechte Seite

$$(x - 1) \sum_{j=0}^{m+1} x^j = (x - 1) \left(x^{m+1} + \sum_{j=0}^{m} x^j \right) = (x - 1)x^{m+1} + (x - 1) \left(\sum_{j=0}^{m} x^j \right),$$

wobei der letzte Summand der Summe (also der für $j = m + 1$) vor das Summenzeichen geschrieben wurde. Nach der Induktionsannahme kann man den hinteren Term als $x^{m+1} - 1$ schreiben und damit umformen

$$(x-1)\sum_{j=0}^{m+1} x^j = (x-1)x^{m+1} + x^{m+1} - 1 = x^{m+2} - 1,$$

was zu zeigen war.   □

Im Folgenden wird der zweite Beweis von Satz 2.3.1 geführt, bei dem dieses Mal einfach gerechnet wird. Das geht durch Ausmultiplizieren und passendes Umformen der Summe. Man bekommt so einen direkten Beweis der Behauptung.

▶ **Beweis 2.3.2** Es ist

$$(x-1)(1 + x + \cdots + x^{n-1} + x^n)$$
$$= x + x^2 + \cdots + x^n + x^{n+1} - (1 + x + \cdots + x^{n-1} + x^n)$$
$$= x^{n+1} - 1,$$

womit gezeigt ist, was gezeigt werden sollte. Wegen der verwendeten Punkte (und der damit verbundenen Schwierigkeiten) ist die Umformung allerdings nicht ganz befriedigend. Natürlich soll die Verwendung von Punkten in Formeln nicht generell verboten und ein unbedingter Formalismus gefordert werden. Doch darf bei ihrer Verwendung kein Zweifel bestehen, was an der Stelle eigentlich zu stehen hat. Außerdem sollte man stets in der Lage sein, die entsprechende Aussage auch ohne Punkte schreiben zu können. In diesem Sinn soll also die gleiche Überlegung noch einmal und unter Verwendung des Summenzeichens formuliert werden. Man schreibt

$$(x-1)\sum_{j=0}^{n} x^j = x\left(\sum_{j=0}^{n} x^j\right) - \left(\sum_{j=0}^{n} x^j\right) = \left(\sum_{j=0}^{n} x^{j+1}\right) - \left(\sum_{j=0}^{n} x^j\right).$$

In der vorletzten Summe beginnt der Exponent bei 1 und endet bei $n+1$. Gemeinsam treten in beiden Summen der rechten Seite die Potenzen $x^1, \ldots, x^n$ auf, während x^{n+1} nur in der ersten und x^0 nur in der zweiten Summe vorkommt. Außerdem kann die vorletzte Summe so umgeschrieben werden:

$$\sum_{j=0}^{n} x^{j+1} = \sum_{j=1}^{n+1} x^j.$$

Man schreibt nun die *nicht* gemeinsam enthaltenen Potenzen einzeln vor bzw. nach die betreffende Summe. Damit ist insgesamt

$$(x-1)\sum_{j=0}^{n} x^j = \left(\sum_{j=1}^{n} x^j\right) + x^{n+1} - \left(x^0 + \sum_{j=1}^{n} x^j\right) = x^{n+1} - 1,$$

und man hat das gewünscht Ergebnis.   □

Die Aussage von Satz 2.3.1 kann auch in der Form

$$1 - x^{n+1} = (1 - x)(1 + x + x^2 + \cdots + x^n) = (1 - x) \sum_{j=0}^{n} x^j$$

geschrieben werden. Diese Version entsteht durch einfache Multiplikation mit (-1). Wenn man diese Form einmal gesehen hat, wird man sich hoffentlich bei passender Gelegenheit daran erinnern, denn sie wird nicht selten gebraucht.

2.4   Der binomische Lehrsatz

Es gibt Inhalte des Mathematikunterrichts, nach denen man Menschen auch Jahre nach ihrem Schulabschluss noch fragen darf. Ein solcher (offenbar unvergesslicher) Inhalt ist die Formel

$$(a + b)^2 = a^2 + 2ab + b^2 \,,$$

an die sich fast jeder erinnert (womit allerdings nicht gesagt ist, dass sich auch jeder daran erinnert, was man mit dieser Formel anfangen kann). Dabei sollen a und b hier natürliche oder ganze Zahlen sein, die mit Schulwissen verwendet werden (übrigens dürften a und b genauso rationale, reelle oder komplexe Zahlen sein, und es würde sich an den folgenden Überlegungen im Prinzip nichts ändern).

In der Mathematik ist die Formel $(a + b)^2 = a^2 + 2ab + b^2$ oft nützlich, und das gilt auch für ihre Verallgemeinerung auf $(a+b)^n$ für ein beliebiges $n \in \mathbb{N}$. Sie soll nun erarbeitet werden. Dabei wird die eben vorgestellte Methode des Beweisens durch vollständige Induktion benutzt. Eine Voraussetzung für die weitere Arbeit ist die Definition der so genannten *Binomialkoeffizienten*. Um zu verstehen, worum es dabei geht, ist es hilfreich, zunächst einmal die einfachen Beispiele $(a + b)^3$ und $(a + b)^4$ konkret zu berechnen. Es ist

$$(a + b)^3 = a^3 + 3a^2b + 3ab^2 + b^3$$

und

$$(a + b)^4 = a^4 + 4a^3b + 6a^2b^2 + 4ab^3 + b^4.$$

Möchte man nun $(a + b)^5 = (a + b)^4 \cdot (a + b)$ bestimmen, so wird durch die Multiplikation von $(a+b)^4$ mit $(a + b)$ jeder einzelne Summand von $(a + b)^4$ zunächst mit a und dann mit b multipliziert (was auch sonst?), das heißt, man bekommt

$$(a + b)^5 = (a + b)^4 \cdot (a + b)$$
$$= (a^4 + 4a^3b + 6a^2b^2 + 4ab^3 + b^4) \cdot a$$
$$+ (a^4 + 4a^3b + 6a^2b^2 + 4ab^3 + b^4) \cdot b$$
$$= (a^5 + 4a^4b + 6a^3b^2 + 4a^2b^3 + ab^4)$$
$$+ (a^4b + 4a^3b^2 + 6a^2b^3 + 4ab^4 + b^5)$$
$$= a^5 + 5a^4b + 10a^3b^2 + 10a^2b^3 + 5ab^4 + b^5.$$

Wenn man diesen Grundgedanken verallgemeinert, so wird leicht klar, dass der Ausdruck $(a + b)^n$, wenn er denn ausgerechnet und in einzelne Summanden zerlegt ist, die Terme a^n, $a^{n-1}b$, $a^{n-2}b^2$, ..., a^2b^{n-2}, ab^{n-1}, b^n enthalten muss. Die Koeffizienten vor diesen Termen bekommt man aus dem Vergleich von $(a + b)^{n-1}$ und $(a + b)^n$. Man kann sich überlegen, dass sie durch das folgende Dreieck bestimmt sind, das so genannte *Pascal'sche Dreieck*. Der Name erinnert an den französischen Mathematiker, Physiker und Philosophen Blaise Pascal (1623–1662).

$$1$$
$$1 \quad 1$$
$$1 \quad 2 \quad 1$$
$$1 \quad 3 \quad 3 \quad 1$$
$$1 \quad 4 \quad 6 \quad 4 \quad 1$$
$$1 \quad 5 \quad 10 \quad 10 \quad 5 \quad 1$$
$$1 \quad 6 \quad 15 \quad 20 \quad 15 \quad 6 \quad 1$$
$$\cdots \quad \cdots \quad \cdots \quad \cdots \quad \cdots \quad \cdots \quad \cdots \quad \cdots$$

Beim Zählen der Zeilen in diesem Dreieck soll nun ausnahmsweise mit der 0 begonnen werden, denn in der nullten (also eigentlich der ersten) Zeile steht der Koeffizient von $(a + b)^0 = 1$ (nach Vereinbarung ist $m^0 := 1$ für alle natürlichen Zahlen m). In der folgenden ersten Zeile stehen die Koeffizienten von $(a + b)^1 = 1 \cdot a + 1 \cdot b$, in der zweiten Zeile die Koeffizienten von $(a + b)^2 = 1 \cdot a^2 + 2 \cdot ab + 1 \cdot b^2$ und in der n-ten Zeile die Koeffizienten von $(a + b)^n$. Man kommt von einer Zeile zur nächsten, indem man jeweils die Summe zweier benachbarter Koeffizienten bildet und sie unter diese beiden Zahlen schreibt. Warum das so ist, kann man sich durch den Vergleich von $(a + b)^{n-1}$ und $(a + b)^n = (a + b)^{n-1} \cdot (a + b)$ klarmachen. Am linken und am rechten Rand steht jeweils die Zahl 1, denn a^n und b^n treten je einmal auf. Dieses Dreieck kann natürlich beliebig fortgesetzt werden.

Die damit gegebenen Koeffizienten bekommen einen Namen, man nennt sie die *Binomialkoeffizienten*. Sie werden in der Form $\binom{n}{i}$ geschrieben und „n über i" bzw. „i aus n" gesprochen. Dabei ist $\binom{n}{i}$ das i-te Element (beginnend mit $i = 0$) in der n-ten Zeile (ebenfalls beginnend mit $n = 0$). Verwendet man die Binomialkoeffizienten, so sieht das Pascal'sche Dreieck folgendermaßen aus:

$$\binom{0}{0}$$
$$\binom{1}{0} \quad \binom{1}{1}$$
$$\binom{2}{0} \quad \binom{2}{1} \quad \binom{2}{2}$$
$$\binom{3}{0} \quad \binom{3}{1} \quad \binom{3}{2} \quad \binom{3}{3}$$
$$\binom{4}{0} \quad \binom{4}{1} \quad \binom{4}{2} \quad \binom{4}{3} \quad \binom{4}{4}$$
$$\binom{5}{0} \quad \binom{5}{1} \quad \binom{5}{2} \quad \binom{5}{3} \quad \binom{5}{4} \quad \binom{5}{5}$$
$$\binom{6}{0} \quad \binom{6}{1} \quad \binom{6}{2} \quad \binom{6}{3} \quad \binom{6}{4} \quad \binom{6}{5} \quad \binom{6}{6}$$
$$\dots \quad \dots \quad \dots \quad \dots \quad \dots \quad \dots \quad \dots \quad \dots$$

Nach der Vereinbarung für die Binomialkoeffizienten ist insbesondere $\binom{0}{0} = 1$ und $\binom{n}{0} = \binom{n}{n} = 1$ für alle $n \in \mathbb{N}$. Man setzt außerdem $\binom{n}{i} := 0$ für $i < 0$ und $i > n$.

Betrachtet man nun $(a + b)^n$, so kann man zunächst für $n = 2$ bzw. $n = 3$ konkret

$$(a + b)^2 = a^2 + 2ab + b^2 = \binom{2}{0}a^2 + \binom{2}{1}ab + \binom{2}{2}b^2$$

und

$$(a + b)^3 = a^3 + 3a^2b + 3ab^2 + b^3 = \binom{3}{0}a^3 + \binom{3}{1}a^2b + \binom{3}{2}ab^2 + \binom{3}{3}b^3$$

schreiben. Allgemein bekommt man mit Hilfe der Binomialkoeffizienten den *binomischen Lehrsatz* in der Form

$$(a + b)^n = \binom{n}{0}a^n + \binom{n}{1}a^{n-1}b + \binom{n}{2}a^{n-2}b^2 + \dots$$
$$+ \binom{n}{n-1}ab^{n-1} + \binom{n}{n}b^n$$
$$= \sum_{i=0}^{n} \binom{n}{i}a^{n-i}b^i = \sum_{i=0}^{n} \binom{n}{i}a^i b^{n-i}$$

mit $n \in \mathbb{N}$ (denn der Fall $n = 0$ spielt nun wirklich keine tragende Rolle). Mit dieser Formulierung ist allerdings nicht die Frage beantwortet, wie denn allgemein $\binom{n}{i}$ bestimmt werden kann. Das soll in Satz 2.4.2 aufgezeigt und bewiesen werden. Zentral ist dabei der Vergleich der Binomialkoeffizienten, die zu $(a + b)^n$ gehören, im Vergleich zu denen, die zu $(a + b)^{n+1}$ gehören. Der folgende Satz beschreibt, wie sie sich unterscheiden.

▶ **Satz 2.4.1** Für $n \in \mathbb{N}$ und $i \in \mathbb{N}_0$ mit $0 \le i \le n$ gilt:

$$\binom{n + 1}{i} = \binom{n}{i - 1} + \binom{n}{i}.$$

▶ **Beweisidee 2.4.1** Da die Binomialkoeffizienten als Koeffizienten in $(a+b)^n$ definiert sind, kann auch nur diese Definition benutzt werden. Man betrachtet

$$(a+b)^{n+1} = \sum_{i=0}^{n+1} \binom{n+1}{i} a^i b^{n+1-i}$$

und versucht, diese Summe in geeignete Teilsummen zu zerlegen.

▶ **Beweis 2.4.1** Es ist einerseits

$$(a+b)^{n+1} = \sum_{i=0}^{n+1} \binom{n+1}{i} a^i b^{n+1-i}$$

und andererseits

$$(a+b)^{n+1} = (a+b)^n \cdot (a+b) = \left(\sum_{i=0}^{n} \binom{n}{i} a^i b^{n-i} \right) \cdot (a+b)$$

$$= \sum_{i=0}^{n} \binom{n}{i} a^{i+1} b^{n-i} + \sum_{i=0}^{n} \binom{n}{i} a^i b^{n+1-i}.$$

Um diese beiden Gleichungen wirklich zu vergleichen, wird nun (zugegebenermaßen ein wenig trickreich) gerechnet. Der zweite Summand sieht dem angestrebten Ergebnis schon ziemlich ähnlich, nicht so der erste Summand. Also formt man geeignet um, nämlich durch

$$\sum_{i=0}^{n} \binom{n}{i} a^{i+1} b^{n-i} = \sum_{i=1}^{n+1} \binom{n}{i-1} a^i b^{n+1-i}.$$

Auch wenn das merkwürdig erscheinen mag, so steckt nicht viel dahinter. Man beginnt mit der Summation bei $i = 1$, lässt sie dafür bis $i = n + 1$ gehen und ersetzt in der Summe jeweils i durch $i - 1$, um den dabei entstehenden Fehler zu korrigieren. Damit kann man nun

$$(a+b)^{n+1} = \sum_{i=0}^{n} \binom{n}{i} a^{i+1} b^{n-i} + \sum_{i=0}^{n} \binom{n}{i} a^i b^{n+1-i}$$

$$= \sum_{i=1}^{n+1} \binom{n}{i-1} a^i b^{n+1-i} + \sum_{i=0}^{n} \binom{n}{i} a^i b^{n+1-i}$$

schreiben. Nun wird so umgeformt und zusammengefasst, bis man das gewünschte Ergebnis hat. Man bekommt

$$(a + b)^{n+1} = \sum_{i=1}^{n+1} \binom{n}{i-1} a^i b^{n+1-i} + \sum_{i=0}^{n} \binom{n}{i} a^i b^{n+1-i}$$

$$= \sum_{i=0}^{n+1} \binom{n}{i-1} a^i b^{n+1-i} - \binom{n}{-1} b^{n+1}$$

$$+ \sum_{i=0}^{n+1} \binom{n}{i} a^i b^{n+1-i} - \binom{n}{n+1} a^{n+1}$$

$$= \sum_{i=0}^{n+1} \left(\binom{n}{i-1} + \binom{n}{i} \right) a^i b^{n+1-i},$$

da nach der Vereinbarung über die Binomialkoeffizienten $\binom{n}{-1} = \binom{n}{n+1} = 0$ ist (man vergleiche Seite 44). Durch Koeffizientenvergleich folgt die Behauptung. $\square$

Es würde nun zu weit führen, die folgende Formel für den Binomialkoeffizienten $\binom{n}{i}$ genauer zu begründen. Sie soll aber mit Hilfe der vollständigen Induktion bewiesen werden.

▶ **Satz 2.4.2** Für alle $n \in \mathbb{N}$ und $i \in \mathbb{N}_0$ mit $0 \leq i \leq n$ gilt:

$$\binom{n}{i} = \frac{n!}{i! \cdot (n-i)!}.$$

▶ **Beweis 2.4.2** Induktionsanfang: Es ist $\binom{1}{0} = \frac{1!}{0! \cdot 1!} = 1$ und $\binom{1}{1} = \frac{1!}{1! \cdot 0!} = 1$. Damit ist der Induktionsanfang gezeigt.
Induktionsannahme: Es sei $\binom{n}{i} = \frac{n!}{i! \cdot (n-i)!}$ für ein $n \in \mathbb{N}$ und alle $i \in \mathbb{N}_0$ mit $0 \leq i \leq n$.
Induktionsschluss: Man betrachtet $\binom{n+1}{i}$ und zeigt, dass $\binom{n+1}{i} = \frac{(n+1)!}{i! \cdot (n+1-i)!}$ ist (mit $0 \leq i \leq n+1$). Nach Satz 2.4.1 ist die Beziehung

$$\binom{n+1}{i} = \binom{n}{i} + \binom{n}{i-1}$$

gegeben. Überträgt man dieses Ergebnis auf die Behauptung des Satzes, so ist zu zeigen, dass die Gleichung

$$\frac{(n+1)!}{i! \cdot (n+1-i)!} = \frac{n!}{i! \cdot (n-i)!} + \frac{n!}{(i-1)! \cdot (n-i+1)!}$$

gilt. Sei zunächst $0 \leq i \leq n$. Dann rechnet man

$$\frac{n!}{i! \cdot (n-i)!} + \frac{n!}{(i-1)! \cdot (n-i+1)!}$$
$$= \frac{n! \cdot (n+1-i) + n! \cdot i}{i! \cdot (n+1-i)!}$$
$$= \frac{(n+1)!}{i! \cdot (n+1-i)!}$$

und hat die Behauptung bewiesen. Im Fall $i = n + 1$ genügt direktes Einsetzen, denn dann ist

$$1 = \binom{n+1}{i} = \binom{n+1}{n+1} = \frac{(n+1)!}{(n+1)! \cdot (n+1-n-1)!}.$$

Damit ist der Induktionsschluss gelungen. $\qquad\square$

Mit diesem Satz folgt dann auch der so genannte *binomische Lehrsatz*. Wie bereits oben erwähnt, wird er hier für ganze Zahlen formuliert. Er gilt genauso für rationale, reelle und sogar komplexe Zahlen.

▶ **Satz 2.4.3** Binomischer Lehrsatz
Seien a und b ganze Zahlen und n eine natürliche Zahl. Dann ist

$$(a+b)^n = \sum_{i=0}^{n} \binom{n}{i} a^i b^{n-i}$$

mit den Binomialkoeffizienten

$$\binom{n}{i} = \frac{n!}{i! \cdot (n-i)!}.$$

▶ **Beweis 2.4.3** Es ist nichts mehr zu beweisen. Der Term $(a+b)^n$ enthält, wenn er in Summanden aufgespalten ist, Vielfache der Terme $a^n, a^{n-1}b, a^{n-2}b^2, \ldots, a^2 b^{n-2}, ab^{n-1}, b^n$. Die Koeffizienten zu diesen Summanden sind durch $\binom{n}{i}$ mit $i \in \mathbb{N}_0$ und $0 \le i \le n$ festgelegt. Satz 2.4.2 hat gezeigt, dass diese Binomialkoeffizienten die behauptete Form haben. $\qquad\square$

Aus der Schule kennt man in der Regel drei binomische Formeln. Satz 2.4.3 zeigt nun, dass mit der ersten Formel (nämlich $(a+b)^2 = a^2 + 2ab + b^2$) eigentlich schon die zweite Formel (und das ist $(a-b)^2 = a^2 - 2ab + b^2$) gegeben ist. Durch die zweite Formel wird suggeriert, dass a und b beide positive Zahlen sein müssen, was natürlich nicht der Fall ist. So könnte man genauso $(a-b)^2 = (a+(-b))^2 = a^2 + 2a \cdot (-b) + b^2$ schreiben und hätte aus der zweiten Formel ganz unkompliziert die erste Formel gemacht. Gar nichts mit diesen beiden Formeln hat schließlich die so genannte dritte binomische Formel $a^2 - b^2 = (a+b)(a-b)$ zu tun.

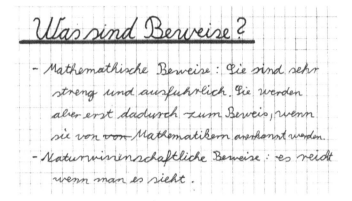

Beweisen aus der Sicht von Matthias, 8. Klasse eines Gymnasiums

2.5   Ein Exkurs über Evidenz und Wahrheit

Zarte Gemüter seien gewarnt, denn der nun folgende Abschnitt wird ein wenig abstrakt. Wer
Lust hat, sich auf ein Gedankenspiel einzulassen, sei zum Weiterlesen ermuntert. Allerdings
ist der Abschnitt recht unabhängig von den anderen und sicherlich keine Voraussetzung
für das Verständnis der übrigen Kapitel des Buchs.

Das Zitat von Matthias sagt eigentlich schon aus, worum es in diesem Abschnitt geht:
Empirische Argumente sind keine mathematischen Argumente, und wer sich darauf ein-
lässt, wird leicht das Opfer von Irrtümern. Mathematische Behauptungen erfordern Beweise. Probiert man stattdessen nur einige Spezialfälle aus und schließt aus dem Ergebnis auf
einen allgemein gültigen Sachverhalt, so kann man sehr leicht einen Fehler machen. Dies
zeigt das folgende Beispiel.

Beispiel 2.5.1

Es sei K die Kreisscheibe (und das ist natürlich, wie aus der Schule gewohnt, der Kreis
zusammen mit dem Kreisrand) vom Radius 1 um den Nullpunkt in der Ebene $\mathbb{R}^2$ (die
auch aus der Schule bekannt ist). Auf dem Rand seien n verschiedene Punkte $P_1, \ldots, P_n$
ausgewählt, die alle untereinander geradlinig verbunden sind. Man nimmt an, dass durch
keinen Punkt innerhalb K mehr als zwei Verbindungsgeraden gehen. Das lässt sich
immer einrichten. Wenn es nämlich nicht ohnehin für die Punkte $P_1, P_2, \ldots, P_n$ so gilt,
dann verändert man gegebenenfalls einzelne Punkte P_j (Abbildung 2.1).

Die Nummerierung der Punkte $P_1, \ldots, P_n$ sei so gewählt, dass sie auf dem Einheitskreisrand
entgegen dem Uhrzeigersinn aufeinander folgen. Mit G_n sei die Anzahl der Teilbereiche
bezeichnet, in die K durch diese Linien zerlegt wird. Durch Ausprobieren erhält man den

Abb. 2.1   Kreisteilung für $n = 4$

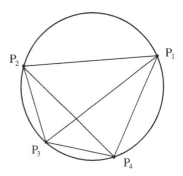

Zusammenhang zwischen n und G_n für kleine Werte von n, wie es die folgende Tabelle zeigt.

n	1	2	3	4	5
G_n	1	2	4	8	16

Der Fall $n = 1$ ist aus Gründen der Vollständigkeit einbezogen. Wenn es nur einen einzigen Punkt gibt, dann gibt es keine Gerade, und damit bleibt der Kreis ein einziges Gebiet.

Die Werte in der Tabelle legen die Vermutung nahe, dass $G_n = 2^{n-1}$ ist. Aber diese Annahme ist leider *falsch*. Ebenfalls durch Abzählen sieht man nämlich $G_6 = 31(!)$. Dabei wird davon ausgegangen, dass die Anzahl der Gebiete G_n von der konkreten Lage der Punkte P_i unabhängig ist (und das stimmt auch, soll hier aber nicht weiter diskutiert werden).

Es soll nun G_n für beliebiges n ermittelt werden. Dazu wird zunächst überlegt, wie sich G_n für $n > 1$ aus G_{n-1} erhalten lässt. Sind die Punkte $P_1, \ldots, P_{n-1}$ alle untereinander geradlinig verbunden, so gehen von jedem dieser Punkte jeweils genau $n - 2$ Verbindungslinien aus.

Nun werde ein Punkt P_n geeignet gewählt, also so, dass auch bei Einbeziehung von P_n durch keinen Punkt im Kreisinnern mehr als zwei Verbindungsgeraden gehen und die Nummerierung „passt". Wegen der Anordnung der Punkte auf dem Kreisrand gemäß ihrer Nummerierung gilt dann Folgendes (und das macht man sich am besten mit Hilfe einer konkreten Zeichnung klar).

Die Verbindungsstrecke $\overline{P_n P_k}$ mit $k \in \{1, \ldots, n - 1\}$ trifft die Strecke $\overline{P_j P_i}$ genau dann, wenn $i < k < j$ oder $j < k < i$ gilt. Wegen $\overline{P_j P_i} = \overline{P_i P_j}$ reicht es, die Anzahl der Paare (i, j) mit $1 \leq i < k < j \leq n-1$ zu ermitteln. Man überlegt sich, dass es genau $(k-1)(n-1-k)$ viele sind. Bei jedem Schnitt von $\overline{P_n P_k}$ mit einer solchen Strecke $\overline{P_j P_i}$ erhöht sich die Anzahl der bereits gezählten Teilgebiete von K um 1. Dasselbe gilt beim Auftreffen der Verbindungsstrecke $\overline{P_n P_k}$ im Punkt P_k. Nach Einbeziehung der Verbindungsstrecke $\overline{P_n P_k}$ wächst damit die Anzahl der Teilgebiete von K um $1 + (k - 1)(n - 1 - k) = 2 + n(k - 1) - k^2$. Dies gilt für alle $k = 1, \ldots, n - 1$, also ist

$$G_n = G_{n-1} + \sum_{k=1}^{n-1} (2 + n(k - 1) - k^2)$$

und somit

$$G_n = G_{n-1} + \sum_{k=1}^{n-1} 2 + n \sum_{k=1}^{n-1}(k-1) - \sum_{k=1}^{n-1} k^2$$

$$= G_{n-1} + 2(n-1) + n \sum_{k=1}^{n-1}(k-1) - \sum_{k=1}^{n-1} k^2$$

$$= G_{n-1} + 2(n-1) + n \sum_{k=1}^{n-2} k - \sum_{k=1}^{n-1} k^2.$$

Das sieht alles noch sehr unhandlich aus, aber es gibt Aussicht auf Besserung, wenn man diesen Term vereinfacht. Für die Summe der ersten n natürlichen Zahlen, deren Quadrate bzw. deren dritte Potenzen (was ein wenig später gebraucht wird) gelten nämlich die folgenden Formeln:

$$\sum_{i=1}^{n} i = \frac{n(n+1)}{2}, \quad \sum_{i=1}^{n} i^2 = \frac{n(n+1)(2n+1)}{6}, \quad \sum_{i=1}^{n} i^3 = \left(\frac{n(n+1)}{2}\right)^2.$$

Alle drei Gleichungen finden sich in jeder Formelsammlung, aber auch als Übungsaufgaben am Ende dieses Kapitels. Weil also (wie es oben schon einmal steht)

$$G_n = G_{n-1} + 2(n-1) + n \sum_{k=1}^{n-2} k - \sum_{k=1}^{n-1} k^2$$

ist, ergibt sich damit

$$G_n = G_{n-1} + 2(n-1) + n \cdot \frac{(n-2)(n-1)}{2} - \frac{(n-1) \cdot n \cdot (2n-1)}{6},$$

und man rechnet schließlich

$$G_n = G_{n-1} + \frac{n^3 - 6n^2 + 17n - 12}{6}$$

aus. Setzt man $q_n = \frac{n^3 - 6n^2 + 17n - 12}{6}$, so erhält man

$$G_n = G_{n-1} + q_n = G_{n-2} + q_{n-1} + q_n = \ldots = G_1 + q_2 + q_3 + \cdots + q_n.$$

Nun ist $G_1 = 1$, man hat also einen Anfangswert. Außerdem ist $q_1 = 0$ und somit

$$\sum_{j=2}^{n} q_j = \sum_{j=1}^{n} q_j.$$

Also bekommt man nach den Regeln des Rechnens mit Summen

$$G_n = G_1 + \sum_{j=2}^{n} q_j = 1 + \sum_{j=1}^{n} q_j = 1 + \frac{1}{6}\sum_{j=1}^{n} j^3 - \sum_{j=1}^{n} j^2 + \frac{17}{6}\sum_{j=1}^{n} j - 2n.$$

Jetzt werden alle drei Formeln (zur Summe der ersten n Zahlen, ihrer Quadrate und ihrer dritten Potenzen) benutzt, und man bekommt nach einigen genauso einfachen wie langweiligen Rechnungen

$$G_n = \frac{n^4 - 6n^3 + 23n^2 - 18n + 24}{24}$$

als Ergebnis. Die Folge der Zahlen G_n beginnt also eher zufällig genauso wie die Folge $(a_n) = 2^{n-1}$, und die bereits begonnene Wertetabelle kann durch

n	1	2	3	4	5	6	7	8
G_n	1	2	4	8	16	31	57	99

fortgesetzt werden.

2.6 Ein Axiomensystem für die natürlichen Zahlen

What's in a name? that which we call a rose by any other name would smell as sweet.

William Shakespeare: Romeo and Juliet

2.6.1 Was sind die natürlichen Zahlen?

Auf den vorangegangenen Seiten sind einige Untersuchungen zu und mit natürlichen Zahlen durchgeführt worden. Die Frage, woher diese Zahlen genommen werden können und wie es um ihre Existenz bestellt ist, wurde dabei nicht gestellt. Genauso ist es auch im Verlauf der mathematischen Wissenschaftsgeschichte gewesen, denn diese eigentlich grundlegenden Überlegungen sind erst sehr spät angestellt worden. Das trifft auf die natürlichen Zahlen genauso zu wie auf die reellen und die komplexen Zahlen, wenn man von einigen Pionieren absieht, die jeweils ihrer Zeit voraus waren.

Die natürlichen Zahlen, für deren Gesamtheit die Abkürzung $\mathbb{N}$ benutzt wird, kann man nicht sehen (bis auf Modelle für kurze Abschnitte), und es ist oben schon begründet worden, dass es prinzipiell keine Verwirklichung für diese unendliche Menge im Universum geben kann. Obendrein zeigt das Beispiel von Hilberts Hotel, dass sie doch recht absurd anmutende Eigenschaften aufweist. Die Frage, ob es die Menge $\mathbb{N}$ gibt, ist also keineswegs nur eine rhetorische Floskel ohne Tiefgang. Die natürlichen Zahlen anzuerkennen hat durchaus etwas von einem Glaubensbekenntnis, denn beweisbar ist ihre Existenz nicht.

Die natürlichen Zahlen existieren also nur in der Vorstellung. Man kann, ähnlich wie Immanuel Kant (1724–1804) in Betrachtung seines „inneren moralischen Gesetzes und des bestirnten Himmels über ihm" Bewunderung und Ehrfurcht empfinden vor der Leistung der Evolution, die das Gehirn ja vermutlich zu profaneren Zwecken geschaffen hat als zum Nachdenken über unendliche Mengen. Dass es trotzdem funktioniert, und immerhin gar nicht so schlecht, ist vor diesem Hintergrund sicher nicht selbstverständlich. So gesehen hätte dann die Natur tatsächlich die natürlichen Zahlen geschaffen.

Historisches zu den natürlichen Zahlen

Die Methode des Zählens zur Bestimmung der Größe einer Gesamtheit (etwa einer Mammutherde) ist sicherlich so alt wie die Menschheit. Mit Entwicklung der Schrift wurden auch Zahlzeichen (Ziffern) eingeführt, die meistens auf dem Dezimalsystem beruhen und größere Zahlen durch Zusammensetzung darstellen (in Abschn. 3.1 werden Beispiele vorgestellt). Der Grund dafür ist offenbar in der Anzahl der Finger zu suchen. Das englische Wort *digit* für Ziffer stammt vom lateinischen *digitus* (Finger) ab, und man kann vermuten, dass die sprachliche Verwandtschaft des Zahlwortes „zehn" mit „Zehen" kein Zufall ist.

Die bis heute üblichen Ziffern 0, 1, . . . , 9 sind um 400 v. Chr. in Indien entstanden, wobei das Symbol 0 zunächst nicht für eine Zahl stand, sondern nur als Hilfsmittel in Zusammensetzungen wie 201 Sinn machte. Der wesentliche Trick der Darstellung besteht jedoch in der Zusammenfassung zu Zehner-Sets. Die Eins vor der Null markiert ein komplettes Set. Die Ziffernfolge 117 steht für „ein komplettes Zehner-Set von Zehner-Sets und ein weiteres Zehner-Set und Sieben". In Kapitel 3 wird darauf noch explizit eingegangen. Diese systematische Zusammenfassung kommt einer übersichtlichen Rechentechnik sehr entgegen und ist dem römischen Zahlensystem weit überlegen.

Die Null als Zahl sowie die negativen ganzen Zahlen wurden erst einige hundert Jahre später einbezogen. Dieses Wissen geriet, jedenfalls in Europa, wieder in Vergessenheit. Adam Ries erklärt die natürlichen Zahlen in seinem dritten Rechenbuch

(*Rechenung nach der lenge/auff den Linihen und Feder*) 1550 unter der Überschrift *Numerirn/Zelen* wie folgt: „Zehen sind figurn/darmit ein jede zal geschrieben wirt/sind also gestalt. 1.2.3.4.5.6.7.8.9.0. Die ersten neun bedeuten/die zehent als 0 gibt in fursetzung mehr bedeutung/gilt aber allein nichts/wie hie 10.20.30. . . ."

Ein unumstößliches Prinzip auf dieser Welt besagt in einer verbreiteten Formulierung: Von nichts kommt (auch) nichts. Das gilt genauso innerhalb der Mathematik. Man kann die natürlichen Zahlen nicht einfach aus dem Nichts hervorzaubern. Jede Überlegung braucht ein Fundament, auf dem sie aufgebaut ist. Dieses Fundament muss nicht unbedingt fixiert sein, vielmehr kann man es, um bestimmte Ergebnisse zu erhalten, tiefer oder höher ansetzen. Wenn man zum Beispiel ein Fahrrad haben möchte, so kann man mit ausreichenden Geldmitteln ausgestattet in ein Fahrradgeschäft gehen und ein Fahrrad kaufen. Man kann aber auch Rohmaterial im Baumarkt kaufen und dann (Geschick vorausgesetzt) ein Fahrrad basteln. Das Fundament noch tiefer anzusetzen, würde vielleicht heißen, dass man sich Eisenerz besorgt, es verhüttet und so irgendwann auch einmal (ein besonders stolzer) Besitzer eines Fahrrads wird. Klar ist auf jeden Fall, dass es ohne Zutaten (oben Fundament genannt) nicht geht und dass diese Zutaten je nach Ausgangspunkt verschieden sein können.

Wenn man sich nun auf den Standpunkt stellt, die natürlichen Zahlen $\mathbb{N}$ in ihrer Gesamtheit würde es eben einfach geben, so ist das wegen der geschilderten eher unheimlichen Eigenschaften nicht ganz befriedigend. Man kann die Eigenschaften intuitiv eben nicht in den Griff bekommen. Ein besseres Gefühl hat man als Mathematikerin oder Mathematiker hingegen, wenn das Fundament tiefer angesetzt und weitmöglichst abgesichert wird. Und dann begibt man sich in dieser Wissenschaft gerne auf ein dem Eisenerz vergleichbares Niveau. Man legt Grundlagen fest und nennt sie dann in der Regel *Axiome*. Ein Axiom ist ein mathematischer Grundsatz, der nicht bewiesen werden kann. Mehrere Axiome bilden ein so genanntes *Axiomensystem*. Im Folgenden wird deutlich werden, was darunter zu verstehen ist.

2.6.2 Die Peano-Axiome

Ein Vorschlag für eine axiomatische Beschreibung der natürlichen Zahlen, der heute zum Allgemeingut einschlägiger mathematischer Lehrveranstaltungen gehört, sind die so genannten *Peano-Axiome*, die auf den italienischen Mathematiker Giuseppe Peano (1858–1932) zurückgehen. Er hatte den Gedanken, die dem Induktionsprinzip zugrunde liegenden Ideen in Form von Axiomen zur Einführung der natürlichen Zahlen zu verwenden. Diese Axiome sind dann sozusagen nichts weiter als Spielregeln im Umgang mit diesen Zahlen. Alles, was über $\mathbb{N}$ und die Elemente von $\mathbb{N}$ behauptet wird, muss sich aus diesen Axiomen unter Anwendung der logischen Schlussregeln herleiten lassen. Eine Aussage hat erst Relevanz, wenn diese Herleitung gelungen ist. Sie ist dann in der auf den Axiomen gegründeten Theorie wahr. Sie ist kein Erfahrungssatz mehr, hat mehr als empirische Bedeutung und ist in einen logisch konsistenten Rahmen eingebunden. Genau das ist es, was (diese) Wissenschaft ausmacht.

Viele Menschen halten die Mathematik für eine Wissenschaft, in der das Fundament zwingend gegeben ist. Das ist allerdings nicht der Fall. Ob man sich entschließt, das Gedankengebäude auf ein bestimmtes Axiomensystem zu gründen oder nicht, hängt von pragmatischen Überlegungen ab. So stellt sich die Frage, ob man (mit vertretbarem Aufwand) von den Axiomen in endlich vielen Schritten zu den angestrebten Zielen gelangt. Ist das der Fall, so wird man das gewählte Axiomensystem beibehalten, solange sich kein Widerspruch in den Konsequenzen ergibt. Andernfalls ist es zu verwerfen oder entsprechend zu revidieren. Hat man nun zwei Axiomensysteme A_1, A_2 und lassen sich die Axiome des ersten aus denen des zweiten herleiten, so liefert das zweite natürlich jedes Ergebnis, welches das erste ermöglicht. In der von A_2 erzeugten Theorie sind die Axiome aus A_1 beweisbare Aussagen, also ist A_2 „tiefer" als A_1. Ob man nun die Resultate der aus A_1 folgenden Theorie T auf A_1, oder lieber auf das tiefer angesetzte Fundament A_2 aufbauen möchte, ist für die Sätze innerhalb von T prinzipiell egal, man muss sich nur für eines entscheiden, denn auf nichts lässt sich nichts gründen. Auch am Beispiel der natürlichen Zahlen wird sich zeigen, dass es für ihre Herleitung verschieden „tief" liegende mögliche Axiomensysteme gibt.

Sei nun N irgendeine nicht leere Menge. Wenn man in N (irgendwie) fortgesetzt zählen kann, so ist es vernünftig, N als ein Modell für die natürlichen Zahlen zu schreiben, und man darf dann auch N gleich als *die* Menge der natürlichen Zahlen betrachten. So könnte man sich N als unendlich langes Maßband oder als unendliche Menge kleiner Würfelchen vorstellen (bei denen dann allerdings klar sein müsste, welcher der erste, welcher der zweite, welcher der siebte usw. ist).

Wodurch kann man nun eine solche „Zählstruktur" mathematisch sauber erfassen? Eine Möglichkeit bieten die folgenden Axiome, die *Peano-Axiome* genannt werden. Nochmals: Dabei ist N eine nicht leere Menge.

Axiom 2.1 Peano-Axiome

(P1) Jedem $n \in N$ ist genau ein $n' \in N$ zugeordnet, das der *Nachfolger* von n heißt.

(P2) Es gibt ein $a \in N$ (wie „Anfang"), das für kein $n \in N$ Nachfolger ist.

(P3) Sind $n, m \in N$ verschieden, so sind auch die Nachfolger n', m' verschieden (dasselbe wird ausgedrückt durch: Aus $n' = m'$ folgt $n = m$).

(P4) Ist M eine Teilmenge von N mit $a \in M$ und enthält M zu jedem Element auch dessen Nachfolger, so gilt $M = N$.

Erfüllt eine Menge N alle vier Axiome, so heißt N die Menge der natürlichen Zahlen, und man schreibt dann $\mathbb{N}$ statt N. Alle vertrauten Eigenschaften der natürlichen Zahlen müssen sich entsprechend aus den Axiomen herleiten lassen.

Ist nun aber wirklich $N = \mathbb{N}$, also genau das, was man als die Menge der natürlichen Zahlen kennt? Gibt es keinen Unterschied zwischen einem geeigneten (unendlich langen) Maßband und den natürlichen Zahlen? Das kann man sich Schritt für Schritt überlegen. Dazu nimmt man beispielsweise an, dass das Maßband (wie üblich) in kleine Stücke gleicher Länge unterteilt ist. Dann hat jedes dieser Stücke einen Nachfolger im Sinne von (P1). Außerdem gibt es ein Anfangsstück, sodass auch (P2) erfüllt ist. Verschiedene Stücke haben verschiedene Nachfolger, woraus die Gültigkeit von (P3) folgt. Schließlich kann man auch (P4) nachvollziehen, denn der Beginn mit dem ersten Stück sichert das gesamte Maßband. Also erfüllt auch das Maßband das Axiomensystem.

Mit einem Axiomensystem (wofür auch immer) verbindet man zwei nahe liegende Forderungen unterschiedlicher Qualität:

- Aus den Axiomen soll sich kein Widerspruch (also nicht gleichzeitig eine Aussage und ihre Verneinung) herleiten lassen können.
- Die Axiome sollen nichts Überflüssiges enthalten – das ist eine stilistische Forderung, keine inhaltliche.

Man kann sich überlegen, dass im Peano'schen Axiomensystem keine der vier Forderungen weggelassen werden kann. Immer würde man dann etwas anderes beschreiben können als das, was mit den natürlichen Zahlen gemeint ist. Wird zum Beispiel die letzte Forderung gestrichen, +o erfüllt die Menge aller reellen Zahlen größer oder gleich 1 die restlichen Axiome ohne weiteres, wenn wir $n' := n + 1$ (Addition in den reellen Zahlen) setzen.

Beispiel 2.6.1

Es soll nun gezeigt werden, wie aus den Peano-Axiomen vertraute Eigenschaften natürlicher Zahlen abgeleitet werden können. Dazu soll die zu Beginn dieses Kapitels (beim Nachweis eines kleinsten Elements in jeder nicht leeren Teilmenge von $\mathbb{N}$) schon verwendete Aussage „Zu jeder natürlichen Zahl n existieren nur endlich viele $k \in \mathbb{N}$ mit $k \leq n$" noch einmal aufgegriffen werden.

Bildet man, mit einer natürlichen Zahl a beginnend, fortgesetzt Nachfolger, so ist dies dasselbe wie das Zählen von a an. Alle Nachfolger a', $(a')'$, ... sind größer als a (man vergleiche die auf Seite 21 gegebene Definition der Kleinerbeziehung bzw. Größerbeziehung). Wegen (P4) muss sich jede natürliche Zahl n durch eine endliche fortgesetzte Nachfolgerbildung erhalten lassen, da die so erhaltene Menge $N = \{a, a', \ldots\}$ die in (P4) gestellten Anforderungen erfüllt. Da nach (P4) $N = \mathbb{N}$ gilt, muss also auch n in *endlich vielen Schritten* durch Nachfolgerbildung aus a erhalten werden. Alle Zahlen, die man dabei von a bis n bekommt, sind kleiner oder gleich n, alle anderen sind nach der Feststellung zu Beginn des Absatzes größer als n.

Anmerkung

In der Literatur werden in der Regel fünf Peano-Axiome angeführt, von denen das erste lautet: „1 ist eine natürliche Zahl". Die Nummerierung der anderen Axiome verschiebt sich dann entsprechend. Mit diesem ersten „Axiom" ist jedoch keine Aussage über die Struktur der Menge der natürlichen Zahlen verbunden, sondern es wird nur ein Name für eine bestimmte „ausgezeichnete" natürliche Zahl festgelegt.

Macht man sich klar, dass es zum Zeitpunkt der Einführung der natürlichen Zahlen mittels der Peano-Axiome bestimmt nicht auf den Namen dieses ausgezeichneten Elements ankommt, so sieht man ein, dass dieses (übliche) erste Axiom eine andere Qualität als die folgenden Axiome hat. Man kann durch Nennung der hochgradig besetzten Bezeichnung „1" ganz leicht in die Irre geführt werden. Es kann keine 1 gemeint sein, die einer irgendwie schon vorhandenen Zahlenmenge entstammt, denn dadurch würde sich das gesamte Axiomensystem ad absurdum führen.

An dieser Stelle, das heißt, wenn die natürlichen Zahlen mit Hilfe der Peano-Axiome eingeführt werden, kommt der Zahl 1 (die dem Element a aus (P2) entspricht) noch keine arithmetische Bedeutung zu. Erst später, nämlich dann, wenn die Rechenoperationen erklärt werden, erhält das Anfangselement dann tatsächlich seine Rolle, zum Beispiel die, dass es als Faktor in einem Produkt den Wert dieses Produkts nicht ändert. Auch die Betrachtungen im folgenden Abschnitt zeigen, dass es keineswegs notwendig ist, sich das Anfangselement a der natürlichen Zahlen als die 1 in den schon fertig vorhanden gedachten reellen Zahlen vorzustellen.

2.6.3   Modelle zu den Peano-Axiomen

Welche Auswirkungen auf die Struktur von $\mathbb{N}$ haben die einzelnen Axiome von Peano, was ist jeweils deren Sinn?

In den Abbildung 2.2, 2.3 und 2.4 sind Modelle angegeben, in denen manche der Peano-Axiome erfüllt sind und andere nicht. Die Elemente der Grundmenge sind in Form der grauen Quadrate dargestellt. Die Pfeile geben den jeweiligen Nachfolger an.

Abb. 2.2 In diesem Beispiel ist (P1) nicht erfüllt, denn nur zwei der drei Elemente besitzen einen Nachfolger. Die restlichen Axiome gelten dagegen: Das mit A bezeichnete Feld hat keinen Vorgänger, wie (P2) fordert. Es gibt keine zwei verschiedenen Elemente, die den Nachfolger gemeinsam haben. Jede Teilmenge, die das Feld A enthält und mit jedem Element auch den Nachfolger, ist bereits die gesamte Menge

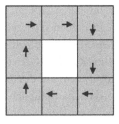

Abb. 2.3 In diesem Beispiel ist (P2) nicht erfüllt. Jedes Element besitzt einen Vorgänger, keines spielt also die A zukommende Rolle. Aber (P1) und (P3) gelten hier, denn jedes Element hat einen Nachfolger und kein Element besitzt mehr als einen Vorgänger. Da das Anfangselement fehlt, ist (P4) hier natürlich sinnlos

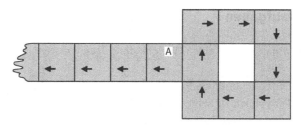

Abb. 2.4 In diesem Beispiel ist nun (P4) nicht erfüllt, wohl aber (P1), (P2) und (P3). Man kann eine Teilmenge herausnehmen (die nämlich aus dem Element A und seinen Nachfolgern besteht), die nicht mit der ganzen Menge übereinstimmt

2.6.4   Mengentheoretische Begründung von $\mathbb{N}$

Der nun folgende Abschnitt ist wirklich nur etwas für Hartgesottene. Er kann nicht nur beim ersten Lesen ohne Probleme übersprungen werden. Es geht hier darum, die natürlichen Zahlen aus den Axiomen der Mengenlehre herzuleiten (wobei die Axiome aber nicht näher ausgeführt werden sollen).

Dabei erscheinen diese Zahlen dann als Mengen, die nach folgender Vorschrift zu bilden sind: Es ist $1 := \emptyset$ und $n' := n \cup \{n\}$. Das erste Element („1" oder „a") ist damit die leere Menge. Der Nachfolger „1" wird definiert als Vereinigung des ersten Elements mit der Menge, die dieses erste Element enthält. Entsprechend ist $1' = \emptyset \cup \{\emptyset\} = \{\emptyset\}$. Alle weiteren Elemente entstehen ebenfalls, wenn man den entsprechenden Vorgänger (und das ist bereits eine Menge) mit der Menge vereinigt, die diesen Vorgänger enthält. Die ersten Mengen der Folge sind also

$$\emptyset,\ \{\emptyset\},\ \Big\{\emptyset,\ \{\emptyset\}\Big\},\ \Big\{\emptyset,\ \{\emptyset\},\ \big\{\emptyset,\ \{\emptyset\}\big\}\Big\},\ldots$$

mit der folgenden „Rollenverteilung":

$$(1 =)\ \emptyset,\quad (2 := 1' =)\ \{\emptyset\},\quad (3 := 2' =)\ \Big\{\emptyset,\ \{\emptyset\}\Big\},$$

$$(4 := 3' =)\ \Big\{\emptyset,\ \{\emptyset\},\ \big\{\emptyset,\ \{\emptyset\}\big\}\Big\},\ldots$$

Man kann sich davon überzeugen, dass die Peano-Axiome für diese Gesamtheit von Mengen erfüllt sind. Die Mengen bilden also „die" natürlichen Zahlen, denn hierunter darf jede Menge verstanden werden, in der die Peano-Axiome erfüllt sind. Es wird durch dieses Beispiel vielleicht ein wenig klarer, dass verschiedene Modelle für die natürlichen Zahlen letztendlich nur durch Umbenennung auseinander hervorgehen.

2.7   Übungsaufgaben

1. Es seien k, m, n natürliche Zahlen. Welche der folgenden Aussagen sind richtig und welche falsch?
   a) Ist k ein Teiler von n und von m, so auch von $n + m$.
   b) Ist k ein Teiler von n aber keiner von m, so ist k kein Teiler von $n + m$.
   c) Ist k kein Teiler von n und keiner von m, so auch keiner von $n + m$.
   d) Ist k ein Teiler von n und von m, so auch von $n \cdot m$.
   e) Ist k ein Teiler von n, aber keiner von m, so ist k kein Teiler von $n \cdot m$.
   f) Ist k kein Teiler von n und keiner von m, so auch keiner von $n \cdot m$.
   Dabei sollen Schulkenntnisse zum Begriff des Teilers einer natürlichen Zahl verwendet werden.

2. Es sei n eine natürliche Zahl. Man zeige, dass dann genau eine der Zahlen $n, n+1, n+2$ durch 3 teilbar ist.

3. Beweisen Sie die für alle $n \in \mathbb{N}$ gültige Gleichung:

$$\sum_{i=1}^{n} (i \cdot i!) = (n+1)! - 1.$$

   In Definition 2.3.1 kann man übrigens nachsehen, was unter $n!$ zu verstehen ist.

4. Ein Gewinnspiel für zwei Personen: Es wird abwechselnd und fortlaufend gezählt, wobei jeder Spieler nach eigenem Ermessen eine oder zwei Zahlen weiterzählen darf. Begonnen wird mit 1, das heißt also, Spieler A darf „1" oder „1, 2" sagen, worauf Spieler B mit „2" bzw. „2, 3" und im zweiten Fall mit „3" bzw. „3, 4" fortsetzen kann. Wer „20" sagen muss, hat verloren.
   Gibt es für einen der beiden Spieler eine Strategie, die sicher zum Gewinn führt?

5. Die folgenden Gleichungen für die Summe der ersten m natürlichen Zahlen, deren Quadrate bzw. deren dritte Potenzen sollen bewiesen werden:
   a) $\displaystyle\sum_{k=1}^{m} k = \frac{m(m+1)}{2}$,
   b) $\displaystyle\sum_{k=1}^{m} k^2 = \frac{m(m+1)(2m+1)}{6}$,
   c) $\displaystyle\sum_{k=1}^{m} k^3 = \left(\frac{m(m+1)}{2}\right)^2$.

6. Man zeige für alle natürlichen Zahlen n:
   a) $\displaystyle\sum_{k=1}^{n} \frac{1}{k(k+1)} = \frac{n}{n+1}$,
   b) $\displaystyle\sum_{k=0}^{n-1} 2^k = 2^n - 1$.

7. Zeigen Sie, dass für die Fibonacci-Zahlen die Beziehung

$$\sum_{i=1}^{n} F_i^2 = F_n \cdot F_{n+1}$$

für alle $n \in \mathbb{N}$ gilt.

8. Zeigen Sie, dass für die Fibonacci-Zahlen und für alle $m, n \in \mathbb{N}$ mit $m > 1$ die Beziehungen

   a) $F_{m+n} = F_{m-1}F_n + F_mF_{n+1}$ und
   b) $F_n^2 + F_{n+1}^2 = F_{2n+1}$

   erfüllt sind.

9. a) Es seien n verschiedene Geraden $g_1, g_2, \ldots, g_n$ in der Ebene gegeben, von denen keine zwei parallel sein sollen. Kein Punkt der Ebene sei Schnittpunkt von mehr als zwei dieser Geraden. In wie viele Teile zerschneiden die Geraden die Ebene? Entwickeln Sie eine Idee für die gesuchte Zahl und beweisen Sie diese anschließend mit vollständiger Induktion.

   b) Wie verändert sich die Anzahl der Teile in a), wenn zwei oder mehr Geraden parallel sein dürfen?

10. Die folgenden Ungleichungen sind im jeweiligen Gültigkeitsbereich nachzuweisen.

    a) Für alle natürliche Zahlen $n \geq 3$ gilt:

    $$2n + 1 < 2^n.$$

    b) Unter Benutzung von a) zeige man, dass für $n \geq 4$ gilt:

    $$n^2 \leq 2^n.$$

    c) Sind die Ungleichungen in a) bzw. b) für $n = 1, 2$ bzw. $n = 1, 2, 3$ richtig oder falsch?

11. Man überprüfe für die folgenden Mengen X mit der jeweils gegebenen Nachfolger-Definition, welche der Peano-Axiome erfüllt sind und welche nicht (die reellen Zahlen $\mathbb{R}$ werden mit Schulkenntnissen zur Definition der Mengen benutzt).

    a) $X = \mathbb{R}, x' = x + 1$ für alle $x \in X$.
    b) $X = \mathbb{R} \setminus \{0, -1, -2, -3, \ldots\}$, $x' = x + 1$ für alle $x \in X$.
    c) $X = \{0, 2, 4, 6, \ldots\} \subset \mathbb{R}$, $x' = x + 2$ für alle $x \in X$.
    d) $X = \{1, -1\} \subset \mathbb{R}$, $x' = (-1) \cdot x$.
    e) $X = \{-1, 0, 1\}$, $-1' = 0$, $0' = -1$, $1' = 0$.

    Kleiner Warnhinweis: Die Aufgabe verlangt eine absolut formale Betrachtungsweise.

12. Zeigen Sie, dass das Anfangselement a in jedem Modell der natürlichen Zahlen eindeutig bestimmt ist. Es gibt also genau ein a mit den gewünschten Eigenschaften aus Axiom 2.1.

Zahldarstellungen und Stellenwertsysteme

3

Inhaltsverzeichnis

In diesem Kapitel geht es darum, wie natürliche Zahlen dargestellt werden können und wie man in den verschiedenen Darstellungen mit ihnen rechnen kann. Wenn man ganz wenig Zeit hat, dann kann man den letzten Abschnitt auch später lesen. Doch die Inhalte dieses Kapitels sind nicht schwierig und größtenteils schon aus der Schule bekannt. Es geht wesentlich darum, dieses Schulwissen aus der mathematischen Perspektive heraus zu hinterfragen und zu systematisieren.

3.1 Beispiele für Zahldarstellungen •

> *Gleichungen sind wichtiger für mich, weil die Politik für die Gegenwart ist, aber eine Gleichung etwas für die Ewigkeit.*
>
> Albert Einstein

Was versteht man genau unter der Zahl 14603? Nun, jede der Ziffern 1, 4, 6, 0 und 3 dieser Zahl steht (je nach Position in der Darstellung) für einen ganz bestimmten Wert. Die Ziffer

K. Reiss und G. Schmieder, *Basiswissen Zahlentheorie*, Mathematik für das Lehramt, DOI: 10.1007/978-3-642-39773-8_3, © Springer-Verlag Berlin Heidelberg 2014

1 bestimmt die Anzahl der Zehntausender, die Ziffer 4 die Anzahl der Tausender, die Ziffer 6 steht für die Hunderter, die Ziffer 0 für die Zehner und die Ziffer 3 für die Einer. Es ist also

$$14603 = 1 \cdot 10^4 + 4 \cdot 10^3 + 6 \cdot 10^2 + 0 \cdot 10^1 + 3 \cdot 10^0,$$

nichts anderes als die Beschreibung der Zahl mit Hilfe von Potenzen der Zahl 10. Dabei ist $n^0 = 1$ für alle natürlichen Zahlen n, also insbesondere auch $10^0 = 1$ (was vermutlich noch aus der Schule bekannt ist).

Die Interpretation einer Aneinanderreihung von Ziffern zwischen 0 und 9 als Anzahl der jeweiligen Potenzen der Zahl 10 ist charakteristisch für das Dezimalsystem (auch Zehnersystem genannt). Jede natürliche Zahl x lässt sich in der Form

$$x = x_n \cdot 10^n + x_{n-1} \cdot 10^{n-1} + \ldots + x_1 \cdot 10^1 + x_0 \cdot 10^0 = \sum_{i=0}^{n} x_i \cdot 10^i$$

für gewisse $x_i \in \{0, 1, \ldots, 9\}$ und ein $n \in \mathbb{N}$ schreiben. Dabei vereinbart man üblicherweise $x_n \neq 0$, denn eine natürliche Zahl wird im Zehnersystem nicht mit einer Null an der ersten Stelle oder gar an mehreren vorangehenden Stellen geschrieben, obwohl das im Grunde nicht falsch wäre. Die x_i nennt man die (dezimalen) *Ziffern der natürlichen Zahl x*.

Bisher klingt alles ganz selbstverständlich, denn der Umgang mit dem Zehnersystem und damit auch mit Zehnerpotenzen ist eine vertraute Angelegenheit. Doch muss man sich eigentlich auf Zehnerpotenzen beschränken? Nein, denn entsprechend könnte man eine natürliche Zahl durch die Potenzen anderer (natürlicher) Zahlen ausdrücken. Dabei muss man allerdings die 1 offensichtlich ausnehmen. Man kann mit Hilfe von Potenzen der Zahl 10 nun wie gewohnt

$$264 = 2 \cdot 10^2 + 6 \cdot 10^1 + 4 \cdot 10^0$$

schreiben, aber genauso

$$264 = 2 \cdot 5^3 + 0 \cdot 5^2 + 2 \cdot 5^1 + 4 \cdot 5^0$$

bei Benutzung von Potenzen der Zahl 5 und

$$264 = 1 \cdot 2^8 + 0 \cdot 2^7 + 0 \cdot 2^6 + 0 \cdot 2^5 + 0 \cdot 2^4 + 1 \cdot 2^3 + 0 \cdot 2^2 + 0 \cdot 2^1 + 0 \cdot 2^0,$$

wenn die Zahl 264 über Potenzen von 2 ausgedrückt wird. Die Darstellung

$$264 = 1 \cdot 16^2 + 0 \cdot 16^1 + 8 \cdot 16^0$$

beruht auf Potenzen der Zahl 16. Betrachtet man also nur die jeweiligen *Ziffern* (in den Beispielen die Zahlen vor den jeweiligen Potenzen von 10, 5, 2 oder 16) und legt fest, welche natürliche Zahl *Basis* der Darstellung sein soll, könnte man entsprechend

$$264 = (264)_{10} = (2024)_5 = (100001000)_2 = (108)_{16}$$

schreiben. Dabei wird durch den Index 10 bzw. 5 bzw. 2 deutlich gemacht, dass die Ziffern in Bezug auf die Basis 10 bzw. 5 bzw. 2 betrachtet werden. Die Verallgemeinerung dieser Idee liegt nahe, und es scheint klar zu sein, dass zu jeder natürlichen Zahl a und jeder natürlichen Zahl $g \geq 2$ eine Zahldarstellung der Art

$$a = a_n \cdot g^n + a_{n-1} \cdot g^{n-1} + \ldots + a_1 \cdot g^1 + a_0 \cdot g^0 = \sum_{i=0}^{n} a_i \cdot g^i$$

für gewisse $a_i \in \mathbb{N}_0$ mit $0 \leq a_i < g$ für $i = 0, 1, \ldots, n$ und $a_n \neq 0$ existiert. Dabei soll die Menge $\mathbb{N}_0$ durch $\mathbb{N}_0 := \mathbb{N} \cup \{0\}$ definiert sein. Die a_i heißen die *Ziffern* bei einer Darstellung von $a \in \mathbb{N}$ mit Hilfe der so genannten *Basis g*. Sie nehmen entsprechend der Definition Werte zwischen 0 und $g-1$ an. Man sagt, dass die natürliche Zahl a im *Stellenwertsystem zur Basis g* dargestellt ist. Es bedarf allerdings einer stichhaltigen Begründung, dass man immer und unter allen Umständen für alle natürlichen Zahlen eine solche Darstellung angeben kann. Im weiteren Verlauf des Kapitels wird auf dieses Problem explizit eingegangen, und selbstverständlich wird auch eine Begründung gegeben.

Nimmt man vorerst einfach an, dass die Darstellung möglich ist, so tritt trotzdem eine kleine Schwierigkeit auf, denn für $g \geq 11$ reicht der gewohnte Ziffernvorrat $\{0, 1, 2, \ldots, 9\}$ nicht mehr aus. So gilt für die Zahl 1594 (geschrieben im Zehnersystem)

$$1594 = 11 \cdot 12^2 + 0 \cdot 12^1 + 10 \cdot 12^0,$$

das heißt, man benötigt im Stellenwertsystem zur Basis 12 die „Ziffern" 10 und 11 in der Darstellung. Üblicherweise trifft man sich hier mit den ersten Buchstaben des Alphabets und schreibt A für 10 und B für 11. Damit ist

$$1594 = (1594)_{10} = 11 \cdot 12^2 + 0 \cdot 12^1 + 10 \cdot 12^0 = (B0A)_{12}.$$

Für die Praxis spielt es keine Rolle, dass auch dieser Ziffernvorrat auf 26 Buchstaben beschränkt ist. Schließlich rechnet man vorwiegend im Zehnersystem, und darüber hinaus ist niemand wirklich an einer Darstellung mit $g > 16$ interessiert (nur die Basis $g = 16$ spielt in der Informatik noch eine gewisse Rolle). Warum schreibt man nicht einfach 10 statt A und 11 statt B? Wenn man das täte, so hätte man es mit einer schon im Ansatz gefährlichen Vermischung zweier Ziffernsysteme zu tun. Im letzteren Sinn bezieht sich die Zahldarstellung 10 auf das Dezimalsystem. Im Zwölfersystem existiert daneben aber auch die 10 im Sinne von $(10)_{12} = 1 \cdot 12^1 + 0 \cdot 12^0$, und das ist nichts anderes als die Zahl 12 im Dezimalsystem. Es ist also keinesfalls wünschenswert, diese Doppelbedeutung zuzulassen.

Die Idee der Zahldarstellung in geschichtlicher Perspektive
Schriftliche Zahldarstellungen haben sich bereits früh entwickelt. So gab es um 3000
v. Chr. in *Ägypten* bereits ein Zahlsystem, das für jede der Zahlen 1, 10, 100, 1000,
10000, 100000, 1000000 ein besonderes Zeichen benutzte. Alle Zahlen wurden mit
Hilfe dieser sieben Zahlzeichen dargestellt. Die folgende Abbildung ist einem Buch
von Walter Popp entnommen (man vergleiche [16]):

$|$ = 1	= 1000	= 100000
$\cap$ = 10		
= 100	= 10000	= 1000000

Damit war es denkbar einfach, Zahlen wie 20, 300 oder 4000 aufzuschreiben. Sie
wurden durch zweimaliges, dreimaliges bzw. viermaliges Nebeneinanderschreiben
des entsprechenden Symbols dargestellt. Zusammengesetzte Zahlen wie etwa 245
entstanden durch Reihung der entsprechenden Anzahl von Symbolen für die Einer,
Zehner und Hunderter. Die Zahl 1203623 hätte man also folgendermaßen geschrieben (und auch diese Abbildung findet sich in [16]):

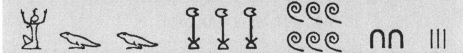

Der Schreibaufwand war insgesamt sehr groß, da beispielsweise für die Zahl 70 das
Zahlzeichen für 10 siebenmal geschrieben werden musste.

Bei dieser ägyptischen Darstellung von Zahlen handelt es sich allerdings nicht um
ein Stellenwertsystem. Genauso ist auch das *römische Zahlsystem* kein Stellenwertsystem, sondern es beruht darauf, dass bestimmten Zeichen ein bestimmter Wert
zugeordnet wird. Zusätzlich ist hier allerdings die Stellung des Zahlzeichens in der
Folge von Bedeutung. Zeichen, die eine kleinere Zahl darstellen, *hinter* Zeichen, die
eine größere Zahl darstellen, bedeuten die Addition der Werte, Zeichen für kleinere
vor Zeichen für größere Zahlen erfordern eine Subtraktion der Werte, um die Zahl
korrekt zu bestimmen. Das römische Zahlsystem verwendet die Zeichen I, V, X, L,
C, D und M, die (in der gegebenen Reihenfolge) für die Zahlen 1, 5, 10, 50, 100, 500
und 1000 stehen. Ein Zeichen für die Null gibt es verständlicherweise nicht, denn
ein solches Zeichen wird nur in Stellenwertsystemen benötigt. Es ist offensichtlich,
dass auch die römischen Zahldarstellungen für sehr große Zahlen denkbar schlecht
geeignet waren und selbst mittelgroße Zahlen eine recht unübersichtliche Darstellung
haben konnten.

Manchmal wird die Meinung vertreten, dass der Beitrag Roms zu den Naturwissenschaften nicht allzu hoch zu veranschlagen ist. Es würde aber zu weit gehen, einen Zusammenhang mit den erwähnten Mängeln des römischen Ziffernsystems zu konstruieren (ganz davon abgesehen, dass den Römern mit dem Abakus ein ausgezeichnetes Hilfsmittel für das Rechnen zur Verfügung stand).

Anmerkung

Es sei (im Grunde noch einmal) eine vermutlich ohnehin selbstverständliche Anmerkung zur Schreibweise gemacht: Mit $(a)_g$ wird im folgenden Text die Zahl a im Stellenwertsystem zur Basis g geschrieben. Ist die Zahl allerdings im Zehnersystem dargestellt, so wird zumeist die Basis nicht extra gekennzeichnet, sodass $(a)_{10}$ also schlicht (und wie gewohnt) als a geschrieben wird.

3.2   Division mit Rest

Beweise, die Einsicht in die relevanten Begriffe vermitteln, sind für uns als Forscher und Lehrer interessanter und wertvoller als Beweise, die nur die Gültigkeit der Behauptung belegen. Wir haben Beweise gern, die das Wesentliche herausstellen (Robert L. Long).

Die Darstellung einer natürlichen Zahl a durch geeignete Potenzen einer natürlichen Zahl g scheint unproblematisch zu sein, wie das folgende Verfahren nahe legt. Zunächst sucht man die höchste Potenz g^n, die gerade noch in a enthalten ist. Man bekommt dann bei Division durch g^n einen Rest und setzt mit diesem Rest das Verfahren fort. Sei etwa $a = 499$ und $g = 6$. Dann rechnet man $499 = 2 \cdot 6^3 + 67 = 2 \cdot 6^3 + 1 \cdot 6^2 + 31 = 2 \cdot 6^3 + 1 \cdot 6^2 + 5 \cdot 6 + 1$.

In der Mathematik nimmt man allerdings Rechenverfahren, die an wenigen Beispielen getestet plausibel erscheinen, nicht selbstverständlich hin, sondern stellt sich die Frage, ob ein solches Verfahren tatsächlich immer und für *alle* Zahlen durchführbar ist. Was für eine bestimmte natürliche Zahl und eine bestimmte Basis möglich ist, muss sich nicht deshalb schon auf alle anderen natürlichen Zahlen (etwa sehr, sehr große) und eine beliebige Basis übertragen lassen.

Mit anderen Worten, die für das Verfahren benutzte Division mit Rest muss nicht unbedingt eine allgemein praktikable Methode sein, die zu jeder Zahl eine entsprechende Darstellung liefert (auch wenn man zugegebenermaßen ‚Mühe hat, sich das vorzustellen). Im Folgenden wird allerdings gezeigt, dass diese Methode uneingeschränkt funktioniert und tatsächlich zu jeder beliebigen natürlichen Zahl und jeder Basis $g \in \mathbb{N}$ mit $g > 1$ die gewünschte Darstellung liefert. Der *Satz von der eindeutigen Division mit Rest* hat entsprechend zum Inhalt, dass jede natürliche Zahl a durch jede andere natürliche Zahl g so geteilt werden kann, dass ein Rest $r \in \mathbb{N}_0$ entsteht, der kleiner als g ist und dass dieser Rest eindeutig ist.

Der Beweis dieses Satzes, der unter 3.2.1 formuliert wird, orientiert sich an zwei Fragen, die in der Mathematik ganz häufig eine wichtige Rolle spielen. Die erste Frage lautet, ob eine solche Darstellung immer und unter allen Umständen gefunden werden kann. Es geht dabei also um die *Existenz* der Darstellung. Wenn diese Existenz sichergestellt ist, dann muss als zweite Frage die nach der *Eindeutigkeit* der Darstellung beantwortet werden. Dabei ist zu klären, ob wirklich nur eine einzige solche Darstellung möglich ist.

▶ **Satz 3.2.1** Satz von der eindeutigen Division mit Rest
Für jede natürliche Zahl a und jede natürliche Zahl $g > 1$ gibt es eine eindeutige Zerlegung

$$a = q \cdot g + r$$

mit $q, r \in \mathbb{N}_0$ und $r < g$.

Eigentlich müsste hier nicht $g > 1$ (wie bei den Basen) vorausgesetzt werden. Allerdings bleibt im Fall $g = 1$ nur $r = 0$ (wegen $r < g$). Die Gleichung $a = a \cdot 1 + 0$ gilt offensichtlich und ist die einzig mögliche zur Erfüllung der Behauptung. Es darf also ohne Verlust $g > 1$ angenommen werden, denn der Fall $g = 1$ ist wirklich völlig uninteressant.

▶ **Beweisidee 3.2.1** Man zeigt zunächst die Existenz einer solchen Darstellung, das heißt, man zeigt, dass es zu beliebigen Zahlen $a, g \in \mathbb{N}$ immer Zahlen $q \in \mathbb{N}_0$ und $r \in \mathbb{N}_0$ mit der Eigenschaft $a = q \cdot g + r$ und $0 \le r < g$ gibt. Diese Zahlen werden im Beweis ganz konkret angegeben (obwohl zugegebenermaßen nicht jeder Leser Variablen als konkret empfinden wird). Man benutzt dabei nicht mehr als das Rechnen in $\mathbb{N}_0$. Das Verfahren geht nun mit ganz normalen Zahlen so: Nimmt man an, dass $a = 17$ und $g = 3$ ist, dann betrachtet man nacheinander alle Zahlen aus $\mathbb{N}_0$, die sich durch fortgesetzte Subtraktion der der 3 von der 17 ergeben, also 17, 14, 11, 8, 5, 2. Mit der letzten Zahl ist definitiv Schluss, denn $2 - 3 = -1$ ist nicht mehr in $\mathbb{N}_0$ enthalten. Es ist also $17 = 5 \cdot 3 + 2$ die Darstellung mit dem kleinsten Rest. Mit Variablen (siehe Beweis) ist es nicht viel schwieriger zu verstehen. Anschließend wird die Eindeutigkeit gezeigt. Man nimmt dazu an, dass es zwei Darstellungen gibt und weist nach, dass diese identisch sein müssen. Dazu werden geeignete Gleichungen und Ungleichungen umgeformt.

▶ **Beweis 3.2.1**
(a) *Existenz*
Seien a und g beliebige natürliche Zahlen mit $g \ne 1$. Falls $a < g$ ist, hat man sofort eine Lösung. Dann ist $a = 0 \cdot g + a$ und, da $0 \in \mathbb{N}_0$ und $a \in \mathbb{N}$, also insbesondere $a \in \mathbb{N}_0$ ist, hat man eine gesuchte Darstellung mit $q = 0$ und $r = a$.

Aber auch für den Fall $a \ge g$ ist es möglich, die beiden Zahlen q und r konkret anzugeben. Dabei ist die Grundidee, g von a so oft zu subtrahieren, bis das Ergebnis gerade eben kleiner als g ist.

Entsprechend betrachtet man die Zahlen a, $a - 1 \cdot g$, $a - 2 \cdot g$, $a - 3 \cdot g, \ldots,$ $a - k \cdot g, \ldots$, soweit sie in $\mathbb{N}_0$ liegen. Diese Zahlen werden offensichtlich mit jedem Schritt, das heißt mit jeder weiteren Subtraktion von g, immer kleiner. Es ist $a \in \mathbb{N}_0$ und $a - g \in \mathbb{N}_0$, da $a \geq g$ gilt. Insbesondere ist also die Menge der so erzeugten Zahlen nicht leer. Dann gibt es aber auch ein kleinstes Element dieser Art in $\mathbb{N}_0$ (man beachte das in Kapitel 2 in Satz 2.1.1 beschriebene „Prinzip des kleinsten Elements").

Sei $r = a - q \cdot g$ dieses kleinste Element. Man überlegt sich leicht, dass für das so gewählte r insbesondere $r < g$ gilt. Nimmt man nämlich $r = a - q \cdot g \geq g$ an, dann folgt durch einfaches Umformen der Ungleichung $a - (q + 1) \cdot g \geq 0$, und das angegebene r wäre (im Widerspruch zu seiner konkreten Wahl) nicht das kleinste Element, denn es ist $r > a - (q + 1) \cdot g$. Somit gilt

$$0 \leq r = a - q \cdot g < g,$$

also $0 \leq r < g$. Damit ist $a = q \cdot g + r$ eine gesuchte Darstellung von a. Die *Existenz* von q und r mit den geforderten Eigenschaften ist gezeigt.

(b) Eindeutigkeit

Seien $q, q^* \in \mathbb{N}_0$ und $r, r^* \in \mathbb{N}_0$, sodass $a = q \cdot g + r = q^* \cdot g + r^*$ mit $0 \leq r, r^* < g$ gilt. Man kann ohne Beschränkung der Allgemeinheit (wofür man kurz o.B.d.A. schreibt und womit man meint, dass diese Einschränkung die eigentliche Aussage nicht berührt, also keine wesentliche Einschränkung ist) $q^* \geq q$ annehmen, da man im anderen Fall einfach die Bezeichnungen der beiden Zahlen vertauschen könnte. Es ist

$$a = q^* \cdot g + r^* = q \cdot g + r,$$

also ist auch die Gleichung

$$(q^* - q) \cdot g = r - r^*$$

erfüllt.

Wegen $q^* \geq q$ ist $q^* - q \geq 0$, also ist auch $(q^* - q) \cdot g \geq 0$ und somit ist auch $r - r^* \geq 0$. Da $r, r^* \in \{0, \ldots, g - 1\}$ ist, also $r, r^* < g$ gilt, folgt für die Differenz dieser Zahlen offensichtlich $r - r^* < g$ und somit (mit Hilfe der Gleichung oben) auch $(q^* - q) \cdot g = r - r^* < g$.

Da $q^* - q \in \mathbb{N}_0$ ist, kann $(q^* - q) \cdot g < g$ aber nur für $q^* - q = 0$ gelten. Also ist $q^* = q$. Aus $q^* = q$ folgt mit $(q^* - q) \cdot g = r - r^*$ auch $r - r^* = 0$ und somit $r = r^*$. Damit ist die Behauptung bewiesen, dass q und r eindeutig bestimmte Zahlen sind. Also ist der Satz bewiesen. $\qquad\qquad\qquad\qquad\qquad\qquad\qquad\qquad\qquad\qquad\qquad\qquad\qquad\square$

Für einen fast offensichtlichen Sachverhalt ist damit ein recht langer Beweis geführt worden. Beim genauen Hinsehen hat man allerdings auch ein wenig mehr bekommen als nur die Bestätigung der Aussage. Der Beweis stellt vermutlich im Sinne von Long (man vergleiche das Zitat zu Beginn dieses Abschnitts) „das Wesentliche" heraus. So belegt der erste Teil des

Beweises einerseits die uneingeschränkte Möglichkeit der Division mit Rest. Er zeigt darüber hinaus aber auch ein konkretes Verfahren, wie man die entsprechenden Zahlen bekommt. Er ist damit ein Beispiel für einen *konstruktiven Beweis*. Der zweite Teil verdeutlicht an einem relativ einfachen Beispiel ein Standardverfahren, das beim Beweis der Eindeutigkeit immer wieder eine Rolle spielt: Man nimmt an, dass es mindestens zwei Möglichkeiten (Lösungen, Werte, Zahlen, …) gibt und zeigt, dass die beiden identisch sind.

Das Thema „Division mit Rest" im Mathematikunterricht

Die Schwierigkeiten mit Sätzen wie dem von der eindeutigen Division mit Rest rühren manchmal daher, dass der Inhalt allzu selbstverständlich erscheint. Ganz lange, nämlich bereits aus der Grundschule, kennt man als Anfänger oder Anfängerin in der Wissenschaft Mathematik das Dividieren mit Rest. Die Multiplikation und Division natürlicher Zahlen wird bereits im zweiten Schuljahr behandelt, und da die Division bekanntlich in $\mathbb{N}$ nicht unbegrenzt durchführbar ist, werden Divisionen mit Rest im dritten und vierten Schuljahr ausführlich angesprochen. Auch im fünften Schuljahr sind sie noch einmal ein Thema. Dabei wird stillschweigend vorausgesetzt, dass zunächst die größte natürliche Zahl gesucht wird, die den Quotienten bestimmt, und der Rest immer kleiner als der Divisor ist. Die folgende Abbildung zeigt ein Beispiel für die fünfte Klasse der Realschule (man vergleiche [21], S. 83).

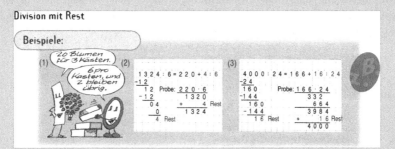

Die Multiplikation wird in der Grundschule übrigens über die fortgesetzte Addition erklärt, die Division wird als Umkehrung der Multiplikation eingeführt. Man kann sich leicht klarmachen, dass auch die fortgesetzte Subtraktion des Divisors zur Erklärung der Division prinzipiell geeignet ist. Man subtrahiert den Divisor so lange vom Dividenden, bis das Ergebnis 0 oder gerade eben größer als 0 ist (was natürlich nicht ordentlich mathematisch definiert ist, aber an dieser Stelle soll das intuitive Verständnis genügen) und bestimmt die Anzahl der möglichen Subtraktionen.

Es ist beispielsweise $35 - 7 - 7 - 7 - 7 - 7 = 0$, das heißt (in der vertrauten Schreibweise) $35 : 7 = 5$ oder auch $43 : 8 = 5$ Rest 3, denn $43 - 8 - 8 - 8 - 8 - 8 = 3$. Mit dieser Betrachtung ist man dann genau bei der konstruktiven Methode angekommen, die im Beweis von Satz 3.2.1 für die Existenz der Darstellung gewählt wurde.

Ganz am Rand sollte man vielleicht noch ein Wort zur Schreibweise $43 : 8 = 5$ Rest 3 verlieren. Vom mathematischen Standpunkt ist das mehr als unschön, denn die Bedeutung des Gleichheitszeichens wird hier zunichte gemacht. So ist ebenfalls $28 : 5 = 5$ Rest 3, aber sicherlich gilt $43 : 8 \neq 28 : 5$. Manchmal wird deswegen im Mathematikunterricht auch die Schreibweise $43 : 5 = 8 + 3 : 5$ verwendet. Das ist zwar mathematisch korrekt, aber schwer lesbar. So ganz ohne Nachteile scheint nur die Schreibweise $43 = 5 \cdot 8 + 3$ zu sein, aber dabei verliert man sogar das Divisionszeichen.

3.3 Die Kreuzprobe

Eine Anwendung von Satz 3.2.1, dem Satz von der eindeutigen Division mit Rest, gibt die so genannte *Kreuzprobe*, die in diesem Anschnitt beschrieben wird. Bereits im 16. Jahrhundert hat der bekannte Rechenmeister Adam Ries (1492–1559) diese Methode zur Überprüfung der Ergebnisse von Multiplikationen empfohlen, allerdings ohne eine Begründung für ihre Korrektheit anzugeben (Abbildung 3.1). Auch wenn die Kreuzprobe im Zeitalter elektronischer Rechenhilfen an Bedeutung verloren hat, soll die Methode als ein Baustein in der Entwicklung des Rechnens vorgestellt werden.

Abb. 3.1 Die nebenstehende Abbildung zeigt ein Porträt von Adam Ries im Alter von 58 Jahren aus dem Titelblatt seines letzten Rechenbuchs mit der Darstellung einer solchen Kreuzprobe

Abb. 3.2 Kreuzprobe zur
Rechnung 23 · 18 = 414

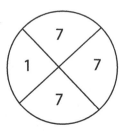

3.3.1 Das Prinzip der Kreuzprobe

Die Methode ist einfach und soll am Beispiel der (korrekt gelösten) Multiplikationsaufgabe
$23 \cdot 18 = 414$ gezeigt werden. Will man also mit der Kreuzprobe nachprüfen, ob tatsächlich
$23 \cdot 18 = 414$ sein kann, so berechnet man zunächst die Reste der Division von 23 bzw. 18
bezüglich einer festen und (in gewissen Grenzen) beliebig zu wählenden Zahl g und trägt sie
in das linke bzw. rechte Feld eines schräggestellten Kreuzes ein. Sei etwa $g = 11$, so würden
in den beiden Feldern die Zahlen 1 und 7 stehen. In das obere Feld schreibt man nun
den Rest, den das (vermutete) Ergebnis bei Division durch g lässt. Im konkreten Beispiel
dividiert man 414 durch 11 und erhält 7 als Rest. Ins untere Feld kommt schließlich der
Rest, den das Produkt der Reste der Faktoren bei Division durch g lässt. Weil $1 \cdot 7 = 7$ ist,
steht hier auch die Zahl 7 im konkreten Beispiel. Sind die Zahlen oben und unten identisch,
so könnte das Ergebnis korrekt berechnet sein, sind sie verschieden, so hat man auf jeden
Fall einen Fehler gemacht (Abbildung 3.2).

Bei Adam Ries wird, und das ebenfalls ohne Begründung, diese Probe stets nur für $g = 9$
oder $g = 11$ durchgeführt. Doch das ist keineswegs notwendig. Wählt man etwa $g = 7$,
dann werden die Reste 2 und 4 in das rechte bzw. in das linke Feld geschrieben. Danach
kommt in das obere Feld der Rest bei Division durch 7 des (zu überprüfenden) Ergebnisses,
wegen $414 = 59 \cdot 7 + 1$ also 1, und ins untere Feld der Rest des Produkts der Reste der
einzelnen Faktoren, hier also 1 wegen $2 \cdot 4 = 8 = 1 \cdot 7 + 1$. Die beiden letztgenannten
Zahlen stimmen überein, also könnte die Multiplikation korrekt sein.

Man muss sich so vorsichtig ausdrücken, denn nur wenn diese Zahlen verschieden sind,
kann man zweifelsfrei auf eine fehlerhafte Multiplikation schließen. Umgekehrt garantiert
die Gleichheit aber nicht, dass das Produkt tatsächlich richtig berechnet ist. Das kann man
sich leicht an einem Beispiel mit $g = 2$ überlegen. Angenommen man rechnet (korrekt)
$27 \cdot 16 = 432$. Dann kommt die Zahl 1 ins linke Feld und die Zahl 0 ins rechte Feld. Ins obere
Feld schreibt man ebenfalls 0, denn 432 lässt als gerade Zahl den Rest 0 bei Division durch 2.
Genauso kommt 0 in das untere Feld, denn $1 \cdot 0 = 0$ hat bei Division durch 2 ebenfalls den
Rest 0. Allerdings kommt man auf das gleiche Muster für jedes (auch falsche) Ergebnis, das
eine gerade Zahl ist. Die Kreuzprobe sagt hier nicht viel mehr, als dass das Ergebnis einer
Multiplikation gerade ist, falls einer der Faktoren gerade ist. Entsprechend kann man mit
$g = 2$ auch die (nicht sehr überraschende) Einsicht gewinnen, dass das Produkt von zwei
ungeraden Zahlen wieder eine ungerade Zahl ist.

3.3.2 Die Begründung der Kreuzprobe

Bei der Begründung der Kreuzprobe spielt der im vorigen Abschnitt bewiesene Satz 3.2.1 von der eindeutigen Division mit Rest eine zentrale Rolle. Er wird benutzt, um folgenden Zusammenhang zu zeigen.

Behauptung 3.3.1

Gegeben seien zwei natürliche Zahlen a und b. Dann macht es keinen Unterschied, ob man zuerst die Reste bei Division von a und b durch eine feste natürliche Zahl g berechnet und diese Reste addiert bzw. multipliziert oder ob man zunächst die Summe bzw. das Produkt von a und b bildet und dann den Rest dieses Produkts bei Division durch g bestimmt.

Die Aussage klingt kompliziert, ist es aber nicht mehr, wenn man sie sich an einem Zahlenbeispiel klarmacht.

Beispiel 3.3.1

Sei $a = 14, b = 17$ und $g = 5$. Bei Division durch 5 lässt 14 den Rest 4, 17 den Rest 2 und $14 \cdot 17 = 238$ den Rest 3. Hätte man das Produkt $4 \cdot 2 = 8$ durch 5 dividiert, so wäre ebenfalls ein Rest von 3 geblieben. Für die Summe $14 + 17 = 31$ berechnet man einen Rest von 1 bei Division durch 5, den gleichen Rest lässt auch $4 + 2 = 6$ bei Division durch 5.

Für die Begründung der Behauptung 3.3.1 betrachtet man nun die Zerlegung von a und b im Sinn von Satz 3.2.1, dem Satz von der eindeutigen Division mit Rest. Es sei also für $a, b \in \mathbb{N}$

$$a = m \cdot g + r_1, \quad b = n \cdot g + r_2$$

mit $m, n \in \mathbb{N}_0$ und den Resten $r_1, r_2 \in \{0, \ldots, g - 1\}$.

Dann rechnet man einerseits für die Summe

$$a + b = (m + n) \cdot g + r_1 + r_2.$$

Andererseits gibt es nach Satz 3.2.1 Zahlen $k, r \in \mathbb{N}_0$, sodass

$$a + b = k \cdot g + r$$

mit $r < g$ ist. Wegen $0 \leq r_1 + r_2 \leq 2(g - 1)$ gibt es nur zwei Möglichkeiten. Entweder es ist $r_1 + r_2 < g$, und dann ist $r = r_1 + r_2$ und $k = m + n$, oder es ist $g \leq r_1 + r_2$, und dann ist $r = r_1 + r_2 - g$ und $k = m + n + 1$.

Ganz ähnlich liegen die Verhältnisse bei der Multiplikation. Wählt man die Zerlegungen von a und b wie oben, dann ist

$$a \cdot b = (g \cdot m \cdot n + m \cdot r_2 + n \cdot r_1) \cdot g + r_1 \cdot r_2.$$

Der einzige Unterschied zur Addition ist hier, dass $r_1 \cdot r_2$ mehr als nur einmal die Zahl g enthalten kann. Auch das sieht man am besten an einem Beispiel ein. So ist $13 = 1 \cdot 7 + 6$ und $20 = 2 \cdot 7 + 6$. Also ist einerseits $13 \cdot 20 = (1 \cdot 7 + 6) \cdot (2 \cdot 7 + 6) = (1 \cdot 2 \cdot 7 + 1 \cdot 6 + 6 \cdot 2) \cdot 7 + 6 \cdot 6 = 32 \cdot 7 + 36$ und andererseits $13 \cdot 20 = 260 = 37 \cdot 7 + 1$. Der Rest bei Division des Ergebnisses durch 7 ist also 1. Die Multiplikation der Reste (beide 6) liefert $6 \cdot 6 = 36 = 5 \cdot 7 + 1$ und damit denselben Rest wie oben bei Division durch 7.

In Behauptung 3.3.1 wird nun aber nichts anderes als die Kreuzprobe (sogar für die Multiplikation *und* die Addition) formuliert, wenn auch ohne die „Merkhilfe" der vier Zahlen im Gitter. Die Behauptung geht auch tatsächlich nur in eine Richtung, nämlich in Richtung einer Kontrolle auf Plausibilität, denn ganz verschiedene Zahlen können gleiche Reste bei Division durch eine natürliche Zahl g haben. Die erfolgreiche Kreuzprobe ist damit eine *notwendige* Bedingung für die Korrektheit des Ergebnisses, aber keine *hinreichende* Bedingung.

3.4   Zahldarstellung in g-adischen Systemen

Verwendet man die Division mit Rest, so erhält man durch geeignete Zerlegungen recht einfach die Darstellung einer natürlichen Zahl a nach Potenzen einer anderen natürlichen Zahl g. Es gilt beispielsweise $332 = 6 \cdot 7^2 + 38$ und $38 = 5 \cdot 7 + 3$ und somit

$$332 = 6 \cdot 7^2 + 5 \cdot 7 + 3 = 6 \cdot 7^2 + 5 \cdot 7^1 + 3 \cdot 7^0,$$

das heißt, $332 = (332)_{10} = (653)_7$ (man vergleiche die Anmerkung auf Seite 66 wegen der Schreibweise). Entsprechend ist $2656 = 1 \cdot 7^4 + 255$ und $255 = 5 \cdot 7^2 + 10$ und $10 = 1 \cdot 7 + 3$. Damit ist

$$2656 = 1 \cdot 7^4 + 0 \cdot 7^3 + 5 \cdot 7^2 + 1 \cdot 7^1 + 3 \cdot 7^0,$$

und 2656 lässt sich als $2656 = (2656)_{10} = (10513)_7$ schreiben.

Geschichtliche Aspekte zu Stellenwertsystemen
Stellenwertsysteme sind keine Erfindung der Neuzeit. Die Babylonier arbeiteten bereits um 2000 v. Chr. prinzipiell mit einem Stellenwertsystem, das die (nicht sehr handliche) Basis 60 hatte. Allerdings stand kein Ziffernvorrat von 60 verschiedenen Zeichen zur Verfügung, sondern man benutzte zwei Zeichen, um die Zahlen zwischen 1 und 59 auf der Grundlage einer Zehnerdarstellung zu beschreiben (man vergleiche [16]).

Das heute gebräuchliche Zehnersystem wurde in Indien entwickelt und stammt in seinen wesentlichen Elementen etwa aus der Zeit zwischen 200 v. Chr. und 600 n. Chr. Bemerkenswert daran ist, dass schon zu diesem frühen Zeitpunkt ein Zeichen für Null zur Verfügung stand, das ja zwingend zu einem Stellenwertsystem gehört, in älteren Systemen aber unbekannt war.

Die Geschichte der Arithmetik zeigt, dass die Verwendung der Null eine besondere Schwierigkeit darstellte. Gerade hierin besteht also eine wesentliche Leistung dieser Entwicklung. Man versuche sich klarzumachen, dass die Null einerseits die Mächtigkeit der leeren Menge beschreibt, also anschaulich (wenn auch fälschlicherweise) mit so etwas wie *nicht existierend* in Verbindung gebracht wird, sie andererseits aber in der Stellenwertdarstellung einer Zahl ein wesentliches Beschreibungselement ist und je nach Position ihre Bedeutung erhält. So ist es nicht weiter erstaunlich, dass Kinder im Umgang mit der Null oft große Probleme haben. Doch auch Erwachsene können sich da manchmal schwer tun. Auf Seite 54 wurde ja bereits Adam Ries zitiert, der der Null keine gleichrangige Bedeutung gegenüber den anderen Ziffern einräumen wollte.

Diese konkreten Überlegungen zur Darstellung von Zahlen durch Potenzen anderer Zahlen lassen sich leicht auf beliebige natürliche Zahlen a und g (mit $g \geq 2$) verallgemeinern. Ist nämlich g^n die größte Potenz von g mit der Eigenschaft $a \geq g^n$ und somit $a < g^{n+1}$, dann gilt

$$a = q \cdot g^n + r$$

für ein geeignetes $q \in \mathbb{N}_0$ mit $q < g$ und ein $r \in \mathbb{N}_0$ mit $0 \leq r < g^n$. Wählt man die Bezeichnungen $a_n := q$ und $r_{n-1} := r$ (eine dicke Entschuldigung an alle Studienanfängerinnen und Studienanfänger, aber die Umbenennung ist wirklich aus Gründen einer übersichtlichen Darstellung notwendig), so bekommt man entsprechend durch wiederholte Anwendung der Division mit Rest die Zerlegungen

$$a = a_n \cdot g^n + r_{n-1}$$
$$r_{n-1} = a_{n-1} \cdot g^{n-1} + r_{n-2}$$
$$r_{n-2} = a_{n-2} \cdot g^{n-2} + r_{n-3}$$
$$\vdots$$
$$r_1 = a_1 \cdot g^1 + r_0$$
$$r_0 = a_0 \cdot g^0 + 0$$

und damit $r_0 = a_0$. Es wird also jeweils ein Rest erzeugt und dieser wiederum zerlegt. Dabei werden die Reste mit jedem Schritt weiter eingeschränkt. Es gilt nämlich $r_i < g^{i+1}$ für $i = 0, \ldots, n-1$. Wenn die Reste r_i aber jeweils kleiner als g^{i+1} werden, bekommt man durch die Zerlegungen ein Element in der Menge der Reste, nämlich $r_0 \in \mathbb{N}_0$, das kleiner als g ist.

Alle diese Überlegungen basieren auf Satz 3.2.1, dem Satz von der eindeutigen Division mit Rest. Man merkt also wieder einmal, welch zentrale Stellung er einnimmt. Man kann als Konsequenz nun den folgenden *Satz über die g-adische Darstellung natürlicher Zahlen* formulieren.

▶ **Satz 3.4.1** Seien a und g natürliche Zahlen mit $g > 1$. Dann kann a eindeutig in der Form

$$a = a_n \cdot g^n + a_{n-1} \cdot g^{n-1} + \ldots + a_1 \cdot g^1 + a_0 \cdot g^0 = \sum_{i=0}^{n} a_i \cdot g^i$$

mit $a_i \in \{0, 1, \ldots, g - 1\}$ und $a_n \neq 0$ ($n \in \mathbb{N}_0$) dargestellt werden.

▶ **Beweis 3.4.1** Die Überlegungen vor Satz 3.4.1 sind bereits der Beweis. Er folgt also direkt aus Satz 3.2.1. Darüber hinaus wird in Übungsaufgabe 9 im Anschluss an dieses Kapitel ein weiterer Beweis angeregt, der dann in den Lösungen ausformuliert ist.   □

Die Darstellung der Zahl a mit Hilfe von Potenzen der Zahl g entsprechend dem Satz heißt *g-adische Darstellung*. Sie ist die Darstellung von a in einem Stellenwertsystem zur *Basis g*. Für die *g*-adische Darstellung beliebiger Zahlen werden die g Ziffern $0, 1, \ldots, g - 1$ benötigt (man vergleiche Seite 64).

Anmerkung

Es ist oft mühsam, sich zu überlegen, welches nun die höchste Potenz einer Zahl ist, die in einer anderen Zahl enthalten ist. Es gibt aber auch einen einfacheren Weg zur Bestimmung der *g-adischen Darstellung* einer natürlichen Zahl, nämlich die fortgesetzte Division durch g. Die sich dabei der Reihe nach ergebenden Reste zeigen (in umgekehrter Reihenfolge) die gesuchte Darstellung an. So ist $2656 = 379 \cdot 7 + 3$, $379 = 54 \cdot 7 + 1$, $54 = 7 \cdot 7 + 5$, $7 = 1 \cdot 7 + 0$ und schließlich $1 = 0 \cdot 7 + 1$. Man bekommt also über die Bestimmung der Reste die Darstellung $2656 = (2656)_{10} = (10513)_7$.

Stellenwertsysteme im Mathematikunterricht

Für das Zahlverständnis von Kindern ist es wesentlich, dass sie die Grundstruktur des Dezimalsystems verstehen. Die Ziffern einer Zahl repräsentieren je nach ihrer Position im Zahlwort beispielsweise Einer oder Zehner oder Hunderter oder Tausender. Aus diesem Grund wird im Unterricht der Grundschule der Gedanke des Bündelns nach Zehnern schon im ersten Schuljahr auf ganz erfahrungsgebundenem Niveau bewusst gemacht.

Betrachtet man etwa 18 Eier, so hat man einen Zehnerkarton und 8 einzelne Eier. Der eine Zehnerkarton wird durch die Zehnerstelle der Zahl symbolisiert, die 8 einzelnen Eier findet man in der Einerstelle der Zahl wieder, sodass es eine eindeutige

Beziehung zwischen dem konkreten Ergebnis der Bündelung und der dargestellten Zahl gibt. So einfach das klingen mag, so schwierig ist dieses Bündeln für manche Kinder. Es ist aber direkt einsichtig, dass ein sinnvolles Rechnen mit größeren Zahlen nur möglich ist, wenn die Struktur der Zahldarstellung im Dezimalsystem erkannt ist.

Im Mathematikunterricht wird nicht nur das Zehnersystem thematisiert. So findet man in Schulbüchern und Lehrplänen auch Beispiele zur Arbeit mit dem Dualsystem, dem Stellenwertsystem zur Basis 2. Die Motivation ist hier die Bedeutung des Dualsystems für den Computer. Möchte man wissen, wie ein Computer arbeitet, so sollte man zunächst das Dualsystem verstanden haben. Auch das römische Zahlsystem wird in vielen Lehrbüchern für das fünfte Schuljahr behandelt. Dadurch wird sicherlich ein Stück Allgemeinbildung vermittelt. Betrachtet man das Thema darüber hinaus aber aus der Perspektive der Zahldarstellungen, so ist das römische Zahlsystem ein Anlass, auch mit Kindern das Besondere an Stellenwertsystemen herauszuarbeiten. Man versuche einmal, mit Zahlen in römischer Darstellung zu rechnen. Es ist kein Wunder, dass im alten Rom der Abakus als Rechenhilfe dringend erforderlich war.

In der Praxis bedeutsame g-adische Systeme sind das Dualsystem mit der Basis $g = 2$, das Dezimalsystem mit der Basis $g = 10$ und das Hexadezimalsystem (man kann auch Hexagesimalsystem sagen, aber dieser Name wird seltener verwendet) mit der Basis $g = 16$. Hier kommt man dann (wie bereits oben angesprochen) mit dem vertrauten Ziffernvorrat aus den zehn Ziffern zwischen 0 und 9 nicht mehr aus, denn es werden 16 verschiedene Ziffern für die Darstellung beliebiger Zahlen benötigt. Im Hexadezimalsystem werden daher die ersten sechs Buchstaben des Alphabets zu Hilfe genommen und die Ziffern mit $0, 1, 2, \ldots, 9, A, B, C, D, E, F$ bezeichnet (man vergleiche das Beispiel für das Zwölfersystem auf Seite 66). Dabei steht A für 10, B für 11 usw. Die Zahl 244 (im Zehnersystem) wird als $(F4)_{16}$ im Hexadezimalsystem dargestellt. Sowohl das Dualsystem als auch das Hexadezimalsystem haben ihre praktische Bedeutung wesentlich im Bereich der Informatik.

Stellenwertsysteme und Computer

Das Dualsystem und das Hexadezimalsystem werden im Bereich der Informatik verwendet, um auf dem Computer ablaufende Prozesse zu kodieren. Dabei geht das Dualsystem in Europa wohl auf Gottfried Wilhelm Leibniz (1646–1716) zurück, hat aber vermutlich seine Ursprünge schon wesentlich früher in China. Da Dualzahlen nur die zwei Ziffern 0 und 1 umfassen, lassen sich diese leicht als elektrische Schaltungen realisieren. So kann 1 bedeuten, dass eine Spannung anliegt, und 0, dass keine Spannung anliegt.

Die Kodierung von Zeichen (zum Beispiel Buchstaben, Satzzeichen, Kontrollsequenzen) erfolgt in der Form von Ziffernfolgen mit den Ziffern 0 und 1. So arbeitet

ASCII, der 1963 eingeführte *American Standard Code for Information Interchange*, mit Ziffernfolgen aus sieben Ziffern im Dualsystem. Es können also $2^7 = 128$ verschiedene Zeichen dargestellt werden. Das genügt für das Alphabet mit Groß- und Kleinbuchstaben, für die Ziffern von 0 bis 9, die Satzzeichen und ein paar Steuerzeichen. Zusätzliche Zeichen wie etwa die Umlaute für den deutschen Zeichensatz müssen über Systeme mit längeren Ziffernfolgen kodiert werden.

Das Hexadezimalsystem zur Basis 16 spielt im Bereich der Maschinenbefehle, also der maschinennahen Elementaroperationen von Computern, eine Rolle. Diese Elementaroperationen werden häufig in einer Hexadezimalkodierung dargestellt. Die im 16er-System dargestellten Zahlen schreiben sich kürzer, außerdem ist die Umrechnung der Hexadezimaldarstellung in die duale Schreibweise und umgekehrt besonders einfach.

3.5 Rechnen in Stellenwertsystemen

In den verschiedenen g-adischen Systemen kann im Prinzip genauso wie im Zehnersystem gerechnet werden. Grundlage aller Operationen sind die jeweilige $(1 + 1)$-Tafel und die jeweilige $(1 \cdot 1)$-Tafel, das heißt, man muss die Ergebnisse aller Additionen und Multiplikationen bzw. aller Subtraktionen und Divisionen der Zahlen im Bereich von 0 oder 1 bis $g - 1$ kennen, um dann auch mit größeren Zahlen entsprechend rechnen zu können. Dies soll im Folgenden an konkreten Beispielen ausgeführt werden. Zunächst werden die Addition und die Subtraktion, dann die Multiplikation und die Division betrachtet. Dabei wird an dieser Stelle vorausgesetzt, dass nur mit natürlichen Zahlen gerechnet wird und auch als Ergebnisse ausschließlich natürliche Zahlen vorkommen. Eine Übertragung auf andere Zahlen könnte ganz entsprechend geleistet werden.

3.5.1 Addition und Subtraktion in g-adischen Systemen

Man kann sich die Grundregeln der Addition und Subtraktion leicht anhand des Dualsystems, also des Stellenwertsystems zur Basis 2, bzw. anhand des 3-adischen Systems verdeutlichen. Die entsprechenden Additionstafeln sehen folgendermaßen aus:

$$g = 2:\quad
\begin{array}{c|cc}
+ & 0 & 1 \\
\hline
0 & 0 & 1 \\
1 & 1 & 10 \\
\end{array}
\qquad
g = 3:\quad
\begin{array}{c|ccc}
+ & 0 & 1 & 2 \\
\hline
0 & 0 & 1 & 2 \\
1 & 1 & 2 & 10 \\
2 & 2 & 10 & 11 \\
\end{array}$$

In diesen Tafeln wird eine Schreibweise verwendet, die die Kenntnis der konkreten Basis g unbedingt erfordert. „10" bedeutet in der linken Tafel $(10)_2 = (2)_{10}$ und in der rechten Tafel $(10)_3 = (3)_{10}$. Falls im Folgenden aus dem Kontext klar ist, in welchem g-adischen System die Zahlen jeweils geschrieben werden, so werden aus Gründen der leichteren Lesbarkeit die entsprechenden Ziffern einfach nebeneinander gesetzt und nicht durch Klammern und die Angabe der Basis g ergänzt. Bei Verwendung der Dezimaldarstellung ist es, wie bereits gesagt, ohnehin Konvention, dieses nicht extra zu vermerken.

Rechenbeispiele

Sei $g = 2$. Dann schreibt man im Dualsystem

$$
\begin{array}{r}
100110 \\
+ \quad 1011 \\
\hline
110001
\end{array}
$$

für die Addition der beiden Zahlen, und der Algorithmus funktioniert wie im Zehnersystem. Man schreibt die beiden Zahlen stellengerecht untereinander und rechnet $1 + 0$, schreibt das Ergebnis 1 an die letzte Stelle, rechnet dann $1 + 1$, schreibt als Ergebnis 0, berücksichtigt den entstandenen Übertrag bei der nächsten Teilrechnung und rechnet entsprechend weiter. In der gewohnten Darstellung im Zehnersystem würde man $38 + 11 = 49$ vielleicht schneller rechnen, es gibt aber keinen prinzipiellen Unterschied. Sei $g = 3$. Man schreibt im 3-adischen System

$$
\begin{array}{r}
1102 \\
+ \quad 102 \\
\hline
1211
\end{array}
$$

und rechnet $2 + 2 = 11$, schreibt 1, merkt sich den Übertrag 1, rechnet dann $1 + 0 + 0 = 1$, schreibt 1, rechnet $1 + 1 = 2$, schreibt 2 und rechnet und schreibt schließlich $0 + 1 = 1$. Die entsprechende Aufgabe im Zehnersystem lautet auch in diesem Beispiel $38 + 11 = 49$.

Die Subtraktion von Zahlen, die in einem beliebigen g-adischen System dargestellt wurden, folgt ebenfalls den aus dem Zehnersystem bekannten Regeln. So gilt im Dualsystem

$$
\begin{array}{r}
100110 \\
- \quad 1011 \\
\hline
11011
\end{array}
$$

für die Differenz, und man kann zur Lösung den gleichen Algorithmus verwenden, den man im Dezimalsystem bei der entsprechenden Aufgabe $38 - 11 = 27$ bevorzugen würde und beginnt natürlich auch mit der jeweils letzten Ziffer. Wählt man die so genannte

Subtraktionsmethode (und wer nicht weiß, was darunter verstanden wird, sollte die Beschreibung auf Seite 81 beachten), dann rechnet man $10 - 1 = 1$, schreibt 1, zieht die „geliehene" 1 von der „2er-Stelle" des Minuenden ab, rechnet $0 - 1 = 1$, schreibt 1 und fährt entsprechend fort, bis das Ergebnis gefunden ist.

Das Rechnen in beliebigen Stellenwertsystem ist wirklich keine Hexerei. Weil man aber das Zehnersystem so gut kennt und das Rechnen so sehr gewöhnt ist, sollte man sich gegebenenfalls mit Bleistift und Papier ausgerüstet ein wenig Zeit für die genannten Beispiele nehmen und sie noch einmal nachrechnen. Vielleicht hilft das zumindest, um Verständnis für Kinder zu entwickeln, die sich beim Lernen der Rechenmethoden im Zehnersystem schwer tun.

Die Übertragung in das Stellenwertsystem zur Basis 3 kann ganz genauso geleistet werden. Die Grundlage ist (in beiden Fällen) die Sammlung der passenden Grundaufgaben, die in einer $(1 - 1)$-Tafel zusammengefasst werden können. Auch hier wird stellengerecht subtrahiert (oder, je nach Verfahren, vom Subtrahenden zum Minuenden ergänzt) und ein eventuell entstehender Übertrag berücksichtigt.

Die Parallelen zum Zehnersystem liegen offensichtlich bei beiden Rechenarten auf der Hand. Seien ganz allgemein a_i und a_j Ziffern des g-adischen Systems. Für $a_i + a_j$ gilt dann genau einer von zwei Fällen. Im ersten Fall ist nämlich $a_i + a_j = a_k$ für ein $a_k \in \{0, 1, \ldots, g - 1\}$, und es ergibt sich daher kein Übertrag. Im anderen Fall, also für $a_i + a_j \geq g$, gilt $a_i + a_j = g + a_m$ für ein $a_m \in \{0, 1, \ldots, g - 1\}$, und der Übertrag muss beim Rechnen berücksichtigt werden. Auch für $a_i - a_j$ gibt es zwei Fälle. Entweder ist $a_i - a_j = a_k$ für ein $a_k \in \{0, 1, \ldots, g - 1\}$. Dann ist das Ergebnis eine natürliche Zahl, und man schreibt es einfach hin. Ansonsten ist $a_i - a_j < 0$, und man berechnet zunächst $g + a_i - a_j$.

Addition von Hexadezimalzahlen

In einem Stellenwertsystem zur Basis a braucht man a Ziffern für die Darstellung von Zahlen. Entsprechend kommt man im Stellenwertsystem zur Basis 16 nicht mit den bekannten Ziffern von 0 bis 9 aus, sondern ergänzt (wie bereits erwähnt) um A, B, C, D, E und F. Die Additionstafel wird dann leicht unübersichtlich, umfasst sie doch $16 \cdot 16 = 256$ Einträge. Sie hilft allerdings sehr, wenn es um das konkrete Rechnen geht. Es sei wieder $38 + 11 = 49$ als Beispiel gewählt. Dann schreibt sich diese Rechnung im Hexadezimalsystem als

$$
\begin{array}{r}
26 \\
+\, B \\
\hline
31
\end{array}
$$

und es ist vermutlich nicht einfach, ohne die Hilfe des entsprechenden „Kleinen $1 + 1$" zur Lösung zu kommen.

Die schriftliche Subtraktion

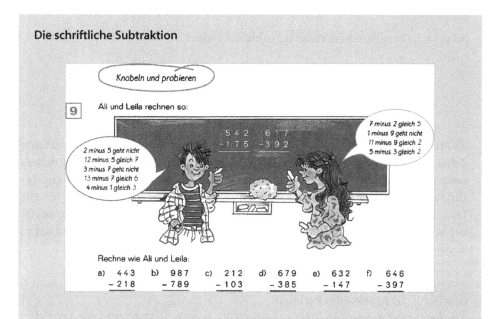

Lange Jahre wurde die schriftliche Subtraktion nach dem so genannten Ergänzungsverfahren unterrichtet. Ausgehend vom Subtrahenden wird dabei zum Minuenden
additiv ergänzt, man führt also im Grunde eine verkappte Addition durch. In letz-
ter Zeit beginnt sich das Subtraktionsverfahren durchzusetzen. Dahinter steckt tatsächlich die Vorstellung der Subtraktion, das heißt, man geht vom Minuenden aus
und subtrahiert (natürlich stellenweise) den Subtrahenden. Die Abbildung aus einem Schulbuch für das dritte Schuljahr zeigt das Verfahren, das auch international
wesentlicher weiter verbreitet ist als das Ergänzungsverfahren (man vergleiche [11]).

3.5.2 Multiplikation und Division in g-adischen Systemen

Auch die Grundregeln der Multiplikation und Division sind nicht an ein bestimmtes Stellenwertsystem gebunden. Das soll im Folgenden wiederum am Beispiel des Dualsystems
und des Stellenwertsystems zur Basis $g = 3$ betrachtet werden. Die entsprechenden Mul-
tiplikationstafeln, also die $(1 \cdot 1)$-Tafeln, sehen dann so aus:

$$g = 2: \quad \begin{array}{c|cc} \cdot & 0 & 1 \\ \hline 0 & 0 & 0 \\ 1 & 0 & 1 \end{array} \qquad g = 3: \quad \begin{array}{c|ccc} \cdot & 0 & 1 & 2 \\ \hline 0 & 0 & 0 & 0 \\ 1 & 0 & 1 & 2 \\ 2 & 0 & 2 & 11 \end{array}$$

Man überlegt sich nun wiederum analog zum Zehnersystem, wie Multiplikationen mehr-
stelliger Zahlen in diesen Stellenwertsystemen aussehen könnten.

Beispiel 3.5.1

Sei $g = 3$. Dann berechnet man im 3-adischen System

$$
\begin{array}{r}
1201 \cdot 12 \\
\hline
12010 \\
10102 \\
\hline
22112
\end{array}
$$

als Produkt, und auch hier unterscheidet sich der Algorithmus nicht von dem aus dem Zehnersystem gewohnten Verfahren. Die einzelnen Multiplikationen werden stellenweise ausgeführt, ihre Ergebnisse stellengerecht geschrieben, eventuelle Überträge berücksichtigt. Im Dezimalsystem entspricht dieses Beispiel der Rechnung $46 \cdot 5 = 230$. Diese Übertragung in das gewohnte Zehnersystem braucht man natürlich nicht, sie eignet sich aber ganz gut, um in vertrauter Umgebung die Korrektheit des Ergebnisses zu überprüfen.

Geschichtliche Aspekte des Rechnens

Aus Ägypten gibt es aus der Zeit um 1800 v. Chr. erste Aufzeichnungen zur Art und Weise des Rechnens, doch sind die Verfahren selbst vermutlich viel länger bekannt gewesen. Im Buch von Lindner, Wohak und Zeltwanger wird das ausführlich dargestellt (man vergleiche [14]). Eine wesentliche Quelle ist der so genannte *Papyrus Rhind*, der eine Sammlung von praktischen Aufgaben und ihren Lösungen enthält. Aus diesem Papyrus (und einigen wenigen anderen Dokumenten) weiß man, wie damals addiert, subtrahiert, multipliziert und dividiert wurde (man vergleiche [6]).

Die Addition natürlicher Zahlen wurde als Nebeneinanderschreiben der entsprechenden Zeichen (eventuell mit Berücksichtigung des Übertrags) ausgeführt. Da die Zahlen nicht unbedingt in geordneter Reihenfolge der Zeichen geschrieben werden mussten, war dies ein sehr einfaches Verfahren. Die Berücksichtigung des Übertrags hieß dabei, zehn gleiche Zeichen (siehe Seite 66) durch das Zeichen für die nächstgrößere Zahl zu ersetzen, also etwa 10 nebeneinander stehende Zeichen für die Zahl 100 durch ein Zeichen für die Zahl 1000 zu ersetzen.

Basis der Multiplikation war das Verdoppeln und die anschließende Addition geeigneter dadurch entstandener Zahlen. Das folgende Beispiel soll das Prinzip dieser Methode verdeutlichen. Die Aufgabe $14 \cdot 12$ würde in Anlehnung an die altägyptische Darstellung in der Form

$$
\begin{array}{rr}
1 & 12 \\
/\,2 & 24 \\
/\,4 & 48 \\
/\,8 & 96 \\
\end{array}
$$

Ergebnis 168

geschrieben werden (man vergleiche Aufgabe 32 aus dem *Papyrus Rhind*). Auf der linken Seite wird die Zahl 1 so lange verdoppelt, bis das Ergebnis gerade kleiner als der erste der gegebenen Faktoren ist. Auf der rechten Seite wird der andere Faktor genauso oft verdoppelt. Anschließend werden die Ergebnisse derjenigen Zeilen markiert und addiert, deren linke Seiten sich zum ersten Faktor aufsummieren. Benutzt wird damit in heutiger Denkweise die Distributivität $14 \cdot 12 = (8 + 4 + 2) \cdot 12$. Das Verfahren funktioniert immer, weil sich jede Zahl eindeutig als Summe von Potenzen der Zahl 2 schreiben lässt, wobei jede Potenz höchstens einmal vorkommt. Man vergleiche dazu Satz 3.4.1 über die g-adische Darstellung natürlicher Zahlen.

Das römische Zahlsystem eignete sich naturgemäß weniger zum Rechnen (das wurde weiter oben ja schon angemerkt). Im römischen Reich wurde daher schon früh der Abakus als Rechenhilfsmittel verwendet, der vermutlich über Griechenland aus China gekommen war und aus der Zeit um 1000 v. Chr. datiert. Zahlen werden dabei durch bestimmte Stellungen von Steinen dargestellt, das Rechnen besteht in der jeweils entsprechenden Manipulation der Objekte (man vergleiche [14]).

Schließlich kann auch der vertraute Algorithmus zur schriftlichen Division auf das Dualsystem oder das Stellenwertsystem zur Basis 3 oder jedes andere Stellenwertsystem (prinzipiell und prinzipiell mühelos) übertragen werden.

$$
\begin{array}{r}
100100 : 10 = 10010 \\
\underline{10} \\
0010 \\
\underline{10} \\
00 \\
\end{array}
$$

Man merkt bei der konkreten Ausführung in Stellenwertsystemen zu einer größeren Basis als 2 oder 3 dann aber in aller Regel, wie stark man im Zehnersystem verhaftet ist und wie schwierig es ist, die Divisionsergebnisse allein aus der Multiplikationstabelle zu gewinnen und nicht den Umweg über das Zehnersystem zu nehmen.

Dieser Abschnitt sollte allerdings auch nicht zur Meisterschaft im Rechnen in beliebigen Stellenwertsystemen führen, sondern vielmehr aufzeigen, dass die dahinter liegenden mathematischen Prinzipien ganz unabhängig von der Wahl einer konkreten Basis sind. Das Zehnersystem ist nicht die einzige Möglichkeit zur Darstellung von Zahlen und zum Rechnen mit Zahlen, aber es hat sich immerhin im Verlauf von vielen Jahrhunderten als recht praktisch und praktikabel erwiesen.

3.6   Übungsaufgaben

1. Welche Vorteile haben Stellenwertsysteme bei der Darstellung von Zahlen?

2. Rechnen Sie die Aufgabe $466 + 78$ (Zehnersystem) in den g-adischen Systemen zur Basis $g = 8$ und $g = 16$.

3. Im umgangssprachlichen Gebrauch findet man zwei Ausdrücke, die dem Duodezimalsystem (oder Zwölfersystem) entnommen sind, nämlich das Dutzend für 12 Stück und das Gros für $12 \cdot 12 = 144$ Stück. Wie viele Eierkartons braucht man also für 3 Gros und 5 Dutzend Eier?

4. Begründen Sie die Korrektheit des Multiplikationsverfahrens aus dem *Papyrus Rhind* (man vergleiche Seite 83) für das Produkt beliebiger natürlicher Zahlen a und b.

5. Wie lautet die Darstellung der Zahl $(1100110000001)_2$ im Hexadezimalsystem? Wie lautet die Darstellung der Zahl $(1ABC4)_{16}$ im Dualsystem?

6. Wie kann man eine natürliche Zahl, die im Dualsystem dargestellt ist, in einem Stellenwertsystem zur Basis 4 darstellen? Wie kann man eine im Stellenwertsystem zur Basis 4 dargestellte Zahl ins Dualsystem übertragen?

7. Bestimmen Sie Ihr Alter im Dualsystem und im Hexadezimalsystem.

8. Sei $a = (11 \ldots 1)_g$ eine Zahl mit n Einsen im Stellenwertsystem zur Basis $g > 1$. Zeigen Sie, dass $a \cdot (g - 1) = g^n - 1$ ist.

9. Beweisen Sie Satz 3.4.1 mit Hilfe der vollständigen Induktion über a.

10. Berechnen Sie im Dualsystem $1110 : 10$, $1011010 : 10$ und schließlich $1001010100 : 100$. Erklären Sie, warum man das Ergebnis auch durch Wegstreichen der passenden Anzahl von Nullen bekommen könnte. Was folgt daraus für ein beliebiges Stellenwertsystem?

Teilbarkeit und Primzahlen

4

Inhaltsverzeichnis

In diesem Kapitel werden Teiler zunächst im Bereich der natürlichen Zahlen behandelt. Auch Primzahlen und die Zerlegung einer natürlichen Zahl in Primzahlen sind Inhalt des Kapitels. Einige Ergebnisse werden dann von den natürlichen auf die ganzen Zahlen erweitert. Darüber hinaus werden ein paar wichtige Begriffe eingeführt, die im Rahmen der Zahlentheorie immer wieder benutzt werden, wie etwa der Begriff des Teilers oder der Begriff der Primfaktorzerlegung. Das Kapitel enthält viele kleine Ergebnisse und (quasi zur Einstimmung) viele nicht allzu schwierige Beweise. Leider trifft diese Feststellung für das wesentliche Ergebnis des Kapitels, Satz 4.2.6, nicht zu. Der so genannte Hauptsatz der elementaren Zahlentheorie klingt zwar fast selbstverständlich und ist entsprechend leicht zu verstehen, aber leider nicht ganz so leicht zu beweisen.

4.1   Teilbarkeit in $\mathbb{N}$

Die Frage, auf welche Arten sich eine gegebene natürliche Zahl $n > 1$ als Summe zweier natürlicher Zahlen schreiben lässt, ist sehr einfach zu beantworten. Es ist $8 = 1 + 7 = 2 + 6 = 3 + 5 = 4 + 4 = 5 + 3 = 6 + 2 = 7 + 1$ oder allgemein

$$n = m + (n - m),$$

K. Reiss und G. Schmieder, *Basiswissen Zahlentheorie*, Mathematik für das Lehramt,
DOI: 10.1007/978-3-642-39773-8_4, © Springer-Verlag Berlin Heidelberg 2014

wobei m beliebig zwischen 1 und $n-1$ gewählt werden darf. Man bekommt so ganz systematisch alle möglichen Zerlegungen. Die entsprechende Frage bezüglich des Produkts lässt sich dagegen nicht so allgemein, einfach und umfassend entscheiden. Wie also kann eine beliebige Zahl $n \in \mathbb{N}$ in Faktoren zerlegt werden? Die Grundlage für eine Antwort auf diese Frage ist eine genauere Betrachtung des bereits in Definition 2.1.3 gegebenen Begriffs des Teilers einer natürlichen Zahl. Die Definition wird hier der Vollständigkeit halber noch einmal (und ganz ähnlich wie in Kapitel 2) wiederholt.

▶ **Definition 4.1.1** Gibt es zu der natürlichen Zahl n natürliche Zahlen k, m mit

$$n = k \cdot m$$

so heißt n durch k *teilbar*, und k heißt ein *Teiler* von n. Als Kurzschreibweise dafür wird $k|n$ vereinbart.

Offenbar ist mit $n = k \cdot m$ nicht nur k, sondern auch m ein Teiler von n. Genauso leicht sieht man, dass die Zahlen 1 und n immer Teiler von n sind. Man nennt sie *triviale* Teiler von n. Ein Teiler von n, der kein trivialer Teiler ist, heißt ein *echter* Teiler von n (man vergleiche auch Definition 4.3.1). Ist $n = k \cdot m$, so nennt man m den *Komplementärteiler* zu k (und umgekehrt). Einen eigenen Namen bekommen auch solche Zahlen, die durch die Zahl 2 ohne Rest teilbar sind. Diese Zahlen heißen (bekanntermaßen) *gerade* Zahlen. *Ungerade* Zahlen sind hingegen (ebenso bekanntermaßen) diejenigen Zahlen, die beim Teilen durch 2 einen Rest $r \neq 0$ (also den Rest 1) lassen.

Die folgenden beiden Sätze beschreiben Eigenschaften der Teilbarkeit. Sie folgen durch Anwendung der Definition der Teilbarkeit und sind trotz ihrer eher einfachen Aussagen oft recht hilfreich.

▶ **Satz 4.1.1** Sind n, m, ℓ natürliche Zahlen mit $n = m + \ell$ und sind zwei dieser Zahlen durch k teilbar, so auch die dritte.

▶ **Beweisidee 4.1.1** Man geht davon aus, dass die natürlichen Zahlen n und m durch eine natürliche Zahl k teilbar sind. Nun sucht man eine Zerlegung von l in Faktoren, die natürliche Zahlen sind und von denen einer genau dieses k ist. Benutzt wird dabei nur die Definition der Teilbarkeit.

▶ **Beweis 4.1.1** Sei k ein Teiler von n und m. Dann gibt es nach Definition 4.1.1 natürliche Zahlen n_1 und m_1, sodass $n = k \cdot n_1$ und $m = k \cdot m_1$ ist. Aus $n = m + \ell$ folgt $k \cdot n_1 = k \cdot m_1 + \ell$. Wegen $n > m$ ist auch $n_1 > m_1$, und daher ist $n_1 - m_1 > 0$. Damit ist $\ell = k \cdot (n_1 - m_1)$ eine Zerlegung von ℓ in Faktoren, die natürliche Zahlen sind. Also ist k auch ein Teiler von ℓ. Die beiden verbleibenden Kombinationen $k|n$ und $k|\ell$ sowie $k|m$ und $k|\ell$ lassen sich ganz analog behandeln. □

▶ **Satz 4.1.2** Sind $n, k, \ell \in \mathbb{N}$ und gilt sowohl $\ell|k$ als auch $k|n$, so auch $\ell|n$.

▶ **Beweisidee 4.1.2** Grundlage ist die Definition der Teilbarkeit. Man setzt passend ein und ist schon fertig.

▶ **Beweis 4.1.2** Man benutzt hier einfaches Einsetzen. Aus $n = k \cdot n_1$ und $k = k_1 \cdot \ell$ folgt $n = (k_1 \cdot \ell) \cdot n_1 = \ell \cdot (k_1 \cdot n_1)$, und damit ist ℓ ein Teiler von n. □

Die Darstellung der Teiler einer Zahl im Hasse-Diagramm

Mit Satz 4.12 ist die so genannte *Transitivität* der Teilbarkeit bewiesen worden (der Begriff der Transitivität wird übrigens in Definition 6.1.1 noch genauer beschrieben). Diese Eigenschaft ist Grundlage für die Darstellung der Teiler einer natürlichen Zahl in Form des so genannten *Hasse-Diagramms*. Der Name erinnert an den Zahlentheoretiker Helmut Hasse (1898–1979).

Und so geht es: Zunächst denkt man sich alle Teiler einer Zahl $n \in \mathbb{N}$ so angeordnet, dass ein Teiler $a \in \mathbb{N}$ mit einem Teiler $b \in \mathbb{N}$ verbunden ist, wenn a ein echter Teiler von b ist. Die Zahl 1 wird mit den Teilern verbunden, die Primzahlen sind. Das könnte beispielsweise durch einen Pfeil geschehen, dessen Spitze in Richtung der größeren Zahl zeigt. Verabredet man aber, dass $a < b$ immer dann gilt, wenn b etwas oberhalb oder rechts von a steht, so ist eigentlich auch ohne den Pfeil klar, wie die Verbindung zu lesen ist. Wegen Satz 4.1.2 kann man diese Darstellung noch einmal vereinfachen, indem man alle Verbindungen weglässt, die eine oder mehrere weitere Zahlen überbrücken. Man muss sich nur einig sein, dass die Beziehung „ist Teiler von" im Diagramm von unten nach oben bzw. von links nach rechts gelesen wird (für die genauen Bezeichnungen der Richtungen sei auf die Abbildung verwiesen).

Das Ergebnis ist eine übersichtliche Darstellung der Teiler einer natürlichen Zahl, wobei sich allerdings (um diese Übersichtlichkeit zu erhalten) die Anzahl der Teiler in Grenzen halten sollte. Die folgenden Abbildungen zeigen Hasse-Diagramme für die natürlichen Zahlen $8, 24 = 3 \cdot 8$ und $120 = 5 \cdot 24$. Aus den Diagrammen für 24 und 120 wird deutlich, warum von unten nach oben bzw. von links nach rechts gelesen werden muss. So ist 4 ein Teiler von 8, 12 und 24 oder aber von 20, 40 und 60, aber eben nicht von 6 und auch nicht von 30.

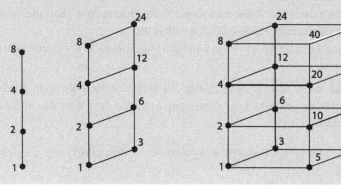

Die Diagramme würden prinzipiell ganz ähnlich für die Zahlen 8, $8 \cdot 5 = 40$ und $8 \cdot 5 \cdot 7 = 280$ bzw. 27, $27 \cdot 2 = 54$ und $27 \cdot 2 \cdot 11 = 594$ aussehen. Nur wären dann die „Knoten" anders (und zwar den konkreten Zahlen entsprechend) beschriftet. Einzig und allein die Zahl 1 ist in allen Diagrammen ein Knoten (und steht ganz unten).

Allgemein bekommt man prinzipiell gleiche Diagramme für die Zahlen p^3, $p^3 \cdot q$ und $p^3 \cdot q \cdot r$, wenn dabei p, q und r verschiedene Primzahlen sind (man benutze seine Schulkenntnisse zu diesem Begriff oder vergleiche Definition 2.1.4). Übrigens redet man in der Mathematik in diesem Fall präziser von *paarweise verschiedenen* Primzahlen und meint damit, dass $p \neq q$, $q \neq r$ und $p \neq r$ ist.

Welche Teiler hat die Zahl 16596? Man erinnert sich aus der Schule sicherlich, dass man die Teilbarkeit durch 3 oder 9 über die Quersumme prüfen kann. Die Zahl 16596 hat die Quersumme 27. Weil nun 27 sowohl durch 3 als auch durch 9 teilbar ist, ist auch 16596 durch 3 und durch 9 ohne Rest teilbar. Die letzte Ziffer von 16596 ist die gerade Zahl 6, also ist 16596 auch durch 2 teilbar. Die letzten beiden Ziffern sind 96, und man erinnert sich, dass 16596 damit auch durch 4 teilbar ist, weil 96 durch 4 teilbar ist. Außerdem sieht man sofort, dass 16596 beispielsweise nicht durch 5 teilbar sein kann, weil die letzte Ziffer nicht durch 5 teilbar ist.

Man kann also eine Fülle von Regeln angeben, durch deren Anwendung man einer Zahl ansehen kann, ob sie durch eine bestimmte andere Zahl teilbar ist (oder auch nicht). So ist zum Beispiel

- die Zahl 2 genau dann ein Teiler von n, wenn die Einer-Ziffer in der Dezimaldarstellung von n gerade, also 0, 2, 4, 6 oder 8 ist;
- die Zahl 4 genau dann ein Teiler von n, wenn die beiden letzten Ziffern in der Dezimaldarstellung von n durch 4 teilbar sind;
- die Zahl 5 genau dann ein Teiler von n, wenn die Einer-Ziffer in der Dezimaldarstellung von n gleich 5 oder gleich 0 ist;
- die Zahl 10 genau dann ein Teiler von n, wenn die Einer-Ziffer in der Dezimaldarstellung von n gleich 0 ist;
- die Zahl 3 genau dann ein Teiler von n, wenn die Quersumme (also die Summe der Ziffern) in der Dezimaldarstellung durch 3 teilbar ist;
- die Zahl 9 genau dann ein Teiler von n, wenn die Quersumme in der Dezimaldarstellung durch 9 teilbar ist.

Diese Regeln sind leicht zu begründen, denn alle sechs Teilbarkeitsregeln ergeben sich aus der entsprechenden Teilbarkeit der Zehnerpotenzen und der Dezimaldarstellung (man vergleiche Kapitel 3)

$$n = a_0 + a_1 \cdot 10 + a_2 \cdot 100 + \cdots + a_m \cdot 10^m$$

mit $a_0, a_1, \ldots, a_m \in \{0, \ldots, 9\}$.

Ist 10 (und damit jede Zehnerpotenz) durch den zu betrachtenden Teiler t teilbar (wie das bei den Zahlen 2, 5, 10 der Fall ist), so entscheidet sich die Teilbarkeit von n durch t nach Satz 4.1.1 an der Ziffer a_0. Ist diese Ziffer $a_0 = 0$, so gilt $t|n$ sowieso; ist sie von Null verschieden, so gilt $t|n$ genau dann, wenn t ein Teiler von a_0 ist.

Bei Division durch $g = 3$ bzw. $g = 9$ lassen alle Zehnerpotenzen den Rest 1. So ist $10 = 1 \cdot 9 + 1$, $100 = 1 \cdot 99 + 1$, $1000 = 1 \cdot 999 + 1$ und $10000 = 1 \cdot 9999 + 1$, was sich offensichtlich auf eine beliebige Zehnerpotenz verallgemeinern lässt (und wer das nicht so offensichtlich findet, sei auf Satz 7.3.1 oder Übungsaufgabe 8 in Kapitel 3 verwiesen). Weil 9 und 99 und 999 und 9999 (oder allgemein $10^m - 1$ für $m \in \mathbb{N}$) durch 3 und durch 9 teilbar sind, ist der Rest von n beim Teilen durch 3 bzw. 9 damit derselbe wie der von

$$a_0 + a_1 \cdot 1 + \cdots + a_m \cdot 1,$$

also der Quersumme von n. Ist n durch g teilbar, so ist das gleichbedeutend damit, dass der Rest bei Teilung durch g gleich 0 ist. Also ist n genau dann durch $g = 3$ oder $g = 9$ teilbar, wenn die Quersumme diese Eigenschaft besitzt. Auf diese Regel wird, wie bereits erwähnt, in Satz 7.3.1 noch einmal eingegangen. Sie wird dort auf beliebige Stellenwertsysteme verallgemeinert.

Durch die allgemeine Verfügbarkeit von Computern haben die früher beliebten Rechentricks dieser Art allerdings an Bedeutung verloren. Oft ist aber trotzdem eigenes Denken schneller, denn niemand wird wohl einen Computer zum Einsatz bringen, um festzustellen, ob 12276 durch 2 teilbar ist. Da die Teilbarkeit darüber hinaus auch im Rahmen des Schulunterrichts eine gewisse Rolle spielt, wird das Thema in Kapitel 7 noch einmal aufgenommen und systematisiert.

4.2 Primzahlen

2 is the oddest prime.

Weisheit aus dem Internet

Nach Definition 2.1.4 heißt eine natürliche Zahl eine *Primzahl*, wenn sie von 1 verschieden ist und keine echten Teiler besitzt. Eine Primzahl hat damit nur die trivialen Teiler, also sich selbst und 1. Der Begriff der Primzahl wird in diesem Abschnitt eine wichtige Rolle spielen. Darüber hinaus werden aber auch ab und an die Begriffe in der folgenden Definition benötigt.

▶ **Definition 4.2.1** Eine Zahl $q \in \mathbb{N}$ heißt *Primteiler* von $n \in \mathbb{N}$, wenn q eine Primzahl und Teiler von n ist. Eine natürliche Zahl, die keine Primzahl ist, heißt *zusammengesetzte* Zahl.

Kann man $n \in \mathbb{N}$ in der Form $n = p \cdot m$ schreiben, wobei p eine Primzahl ist, dann nennt man p einen *Primfaktor* von n.

Seit den frühen Anfängen der Mathematik ist den Primzahlen großes Interesse entgegengebracht worden. Oft hatte das etwas mit Zahlenmystik zu tun. So spielt in Märchen die (geheimnisvolle?) Zahl 7 sehr häufig eine Rolle, während man nach der Zahl 14 dort eher vergeblich suchen wird.

Ein materieller Nutzen der jahrtausendealten Forschungen zeigt sich erstmalig in den letzten Jahren in Form von effektiven Verschlüsselungstechniken auf der Basis von großen Primzahlen (Kryptographie, siehe Abschn. 10.2). Noch vor nicht langer Zeit hätte wohl niemand so in den Alltag hineinreichende praktische Anwendungen der Zahlentheorie für möglich gehalten.

4.2.1 Das Sieb des Eratosthenes

Wie lassen sich alle Primzahlen bis zu einer vorgegebenen Grenze (etwa bis 1000) mit möglichst geringem Rechenaufwand bestimmen? Natürlich könnte man die Zahlen von 2 bis 1000 der Reihe nach auf ihre Teiler untersuchen. Aber es geht erheblich leichter.

Die natürlichen Zahlen von 2 bis 1000 werden auf einem Stück Papier notiert, oder man reserviert in einem Rechner für jede dieser Zahlen einen Speicherplatz, der zu Beginn jeweils den Eintrag 1 besitzen soll.

Die Zahl 2 ist eine Primzahl, alle Vielfachen von 2 der Form $2n$ mit natürlichen Zahlen $n \geq 2$ jedoch nicht. Also sind die Zahlen

$$4, 6, 8, \dots, 998, 1000$$

zu streichen bzw. die Einträge der zugehörigen Speicher von 1 auf 0 zu setzen. Die kleinste nun noch nicht betrachtete Zahl ist 3. Mögliche „echte" Teiler, also Teiler, die ungleich 1 und ungleich der Zahl selbst sind, wären kleiner. Weil die Zahl 3 nicht gestrichen wurde, besitzt sie keinen solchen Teiler und ist damit eine Primzahl. Andererseits folgt, dass alle Zahlen $3n$ mit $n \geq 2$ keine Primzahlen sind. Deshalb werden nun die Zahlen

$$6, 9, 12, 15, \dots, 996, 999$$

gestrichen bzw. die zugehörigen Speicher mit 0 belegt. Man sieht, dass einige Streichungen eigentlich überflüssig sind, da sie schon im vorangegangenen Schritt ausgeführt wurden (zum Beispiel bei 6 und 12). Aber es ist schneller, dies in Kauf zu nehmen, als einen irgendwie gearteten Test einzubauen, der mehrfaches Streichen verhindert.

Nun ist 5 die kleinste noch nicht betrachtete Zahl. Aus dem genannten Grund muss sie eine Primzahl sein und die Zahlen

$$10, 15, 20, \dots, 995, 1000$$

werden gestrichen. Das Verfahren wird fortgesetzt, bis alle Zahlen bis zur gewählten Obergrenze, hier also bis 1000, erfasst worden sind. Jede übrig gebliebene Zahl (also jede Zahl, die nicht gestrichen wurde, bzw. deren Speicher bis zum Schluss eine 1 enthält) ist eine Primzahl.

Es ist sehr zu empfehlen, dieses so genannte *Sieb des Eratosthenes* auf dem Computer einmal selbst zu programmieren und zu beobachten, wie rasant schnell damit die Primzahlen bis zur gewählten Obergrenze bestimmt werden, sofern diese nicht allzu groß angesetzt ist. Das Verfahren ist, obwohl es vor mehr als 2000 Jahre entwickelt wurde, wie für den Rechner geschaffen. Das Sieb des Eratosthenes wird übrigens dem griechischen Mathematiker Eratosthenes von Kyrene zugeschrieben (um 290 v. Chr. – um 214 v. Chr., wobei die Angaben in verschiedenen Quellen stark variieren). Er war Vorsteher der Bibliothek von Alexandria und fand Lösungen für ganz unterschiedliche Probleme. So gelang es ihm beispielsweise erstmals, den Erdumfang zu berechnen.

Wendet man das Sieb des Eratosthenes auf die natürlichen Zahlen bis einschließlich 1000 an, so bekommt man folgende Zahlen, die Primzahlen bis 1000.

2	3	5	7	11	13	17	19	23	29	31	37	41	43
47	53	59	61	67	71	73	79	83	89	97	101	103	107
109	113	127	131	137	139	149	151	157	163	167	173	179	181
191	193	197	199	211	223	227	229	233	239	241	251	257	263
269	271	277	281	283	293	307	311	313	317	331	337	347	349
353	359	367	373	379	383	389	397	401	409	419	421	431	433
439	443	449	457	461	463	467	479	487	491	499	503	509	521
523	541	547	557	563	569	571	577	587	593	599	601	607	613
617	619	631	641	643	647	653	659	661	673	677	683	691	701
709	719	727	733	739	743	751	757	761	769	773	787	797	809
811	821	823	827	829	839	853	857	859	863	877	881	883	887
907	911	919	929	937	941	947	953	967	971	977	983	991	997

Auch das Sieb des Eratosthenes findet sich häufig in Schulbüchern. Dann wird allerdings in der Regel nicht programmiert, sondern man beginnt bei der Zahl 2, markiert sie und streicht dann alle Vielfachen von 2, sucht die nächste nicht gestrichene Zahl (das ist dann die 3), markiert sie und streicht alle Vielfachen dieser Zahl. Das Verfahren wird fortgesetzt (meist aber nur bis zur Zahl 100) und liefert so relativ schnell alle Primzahlen bis zur gegebenen Grenze.

4.2.2 Die Unendlichkeit der Menge der Primzahlen

Zunächst werden nun einige Aussagen über die Beziehungen zwischen natürlichen Zahlen und ihren Teilern bereitgestellt. Sie klingen alle eher selbstverständlich, sodass man nicht unbedingt eine echtes Beweisbedürfnis hat. Aus Gründen der Vollständigkeit sollen sie dennoch bewiesen werden. Die Aussagen sind leicht zu zeigen. Die Beweise sind entsprechend kurz und knapp gehalten und verwenden nur elementare Eigenschaften von Zahlen und Beziehungen zwischen Zahlen. Dabei wurde das erste Ergebnis zugegebenermaßen (und weil es so selbstverständlich ist) weiter vorne in Satz 4.1.1 bereits benutzt.

▶ **Satz 4.2.1** Es ist $a \leq n$ für jeden Teiler $a \in \mathbb{N}$ einer natürlichen Zahl n.

▶ **Beweisidee 4.2.1** Eine natürliche Zahl n hat auf jeden Fall die Teiler 1 und n. Diese Fälle sind einfach. Ansonsten wendet man einen kleinen Trick an, der auf dem Distributivgesetz beruht. Mit konkreten Zahlen sieht er so aus: Es ist 4 ein Teiler von 12, denn $12 = 4 \cdot 3$. Es ist aber auch $12 = 4 \cdot 2 + 4 \cdot 1 = 4 \cdot 2 + 4$. Folglich ist 4 kleiner als 12, denn zu 4 muss man eine positive Zahl addieren, um 12 zu bekommen. Im Beweis wird es genau so mit Variablen formuliert.

▶ **Beweis 4.2.1** Es sei $a \cdot b = n$. Falls $b = 1$ bzw. $b = n$ ist, so gilt $a = n$ bzw. $a = 1$, und die Gültigkeit der Behauptung ist offensichtlich. Sei also $b > 1$ und $b \neq n$. Dann kann man schreiben $n = ab = a + ab - a = a + a \cdot (b - 1)$, da $a \cdot (b - 1)$ auch eine natürliche Zahl darstellt. Die Behauptung folgt nach der Definition Kleiner-Beziehung $a < n$ in Kapitel 2. $\square$

▶ **Satz 4.2.2** Jede natürliche Zahl besitzt nur endlich viele Teiler.

▶ **Beweisidee 4.2.2** Die Behauptung wird problemlos aus dem gerade bewiesenen Satz gefolgert.

▶ **Beweis 4.2.2** Es sei eine natürliche Zahl n gegeben. Nach Satz 4.2.1 ist jeder Teiler m von n in der endlichen Menge $\{1, 2, 3, \ldots, n\} \subset \mathbb{N}$ enthalten. Da diese Menge endlich ist, folgt die Behauptung sofort. $\square$

Eine Anwendung von Satz 4.1.2 ist die folgende, intuitiv wohl unmittelbar einleuchtende Behauptung:

▶ **Satz 4.2.3** Jede natürliche Zahl $n > 1$ besitzt einen kleinsten Teiler $k > 1$, und dieser ist eine Primzahl. Insbesondere gilt $k = n$ genau dann, wenn n eine Primzahl ist.

▶ **Beweisidee 4.2.3** Man überlegt sich zunächst, dass es in $\mathbb{N} \backslash \{1\}$ einen kleinsten Teiler von $n \in \mathbb{N} \backslash \{1\}$ geben muss. Man benennt ihn, hält ihn fest (das darf man!) und zeigt dann über einen Widerspruchsbeweis, dass dieser Teiler eine Primzahl ist.

▶ **Beweis 4.2.3** In Kapitel 2 wurde gezeigt, dass jede Menge natürlicher Zahlen ein kleinstes Element besitzt (Seite 21ff.). Dieses Ergebnis gilt selbstverständlich auch für Teilermengen in $\mathbb{N}$. Also gibt es auch in der Menge $M = \{m \in \mathbb{N} \mid m > 1 \text{ und } m|n\}$ ein kleinstes Element, das mit k bezeichnet werden soll. Nun muss k eine Primzahl sein, denn sonst gäbe es eine Darstellung $k = k_1 \cdot k_2$ mit natürlichen Zahlen $k_1, k_2 \in \{2, \ldots, k-1\}$. Nach Satz 4.1.2 wäre dann k_1 auch ein (nicht trivialer) Teiler von n, und wegen $k_1 < k$ könnte k nicht der kleinste Teiler gewesen sein. □

Wie viele Primzahlen gibt es? Die Antwort auf diese Frage wurde bereits im antiken Griechenland von Euklid gefunden. Auf ihn geht der Beweis des folgenden Satzes in der hier gegebenen Fassung zurück. Allerdings gibt es viele mögliche Beweise für Satz 4.2.4. Zu einem späteren Zeitpunkt wird er daher auch noch einmal aufgegriffen und auf eine andere Art und Weise gezeigt (man vergleiche die Beweise der Sätze 4.2.8 und 5.4.5).

▶ **Satz 4.2.4** Es gibt unendlich viele Primzahlen.

▶ **Beweisidee 4.2.4** Man nimmt an, dass es nur endlich viele Primzahlen gibt, die $p_1, p_2, \ldots,$ p_n heißen. Nun konstruiert man sich aus diesen Primzahlen eine neue Primzahl. Betrachtet wird die Zahl $q = 1 + p_1 \cdot p_2 \cdot \ldots \cdot p_n$. Man überlegt sich, dass keine der Zahlen $p_1, p_2, \ldots, p_n$ ein Teiler von q sein kann. Also ist entweder q selbst eine Primzahl, oder aber es existiert eine weitere Primzahl $p_{n+1} < q$, die ein Teiler von q sein muss. Damit hat man einen Widerspruch zur Annahme.

▶ **Beweis 4.2.4** Angenommen, es gibt endlich viele Primzahlen $p_1, p_2, \ldots, p_n$. Man betrachtet dann die Zahl

$$q = 1 + p_1 \cdot p_2 \cdot \ldots \cdot p_n.$$

Offenbar ist $q > 1$, also existiert nach Satz 4.2.3 ein kleinster Teiler $k > 1$ von q, und dieser kleinste Teiler ist eine Primzahl. Also ist $k = p_j$ für ein $j \in \{1, \ldots, n\}$, denn nach Annahme gibt es nur diese Primzahlen. Dann müsste nach Satz 4.1.1 dieses p_j auch $1 = q - \prod_{i=1}^{n} p_i$ teilen. Das geht aber nicht, weil $p_j > 1$ ist. Also ist $p_{n+1} := k$ eine Primzahl, die nicht in der Menge $p_1, p_2, \ldots, p_n$ enthalten ist. Das ist ein Widerspruch zur Annahme. □

Dieser Beweis ist *konstruktiv*, denn er zeigt außer der Gültigkeit des Ergebnisses auch einen ganz konkreten Weg auf, wie man aus bekannten Primzahlen neue Primzahlen bekommen kann. In der Beweisidee wurde das ja schon angedeutet. Geht man etwa von der Menge $M_1 = \{3, 5\}$ von Primzahlen aus, so hat $m_1 = 3 \cdot 5 + 1 = 16$ die Zahl 2 als einen neuen Primteiler. Von $M_2 = \{2, 3, 5\}$ ausgehend bekommt man die neue Primzahl $m_2 = 2 \cdot 3 \cdot 5 + 1 = 31$. Die Menge $M_3 = \{2, 3, 5, 31\}$ führt schließlich zu $m_3 = 2 \cdot 3 \cdot 5 \cdot 31 + 1 = 931$. Das ist zwar keine Primzahl (man vergleiche das Sieb des Eratosthenes auf Seite 91), aber es gilt $931 = 7 \cdot 7 \cdot 19$, und man bekommt so zwei neue Primzahlen. Das Beispiel zeigt, dass $N = 1 + p_1 \cdot p_2 \cdot \ldots \cdot p_n$ nicht unbedingt eine Primzahl sein muss. Vielmehr kann N auch einen echten Primteiler haben, der nicht in der Menge der p_i

($i = 1, \ldots, n$) enthalten ist. Diese Unterscheidung ist ganz wichtig, sie wird aber in der Argumentation häufig falsch gemacht.

4.2.3 Primzahlzwillinge, Primzahltupel, Primzahlformeln

Primzahlen haben schon immer viele Menschen fasziniert und zu mathematischem Arbeiten angeregt. Viele Fragen, die sich in diesem Zusammenhang stellen, liegen auch tatsächlich auf der Hand, sind aber keineswegs immer einfach zu beantworten. Im Folgenden sollen einige dieser Fragestellungen angesprochen werden, die allesamt im Zusammenhang mit nicht gelösten Problemen der Zahlentheorie stehen.

▶ **Definition 4.2.2** Sind die beiden natürlichen Zahlen p und $p + 2$ beide Primzahlen, so heißt dieses Zahlenpaar ein *Primzahlzwilling*.

So sind 3 und 5, 11 und 13, 29 und 31, 107 und 109 oder 2549 und 2551 Beispiele für Primzahlzwillinge. Weil 2 die einzige gerade Primzahl und $2 + 2 = 4$ keine Primzahl ist, spielen gerade Zahlen bei den Primzahlzwillingen offenbar keine Rolle. Doch mit dieser eher trivialen Feststellung ist das gesicherte Wissen über Primzahlzwillinge auch schon fast erschöpft. Natürlich kennt man diese Paare bis zu einer gewissen Grenze. Unbeantwortet ist aber die Frage, ob es unendlich viele solcher Primzahlzwillinge gibt.

Leichter ist die Frage zu beantworten, wie viele so genannte Tripel (und das sind drei Zahlen) von natürlichen Zahlen p, $p + 2$ und $p + 4$ es gibt, sodass alle drei Zahlen Primzahlen sind. Es gibt genau ein solches Tripel (man vergleiche Aufgabe 13 bei den Übungen zu diesem Kapitel). Interessanter sind daher Zahlentripel der Form p, $p + 2$ und $p + 6$ bzw. p, $p + 4$ und $p + 6$, denn hier kann es durchaus verschiedene Möglichkeiten geben. So gibt es zum Beispiel die Tripel 5, 7 und 11 oder 11, 13 und 17 oder 13, 17 und 19, die allesamt nur aus Primzahlen bestehen. Auch hier ist die Frage offen, ob es nur endlich viele oder aber unendlich viele dieser Primzahltripel gibt. Nimmt man die letzten beiden Tripel zusammen, so bekommt man mit 11, 13, 17 und 19 gleich vier Zahlen, die Primzahlen sind. Um das nächste solche 4-Tupel zu bekommen, muss man allerdings einen großen Sprung machen, denn erst 101, 103, 107 und 109 erfüllt die Bedingungen. Man kennt weitere 4-Tupel, weiß aber auch hier nicht, ob ihre Anzahl endlich oder unendlich ist. In jedem Fall gibt es keine derzeit bekannten Bedingungen, die unendlich viele Primzahltupel der genannten Art ausschließen würden.

Ein letztes Problem, das an dieser Stelle angesprochen werden soll, betrifft schließlich die Möglichkeit, überhaupt Primzahlen mit Hilfe einer Formel zu erzeugen. Für manche andere Zahlen geht das ganz einfach. So lassen sich alle durch 7 teilbaren natürlichen Zahlen n durch die „Formel" $n = f(k) := 7 \cdot k$ erhalten: Rechts setzt man beliebige natürliche Zahlen k ein und bekommt (in Abhängigkeit von k, weshalb der Ausdruck $f(k)$ gewählt wurde) als Ergebnis eine durch 7 teilbare Zahl heraus. Umgekehrt lässt sich jede durch 7 teilbare Zahl genau so erhalten. Auch hier wird man aber im Hinblick auf die Primzahlen enttäuscht. Es ist keine einzige Gleichung der Form $p = f(k)$ bekannt, aus der man durch Einsetzen natürlicher Zahlen k in einen Rechenausdruck auf der rechten Seite unendlich viele verschiedene Primzahlen (und nur solche) explizit herausbekommt, ganz zu schweigen von einer Formel, die einem $k \in \mathbb{N}$ die k-te Primzahl zuordnet. Vielleicht gibt es eine solche Formel auch gar nicht, vielleicht ist die Frage nach ihrer Existenz unentscheidbar. Man weiß es nicht.

4.2.4 Primfaktorzerlegung

Aus der Schule ist bekannt, dass man natürliche Zahlen in ihre Primfaktoren zerlegen kann. So ist $168 = 2 \cdot 2 \cdot 2 \cdot 3 \cdot 7 = 2^3 \cdot 3 \cdot 7$ und $3300 = 2 \cdot 2 \cdot 3 \cdot 5 \cdot 5 \cdot 11 = 2^2 \cdot 3 \cdot 5^2 \cdot 11$. In der Praxis würde man vielleicht so vorgehen, dass man erst den kleinsten Primfaktor bestimmt, die Zahl durch diesen Faktor dividiert, vom Ergebnis wiederum den kleinsten Primfaktor bestimmt, dividiert und mit dem Ergebnis entsprechend weiterarbeitet. Eigentlich scheint es selbstverständlich, dass eine solche Zerlegung in Primfaktoren nicht nur für bestimmte, sondern für alle natürlichen Zahlen möglich ist. Doch wie so oft liegt das Problem im Detail. Es ist tatsächlich einfach zu zeigen, dass eine solche Zerlegung existiert, es ist weniger einfach zu zeigen, dass diese Zerlegung eindeutig ist. Diese beiden Fragen, nämlich die Frage der Existenz und die Frage der Eindeutigkeit, sollen nun betrachtet werden.

Es sei also $n > 1$ ganz allgemein eine natürliche Zahl. Dann ist es, wie bereits angedeutet, nicht schwer, zu einer Primfaktorzerlegung von n zu kommen, also zu einer Darstellung

$$n = \prod_{j=1}^{m} q_j := q_1 \cdot q_2 \cdot \ldots \cdot q_m$$

mit Primzahlen $q_1, q_2, \ldots, q_m$. Dazu wählt man nach Satz 4.2.3 die Zahl q_1 als den kleinsten nicht trivialen Teiler und erhält eine Darstellung $n = q_1 \cdot n_1$. Danach setzt man q_2 als den kleinsten nicht trivialen Teiler von n_1 (das ist der zweitkleinste von n oder wieder q_1) und so fort. Wegen der endlichen Teilerzahl von n (man vergleiche Satz 4.2.2) bricht diese Konstruktion nach endlich vielen Schritten ab und liefert die folgende Behauptung.

▶ **Satz 4.2.5** Jede natürliche Zahl $n > 1$ besitzt (mindestens) eine Darstellung als Produkt von Primzahlen.

▶ **Beweisidee 4.2.5** Es geht (wie im vorhergehenden Absatz ausgeführt wurde) um die *Existenz* einer solchen Darstellung. Es muss also nur *irgendeine* Darstellung als Produkt von Primzahlen gefunden werden. Man macht das mit Variablen genauso, wie man es in der Schule mit konkreten Zahlen gelernt hat und sucht sich zunächst den kleinsten Primteiler. Die gegebene Zahl ist ein Produkt aus diesem kleinsten Teiler und einer anderen natürlichen Zahl, mit der man dann genauso verfährt (also einen kleinsten Teiler suchen und die Zahl als passendes Produkt darstellen). Wiederholt man bei Bedarf diesen Prozess, so muss er dennoch irgendwann (vor allem aber nach endlich vielen Schritten) abbrechen.

▶ **Beweis 4.2.5** Der Beweis wurde gerade geführt und steht hier eben ausnahmsweise einmal *vor* dem Satz.   □

Wesentlich weniger nahe liegend ist es nun, wie die *Eindeutigkeit* der Primfaktorzerlegung begründbar ist. Die Vorstellung mag geradezu absurd erscheinen, es könnte für ein und dieselbe natürliche Zahl verschiedene Primfaktorzerlegungen geben, die sich nicht nur durch die Reihenfolge der Faktoren unterscheiden. Im Kontrast zu dieser scheinbaren Selbstverständlichkeit steht jedoch die Tatsache, dass ein Beweis keineswegs trivial ist.

▶ **Satz 4.2.6** Hauptsatz der elementaren Zahlentheorie
Zu jeder natürlichen Zahl $n > 1$ gibt es eine bis auf die Reihenfolge der Faktoren eindeutige Zerlegung in ein Produkt aus Primfaktoren.

▶ **Beweisidee 4.2.6** In Satz 4.2.5 wurde gerade gezeigt, dass jede natürliche Zahl n ein Produkt von Primzahlen ist. Damit ist die Existenz gezeigt, und es fehlt nur noch der Beweis der Eindeutigkeit. Man kann diesen Beweis indirekt führen. Die Annahme, irgendeine natürliche Zahl $n > 1$ sei auf zwei verschiedene Arten als Produkt von Primzahlen darstellbar, die sich nicht nur in der Reihenfolge der Faktoren unterscheiden, ist dann zu widerlegen. Wenn es Zahlen $n > 1$ geben sollte, die nicht eindeutig zerlegbar sind, so existiert nach dem Prinzip des kleinsten Elements eine kleinste solche Zahl. Auf der Basis dieser (nach Annahme) kleinsten Zahl konstruiert man eine noch kleinere natürliche Zahl, die größer als 1 ist, und ebenfalls keine eindeutige Primfaktorzerlegung aufweist. Damit ist ein Widerspruch hergestellt. Die Kernidee ist, dass jeder echte Teiler einer solchen Zahl mit nicht eindeutiger Primfaktorzerlegung kleiner als die Zahl selbst ist und entsprechend eine eindeutige Primzahlzerlegung hat.

Der folgende Beweis ist leider im Detail nicht immer einfach nachzuvollziehen. Der Grund liegt mit darin, dass man Dinge annimmt, die eigentlich widersinnig anmuten. Vergessen Sie also für einen Augenblick fast alles, was Sie über natürliche Zahlen wissen und lassen Sie sich konsequent auf die Hypothese ein, dass es (mindestens) eine Zahl gibt, die sich auf (mindestens) zwei Arten als ein Produkt von Primzahlen schreiben lässt.

▶ **Beweis 4.2.6** Für die natürliche Zahl n ist die Existenz einer Darstellung

$$n = \prod_{j=1}^{m} q_j$$

mit Primzahlen $q_1, \ldots, q_m$ durch Satz 4.2.5 bereits gesichert. Was zu zeigen bleibt, ist die Eindeutigkeit dieser Faktoren bis auf ihre Reihenfolge. Wenn im folgenden Beweis von verschiedenen Zerlegungen die Rede ist, so soll dies stets ohne Berücksichtigung der Reihenfolge verstanden werden: $12 = 3 \cdot 2 \cdot 2$ wird nicht als verschieden von $12 = 2 \cdot 3 \cdot 2$ angesehen.

Wenn die Behauptung des Satzes falsch wäre, so würde es (mindestens) eine natürliche Zahl mit (mindestens) zwei verschiedenen Zerlegungen geben. Die Menge aller dieser Zahlen hat, wie jede nicht leere Teilmenge von $\mathbb{N}$, ein kleinstes Element (man vergleiche Satz 2.1.2), das mit m_0 bezeichnet wird. Dieses Element m_0 ist keine Primzahl, denn sonst wäre ja die Zerlegung für m_0 eindeutig, denn es würde nur den einen Faktor m_0 geben.

Man betrachtet nun m_0. Es sei p der kleinste Primteiler von m_0 (und den gibt es nach Satz 4.2.3). Dann ist $m_0 = p \cdot r$ für ein $r \in \mathbb{N}$, denn eine Zerlegung von m_0 gibt es auf jeden Fall (das besagt Satz 4.2.5). Nun ist aber in jedem Fall $r < m_0$. Weil m_0 als die kleinste Zahl gewählt wurde, für die es keine eindeutige Primfaktorzerlegung gibt, hat r eine eindeutige Primfaktorzerlegung. Es sei $r = r_1 \cdot \ldots \cdot r_k$ mit Primzahlen $r_1, r_2, \ldots, r_k$.

So, nun geht es gegen die Intuition, denn man muss eine weitere Primfaktorzerlegung von m_0 ins Spiel bringen, die es ja nach (allerdings zu widerlegender!) Annahme gibt. Sei also $m_0 = q_1 \cdot \ldots \cdot q_m$ eine von $m_0 = p \cdot r_1 \cdot \ldots \cdot r_k$ verschiedene Zerlegung. Für diese Zerlegung muss $p < q_j$ für alle j gelten. Man sieht das in zwei Schritten ein. Einerseits wurde p als der kleinste Primteiler von m_0 gewählt, sodass $p \leq q_j$ für alle j ohnehin gilt. Wäre andererseits p gleich einer der Zahlen q_j, so würde (mit immer gleicher Argumentation) die „zweite" Zerlegung von m_0 bis auf die Reihenfolge doch mit der „ersten" Zerlegung übereinstimmen.

Um zu einem Widerspruch zu kommen, konstruiert man sich nun eine Zahl, die kleiner als m_0 ist und deren Zerlegung in Primfaktoren folglich eindeutig ist. Es sei also $a := q_2 \cdot \ldots \cdot q_m$. Offenbar gilt $a < m_0$, da $q_1 \geq 2$, und damit ist $a = q_2 \cdot \ldots \cdot q_m$ bereits die eindeutige Zerlegung von a. Es ergibt sich $m_1 := m_0 - p \cdot a = q_1 \cdot a - p \cdot a = (q_1 - p) \cdot a$. Aus $q_1 > p$ und $a \geq 2$ folgt $2 \leq m_1 < m_0$. Damit ist auch m_1 eindeutig in Primfaktoren zerlegbar, und wegen $m_1 = p \cdot (r - a)$ kommt p als Faktor in dieser Zerlegung vor.

In der (eindeutigen) Zerlegung von a kann p nicht vorkommen, da $p < q_j$ für alle $j = 1, \ldots, m$ gilt. Wegen $m_1 = (q_1 - p) \cdot a$ muss also p in der (ebenfalls eindeutigen) Zerlegung von $q_1 - p$ auftreten. Gilt aber nun $q_1 - p = b \cdot p$ für ein $b \in \mathbb{N}$, so folgt $q_1 = (b + 1) \cdot p$. Das ist jedoch unmöglich, da q_1 eine Primzahl ist. Also ist die Annahme zum Widerspruch geführt, es würde natürliche Zahlen mit nicht eindeutiger Primfaktorzerlegung geben. □

Dieser Beweis des Hauptsatzes der elementaren Zahlentheorie stammt von Ernst Zermelo (1871–1953), der vor allem als einer der Begründer der axiomatischen Mengenlehre bekannt ist. Eine Folgerung aus diesem Hauptsatz der elementaren Zahlentheorie stellt der nächste Satz dar.

▶ **Satz 4.2.7** Sind $n, a, b \in \mathbb{N}$ mit $n = a \cdot b$ und ist p ein Primteiler von n, so ist p auch ein Primteiler von a oder b.

▶ **Beweisidee 4.2.7** Man betrachtet die Primteiler von a und b und wendet Satz 4.2.6 an. Er garantiert, dass p unter diesen Primteilern ist.

▶ **Beweis 4.2.7** Es seien $a = a_1 \cdot \ldots \cdot a_m$ und $b = b_1 \cdot \ldots \cdot b_k$ die nach Satz 4.2.6 existierenden, bis auf die Reihenfolge der Faktoren eindeutigen Primfaktorzerlegungen von a bzw. von b. Dann ist die Zerlegung von n gegeben durch

$$n = a_1 \cdot \ldots \cdot a_m \cdot b_1 \cdot \ldots \cdot b_k.$$

Wegen $p|n$ muss p eine der Primzahlen $a_1, \ldots, a_m, b_1, \ldots, b_k$ sein, denn sonst könnte man wie oben beschrieben doch noch eine echt verschiedene Zerlegung von n mit p als Faktor finden. Das liefert aber schon die Behauptung.   □

Umgekehrt lässt sich übrigens aus Satz 4.2.7 auch Satz 4.2.6 herleiten, sodass die beiden Sätze sogar äquivalent sind. Auf den Beweis soll an dieser Stelle aber nicht näher eingegangen werden.

Die Eindeutigkeit der Primfaktorzerlegung einer natürlichen Zahl bis auf die Reihenfolge der Faktoren lässt sich durch entsprechende Verabredungen als eine Eindeutigkeit auch in der Reihenfolge beschreiben. Die gängigste (und wohl nahe liegendste) Möglichkeit ist, die Primfaktoren der Größe nach zu ordnen: $q_1 \leq q_2 \leq \ldots \leq q_m$. Dabei können dann einige der q_i gleich sein, sodass man sie in der Produktdarstellung auch als entsprechende Potenzen von (jeweils unterschiedlichen) Primzahlen p_j schreiben kann. Schließlich ist es egal, ob man $168 = 2 \cdot 2 \cdot 2 \cdot 3 \cdot 7$ schreibt oder aber die Form $168 = 2^3 \cdot 3 \cdot 7$ wählt. So erhält man allgemein die Primfaktorzerlegung in der Form

$$n = p_1^{k_1} \cdot p_2^{k_2} \cdot \ldots \cdot p_\ell^{k_\ell} = \prod_{j=1}^{\ell} p_j^{k_j}$$

mit geeigneten Primzahlen $p_1 < p_2 < \ldots < p_\ell$ und $k_1, \ldots, k_\ell \in \mathbb{N}$. Die *geeigneten* Primzahlen sind also insbesondere nur diejenigen Primzahlen, die tatsächlich auch Teiler der Zahl a sind. Man beachte, dass die Exponenten k_i natürliche Zahlen sein müssen. Diese Primfaktorzerlegung ist dann auch in Bezug auf die Reihenfolge der Faktoren eindeutig.

Aus der Eindeutigkeit der Primfaktorzerlegung einer natürlichen Zahl kann man einen weiteren Beweis von Satz 4.2.4 ableiten, der die Unendlichkeit der Menge der Primzahlen belegt. Im folgenden Satz wird gezeigt, dass es bereits unendlich viele Primzahlen einer bestimmten Art, nämlich der Form $4k - 1$ mit $k \in \mathbb{N}$ gibt (und damit auch unendlich viele Primzahlen ohne eine explizite Erwähnung dieser Einschränkung). Beispiele sind $3 = 4 \cdot 1 - 1$, $7 = 4 \cdot 2 - 1$, $11 = 4 \cdot 3 - 1$ und $19 = 4 \cdot 5 - 1$. Allerdings ist nicht jede solche Zahl eine Primzahl, wie das Beispiel $15 = 4 \cdot 4 - 1$ zeigt.

▶ **Satz 4.2.8** Es gibt unendlich viele Primzahlen der Form $4k - 1$ mit $k \in \mathbb{N}$.

▶ **Beweisidee 4.2.8** Es wird ein Widerspruchsbeweis geführt. Man nimmt an, dass es nur endlich viele solche Primzahlen $p_1, p_2, \ldots, p_n$ gibt. Man konstruiert aus diesen Primzahlen die ungerade Zahl $m = 4 \cdot p_1 p_2 \ldots p_n - 1$ und betrachtet ihre Primteiler. Es wird gezeigt, dass alle diese Primteiler die Form $4k + 1$ haben. Weil Produkte aus solchen Zahlen die gleiche Form haben, kann man einen Widerspruch zur Annahme ableiten.

▶ **Beweis 4.2.8** Angenommen, es würde endlich viele Primzahlen $p_1, p_2, \ldots, p_n$ der Form $4k - 1$ geben. Dann ist $m = 4 \cdot p_1 \cdot p_2 \cdot \ldots \cdot p_n - 1$ sicherlich keine Primzahl, denn m ist größer als die größte dieser Primzahlen. Die Zahl m ist ungerade, hat also eindeutig bestimmte Primteiler, die alle ungerade sind.

Eine ungerade Zahl kann man nun entweder in der Form $4i + 1$ oder in der Form $4i + 3 = 4(i + 1) - 1$ für ein geeignetes $i \in \mathbb{N}$ schreiben (warum?). Nun wurde $m = 4 \cdot p_1 \cdot p_2 \cdot \ldots \cdot p_n - 1$ gewählt, also ist $m = 4p_1 \ldots p_n - 4 + 3 = 4r + 3$ für $r = p_1 \ldots p_n - 1 \in \mathbb{N}$. Weil $m - 4p_1 p_2 \ldots p_n = -1$ ist, kann keine der Primzahlen $p_1, p_2, \ldots p_n$ die Zahl m teilen. Nun sind aber nach der Annahme die Primzahlen $p_1, p_2, \ldots, p_n$ *alle* Primzahlen der Form $4k - 1$, und so muss m ausschließlich Primfaktoren der Form $4k + 1$ haben.

Es ist $(4a + 1) \cdot (4b + 1) = 4 \cdot (4ab + a + b) + 1$ für beliebige $a, b \in \mathbb{N}$, das heißt, jedes Produkt aus Faktoren der Form $4k + 1$ lässt sich wieder in dieser Form schreiben. Es folgt, dass m von der Form $m = 4s + 1$ für ein $s \in \mathbb{N}$ ist. Man rechnet somit $4s + 1 = 4r + 3$, was $2(s - r) = 1$ liefert. Diese Gleichung ist jedoch für keine ganze Zahl $s - r$ erfüllbar, und der Satz ist bewiesen. $\square$

Primzahllücken Die Überlegungen in diesem Abschnitt haben hoffentlich deutlich gemacht, dass Primzahlen ein interessanter Bereich für zahlentheoretische Untersuchungen verschiedenster Art sind. Nicht betrachtet wurde dabei bisher die Verteilung der Primzahlen, die in Kapitel 14 diskutiert wird. An dieser Stelle soll aber zumindest erwähnt werden, dass man beliebig große Abschnitte auf dem Zahlenstrahl angeben kann, in denen keine einzige Primzahl vorkommt. Anders ausgedrückt: Man kann beliebig große so genannte *Primzahllücken* finden. Die folgenden Beispiele mögen das zunächst illustrieren.

Beispiel 4.2.1

(i) Fängt man ganz einfach an (etwa durch Probieren oder Ablesen in der Primzahl-tabelle auf Seite 91), dann gibt es unter den drei aufeinander folgenden Zahlen 8, 9 und 10, unter den vier aufeinander folgenden Zahlen 32, 33, 34 und 35 oder unter den fünf aufeinander folgenden Zahlen 24, 25, 26, 27 und 28 keine Primzahlen.

(ii) Solche Lücken (wie in Beispiel (i) genannt) kann man auch systematisch finden. Dazu betrachtet man

$$n! = \prod_{i=1}^{n} i = 1 \cdot 2 \cdot 3 \cdot \ldots \cdot n$$

und addiert zu $n!$ erst 2, dann 3, dann 4 und schließlich alle Zahlen bis zur Zahl n. Sei etwa $n = 7$. Dann ist $7! + 2 = 2 \cdot (1 \cdot 3 \cdot 4 \cdot 5 \cdot 6 \cdot 7 + 1)$ durch 2 teilbar, $7! + 3 = 3 \cdot (1 \cdot 2 \cdot 4 \cdot 5 \cdot 6 \cdot 7 + 1)$ durch 3 teilbar, $7! + 4 = 4 \cdot (1 \cdot 2 \cdot 3 \cdot 5 \cdot 6 \cdot 7 + 1)$ durch 4 teilbar, $7! + 5 = 5 \cdot (1 \cdot 2 \cdot 3 \cdot 4 \cdot 6 \cdot 7 + 1)$ durch 5 teilbar, $7! + 6 = 6 \cdot (1 \cdot 2 \cdot 3 \cdot 4 \cdot 5 \cdot 7 + 1)$ durch 6 teilbar und $7! + 7 = 7 \cdot (1 \cdot 2 \cdot 3 \cdot 4 \cdot 5 \cdot 6 + 1)$ durch 7 teilbar. Man hat also 6 Zahlen in Folge „entdeckt", die keine Primzahlen sind.

Die Aussage im Beispiel kann man problemlos verallgemeinern: Für jede natürliche Zahl $n > 2$ sind die $n - 1$ Zahlen $n! + 2$, $n! + 3$, $n! + 4$, ..., $n! + n$ bestimmt keine Primzahlen, denn $n! + 2$ hat den Teiler 2, $n! + 3$ hat den Teiler 3 und $n! + n$ hat den Teiler n, allgemein hat also $n! + i$ den Teiler i (mit $2 \leq i \leq n$). Man hat mit diesem Verfahren eine Primzahllücke angegeben, die $n - 1$ Zahlen umfasst. Die so definierte Lücke könnte übrigens durchaus auch größer sein, wenn man Zahlen in der Nähe hinzunimmt. So ist etwa $5! + 1 = 121$ keine Primzahl, sondern durch 11 teilbar, $5! + 6 = 126$ ist keine Primzahl, sondern durch 2 teilbar, und $6! + 1 = 721$ ist keine Primzahl, sondern durch 7 teilbar.

Auch zu jeder gegebenen Primzahl p lässt sich leicht (und auf andere Weise wie es eben für eine beliebige natürliche Zahl ausgeführt wurde) eine Primzahllücke von $p - 1$ Zahlen angeben. Man betrachtet das Produkt aller Primzahlen bis einschließlich der Zahl p selbst, also $q = 2 \cdot 3 \cdot 5 \cdot \ldots \cdot p$. Dann hat $q + 2$ den Teiler 2, $q + 3$ den Teiler 3, $q + 4$ wiederum den Teiler 2, $q + 5$ den Teiler 5 und so weiter und schließlich $q + p$ den Teiler p. Ganz allgemein hat $q + i$ einen Teiler $j \neq 1$, der Primteiler von i ist. Also kann keine dieser Zahlen eine Primzahl sein. Da es beliebig große Primzahlen gibt (man vergleiche in diesem Kapitel die Sätze 4.2.4 und 4.2.8), muss es entsprechend auch beliebig große Primzahllücken geben.

Beispiel 4.2.2

Betrachtet man die Primzahl $p = 7$, so ist $q = 2 \cdot 3 \cdot 5 \cdot 7 = 210$. Nun hat $210 + 2 = 212$ den Teiler 2, $210 + 3 = 213$ den Teiler 3, $210 + 4 = 214$ auch den Teiler 2, $210 + 5 = 215$ den Teiler 5, $210 + 6 = 216$ den Teiler 2 und $210 + 7 = 217$ den Teiler 7. Damit hat man eine Primzahllücke von sechs Zahlen bestimmt. Auch hier sind diese Zahlen aber nur ein Teil der eigentlichen Lücke, denn auch 218, 219, 220, 221 und 222 sind keine Primzahlen (man vergleiche die Liste der Primzahlen bis 1000 auf Seite 91).

4.3   Teilbarkeit und Primfaktoren in $\mathbb{Z}$

Im ersten Abschnitt dieses Kapitels ging es um die Teilbarkeit natürlicher Zahlen. Sicherlich ist manchen Leserinnen und Lesern dabei aufgefallen, dass die Sätze und Aussagen vielfach auch sinngemäß für die ganzen Zahlen gültig sind. Im Folgenden sollen daher einige Definitionen und Sätze auf die Menge

$$\mathbb{Z} = \{\ldots, -4, -3, -2, -1, 0, 1, 2, 3, 4, 5, 6, \ldots\}$$

der ganzen Zahlen übertragen werden. Auch hier wird erst einmal mit dem Schulwissen über die ganzen Zahlen und das Rechnen mit ganzen Zahlen argumentiert, die in Kapitel 6 dann ordentlich definiert werden. Zunächst wird der Begriff der Teilbarkeit für beliebige ganze Zahlen betrachtet. Man definiert diesen Begriff dabei (selbstverständlich) in Anlehnung an Definition 4.1.1, die auf natürliche Zahlen eingeschränkt war.

▶ **Definition 4.3.1** Seien a und b ganze Zahlen. Dann heißt a ein *Teiler* von b, falls es eine ganze Zahl c gibt, sodass $b = a \cdot c$ gilt. Man schreibt $a|b$, falls a ein Teiler von b ist, bzw. $a \nmid b$, falls a kein Teiler von b ist.

Ist a ein Teiler von b und $a \neq 1$, $a \neq -1$, $a \neq b$ und $a \neq -b$, dann nennt man a auch einen *echten* Teiler von b. Die Menge aller Teiler einer ganzen Zahl a wird als *Teilermenge* $T_a := \{x \in \mathbb{Z} \mid x|a\}$ bezeichnet.

Beispiel 4.3.1

Es gilt $5|15$, denn $15 = 5 \cdot 3$, $3|18$, denn $18 = 3 \cdot 6$, $7|21$, denn $21 = 7 \cdot 3$, und $8|8$, denn $8 = 8 \cdot 1$. Darüber hinaus schreibt man $3 \nmid 19$ und $5 \nmid 21$, da man keine geeigneten ganzen Zahlen („Faktoren") finden kann, sodass 3 multiplikativ zu 19 bzw. 5 multiplikativ zu 21 ergänzt wird. Damit ist die neue Definition mit der bisherigen (eingeschränkten) Definition auf $\mathbb{N}$ vereinbar. Diese Beispiele sind ja prinzipiell auch bereits im Zusammenhang mit der Teilbarkeit in $\mathbb{N}$ betrachtet worden. Die Definition legt darüber hinaus fest, dass auch $-5|15$, $3| -18$ und $-7| -21$ gilt. Das sind nun tatsächlich neue Informationen.

Insbesondere hat jede ganze Zahl a die trivialen Teiler 1 und a, denn es ist $a = 1 \cdot a$ und $a = a \cdot 1$ für alle $a \in \mathbb{Z}$. Sinnvoll ist es darüber hinaus, die Sonderfälle zu betrachten, bei denen die Null eine Rolle spielt. Es gilt $5|0$, denn $0 = 5 \cdot 0$, und $0|0$, denn $0 = 0 \cdot a$ für alle $a \in \mathbb{Z}$. Andererseits ist 0 kein Teiler von 5, da es keine Zahl $x \in \mathbb{Z}$ mit $5 = 0 \cdot x$ gibt. Ganz allgemein folgert man aus der Definition die Beziehungen $a|0$ für alle $a \in \mathbb{Z}$ und $0 \nmid a$ für alle $a \in \mathbb{Z} \backslash \{0\}$.

Eng verknüpft mit dem Begriff des Teilers ist der Begriff eines *Vielfachen*. Für die Definition wird auf die Definition des Teilers einer ganzen Zahl zurückgegriffen.

▶ **Definition 4.3.2** Falls $a \in \mathbb{Z}$ ein Teiler von $b \in \mathbb{Z}$ ist, nennt man b auch ein *Vielfaches* von a. Mit $V_a := \{ax \mid x \in \mathbb{Z}\}$ bezeichnet man die *Vielfachenmenge* von $a \in \mathbb{Z}$.

Es ist also die ganze Zahl b ein Vielfaches der ganzen Zahl a, falls a ein Teiler von b ist, das heißt, es ist insbesondere $V_a = \{b \in \mathbb{Z} \mid a|b\}$. Beispiele für den Begriff des Vielfachen sind leicht anzugeben. Vielfache von 3 sind etwa 3, 6, 9, aber auch $-3, -27$ und natürlich auch 0. Die Vielfachenmenge von 3 ist $V_3 = \{3 \cdot x \mid x \in \mathbb{Z}\} = \{\ldots -9, -6, -3, 0, 3, 6, 9, 12, \ldots\}$.

Die Null und die Teilbarkeit

Manchmal kann eine Definition die einfachsten Dinge kompliziert machen. Deswegen sollen der Null und der Teilbarkeit durch Null ein paar Zeilen gewidmet werden. Schon in der Grundschule, spätestens aber in der fünften Klasse lernt man (meist ohne Begründung), dass durch 0 nicht dividiert werden darf. Nun sagt die Definition (und einer ordentlichen mathematischen Definition muss man ja Glauben schenken), dass 0 ein Teiler von 0 ist. Ist das kein Widerspruch? Nein, es ist keiner, aber ein guter Anlass zu klären, warum in diesem Buch viel von der Multiplikation und wenig von der Division geredet wird.

Der Ausdruck $0|0$ bedeutet, dass es mindestens eine ganze Zahl a gibt, sodass $0 = 0 \cdot a$ ist. Und die gibt es (und sogar mehr als eine), denn $0 = 0 \cdot 4, 0 = 0 \cdot (-24)$, $0 = 0 \cdot 1000$ und insbesondere ist $0 = 0 \cdot 0$. Dennoch hat der Ausdruck $0 : 0$ hier keine sinnvolle Bedeutung. Betrachtet man nämlich die Division als Umkehrung der Multiplikation, so könnte man in Anlehnung an die eben genannten Beispiele $0 : 0 = 4$ oder $0 : 0 = (-24)$ oder $0 : 0 = 1000$ oder $0 : 0 = 0$ schreiben. Damit hätte $0 : 0$ ganz verschiedene Bedeutungen, die alle richtig wären. Damit ist dann aber $0 : 0$ keine eindeutig bestimmte Zahl und insofern ist es unsinnig, den Term festzulegen. Es bleibt also dabei, dass durch 0 nicht dividiert werden darf, und man soll das als Lehrerin oder Lehrer auch gerne und am besten mit einer guten Begründung weitergeben.

Es sei noch angemerkt, dass schon aus Definition 4.3.1 folgt, dass der Ausdruck $a : 0$ für eine ganze Zahl $a \neq 0$ sinnlos ist, denn die Gleichung $a = 0 \cdot x$ ist in $\mathbb{Z}$ (aber auch in $\mathbb{Q}$ oder $\mathbb{R}$) nicht lösbar. Und von anderen Grundmengen soll erst später die Rede sein (man vergleiche Kapitel 9).

Einige Ergebnisse über die Teilbarkeit ganzer Zahlen kann man (ähnlich wie über die Teilbarkeit natürlicher Zahlen) direkt aus der Definition ableiten. Das trifft etwa auf den folgenden Satz 4.3.1 zu, der eine einfache Eigenschaft der Teilbarkeit nennt. Um ihn knapp zu formulieren, wird eine neue Definition benötigt, nämlich die Definition des *Betrags* einer ganzen Zahl.

▶ **Definition 4.3.3** Mit $|a|$ bezeichnet man den *Betrag* der ganzen Zahl a. Dabei ist $|a| = a$, falls $a \geq 0$ ist, und $|a| = -a$, falls $a < 0$ ist.

Damit ist $|3| = 3$ und $|-3| = 3$ sowie $|0| = 0$. Die Definition lässt sich selbstverständlich sinngemäß auch auf rationale und reelle Zahlen übertragen. Somit ist (oder besser wäre, wenn man es denn definiert hätte) $|3,14| = 3,14, |-3,14| = 3,14, |\sqrt{2}| = \sqrt{2}$ und

$|-\sqrt{2}| = \sqrt{2}$. In allen diesen Zahlenmengen bedeutet der Betrag anschaulich nichts anderes als den Abstand dieser Zahl vom Nullpunkt auf einer (normierten) Zahlengerade.

▶ **Satz 4.3.1** Seien $a, b \in \mathbb{Z}\backslash\{0\}$. Wenn a ein Teiler von b und b ein Teiler von a ist, dann folgt $|a| = |b|$.

▶ **Beweisidee 4.3.1** Der Satz folgt ganz einfach durch Anwendung von Definition 4.3.1.

▶ **Beweis 4.3.1** Wenn a ein Teiler von b ist, gibt es ein $x \in \mathbb{Z}$ mit $a \cdot x = b$. Genauso gibt es ein $y \in \mathbb{Z}$ mit $b \cdot y = a$, weil b ein Teiler von a ist. Also folgt $a = by = axy$ und damit $xy = 1$. Dann ist aber $|x| = |y| = 1$, denn x und y sind ganze Zahlen, und die Behauptung folgt.   □

Das Ergebnis ist sicherlich nicht kompliziert, aber gerade im Hinblick auf die natürlichen Zahlen dennoch nicht uninteressant. Sind nämlich a und b natürliche Zahlen, so folgt aus $a|b$ und $b|a$ die Gleichheit $a = b$. Zu einem späteren Zeitpunkt wird dafür eine eigene Bezeichnung definiert werden und man wird sagen, dass die Teilerrelation „$a|b$" eine *antisymmetrische* oder *identitive* Relation ist (man vergleiche Definition 6.4.2). Doch es soll nicht allzu weit vorgegriffen werden, ohne dass die Begriffe hinreichend geklärt sind. Der folgende Satz stützt sich auf die bisher bereitgestellten Mittel und zeigt, dass die Anzahl der Teiler nicht nur bei einer natürlichen Zahl, sondern auch bei einer ganzen Zahl begrenzt ist.

▶ **Satz 4.3.2** Jede Zahl $a \in \mathbb{Z}\backslash\{0\}$ hat höchstens $2 \cdot |a|$ verschiedene Teiler.

▶ **Beweisidee 4.3.2** Aus Definition 4.3.1 folgt sofort, dass jede natürliche Zahl n höchstens n Teiler hat, die natürliche Zahlen sind. Entsprechend gibt es im Bereich der ganzen Zahlen höchstens doppelt so viele Teiler, denn 0 ist kein Teiler einer von 0 verschiedenen ganzen Zahl.

▶ **Beweis 4.3.2** Sei $a \in \mathbb{Z}\backslash\{0\}$ und $x \in \mathbb{N}$ ein Teiler von a. Es gibt also ein $b \in \mathbb{Z}$ mit $a = x \cdot b$. Dann ist x auch ein Teiler von $|a| \in \mathbb{N}$, denn es ist $|a| = x \cdot b$ oder $|a| = x \cdot (-1) \cdot b$. Es gilt $1 \leq x \leq |a|$, das heißt, a hat höchstens $|a|$ Teiler, die natürliche Zahlen sind. Sei $\tau(a)$ die Anzahl der Teiler von a. Dann folgt sofort $\tau(a) \leq 2 \cdot |a|$.   □

Die im Beweis verwendete Bezeichnung $\tau(a)$ für die Anzahl der Teiler von a wird übrigens allgemein verwendet. Meist wird $\tau(a)$ auf natürliche Zahlen eingeschränkt (dabei ist τ der griechische Buchstabe *tau*). Diese so genannte τ-*Funktion* wird in Kapitel 14 noch eine Rolle spielen. Kurze Anmerkung: Man kann Satz 4.3.2 auch auf (noch) einfachere Art beweisen. Er ist im Grunde eine schlichte Folgerung aus Satz 4.2.1.

▶ **Satz 4.2.1** Es ist $a \leq n$ für jeden Teiler $a \in \mathbb{N}$ einer natürlichen Zahl n.

▶ **Satz 4.3.2** Jede Zahl $a \in \mathbb{Z} \setminus \{0\}$ hat höchstens $2 \cdot |a|$ verschiedene Teiler.

▶ **Definition 4.3.4** Sei $n \in \mathbb{N}$. Dann bezeichnet man mit $\tau(n)$ die *Anzahl der Teiler* der natürlichen Zahl n.

Satz 4.3.2 liefert allerdings keine gute Abschätzung für die Anzahl der Teiler, was man sich am Beispiel einer Primzahl wie 997 leicht klarmacht. Die Zahl hat die vier Teiler 1, 997, -1 und -997 in $\mathbb{Z}$, was von $2 \cdot 997 = 1994$ doch weit entfernt ist. Im Grunde gilt (mit $|a| > 1$) nur für $a = 2$ und $a = -2$, dass diese Zahlen $2 \cdot 2 = 4$ Teiler haben, nämlich (analog zum Beispiel der Zahl 997) die ganzen Zahlen 1, 2, -1 und -2. Ansonsten ist, wie man sich leicht überlegen kann, die Anzahl in jedem Fall (und nicht nur für Primzahlen) kleiner als der doppelte Betrag der Zahl.

Eine bessere Abschätzung (bis auf den genannten Fall $a = 2$ und mit Schulwissen über die reellen Zahlen) liefert die „Faustregel", dass man bei der Bestimmung der Teiler einer natürlichen Zahl a eigentlich nur die Teiler bis $\sqrt{a}$ bestimmen muss. Alle anderen ergeben sich als *Komplementärteiler*. Ist nämlich $a = a_1 \cdot a_2$ mit $a_1, a_2 \in \mathbb{N}$, dann folgt aus $a_1 \leq \sqrt{a}$ auf jeden Fall $a_2 \geq \sqrt{a}$. Damit kann es höchstens doppelt so viele Teiler der natürlichen Zahl a geben, wie es natürliche Zahlen bis zum Wert $\sqrt{a}$ gibt. Entsprechend kann man für die ganze Zahl a höchstens viermal so viele Teiler bekommen, wie es natürliche Zahlen bis zur Zahl $\sqrt{|a|}$ gibt.

Direkt aus der Definition der Teilbarkeit kann man den folgenden Satz ableiten, der zeigt, dass sich die Teilereigenschaft auf geeignete Summen und Produkte ganzer Zahlen übertragen lässt.

▶ **Satz 4.3.3** Seien a, b und k ganze Zahlen. Wenn k sowohl ein Teiler von a als auch von b ist, dann ist k auch ein Teiler von $ma + nb$ für beliebige $m, n \in \mathbb{Z}$.

▶ **Beweisidee 4.3.3** Hier wird Definition 4.3.1 auf die ganzen Zahlen a bzw. b und k angewendet. Man bekommt auf diese Weise einen geeigneten Faktor, der zeigt, dass $ma + nb$ ein Vielfaches von k ist, und überlegt sich dann, dass dieser Faktor eine ganze Zahl sein muss.

▶ **Beweis 4.3.3** Da k ein Teiler von a und auch von b ist, gibt es nach Definition 4.3.1 ganze Zahlen x und y mit $a = kx$ und $b = ky$. Es ist daher $ma + nb = mkx + nky = k \cdot (mx + ny)$ für beliebige ganze Zahlen m und n. Da mit $m, n, x, y \in \mathbb{Z}$ auch $mx + ny \in \mathbb{Z}$ ist, folgt die Behauptung.   □

Auch die so genannte *Transitivität* (man vergleiche Satz 4.1.2 und die Anmerkungen zum Hasse-Diagramm auf Seite 87) der Teilerrelation (der Begriff der Relation wird in Kapitel 6 in Definition 6.1.1 genauer beschrieben) folgt aus der Definition 4.3.1 des Teilers einer ganzen Zahl. Diese Eigenschaft wurde (wie bereits angemerkt) in Satz 4.1.2 für natürliche Zahlen bewiesen und gilt auch für ganze Zahlen. Man kann entsprechend den folgenden Satz formulieren, der als Übungsaufgabe bewiesen werden soll (man vergleiche Aufgabe 1 in diesem Kapitel).

▶ **Satz 4.3.4** Seien a, b und c ganze Zahlen, für die sowohl $a|b$ als auch $b|c$ erfüllt ist. Dann gilt $a|c$.

▶ **Beweisidee 4.3.4** Man sollte in den Lösungshinweisen zu Aufgabe 1 in diesem Kapitel auf Seite 392 nachschauen. Dort steht die Grundidee.

▶ **Beweis 4.3.4** Dieser Beweis findet sich bei den Lösungen der Übungsaufgaben auf Seite 392f.   □

Den in Kapitel 3 bewiesenen *Satz von der eindeutigen Division mit Rest* (es ist dort der Satz 3.2.1 auf Seite 68) kann man ebenfalls auf ganze Zahlen übertragen.

▶ **Satz 4.3.5** Zu jedem $a \in \mathbb{Z}$ und $g \in \mathbb{N}$ gibt es eindeutig bestimmte Zahlen $q \in \mathbb{Z}$ und $r \in \mathbb{N}_0$, sodass $a = q \cdot g + r$ mit $0 \leq r < g$ gilt.

▶ **Beweisidee 4.3.5** Auf der Grundlage von Satz 3.2.1 wird die Existenz (und damit in diesem Fall gleichzeitig die Eindeutigkeit) einer solchen Darstellung gezeigt. Dabei werden die Möglichkeiten $a > 0$ (der Fall wurde bereits bewiesen), $a = 0$ (hier kann man die gesuchte Darstellung direkt angeben) und $a < 0$ unterschieden.

Die Beweisidee für den Fall $a < 0$ sieht man am besten anhand eines Beispiels ein. Sei etwa $a = -18$ und $g = 4$, dann kann man zunächst $-a = 18$ betrachten und $18 = 4 \cdot 4 + 2$ rechnen. Die Multiplikation mit (-1) ergibt $-18 = (-4) \cdot 4 - 2$. Diese Zerlegung ist allerdings nicht gültig, denn es ist $-2 < 0$. Also macht man den Rest durch Addieren von 4 zu einer positiven Zahl und muss andererseits diese 4 wieder subtrahieren. Es ist also im Beispiel $-18 = (-4) \cdot 4 - 2 = (-4) \cdot 4 - 4 + 4 - 2 = (-4) \cdot 4 + (-1) \cdot 4 + 2 = (-5) \cdot 4 + 2$. Diese Grundidee findet sich nun im folgenden Beweis, angewendet natürlich auf passende Variablen.

▶ **Beweis 4.3.5** Nach Satz 3.2.1 existiert die gesuchte Darstellung für $a \in \mathbb{N}$. Darüber hinaus ist für $a = 0$ die Gleichung $0 = 0 \cdot g + 0$ erfüllt, das heißt, für $a = 0$ ist die Darstellung damit angegeben, und sie ist eindeutig.

Demnach ist nur noch der Fall $a < 0$ zu untersuchen, für den $(-1) \cdot a > 0$ ist. Dann gibt es nach Satz 3.2.1 zu jedem $g \in \mathbb{N}$ eindeutig bestimmte Zahlen $q \in \mathbb{N}$ und $r \in \mathbb{N}_0$ mit $(-1) \cdot a = q \cdot g + r$ und $0 \leq r < g$. Man bekommt durch Multiplikation mit (-1) die Gleichung $a = -q \cdot g - r$. Ist $r = 0$, dann ist man wiederum fertig und hat eine passende Darstellung gefunden. Ist $r \neq 0$, dann formt man um $a = -qg + (-g + g) - r$ und bekommt $a = (-q-1) \cdot g + (g-r)$. Da $0 < r < g$ ist, folgt $g > g-r > 0$. Es ist außerdem $(-q-1) \in \mathbb{Z}$ für $q \in \mathbb{N}$. Man hat damit eine Darstellung von a in der geforderten Form gefunden, also ihre Existenz gezeigt. Da q und r eindeutig bestimmt sind, sind auch $-q-1$ und $g-r$ eindeutig bestimmt, und die Behauptung ist bewiesen. $\qquad\square$

Ein weiteres konkretes Zahlenbeispiel (ganz wie in der Beweisidee zum Satz) soll den Beweis noch einmal veranschaulichen.

Beispiel 4.3.2

Sei $a = 17$ und $g = 5$. Dann ist $17 = 3 \cdot 5 + 2$ die Zerlegung im Sinne der eindeutigen Division mit Rest. Falls nun $a = -17$ ist, so gilt entsprechend $-17 = -3 \cdot 5 - 2 = -3 \cdot 5 + (-5+5) - 2 = (-3 \cdot 5) + (-1 \cdot 5) + 3 = -4 \cdot 5 + 3$. Da $0 \le 3 < 5$ ist, hat man die eindeutig bestimmten Zahlen gefunden.

Eine Konsequenz aus dem Satz ist die folgende wichtige Eigenschaft von Primzahlen, die eine ganze Zahl teilen, also von so genannten *Primteilern*. Die Eigenschaft wird in einem eigenen Satz zusammengefasst, der Satz 4.2.7 verallgemeinert.

▶ **Satz 4.3.6** Seien a und b ganze Zahlen und p eine Primzahl. Falls p das Produkt $a \cdot b$ teilt, dann ist p ein Teiler von a oder ein Teiler von b.

▶ **Beweisidee 4.3.6** Man betrachtet den Betrag des Produkts $a \cdot b$ und wendet Satz 4.2.7 an.

▶ **Beweis 4.3.6** Sei p ein Teiler von $a \cdot b$. Dann ist p auch ein Teiler von $|a \cdot b| = |a| \cdot |b|$. Nach Satz 4.2.7 ist p daher ein Teiler von $|a|$ oder von $|b|$. Also ist p entweder ein Teiler von a oder von b. $\qquad\square$

Der Beweis von Satz 4.3.6 hat gezeigt, dass es manchmal relativ einfach ist, Aussagen über natürliche Zahlen auf die ganzen Zahlen zu verallgemeinern. Immerhin hat man die Aussage dann bereits für $\mathbb{N}$ und kann diesen Teil der Aussage im neuen Beweis voraussetzen und benutzen. Dies gilt auch für den *Hauptsatz der elementaren Zahlentheorie*, der als Satz 4.2.6 für natürliche Zahlen formuliert und bewiesen wurde. Man überlegt sich sofort, dass für jede Zahl $a \in \mathbb{Z}\backslash\{0\}$ entweder $a \in \mathbb{N}$ oder aber $(-1) \cdot a = -a \in \mathbb{N}$ gilt. Entsprechend folgt, dass es zu jeder Zahl $a \in \mathbb{Z}\backslash\{-1, 0, 1\}$ eine eindeutige Zerlegung in Primfaktoren gibt, wobei sich die Zerlegungen von $a \in \mathbb{Z}$ und $-a \in \mathbb{Z}$ nur im Vorzeichen unterscheiden. Diesen Sachverhalt soll der folgende Satz noch einmal zusammenfassen.

▶ **Satz 4.3.7** Jede natürliche Zahl $a > 1$ lässt sich eindeutig als Produkt der Form

$$a = p_1^{m_1} \cdot p_2^{m_2} \cdot \ldots \cdot p_k^{m_k} = \prod_{i=1}^{k} p_i^{m_i}$$

mit geeigneten Primzahlen $p_1 < p_2 < \ldots < p_k$ und Exponenten $m_i \geq 1$ schreiben. Sei $a < -1$ eine negative ganze Zahl und sei $|a| = \prod_{i=1}^{k} p_i^{m_i}$ für geeignete Primzahlen p_i und Exponenten m_i. Dann lässt sich a entsprechend in der Form

$$a = (-1) \cdot \prod_{i=1}^{k} p_i^{m_i}$$

eindeutig darstellen.

▶ **Beweisidee 4.3.7** Man überlegt sich, dass $|a|$ für jedes $a \in \mathbb{Z}$ eine natürliche Zahl ist.

▶ **Beweis 4.3.7** Der Satz folgt, wie bereits erwähnt, direkt aus Satz 4.2.6. ☐

Primzahlen sind übrigens in jedem Fall natürliche Zahlen. Die Definition der Primzahl wird (wie es auch aus dem Mathematikunterricht bekannt ist) *nicht* auf entsprechende negative Zahlen erweitert. Später wird allerdings als zusätzlicher Begriff das *Primelement* eingeführt werden (man vergleiche Definition 9.3.2 in Kapitel 9). Es gibt nämlich Situationen, in denen die gerade gewählte Einschränkung nicht sinnvoll ist. Schließlich haben sowohl eine Primzahl p als auch ihr negatives Pendant $-p$ im Prinzip die gleichen Teilbarkeitseigenschaften.

Zum Ende dieses Kapitels soll nun Satz 4.3.6 noch einmal bewiesen werden. Es geschieht dieses Mal ohne den Rückgriff auf Satz 4.2.7. Der Beweis wird dadurch allerdings wesentlich umfangreicher und komplizierter.

▶ **Satz 4.3.8** Seien a und b ganze Zahlen und p eine Primzahl. Falls p das Produkt $a \cdot b$ teilt, dann ist p ein Teiler von a oder ein Teiler von b.

▶ **Beweisidee 4.3.8** Man betrachtet zunächst alle natürlichen Zahlen x, für die p ein Teiler von ax ist, und weist nach, dass die kleinste dieser Zahlen entweder 1 oder p sein muss. Im einen Fall ist p dann ein Teiler von $a \cdot 1 = a$, im anderen Fall muss p ein Teiler von b sein. Wesentlich in der Argumentation ist, dass ein Primteiler p selbst nur die trivialen Teiler p und 1 besitzt.

▶ **Beweis 4.3.8** Sei $X_a = \{x \in \mathbb{N} \mid p|ax\}$. Die Menge X_a ist nicht leer, denn es ist $p \in X_a$. Damit ist es sinnvoll, nach einem kleinsten Element zu fragen (bei einer leeren Menge würde es hingegen keinen Sinn machen, nach Eigenschaften der nicht vorhandenen Elemente zu suchen). Da nun $X_a \subset \mathbb{N}$ gilt, gibt es nach Satz 2.1.2 ein kleinstes Element $k \in X_a$.

Sei $y \in X_a$ beliebig gewählt. Wendet man den Satz 4.3.5 von der eindeutigen Division mit Rest auf k und y an, dann folgt, dass es natürliche Zahlen q und r mit $y = q \cdot k + r$ und $r < k$ gibt. Multipliziert man diese Gleichung mit a, dann folgt $ay = aqk + ar$, also $ar = ay - aqk$. Nun ist p nach Voraussetzung ein Teiler von y und von k, also nach Satz 4.3.3

auch von $ay - aqk$ und somit von ar. Also gilt $ar \in X_a$. Da k kleinstes Element der Menge X_a ist und $r < k$ gilt, muss dann aber $r = 0$ sein.

Damit ist gezeigt, dass jedes $y \in X_a$ ein Vielfaches des kleinsten Elements k dieser Menge ist. Dann ist k aber insbesondere ein Teiler von $p \in X_a$. Also ist entweder $k = 1$ oder $k = p$, da p als Primzahl nur diese beiden Teiler hat. Für $k = 1$ folgt $p|a$, denn $p|(ak)$, also $p|(a \cdot 1)$. Für $k = p$ ist p selbst das kleinste Element der Menge X_a. Damit ist jedes $y \in X_a$ ein Vielfaches von p. Insbesondere ist auch $b \in X_a$ ein Vielfaches von p, also p ein Teiler von b.   □

4.4   Übungsaufgaben

1. Seien a, b und c ganze Zahlen, für die sowohl $a|b$ als auch $b|c$ erfüllt ist. Zeigen Sie, dass dann auch $a|c$ gilt. Dies ist, wie bereits erwähnt, die Aussage von Satz 4.3.4.

2. Seien a, b, c und d ganze Zahlen, sodass $a|b$ und $c|d$ erfüllt sind. Zeigen Sie, dass dann auch $ac|bd$ gilt.

3. Seien $a, b, c \in \mathbb{Z}$ und $c \neq 0$. Dann gilt: $a|b \Longleftrightarrow ac|bc$.

4. Zeigen Sie, dass 3 ein Teiler von $a^3 - a$ für alle $a \in \mathbb{N}$ ist.

5. Sei $n \in \mathbb{N}$ ungerade. Zeigen Sie, dass es dann eine Zahl $a \in \mathbb{N}_0$ gibt, sodass $n^2 = 8a + 1$ gilt.

6. Zeigen Sie, dass es für jede ungerade natürliche Zahl n ein geeignetes $a \in \mathbb{N}_0$ gibt, sodass die Gleichung $n^4 = 16a + 1$ erfüllt ist.

7. a) Zeigen Sie: $7|(2a + b) \Longleftrightarrow 7|(100a + b)$ für alle $a \in \mathbb{Z}$.
   b) Stellen Sie ähnliche „Teilbarkeitsregeln" auf.

8. Zeigen Sie, dass $a - 1$ für alle $a \in \mathbb{Z}$ ein Teiler von $a^n - 1$ ist.

9. a) Zeigen Sie: Besitzt eine Zahl $n \in \mathbb{N}\backslash\{1\}$ keinen Primteiler t mit der Eigenschaft $2 \leq t \leq \sqrt{n}$, so ist sie eine Primzahl. Die Wurzel soll dabei als Schulwissen angesehen werden.
   b) Stellen Sie fest, ob 2233 eine Primzahl ist. Welche Zahlen müssen auf die Teilereigenschaft untersucht werden?
   c) Stellen Sie fest, ob 2237 eine Primzahl ist. Welche Zahlen müssen auf die Teilereigenschaft untersucht werden?

10. a) Zeigen Sie, dass eine (höchstens) fünfstellige Zahl $n \in \mathbb{N}$ der Form $n = a_0 + a_1 \cdot 10 + a_2 \cdot 10^2 + a_3 \cdot 10^3 + a_4 \cdot 10^4$ genau dann durch 7 teilbar ist, wenn dies für $a_0 \cdot 1 + a_1 \cdot 3 + a_2 \cdot 2 + a_3 \cdot 6 + a_4 \cdot 4$ zutrifft.
    b) Es sei n wie in a) gegeben und $m := a_0 \cdot 1 + a_1 \cdot 3 + a_2 \cdot 2 - a_3 \cdot 1 - a_4 \cdot 3$ ist eine natürliche Zahl. Zeigen Sie, dass n genau dann durch 7 teilbar ist, wenn dasselbe für m gilt.

11. Die vor nicht allzu langer Zeit bewiesene Vermutung von Fermat besagt, dass die Gleichung

$$x^n + y^n = z^n$$

für keinen Exponenten $n \geq 3$ Lösungen $x, y, z \in \mathbb{N}$ besitzt. Es sei n keine Potenz von 2. Warum ist es zum Beweis ausreichend, n als Primzahl anzunehmen?

12. a) Zeigen Sie, dass die Gleichung $x^2 + y^2 = z^2$ Lösungen $x, y, z \in \mathbb{N}$ besitzt.

   b) Bestimmen Sie *alle* Lösungen $x, y, z \in \mathbb{N}$ dieser Gleichung. Zeigen Sie zuerst, dass x und y nicht beide ungerade sein können.

13. a) Geben Sie einige Primzahlzwillinge an.

   b) Zeigen Sie, dass es nur eine Möglichkeit für p gibt, sodass die drei natürlichen Zahlen p, $p + 2$ und $p + 4$ Primzahlen sind.

14. Beweisen Sie, dass 24 für alle natürlichen Zahlen $n \geq 2$ ein Teiler von $n^4 - 6n^3 + 23n^2 - 18n$ ist.

15. Ungerade Zahlen lassen sich in der Form $2n + 1$ (oder $2n - 1$) bzw. $4n + 1$, $4n + 3$ (oder $4n - 1$, $4n - 3$) bzw. $6n + 1$, $6n + 3$, $6n + 5$ (oder $6n - 1$, $6n - 3$, $6n - 5$) mit einem geeigneten $n \in \mathbb{N}$ darstellen. Was lässt sich daraus für das Produkt $p \cdot q$ schließen, wenn p und q Primzahlzwillinge sind?

16. Beweisen Sie, dass es für $k \in \mathbb{N}$ unendlich viele Primzahlen der Form

   a) $4k + 3$ bzw.

   b) $6k + 5$

   gibt.

Teiler und Vielfache

5

Inhaltsverzeichnis

In diesem Kapitel werden ein paar wichtige Begriffe eingeführt, die im Rahmen der Zahlentheorie immer wieder benutzt werden. Sie sollten zumeist schon aus der Schule bekannt sein (und sind hoffentlich noch nicht wieder in Vergessenheit geraten). So spielen Eigenschaften des größten gemeinsamen Teilers und des kleinsten gemeinsamen Vielfachen von Zahlen hier eine wichtige Rolle. In einem weiteren Abschnitt werden spezielle Zahlen und Primzahlen behandelt. Dieser Abschn. 5.4 kann beim ersten Lesen übersprungen werden, da im Folgenden kaum Bezug darauf genommen wird. Er ist aber sicher für Leserinnen und Leser interessant, die Freude am Umgang mit Zahlen haben und nach ungelösten mathematischen Problemen suchen.

5.1   Der größte gemeinsame Teiler in $\mathbb{Z}$

In vielen Fällen interessiert man sich nicht nur für die Teiler einer bestimmten ganzen Zahl, sondern für diejenigen Teiler, die diese Zahl mit einer anderen Zahl gemeinsam hat. So hat die Zahl 12 die Teiler 1 und -1, 2 und -2, ..., 12 und -12 oder, um es gleich etwas kürzer zu schreiben, die Teiler ± 1, ± 2, ± 3, ± 4, ± 6 und ± 12. Die Zahl -18 hat die Teiler ± 1, ± 2, ± 3, ± 6, ± 9 und ± 18. Entsprechend haben beide Zahlen die Teiler ± 1, ± 2, ± 3 und ± 6 gemeinsam. Es ist offensichtlich, dass zwei beliebige ganze Zahlen immer mindestens einen Teiler gemeinsam haben, nämlich die Zahl 1. Man kann sogar noch einen zweiten gemeinsamen Teiler für je zwei beliebige ganze Zahlen finden, denn auch die Zahl -1 ist allen

K. Reiss und G. Schmieder, *Basiswissen Zahlentheorie*, Mathematik für das Lehramt,
DOI: 10.1007/978-3-642-39773-8_5, © Springer-Verlag Berlin Heidelberg 2014

ganzen Zahlen als Teiler gemeinsam. Damit ist für zwei beliebige Zahlen die Menge ihrer gemeinsamen Teiler nicht leer. Da außerdem eine ganze Zahl nur endlich viele Teiler hat, ist es sinnvoll, nach einem *größten* gemeinsamen Teiler zu fragen und diesen Begriff zu definieren.

▶ **Definition 5.1.1** Seien a und b ganze Zahlen, die nicht beide 0 sind. Dann ist der *größte gemeinsame Teiler* von a und b die größte ganze Zahl d, die sowohl a als auch b teilt. Man schreibt $d = ggT(a, b)$ oder häufig auch kürzer $d = (a, b)$.

Direkt aus der Definition kann man einfache Eigenschaften des größten gemeinsamen Teilers ableiten. Insbesondere sieht man leicht ein, dass der größte gemeinsame Teiler zweier ganzer Zahlen immer eine natürliche Zahl sein muss.

▶ **Satz 5.1.1** Der größte gemeinsame Teiler $ggT(a, b)$ der ganzen Zahlen a und b ist eine natürliche Zahl. Es gilt $ggT(a, b) = ggT(|a|, |b|)$.

▶ **Beweisidee 5.1.1** Man muss eigentlich nur wissen, wie der Teiler einer ganzen Zahl definiert ist. Und weil 1 jede ganze Zahl teilt und eine natürliche Zahl ist, folgt der erste Teil des Satzes. Der zweite Teil erledigt sich auf derselben Grundlage.

▶ **Beweis 5.1.1** Für alle ganzen Zahlen a und b ist $ggT(a, b) \in \mathbb{N}$, denn es ist $ggT(a, b) \geq 1$. Da die Teiler von z und $-z$ für alle $z \in \mathbb{Z}$ identisch sind, folgt $ggT(a, b) = ggT(|a|, |b|)$. □

▶ **Satz 5.1.2** Es ist $ggT(ca, cb) = |c| \cdot ggT(a, b)$ für $a, b, c \in \mathbb{Z}\backslash\{0\}$.

▶ **Beweisidee 5.1.2** Auch hier wird nur benutzt, was der Teiler einer ganzen Zahl ist und wie der größte gemeinsame Teiler zweier ganzer Zahlen definiert ist.

▶ **Beweis 5.1.2** Sei $d = ggT(a, b)$, dann ist $|c| \cdot d$ für alle $c \in \mathbb{Z}\backslash\{0\}$ ein (positiver) Teiler von ca und cb. Außerdem gibt es $x, y \in \mathbb{Z}$ mit $a = dx$ und $b = dy$ und $ggT(x, y) = 1$ (wäre nämlich $ggT(x, y) \neq 1$, dann wäre $ggT(a, b) > d$). Dann ist aber auch $ca = cdx$ und $cb = cdy$. Weil $ggT(x, y) = 1$ und $|c|$ der größte Teiler von $c \in \mathbb{Z}\backslash\{0\}$ ist, folgt die Behauptung.   □

Diese einfachen Sätze (oder besser Folgerungen aus der Definition) zeigen, dass es in vielen Fällen genügt, sich für die Formulierung (und für den Beweis) von Eigenschaften des größten gemeinsamen Teilers auf natürliche Zahlen zu beschränken. Vieles ist leicht übertragbar, da der größte gemeinsame Teiler zweier ganzer Zahlen dem größten gemeinsamen Teiler der jeweiligen Beträge entspricht. Im folgenden Satz wird allerdings mit ganzen Zahlen argumentiert. Im Beweis des Satzes wird der Begriff der *Linearkombination* zweier ganzer Zahlen a und b benutzt. Man versteht darunter eine ganze Zahl der Form $m_1 a + m_2 b$ mit $m_1, m_2 \in \mathbb{Z}$. So sind beispielsweise $17 = 3 \cdot 4 + (-1) \cdot (-5)$ und $-18 = (-2) \cdot 4 + 2 \cdot (-5)$ Linearkombinationen der ganzen Zahlen 4 und -5. Auch $4 = 1 \cdot 4 + 0 \cdot (-5)$ ist eine

Linearkombination von 4 und -5. Schließlich kann man auch $1 \in \mathbb{Z}$ linear aus 4 und -5 kombinieren, denn $1 = (-1) \cdot 4 + (-1) \cdot (-5)$. Dies ist kein Zufall, denn es ist $ggT(4, -5) = 1$. Der folgende Satz besagt nämlich, dass sich der größte gemeinsame Teiler zweier ganzer Zahlen a und b immer aus a und b linear kombinieren lässt. Er beschreibt damit einen wichtigen Zusammenhang zwischen zwei ganzen Zahlen und ihrem größten gemeinsamer Teiler.

▶ **Satz 5.1.3** Seien a und b ganze Zahlen. Dann gibt es Zahlen $x, y \in \mathbb{Z}$, sodass $ggT(a, b) = xa + yb$ gilt.

▶ **Beweisidee 5.1.3** Man betrachtet alle möglichen Linearkombinationen $xa + yb$ (für $x, y \in \mathbb{Z}$) mit der Eigenschaft $xa + yb > 0$ und beweist, dass die kleinste Zahl d, die sich so linear kombinieren lässt, der gesuchte größte gemeinsame Teiler von a und b ist. Dabei zeigt man zuerst, dass d ein gemeinsamer Teiler der beiden Zahlen ist, und dann, dass $c \le d$ für jeden gemeinsamen Teiler c von a und b gilt.

▶ **Beweis 5.1.3** Sei $d = ax + yb$ mit $x, y \in \mathbb{Z}$ die kleinste positive Linearkombination der ganzen Zahlen a und b (und das bedeutet, dass es keine natürliche Zahl k mit $0 < k < d$ gibt, sodass k als Linearkombination von a und b darstellbar ist). Eine solche positive Zahl d existiert, denn entweder ist $1 \cdot a + 0 \cdot b > 0$, oder es ist $(-1) \cdot a + 0 \cdot b > 0$, also gibt es solche natürlichen Zahlen und damit auch eine kleinste positive Linearkombination (aber selbstverständlich muss weder $1 \cdot a + 0 \cdot b$ noch $(-1) \cdot a + 0 \cdot b$ die *kleinste* positive Linearkombination sein).
Man kann nach Satz 4.3.5 Zahlen $q \in \mathbb{Z}$ und $r \in \mathbb{N}$ angeben, sodass $a = dq + r$ mit $0 \le r < d$ ist. Durch Umformen und Einsetzen bekommt man $r = a - dq = a - q \cdot (xa + yb) = a \cdot (1 - qx) - qyb$. Damit ist aber auch r eine Linearkombination von a und b. Da $0 \le r < d$ ist und d als kleinste positive Linearkombination mit $d > 0$ gewählt war, folgt $r = 0$. Also ist d ein Teiler von a.

Ganz entsprechend kann man zeigen, dass d auch ein Teiler von b ist. Somit ist d ein gemeinsamer Teiler von a und b, und es folgt insbesondere $d \le ggT(a, b)$. Sei c ein beliebiger gemeinsamer Teiler von a und b. Dann ist c nach Satz 4.3.3 ein Teiler jeder Linearkombination von a und b, also auch ein Teiler von $d = xa + by$. Damit ist $c \le d$, und es folgt $d = ggT(a, b)$.   □

Beispiel 5.1.1

Sei $a = 3$ und $b = 5$. Da $ggT(3, 5) = 1$ ist, besagt der eben bewiesene Satz, dass die Gleichung $3x + 5y = 1$ ganzzahlige Lösungen hat. Die Existenz von Lösungen wäre selbstverständlich, falls man für y eine rationale Zahl einsetzen dürfte, denn zu jeder beliebigen natürlichen oder ganzen Zahl x kann man $y = -\frac{3}{5}x - \frac{1}{5}$ eindeutig bestimmen (und hätte damit x und y mit $3x + 5y = 1$ angegeben). Im konkreten Fall der Gleichung

$3x + 5y = 1$ gibt es darüber hinaus aber auch *ganze* Zahlen x und y, sodass die Gleichung erfüllt ist. Beispiele sind $x_1 = 7$ und $y_1 = -4$ oder $x_2 = -13$ und $y_2 = 8$.

Man sollte sich klarmachen, dass eine Gleichung der Form $ax + by = c$ mit $a, b, c \in \mathbb{Z}$ nicht immer ganzzahlige Lösungen x und y haben muss (und damit Satz 5.1.3 alles andere als selbstverständlich ist). So gibt es keine $x, y \in \mathbb{Z}$, sodass $8x + 6y = 3$ ist, denn 2 ist ein Teiler von $8x + 6y = 2 \cdot (4x + 3y)$, aber völlig unabhängig von der konkreten Wahl von x und y sicherlich kein Teiler von 3.

Mit Hilfe des gerade bewiesenen Satzes 5.1.3 ist es möglich, den Beweis von Satz 4.3.6 noch einmal anders zu formulieren. Der folgende Satz 5.1.4 hat also die gleiche Aussage wie Satz 4.3.6 (und dürfte deshalb eigentlich keine eigene Nummer bekommen), er wird aber auf der Grundlage einer neuen Argumentation bewiesen. Man sieht (weder zum ersten noch zum letzten Mal in diesem Buch), dass mathematische Sätze viele und auch grundlegend verschiedene Beweise haben können.

▶ **Satz 5.1.4** Sei p eine Primzahl und seien $a, b \in \mathbb{Z}$ mit $p | ab$. Dann gilt $p | a$ oder $p | b$.

▶ **Beweisidee 5.1.4** Wenn p ein Teiler von a ist, dann ist alles in Ordnung. Also nimmt man an, dass p kein Teiler von a ist und zeigt, dass daraus zwingend $p | b$ folgt. Ist p kein Teiler von a, dann ist $ggT(p, a) = 1$. Also kann man nach Satz 5.1.3 die Zahl 1 als Linearkombination von p und a schreiben. Diese Linearkombination wird benutzt, um zu zeigen, dass p ein Teiler von b sein muss. Die Beweisidee ist ausnahmsweise länger als der Beweis selbst, den man nach dieser Vorrede ganz kurz fassen kann.

▶ **Beweis 5.1.4** Angenommen, p ist kein Teiler von a. Dann ist $ggT(p, a) = 1$, und es gibt Zahlen $x, y \in \mathbb{Z}$ mit $xp + ya = 1$, also auch $xp = 1 - ya$. Damit ist $bxp = b - bya$, und p ist ein Teiler von $b - bya = b - aby$. Da p ein Teiler von ab (also auch von aby) ist, muss p nach Satz 4.1.1 ein Teiler von b sein. □

Die Aussage von Satz 5.1.4 klingt im Grunde unmittelbar einsichtig. Genauso ist klar, dass sie nur für eine Primzahl p gelten kann und nicht auf beliebige ganze Zahlen übertragbar ist. Das macht man sich leicht an einem Beispiel klar. So ist etwa 6 ein Teiler von $9 \cdot 8 = 72$, aber 6 ist kein Teiler von 9, und 6 ist kein Teiler von 8.

Der nächste Satz ist eine einfache Folgerung aus Satz 5.1.4. Er gibt eine Bedingung an, unter der eine natürliche Zahl als Linearkombination von ganzen Zahlen dargestellt werden kann. Dabei wird benutzt, dass ganze Zahlen *teilerfremd* sein können. Dieser Begriff soll zunächst definiert werden. Er bezieht sich konkret auf ganze Zahlen, deren größter gemeinsamer Teiler 1 ist. Solche Zahlen spielen häufig in zahlentheoretischen Betrachtungen eine Rolle.

▶ **Definition 5.1.2** Die Zahlen $a, b \in \mathbb{Z}$ heißen *teilerfremd*, falls $ggT(a, b) = 1$ ist.

▶ **Satz 5.1.5** Seien $a, b \in \mathbb{N}$ teilerfremd. Dann lässt sich jede natürliche Zahl n in der Form $ax + by$ für geeignete $x, y \in \mathbb{Z}$ darstellen.

▶ **Beweisidee 5.1.5** Teilerfremde ganze Zahlen haben 1 als größten gemeinsamen Teiler (so ist der Begriff „teilerfremd" definiert). Man kann also Satz 5.1.3 anwenden und 1 aus den beiden gegebenen Zahlen linear kombinieren. Weil $n = n \cdot 1$ ist, folgt die Behauptung durch einfaches Multiplizieren.

▶ **Beweis 5.1.5** Es gilt $ggT(a, b) = 1$, das heißt, es gibt ganze Zahlen r und s, sodass $ar + bs = 1$ ist. Durch Multiplikation mit $n \in \mathbb{N}$ folgt sofort $n = n \cdot (ar + bs) = (nr) \cdot a + (ns) \cdot b$. $\qquad\square$

Man hätte Satz 5.1.4 übrigens auch für die Definition des Primzahlbegriffs benutzen können. Eine Primzahl wäre dann eine natürliche Zahl p, bei der aus $p|ab$ (für ganze Zahlen a und b) stets $p|a$ oder $p|b$ folgen würde. Hat man einen Begriff allerdings einmal definiert, so muss man sich im Folgenden an die getroffene Vereinbarung halten. Entsprechend darf dann auch die Äquivalenz der Aussage von Satz 5.1.4 mit der Definition 2.1.4 der Primzahl nicht einfach behauptet werden, sondern sie muss bewiesen werden. Dies geschieht durch den folgenden Satz (und natürlich seinen Beweis).

▶ **Satz 5.1.6** Eine natürliche Zahl $p > 1$ ist genau dann eine Primzahl, wenn aus $p|ab$ mit $a, b \in \mathbb{Z}$ stets $p|a$ oder $p|b$ folgt.

▶ **Beweisidee 5.1.6** Es ist zu zeigen, dass die Definition der Primzahl und die formulierte Teilereigenschaft äquivalent sind, also aus dem einen das andere folgt und umgekehrt. Die eine Richtung der Aussagen, nämlich die Tatsache, dass jede Primzahl die genannte Teilereigenschaft hat, ist dabei durch Satz 5.1.4 bereits gezeigt. Für den Beweis der Umkehraussage nimmt man an, dass eine Zahl p mit den genannten Eigenschaften ein Produkt der ganzen Zahlen x und y ist, also $p = x \cdot y$ gilt. Man folgert, dass dann $x = p$ oder $y = p$ erfüllt sein muss. Also lässt sich p nur trivial zu $p = 1 \cdot p = p \cdot 1$ faktorisieren. Damit ist p nach Definition 2.1.4 eine Primzahl.

▶ **Beweis 5.1.6** Seien $a, b \in \mathbb{Z}$ und $p \in \mathbb{N}$ mit $p > 1$. Formal würde man damit die Aussage als

$$p \text{ ist eine Primzahl} \iff (p|ab \implies p|a \text{ oder } p|b)$$

schreiben. Man sieht in dieser Darstellung leichter, dass der Beweis in zwei Schritte zerfällt. Der Beweis von „$\iff$" wird also in die beiden Teile „$\implies$" und „$\impliedby$" aufgespalten.

(i) „$\implies$": Diese Richtung ist bereits bewiesen worden. Sei nämlich p eine Primzahl und p ein Teiler von ab für $a, b \in \mathbb{Z}$. Dann folgt mit Satz 5.1.4 die Behauptung, dass p ein Teiler von a oder ein Teiler von b sein muss.

(ii) „⟸": Sei p eine natürliche Zahl, und sei die Implikation „$p|ab \implies p|a$ oder $p|b$" für alle $a, b \in \mathbb{Z}$" erfüllt. Zu zeigen ist, dass p dann eine Primzahl sein muss. Man nimmt nun an, dass p sich als ein Produkt in der Form $p = xy$ für Zahlen $x, y \in \mathbb{N}$ schreiben lässt. Insbesondere ist p ein (trivialer) Teiler von $p = xy$, und es gilt daher $p|x$ oder $p|y$ nach Voraussetzung. Nun ist aber insbesondere $x, y \leq p$, es muss also entweder $x = p$ oder $y = p$ sein, da x und y natürliche Zahlen sind. Damit ist gezeigt, dass p eine Primzahl ist (man vergleiche für den letzten Schluss noch einmal die Beschreibung in der Beweisidee). □

Primzahlen und Teilbarkeit im Unterricht

In fast allen Schulbüchern werden *Primzahlen* als diejenigen (natürlichen) Zahlen definiert, die genau zwei Teiler haben bzw. die nur durch 1 und sich selbst teilbar sind. Dabei wird 1 ausdrücklich nicht als eine Primzahl betrachtet, sodass 2 die kleinste Primzahl ist. Primzahlen werden explizit meistens im fünften Schuljahr behandelt. Die Voraussetzung für ihre Definition ist der Begriff des Teilers, der bereits in der

Grundschule eine Rolle spielt (man vergleiche die folgende Abbildung aus einem Schulbuch für die vierte Klasse [12]).

Eine wichtige Rolle spielt der Begriff der Primzahl in Vorbereitung der Bruchrechnung. Wenn man einen Bruch kürzen möchte, dann ist es essentiell, gemeinsame Primteiler von Zähler und Nenner zu identifizieren. Manchmal wird im Mathematikunterricht übrigens auch der Begriff der *zusammengesetzten Zahl* benutzt. Zusammengesetzte Zahlen haben mehr als zwei Teiler und damit insbesondere auch (mindestens) einen nicht trivialen Teiler. So sind beispielsweise 24 und 25 zusammengesetzte Zahlen. Alle natürlichen Zahlen außer der 1 sind entweder Primzahlen oder aber zusammengesetzte Zahlen.

5.2 Der euklidische Algorithmus

Do we need proof in school mathematics? Absolutely. Need I say more? Absolutely.

Alan Schoenfeld

Es gibt verschiedene Möglichkeiten, den größten gemeinsamen Teiler zweier Zahlen zu berechnen. Eine einfache und leicht einsichtige Methode nutzt die Zerlegung der beiden Zahlen in Primfaktoren. Sie wird durch den folgenden Satz beschrieben. Grundlage ist die Darstellung der natürlichen Zahlen a und b als Produkte von Potenzen geeigneter Primzahlen.

▶ **Satz 5.2.1** Für die natürlichen Zahlen $a = \prod_{i=1}^{r} p_i^{\alpha_i}$ und $b = \prod_{i=1}^{r} p_i^{\beta_i}$ (mit geeigneten Primzahlen p_i und mit $\alpha_i, \beta_i \in \mathbb{N}_0$) gilt

$$ggT(a, b) = \prod_{i=1}^{r} p_i^{min(\alpha_i, \beta_i)}.$$

▶ **Beweisidee 5.2.1** Man überlegt sich, dass alle Teiler von $\prod_{i=1}^{r} p_i^{min(\alpha_i, \beta_i)}$ auch Teiler von a bzw. b sein müssen. Außerdem muss man zeigen, dass es keine weiteren gemeinsamen Teiler von a und b geben kann.

▶ **Beweis 5.2.1** Der Beweis ist einfach und wird als Übungsaufgabe empfohlen. Die Aufgabe (sowie ihre Lösung und damit der Beweis) findet sich entsprechend bei den Übungsaufgaben zu diesem Kapitel (man vergleiche Aufgabe 6). □

Im Satz wird übrigens ein intuitiv leicht einsichtiger Begriff gebraucht, nämlich der des *Minimums* zweier natürlicher Zahlen. Aus Gründen der Vollständigkeit soll eine ordentliche Definition folgen.

▶ **Definition 5.2.1** Seien a und b natürliche Zahlen. Dann bezeichnet $min(a, b)$ das *Minimum* und $max(a, b)$ das *Maximum* der beiden Zahlen. Es ist $min(a, b) = a$, falls $a \leq b$ ist, und $min(a, b) = b$ sonst. Enstprechend ist $max(a, b) = a$, falls $a \geq b$ ist, und $max(a, b) = b$ sonst.

Anmerkung

Die Darstellung der Zahlen a und b in Satz 5.2.1 legt nahe, dass beide dieselben echten Primteiler haben. Das muss nicht der Fall sein, denn manche der Exponenten α_i und β_i können gleich Null sein. Man nimmt also vielmehr an, dass sich unter den Primzahlen p_i zumindest alle Primteiler von a und b finden. Beim zweiten Durchgang durch den Text sollte man spätestens die Anmerkung auf Seite 125 lesen.

Die Bestimmung des größten gemeinsamen Teilers

Sucht man den größten gemeinsamen Teiler von 1428 und 333, so rechnet man $1428 = 2^2 \cdot 3 \cdot 7 \cdot 17$ und $333 = 3^2 \cdot 37$. Also ist insbesondere

$$1428 = 2^2 \cdot 3^1 \cdot 7^1 \cdot 17^1 \cdot 37^0$$

und

$$333 = 2^0 \cdot 3^2 \cdot 7^0 \cdot 17^0 \cdot 37^1.$$

Somit bekommt man durch die Wahl des jeweils kleineren Exponenten das Ergebnis

$$ggT(1428, 333) = 2^0 \cdot 3^1 \cdot 7^0 \cdot 17^0 \cdot 37^0 = 3.$$

Diese einfache Methode des Vergleichs der Exponenten wird auch im Mathematikunterricht angewendet, denn bei kleinen Zahlen ist sie noch relativ schnell und außerdem ziemlich sicher. In manchen neuen Lehrplänen fehlt zwar inzwischen der konkrete Begriff des größten gemeinsamen Teilers, die Rechnungen sind im Rahmen des Bruchrechnens dennoch unverzichtbar. Um einen Bruch zu kürzen, braucht man eben sinnvollerweise den größten gemeinsamen Teiler von Zähler und Nenner, und der lässt sich mit der genannten Methode leicht bestimmen.

Bei größeren Zahlen hat der in Satz 5.2.1 beschriebene Weg zur Bestimmung des größten gemeinsamen Teilers den Nachteil, dass zunächst die Primfaktorzerlegungen bestimmt werden müssen. Das kann recht aufwendig sein, insbesondere dann, wenn auch die Primteiler selbst relativ große Zahlen sind.

Ebenso aufwendig kann die Berechnung des größten gemeinsamen Teilers zweier ganzer Zahlen a und b sein, wenn man tatsächlich zunächst alle Teiler der beiden Zahlen bestimmt. Die Methode ist aber prinzipiell einfach, denn man gibt hier beide Mengen von Teilern explizit an und bestimmt ihre Schnittmenge. Die größte Zahl dieser Menge ist der größte gemeinsame Teiler. Das folgende Beispiel soll dies illustrieren. Dabei werden nur positive Teiler betrachtet, was nach der Definition des größten gemeinsamen Teilers und nach den formulierten Folgerungen ausreichend ist.

Beispiel 5.2.1

Es ist $T_{12} = \{1, 2, 3, 4, 6, 12\}$ die Menge aller (positiven) Teiler der Zahl 12 und $T_{18} = \{1, 2, 3, 6, 9, 18\}$ die Menge aller (positiven) Teiler der Zahl 18. Dann ist $T_{12} \cap T_{18} = T_{ggT(12,18)} = \{1, 2, 3, 6\}$, das heißt, es ist $ggT(12, 18) = 6$.

Die konkrete Berechnung ist gerade bei größeren Zahlen recht fehleranfällig, da leicht ein Teiler beim reinen Probieren der Teilbarkeit vergessen werden kann. Es ist also nützlich, ein Verfahren zu kennen, das die Bestimmung des größten gemeinsamen Teilers zweier Zahlen erleichtert und systematisiert. Ein solches Verfahren ist der *euklidische Algorithmus*. Er beruht auf dem Grundgedanken, bei der Berechnung von $ggT(a, b)$ das Zahlenpaar (a, b) durch ein einfacheres zu ersetzen, das denselben ggT hat, und dies so lange zu wiederholen, bis man den größten gemeinsamen Teiler direkt ablesen kann. Das folgende Beispiel soll die Arbeitsweise des euklidischen Algorithmus veranschaulichen.

Beispiel 5.2.2

Sei $a = 299$ und $b = 247$. Dann betrachtet man die eindeutige Division mit Rest (die größere der zwei Zahlen wird durch die kleinere „geteilt") und rechnet $299 = 1 \cdot 247 + 52$. Falls nun ein $x \in \mathbb{N}$ (man vergleiche Satz 5.1.1) ein gemeinsamer Teiler von 299 und 247 ist, so muss dieses x auch ein Teiler von 52 sein (das besagt Satz 4.1.1). Ist x insbesondere der größte gemeinsame Teiler von 299 und 247, dann muss x auch der größte gemeinsame Teiler von 247 und 52 sein (und auch hier nach Satz 4.1.1). Hätten die beiden Zahlen nämlich einen größeren gemeinsamen Teiler, müsste er auch Teiler von 299 sein. Man bekommt also $ggT(299, 247) = ggT(247, 52)$. Dann wird der gleiche Weg noch einmal begangen, dieses Mal mit 247 und 52. Es gilt nun $247 = 4 \cdot 52 + 39$, also folgt entsprechend $ggT(247, 52) = ggT(52, 39)$. Nochmalige Anwendung gibt $52 = 1 \cdot 39 + 13$, also $ggT(52, 39) = ggT(39, 13)$. Aus $39 = 3 \cdot 13$ folgt $ggT(39, 13) = 13$. Damit hat man die Vereinfachung $ggT(299, 247) = ggT(39, 13) = 13$ und somit den größten gemeinsamen Teiler von 299 und 247 bestimmt.

Übrigens ändert sich die Argumentation auch für beliebige Zerlegungen von a nicht. Man muss also nicht unbedingt die vollständige Division mit Rest anwenden, sondern kann für eine Zerlegung $a = m \cdot b + r$ auch im Fall $r \geq b$ problemlos weiterrechnen. Sei also wie im Beispiel oben $a = 299$ und $b = 247$. Dann gilt $ggT(299, 247) = ggT(247, 52)$ (das wurde gerade gezeigt). Zerlegt man nun $247 = 2 \cdot 52 + 143$, dann kann man mit gleicher Argumentation auch $ggT(247, 52) = ggT(52, 143)$ folgern. Man hat nur nicht ganz so weit vereinfacht wie im ersten Beispiel und braucht vielleicht ein wenig länger, um zum Ziel, nämlich zur Bestimmung des größten gemeinsamen Teilers zu kommen.

Historisches zum euklidischen Algorithmus

Der euklidische Algorithmus ist nach dem griechischen Mathematiker *Euklid* (ca. 325 v. Chr. – ca. 270 v. Chr.) benannt, wobei unklar ist, ob er tatsächlich auf der Arbeit von Euklid basiert. Euklid hat vielfältige Beiträge zur Mathematik und insbesondere zur Geometrie geleistet, die in den aus 13 Bänden bestehenden *Elementen* zusammengefasst sind. Hier wird die Geometrie zum ersten Mal als eine geschlossene Theorie behandelt, die auf Definitionen, Postulaten und Axiomen aufbaut. Auch wenn aus heutiger Sicht Korrekturen anzubringen sind, ist der historische Verdienst unbestritten. Immerhin waren die *Elemente* bis ins 19. Jahrhundert hinein das Standardwerk der Geometrie mit einer Druckauflage, die nur von der Bibel übertroffen wurde. Auf Euklid gehen aber auch zahlentheoretische Arbeiten zurück. So findet sich bei ihm der Beweis von Satz 4.2.4, in dem gezeigt wird, dass es unendlich viele Primzahlen gibt.

Der folgende Satz (der eher den Charakter eines Hilfssatzes hat) zeigt auf, dass der im vorangegangenen Beispiel beschrittene Weg der sukzessiven Vereinfachung von $ggT(a, b)$ unabhängig von der spezifischen Wahl der ganzen Zahlen a und b ist.

▶ **Satz 5.2.2** Seien a und b ganze Zahlen und $a = qb + r$ für Zahlen $q, r \in \mathbb{Z}$. Dann ist $ggT(a, b) = ggT(b, r)$.

▶ **Beweisidee 5.2.2** Diese Idee ist die gleiche, die im eben ausgeführten Beispiel (man vergleiche Seite 119) angewendet wurde. Man betrachtet einen gemeinsamen Teiler von a und b und zeigt, dass dieser dann auch ein Teiler von r ist. Genauso betrachtet man einen gemeinsamen Teiler von b und r und zeigt, dass er Teiler von a ist. Die jeweiligen Zahlenpaare haben damit jeweils gemeinsame Teiler und insbesondere auch denselben größten gemeinsamen Teiler.

▶ **Beweis 5.2.2** Seien $a, b \in \mathbb{Z}$ und $a = qb + r$ mit $q, r \in \mathbb{Z}$. Sei x ein gemeinsamer Teiler von a und b. Dann ist x nach Satz 4.3.3 auch ein Teiler von $a - qb = r$. Genauso ist ein gemeinsamer Teiler x von b und r auch ein Teiler von $a = qb + r$. Insbesondere sind also die gemeinsamen Teiler von a und b und die gemeinsamen Teiler von b und r identisch. Damit müssen die Zahlenpaare insbesondere auch denselben größten gemeinsamen Teiler haben.   □

Der *euklidische Algorithmus* nutzt wiederholt die Grundidee von Satz 5.2.2, wobei die Zahlen der betrachteten Zahlenpaare mit jedem Schritt kleiner werden. Man beschränkt sich auch hier auf natürliche Zahlen, da sich die Berechnung des größten gemeinsamen Teilers beliebiger ganzer Zahlen leicht darauf zurückführen lässt (man vergleiche Übungsaufgabe 7). Mit dem Begriff *Algorithmus* wird übrigens ganz allgemein ein Verfahren bezeichnet, bei dem zu gewissen Eingaben (hier sind es ganze Zahlen) mit Hilfe eines prinzipiell endlichen Verfahrens (das beispielsweise durch ein Computerprogramm beschrieben werden kann) entsprechende Ausgaben (hier ist es eine natürliche Zahl) erzeugt werden. Der Begriff leitet sich vermutlich aus dem Namen des arabischen Mathematikers *Al Chwarismi* (ca. 780–850) ab, dessen Arbeiten zur Algebra und Arithmetik einen wesentlichen Einfluss auf die Entwicklung der Mathematik in Europa hatten.

Im folgenden Satz wird die Vorgehensweise beim euklidischen Algorithmus beschrieben. Dabei kommt der Begriff der *Folge* vor, der hier nichts anderes als eine geordnete Menge natürlicher Zahlen bezeichnet. Es ist eindeutig bestimmt, welches die erste, die zweite, die dritte und schließlich die n-te Zahl in dieser Folge ist.

▶ **Satz 5.2.3** Euklidischer Algorithmus

Seien a und b natürliche Zahlen und $a > b$. Sei b kein Teiler von a. Dann gibt es eine (abbrechende) Folge von natürlichen Zahlen $r_1, r_2, \ldots, r_n$, sodass

$$
\begin{aligned}
a &= q_1 \cdot b + r_1 && \text{mit} \quad 0 < r_1 < b, \\
b &= q_2 \cdot r_1 + r_2 && \text{mit} \quad 0 < r_2 < r_1, \\
r_1 &= q_3 \cdot r_2 + r_3 && \text{mit} \quad 0 < r_3 < r_2, \\
r_2 &= q_4 \cdot r_3 + r_4 && \text{mit} \quad 0 < r_4 < r_3, \\
&\ \ \vdots \\
r_{n-2} &= q_n \cdot r_{n-1} + r_n && \text{mit} \quad 0 < r_n < r_{n-1}, \\
r_{n-1} &= q_{n+1} \cdot r_n
\end{aligned}
$$

gilt. Es ist $ggT(a, b) = r_n$.

▶ **Beweisidee 5.2.3** Man dividiert zunächst a durch b. Weil b nach Voraussetzung kein Teiler von a ist, bekommt dabei einen Rest r_1, der größer als 0 ist. Mit b und diesem Rest wird erneut eine Division durchgeführt. Diese Division geht entweder auf (und dann ist man fertig) oder aber es ergibt sich wieder ein Rest, der von 0 verschieden ist. Für den Beweis muss man sich nur überlegen, dass dieses Verfahren bei Wiederholung irgendwann abbrechen muss. Mit Satz 5.2.2 folgt die Behauptung.

▶ **Beweis 5.2.3** Die Möglichkeit zu dieser Verfahrensweise folgt direkt aus Satz 3.2.1, dem Satz von der eindeutigen Division mit Rest. Wenn man die Division wiederholt anwendet, bekommt man eine Folge von Resten $r_1, r_2, \ldots, r_n \in \mathbb{N}$ mit $r_1 > r_2 > \ldots > r_n > 0$. Da $a > b$ vorausgesetzt ist, enthält die Folge mindestens ein Element. Andererseits muss die Folge nach einer endlichen Anzahl von Schritten abbrechen, da jede Menge natürlicher Zahlen ein kleinstes Element hat. Es gilt $ggT(a, b) = ggT(b, r_1) = ggT(r_1, r_2) = ggT(r_2, r_3) = \ldots = ggT(r_{n-1}, r_n) = ggT(r_n, 0) = r_n$. Damit ist $ggT(a, b) = r_n$ der kleinste Rest dieser Folge, der eine natürliche Zahl ist (also von 0 verschieden). □

Im Satz werden zwei einschränkende Bedingungen für die natürlichen Zahlen a und b genannt. Einerseits setzt man $a > b$ voraus, aber das ist keine echte Einschränkung. Ist nämlich $a < b$, so vertauscht man einfach die Variablen, und ist $a = b$, dann ist $ggT(a, b) = ggT(a, a) = a$, und es gibt kein Problem bei der Bestimmung des größten gemeinsamen Teilers. Andererseits soll b kein Teiler von a sein. Aber auch das ist keine Einschränkung. Wäre nämlich b ein Teiler von a, so wäre $ggT(a, b) = b$, und der größte gemeinsame Teiler ist bereits angegeben.

> **Eine andere Methode in der Anwendung des euklidischen Algorithmus**
> Der euklidische Algorithmus hat eine noch einfachere Version, die sich auch in Schulbüchern findet. Dabei wird nicht mit der Division, sondern mit der fortgesetzten

Subtraktion argumentiert. Soll etwa $ggT(98, 77)$ berechnet werden, dann wird die größere Zahl durch die Differenz aus den beiden Zahlen ersetzt. Dieses Verfahren wiederholt man lange, bis die beiden Zahlen gleich sind. Man rechnet also

$$ggT(98, 77) = ggT(98 - 77, 77) = ggT(77, 21)$$

und weiter

$$ggT(77, 21) = ggT(56, 21) = ggT(35, 21)$$
$$= ggT(21, 14) = ggT(14, 7) = ggT(7, 7)$$

und liest im letzten Schritt das Ergebnis $ggT(98, 77) = 7$ ab. Der Beweis der Korrektheit ist leicht zu führen. Man muss nur den Satz 5.2.2 für $q = 1$ anwenden. Die Division und die fortgesetzte Subtraktion hängen also eng zusammen.

5.3   Das kleinste gemeinsame Vielfache in $\mathbb{Z}$

In Anlehnung an den Begriff des größten gemeinsamen Teilers wird im Folgenden der Begriff des kleinsten gemeinsamen Vielfachen zweier ganzer Zahlen a und b betrachtet. Dabei versteht man unter einem *gemeinsamen Vielfachen* von a und b jede ganze Zahl c, die sowohl von a als auch von b geteilt wird. So sind etwa 12 und 24 und -36 und 0 gemeinsame Vielfache der ganzen Zahlen 3 und 4, aber auch gemeinsame Vielfache beispielsweise der ganzen Zahlen -3 und 4. Hier folgt nun eine formale Definition des kleinsten gemeinsamen Vielfachen, die den Begriff des gemeinsamen Vielfachen nutzt.

▶ **Definition 5.3.1** Für die Zahlen $a, b \in \mathbb{Z}\backslash\{0\}$ wird ihr *kleinstes gemeinsames Vielfaches* als die kleinste positive ganze Zahl definiert, die durch a und b teilbar ist. Man schreibt dafür $kgV(a, b)$ oder manchmal auch $[a, b]$. Es wird $kgV(a, b) = 0$ gesetzt, falls $a = 0$ oder $b = 0$ ist.

Offensichtlich teilt das kleinste gemeinsame Vielfache der ganzen Zahlen a und b jedes gemeinsame Vielfache von a und b (und das folgt direkt aus der Definition). Genauso kann aus der Definition analog zu Satz 5.1.1 ohne Probleme der folgende kleine Satz abgeleitet werden.

▶ **Satz 5.3.1** Für $a, b \in \mathbb{Z}$ gilt $kgV(a, b) = kgV(|a|, |b|)$.

▶ **Beweisidee 5.3.1** Die Aussage folgt sofort mit Definition 5.3.1.

▶ **Beweis 5.3.1** Definition 5.3.1 besagt, dass $kgV(a, b)$ eine nicht negative ganze Zahl ist. Damit folgt die Behauptung, denn für jede ganze Zahl x sind die Teilermengen T_x und $T_{|x|}$ identisch. □

Ebenfalls in Analogie zu Satz 5.1.1 kann man feststellen, dass das kleinste gemeinsame Vielfache $kgV(a, b)$ der ganzen Zahlen a und b eine natürliche Zahl ist, falls a und b beide von Null verschieden sind. Im anderen Fall ist nach Definition $kgV(a, b) = 0$, und das ist in der Regel kein sonderlich interessanter Fall.

Beispiel 5.3.1

Das kleinste gemeinsame Vielfache von 3 und 4 ist $kgV(3, 4) = 12$, denn $3|12$ und $4|12$, und die ganze Zahl 12 teilt alle gemeinsamen Vielfachen von 3 und 4, also beispielsweise 24, 36 und 48, aber auch -12 und -24 und 0. Insbesondere muss das kleinste gemeinsame Vielfache von 3 und 4 von 0 verschieden sein, da 0 kein Teiler einer von 0 verschiedenen ganzen Zahl ist. Genauso gilt übrigens, dass $kgV(-3, 4) = kgV(3, -4) = kgV(-3, -4) = 12$ ist. Nicht immer ist das kleinste gemeinsame Vielfache der ganzen Zahlen a und b gerade das Produkt $|a \cdot b|$. So ist $kgV(12, 8) = 24$ und $kgV(12, 72) = 72$. Darüber hinaus besagt die Definition (wie bereits erwähnt), dass $kgV(a, 0) = kgV(0, a) = 0$ für alle $a \in \mathbb{Z}$ ist.

Auch wenn bei den eben gegebenen konkreten ganzen Zahlen sehr leicht das kleinste gemeinsame Vielfache bestimmt werden konnte, so ist nicht ohne weiteres klar, dass zu zwei beliebigen ganzen Zahlen a und b stets ein kleinstes gemeinsames Vielfaches $kgV(a, b)$ existiert. Ebenso wenig ist klar, ob es gegebenenfalls eindeutig bestimmt ist. Doch der folgende Satz klärt alle Fragen.

▶ **Satz 5.3.2** Zwei ganze Zahlen a und b besitzen stets ein eindeutig bestimmtes kleinstes gemeinsames Vielfaches $kgV(a, b)$.

▶ **Beweisidee 5.3.2** Es müssen die Existenz und die Eindeutigkeit nachgewiesen werden. Ein Kernargument ist dabei wieder einmal, dass jede nicht leere Teilmenge der natürlichen Zahlen ein kleinstes Element hat.

▶ **Beweis 5.3.2** Für $a = 0$ oder $b = 0$ folgen Existenz und Eindeutigkeit sofort aus der Definition, denn es ist $kgV(a, 0) = kgV(0, a) = 0$ für alle $a \in \mathbb{Z}$. Seien also $a, b \in \mathbb{Z} \setminus \{0\}$. Man betrachtet die Menge aller natürlichen Zahlen x, für die sowohl $a|x$ als auch $b|x$ gilt. Diese Menge ist nicht leer, denn entweder ab oder $(-1) \cdot ab$ ist eine solche natürliche Zahl. Nun hat jede nicht leere Menge natürlicher Zahlen nach Satz 2.1.1 ein kleinstes Element, und damit ist die Existenz von $kgV(a, b)$ bereits gezeigt. Dieses kleinste Element ist darüber hinaus eindeutig bestimmt, also ist $kgV(a, b)$ eindeutig bestimmt. □

Bei der Berechnung des kleinsten gemeinsamen Vielfachen zweier natürlicher Zahlen hilft wieder der Weg über die Zerlegung in Potenzen geeigneter Primfaktoren. Der nächste Satz beschreibt, wie dabei konkret verfahren werden kann.

▶ **Satz 5.3.3** Für die natürlichen Zahlen $a = \prod_{i=1}^{r} p_i^{\alpha_i}$ und $b = \prod_{i=1}^{r} p_i^{\beta_i}$ (mit geeigneten Primzahlen p_i und mit $\alpha_i, \beta_i \in \mathbb{N}_0$) gilt

$$kgV(a, b) = \prod_{i=1}^{r} p_i^{max(\alpha_i, \beta_i)}.$$

▶ **Beweisidee 5.3.3** Die Idee ist ganz einfach und besteht einzig und allein im richtigen Lesen und Anwenden der Definition des kleinsten gemeinsamen Vielfachen.

▶ **Beweis 5.3.3** Der Satz ist, wie bereits erwähnt, eine unmittelbare Folgerung aus der Definition 5.3.1.   □

Beispiel 5.3.2

Sei $a = 2^2 \cdot 5 \cdot 7 = 140$ und $b = 2 \cdot 3^2 \cdot 5 = 90$, also $a = 2^2 \cdot 3^0 \cdot 5 \cdot 7$ und $b = 2 \cdot 3^2 \cdot 5 \cdot 7^0$, wenn man alle auftretenden Primfaktoren in der jeweiligen Darstellung berücksichtigt. Dann ist das kleinste gemeinsame Vielfache der Zahlen $kgV(140, 90) = 2^2 \cdot 3^2 \cdot 5 \cdot 7 = 1260$. Für $a = 2^2 \cdot 3^2 \cdot 5 \cdot 7 \cdot 11 = 13860$ und $b = 3 \cdot 7 \cdot 11^2 \cdot 13 = 33033$ rechnet man entsprechend, und dann ist das kleinste gemeinsame Vielfache der Zahlen $kgV(13860, 33033) = 2^2 \cdot 3^2 \cdot 5 \cdot 7 \cdot 11^2 \cdot 13 = 1981980$.

Das Beispiel zeigt, dass der Rechenaufwand erheblich sein kann, wenn die Zahlen nicht bereits durch ihre Primfaktorzerlegungen gegeben sind. Doch lässt der Satz vermuten, dass es zwischen dem größten gemeinsamen Teiler und dem kleinsten gemeinsamen Vielfachen zweier ganzer Zahlen eine direkte Verbindung gibt. Wenn für den größten gemeinsamen Teiler die Minima der Exponenten eine Rolle spielen und für das kleinste gemeinsame Vielfache die Maxima der Exponenten verwendet werden, dann liegt die Verbindung zum Produkt der beiden Zahlen nahe. Sie ist im folgenden Satz formuliert. Und weil es keinen Algorithmus gibt, über den man das kleinste gemeinsame Vielfache zweier Zahlen berechnen kann, ist der Umweg über den größten gemeinsamen Teiler manchmal die einfachste Methode.

▶ **Satz 5.3.4** Es ist $kgV(a, b) \cdot ggT(a, b) = |a \cdot b|$ für alle $a, b \in \mathbb{Z}$ und $a, b \neq 0$.

▶ **Beweisidee 5.3.4** Man wählt für a und b eine geeignete Darstellung auf der Grundlage der jeweiligen eindeutigen Primfaktorzerlegung. Dabei heißt „geeignet", dass jeder Primfaktor p, der eine der beiden Zahlen teilt, in den Darstellungen vorkommt, gegebenenfalls eben in der Form p^0.

▶ **Beweis 5.3.4** Seien $a, b \neq 0$ ganze Zahlen. Zunächst macht man sich leicht klar, dass es genügt, den Satz für natürliche Zahlen zu beweisen, denn $kgV(a, b) = kgV(|a|, |b|)$ und $ggT(a, b) = ggT(|a|, |b|)$ nach den Sätzen 5.3.1 und 5.1.1. Seien also $a, b \in \mathbb{N}$ mit $a = \prod_{i=1}^{r} p_i^{\alpha_i}$ und $b = \prod_{i=1}^{r} p_i^{\beta_i}$ für geeignete Primzahlen p_i und $\alpha_i, \beta_i \in \mathbb{N}_0$. Dann gilt

$$kgV(a, b) \cdot ggT(a, b) = \prod_{i=1}^{r} p_i^{max(\alpha_i, \beta_i)} \cdot \prod_{i=1}^{r} p_i^{min(\alpha_i, \beta_i)}$$

$$= \prod_{i=1}^{r} p_i^{max(\alpha_i, \beta_i) + min(\alpha_i, \beta_i)} = \prod_{i=1}^{r} p_i^{\alpha_i + \beta_i} = |a \cdot b|,$$

und der Satz ist bewiesen.   □

Anmerkung

Um Missverständnissen vorzubeugen sei noch einmal betont, dass die in den Sätzen 5.3.3 und 5.3.4 betrachteten Zahlen $a, b \in \mathbb{Z} \setminus \{0\}$ selbstverständlich nicht jeweils alle Primteiler gemeinsam haben müssen. Wählt man also die Darstellungen $a = \prod_{i=1}^{r} p_i^{\alpha_i}$ und $b = \prod_{i=1}^{r} p_i^{\beta_i}$, so setzt man stillschweigend voraus, dass in der Menge der p_i mit $1 \leq i \leq r$ (mindestens) alle Primzahlen vorkommen, die Teiler von a oder von b sind und dass gegebenenfalls $\alpha_j = 0$ bzw. $\beta_k = 0$ ist, falls eine Primzahl p_j kein Teiler von a bzw. von b ist. Unverfänglicher ist es beispielsweise, $a = \prod_{i \in I} p_i^{\alpha_i}$ und $b = \prod_{j \in J} p_j^{\beta_j}$ mit den Indexmengen I und J zu wählen. Solche Indexmengen haben Elemente aus den natürlichen Zahlen, aber man legt sich nicht fest, welche das ganz genau sind. Damit bleibt alles schön allgemein, aber eben auch für den kritischen Mathematiker korrekt. So schreibt sich beispielsweise der größte gemeinsame Teiler als $ggT(a, b) = \prod_{i \in I, j \in J} p_i^{min(\alpha_i, \beta_j)}$.

5.4   Vollkommene Zahlen

Dieser Abschnitt soll noch einmal zeigen, dass es gerade im Bereich der Zahlentheorie viele leicht zu erklärende Fragestellungen gibt, auf die Antworten nicht unbedingt einfach zu finden sind. Dieser Abschnitt ergänzt das Kapitel, die Lektüre ist aber für das Verständnis der folgenden Kapitel nicht zwingend. Er soll ganz einfach zum eigenen Entdecken von Eigenschaften ganzer Zahlen anregen.

▶ **Definition 5.4.1** Eine natürliche Zahl n heißt vollkommen, falls die Summe aller Teiler von n (ohne die Zahl selbst) genau n ist. Bezeichnet man die Summe aller Teiler von n (einschließlich n) mit $\sigma(n)$, so sind also diejenigen Zahlen vollkommen, für die $\sigma(n) = 2n$ gilt.

Dabei bezeichnet σ den griechischen Buchstaben *sigma*. Beispiele für vollkommene Zahlen sind 6, 28 und 496, denn es ist $1 + 2 + 3 = 6$, $1 + 2 + 4 + 7 + 14 = 28$ und $1 + 2 + 4 + 8 + 16 + 31 + 62 + 124 + 248 = 496$, also $\sigma(6) = 12 = 2 \cdot 6$, $\sigma(28) = 56 = 2 \cdot 28$ und $\sigma(496) = 992 = 2 \cdot 496$. Gegenbeispiele sind alle Primzahlen. Eine Primzahl p hat nach Definition die Teiler 1 und p, sodass $\sigma(p) = p + 1 \neq 2p$ ist.

Auf Euklid geht folgendes Verfahren zurück, mit dem man perfekte Zahlen bekommen kann. Man bildet die Summe aller Potenzen 2^i der Zahl 2 beginnend mit $i = 0$ (also $2^0 = 1$) bis zu einem $n > 0$, betrachtet also $a = \sum_{i=0}^{n} 2^i$. Falls a eine Primzahl ist, so lautet die Behauptung von Euklid, dass damit $a \cdot 2^n$ eine vollkommene Zahl ist.

Man sieht durch einfaches Rechnen, dass die vollkommenen Zahlen $6 = 3 \cdot 2$, $28 = 7 \cdot 4$ und $496 = 31 \cdot 16$ auf diese Weise zu erhalten sind. Verfährt man entsprechend weiter, dann ist $a = \sum_{i=0}^{5} 2^i = 63 = 7 \cdot 9$ keine Primzahl, aber $a = \sum_{i=0}^{6} 2^i = 127$ ist eine Primzahl. Ist also $127 \cdot 64 = 8128$ eine vollkommene Zahl? Das lässt sich zwar notfalls noch rechnen, es macht aber wenig Spaß. Ganz schlimm wird es dann für $a = \sum_{i=0}^{12} 2^i = 8191$ (man vergleiche Übungsaufgabe 6 in Kapitel 2 und die Lösung auf Seite 385f.) und somit für die Zahl $8191 \cdot 2^{12}$? Offensichtlich ist es wesentlich vernünftiger, die Behauptung von Euklid zu beweisen, als sich im Rechnen mit großen Zahlen zu üben.

▶ **Satz 5.4.1** Falls $2^n - 1$ eine Primzahl ist, dann ist $2^{n-1} \cdot (2^n - 1)$ eine vollkommene Zahl.

▶ **Beweisidee 5.4.1** Ist $2^n - 1$ eine Primzahl, so hat diese Zahl nur die trivialen Teiler 1 und $2^n - 1$. Die Teiler von 2^{n-1} sind leicht zu bestimmen, denn es sind gerade die Zweierpotenzen $1, 2, 2^2, \ldots, 2^{n-2}, 2^{n-1}$. Durch Multiplikation erhält man alle möglichen Teiler, die dann addiert werden. Durch geschicktes Ausklammern sieht man sofort das Ergebnis.

▶ **Beweis 5.4.1** Da $2^n - 1$ eine Primzahl ist, hat diese Zahl nur die Teiler 1 und $2^n - 1$. Die Zahl 2^{n-1} hat die Teiler $1, 2, 2^2, \ldots, 2^{n-2}, 2^{n-1}$. Also hat das Produkt $2^{n-1} \cdot (2^n - 1)$ die Teiler $1, 2, 2^2, \ldots, 2^{n-2}, 2^{n-1}$ und $1 \cdot (2^n - 1), 2 \cdot (2^n - 1), 2^2 \cdot (2^n - 1), \ldots, 2^{n-2} \cdot (2^n - 1)$, $2^{n-1} \cdot (2^n - 1)$, denn $2^n - 1$ ist ungerade, also insbesondere teilerfremd zu jeder Potenz der Zahl 2. Dann gilt aber für die Summe (und wieder benutzt man das Ergebnis von Übungsaufgabe 6 aus Kapitel 2)

$$\sigma\left(2^{n-1} \cdot (2^n - 1)\right)$$
$$= (1 + 2 + 2^2 + \cdots + 2^{n-2} + 2^{n-1}) + \left(1 \cdot (2^n - 1) + 2 \cdot (2^n - 1) + 2^2 \cdot (2^n - 1)\right.$$
$$\left. + \cdots + 2^{n-2} \cdot (2^n - 1) + 2^{n-1} \cdot (2^n - 1)\right)$$
$$= \sum_{i=0}^{n-1} 2^i + (2^n - 1) \cdot \sum_{i=0}^{n-1} 2^i$$

$$= \left(\sum_{i=0}^{n-1} 2^i \right) \cdot (1 + 2^n - 1)$$

$$= 2^n \cdot \sum_{i=0}^{n-1} 2^i = 2^n \cdot (2^n - 1) = 2 \cdot \left(2^{n-1} \cdot (2^n - 1) \right).$$

Also ist $2^{n-1} \cdot (2^n - 1)$ nach Definition 5.4.1 eine vollkommene Zahl. $\square$

Es ist nicht sehr viel über vollkommene Zahlen bekannt. Man weiß nicht, ob es nur endlich viele oder aber unendlich viele vollkommene Zahlen gibt. Man weiß außerdem nicht, ob es eine ungerade vollkommene Zahl gibt oder geben kann. Man weiß allerdings, dass alle geraden vollkommenen Zahlen die Form $2^{n-1} \cdot (2^n - 1)$ für ein geeignetes n haben. Der Beweis geht auf den Mathematiker Leonhard Euler (1707–1783) zurück und wird nun geführt.

▶ **Satz 5.4.2** Jede gerade vollkommene Zahl lässt sich in der Form $2^{n-1} \cdot (2^n - 1)$ schreiben, wobei $2^n - 1$ eine Primzahl ist.

▶ **Beweisidee 5.4.2** Man stellt eine gerade vollkommene Zahl m in der Form $m = 2^{n-1} \cdot u$ dar und zeigt, dass die ungerade Zahl u die gewünschte Form hat, also $u = 2^n - 1$ ist. Etwas unübersichtlich wird es an dieser Stelle dadurch, dass man immer wieder Gleichungen erzeugt und passend umformt. Schließlich weist man noch nach, dass u eine Primzahl ist (was überraschend einfach geht).

▶ **Beweis 5.4.2** Sei m eine gerade vollkommene Zahl. Die Zahl lässt sich als $m = 2^{n-1} \cdot u$ mit $n > 1$ und ungeradem $u \in \mathbb{N}$ schreiben, das heißt, die Zahl m kann man (wie jede andere gerade Zahl auch) als Produkt von Potenzen der Zahl 2 und einer ungeraden Zahl (die theoretisch auch 1 sein könnte) darstellen. Weil m vollkommen ist, folgt

$$\sigma(m) = 2m = 2^n \cdot u \tag{5.1}$$

durch Einsetzen. Damit hat man eine erste Darstellung der Teilersumme $\sigma(m)$. Eine zweite Darstellung nutzt den Zusammenhang zwischen $\sigma(m)$ und $\sigma(u)$, also zwischen der Summe aller Teiler von m und der Summe aller Teiler von u (des „ungeraden Anteils"). Ist nämlich $\sigma(u)$ die Summe aller ungeraden Teiler von m, so ist

$$1 \cdot \sigma(u) + 2 \cdot \sigma(u) + 2^2 \cdot \sigma(u) + \cdots + 2^{n-1} \cdot \sigma(u) = \sigma(m)$$

offensichtlich die Summe aller Teiler von m. Um das leichter zu verstehen, kann man sich überlegen, dass es zu jedem ungeraden Teiler u_0 auch die (geraden) Teiler $2u_0$, $2^2 u_0$, $2^3 u_0$, $\ldots, 2^{n-1} u_0$ gibt. Entsprechend fließen in die Summe aller Teiler die Summanden $1 \cdot \sigma(u), 2 \cdot \sigma(u), 2^2 \cdot \sigma(u), \ldots, 2^{n-1} \cdot \sigma(u)$ ein. Nun ist aber

$$1 \cdot \sigma(u) + 2 \cdot \sigma(u) + 2^2 \cdot \sigma(u) + \cdots + 2^{n-1} \cdot \sigma(u)$$
$$= \left(1 + 2 + 2^2 + \cdots + 2^{n-1}\right) \cdot \sigma(u) = (2^n - 1) \cdot \sigma(u),$$

und damit ist

$$\sigma(m) = \sigma(u) \cdot (2^n - 1) \tag{5.2}$$

gezeigt.

Man betrachtet nun die Gleichungen (5.1) und (5.2) genauer. Insbesondere folgt, dass 2^n Teiler von $\sigma(u)$ ist, denn $2^n - 1$ ist eine ungerade Zahl. Also kann man

$$\sigma(u) = c \cdot 2^n$$

für ein geeignetes $c \in \mathbb{N}$ schreiben. Man setzt $\sigma(u) = c \cdot 2^n$ in $\sigma(u) \cdot (2^n - 1) = 2^n \cdot u$ ein und bekommt die Gleichung

$$(2^n - 1) \cdot c = u$$

durch Kürzen. Falls $c \neq 1$ ist, sind $1, c$ und u verschiedene Teiler von u, und es ist $\sigma(u) \geq 1 + c + c \cdot (2^n - 1) = 1 + c \cdot 2^n > c \cdot 2^n = \sigma(u)$. Das geht natürlich nicht, und so kann der Fall $c \neq 1$ nicht vorkommen. Also muss $c = 1$ und $\sigma(u) = 2^n$ sein. Damit folgt

$$m = 2^{n-1} \cdot (2^n - 1)$$

aus Gleichung (5.1) durch Einsetzen. Es ist $\sigma(2^n - 1) = 2^n$, also $\sigma(2^n - 1) = (2^n - 1) + 1$, also hat $2^n - 1$ nur die trivialen Teiler $2^n - 1$ und 1 (denn die beiden Teiler muss $2^n - 1$ auf jeden Fall haben). Damit ist $2^n - 1$ eine Primzahl (man vergleiche Seite 126). $\qquad\square$

Man kann das Ergebnis von Satz 5.4.2 leicht an kleinen vollkommenen Zahlen testen. Es ist $6 = (2^2 - 1) \cdot 2$, $28 = (2^3 - 1) \cdot 2^2$, $496 = (2^5 - 1) \cdot 2^4$ und $8128 = (2^7 - 1) \cdot 2^6$. Eine ausgesprochen große vollkommene Zahl ist $2^{13466916} \cdot (2^{13466917} - 1)$, bis vor kurzem die größte bekannte vollkommene Zahl. Doch in den letzten Jahren ist die Suche nach neuen solcher Zahlen immer schneller erfolgreich gewesen. So sind mit $2^{20996010} \cdot (2^{20996011} - 1)$, $2^{24036582} \cdot (2^{24036583} - 1)$, $2^{30402456} \cdot (2^{30402457} - 1)$ und $2^{32582657} \cdot (2^{32582657} - 1)$ weitere vollkommene Zahlen gefunden worden. Diese Zahlen haben sich als außerordentlich nützlich erwiesen, denn die hängen jeweils mit großen Primzahlen zusammen. Primzahlen kann man aber gebrauchen, um geheime Informationen auch geheim zu übermitteln. Das wird näher in Kapitel 10 beschrieben.

Die Zahlen, die sich in der Form $2^n - 1$ schreiben lassen, haben offensichtlich eine besondere Bedeutung und sind eng mit den vollkommenen Zahlen verbunden, denn nur wenn $2^n - 1$ eine Primzahl ist, ist $2^{n-1} \cdot (2^n - 1)$ eine vollkommene Zahl. Dieser Zusammenhang wird in der folgenden Definition gewürdigt. Die Zahlen bekommen einen Namen, der an den französischen Jesuitenpater Marin Mersenne (1588–1648) erinnert.

▶ **Definition 5.4.2** Zahlen der Form $2^n - 1$ heißen *Mersenne-Zahlen*. Ist $2^n - 1$ eine Primzahl, so heißt sie *Mersenne-Primzahl*.

Mersenne behauptete, dass für $n = 2, 3, 5, 7, 13, 17, 19, 31, 67, 127$ und 257 die Zahl $2^n - 1$ eine Primzahl ist und es keine weitere Primzahl $p \leq 257$ gibt, für die $2^p - 1$ eine Primzahl ist. Doch diese Behauptung ist leider nicht richtig, denn $2^{61} - 1$, $2^{89} - 1$ und $2^{107} - 1$ sind Primzahlen, aber $2^{67} - 1$ und $2^{257} - 1$ sind keine Primzahlen. Immerhin stammt die Vermutung von Marin Mersenne aus dem Jahr 1644, und es dauerte ziemlich genau drei Jahrhunderte, bis sie vollständig überprüft war. Damit waren dann die ersten 12 Mersenne-Primzahlen bekannt. Erst durch den Einsatz von Rechnern ab den 50er Jahren des 20. Jahrhunderts konnten weitere Primzahlen dieses Typs identifiziert werden. Inzwischen (im November 2013) kennt man 48 Zahlen, die Mersenne-Primzahlen sind.

Gerade vollkommene Zahlen können nur zu entsprechenden Mersenne-Primzahlen existieren, und so kennt man nun auch 48 vollkommene Zahlen. Im Winter 2001 wurde berechnet, dass $2^{13466917} - 1$ eine Mersenne-Primzahl ist, eine Zahl mit ungefähr vier Millionen Stellen, ganz genau sind es 4053946 Stellen. Sie war Nummer 39 in der Folge der bekannten Mersenne-Primzahlen. Durch diese 39 Primzahlen sind entsprechend auch 39 vollkommene Zahlen bestimmt. Insbesondere folgt dann die bereits erwähnte Tatsache, dass $2^{13466917} \cdot (2^{13466917} - 1)$ vollkommen ist. Im Jahr 2003 wurde mit $2^{20996011} - 1$ die nächste Mersenne-Primzahl identifiziert. Diese Zahl hat die ungeheuer große Anzahl von 6320430 Stellen. Durch sie ist gleichzeitig eine weitere vollkommene Zahl gefunden worden, nämlich $2^{20996010} \cdot (2^{20996011} - 1)$, nunmehr die vierzigste Zahl der bekannten vollkommenen Zahlen. Doch es geht schnell voran. Nummer 41 und Nummer 42 wurden 2004 bzw. 2005 gefunden, Nummer 42 übrigens von einem deutschen Augenarzt. Im Dezember 2005 gab es eine weitere Nachricht von der neuen Entdeckung: die Zahl $2^{30402457} - 1$ ist eine Primzahl (mit etwa 9,15 Millionen Stellen). Im Moment ist $2^{57885161} - 1$ die grösste bekannte Mersenne-Primzahl, in der Rangordnung Nummer 48 und eine Zahl mit mehr als 17 Millionen Stellen. Falls es etwas Neues gibt, dann kann man es unter http://www.mersenne.org/ nachlesen.

Allerdings ist nur für 42 der bisher bekannten Mersenne-Primzahlen gleichzeitig klar, dass es auch die *ersten* 42 in der Reihe dieser Zahlen sind (Stand: November 2013). Es könnte also durchaus Mersenne-Primzahlen geben, die kleiner als die oben genannte derzeit grösste bekannte Mersenne-Primzahl sind. Da an der Entdeckung weiterer solcher Primzahlen heftig gerechnet wird (wie gesagt, man braucht sie dringend, damit Geheimes auch geheim bleibt), kann es jederzeit dazu kommen, dass eine noch größere Zahl dieser Art gefunden wird. Ganz nebenbei hätte man dann eine weitere vollkommene Zahl identifiziert. Nicht unerwähnt bleiben soll, dass man dabei durchaus reich werden konnte. Auf den Entdecker oder die Entdeckerin der ersten Primzahl mit mehr als 10 Millionen Stellen wartete immerhin ein Preisgeld von 100000 US-Dollar. Leider „wartete", das haben Sie ganz richtig gelesen. Es wurde ausgezahlt und für jede neue Primzahl gibt es nun gerade noch 3000 US-Dollar.

Zunächst hatte es allerdings eher mystische als materielle Gründe, dass man sich für Primzahlen der Form $p = 2^n - 1$ interessierte. Mit Hilfe der geometrischen Summenformel (man vergleiche Satz 2.3.1) sieht man, dass eine Zahl der Form $p = 2^n - 1$ nur dann prim sein kann, wenn n prim ist.

▶ **Satz 5.4.3** Eine Zahl der Form $z = 2^n - 1$ ist keine Primzahl, wenn n keine Primzahl ist.

▶ **Beweisidee 5.4.3** Der Beweis ist ganz direkt. Man nimmt an, dass n keine Primzahl ist und gibt dann für $z = 2^n - 1$ eine konkrete Zerlegung in Faktoren an.

▶ **Beweis 5.4.3** Sei $n = k \cdot m$ mit $k, m > 1$. Die geometrische Summenformel besagt, dass $a^x - 1 = (a - 1) \cdot \sum_{i=0}^{x-1} a^i = (a - 1)(1 + a + a^2 + \cdots + a^{x-1})$ ist. Setzt man nun in dieser Formel $a = 2^m$ und $x = k$, so bekommt man

$$2^n - 1 = (2^m)^k - 1 = (2^m - 1) \sum_{i=0}^{k-1} 2^{mi}.$$

Damit hat $2^n - 1$ mindestens die beiden echten Teiler $2^m - 1$ und $\sum_{i=0}^{k-1} 2^{mi}$.   □

Umgekehrt ist $2^n - 1$ (wie bereits erwähnt) keineswegs immer eine Primzahl, wenn n eine Primzahl ist. Es klappt zwar für $n = 2, 3, 5, 7$, aber $2^{11} - 1 = 2047 = 23 \cdot 89$ ist keine Primzahl. Weitere Beispiele wurden ja schon auf Seite 129 genannt. Es ist übrigens nicht bekannt, ob es unendlich viele oder nur endlich viele Mersenne-Primzahlen gibt.

Zur Ergänzung soll nun ein weiterer Begriff definiert werden, mit dem noch einmal besondere Zahlen beschrieben werden. Auch von diesen Zahlen erhoffte man sich eine leichte Methode zur Erzeugung von Primzahlen, eine Hoffnung, die bisher leider nicht erfüllt wurde.

▶ **Definition 5.4.3** Zahlen der Form $2^{2^n} + 1$ mit $n \in \mathbb{N}_0$ heißen *Fermat-Zahlen*. Ist $2^{2^n} + 1$ eine Primzahl, so heißt sie eine *Fermat-Primzahl*.

Der Name geht auf Pierre de Fermat (1601–1665) zurück, der zwar Jura studiert und als Richter gearbeitet hat, daneben aber ganz erstaunliche Beiträge zur Mathematik leisten konnte. Fermat vermutete, dass Zahlen dieser Form in jedem Fall Primzahlen wären. Nach heutigem Wissen gilt das aber nur für $n = 0, 1, 2, 3, 4$ (und mehr Zahlen dieser Art kennt man nicht). Die entsprechenden Zahlen $2^{2^0} + 1 = 3, 2^{2^1} + 1 = 5, 2^{2^2} + 1 = 17, 2^{2^3} + 1 = 257$ und $2^{2^4} + 1 = 65537$ sind allesamt Primzahlen.

Die nächste Zahl in der Folge ist $2^{2^5} + 1$, aber es ist $2^{2^5} + 1 = 4294967297 = 641 \cdot 6700417$ eine Zerlegung in Faktoren, und somit ist die Zahl *keine* Primzahl. Allerdings gibt es auch keinen Beweis, dass Fermat-Zahlen für $n > 4$ grundsätzlich keine Primzahlen sein können. Die Zerlegung von $2^{2^5} + 1$ hat Leonhard Euler bereits 1732 gefunden, viele andere Zerlegungen sind erst im 20. Jahrhundert entdeckt worden. Man kennt inzwischen für mehr als 200 Fermat-Zahlen nicht triviale Faktoren, wobei ihre genaue Zerlegung in

Primfaktoren nicht immer bekannt ist (die Zahlen sind einfach viel zu groß, um mit ihnen ordentlich zu rechnen).

Fermat-Primzahlen haben eine Eigenschaft, die mit geometrischen Konstruktionen zusammenhängt. Man kann nämlich ein regelmäßiges n-Eck ausschließlich mit Hilfe von Zirkel und Lineal konstruieren, falls n eine Fermat-Primzahl ist. Ganz genau hat bereits Carl Friedrich Gauß (1777–1855) beweisen können, dass ein regelmäßiges n-Eck dann und nur dann mit Zirkel und Lineal konstruierbar ist, falls $n > 2$ entweder eine Zweierpotenz ist oder aber von der Form $n = 2^r \cdot p_1 \cdot \ldots \cdot p_m$, wobei $r \in \mathbb{N}_0$ ist und die p_i paarweise verschiedene Fermat-Primzahlen sind. Insbesondere sind also das regelmäßige 3-Eck, das regelmäßige 4-Eck, das regelmäßige 5-Eck, das regelmäßige 6-Eck und das regelmäßige 17-Eck mit Zirkel und Lineal konstruierbar. Problemlos sind sicherlich das 4-Eck und das 6-Eck zu konstruieren (wie?), aber auch für das 5-Eck oder das 17-Eck gibt es jeweils eine konkrete Konstruktionsanleitung (man vergleiche Seite 291 für die Grundidee der Konstruktionsbeschreibung des regelmäßigen 5-Ecks).

Informationen zu diesen und anderen Primzahlen findet man leicht im Internet, zum Beispiel unter der bereits genannten Adresse http://www.mersenne.org oder auch in deutscher Sprache unter http://www.primzahlen.de (Stand: November 2013). Dort stehen die neuesten Gerüchte (und manchmal dann auch die Dementis dieser Gerüchte) zu neu entdeckten Primzahlen.

Mit Hilfe des Begriffs der Fermat-Zahlen, kann man nun Satz 4.2.4 mit einer neuen Methode noch einmal beweisen. Zur Erinnerung: Dieser Satz besagt, dass es unendlich viele Primzahlen gibt. Nützlich für den Beweis ist eine Aussage über Produkte von Fermat-Zahlen. Sie wird vorab als eigenes Resultat aufgeschrieben und gezeigt.

▶ **Satz 5.4.4** Seien $F_0, F_1, \ldots, F_{n-1}$ die ersten n Fermat-Zahlen und $n \geq 1$. Dann gilt für ihr Produkt $\prod_{i=0}^{n-1} F_i = F_n - 2$.

▶ **Beweisidee 5.4.4** Der Beweis wird durch vollständige Induktion geführt.

▶ **Beweis 5.4.4** Es ist $F_0 = 2^{2^0} + 1 = 3$ und $F_1 = 2^{2^1} + 1 = 5$. Also gilt $\prod_{i=0}^{0} F_i = F_0 = F_1 - 2$, und der Induktionsanfang ist gezeigt. Man nimmt nun an, dass $\prod_{i=0}^{k-1} F_i = F_k - 2$ für ein $k \in \mathbb{N}$ erfüllt ist. Mit dieser Induktionannahme rechnet man $\prod_{i=0}^{k} F_i = (\prod_{i=0}^{k-1} F_i) \cdot F_k = (F_k - 2) \cdot F_k = (2^{2^k} - 1) \cdot (2^{2^k} + 1)$. Weil $(2^{2^k} - 1) \cdot (2^{2^k} + 1) = 2^{2^{k+1}} - 1 = F_{k+1} - 2$ ist, folgt die Behauptung. □

▶ **Satz 5.4.5** Es gibt unendlich viele Primzahlen.

▶ **Beweisidee 5.4.5** Man betrachtet die Fermat-Zahlen und zeigt, dass je zwei von ihnen teilerfremd sind. Also haben je zwei dieser Zahlen verschiedene Primteiler. Da es unendlich viele Fermat-Zahlen gibt (nämlich eine zu jedem $n \in \mathbb{N}$), muss es auch unendlich viele Primzahlen geben.

▶ **Beweis 5.4.5** Sei m ein gemeinsamer Teiler der Fermat-Zahlen F_j und F_k für irgendwelche $j, k \in \mathbb{N}_0$ und $j < k$. Dann ist m ein Teiler von $\prod_{i=0}^{k-1} F_i = F_k - 2$ und von F_k, also auch von $F_k - (F_k - 2) = 2$. Somit ist $m = 1$ oder $m = 2$. Da aber die Fermat-Zahlen ungerade sind, muss $m \neq 2$ und somit $m = 1$ sein. Für je zwei Fermat-Zahlen F_m und F_n gilt somit $ggT(F_m, F_n) = 1$, falls $m \neq n$ ist.   □

Es gibt viele weitere Beweise für die Behauptung, dass es unendlich viele Primzahlen gibt. Zum Teil benutzen sie Voraussetzungen und Ideen aus ganz anderen Gebieten als der Zahlentheorie. Leider sprengen sie damit aber auch den Rahmen dieser Einführung. Wer Interesse hat, findet im „Buch der Beweise" von Martin Aigner und Günter Ziegler weitere Beispiele von Beweisen dieses Satzes [2].

5.5   Übungsaufgaben

1. Seien a und b ganze Zahlen mit $ggT(a, b) = 1$. Bestimmen Sie unter dieser Voraussetzung $ggT(a^2 - b^2, a + b)$ und $ggT(a^2 + b^2, a + b)$.

2. Seien $a, b, c \in \mathbb{Z}$, und sei c ein Teiler von $a \cdot b$. Zeigen Sie, dass dann c auch ein Teiler des Produkts $ggT(a, c) \cdot ggT(b, c)$ ist.

3. Es seien $a, b, c \in \mathbb{Z}$ und $c \neq 0$ ein gemeinsamer Teiler von a und b. Zeigen Sie, dass dann $ggT\left(\frac{a}{c}, \frac{b}{c}\right) = \frac{1}{|c|} \cdot ggT(a, b)$ gilt. Und weil es Brüche zu diesem Zeitpunkt eigentlich noch nicht gibt (man vergleiche Kapitel 6), sei hier vereinbart: Mit $\frac{a}{c}$ wird diejenige ganze Zahl x bezeichnet, für die $a = x \cdot c$ gilt (vermutlich wären Sie ohne diese Bemerkung auch auf keine andere Idee gekommen).

4. Zeigen Sie, dass $ggT(a + cb, b) = ggT(a, b)$ für alle $a, b, c \in \mathbb{Z}$ gilt.

5. Prüfen Sie, welche natürlichen Zahlen sich als Summe von zwei natürlichen Zahlen $x, y > 1$ mit $ggT(x, y) = 1$ schreiben lassen.

6. Beweisen Sie Satz 5.2.1: Für die natürlichen Zahlen $a = \prod_{i=1}^{r} p_i^{\alpha_i}$ und $b = \prod_{i=1}^{r} p_i^{\beta_i}$ gilt $ggT(a, b) = \prod_{i=1}^{r} p_i^{min(\alpha_i, \beta_i)}$.

7. Warum genügt es, den euklidischen Algorithmus für natürliche Zahlen zu formulieren?

8. a) Welches sind die ersten vier Mersenne-Primzahlen?
   b) Beweisen Sie, dass n eine Primzahl ist, falls $2^n - 1$ eine Primzahl ist, und widerlegen Sie die Umkehrung der Aussage. Dabei sollten Sie Satz 5.4.3 nicht benutzen.

9. Es sei $a \geq 2$ eine natürliche Zahl. Beweisen Sie, dass $2^a + 1$ keine Primzahl ist, wenn a einen ungeraden Teiler $\ell > 1$ besitzt.

Ganze Zahlen

6

Inhaltsverzeichnis

In diesem Kapitel geht es darum, die Menge der ganzen Zahlen und das Rechnen mit ganzen Zahlen auf eine mathematisch feste Grundlage zu stellen. Man kann die folgenden Kapitel zwar auch verstehen, wenn man sich weiterhin auf das Schulwissen verlässt, doch hilft eine Fundierung der ganzen Zahlen sicherlich beim eigenen Verständnis. Darüber hinaus ist es unerlässlich, die Stolperschwellen beim Umgang mit den ganzen Zahlen zu kennen, wenn man das Thema selbst unterrichten soll. Nur so ist möglich, zwischen einer mathematisch fundierten Argumentation, Plausibilitätsbetrachtungen und eher intuitiven Begründungen zu differenzieren. Kurz und gut, die Inhalte des Kapitels gehören für angehende Lehrerinnen und Lehrer wohl zum unverzichtbaren Grundwissen.

> *Die natürlichen Zahlen hat der liebe Gott geschaffen, alles andere ist Menschenwerk.*
>
> Leopold Kronecker

Die ganzen Zahlen und das Rechnen mit den ganzen Zahlen werden bereits in der Schule behandelt. Man lernt, dass $3 \cdot (-3) = -9$ und $(-3) \cdot 3 = -9$ ist, wohingegen $(-3) \cdot (-3) = 9$ ist. Doch warum muss man so und nicht anders rechnen? Die Antwort auf diese Frage ist zunächst alles andere als einfach. Dabei erscheint die erste Regel noch einigermaßen plausibel zu sein. Wenn man dreimal hintereinander 3 Euro Schulden macht, dann summieren sich die Schulden auf 9 Euro. Die Rechnung $(-3) \cdot 3 = -9$ könnte man auf das Kommutativgestz zurückführen. Aber ist es selbstverständlich, dass dieses Gesetz auch für die

K. Reiss und G. Schmieder, *Basiswissen Zahlentheorie*, Mathematik für das Lehramt,
DOI: 10.1007/978-3-642-39773-8_6, © Springer-Verlag Berlin Heidelberg 2014

Multiplikation ganzer Zahlen und nicht nur für die Multiplikation natürlicher Zahlen gilt? Und was soll schließlich der Ausdruck $(-3) \cdot (-3)$ bedeuten?

Alle diese Fragen sollen im Folgenden geklärt werden. Dabei ist die Grundlage eine Beschreibung der ganzen Zahlen, die auf den natürlichen Zahlen beruht, denn deren Eigenschaften sind ja bereits bekannt und dürfen benutzt werden. Die weitere Grundlage ist eine Definition der Rechenoperationen, die auf der Addition und Multiplikation natürlicher Zahlen basiert, und auch diese Operationen sind bereits bekannt. Konkret werden die ganzen Zahlen als Paare von Zahlen aus $\mathbb{N}$ beschrieben. Dies wird zunächst motiviert und dann mathematisch präzisiert. Zwei Aspekte sind dabei im Blick zu behalten, die zentral für mathematisches Arbeiten sind: Zum einen dürfen neue Objekte nicht einfach vom Himmel fallen, sondern müssen einen konkreten Nutzen haben. Zum anderen sollte $1 + 1 = 2$ auch weiterhin gelten – genauso wie alle anderen Rechnungen in $\mathbb{N}$ weiterhin zum gleichen Ergebnis führen sollten.

Vorüberlegungen zur Definition der ganzen Zahlen Es gibt Gleichungen, die im Bereich der natürlichen Zahlen keine Lösung besitzen. Eine solche Gleichung ist beispielsweise $5 = 8 + x$, denn es gibt keine natürliche Zahl x, die man zu 8 addieren kann, um 5 zu bekommen. Benutzt man sein Schulwissen über ganze Zahlen, dann stellt man fest, dass diese Gleichung in der Menge der ganzen Zahlen durchaus lösbar ist und dort die eindeutige Lösung $x = -3$ hat. Die ganze Zahl -3 ist aber auch (das sagt wiederum das Schulwissen) die Lösung anderer Gleichungen mit Koeffizienten im Bereich $\mathbb{N}$, also zum Beispiel der Gleichung $6 = 9 + x$ oder der Gleichung $9 = 12 + x$ oder der Gleichung $1 = 4 + x$. Man kann also die Zahl -3 durch die Zahlenpaare $(5, 8)$, $(6, 9)$, $(9, 12)$ oder $(1, 4)$ beschreiben, wenn man nur deutlich macht, dass diese Zahlenpaare (a, b) als Kurzschreibweise für die entsprechende Gleichung $a = b + x$ zu verstehen sind. In gleicher Weise lässt sich etwa die ganze Zahl -7 als $(5, 12)$, $(7, 14)$, $(12, 19)$ oder $(1, 8)$ bzw. die ganze Zahl -11 als $(4, 15)$, $(8, 19)$, $(12, 23)$ oder $(1, 12)$ darstellen.

Diese Beschreibung ganzer Zahlen durch Paare natürlicher Zahlen muss man übrigens nicht auf negative Zahlen x beschränken. So haben zum Beispiel die Gleichungen $8 = 5 + x$, $9 = 6 + x$, $12 = 9 + x$ oder $4 = 1 + x$ alle die Lösung $x = 3$, und das ist eine natürliche Zahl. Man kann entsprechend 3 durch die Zahlenpaare $(8, 5)$, $(9, 6)$, $(12, 9)$ oder $(4, 1)$ darstellen.

Angenommen, (a, b) und (c, d) mit $a, b, c, d \in \mathbb{N}$ sind zwei Zahlenpaare, für die es ein x gibt, sodass $a = b + x$ und $c = d + x$ gilt, die also im Sinne der Vorüberlegungen dieselbe ganze Zahl bezeichnen. Dann würde man im Bereich der ganzen Zahlen $x = a - b = c - d$ und somit $a + d = b + c$ rechnen. Subtrahieren darf man in den natürlichen Zahlen nicht unbegrenzt, aber addieren darf man ohne irgendwelche Einschränkungen. Also ist es sinnvoll, auch nur diese additive Beziehung zu betrachten und damit Zahlenpaare natürlicher Zahlen, für die $a + d = b + c$ gilt.

Es läuft somit alles darauf hinaus, die (zunächst unbekannten) ganzen Zahlen als Paare von (bekannten) natürlichen Zahlen zu charakterisieren und dabei nur Operationen zu verwenden, die in $\mathbb{N}$ erlaubt sind. Genauso werden auf den schließlich definierten ganzen Zahlen Rechenoperationen (nämlich eine Addition und eine Multiplikation) erklärt, die ausschließlich das Wissen über die Addition und die Multiplikation in $\mathbb{N}$ (und beide sind bekannt) nutzen. Doch das wird erst im folgenden Abschnitt geschehen. Der Trick ist entsprechend, neues Wissen auf altem Wissen aufzubauen und es außerdem angemessen und mit möglichst wenigen Änderungen in die bekannten Strukturen einzubetten.

6.1 Definition der ganzen Zahlen

Die Definition von $\mathbb{Z}$ geht davon aus, dass gewisse Zahlenpaare (und das sind solche, die im Sinne der Vorüberlegung dieselbe Zahl aus $\mathbb{Z}$ durch eine Gleichung beschreiben) äquivalent sind. Was darunter genau zu verstehen ist, wird in den folgenden Definitionen geklärt.

▶ **Definition 6.1.1** Sei A eine nicht leere Menge. Jede Teilmenge R des kartesischen Produkts $A \times A$ heißt eine *Relation* auf A.

Nach der Definition besteht eine Relation aus Paaren von Elementen irgendeiner Menge A. Das könnten Zahlenpaare oder Paare von Punkten in der Ebene (oder noch ganz andere Dinge) sein. So ist durch

$$R = \{(a, b) \mid a, b \in \mathbb{N} \text{ und } a = b + 1\}$$

eine Relation beschrieben. Inhaltlich gehören alle Paare von natürlichen Zahlen zu dieser Relation R, bei denen die erste Zahl um 1 größer als die zweite Zahl ist. Man könnte also auch aufzählend schreiben, dass

$$R = \{(2, 1), (3, 2), (4, 3), (5, 4), (6, 5), (7, 6), (8, 7), \ldots\}$$

ist. Geht man von der eigentlichen Bedeutung des Begriffs „Relation" aus, so stehen 2 und 1, 3 und 2, 4 und 3, aber auch 100 und 99 in derselben *Beziehung* zueinander.

Besonders interessant (und nicht nur in diesem Kapitel) sind Relationen, die gewisse (geordnete) Eigenschaften haben. Einige dieser wichtigen Eigenschaften sollen nun definiert werden. Beispiele dazu gibt es dann gleich nach Definition 6.1.3.

▶ **Definition 6.1.2** Eine Relation $R \subseteq A \times A$ heißt *reflexiv*, falls $(a, a) \in R$ für alle $a \in A$ gilt. Eine Relation $R \subseteq A \times A$ heißt *symmetrisch*, falls mit $(a, b) \in R$ auch $(b, a) \in R$ für alle $a, b \in A$ folgt. Eine Relation $R \subseteq A \times A$ heißt *transitiv*, falls mit $(a, b) \in R$ und $(b, c) \in R$ stets $(a, c) \in R$ für alle $a, b, c \in A$ ist.

Gleich anschließend werden diese neuen Begriffe nun zu einem weiteren Begriffe zusammengefasst, der in vielen Zusammenhängen in der Mathematik von Bedeutung ist. Es ist der Begriff der *Äquivalenzrelation* und damit (der Name sagt es) der Äquivalenz von Elementen. Das Ziel in diesem konkreten Kapitel ist es, all die vielen Gleichungen, die eine ganze Zahl bezeichnen, als im Wesentlichen gleichwertig (und das heißt äquivalent) zu betrachten.

▶ **Definition 6.1.3** Eine Relation $R \subseteq A \times A$ heißt *Äquivalenzrelation*, falls sie reflexiv, symmetrisch und transitiv ist. Für $x \in A$ heißt die Menge aller zu x äquivalenten Elemente die *Äquivalenzklasse* von x.

Schreibweise Bei einer Äquivalenzrelation R wird meist eine eigene Schreibweise benutzt. So ist es in diesem Fall üblich, nicht $(a, b) \in R$, sondern $a \sim b$ zu schreiben. Man sagt dann auch, dass a *äquivalent* zu b ist. Diese Schreibweise verdeutlicht vielleicht ein wenig besser, dass die beiden Elemente in einer Beziehung zueinander stehen, und ist manchmal für Anfängerinnen und Anfänger einsichtiger.

Doch nun sollen die angekündigten Beispiele kommen, die Relationen und ganz besonders Äquivalenzrelationen verdeutlichen sollen. Sie sind ganz unterschiedlichen Bereichen entnommen und nicht nur auf Mengen von Zahlen bezogen.

Beispiel 6.1.1

(i) Die Relation
$$R_1 = \{(a, b) \mid a, b \in \mathbb{N} \text{ und } a = b\}$$

(und das ist nichts anderes als die Gleichheitsrelation) ist eine Äquivalenzrelation auf $\mathbb{N}$. Es ist $a \sim b$ für die natürlichen Zahlen a und b mit $a = b$. Zu R_1 gehören genau die Zahlenpaare (a, a) mit $a \in \mathbb{N}$.

Die Begründung der drei Eigenschaften ist einfach, denn mit $a = a$ folgt $a \sim a$, und die Relation ist reflexiv. Ist $a = b$, dann ist auch $b = a$, das heißt, aus $a \sim b$ folgt $b \sim a$. Die Relation ist also symmetrisch. Da mit $a = b$ und $b = c$ auch $a = c$ gilt, folgt die Transitivität, das heißt, mit $a \sim b$ und $b \sim c$ gilt auch $a \sim c$.

(ii) Die Relation
$$R_2 = \{(g, h) \mid g, h \text{ sind Geraden in der Ebene, und } g \text{ ist parallel zu } h\}$$

ist eine Äquivalenzrelation auf der Menge aller Geraden in der Ebene. Dabei sollen zwei Geraden g und h in der Ebene parallel sein, wenn sie keine gemeinsamen Punkte haben oder wenn sie identisch sind. Mit dieser Definition folgen auch sofort die drei Eigenschaften einer Äquivalenzrelation.

(iii) Die Relation
$$R_3 = \{(a, b) \mid a, b \in T_{12} \text{ und } a|b\}$$

ist auf T_{12} eine reflexive und transitive Relation, die nicht symmetrisch ist. Man kann R_3 auch in aufzählender Schreibweise direkt angeben. Es gilt

$$R_3 = \{(1,1),(1,2),(1,3),(1,4),(1,6),(1,12),(2,2),(2,4),(2,6),(2,12),$$
$$(3,3),(3,6),(3,12),(4,4),(4,12),(6,6),(6,12),(12,12)\}$$

In dieser Darstellung kann man die genannten Eigenschaften an den konkreten Zahlenpaaren ablesen.

(iv) Die Relation

$$R_4 = \{(a,b) \mid a,b \in \mathbb{N}, \ und \ a|b\}$$

ist auf $\mathbb{N}$ eine reflexive und transitive Relation, die nicht symmetrisch ist. Die Reflexivität folgt aus Definition 4.1.1, die Transitivität wurde in Satz 4.1.2 bewiesen. Die Relation ist aber nicht symmetrisch. So ist 4 zwar ein Teiler von 12, aber 12 kein Teiler von 4.

(v) Das letzte Beispiel macht deutlich, dass Relationen auch für andere Mengen als Zahlen (und Geraden in der Ebene) definiert sein können, also zum Beispiel für n-Tupel von Zahlen (und das ist eigentlich eine Selbstverständlichkeit).

Sei $A = \mathbb{N} \times \mathbb{N}$ und damit anschaulich die Menge aller „Gitterpunkte" im ersten Quadranten. Sei $R \subset A \times A = (\mathbb{N} \times \mathbb{N}) \times (\mathbb{N} \times \mathbb{N})$ eine Relation mit $R = \{((x_1, y_1), (x_2, y_2)) \mid y_1 x_2 = x_1 y_2\}$. Dann ist R zunächst einmal eine Relation zwischen 2-Tupeln natürlicher Zahlen, die man auch als Punkte in der Ebene auffassen kann. Natürlich darf man in $\mathbb{N}$ nicht unbegrenzt dividieren, und die Umformung $y_1 x_2 = x_1 y_2 \iff \frac{y_1}{x_1} = \frac{y_2}{x_2}$ ist daher eigentlich nicht zulässig. Sie veranschaulicht aber, was hier in Relation zueinander steht, nämlich Punkte, die in $\mathbb{R} \times \mathbb{R}$ auf einer gemeinsamen Gerade durch den Ursprung liegen.

Man kann nun zeigen, dass R eine Äquivalenzrelation ist; diese Relation ist also reflexiv (das heißt, es ist $((x,y),(x,y)) \in R$), symmetrisch (das heißt, mit $((x_1, y_1), (x_2, y_2)) \in R$ folgt $((x_2, y_2), (x_1, y_1)) \in R$) und transitiv (das heißt, mit $((x_1, y_1), (x_2, y_2)) \in R$ und $((x_2, y_2), (x_3, y_3)) \in R$ folgt $((x_1, y_1), (x_3, y_3)) \in R$).

- R ist reflexiv, denn aus $xy = yx$ folgt $((x,y),(x,y)) \in R$.
- R ist symmetrisch. Sei nämlich $((x_1, y_1), (x_2, y_2)) \in R$, dann ist $y_1 x_2 = x_1 y_2$, also wegen der Gültigkeit des Kommutativgesetzes auch $y_2 x_1 = x_2 y_1$ und somit $((x_2, y_2), (x_1, y_1)) \in R$.
- R ist transitiv. Mit $((x_1, y_1), (x_2, y_2)) \in R$ folgt $y_1 x_2 = x_1 y_2$, und mit $((x_2, y_2), (x_3, y_3)) \in R$ folgt $y_2 x_3 = x_2 y_3$. Also ist $y_1 x_2 y_2 x_3 = x_1 y_2 x_2 y_3$. Durch Anwendung des Kommutativgesetzes und geschicktes „Kürzen" bekommt man $y_1 x_3 = x_1 y_3$ und somit $((x_1, y_1), (x_3, y_3)) \in R$.

Man hätte diese Relation auch unter Verwendung des Zeichens $\sim$ schreiben können:
$$(x_1, y_1) \sim (x_2, y_2) \iff y_1 x_2 = x_1 y_2.$$

Äquivalenzrelationen (auf einer Menge A) haben eine wichtige Eigenschaft, denn sie bestimmen eine Zerlegung von A in Teilmengen, die paarweise disjunkt zueinander sind. Diese Teilmengen nennt man die *Äquivalenzklassen* der Relation. Im Beispiel (i) auf

Seite 136 bildet jede einzelne natürliche Zahl eine solche Klasse, im Beispiel (ii) auf Seite 136 sind die Äquivalenzklassen gerade die Scharen paralleler Geraden.

▶ **Definition 6.1.4** Durch eine Äquivalenzrelation R auf einer nicht leeren Menge A wird eine Zerlegung in paarweise disjunkte Teilmengen von A bestimmt. Diese Teilmengen heißen die *Äquivalenzklassen* von R.

Zwei Äquivalenzklassen haben also entweder kein Element gemeinsam (und das heißt, dass die disjunkt sind) oder aber sie haben alle Elemente gemeinsam (und sind identisch). Ist umgekehrt eine Zerlegung einer nicht leeren Menge A in paarweise disjunkte Teilmengen A_j ($j \in J$) gegeben, so definiert

$$(a, b) \in R \iff \exists j \in J : a, b \in A_j$$

eine Äquivalenzrelation auf A. Dabei bezeichnet J eine (geeignete) Menge von Indizes.

Diese Bemerkung klingt vermutlich wieder sehr abstrakt, sie ist aber leicht durch ein Beispiel zu erklären. Im Grunde besagt sie, dass eine Äquivalenzrelation nicht unbedingt durch eine (wie auch immer definierte) bestimmte Vorschrift zu beschreiben sein muss. Es genügt völlig, wenn man bei einer Menge weiß, welche ihrer Elemente in welche Klasse der Äquivalenzrelation gehören. Diese Zuordnung darf man nun fast beliebig vornehmen. Man muss nur darauf achten, dass alle Elemente in irgendeiner Klasse sind und keines in mehr als einer Klasse ist. Jedes Element muss also zu genau einer Klasse gehören.

Sei etwa $A = \{1, 2, 3, 4, 5, 6\}$. Dann ist durch $1 \sim 2 \sim 3$ und $4 \sim 5 \sim 6$ eine Äquivalenzrelation gegeben. Genauso könnte man durch $1 \sim 3 \sim 5$ und $2 \sim 4 \sim 6$ eine Äquivalenzrelation beschreiben. Die Frage nach dem Sinn einer solchen Festlegung ist schließlich eine ganz andere Frage als die nach der Festlegung selbst.

Durch den folgenden Satz wird nun die Definition der ganzen Zahlen vorbereitet. Grundlage sind Zahlenpaare (a, b) und (c, d) aus $\mathbb{N} \times \mathbb{N}$, die über eine Addition in $\mathbb{N}$ verbunden werden. Konkret sollen (a, b) und (c, d) als äquivalent betrachtet werden, wenn $a+d = b+c$ ist, das heißt, wenn ihre „Differenzen" (von denen man nicht sprechen darf, da die Subtraktion in $\mathbb{N}$ nicht unbegrenzt durchführbar ist) gleich sind, also $a - b = c - d$ ist. Konkret werden später beispielsweise „$3 - 5$" und „$4 - 6$" und „$12 - 14$" die ganze Zahl „-2" bezeichnen. Im Moment wird diese Zahl aber durch $(3, 5)$ oder $(4, 6)$ oder $(12, 14)$ repräsentiert.

▶ **Satz 6.1.1** Die in $\mathbb{N} \times \mathbb{N}$ definierte Relation $R = \{((a, b), (c, d)) \mid a + d = b + c\}$ ist eine Äquivalenzrelation. Man kann also schreiben: $(a, b) \sim (c, d) \iff a + d = b + c$.

▶ **Beweisidee 6.1.1** Es wird gerechnet, wobei immer wieder ausgenutzt wird, dass für die Addition in $\mathbb{N}$ das Assoziativ- und das Kommutativgesetz erfüllt sind.

▶ **Beweis 6.1.1** Es ist nachzuweisen, dass diese Relation (i) reflexiv, (ii) symmetrisch und (iii) transitiv ist. Dabei soll nur die übersichtlichere Schreibweise mit dem Zeichen $\sim$ verwendet werden.

(i) Die Relation ist reflexiv, da die Addition in $\mathbb{N}$ kommutativ ist. Es gilt $a + b = b + a$ für alle $a, b \in \mathbb{N}$, also ist $(a, b) \sim (a, b)$.

(ii) Angenommen, es gilt $(a, b) \sim (c, d)$ mit $a, b, c, d \in \mathbb{N}$. Dann ist $a + d = b + c$, und es folgt durch einfaches Umstellen und unter Benutzung der Kommutativität $c + b = d + a$. Also ist auch $(c, d) \sim (a, b)$.

(iii) Falls $(a, b) \sim (c, d)$ und $(c, d) \sim (e, f)$ mit $a, b, c, d, e, f \in \mathbb{N}$ gilt, so ist $a + d = b + c$ und $c + f = d + e$. Dann ist aber auch $(a + d) + (c + f) = (b + c) + (d + e)$, also $(a + f) + (c + d) = (b + e) + (c + d)$ und somit $a + f = b + e$. Damit ist $(a, b) \sim (e, f)$ gezeigt. $\qquad\square$

Zu einer Äquivalenzrelation gehören Äquivalenzklassen. In diesem konkreten Fall sind in einer gemeinsamen Klasse genau die Zahlenpaare, deren „Differenz" (wenn man denn von ihr reden dürfte) konstant ist. Diese Äquivalenzklassen werden nun die Menge der ganzen Zahlen bilden. Die folgende Definition bestimmt entsprechend, was unter der Menge $\mathbb{Z}$ der ganzen Zahlen verstanden werden soll.

▶ **Definition 6.1.5** Die Äquivalenzklassen der in $\mathbb{N} \times \mathbb{N}$ definierten Relation $(a, b) \sim (c, d) \iff a + d = b + c$ nennt man die Menge $\mathbb{Z}$ der ganzen Zahlen. Bezeichnet man mit $[(a, b)]$ die Äquivalenzklasse, die das Element (a, b) enthält, dann ist $\mathbb{Z} = \{[(a, b)] \mid a, b \in \mathbb{N}\}$.

Diese Definition mag vielleicht unhandlich aussehen, aber ganz so schlimm ist es nicht. Man muss sich nur damit abfinden, dass im Moment eine ganze Zahl gleich eine ganze Klasse von Zahlenpaaren ist. Doch jede ganze Zahl x ist für unendlich viele Gleichungen der Form $a + x = b$ mit $a, b \in \mathbb{Z}$ die Lösung, und genau das drückt sich in der Definition aus.

Der Vorteil ist, dass die (bisher unbekannten) ganzen Zahlen mit Hilfe der (bekannten) natürlichen Zahlen beschrieben werden. Das wird im folgenden Abschnitt genutzt, um Rechenoperationen einzuführen, die einzig und allein auf dem Rechnen mit natürlichen Zahlen basieren (was man darf und kann, oder?).

Beispiel 6.1.2

Das Element $(3, 1) \in \mathbb{Z}$ ist äquivalent zu allen Elementen (a, b) mit $a, b \in \mathbb{N}$, sodass $3 + b = 1 + a$ ist, also insbesondere $a - b = 2$ gilt. Damit ist etwa $(3, 1) \sim (5, 3) \sim (9, 7) \sim (99, 97)$. Für das Element $(1, 1)$ gilt, dass es zu allen Elementen (a, b) mit $a, b \in \mathbb{N}$ äquivalent ist, für die $1 + b = 1 + a$ und somit $a = b$ ist. Damit ist dann auch $(1, 1) \sim (5, 5) \sim (9, 9) \sim (99, 99)$ und allgemein $[(1, 1)] = [(a, a)]$ für alle $a \in \mathbb{N}$.

Dieses Element wird als *Nullelement* später eine besondere Rolle spielen. Genauso ist das *Einselement* $[(2, 1)] = [(a + 1, a)]$ für ein beliebiges $a \in \mathbb{N}$ von großer Bedeutung.

Eine Darstellung der ganzen Zahlen im Gitternetz
Die Veranschaulichung der ganzen Zahlen gelingt gut in einem Gitternetz. Trägt man die über Äquivalenzklassen natürlicher Zahlen definierten ganzen Zahlen in Form von Punktepaaren darin ein, so könnte man gleiche („äquivalente") Zahlen durch eine gerade miteinander verbinden, die parallel zur ersten Winkelhalbierenden ist. Denkt man sich diese Gerade verlängert, so schneidet sie die x-Achse gerade in dem Punkt, der in der üblichen Notation die betreffende ganze Zahl bezeichnet.

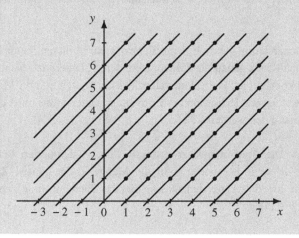

▶ **Definition 6.1.6** Die Äquivalenzklasse $[(a, a)]$ mit beliebigem $a \in \mathbb{N}$ wird *Nullelement*, die Äquivalenzklasse $[(a + 1, a)]$ mit beliebigem $a \in \mathbb{N}$ wird *Einselement* genannt.

Mit Definition 6.1.5 hat man eine Konstruktion der ganzen Zahlen auf der Grundlage der natürlichen Zahlen erreicht, das heißt, man hat die ganzen Zahlen ausschließlich mit Hilfe bereits bekannter Zahlen definiert. Jede ganze Zahl wird dabei durch geeignete Paare natürlicher Zahlen beschrieben. Da die zugrunde liegende Relation eine Äquivalenzrelation ist, wird jede Zahl eindeutig durch eine geeignete Äquivalenzklasse beschrieben. Noch einmal: Zentral ist, dass dabei die natürlichen Zahlen die Grundlage bilden. Sie sind wohlbekannt und sind daher ein solides Fundament für diese erste Erweiterung des Zahlenraums. Genauso wird man bei allen anderen Erweiterungen verfahren und darauf achten, dass (mathematisch gesehen) Bekanntes und Vertrautes die Basis für neue Strukturen ist.

Die ganzen Zahlen im Unterricht

Im Rahmen des Schulunterrichts (je nach Schulart und Bundesland irgendwann zwischen dem 5. und dem 7. Schuljahr) werden die ganzen Zahlen eingeführt. Es gibt mehrere Modelle, bei denen jeweils auf den Erfahrungsschatz der Kinder zurückgegriffen wird wie zum Beispiel Guthaben und Schulden, Orte oberhalb und unterhalb des Meeresspiegels oder aber, wie in diesem Schulbuchbeispiel, Temperaturen (man vergleiche [18]).

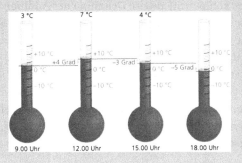

Warum braucht man also die aufwendige Konstruktion, die manchen Leserinnen und Lesern sicherlich merkwürdig erscheinen wird? Schließlich hat man bisher auch eine recht klare Vorstellung von den „negativen" Zahlen gehabt. Doch auf der Grundlage von Vorstellungen darf man zum Beispiel keine Rechenregeln bestimmen. Zumindest wäre dann nicht gewährleistet, dass alte und neue Regeln zusammenpassen. Damit wird sich der nächste Abschnitt ausführlich beschäftigen (und es wird klar werden, dass man im Schulunterricht bei der Behandlung der ganzen Zahlen mehr als einen fachlichen Kompromiss eingehen muss).

6.2   Rechnen mit ganzen Zahlen

> *Die Mathematik ist das Instrument, welches die Vermittlung bewirkt zwischen Theorie und Praxis, zwischen Denken und Beobachten: Sie baut die verbindende Brücke und gestaltet sie immer tragfähiger. Daher kommt es, dass unsere ganze gegenwärtige Kultur, soweit sie auf der geistigen Durchdringung und Dienstbarmachung der Natur beruht, ihre Grundlage in der Mathematik findet.*
>
> David Hilbert

Mit Zahlen soll man rechnen können, und das gilt selbstverständlich auch für die im vorangegangenen Abschnitt definierten ganzen Zahlen. Man muss also festlegen, was für die ganzen Zahlen (a, b) und (c, d) unter $(a, b) + (c, d)$ und $(a, b) \cdot (c, d)$ verstanden werden soll. Das soll in der folgenden Definition geschehen. Damit die Operationen aber auch tatsächlich leisten, was man von ihnen erwartet und aus der Schule kennt, lohnen sich ein paar

Vorüberlegungen. Seien also a, b, c und d natürliche Zahlen, durch die die ganzen Zahlen (a, b) und (c, d) beschrieben werden. Nun betrachtet man wieder die bestimmenden Gleichungen, nämlich $a = b + x$ und $c = d + y$. Die Frage ist im Prinzip, was unter $x + y$ und $x \cdot y$ zu verstehen ist.

Wenn man (natürlich unerlaubterweise, denn das Ergebnis muss nicht in $\mathbb{N}$ liegen) nach x und y auflöst, so bekommt man die Gleichungen $x = a - b$ und $y = c - d$. Entsprechend sollte die Addition so definiert werden, dass $x + y = (a - b) + (c - d) = (a + c) - (b + d)$ gilt. Geht man zurück zu den Operationen in $\mathbb{N}$, dann ergibt sich die Gleichung $(a + c) = (x + y) + (b + d)$. Eine komponentenweise Definition der Addition liegt daher nahe.

Genauso kann man sich die Regeln für die Multiplikation überlegen. Man rechnet nämlich (und wie oben eigentlich unerlaubterweise) $x \cdot y = (a - b) \cdot (c - d) = ac + bd - (ad + bc)$, das heißt, es muss $x \cdot y + (ad + bc) = ac + bd$ sein. Damit ist klar, wie die Multiplikation in $\mathbb{Z}$ festgelegt werden sollte.

Alle Überlegungen gehen in die folgende Definition ein. Dabei wird für die Addition in $\mathbb{Z}$ zunächst das Zeichen $\oplus$ und für die Multiplkation in $\mathbb{Z}$ das Zeichen $\odot$ verwendet, um die beiden Operationen von der Addition bzw. Multiplikation in $\mathbb{N}$, die in der Definition benutzt wird, zu unterscheiden.

▶ **Definition 6.2.1** Seien a, b, c, d, $\in \mathbb{N}$. Dann definiert man durch

$$[(a, b)] \oplus [(c, d)] := [(a + c, b + d)]$$

eine (eigentlich die!) Addition und durch

$$[(a, b)] \odot [(c, d)] := [(ac + bd, ad + bc)]$$

eine (eigentlich die!) Multiplikation in $\mathbb{Z}$.

Bei dieser Definition stellt sich allerdings das Problem, ob die Operationen *wohldefiniert* sind. Es ist eben nicht selbstverständlich, dass die Operationen für äquivalente Zahlenpaare auch in Bezug auf Definition 6.1.1 äquivalente Ergebnisse liefern. Man muss daher zeigen, dass sie unabhängig von der Wahl der Repräsentanten sind und genau das ist mit dem Ausdruck *wohldefiniert* gemeint.

Konkret sieht das so aus: Weil $(3, 5) \sim (7, 9)$ und $(1, 4) \sim (4, 7)$ sollte $(3, 5) \oplus (1, 4) \sim (7, 9) \oplus (4, 7)$ und $(3, 5) \odot (1, 4) \sim (7, 9) \odot (4, 7)$ sein. Man rechnet $(3, 5) \oplus (1, 4) = (4, 9)$ und $(7, 9) \oplus (4, 7) = (11, 16)$, und weil $(4, 9) \sim (11, 16)$ ist, klappt es in diesem Beispiel mit der Addition. Genauso ist $(3, 5) \odot (1, 4) = (3 + 20, 12 + 5) = (23, 17)$ und $(7, 9) \odot (4, 7) = (28 + 63, 49 + 36) = (91, 85)$, und auch diese Zahlenpaare sind äquivalent. Also gibt es auch für die Multiplikation mindestens ein positives Beispiel.

Weil aber in der Mathematik auch das schönste Beispiel kein Beweis ist, muss man (wohl oder übel) den allgemeinen Fall zeigen: Seien a, b, c, d und a_1, b_1, c_1, d_1 natürliche Zahlen, und sei $(a, b) \sim (a_1, b_1)$ und $(c, d) \sim (c_1, d_1)$. Dann ist $(a, b) \oplus (c, d) \sim (a_1, b_1) \oplus (c_1, d_1)$

und $(a, b) \odot (c, d) \sim (a_1, b_1) \odot (c_1, d_1)$. Man muss zum Beweis nur richtig rechnen und darf sich dabei von den vielen Indizes nicht abschrecken lassen.

▶ **Satz 6.2.1** Die in Definition 6.2.1 eingeführte Addition ist wohldefiniert, das heißt, sie ist unabhängig von den gewählten Repräsentanten.

▶ **Beweisidee 6.2.1** Es handelt sich wirklich um nichts anderes als simple Arithmetik, die durch geeignetes Zusammenfassen von Termen unterstützt wird.

▶ **Beweis 6.2.1** Seien a, b, c, d und a_1, b_1, c_1, d_1 natürliche Zahlen und sei $(a, b) \sim (a_1, b_1)$ sowie $(c, d) \sim (c_1, d_1)$. Nach Definition 6.2.1 ist $[(a, b)] \oplus [(c, d)] = [(a + c, b + d)]$ und $[(a_1, b_1)] \oplus [(c_1, d_1)] = [(a_1 + c_1, b_1 + d_1)]$. Nun ist aber $(a, b) \sim (a_1, b_1)$ und $(c, d) \sim (c_1, d_1)$, das heißt, $a + b_1 = b + a_1$ und $c + d_1 = d + c_1$. Damit ist auch $(a+c)+(b_1+d_1) = (b+d)+(a_1+c_1)$, und die Behauptung $(a+c, b+d) \sim (a_1+c_1, b_1+d_1)$ folgt (man vergleiche Satz 6.1.1). $\qquad \square$

▶ **Satz 6.2.2** Die in Definition 6.2.1 eingeführte Multiplikation ist wohldefiniert, das heißt, sie ist unabhängig von den gewählten Repräsentanten.

▶ **Beweisidee 6.2.2** Es wird wieder nur gerechnet. Wenn man das Ziel im Blick hat, sollte das keine großen Schwierigkeiten machen.

▶ **Beweis 6.2.2** Seien a, b, c, d und a_1, b_1, c_1, d_1 natürliche Zahlen, sei außerdem $(a, b) \sim (a_1, b_1)$ und $(c, d) \sim (c_1, d_1)$. In Bezug auf die Multiplikation ist zu zeigen, dass $(ac + bd, ad + bc) \sim (a_1c_1 + b_1d_1, a_1d_1 + b_1c_1)$ ist, also $(ac + bd) + (a_1d_1 + b_1c_1) = (ad + bc) + (a_1c_1 + b_1d_1)$ gilt.

Weil (a, b) und (a_1, b_1) äquivalent sind, ist $a + b_1 = a_1 + b$, also auch $(a + b_1)c_1 = (a_1 + b)c_1$, und damit $(a + b_1)c_1 + ad + a_1d_1 + bd = (a_1 + b)c_1 + ad + a_1d_1 + bd$. Das liefert $a(c_1 + d) + b_1c_1 + a_1d_1 + bd = a_1c_1 + b(c_1 + d) + ad + a_1d_1$. Wegen der Äquivalenz von (c, d) und (c_1, d_1) ist $c_1 + d = c + d_1$, also ist $a(c + d_1) + b_1c_1 + a_1d_1 + bd = a_1c_1 + b(c + d_1) + ad + a_1d_1$. Das ist dasselbe wie $ac + ad_1 + b_1c_1 + a_1d_1 + bd = a_1c_1 + bc + ad + (a_1 + b)d_1$. Die rechte Seite kann umgeformt werden zu $ac + ad_1 + b_1c_1 + a_1d_1 + bd = a_1c_1 + bc + ad + (a + b_1)d_1$. Nun kann ad_1 auf beiden Seiten weggelassen werden, und es bleibt $ac + b_1c_1 + a_1d_1 + bd = a_1c_1 + bc + ad + b_1d_1$. Das ist bis auf die Reihenfolge der Summanden die Gleichung, die gezeigt werden sollte. $\qquad \square$

Falls man schon subtrahieren dürfte, so könnte man die letzte Gleichung einfacher aus der Gleichung $(a - b)(c - d) = (a_1 - b_1)(c_1 - d_1)$ bekommen, die sich aus entsprechenden Umformungen der Äquivalenzbedingungen der Paare ergibt. Doch das geht nicht, weil die Subtraktion in $\mathbb{N}$ nicht uneingeschränkt durchführbar ist.

Die so definierten Rechenoperationen haben einige wichtige Eigenschaften, die in einem eigenen Satz zusammengestellt werden. Dabei spielen das Nullelement und das Einselement eine besondere Rolle. Um den Text leichter lesbar zu machen, sollen sie nun auch so ähnlich geschrieben werden, wie man es erwarten würde.

Vereinbarung Es soll im folgenden Text suggestiv $\mathbf{0} := [(1, 1)]$ und $\mathbf{1} := [(2, 1)]$ gesetzt werden (und zwar so lange, bis dann endlich aus der $\mathbf{0}$ eine 0 und aus der $\mathbf{1}$ eine 1 wird).

▶ **Satz 6.2.3** Für die in 6.2.1 definierte Addition und die dort definierte Multiplikation ganzer Zahlen sind die folgenden Eigenschaften erfüllt:

(a) Mit $[(a, b)] \in \mathbb{Z}$ und $[(c, d)] \in \mathbb{Z}$ sind auch $[(a, b)] \oplus [(c, d)] \in \mathbb{Z}$ und $[(a, b)] \odot [(c, d)] \in \mathbb{Z}$.
(b) In $(\mathbb{Z}, \oplus)$ und $(\mathbb{Z}, \odot)$ gelten das Assoziativgesetz und das Kommutativgesetz. Es ist also $([(a, b)] \oplus [(c, d)]) \oplus [(e, f)] = [(a, b)] \oplus ([(c, d)] \oplus [(e, f)])$ und $[(a, b)] \oplus [(c, d)] = [(c, d)] \oplus [(a, b)]$ bzw. $([(a, b)] \odot [(c, d)]) \odot [(e, f)] = [(a, b)] \odot ([(c, d)] \odot [(e, f)])$ und $[(a, b)] \odot [(c, d)] = [(c, d)] \odot [(a, b)]$ für alle ganzen Zahlen $[(a, b)], [(c, d)], [(e, f)]$.
(c) Es gilt $[(a, b)] \oplus \mathbf{0} = [(a, b)]$ und $[(a, b)] \odot \mathbf{1} = [(a, b)]$ für alle $(a, b) \in \mathbb{Z}$.
(d) Zu jedem Element $[(a, b)] \in \mathbb{Z}$ gibt es ein Element $[(a', b')] \in \mathbb{Z}$, sodass $[(a, b)] \oplus [(a', b')] = \mathbf{0}$ ist.
(e) Es gilt $([(a, b)] \oplus [(c, d)]) \odot [(e, f)] = ([(a, b)] \odot [(e, f)]) \oplus ([(c, d)] \odot [(e, f)])$.

▶ **Beweis 6.2.3** Alle Eigenschaften werden direkt aus Eigenschaften des Rechnens mit natürlichen Zahlen abgeleitet. Dabei ist der Unterschied zwischen den Operationen $+$ und $\cdot$ in $\mathbb{N}$ (auf die man sich berufen kann) und den Operationen $\oplus$ und $\odot$ in $\mathbb{Z}$ (die man nachweisen muss) zu beachten.

(a) Da mit $a, b, c, d \in \mathbb{N}$ auch $a + c, b + d, ac + bd, ad + bc \in \mathbb{N}$ gilt und sowohl die Addition als auch die Multiplikation unabhängig von der Wahl der Repräsentanten sind, folgt die Behauptung sofort.
(b) Die Gültigkeit dieser Gesetze folgt durch Einsetzen aus der Gültigkeit des Assoziativgesetzes bzw. des Kommutativgesetzes in Bezug auf die Addition und Multiplikation in $\mathbb{N}$. Seien also $[(a, b)], [(c, d)]$ und $[(e, f)]$ ganze Zahlen. Dann ist nach Definition der Addition

$$([(a, b)] \oplus [(c, d)]) \oplus [(e, f)] = [(a + c, b + d)] \oplus [(e, f)]$$
$$= [((a + c) + e, (b + d) + f)]$$
$$= [(a + (c + e), b + (d + f))],$$

wobei im letzten Schritt die Assoziativität von $(\mathbb{N}, +)$ ausgenutzt wird. Man rechnet weiter

$$[(a + (c + e), b + (d + f))] = [(a, b)] \oplus [(c + e, d + f)]$$
$$= [(a, b)] \oplus ([(c, d)] \oplus [(e, f)]),$$

und die Assoziativität von $(\mathbb{Z}, \oplus)$ ist bewiesen.

Das Kommutativgesetz wird ganz ähnlich gezeigt, der Beweis sei als Übung empfohlen. Obwohl er ganz einfach ist, gibt es auch dazu eine Lösung bei den Aufgaben zu diesem Kapitel.

(c) Die Gleichungen $[(a, b)] \oplus \mathbf{0} = [(a, b)]$ und $[(a, b)] \odot \mathbf{1} = [(a, b)]$ folgen sofort aus den Definitionen der Verknüpfungen $\oplus$ und $\odot$ in $\mathbb{Z}$.

(d) Es gilt $[(a, b)] \oplus [(b, a)] = [(a+b, a+b)] = \mathbf{0}$ für alle $a, b \in \mathbb{N}$. Damit ist das gesuchte Element (a', b') direkt angegeben und die Behauptung bewiesen.

(e) Auch das Distributivgesetz folgt durch Einsetzen aus der Gültigkeit des Distributivgesetzes für die Addition und Multiplikation in $\mathbb{N}$. Seien $[(a, b)]$, $[(c, d)]$ und $[(e, f)]$ ganze Zahlen. Dann ist

$$([(a, b)] \oplus [(c, d)]) \odot [(e, f)] = [(a + c, b + d)] \odot [(e, f)]$$
$$= [((a + c) \cdot e + (b + d) \cdot f, (a + c) \cdot f + (b + d) \cdot e)]$$
$$= [(ae + ce + bf + df, af + cf + be + de)],$$

da in $(\mathbb{N}, +, \cdot)$ das Distributivgesetz gilt. Man rechnet außerdem

$$([(a, b)] \odot [(e, f)]) \oplus ([(c, d)] \odot [(e, f)]) =$$
$$[(ae + bf, af + be)] \oplus [(ce + df, cf + de)]$$
$$= [(ae + bf + ce + df, af + be + cf + de)].$$

Ein Vergleich der Ergebnisse zeigt die Behauptung. □

Rechnen mit ganzen Zahlen im Unterricht

Fraglos muss das Rechnen mit ganzen Zahlen im Unterricht viel einfacher eingeführt werden, denn mit Äquivalenzklassen kann man nicht ernsthaft auf Schulniveau argumentieren. Damit ist ein Kompromiss notwendig, der aber Exaktheit und wohl auch ein Stück mathematische Verständlichkeit kostet. Entsprechend kann man die Grundrechenarten auf $\mathbb{Z}$ dann eher motivieren als tatsächlich begründen.

Dabei ist insbesondere die Multiplikation nicht ganz einfach. Es ist klar, was $3 \cdot 4$ bedeutet, dass etwa dreimal hintereinander jeweils 4 Äpfel eingekauft werden. Somit ist $3 \cdot 4 = 4 + 4 + 4$. Dann kann man $3 \cdot (-4)$ auffassen, als würde eine Person sich dreimal hintereinander 4 Euro leihen. Bei $(-3) \cdot 4$ bleibt zumeist nur die Rettung über das Kommutativgesetz, also die Überlegung $(-3) \cdot 4 = 4 \cdot (-3)$. Aber warum gilt das Kommutativgesetz in $\mathbb{Z}$? Eine Begründung ist auf diesem Argumentationsniveau nicht möglich. Und bei der Aufgabe $(-3) \cdot (-4)$ versagen schließlich alle bisher bekannten Ideen. Trotzdem gibt es auch hier einigermaßen überzeugende Möglichkeiten, das Ergebnis plausibel zu machen. Häufig wird die folgende Darstellung genutzt, bei der die (natürlich ebenfalls nur plausibel gemachten) Monotonieeigenschaften der Multiplikation im Vordergrund stehen (man vergleiche [18]).

Übertrage die Tabelle in dein Heft und ergänze sie dann dort.

·	5	4	3	2	1	0	-1	-2	-3	-4	-5
5	25	20				0					
4		16				0					
3						0					-15
2						0					
1						0					
0	0	0	0	0	0	0	0	0	0	0	0
-1						0					
-2						0					
-3	-15					0					
-4						0					
-5						0					25

Das Beispiel zeigt hoffentlich auch, dass man aus mathematischer Perspektive ohne eine klare Einführung der ganzen Zahlen nicht auskommt. Plausibilitätsbetrachtungen können eine Motivation, aber eben keine Grundlage für mathematisches Arbeiten sein (man vergleiche Abschn. 2.5). Im weiteren Verlauf des Buches wird man sehen, dass diese Überlegungen ganz entsprechend für die Erweiterung des Zahlbereichs $\mathbb{Z}$ auf $\mathbb{Q}$, des Zahlbereichs $\mathbb{Q}$ auf $\mathbb{R}$ und des Zahlbereichs $\mathbb{R}$ auf $\mathbb{C}$ geleistet werden müssen, wobei die Einführung der reellen Zahlen genauso wie die Einführung der komplexen Zahlen grundsätzlich gänzlich andere Ideen erfordert. Aber keine Bange, denn andere Ideen müssen nicht unbedingt schwierige Ideen sein. Die komplexen Zahlen kann man sogar relativ einfach ausgehend von den reellen Zahlen bekommen.

6.3   Die isomorphe Einbettung der natürlichen in die ganzen Zahlen

In den beiden vorangegangenen Abschnitten ist eine ganze Menge Arbeit geleistet worden. Man hat die ganzen Zahlen konstruiert und kann außerdem mit ihnen rechnen, sodass also auch einwandfreie Regeln für den Umgang mit den neuen Objekten bestimmt sind. Dennoch stellt sich vom mathematischen Standpunkt aus eine wesentliche Frage, nämlich die nach der Beziehung zwischen den (vorher schon bekannten) natürlichen Zahlen und den (neu konstruierten) ganzen Zahlen. Selbstverständlich sollen die ganzen Zahlen eine Erweiterung der natürlichen Zahlen bzw. die natürlichen Zahlen eine Teilmenge der ganzen Zahlen sein. Ebenso selbstverständlich soll es nur eine Sorte von Rechenregeln geben, die dann für die natürlichen Zahlen als Teilmenge der ganzen Zahlen genauso wie für die neu konstruierten ganzen Zahlen gelten.

Um zu zeigen, dass beide Forderungen erfüllt werden können, wird eine weitere Definition benötigt, nämlich die des Begriffs der *Isomorphie*. Dieser Begriff spielt in der Mathematik eine wesentliche Rolle. Mit seiner Hilfe kann man ausdrücken, dass zwei mathematische Objekte *strukturgleich* sind, was ungefähr bedeutet, dass die den Objekten zugrunde liegenden Mengen und die auf den Mengen definierten Operationen eine weitgehende, prinzipielle Entsprechung haben.

Exakt ausgedrückt ist ein Isomorphismus ein bijektiver Homomorphismus. Doch was ist ein Homomorphismus, und was ist eine bijektive Abbildung? Beide Begriffe sind viel zu wichtig für die Mathematik, als dass man ihre exakte Definition hier unterlassen sollte.

Der Begriff des Homomorphismus wird im Folgenden für beliebige Mengen A und B definiert, auf denen innere Verknüpfungen $\circ$ bzw. $*$ erklärt sind. Wem das zu abstrakt vorkommt, der darf sich beispielsweise Zahlenmengen und die Addition oder die Multiplikation mit diesen Zahlen vorstellen. Bei einer inneren Verknüpfung wird zwei Elementen einer Menge A wiederum ein Element der Menge A zugeordnet. Ganz einfach gesprochen, führt eine *innere* Verknüpfung von Elementen nicht aus der Menge heraus. Genau das suggeriert der Name wohl auch.

▶ **Definition 6.3.1** Seien A und B nicht leere Mengen, sei $\circ$ eine innere Verknüpfung in A und sei $*$ eine innere Verknüpfung in B. Eine Abbildung $\varphi : A \longrightarrow B$ heißt *Homomorphismus, falls*

$$\varphi(a_1 \circ a_2) = \varphi(a_1) * \varphi(a_2)$$

für alle $a_1, a_2 \in A$ *gilt.*

Die Definition besagt, dass es bei einem Homomorphismus nicht darauf ankommt, ob man für die Elemente $a_1, a_2 \in A$ zuerst $a_1 \circ a_2$ bestimmt und dann die Abbildung φ anwendet oder umgekehrt vorgeht, das heißt, zuerst $\varphi(a_1)$ und $\varphi(a_2)$ berechnet und die Ergebnisse mit $*$ (in B) verknüpft.

Beispiel 6.3.1

(i) Die Abbildung $\varphi : x \longrightarrow 2x$ ist ein Homomorphismus von der Menge $(\mathbb{R}, +)$ in die Menge $(\mathbb{R}, +)$, denn es ist

$$\varphi(x + y) = 2(x + y) = 2x + 2y = \varphi(x) + \varphi(y).$$

Man sieht sofort, dass entsprechend jede Abbildung $\varphi : x \longrightarrow ax$ mit $a \in \mathbb{R}$ ein Homomorphismus von der Menge $(\mathbb{R}, +)$ in die Menge $(\mathbb{R}, +)$ ist, denn es gilt

$$\varphi(x + y) = a(x + y) = ax + ay = \varphi(x) + \varphi(y)$$

für alle $a \in \mathbb{R}$.

(ii) Sei a eine natürliche Zahl. Die Abbildung $\varphi : (\mathbb{N}, +) \longrightarrow (\mathbb{N}, \cdot)$ mit $\varphi(x) = a^x$ ist ein Homomorphismus. Mit den (hier als bekannt vorausgesetzten) Rechenregeln für Potenzen gilt nämlich

$$\varphi(x + y) = a^{x+y} = a^x \cdot a^y = \varphi(x) \cdot \varphi(y).$$

Das Beispiel zeigt insbesondere, dass die Verknüpfungen in A und in B nicht übereinstimmen müssen, wie es ja auch mit den zwei Zeichen $\circ$ und $*$ in der Definition ausgedrückt wird.

Das wesentliche Merkmal eines Homomorphismus ist damit, dass er Ergebnisse von Verknüpfungen überträgt. Man sagt auch, dass ein Homomorphismus eine *verknüpfungstreue* Abbildung ist. In Bezug auf das Ziel einer Einbettung der natürlichen Zahlen in die ganzen Zahlen wird es darauf ankommen, einen Homorphismus zwischen den Mengen zu definieren, der die Addition natürlicher Zahlen und die Operation $\oplus$ bzw. die Multiplikation natürlicher Zahlen und die Operation $\odot$ entsprechend in Beziehung setzt.

▶ **Definition 6.3.2** Seien A und B nicht leere Mengen und $\varphi : A \longrightarrow B$ eine Abbildung. Die Abbildung φ heißt *injektiv*, falls verschiedene Elemente aus A verschiedene Bilder in B haben, das heißt, aus $x \neq y$ immer $\varphi(x) \neq \varphi(y)$ für alle $x, y \in A$ folgt. Die Abbildung φ heißt *surjektiv*, falls es zu jedem Element aus $y \in B$ ein Urbild $x \in A$ gibt, sodass $\varphi(x) = y$ ist. Die Abbildung φ heißt *bijektiv*, falls sie sowohl injektiv als auch surjektiv ist.

Wenn eine Abbildung $\varphi : A \longrightarrow B$ injektiv ist, dann ist jedem Element aus dem Urbildbereich A genau ein Element im Bildbereich so zugeordnet, dass verschiedene Elemente aus A auch verschiedene Bilder in B haben. Formal schreibt man

$$x \neq y \Longrightarrow \varphi(x) \neq \varphi(y)$$

für alle $x, y \in A$. Die Menge B kann allerdings Elemente enthalten, die kein Urbild in A haben. Als Definition der Injektivität könnte man übrigens äquivalent fordern, dass gleiche Bilder unter φ in B gleiche Urbilder in A haben, also

$$\varphi(x) = \varphi(y) \Longrightarrow x = y$$

für alle $x, y \in A$ erfüllt ist. Eine Begründung dafür findet man im ersten Kapitel auf Seite 14 im Abschnitt „Implikationen und Beweisverfahren" beim Beweis durch Kontraposition.

Bei einer surjektiven Abbildung $\varphi : A \longrightarrow B$ müssen hingegen alle Elemente von B ein Urbild unter φ in A haben, das heißt, zu jedem $y \in B$ muss es ein $x \in A$ mit $\varphi(x) = y$ geben. Insbesondere ist φ genau dann eine surjektive Abbildung, falls $\varphi(A) = B$ ist, also die Bildmenge $\varphi(A) := \{\varphi(a) \mid a \in A\}$ mit B übereinstimmt. Bei einer surjektiven Abbildung dürfen aber verschiedene Elemente durchaus dasselbe Bild haben, falls nur alle Elemente von B als Bild angenommen werden.

Eine bijektive Abbildung $\varphi : A \longrightarrow B$ verbindet beide Eigenschaften, das heißt, einerseits haben verschiedene Elemente aus A verschiedene Bilder in B, und andererseits muss jedes Element aus B ein Urbild in A haben.

Im Folgenden sollen einige Beispiele helfen, die eben definierten Begriffe verständlicher werden zu lassen.

Beispiel 6.3.2

(i) Die Abbildung $f : \mathbb{N} \longrightarrow \mathbb{N}$ mit $f(n) = n^2$ ist injektiv, denn mit $n \neq m$ folgt $n^2 \neq m^2$ für alle $n, m \in \mathbb{N}$. Die Abbildung ist nicht surjektiv, da beispielsweise die natürlichen Zahlen 11, 18 und 27 keine Quadratzahlen sind, insbesondere also kein Urbild bezüglich f haben. Damit ist die Abbildung auch nicht bijektiv.

(ii) Die Abbildung $f : \mathbb{R} \longrightarrow \mathbb{R}_0^+$ mit $f(x) = x^2$ ist surjektiv, denn zu jedem $y \in \mathbb{R}_0^+$ ist $\sqrt{y} \in \mathbb{R}_0^+$ das Urbild bezüglich der Abbildung. Die Abbildung ist nicht injektiv, denn $a \in \mathbb{R}$ und $-a \in \mathbb{R}$ haben dasselbe Bild $a^2 \in \mathbb{R}_0^+$. Also ist auch diese Abbildung nicht bijektiv. Dabei werden mit $\mathbb{R}_0^+$ die nicht negativen reellen Zahlen bezeichnet.

(iii) Die Abbildung $f : \mathbb{R}_0^+ \longrightarrow \mathbb{R}_0^+$ mit $f(x) = x^2$ ist sowohl injektiv als auch surjektiv, und damit bijektiv.

(iv) Die Abbildung $f : \mathbb{R} \longrightarrow \mathbb{R}$ mit $f(x) = 2x$ ist injektiv, denn aus $2x = 2y$ folgt $x = y$ für alle $x, y \in \mathbb{R}$. Die Abbildung ist auch surjektiv, denn für jede reelle Zahl r ist $\frac{1}{2}r$ das zugehörige Urbild bezüglich der Abbildung f. Damit ist f in Bezug auf die Addition ein *bijektiver Homomorphismus* (man vergleiche Beispiel (i) nach Definition 6.3.1 auf Seite 147).

Anmerkung

Ist $\varphi : A \longrightarrow B$ eine bijektive Abbildung und hat die Menge A endlich viele, also zum Beispiel n Elemente, dann muss B auch mindestens n Elemente haben, weil verschiedene Elemente aus A unter φ auf verschiedene Elemente aus B abgebildet werden. Andererseits kann B nicht mehr als n Elemente haben, denn sonst hätte mindestens ein Element aus B kein Urbild in A. Gibt es also eine bijektive Abbildung zwischen den endlichen Mengen A und B, dann müssen beide gleichmächtig sein. Leider ist der Sachverhalt bei unendlich vielen Elementen nicht ganz so einfach. An dieser Stelle lohnt es sich übrigens, noch einmal den Absatz über Georg Cantor und seine Ideen von unendlichen Mengen auf Seite 5 nachzulesen. Er wird auf dem Hintergrund des aktuellen Wissens sicherlich leichter zu verstehen sein.

▶ **Definition 6.3.3** Ein bijektiver Homomorphismus heißt *Isomorphismus*.

Im Folgenden soll nun gezeigt werden, dass man zwischen einer geeigneten Teilmenge von $\mathbb{Z}$ (nämlich den „positiven" ganzen Zahlen) und der Menge $\mathbb{N}$ der natürlichen Zahlen eine bijektive Abbildung definieren kann, durch die auch die Operationen „$\oplus$" und „$\odot$" auf die

Operationen „+" und „·" übertragen werden können. Entsprechend zeigt man damit, dass $(\mathbb{Z}^+, \oplus)$ und $(\mathbb{N}, +)$ bzw. $(\mathbb{Z}^+, \odot)$ und $(\mathbb{N}, \cdot)$ isomorph sind.

▶ **Satz 6.3.1** Gegeben sei die Teilmenge $\mathbb{Z}^+ = \{[(a+1, 1)] \mid a \in \mathbb{N}\}$ von $\mathbb{Z}$. Dann ist die Abbildung $\varphi \colon \mathbb{N} \longrightarrow \mathbb{Z}^+$ mit $\varphi(n) = [(n+1, 1)]$ bijektiv.

▶ **Beweisidee 6.3.1** Sie ist wenig überraschend und ganz einfach. Man weist direkt und ohne Umwege nach, dass φ injektiv und surjektiv, also damit bijektiv ist. Dabei kommt Definition 6.1.5 zur Anwendung, die zwischen der Darstellung durch Äquivalenzklassen und der „einfachen Addition" vermittelt.

▶ **Beweis 6.3.1** Sei $\varphi(n_1) = \varphi(n_2)$ für $n_1, n_2 \in \mathbb{N}$. Dann ist $[(n_1 + 1, 1)] = [(n_2 + 1, 1)]$, also auch $(n_1 + 1) + 1 = 1 + (n_2 + 1)$ nach Definition 6.1.5 und somit $n_1 = n_2$. Damit ist φ injektiv.

Sei andererseits $[(n+1, 1)] \in \mathbb{Z}^+$ beliebig gewählt. Dann ist $\varphi(n) = [(n+1, 1)]$, also hat $[(n+1, 1)]$ ein Urbild in Bezug auf φ, und φ ist somit surjektiv. Insbesondere ist φ eine bijektive Abbildung. □

▶ **Satz 6.3.2** Es gibt eine isomorphe Abbildung $\varphi \colon (\mathbb{N}, +) \longrightarrow (\mathbb{Z}^+, \oplus)$, wobei die Menge $\mathbb{Z}^+$ durch $\mathbb{Z}^+ = \{[(a+1, 1)] \mid a \in \mathbb{N}\}$ gegeben ist.

▶ **Beweisidee 6.3.2** Man muss eine geeignete Zuordnung finden und zeigen, dass die Addition übertragbar ist. Natürlich bietet es sich an, die Abbildung φ aus Satz 6.3.1 zu wählen, von der man schon weiß, dass sie bijektiv ist.

▶ **Beweis 6.3.2** Man betrachtet $\varphi \colon \mathbb{N} \longrightarrow \mathbb{Z}^+$ mit $\varphi(n) = [(n+1, 1)]$. Dann ist $\varphi(n_1) \oplus \varphi(n_2) = [(n_1 + 1, 1)] \oplus [(n_2 + 1, 1)] = [((n_1 + 1) + (n_2 + 1), 1 + 1)] = [((n_1 + n_2) + 1, 1)] = \varphi(n_1 + n_2)$ für alle $n_1, n_2 \in \mathbb{N}$. Mit Satz 6.3.1 folgt die Behauptung. □

Ganz ähnlich kann man auch die Isomorphie zwischen $(\mathbb{N}, \cdot)$ und $(\mathbb{Z}^+, \odot)$ zeigen. Im nächsten Satz wird die entsprechende Aussage formuliert. Den Beweis kann man übrigens so leicht selbst führen, dass auf ihn an dieser Stelle (aber selbstverständlich nicht in den Übungsaufgaben) verzichtet wird.

▶ **Satz 6.3.3** Es gibt eine isomorphe Abbildung $\varphi \colon (\mathbb{N}, \cdot) \longrightarrow (\mathbb{Z}^+, \odot)$, wobei die Menge $\mathbb{Z}^+$ durch $\mathbb{Z}^+ = \{[(a+1, 1)] \mid a \in \mathbb{N}\}$ gegeben ist.

▶ **Beweis 6.3.3** Der Beweis findet sich als Lösung der Übungsaufgabe 2 auf Seite 400. □

Zusammenfassen lassen sich die Resultate der Sätze 6.3.2 und 6.3.3 dann in dem folgenden Satz. In ihm wird formuliert, dass sich die natürlichen Zahlen mit den bekannten

Operationen der Addition und Multiplikation in die Menge der ganzen Zahlen mit den neu definierten Operationen isomorph einbetten lassen. Dabei bedeutet „isomorphe Einbettung", dass man einen Isomorphismus zwischen einer geeigneten Teilmenge von $\mathbb{Z}$ (und das ist selbstverständlich $\mathbb{Z}^+$) und der Menge $\mathbb{N}$ angeben kann.

▶ **Satz 6.3.4** $(\mathbb{N}, +, \cdot)$ lässt sich isomorph in $(\mathbb{Z}, \oplus, \odot)$ einbetten.

▶ **Beweis 6.3.4** Wie gesagt, dieser Satz ist eine direkte Folgerung aus den Sätzen 6.3.2 und 6.3.3. □

Die Möglichkeit der isomorphen Einbettung von $(\mathbb{N}, +, \cdot)$ in $(\mathbb{Z}, \oplus, \odot)$ zeigt insbesondere die prinzipielle Gleichheit der entsprechenden Zahlen und Operationen. Man verabredet daher eine neue Schreibweise. Man bezeichnet für $a \in \mathbb{N}$ das Element $[(a + 1, 1)] \in \mathbb{Z}$ mit a bzw. $+a$ (man vergleiche Aufgabe 3) und das Element $[(1, a + 1)] \in \mathbb{Z}$ mit $-a$. Ab jetzt wird also auch nicht mehr zwischen **1** und 1 unterschieden. Die bisherige Schreibweise **0** wird durch die Schreibweise 0 ersetzt. Endlich gibt es also das Element 0 im Vorrat der Rechenzahlen. Außerdem schreibt man in $\mathbb{Z}$ statt „$\oplus$" nur „+" für die Addition und statt „$\odot$" nur „$\cdot$" für die Multiplikation. Damit sind nun die vertrauten Bezeichnungen eingeführt, die ab sofort uneingeschränkt verwendet werden dürfen (außer in den Übungsaufgaben im Anschluss an dieses Kapitel). Außerdem darf man ab sofort $a - b$ statt $a + (-b)$ schreiben.

6.4 Die Anordnung der ganzen Zahlen

Wann ist eine ganze Zahl a kleiner als eine ganze Zahl b? Intuitiv ist das ganz klar, aber man kann die Beziehung auch ohne Schwierigkeiten definieren und damit mathematisch einwandfrei klären.

▶ **Definition 6.4.1** Eine ganze Zahl a ist kleiner als eine ganze Zahl b genau dann, wenn es ein $n \in \mathbb{N}$ mit $a + n = b$ gibt. Man schreibt $a < b$.

Stellt man sich $a < b$ am Zahlenstrahl vor, so ist n der Abstand zwischen a und b. Außerdem liegt a (bei der üblichen Beschriftung des Zahlenstrahls) „links" von b, denn n ist als natürliche Zahl positiv.

Für je zwei Zahlen $a, b \in \mathbb{Z}$ gilt dabei immer eine der folgenden Beziehungen; es ist $a < b$ oder $b < a$ oder $a = b$, das heißt, die Kleinerrelation ist *identitiv*. Genauer gesagt ist die Kleinerrelation sogar eine *strenge Ordnungsrelation*. Diese Begriffe müssen allerdings zunächst definiert werden, bevor sie benutzt werden dürfen.

▶ **Definition 6.4.2** Sei $A \neq \emptyset$ eine Menge. Eine Relation $R \subseteq A \times A$ heißt *identitiv* oder *antisymmetrisch*, falls für $a_1, a_2 \in A$ und $a_1 \neq a_2$ mit $(a_1, a_2) \in R$ stets $(a_2, a_1) \notin R$ folgt. Sie heißt *irreflexiv*, falls $(a, a) \notin R$ für alle $a \in A$ ist. Eine Relation R heißt *Ordnungsrelation*, falls sie identitiv und transitiv ist, und *strenge Ordnungsrelation*, falls sie zusätzlich irreflexiv ist.

Beispiel 6.4.1

  (i) Die Kleinerrelation auf $\mathbb{N}$ oder $\mathbb{Z}$ (oder $\mathbb{Q}$ oder $\mathbb{R}$, wenn man die Definition entsprechend erweitern und $n \in \mathbb{Q}^+$ bzw. $n \in \mathbb{R}^+$ passend wählen würde) ist das klassische Beispiel für eine strenge Ordnungsrelation. Gleiches gilt für die *Größerrelation*, die man ganz entsprechend wie die Kleinerrelation definieren kann. Man schreibt $b > a$ genau dann, wenn $a < b$ ist (mit $a, b \in \mathbb{Z}$ oder später dann auch $a, b \in \mathbb{Q}$ bzw. $a, b \in \mathbb{R}$).

 (ii) Das folgende Beispiel braucht eigentlich ein wenig theoretische Vorbereitung. Weil es aber so gut in den Kontext passt, wird es dennoch auf eher intuitivem Niveau diskutiert. Die theoretische „Nachbereitung" folgt in Kapitel 7 (man vergleiche Seite 161). Wendet man Definition 6.4.1 nämlich sinngemäß auf die Menge $\mathbb{Z}_7 = \{\bar{0}, \bar{1}, \bar{2}, \bar{3}, \bar{4}, \bar{5}, \bar{6}\}$ der möglichen Reste bei der Division durch 7 an, dann gibt es Probleme. Man rechnet $6 + 3 = 9$, also $\bar{6} \oplus \bar{3} = \bar{2}$, denn eine Summe aus zwei Zahlen, die den Rest 6 bzw. den Rest 3 bei Division durch 7 lassen, lässt den Rest 2 bei Divsion durch 7 (so ist etwa $41 : 7 = 5$ Rest 6, $17 : 7 = 2$ Rest 3 und $58 : 7 = 8$ Rest 2). Andererseits ist $2 + 4 = 6$, also auch $\bar{2} \oplus \bar{4} = \bar{6}$. Damit wäre dann $\bar{6} < \bar{2}$ (weil $\bar{6} \oplus \bar{3} = \bar{2}$ ist) und $\bar{2} < \bar{6}$ (weil $\bar{2} \oplus \bar{4} = \bar{6}$). Also ist diese Relation in $\mathbb{Z}_7$ keine Ordnungsrelation, das heißt, so etwas wie eine Kleinerrelation ist in $\mathbb{Z}_7$ in der bekannten Weise nicht zu definieren.

Die Kleinerrelation auf der Menge $\mathbb{Z}$ der ganzen Zahlen hat weitere Eigenschaften, die im folgenden Satz zusammengefasst sind. Natürlich sind auch diese Eigenschaften nicht überraschend, sondern genau das, was man vom Rechnen mit ganzen Zahlen schon aus der Schule kennt.

▶ **Satz 6.4.1** Es gelten in $\mathbb{Z}$ die Monotoniegesetze, das heißt, für $a, b, k \in \mathbb{Z}$ mit $a < b$ und $m \in \mathbb{N}$ gilt $a + k < b + k$ und $a \cdot m < b \cdot m$.

▶ **Beweis 6.4.1** Falls $a < b$ gilt, gibt es ein $n \in \mathbb{N}$ mit $a + n = b$. Dann ist aber auch $(a + k) + n = a + n + k = b + k$ für alle $k \in \mathbb{Z}$. Man bekommt daher $a + k < b + k$ mit Hilfe von Definition 6.4.1. Entsprechend folgt mit $a < b$ auch die Existenz eines $n \in \mathbb{N}$ mit $a + n = b$. Dann ist $(a + n) \cdot m = a \cdot m + n \cdot m = bm$. Mit $n, m \in \mathbb{N}$ ist auch $nm \in \mathbb{N}$, und die Behauptung folgt. $\qquad\square$

Damit sind alle Eigenschaften der ganzen Zahlen nachgewiesen, die man (zugegebenermaßen) schon vorher gekannt hat. Das Kapitel hat gezeigt, dass allein die natürlichen Zahlen als Grundlage für den neuen Zahlbereich der ganzen Zahlen herangezogen werden können. Man braucht also insbesondere keine neuen Axiome, um die Zahlbereichserweiterung von $\mathbb{N}$ auf $\mathbb{Z}$ mathematisch einwandfrei zu erledigen. Insofern hat das Zitat von Kronecker (man vergleiche Seite 133) durchaus seine Berechtigung.

6.5   Übungsaufgaben

1. Zeigen Sie, dass $[(a, b)] \oplus [(c, d)] = [(c, d)] \oplus [(a, b)]$ und $[(a, b)] \odot [(c, d)] = [(c, d)] \odot [(a, b)]$ für alle $[(a, b)], [(c, d)] \in \mathbb{Z}$ gilt.
2. Zeigen Sie, dass es einen Isomorphismus φ von $(\mathbb{N}, \cdot)$ in $(\mathbb{Z}^+, \odot)$ gibt (man vergleiche Satz 6.3.3). Dabei gilt $\mathbb{Z}^+ = \{[(a + 1, 1)] \mid a \in \mathbb{N}\}$.
3. Es sei wie in der vorigen Aufgabe $\mathbb{Z}^+ = \{[(a + 1, 1)] \mid a \in \mathbb{N}\}$. Zeigen Sie $\mathbb{Z}^+ = \{x \in \mathbb{Z} \mid x > 0\}$.
4. Zeigen Sie die „Vorzeichenregeln" für die Multiplikation ganzer Zahlen, das heißt, weisen Sie nach, dass für $m, n, \in \mathbb{Z}$ gilt:

$$(+m) \cdot (+n) = +mn$$
$$(+m) \cdot (-n) = (-m) \cdot (+n) = -mn$$
$$(-m) \cdot (-n) = +mn.$$

Dabei bezeichnet $+m$ nichts anderes als m (nur wegen der Deutlichkeit wird das $+$-Zeichen an dieser Stelle davor gesetzt). Man beachte aber, dass $m \in \mathbb{Z}$ ist, und damit $+m$ durchaus eine negative Zahl sein kann.

5. Warum ist die Relation $R = \{(a, b) \mid a, b \in \mathbb{N} \text{ und } a|b\}$ (die Teilbarkeitsrelation) in $\mathbb{N}$ eine Ordnungrelation?

Restklassen

7

Inhaltsverzeichnis

In diesem Kapitel geht um Kongruenzen. Dabei sind die Probleme, die hier behandelt werden, nicht sonderlich schwierig. Man sollte entsprechend alle Abschnitte dieses Kapitels lesen und bearbeiten. Sie geben eine Einführung in den Begriff der Kongruenz, zeigen Beispiele für das Rechnen mit Kongruenzen auf und enthalten die notwendigen Rechenregeln. Die in diesem Zusammenhang betrachteten Teilbarkeitsregeln sind noch immer Bestandteil des Mathematikunterrichts im fünften oder sechsten Schuljahr (und ganz nebenbei eine wunderbare Gelegenheit, um auch mit jüngeren Schülerinnen und Schülern mathematisches Argumentieren und Begründen zu üben).

Alle göttlichen Gesandten müssen Mathematiker sein.
Novalis

In manchen Fällen ist es einfacher, nicht mit ganzen oder natürlichen Zahlen zu rechnen, sondern mit den Resten, die sie bei Division durch eine bestimmte Zahl lassen. Dieses „Rechnen mit Kongruenzen" wird im vorliegenden Kapitel ausführlich behandelt. Dabei

K. Reiss und G. Schmieder, *Basiswissen Zahlentheorie*, Mathematik für das Lehramt, DOI: 10.1007/978-3-642-39773-8_7, © Springer-Verlag Berlin Heidelberg 2014

gehen die meisten Ergebnisse und auch die Schreibweisen auf das frühe 19. Jahrhundert zurück. Carl Friedrich Gauß (1777–1855) hatte die Bedeutung von Kongruenzen erkannt und sie 1801 in seinem Werk *Disquisitiones arithmeticae* grundlegend betrachtet.

Es gibt zahlreiche Anwendungen von Kongruenzen, von denen einige hier angesprochen werden sollen. So kann man zum Beispiel über Kongruenzen Eigenschaften sehr großer Zahlen relativ einfach bestimmen. Auch die so genannten *Quersummenregeln* für die Teilbarkeit natürlicher Zahlen kann man mit ihrer Hilfe herleiten. Darüber hinaus spielen Kongruenzen bei der Lösung mancher Probleme in der Informatik eine Rolle, auf die hier allerdings nicht eingegangen werden soll.

7.1   Kongruenzen

Zwei ganze Zahlen a und b heißen, wie im Vorspann oben angedeutet, *kongruent* modulo einer natürlichen Zahlen m, falls beide Zahlen bei Division durch m (im Sinn von Satz 4.3.5) den gleichen Rest r lassen. Wenn sie das tun, dann ist $a = q_1 m + r$ und $b = q_2 m + r$ für irgendwie geeignete Zahlen q_1 und q_2. Außerdem ist $a - b = (q_1 m + r) - (q_2 m + r) = (q_1 - q_2) \cdot m$ dann offensichtlich durch m teilbar. Diese Eigenschaft soll nun als Grundlage der folgenden Definition genommen werden. Etwas später wird gezeigt, dass diese beiden Formulierungen tatsächlich äquivalent sind (man vergleiche Satz 7.1.2 und Übungsaufgabe 1 im Anschluss an dieses Kapitel).

▶ **Definition 7.1.1**   Seien a und b ganze Zahlen und m eine natürliche Zahl. Dann heißt a kongruent zu b modulo m, falls m ein Teiler von $a - b$ ist. Man schreibt $a \equiv b$ *(mod m)*.

Beispiele sind leicht anzugeben: Es ist $17 \equiv 11$ *(mod 3)*, denn $17 - 11 = 6$ ist durch 3 teilbar. Genauso ist $-7 \equiv 11$ *(mod 3)*, denn $-7 - 11 = -18$ ist ebenfalls durch 3 teilbar. Übrigens ist die Einschränkung der Kongruenz modulo m auf natürliche Zahlen m dabei keine wirkliche Einschränkung. Es ist $a \equiv b$ *(mod m)* genau dann, wenn m ein Teiler von $a - b$ ist. Falls aber m ein Teiler von $a - b$ ist, dann ist auch $-m$ ein Teiler von $a - b$. Wählt man also $m \in \mathbb{N}$, dann erleichtert man sich an manchen Stellen das Rechnen, ohne einen wirklichen inhaltlichen Verlust zu haben.

Direkt aus der Definition sind bereits einige Eigenschaften von Kongruenzen ableitbar, die für den folgenden Text immer wieder von (zum Teil erstaunlicher) Bedeutung sind. Die gemeinsame Beweisidee vieler der folgenden kleinen Sätze liegt entsprechend einfach darin, die Definition der Kongruenz anzuwenden, also $a \equiv b$ *(mod m)* in die Beziehung $m|(a - b)$ umzusetzen, über die aus Kapitel 4 bereits einiges bekannt ist.

▶ **Satz 7.1.1**   Durch die Kongruenz modulo m mit $m \in \mathbb{N}$ ist eine Äquivalenzrelation auf $\mathbb{Z}$ definiert.

▶ **Beweis 7.1.1** Seien $a, b, c \in \mathbb{Z}$. Es ist $a \equiv a \ (mod \ m)$, denn m ist Teiler von $a - a = 0$. Die Relation ist also reflexiv. Sie ist symmetrisch, denn falls $a \equiv b \ (mod \ m)$ ist, dann gilt $m|(a - b)$, und es folgt $m|((-1) \cdot (a - b))$, also $m|(b - a)$. Damit ist dann auch $b \equiv a \ (mod \ m)$. Die Transitivität der Relation ist erfüllt, da nach Satz 4.3.3 aus $m|(a - b)$ und $m|(b - c)$ auch $m|((a - b) + (b - c))$ folgt. Somit gilt dann $m|(a - c)$. Anders ausgedrückt heißt das: Es folgt $a \equiv c \ (mod \ m)$ aus den Voraussetzungen $a \equiv b \ (mod \ m)$ und $b \equiv c \ (mod \ m)$. □

Nun gehören zu jeder Äquivalenzrelation auch Äquivalenzklassen, das heißt, für jedes $m \in \mathbb{N}$ zerfallen die ganzen Zahlen bezüglich der Kongruenz modulo m in paarweise disjunkte Teilmengen (und das bedeutet, dass jeweils zwei beliebig gewählte verschiedene Teilmengen disjunkt sind). Es stellt sich somit die Frage, wie diese Klassen aussehen. Der folgende Satz hilft beim Aufbau einer geeigneten Vorstellung. Er beinhaltet übrigens auch eine definierende Eigenschaft von Kongruenzen und könnte (wie es bereits erwähnt wurde) als Alternative zu Definition 7.1.1 genommen werden (man vergleiche dazu die Aufgabe 1 bei den Übungsaufgaben im Anschluss an dieses Kapitel).

▶ **Satz 7.1.2** Seien $a, b \in \mathbb{Z}$ und $m \in \mathbb{N}$. Dann ist $a \equiv b \ (mod \ m)$ genau dann, falls bei der eindeutigen Division mit Rest von a und b durch m die jeweiligen Reste gleich sind. Ist also $a = q_1 \cdot m + r_1$ und $b = q_2 \cdot m + r_2$ mit $0 \leq r_1, r_2 < m$, dann ist $r_1 = r_2$ genau dann, wenn $a \equiv b \ (mod \ m)$.

▶ **Beweis 7.1.2** Der Satz kann leicht aus der Definition der Kongruenz abgeleitet werden. Man findet ihn bei den Lösungen der Übungsaufgaben zu diesem Kapitel (Aufgabe 1, Seite 399). □

Der Satz hat eine einfache Folgerung, die wiederum als Definition der Kongruenz modulo m benutzt werden könnte. Man kann sie aber auch (als weitere Möglichkeit) aus Definition 7.1.1 ableiten.

▶ **Satz 7.1.3** Für $a, b \in \mathbb{Z}$ und $m \in \mathbb{N}$ ist $a \equiv b \ (mod \ m)$ genau dann, wenn es ein $q \in \mathbb{Z}$ mit $a = qm + b$ gibt.

▶ **Beweis 7.1.3** Es ist $a \equiv b \ (mod \ m)$ genau dann, wenn m ein Teiler von $a - b$ ist, und das ist genau dann der Fall, falls es ein $q \in \mathbb{Z}$ mit der Eigenschaft $mq = a - b$, also $a = qm + b$ gibt. □

Durch Satz 7.1.1 wurde klar, dass die ganzen Zahlen in Bezug auf die Kongruenz modulo m (für eine natürliche Zahl m) in Äquivalenzklassen, die so genannten *Restklassen modulo m*, zerfallen. Satz 7.1.2 (bzw. die Folgerung aus dem Satz) sagt etwas darüber aus, welche Elemente in einer bestimmten Äquivalenzklasse (oder Restklasse) zusammengefasst sind.

Zwei ganze Zahlen a und b gehören nämlich dann derselben Restklasse an, wenn sie bei Division durch $m \in \mathbb{N}$ den gleichen Rest lassen, wenn also $a \equiv b \ (mod \ m)$ bzw. m ein Teiler von $a - b$ bzw. $a = qm + b$ für ein $q \in \mathbb{Z}$ ist.

Beispiel 7.1.1

Die ganzen Zahlen zerfallen bezüglich der Kongruenz modulo 7 in sieben Restklassen, denn die möglichen Reste bei Division einer ganzen Zahl durch 7 sind $0, 1, 2, 3, 4, 5$ und 6. So liegen dann etwa alle Vielfachen von 7, also die Zahlen $\ldots, -21, -14, -7, 0, 7, 14, 21, 28, \ldots$ in einer gemeinsamen Restklasse (das heißt Äquivalenzklasse) modulo 7. Man macht sich leicht klar, dass beispielsweise durch die Menge $\{\ldots, -20, -13, -6, 1, 8, 15, 22, 29, \ldots\}$ oder aber genauso auch durch die Menge $\{\ldots, -17, -10, -3, 4, 11, 18, 25, 32, \ldots\}$ weitere Restklassen modulo 7 mit den Resten 1 bzw. 4 gegeben sind.

Es sollen nun für den Umgang mit diesen Restklassen, also für den Umgang mit Kongruenzen, einige Rechenregeln aufgestellt werden. Diese Regeln werden als kleine Sätze formuliert und fast alle direkt bewiesen. Der nicht schwierige Beweis des folgenden Satzes wird als Übungsaufgabe gestellt (man vergleiche Aufgabe 2). Die einfache Struktur der Beweise sollte aber nicht darüber hinwegtäuschen, dass bei den Betrachtungen zu Kongruenzen diese Sätze immer wieder eine wesentliche Rolle spielen werden.

▶ **Satz 7.1.4** Seien $a, b, c, d \in \mathbb{Z}$ und $m \in \mathbb{N}$. Sei $a \equiv b \ (mod \ m)$, und sei $c \equiv d \ (mod \ m)$. Dann gilt auch $a + c \equiv b + d \ (mod \ m)$, $a - c \equiv b - d \ (mod \ m)$ und $a \cdot c \equiv b \cdot d \ (mod \ m)$.

▶ **Beweis 7.1.4** Der Beweis wird durch die Übungsaufgabe 2 geführt und findet sich auf Seite 400. □

Da selbstverständlich $c \equiv c \ (mod \ m)$ gilt, hat der Satz noch eine nahe liegende Folgerung (eigentlich eher ein Spezialfall), die man gar nicht so selten für das Rechnen mit Kongruenzen gebrauchen kann. Sie soll deshalb auch separat formuliert werden.

▶ **Folgerung 7.1.1** Seien $a, b, c \in \mathbb{Z}$ und $m \in \mathbb{N}$. Sei $a \equiv b \ (mod \ m)$. Dann ist $a + c \equiv b + c \ (mod \ m)$, $a - c \equiv b - c \ (mod \ m)$ und $a \cdot c \equiv b \cdot c \ (mod \ m)$.

Auch das nächste Ergebnis kann man häufig nutzen, um mit Kongruenzen vorteilhaft zu rechnen. Es wird gleich anschließend in einem Beispiel verwendet.

▶ **Satz 7.1.5** Seien $a, b \in \mathbb{Z}$ und $m, k \in \mathbb{N}$. Sei $a \equiv b \ (mod \ m)$ Dann ist auch $a^k \equiv b^k \ (mod \ m)$.

▶ **Beweis 7.1.5** Für $a = b$ ist die Aussage klar und wirklich(!) trivial :-). Man kann also $a \neq b$ und somit $a - b \neq 0$ voraussetzen. Da $a \equiv b \pmod{m}$ ist, muss m ein Teiler von $a - b$ sein. Nun ist $a - b$ ein Teiler von $a^k - b^k$ (das ist die Verallgemeinerung von Satz 2.3.1; man vergleiche auch Übungsaufgabe 3 in diesem Kapitel), also ist m auch ein Teiler von $a^k - b^k$. □

Die Kenntnis allein dieser Regeln für den Umgang mit Kongruenzen erleichtert manche Rechnungen erheblich. So kann man etwa für relativ hohe Potenzen einer Primzahl p Kongruenzen der Form $p^n \equiv x \pmod{m}$ leicht lösen.

Beispiel 7.1.2

(i) Möchte man wissen, welchen Rest 2^{16} bei Division durch 11 lässt, so kann man 2^{16} in geeignete Faktoren zerlegen, die Kongruenz in Bezug auf diese Faktoren betrachten und die Ergebnisse multiplizieren. Dabei zerlegt man die gegebene Zahl vorzugsweise in Faktoren, bei denen sich die Reste möglichst leicht im Kopf berechnen lassen.

So ist $2^{16} = 2^4 \cdot 2^4 \cdot 2^4 \cdot 2^4$, und 2^4 ist die kleinste Potenz der Zahl 2, die größer als 11 ist. Außerdem ist $2^4 = 16 \equiv 5 \pmod{11}$, das heißt $2^{16} \equiv 5^4 \pmod{11}$. Wieder kann man geeignet in Faktoren aufspalten und bekommt mit $5^2 \equiv 3 \pmod{11}$ dann $5^4 = 5^2 \cdot 5^2 \equiv 3^2 \pmod{11}$. Entsprechend lässt 2^{16} bei Division durch 11 den Rest 9.

(ii) Die Frage, zu welcher Zahl aus der Menge $\{0, 1, 2, 3, 4, 5, 6\}$ die Potenz 3^{12} modulo 7 kongruent ist, scheint auf den ersten Blick schwierig zu sein. Die Zahl kann aber durch die richtige Umformung ebenfalls leicht im Kopf berechnet werden. So ist $3^2 = 9 \equiv 2 \pmod{7}$, also $3^{12} \equiv 2^6 \pmod{7}$ und somit $3^{12} \equiv 2^3 \cdot 2^3 \pmod{7} \equiv 1 \pmod{7}$.

(iii) Es soll die kleinste Zahl $x \in \mathbb{N}$ mit $10! \equiv x \pmod{11}$ bestimmt werden. Dabei sei $n!$ (gelesen „n Fakultät") durch $n! = \prod_{i=1}^{n} i$ für ein beliebiges $n \in \mathbb{N}$ als das Produkt der ersten n natürlichen Zahlen definiert (man vergleiche Definition 2.3.1). Also ist $10! = 1 \cdot 2 \cdot 3 \cdot 4 \cdot 5 \cdot 6 \cdot 7 \cdot 8 \cdot 9 \cdot 10 = 2^8 \cdot 3^4 \cdot 5^2 \cdot 7$. Im Grunde ist es ohne Belang, in welche Faktoren die Zahl zerlegt wird. So kann man die einzelnen Primfaktoren betrachten und $2^8 \equiv 3 \pmod{11}$, $3^4 \equiv 4 \pmod{11}$ und $5^2 \equiv 3 \pmod{11}$ rechnen. Es folgt $10! \equiv 3 \cdot 4 \cdot 3 \cdot 7 \pmod{11}$ und somit $10! \equiv 10 \pmod{11}$. Man könnte genauso aber auch $2 \cdot 3 \cdot 4 = 24 \equiv 2 \pmod{11}$, $5 \cdot 6 = 30 \equiv 8 \pmod{11}$, $7 \cdot 8 = 56 \equiv 1 \pmod{11}$ und $9 \cdot 10 = 90 \equiv 2 \pmod{11}$ rechnen und dann $10! \equiv 2 \cdot 8 \cdot 1 \cdot 2 \pmod{11}$, also $10! \equiv 10 \pmod{11}$ folgern.

Manchmal ist es auch vorteilhaft, negative Zahlen ins Spiel zu bringen. Wegen $10 \equiv (-1) \pmod{11}, \ldots, 6 \equiv (-5) \pmod{11}$ ergibt sich $10! \equiv (-1)^5 \cdot (5!)^2 \pmod{11}$. Wegen $3 \cdot 4 = 12 \equiv 1 \pmod{11}$ ist weiter $10! \equiv -(2 \cdot 5)^2 \pmod{11}$, also $10! \equiv -(-1)^2 \pmod{11}$, das heißt, $10! \equiv (-1) \pmod{11}$, was dasselbe aussagt wie $10! \equiv 10 \pmod{11}$.

Diese Methode hat übrigens immer noch eine Bedeutung für kryptographische Verfahren, also für die Verschlüsselung von Botschaften. Dabei wird mit sehr großen Zahlen gerechnet, die auch ein Computer nicht ohne weiteres bewältigen kann. Es werden also Kongruenzen genau wie in den Beispielen angewendet. Erste Grundlagen werden in Kapitel 10 dieses Buchs behandelt (man betrachte etwa das kleine Programm auf Seite 258).

Die in den Sätzen 7.1.4 und 7.1.5 bzw. der Folgerung 7.1.1 formulierten Regeln lassen sich nur mit Einschränkungen auf die Division übertragen. So ist $3 \cdot 5 \equiv 3 \cdot 3 \ (mod \ 6)$, aber es ist $5 \not\equiv 3 \ (mod \ 6)$. Allerdings kann man sich überlegen, dass es auch für die Division (unter geeigneten Bedingungen) Rechenregeln gibt.

▶ **Satz 7.1.6** Seien $a, b, c \in \mathbb{Z}$ und $m \in \mathbb{N}$. Falls $ggT(c, m) = 1$ und außerdem $ac \equiv bc \ (mod \ m)$ gilt, folgt $a \equiv b \ (mod \ m)$.

▶ **Beweis 7.1.6** Da $ac \equiv bc \ (mod \ m)$ folgt mit der Definition 7.1.1 der Kongruenz, dass m ein Teiler von $ac - bc = (a - b) \cdot c$ ist. Da $ggT(c, m) = 1$ ist, muss m ein Teiler von $a - b$ sein. Damit folgt die Behauptung.   □

Der folgende Satz ist eine Verallgemeinerung von Satz 7.1.6. Hier wird ausnahmsweise die Divisionsschreibweise verwendet. Dabei bezeichnet (wie gewohnt) für $a, b \in \mathbb{Z}$ der Term „$\frac{a}{b}$" diejenige Zahl m, für die $a = m \cdot b$ gilt. Diese Schreibweise wird allerdings nur verwendet, wenn (wie eben in diesem Satz) nicht nur a und b ganze Zahlen sind, sondern auch m eine ganz Zahl ist, also $\frac{a}{b}$ im Grunde eine ganze Zahl ist. Auch in den folgenden Kapiteln soll an dieser Verabredung festgehalten werden, es sei denn, andere Voraussetzungen werden explizit erwähnt.

▶ **Satz 7.1.7** Seien $a, b, c \in \mathbb{Z}$ und $m \in \mathbb{N}$. Wenn $ac \equiv bc \ (mod \ m)$ ist, dann ist $a \equiv b \ \left(mod \ \frac{m}{ggT(c,m)}\right)$.

▶ **Beweis 7.1.7** Da $ac \equiv bc \ (mod \ m)$ folgt wiederum nach der Definition, dass m ein Teiler von $ac - bc = (a - b) \cdot c$ ist. Dann ist aber auch $\frac{m}{ggT(c,m)}$ ein Teiler von $(a - b) \cdot \frac{c}{ggT(c,m)}$. Nun ist $ggT\left(\frac{m}{ggT(c,m)}, \frac{c}{ggT(c,m)}\right) = 1$, und die Behauptung folgt damit sofort aus Satz 7.1.6. □

Die beiden letzten Sätze zeigen eine Art „Kürzungsregeln" für das Rechnen mit Restklassen. Man macht sich die Aussagen dieser Sätze sehr leicht an geeigneten Beispielen klar. So ist $12 \equiv 33 \ (mod \ 7)$, also $3 \cdot 4 \equiv 3 \cdot 11 \ (mod \ 7)$. Nun ist 7 kein Teiler von 3, also muss 7 die Differenz $4 - 11$ teilen, und es folgt $4 \equiv 11 \ (mod \ 7)$. Das ist ein konkretes Beispiel für die Aussage von Satz 7.1.5, wohingegen man sich Satz 7.1.7 beispielsweise mit Hilfe der Kongruenzen $12 \equiv 15 \ (mod \ 3)$ bzw. $12 \equiv 21 \ (mod \ 9)$ veranschaulichen kann.

Der folgende Satz ergänzt schließlich die Rechenregeln. Durch dieses Ergebnis wird für ganze Zahlen a und b, die kongruent modulo m sind, eine Beziehung zwischen den jeweils größten gemeinsamen Teilern $ggT(a, m)$ und $ggT(b, m)$ hergestellt. Auch diese Beziehung kann für konkrete Rechnungen benutzt werden.

▶ **Satz 7.1.8** Seien $a, b \in \mathbb{Z}$ und $m \in \mathbb{N}$. Wenn $a \equiv b \ (mod \ m)$ ist, dann gilt $ggT(a, m) = ggT(b, m)$.

▶ **Beweis 7.1.8** Sei $a \equiv b \ (mod \ m)$. Dann gibt es ein $q \in \mathbb{Z}$, sodass $a = qm + b$ ist. Aus Satz 5.2.2 folgt sofort $ggT(a, m) = ggT(b, m)$. □

7.2 Verknüpfungen von Restklassen

Im vorigen Abschnitt wurde ausgeführt, dass durch die Kongruenz modulo m (mit $m \in \mathbb{N}$) eine Äquivalenzrelation in der Menge $\mathbb{Z}$ der ganzen Zahlen erklärt ist. Entsprechend führt diese Äquivalenzrelation zu einer Klasseneinteilung der ganzen Zahlen. Sie zerfallen bezüglich einer natürlichen Zahl m in die *Restklassen modulo m*. Repräsentanten dieser Restklassen sind, wie man unschwer einsehen kann, die Zahlen $0, 1, 2, \ldots, m - 1$. Man kann daher die Klassen mit $\overline{0}, \overline{1}, \overline{2}, \ldots, \overline{m - 1}$ bezeichnen (gelesen wird das „0 quer", „1 quer" usw.). Für die Menge aller Restklassen zu einem gegebenen $m \in \mathbb{N}$ wird häufig die Bezeichnung $\mathbb{Z}_m$ gewählt. Es ist also $\mathbb{Z}_m = \{\overline{0}, \overline{1}, \overline{2}, \ldots, \overline{m - 1}\}$.

Ganz neu sind diese Bezeichnungen nicht, denn bereits in Kapitel 6 wurde auf Seite 152 die Menge $\mathbb{Z}_7 = \{\overline{0}, \overline{1}, \overline{2}, \overline{3}, \overline{4}, \overline{5}, \overline{6}\}$ der möglichen Reste bei Division durch 7 betrachtet. Dabei wurde natürlich ein wenig von dem vorweggenommen, was in diesem Abschnitt auf einer solideren Grundlage behandelt werden soll.

Wie üblich muss man zunächst einige Vorüberlegungen anstellen. Dazu wird ein neuer Begriff eingeführt, nämlich der des *vollständigen Restsystems*, der im folgenden Kapitel 8 dann vertieft wird. Hier ist es nur wichtig, die Grundidee zu verstehen. Sie ist ganz einfach an einem Beispiel zu klären. Man nennt etwa die möglichen Reste $0, 1, \ldots, m - 1$, die bei der Division einer ganzen Zahl durch $m \in \mathbb{N}$ auftreten können, ein *vollständiges Restsystem modulo m*. Offensichtlich kann man aber jede dieser Zahlen durch einen geeigneten anderen Repräsentanten ersetzen. So beschreibt $\{0, 1, 2, 3, 4, 5, 6\}$ die Menge aller Reste, die bei Division durch 7 möglich sind. Betrachtet man andere Repräsentanten, dann beschreibt auch die Menge $\{-3, -2, -1, 0, 1, 2, 3\}$ und genauso die Menge $\{1, 2, 3, 4, 5, 6, 7\}$ das gleiche Restsystem modulo 7. Das wird für die Definition benutzt.

▶ **Definition 7.2.1** Eine Menge $\{x_1, x_2, \ldots x_m\}$ von m ganzen Zahlen heißt ein *vollständiges Restsystem modulo m*, falls die Zahlen paarweise nicht kongruent modulo m sind, also $x_i \not\equiv x_j \ (mod \ m)$ für $i \neq j$ gilt.

Offensichtlich bestimmt jedes vollständige Restsystem modulo m die Menge $\mathbb{Z}_m$. Es ist alles nur eine Frage der Repräsentanten. In einem vollständigen Restsystem finden sich alle Repräsentanten der Restklasse modulo m. Das Restsystem $\{0, 1, 2, 3, \ldots, m-1\}$ besteht aus den kleinstmöglichen nicht negativen Resten modulo m. Es nimmt oft eine besondere Rolle ein. Im oben betrachteten Fall $m = 7$ bestimmt die Menge $\{0, 1, 2, 3, 4, 5, 6\}$ das kleinste nicht negative Restsystem modulo 7.

Genauso wie man mit ganzen Zahlen rechnen kann, ist es auch für die Restklassen sinnvoll, Rechenoperationen festzulegen. Es wird sich zeigen, dass die im Folgenden definierte Addition und Multiplikation von Restklassen weit reichende Anwendungen beim Rechnen mit großen Zahlen haben.

▶ **Definition 7.2.2** Seien $\overline{x}, \overline{y} \in \mathbb{Z}_m$. Dann definiert man durch

$$\overline{x} \oplus \overline{y} := \overline{x + y}$$

eine Addition und durch

$$\overline{x} \odot \overline{y} := \overline{x \cdot y}$$

eine Multiplikation in der Menge der Restklassen modulo m.

Um Verwechslungen mit der normalen Addition und Multiplikation ganzer Zahlen zu vermeiden, die in der Definition ja auch gebraucht wird, werden hier die Bezeichnungen $\oplus$ für die Addition und $\odot$ für die Multiplikation in $\mathbb{Z}_m$ gewählt. Das wird in der Literatur durchaus nicht einheitlich gesehen, sodass man darauf vorbereitet sein sollte, auch die üblichen Zeichen in Bezug auf die Addition und Multiplikation in $\mathbb{Z}_m$ zu sehen. Genauso sollte man auch auf eine noch ausführlichere Darstellung vorbereitet sein, in der die Summe als $\overline{x} \oplus_m \overline{y}$ und das Produkt als $\overline{x} \odot_m \overline{y}$ geschrieben wird.

Nun ist aus der Definition nicht unbedingt klar, dass die Operationen unabhängig von den konkreten Repräsentanten sind. Diese so genannte *Wohldefiniertheit* der Addition und der Multiplikation muss also nachgewiesen werden.

▶ **Satz 7.2.1** Die in Definition 7.2.2 beschriebenen Operationen, also die Addition und die Multiplikation von Restklassen modulo m, sind *wohldefiniert*, das heißt, sie sind unabhängig von den gewählten Repräsentanten.

▶ **Beweisidee 7.2.1** Man wählt je zwei Repräsentanten einer Restklasse, überlegt sich, worin die beiden sich unterscheiden, und rechnet.

▶ **Beweis 7.2.1** Man macht sich die Wohldefiniertheit leicht mit Hilfe der Rechenregeln für Kongruenzen aus Satz 7.1.4 klar. Seien nämlich x_1 und x_2 Repräsentanten derselben Restklasse $\overline{x}$ modulo m und y_1 und y_2 Repräsentanten derselben Restklasse $\overline{y}$ modulo m. Dann ist $x_1 = x_2 + qm$ für ein $q \in \mathbb{Z}$ und $y_1 = y_2 + q^*m$ für ein $q^* \in \mathbb{Z}$. Man rechnet

$$\overline{x_1} \oplus \overline{y_1} = \overline{x_1 + y_1} = \overline{(x_2 + qm) + (y_2 + q^*m)} = \overline{(x_2 + y_2) + (q + q^*)m}$$
$$= \overline{x_2 + y_2} = \overline{x_2} \oplus \overline{y_2},$$

denn jedes Vielfache von m ist offensichtlich 0. Entsprechend gilt

$$\overline{x_1} \odot \overline{y_1} = \overline{x_1 \cdot y_1} = \overline{(x_2 + qm) \cdot (y_2 + q^*m)} = \overline{x_2 y_2 + x_2 q^*m + qm y_2 + qq^*m^2}$$
$$= \overline{x_2 y_2 + (x_2 q^* + q y_2 + qq^*m) \cdot m} = \overline{x_2 y_2} = \overline{x_2} \odot \overline{y_2}.$$

Damit sind die Operationen unabhängig von den Repräsentanten, also im mathematischen Sinn wohldefiniert. □

Darüber hinaus haben die Addition und die Multiplikation eine Reihe von Eigenschaften, die man auch von anderen Mengen und Operationen kennt. Ganz wichtig sind das Assoziativgesetz und das Kommutativgesetz. Beide Gesetze gelten zum Beispiel (man vergleiche Kapitel 2) für die Addition und Multiplikation natürlicher oder ganzer Zahlen, aber auch (und das ist Schulwissen) für die Addition und Multiplikation rationaler und reeller Zahlen. In diesen Zahlbereichen gibt es darüber hinaus die Elemente 0 und 1 mit der bemerkenswerten (wenn auch gewohnten) Eigenschaft $a + 0 = 0 + a = a$ und $a \cdot 1 = 1 \cdot a = a$ für alle a. Die Betrachtungen lassen sich auf die Addition und Multiplikation von Restklassen modulo m übertragen.

▶ **Satz 7.2.2** Für die auf der Menge $\mathbb{Z}_m$ der Restklassen modulo m definierte Addition und Multiplikation gelten das Assoziativgesetz und das Kommutativgesetz. Für alle $\overline{x} \in \mathbb{Z}_m$ gilt sowohl $\overline{x} \oplus \overline{0} = \overline{x}$ als auch $\overline{x} \odot \overline{1} = \overline{x}$. Darüber hinaus ist $\overline{x} \oplus \overline{m - x} = \overline{0}$ für alle $\overline{x} \in \mathbb{Z}_m$.

▶ **Beweisidee 7.2.2** Alle Eigenschaften folgen aus den entsprechenden Eigenschaften der Addition und Multiplikation in $\mathbb{Z}$. Man muss nur mit Hilfe der Definitionen den ursprünglichen Term so umformen, dass sich die Gesetze auf den entstehenden Term anwenden lassen.

▶ **Beweis 7.2.2** Es ist

$$(\overline{x} \oplus \overline{y}) \oplus \overline{z} = \overline{x + y} \oplus \overline{z} = \overline{(x + y) + z}$$

nach Definition der Addition von Restklassen modulo m und

$$\overline{(x + y) + z} = \overline{x + (y + z)},$$

da für die Addition in $\mathbb{Z}$ das Assoziativgesetz erfüllt ist. Nach Definition der Addition von Restklassen modulo m rechnet man

$$\overline{x + (y + z)} = \overline{x} \oplus \overline{y + z} = \overline{x} \oplus (\overline{y} \oplus \overline{z}).$$

Alle anderen Behauptungen des Satzes folgen ganz entsprechend aus der Definition der Addition und Multiplikation von Restklassen modulo m und den Eigenschaften der entsprechenden Operationen in $\mathbb{Z}$.   □

Damit sind einige Eigenschaften gefunden, die gleichermaßen für die ganzen Zahlen mit der Addition bzw. der Multiplikation und die Menge $\mathbb{Z}_m$ für ein beliebiges $m \in \mathbb{N}$ mit der Addition bzw. der Multiplikation gelten. Insbesondere haben die Menge $\mathbb{Z}$ zusammen mit der Addition und die Menge $\mathbb{Z}_m$ zusammen mit der Addition interessante Gemeinsamkeiten.

Zunächst einmal ist $a + b \in \mathbb{Z}$, falls $a \in \mathbb{Z}$ und $b \in \mathbb{Z}$ gilt, und es ist $\overline{a} \oplus \overline{b} \in \mathbb{Z}_m$, falls $\overline{a} \in \mathbb{Z}_m$ und $\overline{b} \in \mathbb{Z}_m$ ist. Die Addition ist also in beiden Fällen eine Verknüpfung *in* der Menge, das heißt, je zwei Elementen von $\mathbb{Z}$ bzw. $\mathbb{Z}_m$ ist durch die Addition wiederum ein Element von $\mathbb{Z}$ bzw. $\mathbb{Z}_m$ zugeordnet (im Gegensatz etwa zur Subtraktion in $\mathbb{N}$, denn mit $a, b \in \mathbb{N}$ ist oft gerade *nicht* $a - b \in \mathbb{N}$). Darüber hinaus gelten das Assoziativgesetz und das Kommutativgesetz.

Auch bei speziellen Elementen lassen sich Gemeinsamkeiten identifizieren. Es gibt jeweils ein so genanntes *neutrales Element* der Addition, nämlich 0 bzw. $\overline{0}$, die das Ergebnis beim Addieren nicht ändern. Schließlich ist die Addition in beiden Fällen umkehrbar, denn es gibt zu einem Element $a \in \mathbb{Z}$ ein Element $-a \in \mathbb{Z}$ mit $a + (-a) = 0$ und zu einem Element $\overline{a} \in \mathbb{Z}_m$ das Element $\overline{m - a}$ mit $\overline{a} \oplus \overline{m - a} = \overline{0}$.

Diese Eigenschaften sind nicht für alle Mengen und alle Verknüpfungen erfüllt. So ist $\sqrt{2} \cdot \sqrt{2} = 2$, das heißt durch die Multiplikation zweier irrationaler Zahlen kann man eine rationale Zahl bekommen, und die Operation führt somit aus der Menge der irrationalen Zahlen hinaus. Genauso kann man für die Multiplikation in $\mathbb{N}$ zwar ein neutrales Element finden, nämlich die 1, aber man kann die Multiplikation in $\mathbb{N}$ nicht umkehren, das heißt zu $a \in \mathbb{N}\setminus\{1\}$ gibt es kein $b \in \mathbb{N}$, sodass $a \cdot b = 1$ ist. Die Mengen $\mathbb{Z}$ und $\mathbb{Z}_m$ haben also bezüglich der Addition strukturelle Merkmale gemeinsam, die nicht selbstverständlich sind. Sie sind in der folgenden Definition der *Gruppe* zusammengefasst.

▶ **Definition 7.2.3** Sei G eine Menge und ∘ eine Verknüpfung in G. Dann heißt $(G, ∘)$ eine *Gruppe*, falls die folgenden Eigenschaften erfüllt sind:

(i) Es ist $(a ∘ b) ∘ c = a ∘ (b ∘ c)$ für alle $a, b, c \in G$. Es muss also das Assoziativgesetz gelten.

(ii) Es gibt ein Element $e \in G$, sodass $e ∘ a = a ∘ e = a$ für alle $a \in G$ gilt. Das Element e heißt neutrales Element.

(iii) Zu jedem Element $a \in G$ gibt es ein Element $a^{-1} \in G$, sodass $a^{-1} ∘ a = a ∘ a^{-1} = e$ ist. Das Element a^{-1} heißt inverses Element zu a.

Gilt außerdem $a ∘ b = b ∘ a$ für alle $a, b \in G$, gilt also das Kommutativgesetz, so heißt die Gruppe eine *abelsche Gruppe* bzw. eine *kommutative Gruppe*.

In der Definition wird die Formulierung benutzt, dass „∘ eine Verknüpfung in G" ist. Mit $a, b \in G$ muss dann auch $a ∘ b \in G$ erfüllt sein. Alternativ findet man auch die

Sprechweisen „G ist bezüglich der Verknüpfung ∘ abgeschlossen" oder aber auch „∘ ist eine innere Verknüpfung".

Anmerkung

Es würde bei der Definition der Gruppe genügen, unter (ii) nur $a \circ e = a$ für alle $a \in G$ und unter (iii) die Existenz eines Elements $a^{-1} \in G$ zu jedem $a \in G$ mit der Eigenschaft $a \circ a^{-1} = e$ zu fordern. Daraus kann man $e \circ a = a$ und $a^{-1} \circ a = e$ folgern (man vergleiche Übungsaufgabe 11).

Ein Beispiel für eine nicht abelsche Gruppe

Man betrachtet die folgende Menge $K = \{k_0, k_1, k_2, k_3, k_4, k_5\}$ von Karten:

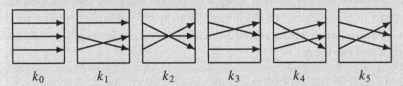

$\qquad k_0 \qquad\qquad k_1 \qquad\qquad k_2 \qquad\qquad k_3 \qquad\qquad k_4 \qquad\qquad k_5$

Diese Karten verknüpft man mit einer Operation „∘", die als das Nebeneinanderlegen von Karten definiert wird. So kann man dann Kartenfolgen durch jeweils eine einzelne Karte ersetzen. Zum Beispiel gilt

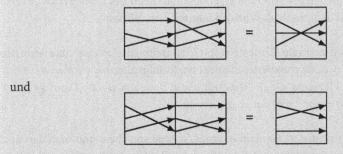

und

und somit $k_1 \circ k_4 = k_2$ und $k_4 \circ k_1 = k_3$. Das neutrale Element ist k_0, und man sieht sofort, dass durch $k_1 \circ k_1 = k_2 \circ k_2 = k_3 \circ k_3 = k_4 \circ k_5 = k_0$ die jeweiligen inversen Elemente angegeben sind. Da auch das Assoziativgesetz erfüllt ist (worauf hier nicht näher eingegangen wird), ist $(K, \circ)$ eine nicht abelsche Gruppe mit sechs Elementen. Für alle diejenigen, die schon etwas über Gruppen und Permutationen gehört haben, sei erwähnt, dass K nichts anderes ist als die symmetrische Gruppe S_3, deren Elemente die $3! = 6$ möglichen Permutationen von drei Objekten sind.

Für Gruppen interessiert man sich insbesondere, weil diese Struktur eng mit der (eindeutigen) Lösbarkeit von Gleichungen verbunden ist. So ist eine Gleichung der Form $a + x = b$

im Bereich der natürlichen Zahlen nicht immer lösbar. Die Gleichung $7 + x = 3$ hat beispielsweise keine Lösung $x \in \mathbb{N}$. Sie hat aber eine Lösung in $\mathbb{Z}$, denn $7 + (-4) = 3$, d. h. $x = -4$ ist eine Lösung. Ganz allgemein ist jede Gleichung der Form $a + x = b$ mit $a, b \in \mathbb{Z}$, insbesondere also auch mit $a, b \in \mathbb{N}$, in der Menge $\mathbb{Z}$ der ganzen Zahlen lösbar, denn die Existenz eines inversen Elements $-a$ zu jedem a in der Gruppe $(\mathbb{Z}, +)$ sichert die Existenz der Lösung $x = (-a) + b \in \mathbb{Z}$.

Entsprechend hat die Gleichung $a \circ x = b$ mit $a, b \in G$ in einer Gruppe $(G, \circ)$ immer die Lösung $x = a^{-1} \circ b$. Übrigens bedeutet die Schreibweise a^{-1} für das inverse Element von a nicht unbedingt, dass die Verknüpfung in G die Multiplikation ist. Vielmehr benutzt man diese Schreibweise eher generell, wenn man gerade keine Voraussetzungen über die spezielle Art der Verknüpfung macht.

Man kann leicht zeigen, dass die Lösung $x = a^{-1} \circ b$ sogar eindeutig bestimmt ist. Dazu braucht man einerseits, dass es in jeder Gruppe genau ein neutrales Element gibt, und andererseits, dass zu jedem Element a das inverse Element a^{-1} eindeutig bestimmt ist. Da diese beiden Aussagen immer wieder gebraucht werden, werden sie im folgenden Satz auch explizit genannt und bewiesen.

▶ **Satz 7.2.3** In einer Gruppe $(G, \circ)$ gibt es genau ein neutrales Element und zu jedem $a \in G$ genau ein inverses Element $a^{-1} \in G$.

▶ **Beweisidee 7.2.3** Wie meistens bei Beweisen der Eindeutigkeit nimmt man an, dass es jeweils zwei Elemente mit den gewünschten Eigenschaften (neutrales Element bzw. inverses Element) gibt und weist dann nach, dass beide identisch sein müssen.

▶ **Beweis 7.2.3** Seien e, e' neutrale Elemente von $(G, \circ)$. Dann gilt $e = e \circ e'$, da e' neutrales Element ist, und $e \circ e' = e'$, da e neutrales Element ist. Es folgt also $e = e \circ e' = e'$. Angenommen, es gibt Elemente $a^{-1}, a' \in G$ mit $a \circ a^{-1} = e = a \circ a'$. Dann ist $a^{-1} = a^{-1} \circ e = a^{-1} \circ (a \circ a') = (a^{-1} \circ a) \circ a' = e \circ a' = a'$. $\qquad\square$

Man darf also von *dem* neutralen Element in einer Gruppe sprechen, und man darf auch von *dem* inversen Element zu einem gegebenen Element der Gruppe sprechen. Wenn man es genau nimmt, dann ist die Bezeichnung a^{-1} für das inverse Element zu a auch erst jetzt wirklich sinnvoll, denn dieser Name suggeriert wohl bereits (mehr als er sollte) die Eindeutigkeit.

Abelsche Gruppen
Der Begriff der *abelschen Gruppe* erinnert an den norwegischen Mathematiker Niels Henrik Abel (1802–1829), der es in einem allzu kurzen Leben zu beachtlichem mathematischen Ansehen gebracht hat. Er starb sehr früh und noch vor seinem 27. Geburtstag an Tuberkulose. Abel konnte unter Verwendung gruppentheoretischer

Methoden zeigen, dass Gleichungen von höherem als viertem Grad im Allgemeinen nicht auflösbar sind. Dieses Ergebnis bedeutet im Kern, dass es für solche Gleichungen keine „vernünftige" Lösungsformel geben kann. Dabei heißt vernünftig, dass es eine Lösungsformel gibt, die mit ineinander geschachtelten Wurzelausdrücken auskommt, also im Aufbau der quadratischen, kubischen oder biquadratischen Gleichung entspricht. Man kennt eine solche Lösungsformel beispielsweise für Gleichungen zweiten Grades. Ist nämlich $x^2 + px + q = 0$, dann bekommt man bekanntermaßen durch $x_{1,2} = -\frac{p}{2} \pm \sqrt{(\frac{p}{2})^2 - q}$ die (reellen oder komplexen) Lösungen. Auch für Gleichungen dritten und vierten Grades kann man ähnliche Formeln aufstellen (und in den einschlägigen Formelsammlungen wie etwa von Bronstejn und Semendjajew [4] nachschlagen).

Die Eindeutigkeit des neutralen Elements einer Gruppe und des jeweiligen inversen Elements zu einem bestimmten Gruppenelement ist eine ganz wesentliche Eigenschaft. Man kann daraus etwas folgern, was man in vielen Fällen gerne hätte, nämlich die eindeutige Lösbarkeit von Gleichungen in einer Gruppe. Es ist etwa (wie bereits erwähnt) in der Menge der natürlichen Zahlen ein Problem, dass nicht alle Gleichungen der Form $a + x = b$ mit $a, b \in \mathbb{N}$ eine Lösung in $\mathbb{N}$ haben. Genauso stellt sich in der Menge der ganzen Zahlen das Problem, dass nicht alle Gleichungen der Form $a \cdot x = b$ mit $a, b \in \mathbb{Z}$ in $\mathbb{Z}$ lösbar sind.

▶ **Satz 7.2.4** Sei $(G, \circ)$ eine Gruppe. Dann ist die Gleichung $a \circ x = b$ für alle $a, b \in G$ eindeutig lösbar.

▶ **Beweisidee 7.2.4** Der Satz folgt (wie bereits angedeutet) aus der Existenz und Eindeutigkeit eines inversen Elements zu jedem Element $a \in G$.

▶ **Beweis 7.2.4** Es ist $x = a^{-1} \circ b$ eine Lösung der Gleichung $a \circ x = b$. Sei x' ebenfalls eine Lösung dieser Gleichung, das heißt, es sei $a \circ x' = b$. Dann gilt aber $x' = a^{-1} \circ a \circ x' = a^{-1} \circ b$. Da a^{-1} eindeutig bestimmt ist, ist auch $a^{-1} \circ b$ eindeutig bestimmt, und es folgt $x = x'$, es gibt also nur ein solches Element. □

Der Vollständigkeit halber sollen nun noch die so genannten *Kürzungsregeln* formuliert werden, die in einer Gruppe gelten.

▶ **Satz 7.2.5** In einer Gruppe $(G, \circ)$ gelten die Kürzungsregeln, das heißt aus $a \circ b = a \circ c$ folgt $b = c$ und aus $a \circ c = b \circ c$ folgt $a = b$ für alle $a, b, c \in G$.

▶ **Beweis 7.2.5** Sei $a \circ b = a \circ c$. Dann ist $a^{-1} \circ a \circ b = a^{-1} \circ a \circ c$, und es folgt $b = c$. Entsprechend gilt mit $a \circ c = b \circ c$ auch $a \circ c \circ c^{-1} = b \circ c \circ c^{-1}$ und somit $a = b$. □

Unter Verwendung des Gruppenbegriffs kann man die Struktur der Restklassen modulo m mit den beiden definierten Verknüpfungen, also der Addition und der Multiplikation von Restklassen, einfacher beschreiben. Der folgende Satz fasst das noch einmal zusammen, wobei sein Beweis durch Satz 7.2.2 in den wesentlichen Punkten bereits erfolgt ist.

▶ **Satz 7.2.6** Die Restklassen modulo m bilden bezüglich der Addition von Restklassen eine abelsche Gruppe $(\mathbb{Z}_m, \oplus)$. In $(\mathbb{Z}_m, \odot)$ gelten das Assoziativgesetz und das Kommutativgesetz. Darüber hinaus gibt es in $(\mathbb{Z}_m, \odot)$ das neutrale Element $\overline{1} \in \mathbb{Z}_m$.

▶ **Beweis 7.2.6** Dieser Satz ist eine einfache Folgerung aus Satz 7.2.2. Er wird hier nur aufgeführt, weil die Eigenschaften nun unter dem Begriff der Gruppe (man vergleiche Definition 7.2.3) zusammengefasst werden können.   □

> **Ein Modell für die Restklassengruppe $(\mathbb{Z}_m, \oplus)$**
>
> Für die Restklassengruppe $(\mathbb{Z}_m, \oplus)$ bezüglich der natürlichen Zahl m gibt es eine anschauliche Repräsentation. So kann man sich die Uhr (und am besten eine schöne runde Analoguhr) mit Minuteneinteilung vorstellen. Der große Zeiger macht dann nichts anderes, als über die Elemente von $\mathbb{Z}_{60}$ zu gehen. Wenn es 16.50 Uhr ist und man 25 Minuten später eine Verabredung hat, dann wird man sich um 17.15 Uhr und nicht etwa um 16.75 Uhr treffen.

Mengen mit zwei inneren Verknüpfungen, bei denen die im Satz 7.2.6 beschriebenen Eigenschaften erfüllt sind, spielen in der Mathematik häufig eine Rolle. So bilden die ganzen Zahlen bezüglich der Addition eine abelsche Gruppe mit dem neutralen Element 0 und mit dem zu jedem $a \in \mathbb{Z}$ existierenden inversen Element $-a \in \mathbb{Z}$. Darüber hinaus ist auch die Multiplikation in $\mathbb{Z}$ eine *innere Verknüpfung* (das Produkt zweier ganzer Zahlen ist wieder eine ganze Zahl), und es gilt das Assoziativgesetz in $(\mathbb{Z}, \cdot)$. Auch in Bezug auf die übliche Addition und Multiplikation in der Menge der rationalen Zahlen oder der Menge der reellen Zahlen kann man diese Eigenschaften (und ein paar ähnliche andere) identifizieren. Darüber hinaus gelten in $(\mathbb{Z}, +, \cdot)$ bzw. $(\mathbb{Q}, +, \cdot)$ bzw. $(\mathbb{R}, +, \cdot)$ auch noch die Distributivgesetze, das heißt, es ist $a \cdot (b + c) = ab + ac$ und $(a + b) \cdot c = ac + bc$ für alle $a, b, c \in \mathbb{Z}$ bzw. $a, b, c \in \mathbb{Q}$ bzw. $a, b, c \in \mathbb{R}$.

7.2.1 Der Ring $\mathbb{Z}_m$ der Restklassen modulo m

Man weist leicht nach, dass die Distributivgesetze auch für die auf den Restklassen modulo m definierten Operationen erfüllt sind. So kann man für $\overline{a}, \overline{b}, \overline{c} \in \mathbb{Z}_m$ nämlich $\overline{a} \odot (\overline{b} \oplus \overline{c}) = \overline{a} \odot \overline{(b + c)} = \overline{a \cdot (b + c)} = \overline{ab + ac} = \overline{ab} \oplus \overline{ac} = \overline{a} \odot \overline{b} \oplus \overline{a} \odot \overline{c}$ schreiben, da diese Umformungen zunächst jeweils ganze Zahlen betreffen und dann die Definition der

Addition in $\mathbb{Z}_m$ angewendet wird. Ganz ähnlich folgt daher auch $(\overline{a} \oplus \overline{b}) \odot \overline{c} = \overline{a} \odot \overline{c} \oplus \overline{b} \odot \overline{c}$. Damit haben $(\mathbb{Z}, +, \cdot)$ und $(\mathbb{Q}, +, \cdot)$ und $(\mathbb{Z}_m, \oplus, \odot)$ gewisse strukturelle Eigenschaften gemeinsam, die unter dem Begriff des *Rings* zusammengefasst werden sollen.

Ein *Ring* ist zunächst einmal eine Menge, auf der zwei Verknüpfungen (mit zu bestimmenden Eigenschaften) definiert sind. Ganz allgemein könnte man für die Verknüpfungen beliebige Symbole wie $\circ$ und $\star$ wählen. In vielen Lehrbüchern werden sie aber zumeist als Addition und Multiplikation bezeichnet und dann auch mit den Symbolen „+" und „$\cdot$" geschrieben. Dies soll auch in der folgenden Definition gemacht werden. Wichtig ist, dass man diese Operationen nicht ausschließlich mit der Addition und Multiplikation (natürlicher, ganzer, rationaler, reeller) Zahlen verbinden darf. Aus Gründen einer übersichtlichen Schreibweise vereinbart man auch hier „Punktrechnung vor Strichrechnung", das heißt die multiplikative Operation soll stärker als die additive Operation verbinden.

▶ **Definition 7.2.4** Sei R eine Menge, und seien $+$ und $\cdot$ Verknüpfungen in R. Dann heißt $(R, +, \cdot)$ ein *Ring*, falls die folgenden Eigenschaften erfüllt sind:

(i) Es ist $(R, +)$ eine abelsche Gruppe.
(ii) In $(R, \cdot)$ gilt das Assoziativgesetz.
(iii) Es gelten die Distributivgesetze $a \cdot (b + c) = a \cdot b + a \cdot c$ und $(a + b) \cdot c = a \cdot c + b \cdot c$ für alle $a, b, c \in R$.

Gilt außerdem in $(R, \cdot)$ das Kommutativgesetz, so heißt $(R, +, \cdot)$ ein *kommutativer Ring*. Das neutrale Element der Addition heißt *Nullelement* und wird in der Regel mit 0 bezeichnet. Gibt es auch ein neutrales Element bezüglich der Multiplikation, dann heißt es *Einselement* und wird in der Regel mit 1 bezeichnet.

Die Restklassen modulo m bilden daher bezüglich der in der Menge definierten Addition und Multiplikation einen *kommutativen Ring* (sogar mit einem Einselement). Die meisten Eigenschaften sind dabei bereits gezeigt worden, es fehlt lediglich noch der Nachweis der Kommutativität der Multiplikation. Sie ergibt sich aber direkt aus der Gültigkeit des entsprechenden Gesetzes in $(\mathbb{Z}, \odot)$, sodass man den folgenden Satz formulieren kann.

▶ **Satz 7.2.7** Die Restklassen modulo m bilden bezüglich der Addition und Multiplikation von Restklassen einen kommutativen Ring $(\mathbb{Z}_m, \oplus, \odot)$.

▶ **Beweis 7.2.7** Alle Eigenschaften wurden bereits gezeigt. □

Aus Gründen der Vollständigkeit soll die in 7.2.4 gegebene Definition noch einmal erweitert werden, obwohl diese Definition im restlichen Kapitel nicht mehr gebraucht wird. Man interessiert sich allgemein aber oft für Ringe, in denen auch in Bezug auf die Multiplikation die Eigenschaften einer abelschen Gruppe erfüllt sind (mit einer kleinen Ausnahme, die das neutrale Element der Addition betrifft). So ist beispielsweise $(\mathbb{Q}\backslash\{0\}, \cdot)$ eine Gruppe mit neutralem Element 1, bei der jedes Element $\frac{a}{b} \in \mathbb{Q} \backslash \{0\}$ in Bezug auf die Multiplikation das inverse Element $\frac{b}{a}$ hat, denn $\frac{a}{b} \cdot \frac{b}{a} = 1$. Gleiches gilt für $(\mathbb{R}\backslash\{0\}, \cdot)$, wobei wiederum 1 das neutrale Element ist und zu jedem $r \in \mathbb{R}\backslash\{0\}$ das Element $\frac{1}{r} \in \mathbb{R}\backslash\{0\}$ invers bezüglich der Multiplikation ist. Dabei bezeichnet hier $\frac{a}{b}$ diejenige rationale Zahl x, für die $a = bx$ gilt (mit $a, b \in \mathbb{Z}$), und $\frac{1}{r}$ diejenige reelle Zahl y, für die $1 = yr$ gilt (mit $r \in \mathbb{R}$). Dabei wird wieder einmal mit dem Schulwissen über die rationalen und reellen Zahlen gearbeitet.

▶ **Definition 7.2.5** Sei K eine Menge, und seien $+$ und $\cdot$ Verknüpfungen in K. Dann heißt $(K, +, \cdot)$ ein *Körper*, falls die folgenden Eigenschaften erfüllt sind:

(i) $(K, +)$ ist eine abelsche Gruppe mit neutralem Element $0 \in K$.
(ii) $(K\backslash\{0\}, \cdot)$ ist eine abelsche Gruppe mit neutralem Element $1 \in K$.
(iii) Es gelten die Distributivgesetze $a \cdot (b + c) = a \cdot b + a \cdot c$ und $(a + b) \cdot c = a \cdot b + a \cdot c$ für alle $a, b, c \in K$.

In Körpern sind damit sowohl additive Gleichungen der Form $a + x = b$ für alle a, b als auch multiplikative Gleichungen der Form $a \cdot x = b$ für alle $a \neq 0$ und alle b lösbar.

Beispiele für Körper sind die reellen Zahlen und die rationalen Zahlen mit der üblichen Addition und Multiplikation. Aber auch mit endlichen Mengen kann es klappen. So ist $(\mathbb{Z}_2, \oplus, \odot)$ ein Körper, der nur die beiden Elemente $\bar{0}$ und $\bar{1}$ hat. Das Element $\bar{0}$ ist das neutrale Element der Addition, das Element $\bar{1}$ ist das neutrale Element der Multiplikation (und gleichzeitig zu sich selbst invers, denn mehr Elemente gibt es schließlich nicht in $\mathbb{Z}_2 \backslash \{\bar{0}\}$).

7.3   Teilbarkeitsregeln

Kongruenzen kann man in vielfacher Hinsicht gebrauchen, um Dinge einfacher und prägnanter darzustellen. Das gilt ganz besonders für den Inhalt des folgenden Abschnitts. Hier sollen Teilbarkeitsregeln bewiesen werden, die man mit Hilfe der Quersumme einer Zahl bzw. mit Hilfe ihrer Endziffern bekommt. Für den Beweis der *Quersummenregeln der Teilbarkeit* betrachtet man dabei geeignete Kongruenzen. Die *Endstellenregeln der Teilbarkeit* hätte man leicht auch schon im letzten Kapitel zeigen können, sie passen sich an dieser Stelle aber inhaltlich besser ein.

7.3.1   Quersummenregeln

Eine aus der Schule bekannte Teilbarkeitsregel besagt, dass eine natürliche Zahl genau dann durch 3 bzw. durch 9 teilbar ist, wenn ihre Quersumme durch 3 bzw. durch 9 teilbar ist. Man kann über diese Regeln etwa sofort entscheiden, dass 245451 durch 3, aber nicht durch

9 teilbar ist, denn die Quersumme $Q(245451) = 2 + 4 + 5 + 4 + 5 + 1 = 21$ ist durch 3, aber nicht durch 9 teilbar.

Eine Begründung dafür kann man leicht geben (man vergleiche Seite 89). Dazu zerlegt man die Zahl in Vielfache von Zehnerpotenzen. Es gilt im konkreten Beispiel

$$245451 = 2 \cdot 100000 + 4 \cdot 10000 + 5 \cdot 1000 + 4 \cdot 100 + 5 \cdot 10 + 1$$
$$= 2 \cdot (99999 + 1) + 4 \cdot (9999 + 1) + 5 \cdot (999 + 1) + 4 \cdot (99 + 1) +$$
$$5 \cdot (9 + 1) + 1.$$

Da 99999, 9999, 999, 99 und auch 9 sowohl durch 3 als auch 9 teilbar sind, ist diese letzte Summe (und damit die ursprüngliche Zahl) durch 3 bzw. durch 9 teilbar, falls $2 + 4 + 5 + 4 + 5 + 1$ durch 3 bzw. durch 9 teilbar ist. Das ist aber gerade die Quersumme.

Ein Beispiel ist kein Beweis, und so soll das Ergebnis nun für jede natürliche Zahl n (geschrieben im Dezimalsystem) bewiesen werden. Das geht problemlos. Und genauso problemlos lässt sich die Argumentation auf beliebige Stellenwertsysteme verallgemeinern: Betrachtet man ein Stellenwertsystem zur Basis $b \geq 2$, so kann man eine Quersummenregel für $b - 1$ und alle Teiler von $b - 1$ formulieren. Man beachte dabei, dass $b - 1$ nach Satz 2.3.1 ein Teiler von $b^k - 1$ für alle $k \in \mathbb{N}$ ist. Die allgemeine Formulierung der Behauptung und ihr Beweis umfassen als Spezialfall auch $b = 10$, den im Grunde wichtigsten Fall im Hinblick auf die Verwendung der Regel in der Praxis.

▶ **Satz 7.3.1** Sei $b \geq 2$ eine natürliche Zahl und $n \in \mathbb{N}_0$. Sei $a = \sum_{i=0}^{n} k_i b^i$ mit $k_i \in \mathbb{N}_0$ und $0 \leq k_i < b$. Sei $Q(a) = \sum_{i=0}^{n} k_i$ die Quersumme von a. Sei außerdem $d \in \mathbb{N}$ ein Teiler von $b - 1$. Dann ist d ein Teiler von a genau dann, wenn d ein Teiler von $Q(a)$ ist.

▶ **Beweisidee 7.3.1** Es wird etwa mehr gezeigt als unbedingt notwendig ist. Man beweist nämlich, dass $a \equiv Q(a) \ (mod \ d)$ ist. Somit folgt, dass beide Zahlen, also a und $Q(a)$, bei Division durch d den gleichen Rest lassen. Lässt also insbesondere a den Rest 0, dann auch $Q(a)$ und umgekehrt. Nur dieser Spezialfall ist die eigentliche Aussage des Satzes.

▶ **Beweis 7.3.1** Nach Voraussetzung ist d ein Teiler von $b - 1$. Also gilt $b \equiv 1 \ (mod \ d)$ und entsprechend unter Verwendung von Satz 7.1.4 auch $b^i \equiv 1^i \ (mod \ d)$, also $b^i \equiv 1 \ (mod \ d)$ für alle $i \in \mathbb{N}_0$. Es folgt $k_i b^i \equiv k_i \ (mod \ d)$ und somit $\sum_{i=0}^{n} k_i b^i \equiv \sum_{i=0}^{n} k_i \ (mod \ d)$ nach Satz 7.1.4. Folglich ist $a \equiv Q(a) \ (mod \ d)$ und die Behauptung ist gezeigt. $\square$

Es ist ganz hilfreich, sich den Satz mit konkreten Beispielen zu veranschaulichen. Setzt man etwa $b = 10$, dann ist $b - 1 = 9$, und diese Zahl hat die Teiler 1 und 3 und 9. Man bekommt also die bekannten Quersummenregeln für 3 und 9 als Spezialfall des allgemeinen Satzes. Die Teilbarkeit durch 1 ist nicht sonderlich aufregend, denn jede Zahl ist durch 1 teilbar. Insbesondere braucht man keine Teilbarkeitsregel für diesen Fall. Das gilt auch für $b = 2$

und somit $b - 1 = 1$. Satz 7.3.1 macht hier ausschließlich eine (uninteressante) Aussage über die Teilbarkeit durch 1.

In der Beweisidee wurde es zwar schon erwähnt, doch soll noch einmal explizit gesagt werden, dass im Beweis von Satz 7.3.1 mehr als die Aussage des Satzes gezeigt wird. Im Grunde hat man als Ergebnis, dass eine Zahl (dargestellt im Stellenwertsystem zur Basis $b \geq 2$) und ihre Quersumme bei Division durch einen Teiler d von b immer denselben Rest lassen.

Beispiel 7.3.1

Im Stellenwertsystem zur Basis 7 kann man mit der Quersummenregel die Teilbarkeit durch 6 und damit auch durch 2 und 3 prüfen. Sei $a = (3512304)_7$ gegeben. Dann ist $3 + 5 + 1 + 2 + 3 + 0 + 4 = (24)_7$ durch 2 und 3 und damit durch 6 teilbar. Man beachte, dass $a = (3512304)_7$ gleichbedeutend mit

$$a = 3 \cdot 7^6 + 5 \cdot 7^5 + 1 \cdot 7^4 + 2 \cdot 7^3 + 3 \cdot 7^2 + 0 \cdot 7^1 + 4 \cdot 7^0$$
$$= 3 \cdot (7^6 - 1) + 3 + 5 \cdot (7^5 - 1) + 5 + 1 \cdot (7^4 - 1) + 1$$
$$+ 2 \cdot (7^3 - 1) + 2 + 3 \cdot (7^2 - 1) + 3 + 0 \cdot (7^1 - 1) + 0 + 4 \cdot 7^0$$

ist. Weil 6 (und damit auch 2 und 3) ein Teiler von $7^n - 1$ für alle $n \in \mathbb{N}$ ist, kann die Quersummenregel angewendet werden.

Die Kontrolle im Zehnersystem bestätigt dann natürlich auch das Ergebnis mit $a = (3512304)_7 = (440220)_{10}$, denn die im Zehnersystem geschriebene Zahl 440220 ist eine gerade Zahl und außerdem durch 3 teilbar.

Weniger bekannt sind zumeist die *alternierenden Quersummenregeln*. Man kann sie anwenden, um etwa die Teilbarkeit durch 11 bei einer im Zehnersystem gegebenen natürlichen Zahl $a = \sum_{i=0}^{n} k_i \cdot 10^i$ zu prüfen. Es gilt, dass 11 genau dann ein Teiler von a ist, falls 11 ein Teiler der alternierenden Quersumme $A(a) = \sum_{i=0}^{n} (-1)^i \cdot k_i$ ist.

Beispiel 7.3.2

Gegeben sei $a = 11484$. Dann ist $A(a) = 1 - 1 + 4 - 8 + 4 = 0$ und da 11 ein Teiler von 0 ist, muss $a = 11484$ durch 11 teilbar sein. Entsprechend ist $b = 722679$ nicht durch 11 teilbar, denn $A(b) = -7 + 2 - 2 + 6 - 7 + 9 = 1$, und 1 ist nicht durch 11 teilbar. Genauso bekommt man, dass etwa $c = 722678$ und $d = 722579$ durch 11 teilbar sind.

Was steckt hier dahinter? Nun, man überlegt sich leicht, dass bei der Teilbarkeit durch 11 im Dezimalsystem je nach Stellenwert zwei Fälle unterschieden werden müssen. Bei den geraden Zehnerpotenzen $10^2, 10^4, 10^6, \ldots$ bekommt man die durch 11 teilbaren „Nachbarn" 99, 9999, 999999, $\ldots$ durch Subtraktion von 1. Das entspricht dann genau dem Vorgehen bei der in Satz 7.3.1 formulierten Quersummenregel. Bei den ungeraden Zehnerpotenzen $10^1, 10^3, 10^5, \ldots$ bekommt man die durch 11 teilbaren „Nachbarn" 11, 1001, 100001, $\ldots$

allerdings durch Addition von 1. Entsprechend geht eine Ziffer mit positivem oder negativem Vorzeichen in die alternierende Quersumme ein. Die Argumentation klingt plausibel, man kann den Sachverhalt aber auch beweisen und sollte das tun (Übungsaufgabe 8 im Anschluss an das Kapitel).

Die alternierenden Quersummenregeln können ganz entsprechend in beliebigen Stellenwertsystemen formuliert werden. Der folgende Satz (und sein Beweis) sind daher gleich allgemein gehalten.

▶ **Satz 7.3.2** Seien $a, b \in \mathbb{N}$, $n \in \mathbb{N}_0$, $b \geq 2$ und $a = \sum_{i=0}^{n} k_i b^i$ mit $0 \leq k_i < b$. Sei $d \in \mathbb{N}$ ein Teiler von $b + 1$. Dann ist d genau dann ein Teiler von a, falls d ein Teiler von $A(a) = \sum_{i=0}^{n} (-1)^i \cdot k_i$ ist.

▶ **Beweisidee 7.3.2** Man nutzt formal nur die Beziehung $b \equiv -1 \ (mod \ d)$ und formt sie entsprechend um. Konkret steckt dahinter, dass $(-1)^n = 1$ für gerades n und $(-1)^n = -1$ für ungerades n ist, der entsprechende Stellenwert also einmal positiv und einmal negativ in die Quersumme eingeht.

▶ **Beweis 7.3.2** Da d ein Teiler von $b + 1$ ist, gilt $b \equiv -1 \ (mod \ d)$. Also ist auch $b^i \equiv (-1)^i \ (mod \ d)$. Es folgt sofort, dass dann $k_i \cdot b^i \equiv (-1)^i \cdot k_i \ (mod \ d)$ gilt. Dann ist aber auch $\sum_{i=0}^{n} k_i \cdot b^i \equiv \sum_{i=0}^{n} (-1)^i \cdot k_i \ (mod \ d)$ und somit $a \equiv A(a) \ (mod \ d)$. □

Natürlich ist der praktische Nutzen eher gering, wenn man eine Teilbarkeitsregel für die Zahl 13 im Zwölfersystem oder die Zahl 6 im Siebzehnersystem aufstellen kann. Mathematisch gesehen ist es allerdings interessant, dass und wie sich solche aus dem Dezimalsystem bekannten Regeln auf andere Stellenwertsysteme verallgemeinern lassen und welche wesentlichen Ideen über Zahlen dabei jeweils in den Beweis eingehen.

7.3.2 Endstellenregeln

Man sieht einer im Dezimalsystem dargestellten Zahl unschwer an, ob sie durch 2 teilbar ist, denn ein Blick auf die letzte Ziffer genügt. Ist diese 0 oder 2 oder 4 oder 6 oder 8, dann ist die Zahl durch 2 teilbar. Ganz entsprechend kann man auch die Teilbarkeit durch 4 bestimmen, wenn man die letzten beiden Ziffern betrachtet. So ist 232 durch 4 teilbar, denn $232 = 200 + 32$, und mit $100 = 4 \cdot 25$ ist auch $200 = 2 \cdot 100$ durch 4 teilbar. Außerdem ist 4 ein Teiler von 32. Die gleiche Argumentation gilt für alle Zahlen der Form $a \cdot 100 + b$. Es ist $a \cdot 100 = a \cdot 25 \cdot 4$ in jedem Fall durch 4 teilbar. Es muss also 4 ein Teiler von b sein, damit $a \cdot 100 + b$ durch 4 teilbar ist. Man macht sich schnell klar, dass eine ähnliche Überlegung zu einer Teilbarkeitsregel für 5 bzw. für 25 führt. Der Grund liegt darin, dass 2 und 5 die beiden Primteiler von 10 bzw. von 100 bzw. von 1000 oder allgemein von 10^n für jedes $n \in \mathbb{N}$ sind.

Für diese Primteiler und für Produkte dieser Primteiler lassen sich Endstellenregeln der Teilbarkeit formulieren: Eine Zahl ist durch 4 teilbar, wenn die letzten beiden Stellen durch 4 teilbar sind, sie ist durch 5 teilbar, wenn die letzte Stelle 0 oder 5 ist. Also ist sie durch 20 = 4 · 5 teilbar, wenn die letzten beiden Stellen durch 20 teilbar sind. Bei „zusammengesetzten" Zahlen mit Potenzen der Primteiler 2 und 5 entscheidet der Primfaktor mit der höheren Potenz über die zu betrachtende Stellenanzahl. Formalisiert wird diese Überlegung in Satz 7.3.3.

Auch hier ist die Argumentation nicht auf das Dezimalsystem beschränkt. Man kann ganz allgemein in einem beliebigen Stellenwertsystem zu einer Basis b Teilbarkeitsregeln für eine natürliche Zahl d formulieren, indem bestimmte Endstellen einer Zahl betrachtet werden. Die Voraussetzung ist auch hier, dass d sich aus Primteilern von b zusammensetzt.

Der folgende Satz fasst die Überlegungen im allgemeinen Fall zusammen. Die etwas abschreckende Darstellung mit den vielen Indizes sollte nicht darüber hinwegtäuschen, dass die Aussage selbst wirklich sehr einfach ist. Verzweifeln Sie also nicht an der sehr formalen Darstellung.

▶ **Satz 7.3.3** Seien $b, d, \ell \in \mathbb{N}$, $n \in \mathbb{N}_0$ und $b \geq 2$. Sei $a \in \mathbb{N}$ und $a = \sum_{i=0}^{n} k_i b^i$ mit $k_i \in \mathbb{N}_0$, $0 \leq k_i < b$ und $k_n \neq 0$. Sei d ein Teiler von b^ℓ. Dann ist d ein Teiler von a genau dann, wenn d ein Teiler von $\sum_{i=0}^{\ell-1} k_i b^i$ ist.

▶ **Beweisidee 7.3.3** Man spaltet die Zahl in zwei Summanden auf, die (locker gesprochen) aus den letzten ℓ Ziffern und dem „vorderen Teil" bestehen. Der „vordere Teil" ist durch b^ℓ teilbar (man klammert entsprechend b^ℓ aus, um das deutlich zu machen), also kommt es nur auf die letzten ℓ Ziffern an. Der Beweis liest sich schlecht (genauso wie ja schon der Satz selbst) und ist dabei nichts anderes als eine einfache Rechnerei. Tipp: Falls es Probleme gibt, sollte man sich die Beweisidee für eine konkrete, im Zehnersystem dargestellte Zahl klar machen.

▶ **Beweis 7.3.3** Sei $n \geq \ell$. Es gilt

$$a = \sum_{i=0}^{n} k_i b^i = \sum_{i=0}^{\ell-1} k_i b^i + \sum_{i=\ell}^{n} k_i b^i = \sum_{i=0}^{\ell-1} k_i b^i + b^\ell \cdot \sum_{i=\ell}^{n} k_i b^{i-\ell}.$$

Also ist d ein Teiler von a genau dann, wenn d ein Teiler von $\sum_{i=0}^{\ell-1} k_i b^i + b^\ell \cdot \sum_{i=\ell}^{n} k_i \cdot b^{i-\ell}$ ist. Da d nach Voraussetzung b^ℓ teilt, ist das aber genau dann der Fall, wenn d ein Teiler von $\sum_{i=0}^{\ell-1} k_i b^i$ ist. Falls $n < \ell$ ist, lautet die Behauptung im Prinzip $d|a \iff d|a$, und das ist (wirklich!) trivialerweise erfüllt.   □

Beispiele für Endstellenregeln im Dezimalsystem sind die bereits genannten Regeln für 2 und 4 im Dezimalsystem. Entsprechend ist eine Zahl im Dezimalsystem durch 8 bzw. durch 125 teilbar, wenn die Zahl, die aus ihren letzten drei Ziffern gebildet wird, durch 8 bzw. 125

teilbar ist. Die einfachen Regeln für die Teilbarkeit durch 10, 100 oder 1000 leitet man leicht ab, genauso auch für die Teilbarkeit durch 50 oder 250. Im Stellenwertsystem zur Basis 8 kann man Endstellenregeln nur für Vielfache von 2 bestimmen. Eine Zahl ist beispielsweise durch 4 teilbar, wenn die letzte Ziffer entweder 0 oder 4 ist, sie ist durch 16 teilbar, falls die letzten beiden Stellen durch 16 teilbar sind, denn $16|8^2$ und selbstverständlich ist 16 hier im Dezimalsystem gemeint.

7.3.3 Zusammengesetzte und andere Teilbarkeitsregeln

Aus Gründen der Vollständigkeit soll erwähnt werden, dass man die Teiler einer Zahl manchmal besser bestimmen kann, wenn man verschiedene Regeln anwendet. So ist eine Zahl genau dann durch 6 teilbar, wenn sie durch 2 und durch 3 teilbar ist, durch 12 teilbar, wenn sie durch 3 und durch 4 teilbar ist, und durch 99 teilbar, wenn sie durch 9 und durch 11 teilbar ist. Es bietet sich also an, sowohl die entsprechende Endstellenregel als auch die Quersummenregel oder die alternierende Quersummenregel anzuwenden und so die Teilbarkeit zu prüfen. Vermutlich ist der praktische Nutzen dieser Methode aber eher auf kleinere Zahlen beschränkt.

Schließlich sollte man wissen, dass es viele Möglichkeiten für Teilbarkeitsregeln gibt, die weder mit der Quersumme noch mit den Endstellen verbunden sind. So kann folgermaßen die Teilbarkeit einer natürlichen Zahl k durch 7 feststellen: Man streicht die letzte Stelle weg, bekommt so eine neue Zahl und subtrahiert von ihr das Doppelte der gestrichenen Zahl. Die ursprüngliche Zahl ist genau dann durch 7 teilbar, falls die so entstehende Zahl durch 7 teilbar ist. Das kann man leicht einsehen, wenn man nur eine günstige Schreibweise verwendet. Setzt man $k = 10n + m$, dann entsteht daraus durch die genannte Methode die Zahl $n - 2m$. Angenommen, 7 ist ein Teiler von $10n + m$. Dann gilt:

$$7|(10n + m) \iff 7|(3n + m) \iff 7|(3n - 6m) \iff 7|3 \cdot (n - 2m) \iff 7|(n - 2m).$$

Zugegeben, der praktische Nutzen ist gering. Aber auf diese Weise eröffnen sich beispielsweise im Mathematikunterricht auch einmal Möglichkeiten, mit sehr einfachen Mitteln die eine oder andere mathematische Entdeckung zu machen.

7.4 Pseudozufallszahlen und Kongruenzen

Der nun folgende Abschnitt fällt ein wenig aus dem Rahmen. Deswegen sei angemerkt, dass die Lektüre keine Voraussetzung für das Verständnis der folgenden Kapitel ist. Der Abschnitt zeigt allerdings eine recht interessante Anwendungsmöglichkeit von Kongruenzen auf. Es sind so genannte *Pseudozufallszahlen*, also in der Regel von einem Computer erzeugte Zufallszahlen, die an dieser Stelle betrachtet werden sollen.

Wenn man ein Glücksrad mit den Ziffern 0, 1, 2, . . . 9 dreht, so wird der Zeiger zufällig über einer der Ziffern stehen bleiben. Sind die Felder mit den Ziffern gleich groß und wiederholt man das Experiment „Drehen des Glücksrads" sehr oft, so erhält man eine Folge von Ziffern, wobei jede ungefähr in einem Zehntel der Fälle getroffen wird.

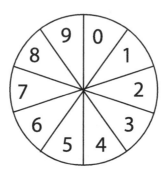

Wenn das Rad gut und gleichmäßig läuft, so bekommt man „echte" Zufallszahlen, und das sind solche, deren Erscheinen nicht durch irgendeine Regel beeinflusst wird. Bei solchen Zufallszahlen werden nicht nur alle zehn Ziffern jeweils mit etwa gleicher Wahrscheinlichkeit auftreten. Genauso werden auch bestimmte Ziffernkombinationen aus zwei, drei, vier oder mehr Ziffern mit der entsprechenden Wahrscheinlichkeit nacheinander kommen, die Ziffernkombination „27" (also erst eine 2 und danach eine 7) wird in ungefähr einem Hundertstel der Fälle, die Ziffernkombination „276" in einem Tausendstel der Fälle und die Ziffernkombination „1811" in einem Zehntausendstel aller Fälle in der Folge zu lesen sein.

Die so erzeugten *Zufallszahlen* sind für Simulationen anderer stochastischer Prozesse gut zu gebrauchen. So kann man (um bei einem ganz einfachen Beispiel zu bleiben) einen Münzwurf mit Hilfe des Glücksrads simulieren, indem man den geraden Ziffern 0, 2, 4, 6, 8 das Ereignis „Wappen" und den ungeraden Ziffern 1, 3, 5, 7, 9 das Ereignis „Zahl" zuordnet. Dann liest sich eine Folge von Zufallsziffern ganz einfach als eine Folge von Ergebnissen beim Wurf einer Münze. Bekommt man beispielsweise die Ziffernfolge 5703123498377 durch Drehen des Glücksrads, so entspricht das der Folge *ZZW ZZW ZW ZW ZZZZ* beim wiederholten Wurf einer Münze.

Nun spielen Computer gerade bei Simulationen von Prozessen eine immer größere Rolle. Insbesondere ist daher auch in Computer ein Zufallsgenerator integriert, über den entsprechende Ziffernfolgen gewonnen werden können. Im Innern eines Computers kann allerdings kein Glücksrad gedreht werden, vielmehr sind solche Ziffernketten Ergebnis eines entsprechenden Algorithmus. Man redet daher bei computererzeugten Zahlen auch nicht mehr von Zufallszahlen, sondern von *Pseudozufallszahlen*, die nach definierten Regeln erzeugt werden.

Ein solches Vorgehen hat nicht nur Nachteile, sondern mindestens einen großen Vorteil, denn Algorithmen führen bei gleichen Eingaben zur gleichen Ausgabe, und das kann man sich zu Prüf- und Testzwecken durchaus zu Nutze machen. Der zum Zufallsgenerator gehörende Algorithmus sollte allerdings in ähnlicher Weise wie das Glücksrad gewährleisten, dass einstellige, zweistellige, dreistellige … Ziffernfolgen (Zahlen) mit etwa der zu erwartenden Wahrscheinlichkeit von $\frac{1}{10}$, $\frac{1}{100}$, $\frac{1}{1000}$, … auftreten.

7.4.1 Die Erzeugung von Pseudozufallszahlen

Das Prinzip der Erzeugung von Pseudozufallszahlen ist einfach. Ist x_n eine solche Zahl, so entsteht eine weitere Zahl x_{n+1} durch Multiplikation von x_n mit einem festen Faktor a und Addition einer Konstante c, wobei das Ergebnis modulo einer weiteren Zahl m betrachtet wird. Es entsteht also für jedes x_n durch $x_{n+1} \equiv a \cdot x_n + c \ (mod\ m)$ eine Folge von Zahlen. Diese Zahlen können unter bestimmten Voraussetzungen als ein Ersatz für echte (also zum Beispiel über das Glücksrad erzeugte) Zufallszahlen dienen.

Dabei hängt die Güte der Pseudozufallszahlen entscheidend von der Wahl von a, c und m ab. Unter Güte versteht man dabei, dass aus einem Anfangswert möglichst viele verschiedene und dazu noch gut verteilte Folgezahlen entstehen. Wählt man etwa $a = 2$, $c = 0$ und $m = 1000$, so bekommt man mit $x_1 = 125$ die Zahlen $x_2 = 250$, $x_3 = 500$, $x_4 = 000$, $x_5 = 000$, und diese sind offensichtlich als Pseudozufallszahlen nicht geeignet. Wählt man noch einmal $a = 2$, $c = 0$ und $m = 1000$, aber $x_1 = 123$, so bekommt man die Zahlen $x_2 = 246$, $x_3 = 492$, $x_4 = 984$, $x_5 = 968$, und hat damit nur Zahlen x_n, die für $n > 1$ gerade sind. Damit sind auch diese Zahlen alles andere als eine gute Zufallsauswahl. Schon die Änderung $a = 3$ und $c = 1$ behebt diesen Mangel und man erhält $x_2 = 370$, $x_3 = 111$, $x_4 = 334$, $x_5 = 3$ und somit zumindest gerade und ungerade Zahlen. Die Folge geht sogar viel versprechend mit

10,	31,	94,	283,	850,	551,	654,	963,	890,	671,	14,	43,	130,
391,	174,	523,	570,	711,	134,	403,	210,	631,	894,	683,	50,	151,
454,	363,	90,	271,	814,	443,	330,	991,	974,	923,	770,	311,	934,
803,	410,	231,	694,	83,	250,	751,	254,	763,	290,	871,	614,	843,
530,	591,	774,	323,	970,	911,	734,	203,	610,	831,	494,	483,	450,
351,	54,	163,	490,	471,	414,	243,	730,	191,	574,	723,	170,	511,
534,	603,	810,	431,	294,	883,	650,	951,	854,	563,	690,	71,	214,
643,	930,	791,	374									

weiter. Doch nach genau 100 Zahlen ist Schluss: Mit der 101-ten Zahl der Folge kommt man wieder bei 123 an. Ab diesem Wert wiederholt sich dann selbstverständlich die ganze Folge. Sofort einsichtig ist, dass man auf jeden Fall allerhöchstens 1000 verschiedene Zahlen erzeugen könnte, die als Ziffernfolgen zwischen 000 und 999 gelesen werden.

Eine gute Ausgangsbasis für verschiedene Zufallsziffern sind die Werte $a = 11, c = 3$ und $m = 10$. Dann ist es sogar egal, welchen Startwert man wöhlt, denn auf jeden Fall bekommt man alle zehn Ziffern zwischen 0 und 9. Beginnt man mit $x_1 = 1$, dann rechnet man $x_2 = 4$, $x_3 = 7$, $x_4 = 0$, $x_5 = 3$, $x_6 = 6$, $x_7 = 9$, $x_8 = 2$, $x_9 = 5$, $x_{10} = 8$ und schließlich wieder $x_{11} = 1$. Damit hat man die maximale Anzahl verschiedener Zahlen modulo 10 erreicht. Das ist kein Zufall. Es gilt nämlich der folgende Satz, der hier allerdings nicht bewiesen werden soll (und mit den Inhalten des Buches auch nicht bewiesen werden kann).

▶ **Satz 7.4.1** In der Zahlenfolge (x_n), welche durch die Kongruenz $x_{n+1} \equiv a \cdot x_n + c$ *(mod m)* definiert ist, findet man genau dann die m verschiedenen Zahlen $0, 1, 2, \ldots,$ $m - 1$, falls die folgenden Bedingungen erfüllt sind: Es ist $a \equiv 1$ *(mod p)* für alle Primteiler p von m, es ist $a \equiv 1$ *(mod 4)*, falls 4 ein Teiler von m ist, und es gilt $ggT(c, m) = 1$.

Die Aussage des Satzes besagt allerdings nur, dass alle möglichen Reste modulo m auftreten, er sagt ansonsten nichts über die Güte der Pseudozufallszahlen aus. Auf keinen Fall würde es allerdings genügen, wie im Beispiel oben modulo 10 zu rechnen, denn dann wiederholt sich die Reihenfolge bereits ab der zehnten Zahl. Es ist daher äußerst interessant, Ausgangsbedingungen zu identifizieren, die zu möglichst guten Zahlen im Sinne der genannten Qualitätskriterien für Zufallszahlen führen. In diesem Sinne gute Ergebnisse erhält man beispielsweise für $a = 16807$, $c = 0$ und $m = 2147483647$ (Details findet man in [15]). Dabei ist $m = 2147483647 = 2^{31} - 1$ eine Mersenne-Primzahl (man vergleiche Definition 5.4.2), wie man in den einschlägigen Tabellen nachsehen (oder selbst nachrechnen) kann. Allerdings ist $16807 \not\equiv 1$ *(mod 2147483647)*, das heißt, nicht nur Werte, die den Kriterien von Satz 7.4.1 genügen, ergeben geeignete Pseudozufallszahlen. Es würde allerdings auch hier zu weit führen, dies zu begründen.

7.5   Übungsaufgaben

1. Beweisen Sie nur unter Benutzung von Definition 7.1.1 den Satz 7.1.2: Seien $a, b \in \mathbb{Z}$ und $m \in \mathbb{N}$. Dann ist $a \equiv b$ *(mod m)* genau dann, falls bei der eindeutigen Division mit Rest von a und b durch m die jeweiligen Reste gleich sind.
2. Seien $a, b, c, d \in \mathbb{Z}$ und $m \in \mathbb{N}$. Sei $a \equiv b$ *(mod m)*, und sei $c \equiv d$ *(mod m)*. Zeigen Sie, dass dann auch
   a) $a + c \equiv b + d$ *(mod m)*
   b) $a - c \equiv b - d$ *(mod m)*
   c) $a \cdot c \equiv b \cdot d$ *(mod m)*
   gilt. Diese Übungsaufgabe beinhaltet die Aussage von Satz 7.1.4.
3. Zeigen Sie, dass $a - b$ ein Teiler von $a^k - b^k$ ist für $a, b \in \mathbb{Z}$ mit $a \neq b$ und $k \in \mathbb{N}$.
4. a) Geben Sie an, welchen Rest 4^{100} bei Division durch 7 lässt.

b) Welchen Rest lassen 4^{1000}, 4^{10000}, 4^{100000} bei Division durch 6?

c) Welchen Rest lässt 9! bei Division durch 10, welchen Rest lässt 10! bei Division durch 11, welchen Rest lässt 11! bei Division durch 12, welchen Rest lässt 12! bei Division durch 13?

d) Untersuchen Sie, zu welcher Zahl $n!$ modulo $n + 1$ kongruent ist, falls $n + 1$ keine Primzahl ist ($n \in \mathbb{N}$).

5. Sei n eine beliebige natürliche Zahl. Zeigen Sie, dass dann sowohl

a) $n^2 \equiv n \ (mod \ 2)$ als auch

b) $n^3 \equiv n \ (mod \ 3)$

gilt. Zeigen Sie mit Hilfe eines Gegenbeispiels, dass $n^4 - n$ nicht immer durch 4 teilbar ist.

6. Seien $a_i, b_i \in \mathbb{Z}$ für $i = 1, 2, \ldots, n$ und $m \in \mathbb{N}$ und $a_i \equiv b_i \ (mod \ m)$. Dann gilt $\prod_{i=1}^{n} a_i \equiv \prod_{i=1}^{n} b_i \ (mod \ m)$.

7. Seien $a, b \in \mathbb{Z}$, $m, n \in \mathbb{N}$, und sei m ein Teiler von n. Zeigen Sie, dass dann mit $a \equiv b \ (mod \ n)$ auch $a \equiv b \ (mod \ m)$ folgt.

8. Zeigen Sie, dass die Zahlen $10^{2n} - 1$ und $10^{2n+1} + 1$ für alle $n \in \mathbb{N}$ durch 11 teilbar sind.

9. a) Welche Endstellenregeln kann man im Zehnersystem formulieren?

b) Formulieren Sie eine Endstellenregel für die Teilbarkeit durch 2^m (mit $m \in \mathbb{N}$) im Vierersystem.

10. Sei n eine natürliche Zahl.

a) Prüfen Sie, unter welcher Bedingung $\sum_{i=0}^{n-1} i \equiv 0 \ (mod \ n)$ ist.

b) Prüfen Sie, unter welcher Bedingung $\sum_{i=0}^{n-1} i^2 \equiv 0 \ (mod \ n)$ ist.

11. Zeigen Sie, dass die Menge $\mathbb{Z}_2$ der Restklassen modulo 2 bezüglich der Addition und Multiplikation von Restklassen ein Körper ist.

12. Ersetzen Sie in Definition 7.2.3 (das heißt in der Definition des Begriffs der Gruppe) die Eigenschaft (ii) durch (ii)':

(ii)' Es gibt ein $e \in G$, sodass $a \circ e = a$ für alle $a \in G$ gilt. und (iii) durch (iii)':

(iii)' Zu jedem $a \in G$ gibt es ein $a^{-1} \in G$ mit der Eigenschaft $a \circ a^{-1} = e$. Folgern Sie daraus $a^{-1} \circ a = e$ und $e \circ a = a$.

Lineare und quadratische Kongruenzen

8

Inhaltsverzeichnis

Das Kapitel schließt sich nahtlos an das vorangegangene an. Es enthält Überlegungen zur Lösbarkeit linearer Kongruenzen, wobei auch Systeme linearer Kongruenzen untersucht werden. Der erste Abschnitt liefert das Handwerkszeug und hat im Grunde eher einen technischen Charakter. In den folgenden Teilen werden dann einige Ergebnisse vorgestellt, die recht praktische Anwendungen in Bezug auf das Rechnen mit großen Zahlen haben. Darüber hinaus werden quadratische Kongruenzen betrachtet. Mit den Inhalten dieses Abschn. 8.5 kann man sich auch erst beim zweiten Lesen des Buchs beschäftigen; sie sind insbesondere keine Voraussetzung für das Verständnis der folgenden Kapitel.

8.1   Lineare Kongruenzen und ihre Lösbarkeit

Unter einer *linearen Kongruenz* versteht man eine Kongruenz der Form

$$ax \equiv b \ (mod \ m)$$

in einer Variablen x. Dabei sollen a und b ganze Zahlen und m eine natürliche Zahl sein. Es erstaunt sicher nicht, dass man sich hier ähnlich wie bei ganz normalen Gleichungen in einer Variablen die Frage stellt, ob eine solche Kongruenz in der Menge der ganzen Zahlen lösbar ist und, wenn ja, von welcher Art diese Lösungen sind. Dabei lassen sich die Grundideen

K. Reiss und G. Schmieder, *Basiswissen Zahlentheorie*, Mathematik für das Lehramt,   181
DOI: 10.1007/978-3-642-39773-8_8, © Springer-Verlag Berlin Heidelberg 2014

schon an einfachen Beispielen erkennen. In diesem Abschnitt stehen die Beispiele dann auch eher *vor* den entsprechenden Sätzen, die nicht mehr als eine Verallgemeinerung der eigentlichen Idee sind.

Beispiel 8.1.1

Gegeben ist die Kongruenz $3x \equiv 4 \pmod{7}$. Es sollen alle Lösungen $x \in \mathbb{Z}$ bestimmt werden.

Frage

Gibt es überhaupt Lösungen dieser linearen Kongruenz $3x \equiv 4 \pmod{7}$?
Die Definition 7.1.1 der Kongruenz besagt, dass $3x - 4$ ein Vielfaches von 7 ist, das heißt, dass $3x - 4 = 7y$ für geeignete $y \in \mathbb{Z}$ erfüllt sein muss. Durch Probieren kann man beispielsweise die Lösung $x = 6$ bekommen, denn es ist $3 \cdot 6 - 4 = 14 = 2 \cdot 7$. Offensichtlich erhält man weitere Lösungen durch Addition (oder Subtraktion) von 7 zur speziellen Lösung $x = 6$, denn $3 \cdot (6 + 7) - 4 = 35 = 5 \cdot 7, 3 \cdot (6 - 7) - 4 = -7 = (-1) \cdot 7$ und $3 \cdot (6 + 14) - 4 = 56 = 8 \cdot 7$. Damit gibt es insbesondere nicht nur eine Lösung der linearen Kongruenz, sondern auch $x = 13, x = -1$ und $x = 20$ erfüllen (als Beispiele unter vielen anderen Möglichkeiten) die Kongruenz. Alle diese Lösungen haben die Form $x \equiv 6 \pmod{7}$ und lassen sich damit aus der zuerst gefundenen Lösung leicht ableiten.

Frage

Sind damit alle Lösungen der linearen Kongruenz $3x \equiv 4 \pmod{7}$ gefunden? Das ist der Fall, und man überlegt sich sogar recht leicht, dass es wirklich keine weiteren Lösungen geben kann. Ist nämlich $3x_1 \equiv 4 \pmod{7}$ und $3x_2 \equiv 4 \pmod{7}$, so ist nach Folgerung 7.1.1 damit $3 \cdot (x_1 - x_2) \equiv 0 \pmod{7}$. Dann muss aber 7 ein Teiler von $(x_1 - x_2)$ sein, und somit gilt $x_1 \equiv x_2 \pmod{7}$.

Das Beispiel zeigt bereits zwei wesentliche Aspekte des Umgangs mit der linearen Kongruenz $ax \equiv b \pmod{m}$ auf. Einerseits bekommt man offensichtlich weitere Lösungen, wenn man erst einmal eine spezifische (und dabei beliebige) Lösung gefunden hat. Ist nämlich $x \in \mathbb{Z}$ eine Lösung, dann sind auch alle Zahlen der Form $x + mz$ mit $z \in \mathbb{Z}$ Lösungen. Andererseits sind alle Lösungen (zumindest) dann kongruent modulo m, falls $ggT(a, m) = 1$ ist. Gilt nämlich $ax_1 \equiv b \pmod{m}$ und $ax_2 \equiv b \pmod{m}$, dann ist nach Satz 7.1.4 auch $a \cdot (x_1 - x_2) \equiv 0 \pmod{m}$, und wegen $ggT(a, m) = 1$ muss m ein Teiler von $(x_1 - x_2)$ sein. Damit ist der folgende Satz bereits bewiesen.

▶ **Satz 8.1.1** Seien $a, b \in \mathbb{Z}$ und $m \in \mathbb{N}$. Ist $x_1 \in \mathbb{Z}$ eine Lösung der linearen Kongruenz $ax \equiv b \ (mod \ m)$, dann sind alle ganzen Zahlen $x_1 + i \cdot m$ (mit $i \in \mathbb{Z}$) Lösungen der Kongruenz. Falls $ggT(a, m) = 1$ ist, gibt es keine weiteren Lösungen. Insbesondere liegen dann alle Lösungen in einer Äquivalenzklasse modulo m.

▶ **Beweisidee 8.1.1** Man versucht, die Grundideen des speziellen Beispiels zu verallgemeinern. Und das klappt.

▶ **Beweis 8.1.1** Wie bereits erwähnt, folgt der Satz aus den Anmerkungen im Anschluss an das vorangegangene Beispiel.   □

Nun sagt der Satz 8.1.1 allerdings nichts darüber aus, ob eine lineare Kongruenz immer Lösungen haben muss. Er beantwortet auch nicht die Frage, ob es lineare Kongruenzen gibt, bei denen nicht alle Lösungen in einer gemeinsamen Äquivalenzklasse modulo m liegen. Die Antwort auf diese Fragen werden die folgenden Beispiele geben. Konkret verdeutlichen sie, dass nicht jede lineare Kongruenz lösbar ist und dass Lösungen nicht unbedingt kongruent modulo m zueinander sein müssen.

Beispiel 8.1.2

Gegeben sei die lineare Kongruenz $15x \equiv 4 \ (mod \ 9)$. Falls sie lösbar ist, müsste für eine Lösung x gelten, dass $15x - 4$ ein Vielfaches von 9 ist. Insbesondere muss $15x - 4$ dann aber auch ein Vielfaches von 3 sein. Das ist nicht möglich, da 3 ein Teiler von 15, aber nicht von 4 ist (man vergleiche Satz 4.1.1). Die lineare Kongruenz $15x \equiv 4 \ (mod \ 9)$ hat also keine Lösungen. Insbesondere gibt es also lineare Kongruenzen, die nicht lösbar sind.

Dieses Beispiel kann leicht auf einen bestimmten Typ linearer Kongruenzen verallgemeinert werden, der keine Lösungen hat. Offensichtlich ist diese Kongruenz nicht lösbar, da $ggT(15, 9) = 3$ ist und 3 kein Teiler von 4 ist. Man kann also allgemein den folgenden Zusammenhang beschreiben: Falls $ggT(a, m) = d$ von 1 verschieden und kein Teiler von b ist, dann ist d ein Teiler von ax für jedes beliebige $x \in \mathbb{Z}$, also keinesfalls ein Teiler von $ax - b$. Damit das Ergebnis nicht verloren geht, wird es noch einmal als Satz formuliert.

▶ **Satz 8.1.2** Seien $a, b \in \mathbb{Z}$ und $m \in \mathbb{N}$. Ist $ggT(a, m) = d$ kein Teiler von b, dann ist die lineare Kongruenz $ax \equiv b \ (mod \ m)$ nicht lösbar.

▶ **Beweisidee 8.1.2** Auch hier wird nur, wie schon im Beweis von Satz 8.1.1, das spezielle Beispiel verallgemeinert.

▶ **Beweis 8.1.2** Für eine Lösung der linearen Kongruenz $ax \equiv b \ (mod \ m)$ muss gelten, dass $ax - b = km$ ein Vielfaches von m ist ($k \in \mathbb{Z}$). Weil $ggT(a, m) = d$ kein Teiler von

b ist, muss insbesondere $ggT(a, m) = d > 1$ sein. Dieses d ist dann ein Teiler von ax und von km, also auch von $b = ax - km$ im Widerspruch zur Voraussetzung. $\qquad\Box$

Auch die Umkehrung dieses Satzes gilt. Man bekommt damit durch ihn eine notwendige und hinreichende Bedingung für die Lösbarkeit einer linearen Kongruenz. Dabei erklären sich diese beiden Begriffe ganz intuitiv, denn ohne die notwendige Bedingung geht es ganz und gar (aber sie alleine genügt noch nicht) und erst aus einer hinreichenden Bedingung folgert man das gewünschte Ergebnis. Die Umkehrung von Satz 8.1.2 soll nun wegen ihrer Bedeutung als eigenständige Aussage formuliert werden.

▶ **Satz 8.1.3** Seien $a, b \in \mathbb{Z}$ und $m \in \mathbb{N}$. Ist $ggT(a, m) = d$ ein Teiler von b, dann ist die lineare Kongruenz $ax \equiv b \;(mod\; m)$ lösbar.

▶ **Beweisidee 8.1.3** Man nutzt die Eigenschaft, dass sich der größte gemeinsame Teiler zweier ganzer Zahlen als Linearkombination dieser Zahlen darstellen lässt. In den Bezeichnungen des Satzes stellt man also d als Linearkombination von a und m dar. Durch geschicktes Rechnen, Einsetzen und Umformen konstruiert man damit eine Lösung der linearen Kongruenz.

▶ **Beweis 8.1.3** Sei $d = ggT(a, m)$ ein Teiler von b (damit ist dann auch der Spezialfall $ggT(a, m) = 1$ gleich eingeschlossen). Dann gibt es nach Satz 5.1.3 ganze Zahlen u und v, sodass $au + mv = d$ ist. Es folgt $au = d - mv$, das heißt, es ist $au \equiv d \;(mod\; m)$. Nun ist d ein Teiler von b, also gibt es ein $b_1 \in \mathbb{Z}$ mit $b = b_1 d$. Mit Folgerung 7.1.1 bekommt man $ab_1 u \equiv b_1 d \;(mod\; m)$, also $ab_1 u \equiv b \;(mod\; m)$. Damit ist $b_1 u \in \mathbb{Z}$ eine Lösung der linearen Kongruenz $ax \equiv b \;(mod\; m)$. $\qquad\Box$

Es bleibt noch zu klären, welche Lösungen eine lineare Kongruenz haben kann. Löst x die Kongruenz $ax \equiv b \;(mod\; m)$, so auch jedes zu x modulo m kongruente y. Das folgende Beispiel zeigt aber, dass es darüber hinaus noch weitere Lösungen von $ax \equiv b \;(mod\; m)$ geben kann (die nicht alle zueinander kongruent modulo m sind).

Beispiel 8.1.3

Gegeben sei die lineare Kongruenz $9x \equiv 12 \;(mod\; 15)$. Man rechnet leicht nach, dass $x_1 = 3$, $x_2 = 8$ und $x_3 = 13$ Lösungen sind, die in drei verschiedenen Kongruenzklassen modulo 15 liegen. Entsprechend kann man $x_1 = 1$, $x_2 = 6$ und $x_3 = 11$ als Lösungen der linearen Kongruenz $24x \equiv 9 \;(mod\; 15)$ bekommen. In beiden Fällen sieht man darüber hinaus, dass jede dieser Lösungen für eine ganze Klasse äquivalenter Lösungen steht.

Auch dieses Beispiel kann verallgemeinert werden. Offensichtlich kommt es bei der Kongruenz $ax \equiv b \;(mod\; m)$ darauf an, was man über den größten gemeinsamen Teiler $ggT(a, m)$

in Bezug auf b sagen kann. Dieses Verhältnis beschreibt der folgende Satz präzise. Benutzt wird dazu Satz 8.1.3, denn nur, wenn es überhaupt eine Lösung gibt, kann man Eigenschaften der Lösung oder der Lösungen betrachten.

▶ **Satz 8.1.4** Seien $a, b \in \mathbb{Z}$ und $m \in \mathbb{N}$. Ist $ggT(a, m) = d$ ein Teiler von b, ist also die lineare Kongruenz $ax \equiv b \ (mod \ m)$ lösbar, dann liegen die Lösungen in genau d verschiedenen Äquivalenzklassen modulo m. Sie unterscheiden sich jeweils um Vielfache der ganzen Zahl $\frac{m}{d}$.

▶ **Beweisidee 8.1.4** Der Beweis ist reine Rechnerei. Dabei werden auch ganze Zahlen benutzt, die in Form von Brüchen dargestellt werden. Es ist wichtig, sich klar zu machen, dass jede dieser Zahlen aus $\mathbb{Z}$ ist.

▶ **Beweis 8.1.4** Für $ggT(a, m) = 1$ ist die Behauptung bereits in Satz 8.1.1 bewiesen worden. Sei also $ggT(a, m) = d \neq 1$, und sei außerdem x_1 eine spezielle Lösung der linearen Kongruenz, sei also m ein Teiler von $ax_1 - b$. Eine solche spezielle Lösung existiert nach Satz 8.1.3. Da $d = ggT(a, m)$ ein Teiler von a ist, müssen $\frac{a}{d}$ und $\frac{m}{d}$ ganze Zahlen sein. Dann ist $\frac{am}{d}$ bzw. $\frac{am \cdot z}{d}$ für $z \in \mathbb{Z}$ ebenfalls eine ganze Zahl, die m als Teiler hat. Damit ist m auch ein Teiler von $ax_1 + \frac{am \cdot z}{d} - b = a \cdot (x_1 + \frac{mz}{d}) - b$, also sind die ganzen Zahlen der Form $x_1 + \frac{m \cdot z}{d}$ für alle $z \in \mathbb{Z}$ Lösungen der linearen Kongruenz. Man sieht leicht ein, dass diese Lösungen in d verschiedenen Kongruenzklassen modulo m liegen: Falls nämlich $x_1 + \frac{m \cdot z_1}{d} = x_1 + \frac{m \cdot z_2}{d}$ mit $z_1, z_2 \in \mathbb{Z}$ und $z_1, z_2 < d$ ist, so folgt $z_1 = z_2$.

Außerdem kann es keine weiteren Lösungen geben. Sind nämlich x_1, x_2 Lösungen der linearen Kongruenz, dann ist $ax_1 \equiv b \ (mod \ m)$ und $ax_2 \equiv b \ (mod \ m)$, also $a(x_1 - x_2) = km$ für ein $k \in \mathbb{Z}$. Das bedeutet $ax_1 = ax_2 + km$, und damit muss a ein Teiler von km sein. Sei $\frac{km}{a} =: u$. Weiter ist $a = a_1 d$ und $m = m_1 d$ mit teilerfremden $a_1, m_1 \in \mathbb{Z}$ (weil $d = ggT(a, m)$ ist), sodass man $u = \frac{km_1}{a_1}$ schreiben kann. Da u ganzzahlig und $ggT(a_1, m_1) = 1$ gilt, muss a_1 ein Teiler von k sein. Mit der ganzen Zahl $v := \frac{k}{a_1}$ ergibt sich nun $u = vm_1 = v\frac{m}{d}$, und somit $x_1 = x_2 + u = x_2 + v\frac{m}{d}$.

Die beiden Lösungen x_1, x_2 sind genau dann kongruent modulo m, wenn d die Zahl v teilt, falls also $v \equiv 0 \ (mod \ d)$ gilt. Also gibt es höchstens d Möglichkeiten für Lösungen, die zueinander *nicht* kongruent modulo m sind. Es folgt aus der Herleitung, dass diese d Lösungsklassen alle Lösungen beinhalten. $\square$

Falls die lineare Kongruenz $ax \equiv b \ (mod \ m)$ lösbar ist, so gibt es ein Vielfaches my von m (mit $y \in \mathbb{Z}$), sodass $ax - b = my$, also $ax - my = b$ ist. Was man damit hat, ist nun eigentlich eine Gleichung in den zwei Unbekannten x und y. Solche Gleichungen in ganzzahligen Unbekannten nennt man *diophantische Gleichungen*. Sie erinnern an den griechischen Mathematiker Diophant von Alexandria, der im 3. Jahrhundert n. Chr. lebte. Viel mehr ist über seine Lebensdaten leider nicht bekannt. In seinem Hauptwerk *Arithmetica* behandelte er lineare Gleichungen in mehreren Unbekannten, aber auch nicht lineare Gleichungen bis zum Grad 6.

Die diophantischen Gleichungen hängen nun ganz offensichtlich mit den linearen Kongruenzen zusammen. Insbesondere kann man alle ganzzahligen Lösungen dieser Gleichungen (für die man sich immer besonders interessiert) mit Hilfe der bereits bewiesenen Ergebnisse finden und damit diese Ergebnisse auf die diophantischen Gleichungen und ihre Lösungen übertragen.

▶ **Satz 8.1.5** Seien $a, b \in \mathbb{Z}$ und $ggT(a, b) = d$. Die Gleichung $ax + by = c$ hat genau dann Lösungen x, y in $\mathbb{Z}$, falls d ein Teiler von c ist. Sei durch das Paar (x_1, y_1) eine spezielle Lösung $ax_1 + by_1 = c$ gegeben. Dann bekommt man mit $x = x_1 + \frac{b}{d} \cdot z$ und $y = y_1 - \frac{a}{d} \cdot z$ für $z \in \mathbb{Z}$ alle Lösungen (x, y) der Gleichung. Insbesondere hat diese diophantische Gleichung entweder keine oder unendlich viele Lösungen (x, y) (mit $x, y \in \mathbb{Z}$).

▶ **Beweis 8.1.5** Dieser Satz folgt sofort aus Satz 8.1.4. Im Grunde wurde hier ja nur die Schreibweise geändert.   □

8.2   Anwendungen linearer Kongruenzen

Es gibt zahlreiche Anwendungen für lineare Kongruenzen, von denen eine der *Satz von Wilson* liefert. Er beschreibt einen Weg, über den man bestimmen kann, ob eine gegebene natürliche Zahl eine Primzahl ist. Zur Vorbereitung soll zunächst geklärt werden, dass die Kongruenz $a^2 \equiv 1 \pmod{p}$ für eine Primzahl p höchstens zwei verschiedene Lösungen a modulo p hat. Diese Lösungen sind $a \equiv 1 \pmod{p}$ und $a \equiv -1 \pmod{p}$ (und für $p = 2$ sind beide Lösungen identisch).

▶ **Satz 8.2.1** Sei p eine Primzahl und $a \in \mathbb{Z}$. Dann ist $a^2 \equiv 1 \pmod{p}$ genau dann, wenn $a \equiv 1 \pmod{p}$ oder $a \equiv -1 \pmod{p}$ ist.

▶ **Beweisidee 8.2.1** Man rechnet und benutzt Satz 5.1.6 (und achtet darauf, dass beide Beweisrichtungen gezeigt werden).

▶ **Beweis 8.2.1** Falls $a \equiv 1 \pmod{p}$ oder $a \equiv -1 \pmod{p}$ ist, folgt durch Quadrieren und mit Hilfe der Rechenregeln für Kongruenzen $a^2 \equiv 1 \pmod{p}$. Nimmt man umgekehrt an, dass $a^2 \equiv 1 \pmod{p}$ ist, dann ist p ein Teiler von $a^2 - 1 = (a+1) \cdot (a-1)$. Als Primzahl teilt p dann $a + 1$ oder $a - 1$ (man vergleiche Satz 5.1.6), und entsprechend ist $a \equiv -1 \pmod{p}$ oder $a \equiv 1 \pmod{p}$.   □

Angenommen, es gibt ganze Zahlen a und a', sodass $a \cdot a' \equiv 1 \ (mod \ p)$ ist, dann mag es verschiedene Paare (a, a') geben, die diese Kongruenz lösen. Allerdings kann der Fall $a = a'$ nur dann eintreten, wenn $a \equiv 1 \ (mod \ p)$ oder $a \equiv -1 \ (mod \ p)$ ist. Das wurde in Satz 8.2.1 bewiesen, und dieser Teil des Ergebnisses geht in den Beweis des folgenden Satz 8.2.2 ein, der unter dem Namen *Satz von Wilson* bekannt ist. Wenn man den Satz und den Beweis durchgearbeitet hat, dann lohnt es sich, noch einmal die Übungsaufgabe 4 aus Kapitel 7 anzusehen (Seite 178). John Wilson (1741–1793) war übrigens ein britischer Mathematiker. Auf ihn geht der Satz zurück, bewiesen wurde er aber von Joseph-Louis Lagrange (1736–1813), einem sehr bekannten italienischen Mathematiker.

▶ **Satz 8.2.2** Satz von Wilson
Sei $p > 1$ eine natürliche Zahl. Dann ist p genau dann eine Primzahl, falls $(p - 1)! \equiv -1 \ (mod \ p)$ gilt.

▶ **Beweisidee 8.2.2** Man wählt zum Beweis der einen Richtung eine Primzahl p und bestimmt dann in der Menge der Zahlen zwischen 2 und $p - 2$ geeignete Paare, deren Produkt jeweils kongruent zu 1 modulo p ist. Dies geschieht nicht explizit. Vielmehr wird theoretisch argumentiert, dass solche Paare existieren müssen. Durch Multiplikation dieser Paare und durch Multiplikation des entstandenen Produkts mit $p - 1$ ergibt sich die Behauptung. Für $p = 2$ und $p = 3$ wird übrigens direkt argumentiert, sodass $p - 2 \geq 3$ angenommen werden kann.

Für die Umkehrung nimmt man an, dass es eine Zahl p gibt, die einerseits die Bedingung $(p - 1)! \equiv -1 \ (mod \ p)$ erfüllt und andererseits als Produkt von $n, m \in \mathbb{N}$ mit $1 < n, m < p$ geschrieben werden kann. Die Betrachtung von Teilbarkeitseigenschaften führt dann zum Widerspruch.

▶ **Beweis 8.2.2** „$\Longrightarrow$": Sei p eine Primzahl. Für $p = 2$ ist $1! = 1 \equiv -1 \ (mod \ 2)$. Ebenso rechnet man $2! = 2 \equiv -1 \ (mod \ 3)$. In beiden Fällen gilt also der Satz, und man kann daher annehmen, dass p eine ungerade Primzahl mit $p \geq 5$ ist. Insbesondere ist $p - 2 \geq 3$. Sei $A = \{1, 2, 3, \ldots, p - 1\}$. Da p eine Primzahl ist, gilt $ggT(a, p) = 1$ für alle $a \in A$, denn p ist zu allen Zahlen, die kleiner als p sind, selbstverständlich teilerfremd. Also schließt man durch Anwendung von Satz 8.1.3 und Satz 8.1.4, dass die Kongruenz $a \cdot a' \equiv 1 \ (mod \ p)$ in dem Sinn lösbar ist, dass es zu jedem $a \in A$ ein eindeutig bestimmtes $a' \in A$ mit $a \cdot a' \equiv 1 \ (mod \ p)$ gibt.

Nach 8.2.1 gilt nur für $a = 1$ und $a = p - 1$ die Kongruenz $a^2 \equiv 1 \ (mod \ p)$, in allen anderen Fällen ist somit $a \neq a'$. Man kann also in $A \backslash \{1, p - 1\} = \{2, 3, \ldots, p - 2\}$ genau $\frac{p-3}{2}$ Paare (a, a') finden, für die jeweils $a \cdot a' \equiv 1 \ (mod \ p)$ ist. Es folgt, dass auch das Produkt dieser Paare kongruent zu 1 modulo p ist, also $2 \cdot 3 \cdot \ldots \cdot (p - 2) \equiv 1 \ (mod \ p)$ gilt. Damit ist dann $(p - 1)! = 1 \cdot 2 \cdot 3 \cdot \ldots \cdot (p - 2) \cdot (p - 1) \equiv 1 \cdot (p - 1) \ (mod \ p) \equiv -1 \ (mod \ p)$.

„$\Longleftarrow$": Diese Richtung wird durch einen Widerspruchsbeweis gezeigt. Sei also $p \in \mathbb{N}$ keine Primzahl und somit $p = n \cdot m$ für geeignete natürliche Zahlen $n, m > 1$. Sei außerdem $(p - 1)! \equiv -1 \ (mod \ p)$. Dann ist p ein Teiler von $(p - 1)! + 1$, also ist auch n ein Teiler von

$(p-1)! + 1$. Nun ist n aber ein Teiler von $(p-1)!$, denn es ist $n \leq p - 1$. Damit ist $n > 1$ aber auch ein Teiler von $(p-1)! + 1 - (p-1)! = 1$, und das ist nicht möglich.   □

Der folgende Satz hat sehr lange zurückreichende Wurzeln. So war offenbar schon um 500 v. Chr. chinesischen Mathematikern bekannt, dass für jede Primzahl p die Kongruenz $2^p \equiv 2 \ (mod \ p)$ gilt, also p ein Teiler von $2^p - 2$ ist. Die Verallgemeinerung auf beliebige ganze Zahlen wurde 1640 von Fermat formuliert. Ein Beweis wurde dann erstmals im 18. Jahrhundert von Euler publiziert. Bekannt ist dieser Satz als *kleiner Satz von Fermat* geworden.

Es gibt übrigens auch einen *großen Satz von Fermat*. Er besagt, dass die diophantische Gleichung $x^n + y^n = z^n$ für $n > 2$ nur triviale Lösungen, also zum Beispiel $x = y = z = 0$ oder $x = 0$ und $y = z$ hat. So einfach sich diese Behauptung aufschreiben lässt, so tiefgründig gestaltete sich der Beweis. Mehr als 350 Jahre nach der Formulierung des Problems konnte Andrew Wiles die Korrektheit von Fermats Vermutung belegen, die deswegen inzwischen als *Satz von Fermat-Wiles* bezeichnet wird. Den Rahmen eines Lehrbuchs würde dieser Beweis allerdings bei weitem sprengen.

An dieser Stelle soll nun der *kleine Satz von Fermat* zunächst für eine Primzahl p und eine zu p teilerfremde ganze Zahl a formuliert und dann bewiesen werden.

▶ **Satz 8.2.3** Kleiner Satz von Fermat
Sei p Primzahl, $a \in \mathbb{Z}$ und $ggT(a, p) = 1$. Dann ist $a^{p-1} \equiv 1 \ (mod \ p)$.

▶ **Beweisidee 8.2.3** Ausgangspunkt sind $p - 1$ geeignete Vielfache von a, deren Produkt gebildet wird. Dabei sind „geeignete" Vielfache solche, die ein Restsystem modulo p bilden, bei dem bis auf die 0 alle Reste vorkommen (man vergleiche die Bemerkungen nach Definition 7.2.1). Man kann dann beim Rechnen modulo p diese Vielfachen durch die Zahlen $1, 2, 3, \ldots, p - 1$ ersetzen und bekommt durch Umformen und Kürzen das Ergebnis.

▶ **Beweis 8.2.3** Man betrachtet die $p - 1$ ganzen Zahlen $a, 2a, 3a, \ldots, (p - 1) \cdot a$. Es ist offensichtlich, dass keine der Zahlen durch p teilbar ist, denn a und p sind teilerfremd, und es ist $ggT(i, p) = 1$ für alle $i \in \{1, 2, 3, \ldots, p - 1\}$. Entsprechend können aber auch keine zwei der Zahlen $a, 2a, 3a, \cdots, (p - 1) \cdot a$ kongruent modulo p sein. Also bilden die Zahlen $a, 2a, 3a, \ldots, (p - 1) \cdot a$ ein Restsystem modulo p, das $p - 1$ Reste enthält, die alle modulo p verschieden sind und zu denen die 0 nicht gehört.

Man kann daher das Produkt $a \cdot 2a \cdot 3a \cdot \ldots \cdot (p - 1) \cdot a$ in Bezug auf die Kongruenz modulo p durch das Produkt $1 \cdot 2 \cdot 3 \cdot \ldots \cdot (p - 1)$ ersetzen. Selbstverständlich spielt dabei die Reihenfolge der Zahlen keine Rolle. Es ist also

$$a \cdot 2a \cdot 3a \cdot \ldots \cdot (p - 1) \cdot a \equiv 1 \cdot 2 \cdot 3 \cdot \ldots \cdot (p - 1) \ (mod \ p).$$

Durch Ausklammern und Umformen bekommt man

$$a^{p-1} \cdot (p-1)! \equiv (p-1)! \ (mod \ p).$$

Da p und $(p-1)!$ teilerfremd sein müssen (denn p ist eine Primzahl), folgt mit Satz 7.1.6 die Behauptung $a^{p-1} \equiv 1 \ (mod \ p)$.

Alternativ ist es auch möglich, den Satz von Wilson, also Satz 8.2.2, anzuwenden und damit zu der gewünschten Aussage $a^{p-1} \equiv 1 \ (mod \ p)$ zu kommen. Man folgert sie aus $a^{p-1} \cdot (p-1)! \equiv (p-1)! \ (mod \ p)$, also $a^{p-1} \cdot (-1) \equiv (-1) \ (mod \ p)$. $\qquad \square$

Der Satz hat ganz praktische Anwendungen bei der konkreten Bestimmung des Restes, den eine (große) Zahl bei der Division durch eine Primzahl lässt. Wenn man beispielsweise den Rest von 7^{1000} bei Division durch 11 bestimmen möchte, so geht man etwa von der Kongruenz $7^{10} \equiv 1 \ (mod \ 11)$ aus. Da $7^{1000} = (7^{10})^{100}$ ist, folgt $7^{1000} \equiv 1^{100} \equiv 1 \ (mod \ 11)$.

Auch die folgende Umformulierung des Satzes kann man gelegentlich gut gebrauchen. Man kann dieses Ergebnis direkt aus dem *kleinen Satz von Fermat* ableiten. Da der Beweis nur eine winzige zusätzliche Überlegung erfordert, findet er sich weiter hinten als Lösung einer Übungsaufgabe. In der Literatur wird manchmal auch diese Formulierung als *kleiner Satz von Fermat* bezeichnet. Diese Formulierung hat den Vorteil, dass die Voraussetzung $ggT(a, p) = 1$ entfallen kann.

▶ **Satz 8.2.4** Sei p eine Primzahl und $a \in \mathbb{Z}$. Dann ist $a^p \equiv a \ (mod \ p)$.

▶ **Beweis 8.2.4** Der Beweis mit Hilfe von Satz 8.2.3 findet sich als Lösung der Übungsaufgabe 3 zu diesem Kapitel. Man findet ihn auf Seite 404. $\qquad \square$

8.3 Sätze von Euler

Eine Anwendung der Ergebnisse des vorangegangenen Abschnitts führt zum folgenden Satz, der manchmal als *Satz von Euler* bezeichnet wird.

▶ **Satz 8.3.1** Satz von Euler
Sei p eine ungerade Primzahl. Dann ist die Kongruenz $x^2 \equiv -1 \ (mod \ p)$ genau dann lösbar, wenn $p \equiv 1 \ (mod \ 4)$ ist.

▶ **Beweisidee 8.3.1** Für die eine Richtung („$\Longrightarrow$") nimmt man an, dass es eine Lösung der Kongruenz gibt. Durch geeignete Umformungen (Potenzieren, Anwendung des kleinen Satz von Fermat) zeigt man, dass dann $\frac{p-1}{2}$ gerade ist, also $p - 1$ durch 4 teilbar sein muss.

Zum Beweis der anderen Richtung („$\Longleftarrow$") zeigt man die Kongruenz $(p-1)! \equiv (1 \cdot 2 \cdot \ldots \cdot \frac{p-1}{2})^2 \pmod p$. Damit ist $(p-1)! \equiv x^2 \pmod p$ (für die konkrete Zahl $x = 1 \cdot 2 \cdot \ldots \cdot \frac{p-1}{2}$). Nach dem Satz von Wilson 8.2.2 ist $(p-1)! \equiv (-1) \pmod p$, also ist $(p-1)! \equiv x^2 \equiv (-1) \pmod p$, und man hat eine Lösung konstruiert. Gerade diese zweite Richtung sieht eher abschreckend aus, obwohl (und weil) es sich eigentlich nur um einfache Rechnungen handelt. Es gibt sicherlich elegantere mathematische Beweise (wobei es selbstverständlich für mathematische Eleganz kein wohldefiniertes und objektives Kriterium gibt).

▶ **Beweis 8.3.1** „$\Longrightarrow$": Gegeben sei die (lösbare) Kongruenz $x^2 \equiv -1 \pmod p$. Daraus folgert man

$$(x^2)^{\frac{p-1}{2}} \equiv (-1)^{\frac{p-1}{2}} \pmod p.$$

Man bekommt $(x^2)^{\frac{p-1}{2}} = x^{p-1}$ durch (einfachstes) Rechnen, und nach dem *kleinen Satz von Fermat* ist $x^{p-1} \equiv 1 \pmod p$. Es folgt $1 \equiv (-1)^{\frac{p-1}{2}} \pmod p$, und damit ist p ein Teiler von $1 - (-1)^{\frac{p-1}{2}}$.

Nun ist aber entweder $1 - (-1)^{\frac{p-1}{2}} = 1 - 1 = 0$ oder $1 - (-1)^{\frac{p-1}{2}} = 1 + 1 = 2$. Weil p eine ungerade Primzahl ist, kann p insbesondere kein Teiler von 2 sein. Also muss $1 - (-1)^{\frac{p-1}{2}} \neq 2$ sein. Damit ist $1 = (-1)^{\frac{p-1}{2}}$. Also ist $\frac{p-1}{2}$ gerade, somit $p - 1$ durch 4 teilbar und es folgt die Behauptung $p \equiv 1 \pmod 4$.

„$\Longleftarrow$": Sei umgekehrt $p \equiv 1 \pmod 4$ für die ungerade Primzahl p. Dann ist $p - 1$ durch 4 teilbar, also auch $\frac{p-1}{2}$ eine gerade Zahl. Man betrachtet nun $(p-1)!$, stellt die Faktoren im Hinblick auf ihre Kongruenzeigenschaften günstig dar und ordnet sie ebenfalls günstig an. Es ist

$$(p-1)! = 1 \cdot 2 \cdot 3 \cdot \ldots \cdot \frac{p-1}{2} \cdot \frac{p+1}{2} \cdot \ldots \cdot (p-1)$$

$$= 1 \cdot 2 \cdot 3 \cdot \ldots \cdot \frac{p-1}{2} \cdot \left(p - \frac{p-1}{2}\right) \cdot \ldots \cdot (p-2) \cdot (p-1)$$

$$= 1 \cdot 2 \cdot 3 \cdot \ldots \cdot \frac{p-1}{2} \cdot (p-1) \cdot (p-2) \cdot \ldots \cdot \left(p - \frac{p-1}{2}\right).$$

Offensichtlich ist $p - 1 \equiv -1 \pmod p$ und allgemein $p - a \equiv -a \pmod p$ für jedes $a \in \mathbb{N}$. Also gilt insgesamt (und unter bewusster Wiederholung von zwei der eben geschriebenen Zeilen)

$$(p-1)! = 1 \cdot 2 \cdot 3 \cdots \frac{p-1}{2} \cdot \frac{p+1}{2} \cdot \ldots \cdot (p-1)$$

$$= 1 \cdot 2 \cdot 3 \cdot \ldots \cdot \frac{p-1}{2} \cdot (p-1) \cdot (p-2) \cdot \ldots \cdot \left(p - \frac{p-1}{2}\right)$$

$$\equiv 1 \cdot 2 \cdot 3 \cdot \ldots \cdot \frac{p-1}{2} \cdot (-1) \cdot (-2) \cdot \ldots \cdot \left(-\frac{p-1}{2}\right) \pmod p.$$

Da $\frac{p-1}{2}$ gerade ist, bekommt man eine gerade Anzahl von negativen Faktoren, und es folgt

$$(p-1)! \equiv \left(1 \cdot 2 \cdot \ldots \cdot \frac{p-1}{2}\right)^2 \ (mod \ p).$$

Da nach Satz 8.2.2 die Kongruenz $(p-1)! \equiv -1 \ (mod \ p)$ gilt, hat man die Behauptung bewiesen. Konkret ist $x = 1 \cdot 2 \cdot \ldots \cdot \frac{p-1}{2}$ eine Lösung der Kongruenz. $\square$

Mit Hilfe von Satz 8.3.1 kann man nun zeigen, dass es unendlich viele Primzahlen p gibt, für die $p \equiv 1 \ (mod \ 4)$ ist. Man geht im Beweis wieder einmal von einer endlichen und nicht leeren Menge von Primzahlen dieser Form aus (und wegen $5 \equiv 1 \ (mod \ 4)$ gibt es mindestens eine solche Primzahl, und das Vorgehen ist legitim). Aus diesen Primzahlen wird eine neue mit der gesuchten Eigenschaft konstruiert. Damit hat man den Satz bewiesen und einen weiteren Beweis gefunden, dass es unendlich viele Primzahlen gibt. Betrachtet man diesen Beweis und den Beweis von Satz 4.2.4 sowie den Beweis von Satz 4.2.8 und den Beweis von Satz 5.4.5 (von den Übungsaufgaben ganz zu schweigen), so wird jedem Leser und jeder Leserin hoffentlich noch ein wenig klarer, dass es in der Mathematik für ein Problem viele ganz verschiedene und jeweils gute und interessante Lösungen geben kann. Leider wird das immer wieder (und gerade im Rahmen des Schulunterrichts) nicht hinreichend deutlich. Viele Schülerinnen und Schüler halten Mathematik für eine Wissenschaft, die zu jedem Problem genau eine Antwort kennt. Damit würde es nicht lösbare Probleme genauso wenig geben wie Probleme mit mehreren Lösungen, und das wäre doch wirklich sehr schade.

▶ **Satz 8.3.2** Es gibt unendlich viele Primzahlen p, für die $p \equiv 1 \ (mod \ 4)$ ist.

▶ **Beweis 8.3.2** Es ist $5 \equiv 1 (mod \ 4)$, also gibt es mindestens eine Primzahl mit dieser Eigenschaft. Seien $p_1, p_2, \ldots, p_n$ die kleinsten n Primzahlen, für die $p_i \equiv 1 \ (mod \ 4)$ erfüllt ist. Man betrachtet $k = (\prod_{i=1}^{n} p_i)^2 + 1$. Sei p ein Primteiler von k. Dann ist $k = (\prod_{i=1}^{n} p_i)^2 + 1 \equiv 0 \ (mod \ p)$, also $(\prod_{i=1}^{n} p_i)^2 \equiv -1 \ (mod \ p)$. Mit Satz 8.3.1 folgt $p \equiv 1 \ (mod \ 4)$. Da $p \neq p_i$ (für $i = 1, \ldots, n$), muss p eine weitere Primzahl mit der gesuchten Eigenschaft sein. $\square$

Man kann auch Satz 8.2.3, den *kleinen Satz von Fermat*, auf mehrere und prinzipiell recht verschiedene Arten beweisen. Insbesondere gibt es auch eine sehr praktische Verallgemeinerung, die als *Satz von Fermat-Euler* bekannt ist und als Spezialfall den *kleinen Satz von Fermat* umfasst. Dazu ist ein neuer Begriff nützlich, nämlich der Begriff der *Euler'schen φ-Funktion*. Diese Funktion wird auf der Menge $\mathbb{N}$ der natürlichen Zahlen definiert, wobei jeder natürlichen Zahl n als Funktionswert die *Anzahl* der zu n teilerfremden Zahlen m mit $m \leq n$ zugeordnet wird. Damit ist offensichtlich $\varphi(1) = 1$, $\varphi(4) = 2$, $\varphi(6) = 2$ und $\varphi(11) = 10$. In Kapitel 14 wird übrigens auf Eigenschaften der Euler'schen φ-Funktion explizit eingegangen.

▶ **Definition 8.3.1** Die *Euler'sche φ-Funktion* ordnet jeder natürlichen Zahl n die Anzahl $\varphi(n)$ aller natürlichen Zahlen zu, die nicht größer als n und zu n teilerfremd sind. Es ist also $\varphi(n)$ die Anzahl aller $m \in \mathbb{N}$ mit $m \leq n$ und $ggT(n, m) = 1$.

Auf Eigenschaften dieser Funktion wird, wie bereits erwähnt, an späterer Stelle eingegangen. Für die folgende Anwendung muss man nur wissen, dass $\varphi(p) = p - 1$ für alle Primzahlen p gilt. Das ist leicht einzusehen, denn schließlich ist eine Primzahl p nach Definition zu allen Zahlen zwischen 1 und $p - 1$ teilerfremd. Die Behauptung des folgenden Satzes ist nun, dass $a^{\varphi(n)} \equiv 1 \ (mod \ n)$ immer dann gilt, wenn die natürlichen Zahlen a und n teilerfremd sind. Setzt man für n eine zu a teilerfremde Primzahl p ein, dann ist $\varphi(n) = p - 1$ und somit $a^{p-1} \equiv 1 \ (mod \ p)$. Das ist aber gerade die Aussage von Satz 8.2.3, dem *kleinen Satz von Fermat*.

▶ **Satz 8.3.3** Satz von Fermat-Euler
Sei n eine natürliche Zahl und a eine zu n teilerfremde ganze Zahl. Dann ist

$$a^{\varphi(n)} \equiv 1 \ (mod \ n).$$

Insbesondere folgt $a^{p-1} \equiv 1 \ (mod \ p)$, falls p eine Primzahl ist, die zu $a \in \mathbb{N}$ teilerfremd ist.

▶ **Beweisidee 8.3.3** Man geht auch hier, wie im Beweis von Satz 8.2.3, von einem geeigneten Restsystem aus. Es besteht in diesem Fall aus allen natürlichen Zahlen, die teilerfremd zu n und gleichzeitig nicht größer als n sind. Das sind genau $\varphi(n)$ Zahlen. Alle diese Zahlen werden mit der ganzen Zahl a multipliziert. Weil a und n keine gemeinsamen Teiler haben, entsteht so ein neues Restsystem, und die beiden Restsysteme sind äquivalent. Man bildet also wieder die Produkte der Zahlen aus dem jeweiligen Restsystem und wendet die Kürzungsregel aus Satz 7.1.6 an.

▶ **Beweis 8.3.3** Es ist $\varphi(n)$ die Anzahl der zu n teilerfremden Zahlen, die nicht größer als n sind, das heißt, es gibt $\varphi(n)$ verschiedene zu n teilerfremde Reste $r_1, r_2, ..., r_{\varphi(n)}$ mit $1 \leq r_i \leq n$ für $i = 1, 2, ..., \varphi(n)$. Da $ggT(a, n) = 1$ ist, sind dann auch die Zahlen $ar_1, ar_2, ..., ar_{\varphi(n)}$ teilerfremd zu n. Dies sind insgesamt $\varphi(n)$ Zahlen.

Diese Reste sind modulo n alle verschieden. Sollte nämlich $ar_i \equiv ar_j \ (mod \ n)$ sein, so ist $a(r_i - r_j) \equiv 0 \ (mod \ n)$. Weil $ggT(a, n) = 1$ ist, gilt damit auch $r_i - r_j \equiv 0 \ (mod \ n)$, das heißt, es ist $r_i \equiv r_j \ (mod \ n)$. Also muss durch $ar_1, ar_2, ..., ar_{\varphi(n)}$ das gleiche Restsystem wie durch $r_1, r_2, ..., r_{\varphi(n)}$ gegeben sein. Insbesondere bekommt man

$$ar_1 \cdot ar_2 \cdot ... \cdot ar_{\varphi(n)} \equiv r_1 \cdot r_2 \cdot ... \cdot r_{\varphi(n)} \ (mod \ n).$$

Es folgt durch Umstellen der Faktoren

$$a^{\varphi(n)} \cdot r_1 \cdot r_2 \cdot ... \cdot r_{\varphi(n)} \equiv r_1 \cdot r_2 \cdot ... \cdot r_{\varphi(n)} \ (mod \ n).$$

Da die r_i für $i = 1, 2, \ldots, \varphi(n)$ teilerfremd zu n sind, ist auch ihr Produkt teilerfremd zu n. Damit bekommt man das Ergebnis $a^{\varphi(n)} \equiv 1 \ (mod \ n)$ durch Anwendung von Satz 7.1.6. $\qquad\qquad\qquad\qquad\qquad\qquad\qquad\qquad\qquad\qquad\qquad\qquad\qquad\qquad$ $\square$

Schließlich soll auch der *kleine Satz von Fermat* noch einmal gezeigt werden. Diese Beweisalternative geht bereits auf Euler zurück und nutzt die vollständige Induktion über a. Die Formulierung der Aussage ist dieselbe wie in Satz 8.2.4.

▶ **Satz 8.3.4** Es sei p eine Primzahl, und es sei a eine natürliche Zahl. Dann ist $a^p \equiv a \ (mod \ p)$.

▶ **Beweis 8.3.4** Mit $a = 1$ rechnet man $1^p = 1 \equiv 1 \ (mod \ p)$, und der Induktionsanfang ist gezeigt. Man nimmt nun an, dass $a^p \equiv a \ (mod \ p)$ für ein $a \in \mathbb{N}$ gilt. Nun ist $(a + 1)^p = \sum_{i=0}^{p} \binom{p}{i} a^i$ nach Satz 2.4.3, dem binomischen Lehrsatz auf Seite 49. Dabei ist der Binomialkoeffizient $\binom{p}{i}$ für alle i mit $1 \leq i \leq p - 1$ durch p teilbar. Also ist $(a + 1)^p \equiv a^p + 1 \ (mod \ p)$. Es ist außerdem $a^p \equiv a \ (mod \ p)$ nach Induktionsannahme, also auch $a^p + 1 \equiv a + 1 \ (mod \ p)$. Damit ist $(a + 1)^p \equiv a^p + 1 \equiv a + 1 \ (mod \ p)$ und die Behauptung von Satz 8.3.4 durch vollständige Induktion gezeigt. $\qquad\qquad\qquad$ $\square$

8.4   **Chinesischer Restsatz**

Gibt es eine Zahl, die bei Division durch 3 den Rest 1, bei Division durch 7 den Rest 3 und bei Division durch 11 den Rest 5 lässt? Will man Probleme dieser Art lösen, so ist es offensichtlich nicht damit getan, eine einzelne passende Gleichung aufzustellen. Vielmehr laufen sie auf ein System linearer Kongruenzen hinaus, in diesem konkreten Fall auf die linearen Kongruenzen $x \equiv 1 \ (mod \ 3)$, $x \equiv 3 \ (mod \ 7)$ und $x \equiv 5 \ (mod \ 11)$. Gesucht sind dabei die Lösungen $x \in \mathbb{Z}$, die (falls sie überhaupt existieren) alle drei Bedingungen gleichzeitig erfüllen.

    Vergleicht man zunächst die (vielleicht durch Probieren gefundenen) Lösungen von $x \equiv 1 \ (mod \ 3)$ und $x \equiv 3 \ (mod \ 7)$, also die Folge $10, 31, 52, 73, \ldots$, dann erkennt man eine offenbar dahinter liegende Gesetzmäßigkeit. Hat man nämlich eine spezielle Lösung x_1 gefunden, so bekommt man weitere Lösungen durch die Addition von ganzzahligen Vielfachen der Zahl 21, also des kleinsten gemeinsamen Vielfachen von 3 und 7. Entsprechend sind alle ganzen Zahlen der Form $x_1 + z \cdot kgV(3, 7) = x_1 + z \cdot 21$ mit $z \in \mathbb{Z}$ Lösungen beider Kongruenzen.

    Ganz ähnlich kann man verfahren, wenn man die dritte Kongruenz hinzunimmt und wiederum gemeinsame Lösungen sucht. So ist beispielsweise $x = 115$ eine gemeinsame Lösung der drei gegebenen linearen Kongruenzen. Man bekommt weitere Lösungen, indem man zu dieser Zahl ganzzahlige Vielfache von $kgV(11, 21) = 11 \cdot 21 = 231$ addiert. Die gemeinsamen Lösungen der drei linearen Kongruenzen erhält man also, indem man zu einer speziellen Lösung x_1 ganzzahlige Vielfache von 231 addiert.

Auch hier stellt sich natürlich die Frage, unter welchen Bedingungen ein solches System linearer Kongruenzen lösbar ist und wie man alle Lösungen findet. Dabei scheint der Grundgedanke (man findet eine spezielle Lösung und leitet daraus weitere Lösungen ab) leicht verallgemeinerbar. Außerdem vermutet man sofort, dass ein System von n linearen Kongruenzen modulo m_i ($1 \leq i \leq n$) zumindest dann eine Lösung hat, falls $ggT(m_j, m_k) = 1$ für $j \neq k$ ist. Daher liegt es nahe, den folgenden Satz zu formulieren, der unter dem Namen *Chinesischer Restsatz* bekannt ist.

▶ **Satz 8.4.1** Chinesischer Restsatz
Seien $m_1, m_2, \ldots, m_n$ natürliche Zahlen, die paarweise teilerfremd sind, und $a_1, a_2, \ldots, a_n$ ganze Zahlen. Dann ist das System linearer Kongruenzen

$$x \equiv a_1 \ (mod \ m_1), \ x \equiv a_2 \ (mod \ m_2), \ \ldots, \ x \equiv a_n \ (mod \ m_n)$$

lösbar. Alle Lösungen des Systems liegen in einer gemeinsamen Restklasse modulo $m = m_1 \cdot m_2 \cdot \ldots \cdot m_n$.

▶ **Beweisidee 8.4.1** Der Beweis wird konstruktiv geführt, das heißt, er liefert Lösungen eines (allgemeinen) Systems linearer Kongruenzen, das den gegebenen Bedingungen genügt. Damit zeigt er auch gleich eine (zugegebenermaßen rechenintensive) Methode auf, wie man Lösungen von konkreten Systemen linearer Kongruenzen modulo m_i (unter der Voraussetzung der paarweisen Teilerfremdheit der m_i) bestimmen kann.

Im ersten Teil des Beweises wird eine konkrete gemeinsame Lösung aller linearen Kongruenzen bestimmt, man zeigt also erst einmal die *Existenz* einer Lösung. Das mag auf den ersten Blick recht unübersichtlich aussehen, wird aber verständlich, wenn man sich die dabei angewendete Technik an einem konkreten Zahlenbeispiel klarmacht. Man vergleiche dazu das Beispiel, das im Anschluss an den Beweis gerechnet wird. Im zweiten Teil des Beweises betrachtet man zwei Lösungen und weist nach, dass ihre Differenz ein Teiler des Moduls m sein muss, sodass beide Lösungen in einer gemeinsamen Restklasse modulo $m = m_1 \cdot m_2 \cdot \ldots \cdot m_n$ liegen.

▶ **Beweis 8.4.1** Seien (wie es ja in den Voraussetzungen des Satzes festgelegt wurde) $m_1, m_2, \ldots, m_n$ paarwei se teilerfremde natürliche Zahlen, $a_j \in \mathbb{Z}$ für $j = 1, \ldots, n$ und $x \equiv a_1 \ (mod \ m_1), x \equiv a_2 \ (mod \ m_2), \ldots, x \equiv a_n \ (mod \ m_n)$ ein System linearer Kongruenzen.

Sei $m = \prod_{j=1}^{n} m_j$ das Produkt aller Zahlen m_j. Darüber hinaus definiert man Zahlen k_i (für $i = 1, \ldots, n$) als den jeweiligen Quotienten aus m und m_i. Es ist also $k_i = \frac{m}{m_i}$, das heißt, es ist $k_i = \prod_{j \neq i} m_j$. Da die m_j paarweise teilerfremd sind, muss $ggT(k_i, m_i) = 1$ sein. Jede lineare Kongruenz $k_i x \equiv 1 \ (mod \ m_i)$ hat entsprechend nach Satz 8.1.3 eine Lösung k_i'.

Man betrachtet nun $x = \sum_{j=1}^{n} a_j k_j k_j'$. Da alle m_j Teiler von k_i sind, falls $j \neq i$ ist, gilt $k_j \equiv 0 \ (mod \ m_i)$ für $j \neq i$. Also ist $x \equiv a_i k_i k_i' \ (mod \ m_i)$, und da $k_i k_i' \equiv 1 \ (mod \ m_i)$ ist, folgt $x \equiv a_i \ (mod \ m_i)$. Insbesondere ist x eine gemeinsame Lösung des Systems linearer Kongruenzen.

Sei y eine Lösung des Systems linearer Kongruenzen. Dann gilt $x \equiv a_i \ (mod \ m_i)$ und $y \equiv a_i \ (mod \ m_i)$, also $x \equiv y \ (mod \ m_i)$. Damit ist m_i für $i = 1, \ldots, n$ ein Teiler von $x - y$, also ist auch m ein Teiler von $x - y$. Es folgt $x \equiv y \ (mod \ m)$, das heißt, die Lösungen liegen in einer gemeinsamen Restklasse modulo m. □

Beispiel 8.4.1

Es soll noch einmal das System $x \equiv 1 \ (mod \ 3)$, $x \equiv 3 \ (mod \ 7)$ und $x \equiv 5 \ (mod \ 11)$ betrachtet werden. Dabei werden im Folgenden alle Bezeichnungen wie im Beweis von Satz 8.4.1 gewählt. Nach der dort beschriebenen Methode rechnet man zunächst $m = 3 \cdot 7 \cdot 11 = 231$. Damit ist $k_1 = 77$, $k_2 = 33$ und $k_3 = 21$, das heißt, man benötigt Lösungen der linearen Kongruenzen $77x \equiv 1 \ (mod \ 3)$, $33x \equiv 1 \ (mod \ 7)$ und $21x \equiv 1 \ (mod \ 11)$. Diese Lösungen existieren nach Satz 8.1.3, und man bekommt etwa $k_1' = 2$, $k_2' = 3$ und $k_3' = 10$. Es ist k_1' eine Lösung der ersten Kongruenz, k_2' eine Lösung der zweiten Kongruenz und k_3' eine Lösung der dritten Kongruenz, aber man hat so nicht unbedingt eine Lösung des Systems (und in diesem Fall tatsächlich *nicht*.) Damit ist

$$x = \sum_{j=1}^{3} a_j k_j k_j' = 1 \cdot 77 \cdot 2 + 3 \cdot 33 \cdot 3 + 5 \cdot 21 \cdot 10 = 1501.$$

Alle anderen Lösungen liegen mit x in einer gemeinsamen Restklasse modulo 231, das heißt, $y_1 = 115$ oder $y_2 = 346$ sind weitere Lösungen dieses Systems linearer Kongruenzen. Die allgemeine Lösung y ist also durch $y \equiv 115 \ (mod \ 231)$ bestimmt.

8.5 Quadratische Kongruenzen

> *Das entscheidende Kriterium ist Schönheit. Für hässliche Mathematik ist auf dieser Welt kein beständiger Platz.*
>
> Godfrey H. Hardy

Im letzten Abschnitt dieses Kapitels geht es darum, polynomiale Kongruenzen der Form $x^2 \equiv a \ (mod \ m)$ mit $a \in \mathbb{Z}$, $m \in \mathbb{N}$ und $ggT(a, m) = 1$ zu betrachten. Dabei wird zumeist der Spezialfall untersucht, dass m eine Primzahl ist. Hat m nämlich mehr als einen Primteiler, also eine Darstellung der Form $m = \prod_{i=1}^{n} p_i^{\alpha_i}$ mit $i \geq 2$, und hat die Kongruenz $x^2 \equiv a \ (mod \ m)$ eine Lösung, dann sicherlich auch die Kongruenz $x^2 \equiv a \ (mod \ p_i^{\alpha_i})$ für alle $i = 1, \ldots, n$. Also muss ohnehin nur der Fall untersucht werden, dass m eine

Primzahlpotenz und somit $m = p^\alpha$ für eine Primzahl p ist. Dann sieht man aber schnell ein, dass es genügt, sich auf den Spezialfall einer Primzahl zu beschränken.

Diese Suche nach Lösungen von Kongruenzen der Form $x^2 \equiv a \pmod{m}$ hat eine lange Geschichte und geht auf die Mathematiker Leonhard Euler (1707–1783) und Carl Friedrich Gauß (1777–1855) zurück. Die Ergebnisse dieses Abschnitts benutzen viele Begriffsbildungen und Sätze, die in vorangegangenen Abschnitten und Kapiteln eingeführt und bewiesen wurden. Sie sind damit ein wichtiges und schönes Beispiel für eine mathematische Theoriebildung, die einen kleinen Schritt weiter geht als viele andere Teile des Buchs. Es sei angemerkt, dass die Lektüre dieses Abschnitts keine Voraussetzung für das Verständnis der folgenden Kapitel ist. Wer allerdings etwas tiefer in die Zahlentheorie einsteigen will, sollte auf jeden Fall weiterlesen.

▶ **Definition 8.5.1** Eine ganze Zahl a heißt ein *quadratischer Rest* modulo m, falls $ggT(a, m) = 1$ ist und die Kongruenz $x^2 \equiv a \pmod{m}$ eine Lösung hat. Wenn die Kongruenz $x^2 \equiv a \pmod{m}$ keine Lösung hat, dann nennt man a einen *quadratischen Nichtrest* modulo m.

Beispiel 8.5.1

    (i) Für $m = 7$ berechnet man die Quadrate der natürlichen Zahlen 1, 2, 3, 4, 5 und 6. Es ist $1^2 \equiv 6^2 \equiv 1 \pmod{7}$, $3^2 \equiv 4^2 \equiv 2 \pmod{7}$ und $2^2 \equiv 5^2 \equiv 4 \pmod{7}$. Damit sind 1, 2 und 4 die quadratischen Reste modulo 7 und 3, 5 und 6 die quadratischen Nichtreste modulo 7.

   (ii) Für $m = 17$ muss man die Quadrate der natürlichen Zahlen $1, 2, 3, \ldots, 16$ berechnen. Es ist $1^2 \equiv 16^2 \equiv 1 \pmod{17}$, $6^2 \equiv 11^2 \equiv 2 \pmod{17}$, $2^2 \equiv 15^2 \equiv 4 \pmod{17}$, $5^2 \equiv 12^2 \equiv 8 \pmod{17}$, $3^2 \equiv 14^2 \equiv 9 \pmod{17}$, $8^2 \equiv 9^2 \equiv 13 \pmod{17}$, $7^2 \equiv 10^2 \equiv 15 \pmod{17}$ und $4^2 \equiv 13^2 \equiv 16 \pmod{17}$. Entsprechend sind 1, 2, 4, 8, 9, 13, 15 und 16 quadratische Reste modulo 17, wohingegen 3, 5, 6, 7, 10, 11, 12 und 14 quadratische Nichtreste modulo 17 sind.

  (iii) Der Satz von Euler 8.3.1 liefert ein weiteres Beispiel. Weil für eine ungerade Primzahl p mit $p \equiv 1 \pmod{4}$ die Kongruenz $x^2 \equiv -1 \pmod{p}$ lösbar ist, muss -1 ein quadratischer Rest modulo p sein.

Dabei ist es kein Zufall, dass es in den beiden Fällen der Beispiele (i) und (ii) dieselbe Anzahl quadratischer Reste und Nichtreste modulo 7 bzw. modulo 17 gibt. Im folgenden Satz wird gezeigt, dass es für jede Primzahl $p \neq 2$ genauso viele quadratische Reste wie Nichtreste modulo p gibt. Es ist auch kein Zufall, dass die Summe zweier Zahlen mit gleichem quadratischen Rest modulo p immer die Primzahl p ist. Im Beispiel (ii) ist etwa $1 + 16 = 6 + 11 = 2 + 15 = 5 + 12 = 3 + 14 = 8 + 9 = 7 + 10 = 4 + 13 = 17$. Es wird durch den Beweis des Satzes gezeigt, dass dies so sein muss.

▶ **Satz 8.5.1** Sei p eine ungerade Primzahl. Dann gibt es genau $\frac{p-1}{2}$ quadratische Reste und $\frac{p-1}{2}$ quadratische Nichtreste modulo p unter den Zahlen $1, \ldots, p-1$.

▶ **Beweisidee 8.5.1** Der Beweis nimmt die prinzipiellen Überlegungen aus den oben gegebenen Beispielen auf und verallgemeinert sie. Einzusehen ist diese Grundidee: Beim Quadrieren der Zahlen $1, 2, \ldots, p-1$ entstehen $p-1$ Reste, von denen aber jeweils zwei Reste identisch sind. Also bekommt man $\frac{p-1}{2}$ verschiedene Reste und entsprechend auch $\frac{p-1}{2}$ verschiedene Nichtreste modulo p.

▶ **Beweis 8.5.1** Sei $a \in \mathbb{Z}$ mit $ggT(a, p) = 1$. Man betrachtet (falls sie überhaupt vorhanden sind) die Lösungen der Kongruenz $x^2 \equiv a \ (mod \ p)$. Sei x_0 eine solche Lösung, das heißt, es sei $x_0^2 \equiv a \ (mod \ p)$. Dann ist auch $p - x_0$ eine Lösung, denn es ist $(p - x_0)^2 \equiv p^2 - 2px_0 + x_0^2 \equiv x_0^2 \equiv a \ (mod \ p)$. Angenommen, x_1 ist eine weitere Lösung der Kongruenz. Es ist $x_0^2 \equiv a \ (mod \ p)$ und $x_1^2 \equiv a \ (mod \ p)$, also $x_0^2 - x_1^2 \equiv 0 \ (mod \ p)$. Nun ist aber $x_0^2 - x_1^2 = (x_0 + x_1)(x_0 - x_1)$, und damit teilt p als Primzahl entweder $x_0 + x_1$ oder $x_0 - x_1$. Also ist $x_0 \equiv -x_1 \ (mod \ p)$ oder $x_0 \equiv x_1 \ (mod \ p)$, und es gibt nur zwei prinzipiell verschiedene Lösungen der Kongruenz, nämlich x_0 und $p - x_0$. Wegen $ggT(a, p) = 1$ muss übrigens $x_1 \neq 0$ sein.

Zusammengefasst ist damit gezeigt, dass für den Fall $ggT(a, p) = 1$ die Kongruenz $x^2 \equiv a \ (mod \ p)$ entweder genau zwei Lösungen modulo p hat oder aber nicht lösbar ist. Entsprechend entstehen $\frac{p-1}{2}$ verschiedene Reste, wenn man die Zahlen $1, \ldots, p-1$ quadriert, das heißt, es gibt $\frac{p-1}{2}$ quadratische Reste und $\frac{p-1}{2}$ quadratische Nichtreste unter den Zahlen $1, \ldots, p-1$. $\qquad \Box$

Beispiel 8.5.2

Sei $p = 11$. Weil $1^2 \equiv 10^2 \equiv 1 \ (mod \ 11), 2^2 \equiv 9^2 \equiv 4 \ (mod \ 11), 3^2 \equiv 8^2 \equiv 9 \ (mod \ 11)$, $4^2 \equiv 7^2 \equiv 5 \ (mod \ 11)$ und $5^2 \equiv 6^2 \equiv 3 \ (mod \ 11)$ ist, kann man umgekehrt schließen, dass nur die Zahlen $1, 3, 4, 5$ und 9 quadratische Reste modulo 11 sind. Die Zahlen $2, 6, 7, 8$ und 10 treten hier nicht auf, sind also quadratische Nichtreste modulo 11. Da jede Kongruenz $x^2 \equiv a \ (mod \ 11)$ genau zwei verschiedene Lösungen hat, bekommt man fünf quadratische Reste und genauso viele quadratische Nichtreste.

Der vorangegangene Satz 8.5.1 beantwortet leider nicht die Frage, wann genau die Kongruenz $x^2 \equiv a \ (mod \ m)$ lösbar ist (selbstverständlich unter der Voraussetzung, dass $a, m \in \mathbb{Z}, m > 0$ und $ggT(a, m) = 1$ ist), welche Zahlen also quadratische Reste und welche quadratische Nichtreste sind. Doch es gibt dafür Kriterien, die auf die bereits erwähnten Mathematiker Euler und Gauß zurückgehen. Zur leichteren Formulierung dieser Kriterien ist eine Schreibweise nützlich, die das so genannte *Legendre-Symbol* benutzt.

▶ **Definition 8.5.2** Sei p eine ungerade Primzahl und a eine ganze Zahl, die nicht durch p teilbar ist. Dann heißt

$$\left(\frac{a}{p}\right) := \begin{cases} 1 & \text{falls } a \text{ quadratischer Rest modulo } p \text{ ist} \\ -1 & \text{falls } a \text{ quadratischer Nichtrest modulo } p \text{ ist} \end{cases}$$

Legendre-Symbol. Es wird als „a nach p" gelesen.

Das Symbol geht auf Adrien-Marie Legendre (1752–1833), einen französischen Mathematiker, zurück. Die Begriffsbildung wirkt formal, doch sind entsprechende Beispiele einfach zu bestimmen.

Beispiel 8.5.3

(i) Es ist

$$\left(\frac{1}{7}\right) = \left(\frac{2}{7}\right) = \left(\frac{4}{7}\right) = 1$$

und

$$\left(\frac{3}{7}\right) = \left(\frac{5}{7}\right) = \left(\frac{6}{7}\right) = -1.$$

(ii) Es ist

$$\left(\frac{1}{17}\right) = \left(\frac{2}{17}\right) = \left(\frac{4}{17}\right) = \left(\frac{8}{17}\right)$$
$$= \left(\frac{9}{17}\right) = \left(\frac{13}{17}\right) = \left(\frac{15}{17}\right) = \left(\frac{16}{17}\right) = 1$$

und

$$\left(\frac{3}{17}\right) = \left(\frac{5}{17}\right) = \left(\frac{6}{17}\right) = \left(\frac{7}{17}\right)$$
$$= \left(\frac{10}{17}\right) = \left(\frac{11}{17}\right) = \left(\frac{12}{17}\right) = \left(\frac{14}{17}\right) = -1.$$

Mit Hilfe des Legendre-Symbols soll zunächst das Kriterium von Euler formuliert werden. Es gibt eine hinreichende und notwendige Bedingung dafür an, dass eine ganze Zahl quadratischer Rest modulo p ist, falls p eine ungerade Primzahl und kein Teiler von a ist.

▶ **Satz 8.5.2** Euler-Kriterium
Sei p eine ungerade Primzahl und a eine ganze Zahl mit $ggT(a, p) = 1$. Dann ist

$$\left(\frac{a}{p}\right) \equiv a^{\frac{p-1}{2}} \, (mod \ p).$$

▶ **Beweisidee 8.5.2** Man unterscheidet die Fälle $\left(\frac{a}{p}\right) = 1$ und $\left(\frac{a}{p}\right) = -1$. Im ersten Fall ist die Kongruenz lösbar, man drückt $a^{\frac{p-1}{2}}$ mit Hilfe dieser konkreten Lösung aus und bekommt durch Anwendung des *kleinen Satz von Fermat* (man vergleiche Seite 188) sehr schnell die Lösung, wobei einfach (aber geschickt) umgeformt wird. Im zweiten Fall betrachtet man die Kongruenz $bx \equiv a \, (mod \ p)$ für geeignete Zahlen b. Diese lineare Kongruenz ist lösbar. Man fasst die Lösungen geeignet zusammen und folgert mit dem *Satz von Wilson* (man vergleiche Seite 187) die Behauptung.

▶ **Beweis 8.5.2** Sei $\left(\frac{a}{p}\right) = 1$ und damit (nach Definition des Legendre-Symbols) die Kongruenz $x^2 \equiv a \, (mod \ p)$ lösbar. Sei x_0 eine Lösung der Kongruenz, also $x_0^2 \equiv a \, (mod \ p)$. Dann ist $a^{\frac{p-1}{2}} \equiv (x_0^2)^{\frac{p-1}{2}} \equiv x_0^{p-1} \, (mod \ p)$. Mit dem *kleinen Satz von Fermat* 8.2.3 folgt $x_0^{p-1} \equiv 1 \, (mod \ p)$ und somit die Kongruenz $a^{\frac{p-1}{2}} \equiv 1 \equiv \left(\frac{a}{p}\right) \, (mod \ p)$.

Ist $\left(\frac{a}{p}\right) = -1$, dann hat die Kongruenz $x^2 \equiv a \, (mod \ p)$ keine Lösungen. Sei nun $b \in \{1, 2, \ldots, p-1\}$. Nach Satz 8.1.3 ist die Kongruenz $bx \equiv a \, (mod \ p)$ für alle diese b lösbar, weil $ggT(b, p) = 1$ ist. Entsprechend gibt es zu jedem $b \in \{1, 2, \ldots, p-1\}$ ein $c \in \{1, 2, \ldots, p-1\}$ (man vergleiche Satz 8.1.4) mit $bc \equiv a \, (mod \ p)$. Dieses c ist eindeutig bestimmt, denn aus $bc_1 \equiv a \, (mod \ p)$ und $bc_2 \equiv a \, (mod \ p)$ würde folgen $b \cdot (c_1 - c_2) \equiv 0 \, (mod \ p)$ und somit $c_1 = c_2$. Es ist $b \neq c$, denn sonst hätte die quadratische Kongruenz $x^2 \equiv a \, (mod \ p)$ eine Lösung $x = b$. Also kann man $\frac{p-1}{2}$ Paare von Zahlen in der Menge $\{1, 2, \ldots, p-1\}$ identifizieren, deren Produkt jeweils kongruent zu a modulo p ist. Für das Produkt dieser Zahlen gilt somit

$$1 \cdot 2 \cdot \ldots \cdot (p-1) = (p-1)! \equiv a^{\frac{p-1}{2}} \, (mod \ p).$$

Satz 8.2.2, der *Satz von Wilson*, besagt nun, dass p genau dann eine Primzahl ist, wenn $(p-1)! \equiv -1 \, (mod \ p)$ ist. Also folgt $a^{\frac{p-1}{2}} \equiv -1 \, (mod \ p)$ und damit die Behauptung $\left(\frac{a}{p}\right) \equiv a^{\frac{p-1}{2}} \, (mod \ p)$. $\qquad \square$

Die Anwendung des Euler-Kriteriums ermöglicht es, einen einfacheren Beweis von Satz 8.3.1 zu geben. Auch dieser mathematische Satz hat also mehr als einen (guten) Beweis.

▶ **Satz 8.5.3** Satz von Euler
Sei p eine ungerade Primzahl. Dann ist $\left(\frac{-1}{p}\right) = 1$, falls $p \equiv 1 \, (mod \ 4)$ ist, und $\left(\frac{-1}{p}\right) = -1$, falls $p \equiv -1 \, (mod \ 4)$ ist.

▶ **Beweisidee 8.5.3** Man wendet Satz 8.5.2 an. Dabei unterscheidet man zwei Fälle für die ungerade Primzahl p, nämlich ob $p - 1$ oder $p + 1$ eine durch 4 teilbare Zahl ist.

▶ **Beweis 8.5.3** Nach Satz 8.5.2 ist $\left(\frac{-1}{p}\right) \equiv (-1)^{\frac{p-1}{2}}$ $(mod\ p)$. Falls $p \equiv 1$ $(mod\ 4)$ ist, gilt $p = 4k + 1$ für ein $k \in \mathbb{Z}$ und somit $(\frac{-1}{p}) \equiv (-1)^{\frac{4k+1-1}{2}} \equiv (-1)^{2k} \equiv 1$ $(mod\ p)$. Falls $p \equiv -1$ $(mod\ 4)$ ist, gilt $p = 4k + 3$ für ein $k \in \mathbb{Z}$ und somit $(\frac{-1}{p}) \equiv (-1)^{\frac{4k+3-1}{2}} \equiv (-1)^{\frac{4k+2}{2}} \equiv (-1)^{2k+1} \equiv (-1)$ $(mod\ p)$. Die Behauptung folgt mit Definition 8.5.2. □

Mit Hilfe des Euler-Kriteriums (und der Rechenregeln für Kongruenzen) kann man auch leicht bestimmen, ob eine Zahl $a \in \mathbb{Z}$ quadratischer Rest oder Nichtrest modulo einer ungeraden Primzahl p ist. Für $p = 37$ und $a = 7$ rechnet man etwa $7^{18} \equiv 1$ $(mod\ 37)$, das heißt also, dass 7 ein quadratischer Rest modulo 37 ist.

Doch der Wert des Kriteriums liegt nicht unbedingt in solchen praktischen Rechnungen. Vielmehr ist das Euler-Kriterium ein Stück Theorienbildung im Hinblick auf quadratische Reste und hat vor allem in dieser Hinsicht seine Bedeutung. Dies gilt ähnlich auch für die folgenden Überlegungen, die zum so genannten *Gauß'schen Lemma* führen. Dieses Lemma gibt ein weiteres notwendiges und hinreichendes Kriterium für quadratische Reste. Um die Beweisschritte bei diesem Lemma besser zu verstehen, ist eine Vorüberlegung anhand konkreter Zahlen hilfreich.

Sei a eine ganze Zahl und p eine ungerade Primzahl, die zu a teilerfremd ist. Betrachtet man die Zahlen $a, 2a, 3a, \ldots, \frac{p-1}{2}a$, so kann man ihre kleinsten positiven Reste modulo p bestimmen. Sei etwa $a = 4$ und $p = 7$. Dann betrachtet man die Zahlen $4, 2 \cdot 4 = 8, \frac{7-1}{2} \cdot 4 = 12$ und rechnet $4 \equiv 4$ $(mod\ 7)$, $8 \equiv 1$ $(mod\ 7)$ und $12 \equiv 5$ $(mod\ 7)$. Genauso könnte man $4 \equiv -3$ $(mod\ 7)$ und $12 \equiv -2$ $(mod\ 7)$ schreiben und hätte dann Reste, die dem Betrag nach kleiner als die zuerst berechneten wären, denn $|-3| < |4|$ und $|-2| < 5$. Diese Idee kann man verallgemeinern, das heißt, zu beliebigem $a \in \mathbb{Z}$ und einer ungeraden Primzahl p mit $ggT(a, p) = 1$ kann man die so genannten *kleinsten Reste* r_i modulo p in Bezug auf die Zahlen $a, 2a, 3a, \ldots, \frac{p-1}{2}a$ bestimmen, sodass $|r_i| < \frac{p}{2}$, also $|r_i| \leq \frac{p-1}{2}$ gilt (man vergleiche Seite 161). Diese Reste sind entsprechend aus der Menge $\{-\frac{p-1}{2}, -\frac{p-1}{2} + 1, \ldots, \frac{p-1}{2} - 1, \frac{p-1}{2}\}$ und können positiv oder negativ sein. Man sieht sofort ein, dass ein Rest 0 unter den genannten Bedingungen nicht auftreten kann.

Diese Überlegungen sind der Kern im Beweis des Gauß'schen Lemmas. Man sollte sich entsprechend auch das konkrete Zahlenbeispiel noch einmal vergegenwärtigen, wenn man beim (zugegebenermaßen nicht ganz einfachen) Beweis Verständnisprobleme hat.

▶ **Satz 8.5.4 Gauß'sches Lemma**

Sei a eine ganze Zahl, p eine ungerade Primzahl und $ggT(a, p) = 1$. Sei $A = \{ka \mid k = 1, 2, \ldots, \frac{p-1}{2}\}$ und s die Anzahl der kleinsten Reste von Elementen in A, die negativ sind. Dann gilt

$$\left(\frac{a}{p}\right) = (-1)^s.$$

▶ **Beweisidee 8.5.4** Die Idee steckt in den Vorüberlegungen, die gerade eben mit konkreten Zahlen gemacht wurden (man vergleiche Seite 200).

▶ **Beweis 8.5.4** Seien $m_1, m_2, \ldots, m_s$ die kleinsten Reste modulo p von Elementen aus A, die negative Zahlen sind, und $n_1, n_2, \ldots, n_t$ die kleinsten Reste modulo p, die positive Zahlen sind. Damit ist also $m_1, m_2, \ldots, m_s < 0$ und $n_1, n_2, \ldots, n_t > 0$.

Man zeigt nun, dass alle diese kleinsten Reste verschieden sind (und zeigt dabei sogar noch etwas spezifischer, wie verschieden sie sind). Es sei also angenommen, dass $n_i = n_j$ für irgendwelche Reste n_i, n_j ist. Dann gibt es Zahlen $q, r \in \{1, 2, \ldots, \frac{p-1}{2}\}$ mit $qa \equiv ra \ (mod \ p)$. Damit ist $(q - r) \cdot a \equiv 0 \ (mod \ p)$, das heißt, p ist ein Teiler von $q - r$. Weil $1 \le q, r \le \frac{p-1}{2}$ ist, folgt $q = r$. Ganz entsprechend kann man $m_i \ne m_j$ für $i \ne j$ folgern. Also sind alle n_i und alle m_i verschieden. Da außerdem $m_i \ne n_j$ für alle i, j gilt (denn die m_i sind negative und die n_j positive Zahlen), sind alle kleinsten Reste verschieden.

Darüber hinaus ist es auch nicht möglich, dass $p - m_i = n_j$ für irgendwelche Reste m_i und n_j ist, denn nach Wahl der m_i und n_j gilt $p - m_i > p > n_j$. Genauso ist $-m_i \ne n_j$, also $p - m_i \not\equiv n_j \ (mod \ p)$. Es gibt nämlich Elemente q, r mit $1 \le q, r \le \frac{p-1}{2}$ und $aq \equiv m_i \ (mod \ p)$ sowie $ar \equiv n_j \ (mod \ p)$. Damit ist dann auch $a \cdot (-q) \equiv -m_i \ (mod \ p)$. Für $-m_i = n_j$ könnte man $(-aq) \equiv ar \ (mod \ p)$, also $(-a) \cdot (q + r) \equiv 0 \ (mod \ p)$ folgern. Dann muss aber p ein Teiler von $q + r$ sein, was wegen $q, r \in \{1, \ldots, \frac{p-1}{2}\}$ nicht sein kann.

Also sind auch die Elemente $n_1, n_2, \ldots, n_t, p - m_1, p - m_2, \ldots, p - m_s$ verschieden. Weil die Menge dieser Zahlen („Reste") aus genau $\frac{p-1}{2}$ Elementen bestehen muss, gilt $\{n_1, n_2, \ldots, n_t, -m_1, -m_2 \ldots - m_s\} = \{1, 2, \ldots, \frac{p-1}{2}\}$ (vermutlich kann genau an dieser Stelle ein Beispiel mit konkreten Zahlen das Verständnis für den Beweisgang fördern).

Damit gilt

$$\prod_{i=1}^{t} n_i \cdot \left(-\prod_{j=1}^{s} m_j\right) = \left(\frac{p-1}{2}\right)!.$$

Entsprechend ist

$$\prod_{k=1}^{\frac{p-1}{2}} (ka) \equiv \left(\prod_{i=1}^{t} n_i\right) \cdot \left(\prod_{j=1}^{s} mj\right) \equiv (-1)^s \cdot \left(\frac{p-1}{2}\right)! \ (mod \ p).$$

Das Ausklammern von $a^{\frac{p-1}{2}}$ und die Anwendung des Euler-Kriteriums liefern nun andererseits

$$\prod_{k=1}^{\frac{p-1}{2}} (ka) = a^{\frac{p-1}{2}} \cdot \prod_{k=1}^{\frac{p-1}{2}} k \equiv \left(\frac{a}{p}\right) \cdot \left(\frac{p-1}{2}\right)! \ (mod \ p).$$

Damit folgt

$$(-1)^s \equiv \left(\frac{a}{p}\right) \ (mod \ p),$$

und weil sowohl $(-1)^s$ als auch $\left(\frac{a}{p}\right)$ entweder 1 oder -1 ist, folgt auch die Gleichheit $(-1)^s = \left(\frac{a}{p}\right)$. $\qquad\qquad\qquad\qquad\qquad\qquad\qquad\qquad\qquad\qquad\qquad\qquad\square$

Dieser Abschnitt soll mit einem Ergebnis abgeschlossen werden, das als ein zentrales Ergebnis der Zahlentheorie gewertet wird. Es ist das *quadratische Reziprozitätsgesetz*, das für voneinander verschiedene ungerade Primzahlen p und q eine Beziehung zwischen $\left(\frac{q}{p}\right)$ und $\left(\frac{p}{q}\right)$ aufzeigt. Um den Beweis des Reziprozitätsgesetzes übersichtlicher zu machen, wird zunächst ein kleiner Satz formuliert. Hierfür braucht man nun eine weitere Definition, die aber auch in anderen Fällen von Nutzen ist.

▶ **Definition 8.5.3** Sei x eine reelle Zahl. Man bezeichnet mit $[x]$ (manchmal findet man auch $\lfloor x \rfloor$ als Schreibweise dafür) die größte ganze Zahl, die kleiner oder gleich x ist.

Beispiel 8.5.4

Es ist $[3,14] = 3$, $[\pi] = 3$, $[-0,7] = -1$ und $[5] = 5$.

▶ **Satz 8.5.5** Sei p eine ungerade Primzahl und sei $a \in \mathbb{Z}$ eine ungerade Zahl mit $ggT(a, p) = 1$. Sei $\sigma = \sum_{i=1}^{\frac{p-1}{2}} \left[\frac{ia}{p}\right]$. Dann ist $\left(\frac{a}{p}\right) = (-1)^\sigma$.

▶ **Beweisidee 8.5.5** Grundlage des Beweises ist das Gauß'sche Lemma 8.5.4. Man betrachtet wiederum Reste (und dabei im Prinzip insbesondere die negativen kleinsten Reste) und rechnet, um schließlich zu zeigen, dass σ und die Anzahl der negativen kleinsten Reste kongruent modulo 2 sind. Denn dann folgt $(-1)^\sigma = (-1)^s$, und die Anwendung des Gauß'schen Lemmas führt zur Behauptung. Dabei wird hier allerdings nicht von den „negativen kleinsten Resten" geredet. Vielmehr argumentiert man über die Division mit Rest. Dabei entstehen ausschließlich positive Reste, die entweder größer oder kleiner als $\frac{p}{2}$ sind. Reste, die größer als $\frac{p}{2}$ sind, sind aber kongruent modulo p zu den entsprechenden kleinsten negativen Resten. Insofern darf man das Lemma anwenden.

▶ **Beweis 8.5.5** Nach Satz 3.2.1, dem Satz von der eindeutigen Division mit Rest, kann man für jedes $i \in \mathbb{Z}$ und damit insbesondere für jedes $i \in \{1, 2, \ldots, \frac{p-1}{2}\}$ eine eindeutige Darstellung

$$ia = p \cdot \left[\frac{ia}{p}\right] + r_i$$

mit $0 \le r_i < p$ angeben. Diese Reste r_i kann man danach sortieren, ob sie größer oder kleiner als $\frac{p}{2}$ sind. Seien $m_1, m_2, \ldots, m_s$ die Reste, die größer als $\frac{p}{2}$ sind, und $n_1, n_2, \ldots, n_t$ die Reste, die kleiner als $\frac{p}{2}$ sind. Wie in der zweiten Hälfte des Beweises des Gauß'schen Lemmas 8.5.4 auf Seite 200 (aber Achtung, dort waren die Bezeichnungen, wie im Rahmen der Beweisidee bereits angekündigt, etwas anders gewählt) kann man schließen, dass diese Reste alle verschieden sind und daher $\{p - m_i \mid i = 1, 2, \ldots, s\} \cup \{n_j \mid j = 1, 2, \ldots, t\} = \{1, 2, \ldots, \frac{p-1}{2}\}$ gilt. Dann ist

$$\sum_{i=1}^{\frac{p-1}{2}} i = \sum_{i=1}^{s} (p - m_i) + \sum_{i=1}^{t} n_i = ps - \sum_{i=1}^{s} m_i + \sum_{i=1}^{t} n_i.$$

Bildet man andererseits die Summe über alle Zahlen ia, so bekommt man

$$\sum_{i=1}^{\frac{p-1}{2}} ia = \sum_{i=1}^{\frac{p-1}{2}} \left(p \cdot \left[\frac{ia}{p} \right] \right) + \sum_{i=1}^{\frac{p-1}{2}} r_i = \sum_{i=1}^{\frac{p-1}{2}} \left(p \cdot \left[\frac{ia}{p} \right] \right) + \sum_{i=1}^{s} m_i + \sum_{i=1}^{t} n_i$$

und somit in der abgekürzten Schreibweise der Behauptung

$$\sum_{i=1}^{\frac{p-1}{2}} ia = p\sigma + \sum_{i=1}^{s} m_i + \sum_{i=1}^{t} n_i.$$

Man subtrahiert nun die beiden Gleichungen und erhält

$$\sum_{i=1}^{\frac{p-1}{2}} ia - \sum_{i=1}^{\frac{p-1}{2}} i = (a - 1) \cdot \sum_{i=1}^{\frac{p-1}{2}} i = p\sigma - ps + 2 \cdot \sum_{i=1}^{s} m_i = p \cdot (\sigma - s) + 2 \cdot \sum_{i=1}^{s} m_i.$$

Nun ist a ungerade, also $a - 1$ gerade, und da auch p ungerade ist, muss $\sigma - s$ gerade sein, das heißt, es ist $\sigma - s \equiv 0 \ (mod\ 2)$ und damit $\sigma \equiv s \ (mod\ 2)$. Mit s ist also auch σ gerade bzw. ungerade. Mit dem Gauß'schen Lemma 8.5.4 folgt die Behauptung des Satzes. □

Dieser damit bewiesene Satz ist der Kern des folgenden Beweises des *quadratischen Reziprozitätsgesetzes*.

▶ **Satz 8.5.6** Quadratisches Reziprozitätsgesetz
Es seien p und q voneinander verschiedene ungerade Primzahlen. Dann ist

$$\left(\frac{p}{q} \right) \cdot \left(\frac{q}{p} \right) = (-1)^{\frac{(p-1)(q-1)}{4}}.$$

Sind p und q kongruent zu 3 modulo 4, so ist $\left(\frac{p}{q}\right) = -\left(\frac{q}{p}\right)$. Ist eine der Zahlen kongruent zu 1 modulo 4, so gilt $\left(\frac{p}{q}\right) = \left(\frac{q}{p}\right)$.

▶ **Beweisidee 8.5.6** Man betrachtet Zahlenpaare (x, y), wobei $1 \leq x \leq \frac{q-1}{2}$ und $1 \leq y \leq \frac{p-1}{2}$ ist. Durch die Anwendung einfacher Rechenregeln kann man schließen, dass es insgesamt $\frac{p-1}{2} \cdot \frac{q-1}{2}$ dieser Paare gibt. Unterschieden werden dann solche Paare, für die $xp < yq$ gilt, und solche, für die $xp > yq$ ist (und Gleichheit kann es nicht geben). Beide Arten von Zahlenpaaren (x, y) kann man mit Hilfe von Vielfachen von $\left[\frac{p}{q}\right]$ bzw. von $\left[\frac{q}{p}\right]$ zählen. Man hat somit zwei Angaben zur Anzahl der Paare, die man gleichsetzen kann. Mit dem vorangegangenen Satz 8.5.5 folgt die Behauptung.

▶ **Beweis 8.5.6** Für die ungeraden Primzahlen p und q betrachtet man $p, 2p, \ldots, \frac{q-1}{2} \cdot p$ und $q, 2q, \ldots, \frac{p-1}{2} \cdot q$. Weil p und q teilerfremd sind, ist weder $\frac{xp}{q}$ (für $x = 1, 2, \ldots, \frac{q-1}{2}$) noch $\frac{yq}{p}$ (für $y = 1, 2, \ldots, \frac{p-1}{2}$) eine ganze Zahl, das heißt, es ist insbesondere $\frac{xp}{q} \neq y$ und somit $xp \neq yq$ für alle ganzen Zahlen x und y.

Sei $xp > yq$. Dann ist $1 \leq y < \frac{xp}{q}$, sodass es zu einem festen x genau $\left[\frac{xp}{q}\right]$ Zahlen y mit der genannten Bedingung gibt. Daher gibt es insgesamt

$$s_1 := \sum_{i=1}^{\frac{q-1}{2}} \left[\frac{ip}{q}\right]$$

Paare der Form (x, y) mit $xp > yq$.

Sei $yq > xp$. Dann ist entsprechend $1 \leq x < \frac{yq}{p}$, sodass es zu einem festen y genau $\left[\frac{yq}{p}\right]$ Zahlen x mit der genannten Bedingung gibt. Daher gibt es insgesamt

$$s_2 := \sum_{i=1}^{\frac{p-1}{2}} \left[\frac{iq}{p}\right]$$

Paare der Form (x, y) mit $yq > xp$.

Insgesamt muss es nun aber $\frac{p-1}{2} \cdot \frac{q-1}{2}$ Paare (x, y) mit $1 \leq x \leq \frac{q-1}{2}$ und $1 \leq y \leq \frac{p-1}{2}$ geben, also ist

$$s_1 + s_2 = \frac{p-1}{2} \cdot \frac{q-1}{2}.$$

Es folgt die Behauptung mit

$$\left(\frac{p}{q}\right) \cdot \left(\frac{q}{p}\right) = (-1)^{s_1} \cdot (-1)^{s_2} = (-1)^{s_1 + s_2} = (-1)^{\frac{(p-1)}{2} \cdot \frac{(q-1)}{2}} = (-1)^{\frac{(p-1)(q-1)}{4}}.$$

Die weiteren Aussagen folgen sofort, da jede ungerade Primzahl bei Division durch 4 den Rest 1 oder 3 haben muss.   □

8.6   Übungsaufgaben

1. Man bestimme die quadratischen Reste und die quadratischen Nichtreste modulo 11.
2. Man bestimme alle Lösungen des folgenden Systems linearer Kongruenzen: $x \equiv 2 \ (mod\ 3)$, $x \equiv 4 \ (mod\ 5)$ und $x \equiv 6 \ (mod\ 7)$.
3. Sei p eine Primzahl und $a \in \mathbb{Z}$. Man zeige, dass dann $a^p \equiv a \ (mod\ p)$ gilt.
4. Beweisen Sie Satz 8.2.3, den kleinen Satz von Fermat, durch vollständige Induktion Zeigen Sie also, dass $a^p \equiv a \ (mod\ p)$ gilt, falls p Primzahl, $a \in \mathbb{Z}$ und $ggT(a, p) = 1$ ist.

Teilbarkeit in Integritätsringen

9

Inhaltsverzeichnis

In diesem Kapitel werden die aus der Menge $\mathbb{Z}$ der ganzen Zahlen bekannten Teilbarkeitseigenschaften in allgemeineren Ringen untersucht. Dabei spielen die so genannten *Integritätsringe*, die gleich zu Beginn im ersten Abschnitt definiert werden, eine wichtige Rolle. In solchen Ringen lassen sich viele dieser Teilbarkeitseigenschaften übertragen und verallgemeinern. Insgesamt spielen in diesem Kapitel nur ganz bestimmte Ringe eine Rolle. Einerseits soll das Kommutativgesetz der Multiplikation erfüllt sein, man beschäftigt sich also mit kommutativen Ringen. Andererseits soll es ein Einselement und ein Nullelement geben, also die neutralen Elemente bezüglich der beiden Rechenarten (und damit gibt es dann auch mindestens zwei verschiedene Elemente in diesen Ringen).

> *Mathematik ist das Alphabet, mit dessen Hilfe Gott das Universum beschrieben hat.*
>
> Galileo Galilei

Die Betrachtungen zu Primzahlen, zur Teilbarkeit, zu Eigenschaften von Teilern und zur Division mit Rest in Kapitel 4 wurden zunächst auf die natürlichen Zahlen beschränkt und dann auf die ganzen Zahlen verallgemeinert. Nun bilden diese ganzen Zahlen zusammen mit der Addition und Multiplikation einen kommutativen Ring mit dem Einselement 1. Die Frage liegt also nahe (zumindest für den Mathematiker), ob man gewisse Grundideen auf die allgemeinere Struktur des Rings übertragen kann bzw. welche Einschränkungen und Besonderheiten dabei gegebenenfalls zu beachten sind. Die Arbeit an dieser Frage soll

K. Reiss und G. Schmieder, *Basiswissen Zahlentheorie*, Mathematik für das Lehramt,
DOI: 10.1007/978-3-642-39773-8_9, © Springer-Verlag Berlin Heidelberg 2014

im Folgenden geleistet werden. Man wird sehen, dass diese Übertragung die Einführung einiger neuer Begriffe erfordert, die das Verständnis etwa von Primzahlen oder von Teilern erweitern.

Das Kapitel hat einen eher exemplarischen Charakter. Das hauptsächliche Ziel besteht nicht darin, eine Theorie zu entwickeln und voranzutreiben, die in den folgenden Abschnitten nutzbringend angewendet werden kann. Vielmehr soll am Beispiel der Teilbarkeit aufgezeigt werden, wie eine weitergehende mathematische Theorie sich aus einem eher einfachen Kontext entwickeln kann und welche Fragen sich im Rahmen einer solchen mathematischen Theoriebildung stellen können. Prozesse der Anpassung und Übertragung bekannten Wissens auf neue Bereiche sowie des Abstrahierens und der Verallgemeinerung greifen dabei ineinander.

Vereinbarung

Unter einem *Ring* soll in diesem Kapitel immer ein *kommutativer Ring R* verstanden werden, der ein vom Nullelement verschiedenes *Einselement* hat, und damit also ein Ring, in dem ein Element $1 \in R$ existiert, das bezüglich der Multiplikation das neutrale Element ist. Darüber hinaus soll nun in allen Ringen (und damit nicht nur wie gewohnt in $\mathbb{Z}$) die Vereinbarung gelten, dass man statt „$a \cdot b$" auch „ab" schreiben darf, aber nicht muss, genauso darf man $a - b$ statt $a + (-b)$ schreiben (für $a, b \in R$). Diese Regelung gilt auch für den Ring $\mathbb{Z}_m$ der Restklassen modulo m und die dort definierte Multiplikation $\odot$.

9.1   Integritätsringe

Für alle Zahlen $a \in \mathbb{Z}$ rechnet man $a \cdot 0 = 0$. Aber auch für alle Elemente $\overline{x}$ aus einem beliebigem Restklassenring $\mathbb{Z}_n$ gilt $\overline{x} \odot \overline{0} = \overline{0}$. Das ist nicht erstaunlich, denn in jedem Ring R ist $a \cdot 0 = 0 \cdot a = 0$ für alle $a \in R$ und das Nullelement der Addition $0 \in R$. Diese Eigenschaft sieht man folgendermaßen ein: Es ist $0 = 0 + 0$, also auch $a \cdot 0 = a \cdot (0 + 0) = a \cdot 0 + a \cdot 0$, denn das Distributivgesetz ist erfüllt. Addiert man nun auf beiden Seiten $-(a \cdot 0)$, so bekommt man $0 = -(a \cdot 0) + a \cdot 0 = -(a \cdot 0) + a \cdot 0 + a \cdot 0 = a \cdot 0$. Ganz analog kann man auch $0 \cdot a = 0$ schließen. Im Grunde müsste man das an dieser Stelle nicht zeigen, da ein Ring in diesem Kapitel ohnehin als kommutativ vorausgesetzt wird. Dennoch zeigt die kleine Rechnung, dass $a \cdot 0 = 0 \cdot a = 0$ eben auch in nicht kommutativen Ringen gilt.

In der Menge $\mathbb{Z}$ der ganzen Zahlen kann man allerdings auch umgekehrt schließen, dass $ab = 0$ für $a, b \in \mathbb{Z}$ nur dann möglich ist, wenn $a = 0$ oder $b = 0$ gilt. Diese Eigenschaft kann man nicht auf beliebige Ringe übertragen. Betrachtet man etwa den Ring $\mathbb{Z}_6$ der Restklassen modulo 6, dann gilt $\overline{2} \odot \overline{3} = \overline{0}$, aber weder $\overline{2}$ noch $\overline{3}$ ist das Nullelement. Es ist also in manchen Ringen möglich, dass ein Produkt von zwei Faktoren 0 ist, obwohl beide Faktoren von 0 verschieden sind. Diese Elemente sollen in der folgenden Definition einen eigenen Namen bekommen, der auf David Hilbert (1862–1943) zurückgeht.

▶ **Definition 9.1.1** Sei R ein Ring, und sei $a \in R\backslash\{0\}$. Gibt es ein Element $b \in R\backslash\{0\}$, sodass $a \cdot b = 0$ ist, dann nennt man a einen *Nullteiler* des Rings R.

Es ist wohl überflüssig, zu erwähnen, dass mit dem Element a auch das Element b ein Nullteiler sein muss, da schließlich $b \neq 0$ in der Definition vorausgesetzt wurde. Ringe, die keine Nullteiler haben, spielen in Bezug auf Teilbarkeitseigenschaften eine besondere Rolle. Es lohnt sich also, ihnen eine eigene Bezeichnung zukommen zu lassen. Man nennt sie *Integritätsringe*, und dieser Begriff wird in der nächsten Definition genau festgelegt. Er wurde von Leopold Kronecker (1823–1891) erstmals verwendet.

▶ **Definition 9.1.2** Falls in einem Ring R aus $a \cdot b = 0$ für $a, b \in R$ immer $a = 0$ oder $b = 0$ folgt, so heißt der Ring *nullteilerfrei*. Einen nullteilerfreien Ring nennt man *Integritätsring* oder auch *Integritätsbereich*.

Beispiel 9.1.1

(i) In der Menge $\mathbb{Z}$ der ganzen Zahlen folgt aus $a \cdot b = 0$ stets $a = 0$ oder $b = 0$. Damit ist $(\mathbb{Z}, +, \cdot)$ ein Beispiel für einen Integritätsring.

(ii) Sei $\mathbb{Z}[\sqrt{2}] := \{a + b \cdot \sqrt{2} \mid a, b \in \mathbb{Z}\}$ (Sprechweise: „$\mathbb{Z}$ adjungiert $\sqrt{2}$"). Man kann die Elemente in $\mathbb{Z}[\sqrt{2}]$ wie andere reelle Zahlen addieren und multiplizieren. Es gilt nach den üblichen Rechenregeln in $\mathbb{R}$ (die hier einmal wieder als aus der Schule bekannt vorausgesetzt werden)

$$\left(a_1 + b_1\sqrt{2}\right) + \left(a_2 + b_2\sqrt{2}\right) = (a_1 + a_2) + (b_1 + b_2)\sqrt{2}$$

für die Addition und

$$\left(a_1 + b_1\sqrt{2}\right) \cdot (a_2 + b_2\sqrt{2}) = (a_1 a_2 + 2b_1 b_2) + (a_1 b_2 + a_2 b_1)\sqrt{2}$$

für die Multiplikation.

Insbesondere sieht man, dass sowohl die Summe als auch das Produkt von Zahlen aus $\mathbb{Z}[\sqrt{2}]$ wieder in $\mathbb{Z}[\sqrt{2}]$ liegen. Es ist $0 = 0 + 0 \cdot \sqrt{2} \in \mathbb{Z}[\sqrt{2}]$ und $1 = 1 + 0 \cdot \sqrt{2} \in \mathbb{Z}[\sqrt{2}]$ (wobei übrigens $a + b\sqrt{2} = 0$ genau dann gilt, wenn $a = b = 0$ ist; nimmt man nämlich $a \neq 0$ an, dann ist die Gleichung $a = -b\sqrt{2}$ mit $a, b \in \mathbb{Z}$ nicht zu erfüllen). Für ein beliebiges Element $a + b\sqrt{2}$ gilt $(a + b\sqrt{2}) + ((-a) + (-b)\sqrt{2}) = 0$, das heißt, zu jedem Element gibt es bezüglich der Addition ein inverses Element. Da die Assoziativgesetze, die Kommutativgesetze und die Distributivgesetze in $(\mathbb{R}, +, \cdot)$ erfüllt sind, müssen diese Gesetze auch in $(\mathbb{Z}[\sqrt{2}], +, \cdot)$ erfüllt sein. Damit ist $(\mathbb{Z}[\sqrt{2}], +, \cdot)$ ein kommutativer Ring mit einem Einselement.

$(\mathbb{Z}[\sqrt{2}], +, \cdot)$ ist sogar ein *Integritätsring*, denn $\mathbb{Z}[\sqrt{2}] \subset \mathbb{R}$. Weil für die reellen Zahlen a und b aus $ab = 0$ immer $a = 0$ oder $b = 0$ folgt, muss dies insbesondere für $a, b \in \mathbb{Z}[\sqrt{2}]$ erfüllt sein.

(iii) Falls R ein Integritätsring ist, so ist auch $R[X]$, der so genannte *Polynomring* über R, ein Integritätsring (man vergleiche Satz 9.1.1).

Für das letzte Beispiel reichen allerdings die bisherigen Definitionen und Sätze nicht aus. Weil es aber im Rahmen der Algebra eine so wichtige Rolle spielt, sollen im Folgenden die dazu notwendigen Betrachtungen angestellt werden. Insbesondere muss man festlegen, was unter einem *Polynomring* zu verstehen ist (man vergleiche Definition 9.1.6). Wie es bereits im Vorspann zu diesem Kapitel erwähnt wurde, beziehen sich alle Begriffsbildungen auf kommutative Ringe (was nicht immer zwingend notwendig wäre).

▶ **Definition 9.1.3** Sei R ein kommutativer Ring. Ein Polynom f in der Unbestimmten X über dem Ring R ist ein Ausdruck der Form

$$f = a_0 + a_1 X + a_2 X^2 + \ldots + a_n X^n = \sum_{i=0}^{n} a_i X^i$$

mit Elementen $a_i \in R$, den so genannten *Koeffizienten* des Polynoms. Ist $n > 0$ und $a_n \neq 0$, so heißt n der *Grad* des Polynoms. Polynome der Form $f = a$ für ein $a \in R$ heißen *konstante Polynome*. Ihnen wird der Grad 0 zugeordnet.

Das Polynom f ist also durch das Koeffiziententupel $(a_0, a_1, \ldots, a_n)$ bestimmt. Es ist dadurch sogar eindeutig bestimmt, wie die folgende Definition der Gleichheit von Polynomen zeigt.

▶ **Definition 9.1.4** Die Polynome

$$f = \sum_{i=0}^{n} a_i X^i \qquad \text{und} \qquad g = \sum_{i=0}^{m} b_i X^i$$

über dem kommutativen Ring R sind genau dann gleich, falls $n = m$ und $a_i = b_i$ für alle $i = 0, 1, \ldots, n$ gilt.

Man könnte für ein Polynom also einfach $(a_0, a_1, \ldots, a_n)$ schreiben, wenn man nur verabredet hätte, was genau damit gemeint ist. Doch die angegebene Schreibweise, in der auch die Unbestimmte X aufgeschrieben wird, ist wohl anschaulicher und bietet damit beim Rechnen vermutlich Vorteile. Für Polynome kann man nämlich Rechenoperationen festlegen, was in der folgenden Definition geschehen wird.

▶ **Definition 9.1.5** Sei $R[X]$ die Menge aller Polynome über dem kommutativem Ring R, und seien $f = \sum_{i=0}^{n} a_i X^i$ und $g = \sum_{i=0}^{m} b_i X^i$ Elemente von $R[X]$. Dann kann man eine Addition $f + g$ und eine Multiplikation $f \cdot g$ in $R[X]$ definieren.

(i) Die Addition der Polynome wird komponentenweise erklärt, das heißt, es ist

$$f + g := (a_0 + b_0) + (a_1 + b_1)X + (a_2 + b_2)X^2 + \cdots = \sum_{i=0}^{M} k_i X^i$$

mit $M = max(n, m)$ und $k_i = a_i + b_i$. Falls $M = m > n$ ist, so wird dabei $a_j = 0$ für $m \geq j > n$ gesetzt, und entsprechend, falls $M = n$ ist, wird $b_j = 0$ im Fall $n \geq j > m$ gesetzt.

(ii) Die Multiplikation der Polynome f und g erfolgt auch so, wie man es vom üblichen Rechnen gewohnt ist. Es ist

$$f \cdot g := \sum_{i=0}^{m+n} c_i X^i,$$

wobei die c_i durch „Ausmultiplizieren" gewonnen werden. Es ist also $c_i = \sum_{j+k=i} a_j b_k = \sum_{j=0}^{i} a_j b_{i-j}$.

Beispiel 9.1.2

Wählt man als Grundlage den Ring $\mathbb{Z}$ der ganzen Zahlen, so sind $f = 1 + X + 2X^2$ $\in \mathbb{Z}[X]$ und $g = 2 + X \in \mathbb{Z}[X]$ Beispiele von Polynomen über $\mathbb{Z}$. Es ist

$$f + g = (1 + X + 2X^2) + (2 + X) = 3 + 2X + 2X^2 \in \mathbb{Z}[X]$$

und

$$\begin{aligned}
f \cdot g &= (1 + X + 2X^2) \cdot (2 + X) \\
&= 1 \cdot 2 + 2 \cdot X + 1 \cdot X + X^2 + 4X^2 + 2X^3 \\
&= 2 + 3X + 5X^2 + 2X^3 \in \mathbb{Z}[X].
\end{aligned}$$

Das ist nichts anderes als eine ganz formale Rechnerei.

Im Grunde ist die „Unbestimmte" dabei kein ordentlich definierter Ausdruck. Um den Rahmen der Ausführungen nicht allzu weit werden zu lassen, soll es aber beim eher intuitiven Verständnis dessen bleiben, was eine solche Unbestimmte ist. Auf dieser Basis kann man nun das Beispiel (iii) auf Seite 210 als einen Satz formulieren.

▶ **Satz 9.1.1** Falls R ein kommutativer Ring ist, so ist auch $R[X]$ ein kommutativer Ring. Falls R ein Integritätsring ist, so ist $R[X]$ ein Integritätsring.

▶ **Beweisidee 9.1.1** Man kann die Behauptung durch einfaches Nachrechnen beweisen. Dabei werden zunächst alle Ringeigenschaften gezeigt. Es wird dann geprüft, ob mit R auch der Ring $R[X]$ nullteilerfrei ist.

▶ **Beweis 9.1.1** Es folgt sofort aus Definition 9.1.5, dass mit $f, g \in R[X]$ auch $f + g \in R[X]$ und $f \cdot g \in R[X]$ gilt. Die Assoziativität und Kommutativität der Operationen in $R[X]$ sowie die Distributivgesetze folgen aus ihrer Gültigkeit in R (man vergleiche Übungsaufgabe 2 in diesem Kapitel, in der dies teilweise gezeigt wird). Die neutralen Elemente sind die konstanten Polynome $f = 0$ (das Nullpolynom) bezüglich der Addition und $f = 1$ (das Einspolynom) bezüglich der Multiplikation. Die Existenz eines additiven Inversen zu einem Polynom $f \in R[x]$ folgt ebenfalls aus der entsprechenden Eigenschaft in R. An dieser Stelle soll ausnahmsweise auf die ausführlichen Rechnungen verzichtet werden, denn sie sind eher langweilig und fördern nicht das tiefere Verständnis für das, auf was es hier ankommt.

Zu zeigen bleibt, dass mit R auch $R[X]$ nullteilerfrei ist. Seien also $f = \sum_{i=0}^{n} a_i X^i$ und $g = \sum_{i=0}^{m} b_i X^i$ Elemente von $R[X]$ mit $a_n \neq 0$ und $b_m \neq 0$. Dann ist $f \cdot g = \sum_{i=0}^{n+m} c_i X^i$, wobei $c_{n+m} = a_n \cdot b_m$ ist. Nun ist R nullteilerfrei, also ist $a_n \cdot b_m \neq 0$. Dann ist aber auch $f \cdot g \neq 0$. Damit ist $R[X]$ nullteilerfrei und nach Definition 9.1.2 ein Integritätsring. □

▶ **Definition 9.1.6** Für einen kommutativen Ring R heißt $R[X]$ der *Polynomring* über R.

Anmerkung

Es ist übrigens R in $R[X]$ im Sinne einer Einbettung enthalten. Man denkt sich einfach alle Elemente aus R als konstante Polynome in $R[X]$, also die Polynome vom Grad 0.

Selbstverständlich gibt es auch Ringe, die keine Integritätsringe sind und die dennoch eine einfache Struktur haben. Weiter oben wurde das Beispiel des Rings $\mathbb{Z}_6$ behandelt, in dem $\bar{3} \odot \bar{2} = \bar{0}$ ist. Genauso gilt im Ring $\mathbb{Z}_{15}$ der Restklassen modulo 15 die Gleichheit $\bar{3} \odot \bar{5} = \bar{0}$, das heißt, $\mathbb{Z}_{15}$ ist ebenfalls *nicht* nullteilerfrei, also *kein* Integritätsring. Im Ring $\mathbb{Z}_{24}$ der Restklassen modulo 24 gibt es sogar mehrere Möglichkeiten, das Nullelement als Ergebnis einer Multiplikation zu bekommen, nämlich durch $\bar{3} \odot \bar{8} = \bar{6} \odot \bar{4} = \bar{2} \odot \overline{12} = \bar{0}$. Man überlegt sich leicht, dass es im Ring $\mathbb{Z}_7$ der Restklassen modulo 7 keine Elemente $\bar{a}$ und $\bar{b}$ gibt, sodass $\bar{a} \odot \bar{b} = \bar{0}$ ist.

Nun ist 7 eine Primzahl, und 15 und 24 sind keine Primzahlen. Der Ring $\mathbb{Z}_7$ ist nullteilerfrei, und $\mathbb{Z}_{15}$ und $\mathbb{Z}_{24}$ haben Nullteiler. Die Vermutung liegt nahe, dass der Ring $\mathbb{Z}_n$ der Restklassen modulo n dann (und nur dann) nullteilerfrei ist, falls n eine Primzahl ist. Ist n hingegen keine Primzahl, also $n = a \cdot b$ mit $1 < a, b < n$, dann müssen a und b Nullteiler in $\mathbb{Z}_n$ sein.

▶ **Satz 9.1.2** Der Ring $\mathbb{Z}_n$ der Restklassen modulo n ist genau dann nullteilerfrei, wenn n eine Primzahl ist.

▶ **Beweis 9.1.2** „$\Longrightarrow$": Falls $n \in \mathbb{N}$ keine Primzahl ist, so kann man natürliche Zahlen a und b mit $1 < a, b < n$ und $n = ab$ finden. Für die Elemente $\bar{a}$ und $\bar{b}$ ist also $\bar{a} \odot \bar{b} = \bar{0}$, das heißt, $\bar{a}$ und $\bar{b}$ sind Nullteiler. Der Ring $\mathbb{Z}_n$ ist damit nicht nullteilerfrei.

„$\Longleftarrow$": Sei umgekehrt n eine Primzahl und $\overline{a} \odot \overline{b} = \overline{0}$ für gewisse Elemente $\overline{a}, \overline{b} \in \mathbb{Z}_n$. Dann ist ab ein Vielfaches von n, also $ab \equiv 0 \pmod{n}$. Also ist n ein Teiler von ab. Da n eine Primzahl ist, folgt $n|a$ oder $n|b$, das heißt, es ist $\overline{a} = \overline{0}$ oder $\overline{b} = \overline{0}$. $\qquad\square$

In Ringen mit Nullteilern muss man auf einige gewohnte Rechenregeln verzichten. So gilt beispielsweise in $\mathbb{Z}_{24}$, dass $\overline{3} \odot \overline{4} = \overline{3} \odot \overline{12} = \overline{12}$ ist, aber selbstverständlich ist $\overline{4} \neq \overline{12}$. Man darf also in $\mathbb{Z}_{24}$ nicht wie gewohnt kürzen, denn die Kürzungsregeln gelten nur in Integritätsringen, wie der sehr kurze und sehr einfache Beweis des nächsten Satzes zeigt.

▶ **Satz 9.1.3** Sei R ein Integritätsring, und seien $a, b, c \in R$. Gilt $ab = ac$ für $a \neq 0$, dann folgt $b = c$. Gelten umgekehrt in einem Ring R diese Kürzungsregeln, folgt also aus $ab = ac$ mit $a \neq 0$ die Gleichung $b = c$, dann ist R ein Integritätsring.

▶ **Beweis 9.1.3** „$\Longrightarrow$": Mit $ab = ac$ folgt $ab - ac = 0$ und somit $a \cdot (b - c) = 0$ mit $a \neq 0$ nach Voraussetzung. Da R ein Integritätsring und $a \neq 0$ ist, muss $b - c = 0$ und somit $b = c$ sein.

„$\Longleftarrow$": Sei andererseits R ein nicht nullteilerfreier Ring, in dem die genannten Kürzungsregeln gelten. Dann gibt es in R Elemente $a \neq 0$ und $b \neq 0$ mit $ab = 0$. Es ist aber auch $a \cdot b = 0 \cdot b = 0$. Mit den Kürzungsregeln folgt $a = 0$, und das ist ein Widerspruch zur Voraussetzung. $\qquad\square$

9.2   Einheiten, Teiler und assoziierte Elemente

Mit dem Ergebnis von Satz 9.1.3 ist eine wesentliche Eigenschaft des Rechnens in $\mathbb{Z}$ (oder $\mathbb{Q}$ oder $\mathbb{R}$) auf beliebige Integritätsringe übertragen worden. Allerdings bedeutet diese Eigenschaft nicht, dass etwa ein beliebiges Element a des Integritätsrings in Bezug auf die Multiplikation ein inverses Element hat. Beides muss man sehr genau auseinander halten. In der Menge $\mathbb{Z}$ der ganzen Zahlen folgt für alle $a, b, c \in \mathbb{Z}$ aus $ab = ac$ immer $b = c$, falls $a \neq 0$ ist. Dennoch ist das multiplikative Inverse zu a (was man üblicherweise und, falls es existiert, als $\frac{1}{a}$ oder a^{-1} notiert) außer für $a = 1$ und $a = -1$ keine ganze Zahl. Man sieht damit auch, dass 1 und -1 in $\mathbb{Z}$ als Teiler von 1 besondere Elemente sind. Elemente mit dieser Eigenschaft spielen auch in beliebigen Ringen mit einem Einselement eine besondere Rolle und werden als *Einheiten* bezeichnet.

▶ **Definition 9.2.1** In einem Ring R mit Einselement 1 heißt das Element e eine *Einheit*, falls es ein $e^* \in R$ gibt, sodass $e \cdot e^* = e^* \cdot e = 1$ ist.

Damit sind die Einheiten in einem Ring mit Einselement also gerade die Elemente des Rings, die bezüglich der Multiplikation invertierbar sind, also (und nur etwas anders ausgedrückt) ein multiplikatives Inverses haben. Man könnte die Einheiten allerdings auch die *Teiler* von 1 nennen und damit einen weiteren aus $\mathbb{Z}$ bekannten Begriff übertragen. Das wird etwas später auch geschehen (man vergleiche Definition 9.2.2).

In Definition 9.2.1 hätte es genügt, $e \cdot e^* = 1$ zu fordern, denn in diesem Kapitel werden Ringe als *kommutativ* vorausgesetzt. Das sei gerade in Bezug auf die folgenden Beispiele noch einmal erwähnt.

Beispiel 9.2.1

(i) Der Ring $\mathbb{Z}$ der ganzen Zahlen hat nur die Einheiten 1 und -1, da das Einselement $1 \in \mathbb{Z}$ nur diese beiden Teiler hat.

(ii) Alle Elemente von $\mathbb{Z}_7 \backslash \{\bar{0}\}$ sind Einheiten. Es ist $\bar{1} \odot \bar{1} = \bar{2} \odot \bar{4} = \bar{3} \odot \bar{5} = \bar{6} \odot \bar{6} = \bar{1}$.

(iii) In jedem Ring R mit Einselement sind dieses Einselement $1 \in R$ und sein additives inverses Element $-1 \in R$ Einheiten, denn es gilt $1 \cdot 1 = 1$ und $(-1) \cdot (-1) = 1$ (man vergleiche Übungsaufgabe 1 im Anschluss an dieses Kapitel).

(iv) Alle Elemente in $\mathbb{Q} \backslash \{0\}$ sind Einheiten, denn für jedes $a \in \mathbb{Q} \backslash \{0\}$ gilt $a \cdot \frac{1}{a} = 1$. Mit $a \in \mathbb{Q} \backslash \{0\}$ ist auch $\frac{1}{a} \in \mathbb{Q} \backslash \{0\}$.

(v) Das Nullelement 0 ist keinesfalls eine Einheit eines Rings R, denn es gilt $0 \cdot a = 0$ für alle $a \in R$.

(vi) In einem Ring R kann ein Nullteiler niemals eine Einheit sein. Sei nämlich $a \in R$ ein Nullteiler und gleichzeitig eine Einheit. Dann gibt es ein $b \in R \backslash \{0\}$ mit $ab = 0$ und ein $k \in R$ mit $ak = 1$. Es folgt $ak \cdot b = 1 \cdot b = b$, aber auch $ak \cdot b = ab \cdot k = 0 \cdot k = 0$ und das geht nicht.

Beispiel (ii) legt die Vermutung nahe, dass man sich in $\mathbb{Z}_p$ wieder einmal von lieb gewordenen Gewohnheiten beim Rechnen trennen muss, selbst wenn p eine Primzahl ist. Es mutet schon merkwürdig an, wenn plötzlich alle vom Nullelement verschiedenen Elemente ein Teiler des Einselements sein sollen. Die Aussage des Beispiels lässt sich aber wirklich problemlos von der Zahl 7 auf beliebige Primzahlen verallgemeinern. Es gilt der folgende Satz über die Einheiten in $\mathbb{Z}_p \backslash \{\bar{0}\}$.

▶ **Satz 9.2.1** Falls p eine Primzahl ist, sind alle Elemente von $\mathbb{Z}_p \backslash \{\bar{0}\}$ Einheiten.

▶ **Beweisidee 9.2.1** Man verwendet Satz 8.2.3, den *kleinen Satz von Fermat*. Mit seiner Hilfe konstruiert man zu jedem Element $\bar{a} \in \mathbb{Z}_p \backslash \{\bar{0}\}$ das multiplikative Inverse $\bar{a}^{-1} \in \mathbb{Z}_p \backslash \{\bar{0}\}$.

▶ **Beweis 9.2.1** Satz 8.2.3 besagt, dass für jede Primzahl p und ein zu p teilerfremdes $a \in \mathbb{Z}$ die Kongruenz $a^{p-1} \equiv 1 \pmod{p}$ gilt. Sei nun $\bar{a} \in \mathbb{Z}_p \backslash \{\bar{0}\}$. Dann ist $ggT(a, p) = 1$, also $\bar{a}^{p-1} = \bar{1}$ und somit $\bar{a} \odot \bar{a}^{p-2} = \bar{1}$. Damit ist $\bar{a}^{p-2}$ das gesuchte multiplikative Inverse zu $\bar{a}$. □

In $\mathbb{Z}_2$ stellt sich diese Überlegung beispielsweise so dar, dass $\bar{a} = \bar{1}$ und $\bar{a}^{p-2} = \bar{a}^0 = \bar{1}$ ist.

Die Einheiten sind in $\mathbb{Z}_m$ immer besondere Elemente, denn sie sind invertierbar. Es liegt daher nahe zu prüfen, ob sie bezüglich der in $\mathbb{Z}_m$ definierten Multiplikation eine Gruppe bilden.

▶ **Satz 9.2.2**   Die Einheiten in $\mathbb{Z}_m$ bilden zusammen mit der Multiplikation eine endliche abelsche Gruppe, die *prime Restklassengruppe modulo m*. Sie wird mit $\mathbb{Z}_m^*$ bezeichnet.

▶ **Beweisidee 9.2.2**   Es müssen alle Gruppeneigenschaften nachgewiesen werden, was zwar nicht sehr spannend, aber auch nicht zu vermeiden ist.

▶ **Beweis 9.2.2**   Es müssen alle Eigenschaften einer Gruppe nachgewiesen werden. Man betrachtet dazu zunächst die Eigenschaften, die sich direkt aus der Definition ableiten lassen. Da $(\mathbb{Z}_m, \oplus, \odot)$ ein kommutativer Ring ist, muss die Multiplikation auch in $\mathbb{Z}_m^*$ eine assoziative und kommutative Verknüpfung sein. Darüber hinaus ist $\overline{1}$ eine Einheit, also gehört auch das Einselement der Multiplikation zu $\mathbb{Z}_m^*$. Jede Einheit hat in $\mathbb{Z}_m^*$ nach Definition ein inverses Element.

Es bleibt nun zu zeigen, dass mit $\overline{e}_1$ und $\overline{e}_2$ auch $\overline{e}_1 \overline{e}_2$ eine Einheit ist. Sind also $\overline{e}_1$ und $\overline{e}_2$ Einheiten, dann gibt es Elemente $\overline{e}_1^*$ und $\overline{e}_2^*$ mit $\overline{e}_1 \overline{e}_1^* = \overline{e}_2 \overline{e}_2^* = \overline{1}$. Also ist auch $(\overline{e}_1 \overline{e}_1^*)(\overline{e}_2 \overline{e}_2^*) = \overline{1} = (\overline{e}_1 \overline{e}_2)(\overline{e}_1^* \overline{e}_2^*)$, das heißt, $\overline{e}_1 \overline{e}_2$ ist eine Einheit. Damit sind die Eigenschaften einer abelschen Gruppe nachgewiesen. Zuletzt ist die Endlichkeit dieser Gruppe zu zeigen, aber das ist ganz einfach. Weil nämlich $\mathbb{Z}_m$ endlich viele Elemente hat, kann auch $\mathbb{Z}_m^*$ nur endlich viele Elemente haben, und somit ist $\mathbb{Z}_m^*$ eine *endliche* abelsche Gruppe.   □

Mit Hilfe der Sätze 9.2.1 und 9.2.2 kann man recht schnell und ohne weitere Arbeit ein schönes Ergebnis folgern, das im weiteren Kapitel zwar nicht mehr benutzt wird, aber im Rahmen der Algebra von besonderer Bedeutung ist. Es folgt also ein kleiner Exkurs, der aus einem Satz und einem Beispiel besteht, in dem Eigenschaften von $(\mathbb{Z}_m, \oplus, \odot)$ für den Fall diskutiert werden, dass m eine Primzahl ist.

▶ **Satz 9.2.3**   Es ist $(\mathbb{Z}_m, \oplus, \odot)$ genau dann ein Körper, falls m eine Primzahl ist.

▶ **Beweisidee 9.2.3**   Unter der Voraussetzung, dass m eine Primzahl ist, kann man aus bereits bewiesenen Sätzen folgern, dass $(\mathbb{Z}_m, \oplus, \odot)$ ein Körper ist (man vergleiche Definition 7.2.5). Ist andererseits m keine Primzahl, dann hat $(\mathbb{Z}_m, \oplus, \odot)$ Nullteiler, und $(\mathbb{Z}_m \setminus \{\overline{0}\}, \odot)$ kann keine Gruppe sein.

▶ **Beweis 9.2.3**   „$\Longleftarrow$" In Satz 7.2.6 wurde gezeigt, dass $(\mathbb{Z}_m, \oplus)$ für beliebiges $m \in \mathbb{N}$ eine abelsche Gruppe ist. Satz 9.2.1 besagt, dass alle Elemente von $\mathbb{Z}_m \setminus \{\overline{0}\}$ Einheiten sind, falls m eine Primzahl ist. Durch Satz 9.2.2 ist schließlich belegt, dass die Einheiten in $\mathbb{Z}_m$ zusammen mit der Multiplikation eine endliche abelsche Gruppe bilden. Also sind nur noch die Distributivgesetze nachzuweisen. Weil aber $(\mathbb{Z}_m, \oplus, \odot)$ ein Ring ist, sind sie ohnehin gültig und wurden bereits in Satz 7.2.7 gezeigt.

„$\Longrightarrow$"Ist umgekehrt m keine Primzahl und hat m die nicht trivialen Teiler $k \in \mathbb{Z}$ und $\ell \in \mathbb{Z}$ mit $m = k \cdot \ell$, dann ist $\bar{k} \odot \bar{\ell} = \bar{0}$ und $(\mathbb{Z}_m \setminus \{\bar{0}\}, \odot)$ keine Gruppe. $\square$

Beispiel 9.2.2

Betrachtet man $(\mathbb{Z}_2, \oplus, \odot)$, so bekommt man denjenigen Körper, der die geringste Anzahl von Elementen unter allen Körpern hat (und übrigens auf Seite 170 schon einmal erwähnt wurde). Die Rechenregeln sind denkbar einfach. Es ist $\bar{1} \oplus \bar{1} = \bar{0} \oplus \bar{0} = \bar{0}$ sowie $\bar{0} \oplus \bar{1} = \bar{1} \oplus \bar{0} = \bar{1}$. Außerdem ist $\bar{1} \odot \bar{1} = \bar{1}$ und $\bar{1} \odot \bar{0} = \bar{0} \odot \bar{1} = \bar{0} \odot \bar{0} = \bar{0}$.

Die Argumentation von Satz 9.2.2 lässt sich ansonsten auch leicht auf beliebige kommutative Ringe mit einem Einselement übertragen. Allerdings muss diese *Einheitengruppe* dann nicht unbedingt eine endliche Gruppe sein. Der Beweis sollte als Übungsaufgabe durchgeführt werden (man vergleiche Aufgabe 5 im Anschluss an dieses Kapitel).

▶ **Satz 9.2.4** Die Einheiten in einem kommutativen Ring mit Einselement bilden bezüglich der Multiplikation eine abelsche Gruppe.

▶ **Beweisidee 9.2.4** Diese Idee steht auf Seite 369.

▶ **Beweis 9.2.4** Den Beweis findet man zwar auf Seite 404, doch sollte man ihn auf jeden Fall selbstständig führen.

Es wurde in einigen Beispielen deutlich, dass in Ringen eine Gleichung der Form $a \cdot x = b$ mit Ringelementen a, b nicht immer lösbar ist (und das unterscheidet ja auch einen Ring von einem Körper). Satz 9.2.2 zeigt aber, dass es in einem Ring durchaus bezüglich der Multiplikation auch einzelne invertierbare Elemente geben kann. Damit gibt es insbesondere (zumindest in Bezug auf einzelne Elemente) so etwas wie die Teilbarkeit auch in ganz beliebigen Ringen.

Es liegt deshalb nahe, den Begriff des Teilers nicht auf ganze Zahlen zu beschränken, sondern ihn auch auf geeignete Elemente anderer Ringe zu übertragen. Dabei gestalten sich die Überlegungen leichter, wenn man sie in Ringen ohne Nullteiler anstellt. Es sollen daher die folgenden Betrachtungen auf Integritätsringe beschränkt werden. Der Begriff des Teilers wird entsprechend auch nur für Integritätsringe definiert.

▶ **Definition 9.2.2** In einem Integritätsring R heißt das Element $a \in R$ ein *Teiler* von $b \in R$ (mit $a, b \neq 0$), falls es ein Element $r \in R$ mit $a \cdot r = b$ gibt. Man schreibt dafür wie gewohnt $a|b$. Insbesondere sind die Einheiten in einem Integritätsring Teiler des Einselements.

Beispiel 9.2.3

(i) Wird ein allgemeiner Begriff definiert, der in einer spezielleren Situation vorher schon verwendet wurde, so soll die neue Bedeutung sich von dem „alten" Begriff (in der „alten" Situation) nicht unterscheiden. Definition 9.2.2 ist nun schließlich schon die vierte Begriffsbildung in dieser Richtung nach der ersten Definition 2.1.3 für natürliche Zahlen in Kapitel 2, nach der Wiederholung als Definition 4.1.1 und nach der Erweiterung auf ganze Zahlen als Definition 4.3.1 in Kapitel 4.

Doch es klappt. Auch nach der neuen Definition ist 4 ein Teiler von 12, weil $4 \cdot 3 = 12$ ist, und -4 ist ebenfalls ein Teiler von 12, weil $(-4) \cdot (-3) = 12$ ist.

(ii) Im Ring $(\mathbb{Z}_7, \oplus, \odot)$ rechnet man $\bar{3} \odot \bar{5} = \bar{1}$. Damit ist $\bar{3}$ ein Teiler von $\bar{1}$. Darüber hinaus ist $\bar{3}$ aber auch ein Teiler von $\bar{4}$, denn $\bar{4} = \bar{1} \odot \bar{4} = (\bar{3} \odot \bar{5}) \odot \bar{4} = \bar{3} \odot (\bar{5} \odot \bar{4}) = \bar{3} \odot \bar{6}$.

Die gleiche Methode liefert $\bar{5} = \bar{3} \odot \bar{5} \odot \bar{5} = \bar{3} \odot \bar{4}, \bar{6} = \bar{3} \odot \bar{5} \odot \bar{6} = \bar{3} \odot \bar{2}$ und $\bar{2} = \bar{3} \odot \bar{5} \odot; \bar{2} = \bar{3} \odot \bar{3}$. Damit ist $\bar{3}$ ein Teiler von $\bar{1}, \bar{2}, \bar{4}, \bar{5}$ und $\bar{6}$ sowie (wirklich trivialerweise) von $\bar{3}$. Der Ring $(\mathbb{Z}_7, \oplus, \odot)$ zeigt damit einmal wieder eine eher ungewöhnlich anmutende Eigenschaft. Satz 9.2.5 wird zeigen, dass dieses Ergebnis weder ungewöhnlich noch zufällig ist.

Eigentlich liegt alles daran, dass $(\mathbb{Z}_7, \oplus, \odot)$ ein Körper ist (man vergleiche Definition 7.2.5 und Satz 9.2.1). In einem Körper sind nämlich alle Elemente, die vom Nullelement verschieden sind, Einheiten.

(iii) In Beispiel (ii) auf Seite 209 wurde gezeigt, dass $\mathbb{Z}[\sqrt{2}]$ ein Integritätsring ist. Auch dieser Ring ist nun für ein weiteres Beispiel gut, das über die gewohnten Eigenschaften von Teilern im Kontext der ganzen Zahlen hinausgeht. Man rechnet nämlich $(3 + \sqrt{2})(3 - \sqrt{2}) = 9 - 2 = 7$. Dann ist aber nach Definition 9.2.2 die Zahl $3 + \sqrt{2}$ (und genauso $3 - \sqrt{2}$) ein Teiler von 7.

Wie in Definition 9.2.2 angemerkt wurde, sind die Einheiten in einem Integritätsring auch Teiler des Einselements. Sie teilen allerdings nicht nur dieses Einselement. Vielmehr sind sie gleichzeitig Teiler aller Elemente eines Rings, wie es ja auch in Beispiel (ii) gerade eben angedeutet wurde. Das Ergebnis bestätigt der folgende Satz, dessen Beweis eine ganz einfache Rechnung ist, die (ebenfalls wie im Beispiel) auf der für alle Elemente a eines Rings gültigen Gleichung $1 \cdot a = a$ beruht.

▶ **Satz 9.2.5** Jede Einheit e eines Integritätsrings R ist Teiler eines jeden beliebigen Elements $a \in R$.

▶ **Beweisidee 9.2.5** Der Beweis ist im Grunde nur eine einfache Anwendung von Definition 9.2.2.

▶ **Beweis 9.2.5** Zu jeder Einheit $e \in R$ gibt es ein Element $e^* \in R$ mit $ee^* = 1$. Dann ist aber auch $a = (e \cdot e^*) \cdot a = e \cdot (e^* \cdot a)$, und damit ist e ein Teiler von a. □

Schließlich soll nun noch der letzte Begriff aus der Überschrift dieses Abschnitts definiert werden, nämlich der Begriff der *Assoziiertheit* von Elementen. Auch hier steckt etwas dahinter, was sich bereits im Ring der ganzen Zahlen als sinnvoll erwiesen hat. Betrachtet man nämlich 4 und −4 oder 9 und −9 oder ganz allgemein $a \in \mathbb{Z}$ und $-a \in \mathbb{Z}$, dann unterscheiden sich die beiden Elemente jeweils nur um −1 oder aber, in der neueren Sprechweise von Definition 9.2.1, um eine *Einheit*. Das hat zum Beispiel für die Teilbarkeit weit reichende Konsequenzen, wie man in Kapitel 4 gesehen hat. Im Grunde ist für die Teilbarkeit nämlich ohne Belang, ob man $a \in \mathbb{Z}$ oder $-a \in \mathbb{Z}$ betrachtet, beide haben dieselben Teiler. Mit der folgenden Definition wird nun für allgemeine Integritätsringe eine Beziehung zwischen solchen Ringelementen aufgezeigt, die sich (wie $a \in \mathbb{Z}$ und $-a \in \mathbb{Z}$) nur um eine Einheit unterscheiden.

▶ **Definition 9.2.3** In einem Integritätsring R mit Einselement heißen die Elemente $a, b \in R$ *assoziiert*, falls es eine Einheit $e \in R$ gibt, sodass $b = e \cdot a$ ist. Man schreibt dafür $a \sim b$.

Beispiel 9.2.4

(i) Im Ring $\mathbb{Z}$ der ganzen Zahlen sind jeweils $a \in \mathbb{Z}$ und $-a \in \mathbb{Z}$ untereinander und zu sich selbst assoziiert, denn $(-a) = (-1) \cdot a$, $(-a) = 1 \cdot (-a)$, $a = (-1) \cdot (-a)$ und $a = 1 \cdot a$. Da es keine weiteren Einheiten gibt, kann es keine weiteren zu a oder $-a$ assoziierten Elemente geben.

(ii) In einem Integritätsring ist das Nullelement nur zu sich selbst assoziiert. Ist nämlich $0 = ea$ für eine Einheit e und ein Element a des Integritätsrings, dann ist $e \neq 0$ und somit $a = 0$.

Der folgende Satz zeigt, dass assoziierte Elemente eine Eigenschaft haben, die schon häufiger von Bedeutung war. Assoziierte Elemente sind nämlich in einem gewissen Sinn als „gleichwertig" anzusehen, sie sind (mathematisch gesprochen) äquivalent.

▶ **Satz 9.2.6** Durch die Assoziiertheit $a \sim b$ für $a, b \in R$ ist eine Äquivalenzrelation auf dem Integritätsring R definiert.

▶ **Beweisidee 9.2.6** Es ist nachzuweisen, dass die definierte Relation reflexiv, symmetrisch und transitiv ist.

▶ **Beweis 9.2.6** Die *Reflexivität* $a \sim a$ gilt, denn es ist $a = 1 \cdot a$ für alle $a \in R$ und das Einselement $1 \in R$. Ist $a \sim b$, dann gibt es eine Einheit $e \in R$ mit $b = ea$. Nun existiert aber nach Definition 9.2.1 ein $e^* \in R$ mit $e^*e = 1$, also ist $e^*b = e^*ea = a$ und somit $b \sim a$. Also ist die *Symmetrie* erfüllt. Wegen $a \sim b$ und $b \sim c$ existieren Einheiten $e_1, e_2 \in R$ mit

$c = e_2b$ und $b = e_1a$. Dann ist $c = e_2e_1a$, wobei nach Satz 9.2.4 mit e_1 und e_2 auch e_2e_1 eine Einheit ist. Es folgt $a \sim c$ aus $a \sim b$ und $b \sim c$, und das ist die *Transitivität*. □

Die Beispiele nach Definition 9.2.3 haben schon angedeutet, dass die Assoziiertheit von Elementen eines Rings bedeutet, dass diese Elemente auch jeweils Teiler voneinander sind. So gilt etwa $a| - a$ und $-a|a$ für alle $a \in \mathbb{Z}$. Der folgende Satz zeigt, dass diese Eigenschaft für alle zueinander assoziierten Elemente in beliebigen Integritätsringen gilt.

▶ **Satz 9.2.7** In einem Integritätsring R gilt:

$$a \sim b \iff a|b \text{ und } b|a$$

für $a, b \in R$.

▶ **Beweisidee 9.2.7** Man benutzt für die eine Beweisrichtung die Definition und zeigt so, dass aus der Assoziiertheit von Elementen a und b eines Integritätsrings die Teilereigenschaften folgen. Dabei ist die jeweilige Einheit, um die sich die Elemente unterscheiden, bereits der gesuchte Faktor. Für die Umkehrung muss man dann zeigen, dass sich a und b bei den gegebenen Bedingungen nur um eine Einheit unterscheiden können.

▶ **Beweis 9.2.7** „$\Longrightarrow$": Sei $a \sim b$, dann gibt es ein $e_1 \in R$ mit $b = e_1a$, das heißt, a ist ein Teiler von b. Da die Relation „$\sim$" nach Satz 9.2.6 insbesondere symmetrisch ist, gilt $b \sim a$, das heißt, es gibt ein $e_2 \in R$ mit $a = e_2b$, und b ist somit ein Teiler von a.
   „$\Longleftarrow$": Wenn a ein Teiler von b und b ein Teiler von a ist, dann gibt es Elemente $r_1, r_2 \in R$ mit $b = r_1a$ und $a = r_2b$. Dann ist $1 \cdot a = a = r_2b = r_2r_1a$ und somit $r_2r_1 = 1$ nach Satz 9.1.3. Also ist r_2 (und mit r_2 auch r_1) nach Definition 9.2.1 eine Einheit. □

Die Darstellungen im Satz 9.2.7 und im Beweis könnten vielleicht einen etwas abstrakten Eindruck machen. Die folgenden Beispiele sollen daher zeigen, dass es sich im Grunde um alt bekannte Tatsachen handelt.

Beispiel 9.2.5

(i) Wenn a und b ganze Zahlen sind, für die $a \sim b$ gilt, dann folgt mit Beispiel 9.2.4 (i), dass $a = b$ oder $a = -b$ ist. Damit ist aber insbesondere a Teiler von b und b Teiler von a. Seien umgekehrt $a, b \in \mathbb{Z}$ mit $a|b$ und $b|a$. Dann gilt entweder $a = b$ oder $a = -b = (-1) \cdot b$ und folglich $a \sim b$.

(ii) In $\mathbb{Z}_7$ ist $\overline{2} \sim \overline{5}$, denn $\overline{2} \cdot \overline{6} = \overline{5}$, wobei $\overline{6}$ eine Einheit ist (alle Elemente aus $\mathbb{Z}_7 \setminus \{0\}$ sind Einheiten, man vergleiche Beispiel 9.2.1). Folgt also $\overline{2}|\overline{5}$ und $\overline{5}|\overline{5}$? Ja, denn $\overline{2} \cdot \overline{6} = \overline{5}$ und $\overline{5} \cdot \overline{6} = \overline{2}$.

Mit Satz 9.2.7 ist nun das Instrumentarium für eine Erweiterung des Begriffs *echter Teiler* vorbereitet, der ja in Definition 4.3.1 (und dort sinnvollerweise) auf ganze Zahlen eingeschränkt wurde. In $\mathbb{Z}$ wird ein Teiler a von b als echter Teiler bezeichnet, falls $|a| \neq 1$ und $|a| \neq |b|$ gilt. Diese Definition kann man ganz entsprechend auf beliebige Integritätsringe übertragen.

▶ **Definition 9.2.4** Sei R ein Integritätsring und $m, n \in R \backslash \{0\}$. Dann heißt m ein *echter Teiler* von n, falls m ein Teiler von n ist und m weder eine Einheit noch zu n assoziiert ist.

Aus der Definition kann man nun ohne Schwierigkeiten folgern, dass Einheiten keine echten Teiler haben können. Exemplarisch konnte man das bereits im Beispiel 9.2.5 (ii) sehen: In $\mathbb{Z}_7 \backslash \{0\}$ gibt es keine echten Teiler. Echte Teiler gibt es hingegen in $\mathbb{Z}$. So ist 3 ein echter Teiler von 9, denn 3 ist Teiler von 9, aber 3 ist keine Einheit und 3 ist nicht zu 9 assoziiert.

▶ **Satz 9.2.8** Sei R ein Integritätsring und $e \in R$ eine Einheit. Dann hat e keine echten Teiler.

▶ **Beweis 9.2.8** Satz 9.2.5 besagt, dass eine Einheit Teiler jedes beliebigen Elements eines Rings ist. Könnte man also eine Einheit e in der Form $e = mn$ mit einem Teiler m (und selbstverständlich $m, n \in R$) schreiben, so wäre nicht nur m ein Teiler von e, sondern auch e ein Teiler von m. Nach Satz 9.2.7 sind dann aber e und m assoziiert, und m ist kein echter Teiler von e.   □

Insbesondere haben die Einheiten im Ring $\mathbb{Z}$ der ganzen Zahlen, also die Zahlen 1 und -1, keine echten Teiler, genauso wie man es vom Umgang mit den ganzen Zahlen gewohnt ist und wie es entsprechend auch bei einer Erweiterung der Begriffe in diesem konkreten Spezialfall bleiben sollte.

Schließlich sollen auch noch die Begriffe *gemeinsamer Teiler* und *größter gemeinsamer Teiler* auf beliebige Integritätsringe erweitert werden. Es geschieht ganz analog zu den Begriffsbildungen in den entsprechenden Definitionen 4.3.1 und 5.1.1 für ganze Zahlen im vierten Kapitel. Allerdings bezieht sich das Wort „größter" nicht unbedingt auf die vertraute Größerbeziehung zwischen ganzen Zahlen. In einem beliebigen Integritätsring muss eine solche Anordnung der Elemente nicht unbedingt definiert sein.

▶ **Definition 9.2.5** Sei R ein Integritätsring, und seien $m_1, m_2, \ldots, m_n$ Elemente aus R, die nicht alle Null sind. Dann heißt $d \in R$ ein *gemeinsamer Teiler* der m_i für $i = 1, 2, \ldots, n$, falls d ein Teiler von jedem der m_i ist. Falls jeder andere gemeinsame Teiler d^* der Elemente m_i auch ein Teiler von d ist, so heißt d *ein größter gemeinsamer Teiler* der m_i.

Ganz ähnlich wie in der Menge $\mathbb{Z}$ der ganzen Zahlen kann man auch in beliebigen Integritätsringen nach der Existenz und der Eindeutigkeit dieses größten gemeinsamen Teilers fragen. Diese Fragen sind dabei allerdings alles andere als trivial. Tatsächlich ist es so, dass in einem beliebigen Integritätsring der größte gemeinsame Teiler zu gegebenen Elementen weder existieren muss noch, falls es denn einen solchen größten gemeinsamen Teiler überhaupt gibt, eindeutig bestimmt sein muss. Vielleicht ahnt der Leser oder die Leserin bereits, dass es Eindeutigkeit nur bis auf Assoziiertheit geben kann, was im folgenden Satz gezeigt wird. Ein konkretes Beispiel für zwei Elemente in einem Integritätsring, die keinen größten gemeinsamen Teiler haben, wird dann im nächsten Abschnitt im Anschluss an Satz 9.3.2 folgen.

▶ **Satz 9.2.9** Sei R ein Integritätsring und d ein größter gemeinsamer Teiler der Elemente $a, b \in R$. Dann ist jedes zu d assoziierte Element d_1 ebenfalls ein größter gemeinsamer Teiler der Elemente $a, b \in R$. Alle größten gemeinsamen Teiler der Elemente $a, b \in R$ sind zu d assoziiert.

▶ **Beweis 9.2.9** Sei $d_1 \in R$ ein zu d assoziiertes Element des Rings R, wobei d ein größter gemeinsamer Teiler der Elemente $a, b \in R$ ist. Dann ist d_1 ein Teiler von d, also auch ein Teiler von a und von b und somit ein gemeinsamer Teiler von a und b. Weil d aber auch ein Teiler von d_1 ist, muss d_1 ebenfalls ein größter gemeinsamer Teiler sein.

Für den zweiten Teil des Satzes argumentiert man ganz ähnlich. Sind nämlich d und d_1 größte gemeinsame Teiler der Elemente $a, b \in R$, dann folgt aus Definition 9.2.5, dass d ein Teiler von a, b und d_1 ist. Ebenso folgt, dass d_1 ein Teiler von a, b und d ist. Insbesondere ist d ein Teiler von d_1 und d_1 ein Teiler von d. Mit Satz 9.2.7 folgt daraus $d \sim d_1$.

Ein größter gemeinsamer Teiler der Elemente a und b eines Integritätsrings R ist also nur bis auf Assoziiertheit bestimmt. Damit unterscheidet sich Definition 9.2.5 in Bezug auf den Ring der ganzen Zahlen von Definition 5.1.1. Dort wurde *der* größte gemeinsame Teiler zweier ganzer Zahlen definiert. Es ist eben $ggT(8, -12) = 4$ und ganz sicher $ggT(8, -12) \neq -4$. Mit Definition 9.2.5 kann man nun allenfalls von *einem* größten gemeinsamen Teiler zweier Elemente eines Integritätsrings sprechen. Dann wird aber auch die Schreibweise mit dem Gleichheitszeichen problematisch. Man verwendet entsprechend eher das Zeichen für die Assoziiertheit. Sind also $a, b \in R$, und ist d ein größter gemeinsamer Teiler von a und b, so schreibt man $d \sim ggT(a, b)$.

9.3 Primelemente

Denn das Wesen der Mathematik liegt gerade in ihrer Freiheit.
Georg Cantor

Natürlich drängt sich nach den Definitionen des vorangegangenen Abschnitts die Frage auf, ob auch die Übertragung eines weiteren ganz wesentlichen Begriffs auf einen beliebigen kommutativen Ring mit Einselement möglich ist, nämlich die des Begriffs der Primzahl. Kann man eine geeignete Definition finden, so sollte sie auf jeden Fall in $\mathbb{Z}$ mit der bekannten Definition im Großen und Ganzen übereinstimmen und beinhalten, dass eine Primzahl nur durch sich selbst und 1 teilbar ist. Die vorsichtige Formulierung „im Großen und

Ganzen" basiert dabei auf den Erfahrungen durch Satz 9.2.9. Eine kleine Erweiterung wird berücksichtigt, dass eine Primzahl $p \in \mathbb{Z}$ auch durch $-p$ und -1 teilbar ist. Insbesondere in Bezug auf $\mathbb{Z}$ wird der neue Begriff neben einer Primzahl p also auch ihr additives Inverses $(-1) \cdot p$ umfassen. Auch hier soll also zwischen assoziierten Elementen im Wesentlichen nicht unterschieden werden.

In beliebigen Ringen kommt man allerdings auch dann noch nicht mit einem einzigen Begriff aus, um so etwas wie eine Primzahl zu beschreiben. Man braucht vielmehr zwei Begriffe, die verschiedene Eigenschaften der aus $\mathbb{N}$ bekannten Primzahlen thematisieren, die allerdings wirklich eng zusammenhängen. Es soll zunächst definiert werden, was ein *unzerlegbares* (oder auch *irreduzibles*) Element ist. Es soll dann definiert werden, was ein *Primelement* ist.

▶ **Definition 9.3.1** Sei R ein Integritätsring und $m \in R$. Ist m von Null verschieden, außerdem keine Einheit und hat m keine echten Teiler, dann heißt das Element m *unzerlegbar* oder *irreduzibel*. Falls m echte Teiler hat, nennt man das Element m *zerlegbar* oder *reduzibel*.

▶ **Definition 9.3.2** Sei R ein Integritätsring und $m \in R$ mit $m \neq 0$ ein Element, das keine Einheit ist. Falls aus $m|m_1 m_2$ stets $m|m_1$ oder $m|m_2$ folgt, so heißt das Element m ein *Primelement*.

Sind tatsächlich zwei verschiedene Definitionen notwendig? Leider ja, aber das soll erst am Ende des Abschnitts diskutiert werden. An dieser Stelle soll zunächst ein Beispiel zeigen, welche ungewohnten Situationen sich in beliebigen Ringen in Bezug auf die Teilbarkeit ergeben können. Die Betrachtungen werden im Ring $\mathbb{Z}[\sqrt{-3}]$ angestellt, der aus allen Elementen der Form $z_1 + z_2 \sqrt{-3}$ mit ganzen Zahlen z_1 und z_2 besteht.

Man sollte sich hier nicht an der komplexen Zahl $\sqrt{-3}$ stören, sondern sie eher als ein Symbol für irgendeine Zahl betrachten, deren Quadrat -3 ist, für die also $(\sqrt{-3})^2 = -3$ gilt, und mit der man ansonsten wie mit jedem anderen Symbol nach üblichen Regeln rechnen kann. Viel mehr als Quadrieren wird im folgenden Beispiel ohnehin nicht benutzt.

Beispiel 9.3.1

Sei $\mathbb{Z}[\sqrt{-3}] := \{z_1 + z_2 \sqrt{-3} \mid z_1, z_2 \in \mathbb{Z}\}$. Dann ist $(\mathbb{Z}[\sqrt{-3}], +, \cdot)$ ein kommutativer Ring mit dem Einselement $1 = 1 + 0 \cdot \sqrt{-3}$, was man prinzipiell genauso wie in Beispiel (ii) im Anschluss an Definition 9.1.2 zeigen kann (wobei dann allerdings das Rechnen mit komplexen Zahlen als bekannt vorausgesetzt werden müsste).

Wenn man (wie oben vereinbart und ausnahmsweise hier ohne eine Diskussion, ob man das darf) die üblichen Rechenregeln benutzt, so ist (aufgrund der „*dritten binomischen Formel*")

$$(1 + \sqrt{-3}) \cdot (1 - \sqrt{-3}) = 1 - (-3) = 1 + 3 = 4 = 2 \cdot 2.$$

Nun gibt es kein Element $a_1 + a_2\sqrt{-3}$ mit $2 \cdot (a_1 + a_2\sqrt{-3}) = 1 + \sqrt{-3}$ und auch kein Element $b_1 + b_2\sqrt{-3}$ mit $2 \cdot (b_1 + b_2\sqrt{-3}) = 1 - \sqrt{-3}$ und $a_1, a_2, b_1, b_2 \in \mathbb{Z}$. In beiden Fällen müsste es ein $a \in \mathbb{Z}$ mit $2a = 1$ geben, und das ist nicht möglich. Damit teilt die ganze Zahl 2 zwar das Produkt $(1 + \sqrt{-3}) \cdot (1 - \sqrt{-3})$, aber keinen der beiden Faktoren. Nach Definition 9.3.2 ist 2 somit kein Primelement in $\mathbb{Z}[\sqrt{-3}]$. Weiter unten wird man sehen, dass 2 in $\mathbb{Z}[\sqrt{-3}]$ wenigstens ein unzerlegbares Element ist.

Um irgendwelcher Verwirrung gleich vorzubeugen: Selbstverständlich bleibt 2 die kleinste und einzige gerade Primzahl in $\mathbb{Z}$. Überhaupt soll und muss in $\mathbb{Z}$ im Wesentlichen alles beim Alten bleiben, wenn ein Begriff oder ein Satz in beliebigen Integritätsringen Gültigkeit haben soll.

Es darf also Probleme wie im eben angeführten Beispiel im Ring $\mathbb{Z}$ der ganzen Zahlen nicht geben. Schließlich sollen sich die ersten Buchkapitel nicht als völlig nutzlos erweisen. Man sollte entsprechend zeigen können, dass im Ring der ganzen Zahlen unzerlegbare Elemente und Primelemente identisch sind. Das gelingt auch recht leicht. Nur Primzahlen und ihre additiven Inversen sind nämlich in $\mathbb{Z}$ einerseits von 1 verschieden und haben andererseits keine echten Teiler. Ebenfalls haben ausschließlich diese ganzen Zahlen die Eigenschaft, dass ein Produkt von ihnen nur dann geteilt wird, wenn mindestens einer der Faktoren geteilt wird (man vergleiche Satz 5.1.6). Ist also $p \in \mathbb{Z}$ eine Primzahl, dann sind p und $-p$ im Sinne der Definition sowohl unzerlegbar als auch Primelemente, und es gibt außer Primzahlen und ihren additiv Inversen keine weiteren ganzen Zahlen mit dieser Eigenschaft.

Der folgende Satz zeigt nun, dass es auch in beliebigen Integritätsringen einen einfachen Zusammenhang zwischen Primelementen und unzerlegbaren Elementen gibt. Primelemente sind nämlich auf jeden Fall unzerlegbar. Damit kann man (einmal wieder locker gesprochen) „Primelement" als die härtere der beiden Eigenschaften ansehen.

▶ **Satz 9.3.1** In einem Integritätsring R ist jedes Primelement auch ein unzerlegbares Element.

▶ **Beweisidee 9.3.1** Man nimmt an, dass es eine Zerlegung eines Primelements gibt und weist nach, dass die beiden Faktoren dann entweder Einheiten oder aber zu dem Primelement assoziiert sind. Dabei wird im Wesentlichen auf die entsprechenden Definitionen zurückgegriffen.

▶ **Beweis 9.3.1** Sei $m \in R$ ein Primelement im Integritätsring R. Dann ist $m \neq 0$, und m ist keine Einheit. Man nimmt nun an, dass $m_1 \neq 0$ ein Teiler von m ist. Es gibt also ein $m_2 \in R\backslash\{0\}$, sodass $m = m_1 m_2$ ist. Nun ist m aber ein Primelement, das heißt, m ist nach Definition 9.3.2 entweder Teiler von m_1 oder von m_2. Mit Satz 9.2.7 folgt, dass m entweder zu m_1 oder zu m_2 assoziiert ist. Sei also ohne Beschränkung der Allgemeinheit $m \sim m_2$. Dann gibt es eine Einheit $e \in R$ mit $m = em_2$. Da außerdem $m = m_1 m_2 = em_2$ ist, folgt mit Satz 9.1.3 daraus $m_1 = e$. Damit ist m_1 eine Einheit und somit sind sowohl m_1 als auch m_2 keine echten Teiler von m. Es folgt mit Definition 9.3.1, dass m unzerlegbar ist. □

Zum Schluss dieses Abschnitts fehlt nun nur noch der angekündigte Nachweis, dass die Zahl 2 nicht nur in $\mathbb{Z}$, sondern auch im Ring $\mathbb{Z}[\sqrt{-3}]$ unzerlegbar ist. Das ist nicht ganz unaufwendig und kann beim ersten Lesen ohne Weiteres übersprungen werden. Man braucht dazu eine neue Begriffsbildung, die so genannte *Normfunktion*. Allerdings ist dieser Begriff dann wirklich nicht nur für ein einziges Beispiel von Nutzen.

▶ **Definition 9.3.3** Sei R ein Integritätsring. Eine Abbildung N, die jedem $r \in R$ eine nicht negative ganze Zahl $N(r)$ zuordnet, heißt *Normfunktion*, falls die folgenden Eigenschaften erfüllt sind:

(i) Es ist $N(r) = 0$ genau dann, wenn $r = 0$ gilt.
(ii) Es ist $N(r_1 \cdot r_2) = N(r_1) \cdot N(r_2)$ für alle $r_1, r_2 \in R$.

Auch wenn der Begriff zunächst abstrakt klingt, gibt es (mindestens) ein recht einfaches Beispiel, nämlich die Betragsfunktion. Sie soll nun untersucht werden. Zwei weitere Beispiele mit konkretem Bezug zur genannten Problemstellung schließen sich an.

Beispiel 9.3.2

(i) Die Betragsfunktion, die jeder ganzen Zahl z ihren Absolutbetrag $|z|$ zuordnet, nach der Vorschrift $|z| = z$ falls $z \geq 0$, und $|z| = -z$, falls $z < 0$ ist, ist eine Normfunktion auf dem Ring $\mathbb{Z}$ der ganzen Zahlen. Die Eigenschaften weist man leicht nach, denn es ist $|0| = 0$ und $|a \cdot b| = |a| \cdot |b|$. Für beliebige rationale oder reelle Zahlen ist das Beispiel nicht geeignet, denn dann ist der Betrag in der Regel keine ganze Zahl, was der Definition des Wertebereichs einer Normfunktion widerspricht.

(ii) Betrachtet man die Menge $\mathbb{Z}[\sqrt{-1}] := \{z_1 + z_2 \cdot \sqrt{-1}\}$ mit der „üblichen" Addition und Multiplikation (und das ist entsprechend den Definitionen dieser Operationen in $\mathbb{Z}[\sqrt{-3}]$), so bekommt man auch hier einen Integritätsring (den so genannten *Gauß'schen Zahlring*). Dann ist die Funktion N mit

$$N\left(z_1 + z_2\sqrt{-1}\right) := z_1^2 + z_2^2$$

(für $z_1, z_2 \in \mathbb{Z}$) eine Normfunktion auf $\mathbb{Z}[\sqrt{-1}]$. Offensichtlich ist $N(0) = 0$, und aus $z_1^2 + z_2^2 = 0$ folgt $z_1 = z_2 = 0$. Man rechnet dann

$$N\left[\left(a_1 + a_2\sqrt{-1}\right) \cdot \left(b_1 + b_2\sqrt{-1}\right)\right]$$
$$= N\left(a_1 b_1 - a_2 b_2 + (a_1 b_2 + a_2 b_1) \cdot \sqrt{-1}\right)$$
$$= (a_1 b_1 - a_2 b_2)^2 + (a_1 b_2 + a_2 b_1)^2$$

$$= (a_1b_1)^2 - 2a_1a_2b_1b_2 + (a_2b_2)^2 + (a_1b_2)^2$$
$$+ 2a_1a_2b_1b_2 + (a_2b_1)^2$$
$$= a_1^2b_1^2 + a_1^2b_2^2 + a_2^2b_1^2 + a_2^2b_2^2$$

und außerdem

$$N\left(a_1 + a_2\sqrt{-1}\right) \cdot N\left(b_1 + b_2 \cdot \sqrt{-1}\right) = \left(a_1^2 + a_2^2\right)\left(b_1^2 + b_2^2\right)$$
$$= a_1^2b_1^2 + a_1^2b_2^2 + a_2^2b_1^2 + a_2^2b_2^2.$$

Der Vergleich der beiden Gleichungen belegt die Behauptung.

An diese Stelle sollte man unbedingt nach der Lektüre von Kapitel 13 noch einmal zurückkommen. Denkt man sich nämlich die komplexe Zahl $z_1 + z_2 \cdot \sqrt{-1}$ (oder in der vielleicht gewohnteren Darstellung $z_1 + z_2 i$) durch den Punkt (z_1, z_2) in der Ebene dargestellt, so ist $\sqrt{z_1^2 + z_2^2}$ nichts anderes als der Abstand dieses Punkts vom Nullpunkt des Koordinatensystems (man wende den Satz des Pythagoras an). Auch diese Normfunktion bezeichnet also so etwas wie den Betrag, nämlich das Quadrat des Betrags einer komplexen Zahl.

(iii) Gegeben sei der Integritätsring $\mathbb{Z}[\sqrt{-3}]$. Dann ist die Funktion N mit

$$N\left(z_1 + z_2\sqrt{-3}\right) := z_1^2 + 3z_2^2$$

(für $z_1, z_2 \in \mathbb{Z}$) eine Normfunktion auf $\mathbb{Z}[\sqrt{-3}]$. Es ist einerseits $N(0) = N(0 + 0 \cdot \sqrt{-3}) = 0 + 3 \cdot 0 = 0$. Andererseits rechnet man (wie oben und auch hier ohne eine detaillierte Begründung für das Vorgehen)

$$N\left[\left(a_1 + a_2\sqrt{-3}\right) \cdot \left(b_1 + b_2\sqrt{-3}\right)\right]$$
$$= N\left(a_1b_1 - 3a_2b_2 + (a_1b_2 + a_2b_1) \cdot \sqrt{-3}\right)$$
$$= (a_1b_1 - 3a_2b_2)^2 + 3 \cdot (a_1b_2 + a_2b_1)^2$$
$$= (a_1b_1)^2 - 6a_1a_2b_1b_2 + 9 \cdot (a_2b_2)^2 + 3 \cdot (a_1b_2)^2$$
$$+ 6a_1a_2b_1b_2 + 3 \cdot (a_2b_1)^2$$
$$= a_1^2b_1^2 + 3a_1^2b_2^2 + 3a_2^2b_1^2 + 9a_2^2b_2^2$$

und ebenso

$$N\left(a_1 + a_2\sqrt{-3}\right) \cdot N\left(b_1 + b_2 \cdot \sqrt{-3}\right) = \left(a_1^2 + 3a_2^2\right)\left(b_1^2 + 3b_2^2\right)$$
$$= a_1^2b_1^2 + 3a_1^2b_2^2 + 3a_2^2b_1^2 + 9a_2^2b_2^2,$$

und die Behauptung folgt durch den Vergleich der beiden Ergebnisse.

Man kommt dabei leicht zu dem Verdacht, dass es im dritten Beispiel statt der konkreten Zahl 3 auch jede andere Primzahl, ja im Grunde jede natürliche Zahl n getan hätte (auch wenn $\mathbb{Z}[\sqrt{-n}]$ dann nicht immer ein Integritätsring ist, auf den die Definition der Normfunktion ja eingeschränkt wurde). Doch da das Rechnen in $\mathbb{Z}[\sqrt{-n}]$ mit dem Wissen aus diesem Buch noch nicht ordentlich zu begründen ist, soll hier auf eine Ausführung verzichtet werden.

Im folgenden Satz geht es nun wieder auf einem ausreichenden Fundament weiter. Es werden Eigenschaften der Normfunktion in allgemeinen Integritätsringen zusammengefasst.

▶ **Satz 9.3.2** Sei R ein Integritätsring und N eine Normfunktion auf R. Seien $a, b \in R$. Dann gilt:

(i) Ist $b \neq 0$ und a ein Teiler von b, dann ist $N(a)$ ein Teiler von $N(b)$.
(ii) Ist $b \neq 0$ und a ein Teiler von b, dann ist $1 \leq N(a) \leq N(b)$.
(iii) Sind a und b assoziiert, dann ist $N(a) = N(b)$.
(iv) Für jede Einheit $a \in R$ ist $N(a) = 1$.

▶ **Beweis 9.3.2** Sei R ein Integritätsring, und sei N eine Normfunktion auf R. Außerdem sollen $a, b \in R$ sein.

(i) Wenn a ein Teiler von b ist, dann gibt es ein $c \in R$ mit $ac = b$. Nach Definition 9.3.3 ist $N(b) = N(ac) = N(a) \cdot N(c)$. Damit ist $N(a)$ ein Teiler von $N(b)$.
(ii) Wenn a ein Teiler von b ist, dann gibt es ein $c \in R$ mit $ac = b$. Nach Definition 9.3.3 ist $N(b) = N(ac) = N(a) \cdot N(c)$. Da $N(b) \neq 0$ ist, folgt $N(a) \neq 0$ und $N(c) \neq 0$. Also muss $1 \leq N(a) \leq N(b)$ sein, da $N(a)$ und $N(b)$ nicht negative ganze Zahlen sind.
(iii) Falls $a = 0$ ist, folgt auch $b = 0$, denn 0 ist nur zu 0 assoziiert. Also ist in diesem Fall $N(a) = N(b) = 0$. Für $a \neq 0$ bedeutet $a \sim b$, dass a ein Teiler von b und b ein Teiler von a ist (man vergleiche Satz 9.2.7). Dann ist nach (ii) auch $N(a)$ ein Teiler von $N(b)$ und $N(b)$ ein Teiler von $N(a)$. Mit $N(a), N(b) \in \mathbb{N}$ folgt $N(a) = N(b)$.
(iv) Es ist $1 \cdot 1 = 1$ für das Einselement $1 \in R$, also $N(1) = N(1) \cdot N(1)$ und somit $N(1) = 1$. Man darf durch $N(1) \neq 0$ kürzen, da $1 \in R$ vom Nullelement $0 \in R$ verschieden ist. Weil jede Einheit im Ring R zu 1 assoziiert ist, folgt die Behauptung $N(a) = N(1) = 1$ mit (iii).   □

Der Satz zeigt, dass die Normfunktion außerordentlich nützlich ist. Über sie kann man die (wirklich einfache und völlig gefahrlose) Teilbarkeit im Bereich der natürlichen Zahlen nutzen, um etwas über die Teiler von Elementen in einem beliebigen Integritätsring auszusagen. Mit Hilfe des Satzes 9.3.2 kann man nun zwei Behauptungen zeigen, die in diesem und im vorigen Abschnitt aufgestellt wurden. Sie werden als Sätze formuliert, damit man sie gegebenenfalls leichter wiederfinden kann.

▶ **Satz 9.3.3** Im Ring $\mathbb{Z}[\sqrt{-3}]$ ist die Zahl 2 unzerlegbar.

▶ **Beweis 9.3.3** Betrachtet man den Ring $\mathbb{Z}[\sqrt{-3}]$ und die in Beispiel (iii) auf Seite 224 gegebene Normfunktion N mit $N(a + b\sqrt{-3}) = a^2 + 3b^2$ (für $a, b \in \mathbb{Z}$), so rechnet man $N(2) = N(2 + 0 \cdot \sqrt{-3}) = 4 + 3 \cdot 0 = 4$. Falls also $2 \in \mathbb{Z}[\sqrt{-3}]$ einen echten Teiler t hätte, so müsste $N(t)$ nach Satz 9.3.2 ein Teiler von 4 sein. Es sind somit die Fälle $N(t) = 1, N(t) = 2$ und $N(t) = 4$ zu untersuchen.

Ist $N(t) = 1$, dann gibt es Elemente $x, y \in \mathbb{Z}$ mit $x^2 + 3y^2 = 1$. Diese Gleichung ist in $\mathbb{Z}$ nur lösbar für $x^2 = 1$ und $y^2 = 0$, also $x = +1$ oder $x = -1$ und $y = 0$. Damit ist aber t eine Einheit, also kein echter Teiler von 2.

Ist $N(t) = 2$, dann muss es Elemente $x, y \in \mathbb{Z}$ mit $x^2 + 3y^2 = 2$ geben. Diese Gleichung ist aber in $\mathbb{Z}$ nicht lösbar, also gilt $N(t) \neq 2$.

Den Fall $N(t) = 4$ kann man auch leicht ausschließen. Ist nämlich $t \in \mathbb{Z}[\sqrt{-3}]$ ein echter Teiler von 2, so gibt es ein $s \in \mathbb{Z}[\sqrt{-3}]$ mit $st = 2$. Es ist dann $N(s) \neq 1$ und $N(s) \neq 2$ (das folgt mit den gleichen Argumenten wie eben für den Teiler t). Doch es ist einerseits $N(s) = 4$ und andererseits $N(2) = N(st)$. Wegen $N(st) = N(s) \cdot N(t) = 16$ ist also auch der Fall $N(t) = 4$ nicht möglich.

In ähnlicher Weise folgt, dass auch die Elemente $1 + \sqrt{-3} \in \mathbb{Z}[\sqrt{-3}]$ und $1 - \sqrt{-3} \in \mathbb{Z}[\sqrt{-3}]$ unzerlegbar sind. Dazu muss man noch nicht einmal neu rechnen, denn es ist $N(1 + \sqrt{-3}) = N(1 - \sqrt{-3}) = 4$, das heißt, die Argumentation aus der Behauptung kann einfach auf diese neuen Elemente übertragen werden.

Man sieht also, dass es in beliebigen Integritätsringen unzerlegbare Elemente geben kann, die keine Primelemente sind. Insbesondere folgt aus den Gleichungen $2 \cdot 2 = 4$ und $(1 + \sqrt{-3}) \cdot (1 - \sqrt{-3}) = 4$, dass die Faktorzerlegung in unzerlegbare Elemente in einem Integritätsring nicht eindeutig sein muss (im Gegensatz zur eindeutigen Primfaktorzerlegung in $\mathbb{Z}$).

Die nächste Behauptung befasst sich mit dem größten gemeinsamen Teiler von Elementen in einem Integritätsring. Es wird gezeigt, dass ein solcher größter gemeinsamer Teiler nicht unbedingt existieren muss. Das Beispiel, an dem diese Behauptung gezeigt wird, ist schon historisch zu nennen. Es geht auf den Mathematiker Richard Dedekind (1831–1916) zurück.

▶ **Satz 9.3.4** In einem beliebigen Integritätsring haben zwei Elemente nicht unbedingt einen größten gemeinsamen Teiler. So gibt es beispielsweise im Ring $\mathbb{Z}[\sqrt{-5}]$ keinen größten gemeinsamen Teiler der Elemente 6 und $2 + 2\sqrt{-5}$.

▶ **Beweis 9.3.4** Bevor man sich in die wilden Rechnungen stürzt, sollte man sich zunächst klarmachen, dass die Zahl 1 wie in $\mathbb{Z}$ so auch in $\mathbb{Z}[\sqrt{-3}]$ ein gemeinsamer Teiler von $a = 6$ und $b = 2 + 2\sqrt{-5}$ ist. Es gibt also durchaus gemeinsame Teiler der beiden Zahlen, nur eben (wie im Folgenden gezeigt wird) keinen größten gemeinsamen Teiler.

Wie bereits erwähnt, hilft hier die Anwendung einer Normfunktion, die analog zu der in Beispiel (ii) auf Seite 225 gegebenen Normfunktion definiert wird. Sei also N eine Normfunktion auf $\mathbb{Z}[\sqrt{-5}]$ mit $N(z_1 + z_2\sqrt{-5}) := z_1^2 + 5z_2^2$ (mit $z_1, z_2 \in \mathbb{Z}$).

Angenommen, es gibt einen größten gemeinsamen Teiler d von $a = 6$ und $b = 2 + 2\sqrt{-5}$. Da d ein Teiler von a und b ist, muss $N(d)$ nach Satz 9.3.2 (i) ein Teiler sowohl von $N(a)$ als auch von $N(b)$ sein, wobei man $N(a) = N(6) = 36$ und $N(b) = N(2 + 2\sqrt{-5}) = 24$ rechnet. Die natürliche Zahl $N(d)$ muss ein Teiler der natürlichen Zahlen 24 und 36 sein, also folgt $N(d) \in \{1, 2, 3, 4, 6, 12\}$.

Nun ist 2 ein Teiler von a und von b und damit auch von d. Somit ist $N(2) = 4$ ein Teiler von $N(d)$ und $N(d) \in \{4, 12\}$. Außerdem ist $(1 - \sqrt{-5}) \cdot (1 + \sqrt{-5}) = 6$, das heißt, $1 + \sqrt{-5}$ ist ein Teiler von $a = 6$ und von $b = 2 + 2\sqrt{-5} = 2 \cdot (1 + \sqrt{-5})$. Damit muss $1 + \sqrt{-5}$ ein Teiler von d und $N(1 + \sqrt{-5}) = 6$ ein Teiler von $N(d)$ sein. Es folgt $N(d) = 12$.

Weil $N(1 + \sqrt{-5}) < N(d)$ gilt, ist $1 + \sqrt{-5}$ sogar ein echter Teiler von d. Also gibt es ein Element $s = s_1 + s_2\sqrt{-5} \in \mathbb{Z}[\sqrt{-5}]$, sodass $s \cdot (1 + \sqrt{-5}) = d$ und $N(s) = 2$ gilt. Dann müsste aber die Gleichung $N(s) = s_1^2 + 5s_2^2 = 2$ mit ganzen Zahlen s_1, s_2 erfüllbar sein, und das ist wiederum nicht möglich. Also können $a = 6$ und $b = 2 + 2\sqrt{-5}$ in $\mathbb{Z}[\sqrt{-5}]$ keinen größten gemeinsamen Teiler haben. $\qquad\Box$

Richtig schön und elegant ist der Beweis zwar nicht (zugegebenermaßen ein subjektives Urteil), aber er ist wenigstens ehrlich gerechnet. Leider klappt die gewählte Methode nicht immer so gut wie in diesem Beispiel. Gibt es also auch andere Wege, über die man zeigen kann, dass in manchen Integritätsringen Elemente existieren, die keinen größten gemeinsamen Teiler haben?

Für den Mathematiker ist damit eine interessante Fragestellung gegeben. Ist es möglich, Bedingungen für einen Integritätsring R zu formulieren, sodass man einzelne Rechnungen vermeiden und übergreifend bestimmen kann, ob je zwei Elemente $a, b \in R$ einen größten gemeinsamen Teiler haben? Die Frage wird in diesem Buch nicht beantwortet, man beachte aber dazu den letzten Absatz in diesem Kapitel auf Seite 239, in dem auf weiterführende Literatur verwiesen wird.

9.4 Nebenklassen, Ideale und Hauptidealringe

Das Ziel dieses Abschnitts im Kapitel ist es, auf eine spezielle Art von Ringen vorzubereiten (eben die in der Überschrift erwähnten so genannten *Hauptidealringe*). Im letzten Abschnitt soll nämlich gezeigt werden, dass in diesen Ringen so etwas wie eine eindeutige Darstellung von Ringelementen durch Primelemente möglich ist. Die Vorbereitungen sind allerdings nicht ganz unerheblich und umfassen einige neue Definitionen und Sätze.

Zunächst soll in der folgenden Definition der Begriff der *Untergruppe* festgelegt werden. In der Mathematik kümmert man sich ja in der Regel um Strukturen und deren Eigenschaften. Häufig ist dabei die Frage interessant, ob sich gewisse Eigenschaften auch in Teilstrukturen identifizieren lassen. So betrachtet man in einer Gruppe $(G, \circ)$ die so genannten Untergruppen, die nicht leere Teilmengen einer Gruppe sind und selbst eine Gruppenstruktur (natürlich bezüglich derselben Operation $\circ$ wie in G) haben.

▶ **Definition 9.4.1** Sei $(G, \circ)$ eine Gruppe und U eine nicht leere Teilmenge von G. Falls $(U, \circ)$ eine Gruppe ist, so heißt U eine *Untergruppe* von G. Man schreibt $U \leq G$.

Beispiel 9.4.1

(i) Sei $(\mathbb{Z}, +)$ die Gruppe der ganzen Zahlen bezüglich der Addition. Dann bilden die geraden Zahlen mit der Addition die Untergruppe $(2\mathbb{Z}, +)$ von $(\mathbb{Z}, +)$. Man sieht sofort, dass die Summe von zwei geraden Zahlen wieder eine gerade Zahl ist. Auch das Assoziativgesetz gilt, weil es bereits in $(\mathbb{Z}, +)$ gilt. Es ist $0 \in 2\mathbb{Z}$, das heißt, es existiert ein neutrales Element. Da schließlich für jede gerade Zahl a auch $-a$ eine gerade Zahl ist, folgt die Behauptung.

(ii) Sei $(\mathbb{Z}, +)$ die Gruppe der ganzen Zahlen bezüglich der Addition. Dann bilden auch die durch (ein beliebiges, aber festes) $n \in \mathbb{N}$ teilbaren Zahlen eine Untergruppe von $(\mathbb{Z}, +)$. Die Argumentation entspricht dabei fast wörtlich der Argumentation aus Beispiel (i).

(iii) Sei K die in Kapitel 7 im Anschluss an die Definition 7.2.3 des Gruppenbegriffs betrachtete Gruppe von Karten $K := \{k_0, k_1, k_2, k_3, k_4, k_5\}$, wobei k_0 das neutrale Element der Gruppe ist (siehe Seite 164). Dann sind $K_1 := \{k_0, k_1\}$, $K_2 := \{k_0, k_2\}$ oder $K_3 := \{k_0, k_4, k_5\}$ (aber auch $K_0 := \{k_0\}$ und K selbst) Untergruppen von K in Bezug auf die definierte Verknüpfung, nämlich das Hintereinanderlegen von Karten.

Zu Untergruppen einer Gruppe G kann man so genannte *Nebenklassen* betrachten. Das ist eine ganz formale Begriffsbildung. Man wählt ein festes Element der Gruppe, verknüpft es nacheinander mit allen Elementen der Untergruppe und betrachtet die Menge, die dabei entsteht und die ja auf jeden Fall nur Elemente der Gruppe G enthält. So ist (mit den Bezeichnungen aus Beispiel (iii) oben bzw. von Seite 165)

$$k_1 K_2 := \{k_1 k \mid k \in K_2\} = \{k_1 k_0, k_1 k_2\} = \{k_1, k_4\}$$

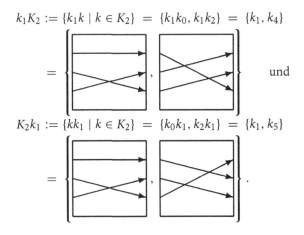

$$K_2 k_1 := \{k k_1 \mid k \in K_2\} = \{k_0 k_1, k_2 k_1\} = \{k_1, k_5\}$$

Man sieht in diesem Beispiel, dass $k_1 K_2 \neq K_2 k_1$ ist. Außerdem ist $k_1 K_2 \neq K_2 \neq K_2 k_1$. Im allgemeinen Fall können sich also die so genannten *Linksnebenklassen* und die *Rechtsnebenklassen* zu einer Untergruppe untereinander und auch von der Untergruppe unterscheiden. Man beachte auch, dass $k_1 K_2 = \{k_1, k_4\}$ keine Untergruppe ist, denn in $k_1 K_2$ fehlt beispielsweise ein neutrales Element. Das kann allerdings auch anders ein. Betrachtet man etwa $5 \cdot 2\mathbb{Z}$, multipliziert man also alle geraden ganzen Zahlen mit 5, so gilt $2\mathbb{Z} \cdot 5 = 5 \cdot 2\mathbb{Z}$, und alle Ergebnisse sind darüber hinaus in $2\mathbb{Z}$ enthalten, denn es sind ja alles gerade ganze Zahlen.

Die in den Beispielen bereits benutzten Begriffe sollen nun in der folgenden Definition festgelegt werden.

▶ **Definition 9.4.2**   Sei G eine Gruppe, U eine Untergruppe von G und $g \in G$. Dann heißt $gU = \{gu \mid u \in U\}$ eine *Linksnebenklasse* von U in G und $Ug = \{ug \mid u \in U\}$ eine *Rechtsnebenklasse* von U in G. Manchmal spricht man auch kurz nur von einer *Nebenklasse*.

Es ist sofort einsichtig, dass für ein Element $g \in G$ die Rechtsnebenklasse Ug und die Linksnebenklasse gU der Untergruppe U in einer abelschen Gruppe G übereinstimmen. Allerdings gibt es auch andere Fälle (also bestimmte Untergruppen in nicht abelschen Gruppen), in denen $gU = Ug$ ist. Wählt man etwa $U = \{k_0, k_4, k_5\}$ als Untergruppe von K (gemeint ist noch einmal die Gruppe auf Seite 164), dann ist $k_1 U = \{k_1, k_2, k_3\} = U k_1$ (obwohl $k_1 k_4 = k_2 \neq k_3 = k_4 k_1$ ist). Das soll hier allerdings nicht weiter diskutiert werden. Wichtig für das Verständnis der nächsten Definition ist aber noch die folgende Überlegung, die aus Gründen der Übersichtlichkeit gleich als Satz formuliert wird.

▶ **Satz 9.4.1**   Sei G eine Gruppe und $U \leq G$ eine Untergruppe von G. Dann ist $gU = U$ für ein $g \in G$ genau dann, wenn $g \in U$ gilt.

▶ **Beweisidee 9.4.1**   Der Beweis erfolgt ganz direkt und durch Rechnen in U bzw. G.

▶ **Beweis 9.4.1**   Sei $gU = U$. Dann ist $gu_1 \in U$ für $u_1 \in U$. Also ist $g \circ u_1 = u_2$ für ein geeignetes $u_2 \in U$. Insbesondere ist dann $g = u_2 \circ u_1^{-1}$, und da U eine Untergruppe von G ist, folgt $g \in U$. Falls also $g \notin U$ gilt, so ist sicherlich $gU \neq U$. Die Umkehrung ist einfach, denn mit $g \in U$ folgt $gu \in U$ für alle $u \in U$ und somit $gU = U$.   □

Auf den Begriff der Untergruppe und auch den der Nebenklasse wird übrigens in Kapitel 10 noch einmal eingegangen. Hier soll nun ein daran angelehnter Begriff definiert werden, der beim Umgang mit Ringen eine wichtige Rolle spielt, nämlich der Begriff des *Ideals*. Dieser Begriff ist eine Erweiterung, für die beide in einem Ring definierten Operationen eine Rolle spielen. Die Grundidee vermittelt das folgende Beispiel.

Beispiel 9.4.2

Ausgangspunkt sei die Teilmenge $2\mathbb{Z}$ aller geraden Zahlen in der Menge $\mathbb{Z}$ der ganzen Zahlen. Im Ring $\mathbb{Z}$ der ganzen Zahlen sind (wenig überraschend) eine Addition und eine Multiplikation definiert, sodass man auf zwei verschiedene Arten auf dieser Untergruppe operieren kann.

Man betrachtet zunächst die Addition in $\mathbb{Z}$. Es ist $(2\mathbb{Z}, +)$ eine Untergruppe von $(\mathbb{Z}, +)$. Damit ist die Menge $3 + 2\mathbb{Z}$ eine Nebenklasse von $2\mathbb{Z}$, die aus den Elementen $\{\ldots, -5, -3, -1, 1, 3, 5, 7, 9, \ldots\}$ besteht. Insbesondere ist $3 + 2\mathbb{Z}$ keine Untergruppe von $\mathbb{Z}$, denn das Element 0 ist nicht in der Nebenklasse enthalten. Es ist insbesondere $3 + 2\mathbb{Z} \neq 2\mathbb{Z}$ (man vergleiche Satz 9.4.1).

Bezüglich der Multiplikation ist $\mathbb{Z}$ keine Gruppe. Dennoch darf man ganz formal Produkte der Form $aZ_1 := \{az \mid z \in Z_1\}$ für ein festes $a \in \mathbb{Z}$ und eine Teilmenge Z_1 von $\mathbb{Z}$ betrachten. Wählt man $a = 3$ und $Z_1 = 2\mathbb{Z}$, so bekommt man $3 \cdot 2\mathbb{Z} = \{\ldots, -24, -18, -12, -6, 0, 6, 12, 18, 24, \ldots\}$. Es ist $3 \notin 2\mathbb{Z}$, aber $3 \cdot 2z$ ist für jede ganze Zahl z wiederum eine gerade Zahl.

Damit kann es in einem Ring R eine additive Untergruppe $A \leq R$ geben, sodass $r \cdot a \in A$ für alle $r \in R$ und alle $a \in A$ gilt. Genau das ist die Situation, die in der folgenden Definition beschrieben wird.

▶ **Definition 9.4.3** Sei R ein Ring und A eine nicht leere Teilmenge von R. Seien $a, b \in A$, und sei $r \in R$. Dann heißt A ein *Ideal* von R, falls $a + (-b) \in A$ und $ra \in A$ gilt. Dabei bezeichnet $-b$ das additive inverse Element zu b. Man schreibt kurz $A \triangleleft R$ bzw. $A \trianglelefteq R$. Ähnlich wie bei der Teilmengenbeziehung bedeutet $A \triangleleft R$ nicht unbedingt, dass A und R verschieden sind.

Die Bedingung $a + (-b) \in A$ heißt dabei nichts anderes, als dass $(A, +)$ eine Gruppe ist. Seien nämlich, wie in der Definition gefordert, $a, b \in A$, und sei $-b$ das additive inverse Element zu b. Mit $a \in A$ ist dann auch $a + (-a) = 0 \in A$, das heißt, A enthält das neutrale Element. Dann folgt $0 + (-a) = -a \in A$, das heißt, A enthält mit jedem Element auch das entsprechende inverse Element. Somit ist auch $(-b) \in A$, sodass $a + (-(-b)) = a + b \in A$ folgt. Weil das Assoziativgesetz in $(R, +)$ gilt, ist es auch in $(A, +)$ erfüllt. Damit ist also $(A, +)$ eine Gruppe, ganz genau gesagt, eine Untergruppe von $(R, +)$. Was hier formuliert wurde, ist übrigens das so genannte *Untergruppenkriterium*: Ist G eine Gruppe, U eine nicht leere Teilmenge von G, und ist mit $a, b \in U$ auch $ab^{-1} \in U$, so ist U eine Untergruppe der Gruppe G.

Beispiel 9.4.3

(i) Im Ring $(\mathbb{Z}, +, \cdot)$ der ganzen Zahlen bilden die geraden Zahlen $2\mathbb{Z} = \{2a \mid a \in \mathbb{Z}\}$ ein Ideal. Einerseits ist $(2\mathbb{Z}, +)$ eine abelsche Untergruppe von $(\mathbb{Z}, +)$, andererseits ist $r \cdot 2a = 2ra \in 2\mathbb{Z}$ für alle $r \in \mathbb{Z}$.

(ii) Im Ring $(\mathbb{Z}_7, \oplus, \odot)$ der Restklassen modulo der Primzahl 7 gibt es zwei Ideale, nämlich $\mathbb{Z}_7$ selbst und das Ideal, welches nur die $\overline{0}$, also das neutrale Element der Addition enthält. Das liegt daran, dass jedes Element $\overline{a} \neq \overline{0}$ eine Einheit in $\mathbb{Z}_7$ ist. Ist nämlich $\overline{a} \in \mathbb{Z}_7$, so gibt es ein $\overline{e} \in \mathbb{Z}_7$ mit $\overline{a} \odot \overline{e} = \overline{1}$. Für ein Ideal A folgt, dass mit $\overline{a} \in A$ auch $\overline{a} \odot \overline{e} = \overline{1} \in A$ ist. Weil $\overline{x} = \overline{x} \odot \overline{1}$ für alle $\overline{x} \in \mathbb{Z}_7$ ist, bekommt man $A = \mathbb{Z}_7$. Die gleiche Argumentation kann man natürlich für jeden Ring $(\mathbb{Z}_p, \oplus, \odot)$ führen, falls p eine Primzahl ist.

(iii) Betrachtet man in einem Ring R alle Vielfachen von 1 und von 0, also alle Vielfachen der neutralen Elemente der Multiplikation bzw. der Addition, so bekommt man zwei Ideale. Eines dieser Ideale enthält nur die 0, denn es ist $r \cdot 0 = 0$ für alle Elemente $r \in R$. Das andere Ideal enthält alle Elemente der Form $r \cdot 1$ mit $r \in R$, und das sind alle Elemente des Rings. Jeder Ring R hat also die Ideale (1), also den Ring R selbst, und (0), das so genannte Nullideal.

Man schreibt (1) bzw. (0) und drückt damit aus, dass alle Elemente des Ideals durch Multiplikation von Ringelementen mit 0 bzw. mit 1 entstehen. Man sagt auch, dass diese Ideale jeweils von einem einzigen Element *erzeugt* werden.

Die Beispiele zeigen, dass es Ideale gibt, die nur von einem einzigen Element erzeugt werden. Integritätsringe, die ausschließlich diese Art von Idealen haben, spielen im weiteren Verlauf des Kapitels eine besondere Rolle. Sie werden nun definiert und bekommen den Namen *Hauptidealringe*.

▶ **Definition 9.4.4** Ist A ein Ideal in R, das von einem Element $a \in R$ erzeugt wird, so heißt A ein *Hauptideal* in R. Man schreibt $A = (a)$ oder auch $A = aR$. Man nennt den Integritätsring R einen *Hauptidealring*, falls jedes Ideal in R ein Hauptideal ist.

Beispiel 9.4.4

(i) Im Ring $(\mathbb{Z}, +, \cdot)$ der ganzen Zahlen bilden die geraden Zahlen $2\mathbb{Z}$ ein Ideal. Dieses Ideal $2\mathbb{Z}$ ist sogar ein Hauptideal, denn man kann alle geraden Zahlen durch die Multiplikation der Zahl 2 mit einer ganzen Zahl bekommen, das heißt $2\mathbb{Z} = (2)$. Dieses Hauptideal wird also von der ganzen Zahl 2 erzeugt.

(ii) In jedem Ring R sind das Nullideal und der Ring selbst Hauptideale, die durch (0) bzw. (1) beschrieben werden können.

(iii) Im Ring $(\mathbb{Z}_7, \oplus, \odot)$ der Restklassen modulo der Primzahl 7 gibt es nur die zwei Ideale $\mathbb{Z}_7$ und $(\overline{0})$ (wie man im Beispiel (ii) auf Seite 232 gesehen hat). Es gilt $(\overline{1}) = (\overline{2}) = (\overline{3}) = (\overline{4}) = (\overline{5}) = (\overline{6}) = \mathbb{Z}_7$. Insbesondere ist jedes Ideal in $\mathbb{Z}_7$ ein Hauptideal, das heißt, $\mathbb{Z}_7$ ist ein Hauptidealring.

(iv) Die gleiche Argumentation wie im vorangegangenen Beispiel (iii) kann man für jeden Ring $(\mathbb{Z}_p, \oplus, \odot)$ führen, falls p eine Primzahl ist. Es gilt $(\overline{1}) = (\overline{2}) = \ldots = (\overline{p-1}) = \mathbb{Z}_p$, also hat auch dieser Ring nur die Ideale $\mathbb{Z}_p$ und $(\overline{0})$ und ist ein Hauptidealring.

(v) Man kann sogar weiter verallgemeinern, denn mit einer ganz ähnlichen Begründung wie in den Beispielen (iii) und (iv) kann man zeigen, dass jeder Körper ein Hauptidealring ist. Zunächst einmal gibt es das von der 0 (dem neutralen Element der Addition) erzeugte Ideal (0). Sei andererseits A ein Ideal und $a \neq 0$ ein Element aus A. Weil es zu jedem a ein $a^{-1} \in A$ mit $aa^{-1} = 1$, ist das Ideal $A = (a)$ bereits der ganze Körper.

(vi) Sei $m \in \mathbb{N}$, seien $a, b \in m\mathbb{Z}$ und $r \in \mathbb{Z}$ beliebig. Mit $a, b \in m\mathbb{Z}$ folgt $a = mz_1$ und $b = mz_2$ für geeignete $z_1, z_2 \in \mathbb{Z}$. Dann ist aber auch $a - b = m(z_1 - z_2) \in m\mathbb{Z}$. Ebenso gilt $ra = rmz_1 = mrz_1 \in m\mathbb{Z}$. Somit ist $m\mathbb{Z}$ für jedes $m \in \mathbb{N}$ ein Ideal in $\mathbb{Z}$.

Die Betrachtungen in Beispiel (vi) sind sogar umkehrbar, wie man im nächsten Satz sehen wird. Er hat zum Inhalt, dass jedes Ideal in $\mathbb{Z}$ in der Form $m\mathbb{Z}$ für ein geeignetes $m \in \mathbb{N}$ darstellbar ist.

▶ **Satz 9.4.2** Jedes Ideal von $\mathbb{Z}$ lässt sich in der Form $m\mathbb{Z}$ für ein $m \in \mathbb{N}_0$ schreiben. Insbesondere ist jedes Ideal in $\mathbb{Z}$ ein Hauptideal. Der Ring $\mathbb{Z}$ der ganzen Zahlen ist also ein Hauptidealring.

▶ **Beweisidee 9.4.2** Wieder einmal kommt die Idee zum Zug, dass es in einer nicht leeren Menge natürlicher Zahlen ein kleinstes Element gibt. Man weist dann nach, dass dieses kleinste Element in A das gegebene Ideal A erzeugt, also jedes Ideal nur aus den ganzzahligen Vielfachen des kleinsten positiven Elements besteht. Dabei hilft eine Zerlegung eines beliebigen Elements über die eindeutige Division mit Rest.

▶ **Beweis 9.4.2** Sei A ein Ideal in $\mathbb{Z}$. Dann gilt für alle $a, b \in A$ und für alle $r \in \mathbb{Z}$, dass $a - b \in A$ und $ra \in A$ ist. Man kann $A \neq (0)$ annehmen, denn sonst folgt die Behauptung mit $m = 0$. Ist $A \neq (0)$, dann folgt mit $a \in A$ auch $(-1) \cdot a = -a \in A$. Weil entweder a oder $-a$ positiv ist, enthält A mindestens eine natürliche Zahl und damit auch eine kleinste natürliche Zahl m.

Sei nun $x \in A$ ein beliebiges Element. Dann kann man eindeutig eine Division durch m mit Rest durchführen (man vergleiche Satz 4.3.5), also ein $q \in \mathbb{Z}$ und ein $r \in \mathbb{N}_0$ mit $0 \leq r < m$ angeben, sodass $x = q \cdot m + r$ ist. Es ist $m \in A$, also auch $qm \in A$ und somit $r = x - qm \in A$. Da $r < m$ gilt und m als kleinste positive Zahl in A gewählt wurde, folgt $r = 0$ und $x = qm$, das heißt, x ist ein Vielfaches von m. Also sind alle Elemente des Ideals A Vielfache des kleinsten positiven Elements $m \in A$. Insbesondere ist damit $A = m\mathbb{Z}$. Damit ist jedes Ideal in $\mathbb{Z}$ von dieser Form, und $\mathbb{Z}$ ist ein Hauptidealring. ◻

Etwas anders wird in der folgenden Formulierung beschrieben, dass $m\mathbb{Z}$ für jedes $m \in \mathbb{N}$ ein Ideal in $\mathbb{Z}$ ist. Der Vollständigkeit halber wird die Aussage dann noch durch einfaches Rechnen bewiesen.

▶ **Satz 9.4.3** Sei m eine natürliche Zahl. Die Menge $A = \{a \in \mathbb{Z} \mid a \equiv 0 \ (mod\ m)\}$ bildet ein Ideal in $\mathbb{Z}$.

▶ **Beweis 9.4.3** Seien $a, b \in A$. Dann gibt es ganze Zahlen r_1 und r_2 mit $a = mr_1$ und $b = mr_2$. Damit ist $a - b = m(r_1 - r_2)$, das heißt, es ist $a - b \equiv 0 \ (mod\ m)$. Außerdem ist $xa = xmr_1 = mxr_1$ für jedes $x \in \mathbb{Z}$, also ist $xa \equiv 0 \ (mod\ m)$. Damit muss $a - b \in A$ und $xa \in A$ sein, und A ist ein Ideal.

Der folgende kleine Satz verdeutlicht eine Beziehung zwischen Teilern und Idealen. Dabei ist die Formulierung nicht auf den Ring $\mathbb{Z}$ der ganzen Zahlen beschränkt. Vielmehr gibt es eine solche Beziehung auch in beliebigen Integritätsringen. Das Ergebnis sieht nicht richtig spektakulär aus, ist es aber in gewisser Weise doch. Es zeigt auf, dass die verschiedenen Theorien von Teilern und Idealen eine Verbindung haben. So kann man bei Beweisen jeweils überlegen, in welchem Theorierahmen man besser und einfacher argumentieren kann, und darf zwischen den beiden Bereichen gegebenenfalls auch wechseln.

▶ **Satz 9.4.4** Sei R ein Integritätsring und $a, b \in R\backslash\{0\}$. Es ist b genau dann ein Teiler von a, falls $aR \subset bR$ ist. Es ist $aR \neq bR$, falls b ein echter Teiler von a ist.

▶ **Beweis 9.4.4** Wenn b ein Teiler von a ist, dann gibt es ein $r_1 \in R$ mit $a = r_1 b$. Sei $x \in aR$, dann gilt $x \in r_1 bR$ und somit $x \in br_1 R \subset bR$. Ist umgekehrt $aR \subset bR$, dann gilt insbesondere $a \in bR$, das heißt, es ist $a = br_2$ für ein geeignetes $r_2 \in R$. Also ist b ein Teiler von a.

Sei b nun ein echter Teiler von a. Dann gibt es ein $r \in R$ mit $a = rb$, wobei b und r weder Einheiten noch zu a assoziierte Elemente sind. Offensichtlich ist aber auch r ein Teiler von a, sodass mit dem bereits bewiesenen ersten Teil des Satzes $aR \subset rR$ folgt. Nimmt man nun $aR = bR$ an, dann ist auch $bR \subset rR$ und damit r ein Teiler von b. Das stimmt aber im Allgemeinen nicht. So gilt in $\mathbb{Z}$ die Zerlegung $12 = 3 \cdot 4$, aber 3 ist kein Teiler von 4, und 4 ist kein Teiler von 3. □

Wendet man diesen Satz auf $\mathbb{Z}$ an, so kann man $9\mathbb{Z} \subseteq 3\mathbb{Z}$ und $24\mathbb{Z} \subseteq 8\mathbb{Z} \subseteq 2\mathbb{Z}$, aber auch $24\mathbb{Z} \not\subseteq 18\mathbb{Z}$ schließen (was man zugegebenermaßen vorher auch schon wusste). Mit anderen Worten heißt das, dass alle Vielfachen von 9 auch Vielfache von 3 sind und alle Vielfachen von 24 auch Vielfache von 8 sind. Doch ist der Sachverhalt nicht auf $\mathbb{Z}$ beschränkt, sondern er gilt für beliebige Teiler in beliebigen Integritätsringen. Die verallgemeinerten Begriffsbildungen sind also gut geeignet, bekannte und vertraute Eigenschaften auf neue Bereiche zu übertragen. Das belegt auch der folgende Satz, der die Verbindung zwischen zwei assoziierten Elementen und den von ihnen erzeugten Hauptidealen herstellt.

▶ **Satz 9.4.5** Sei R ein Integritätsring, und seien $a, b \in R$. Dann gilt

$$a \sim b \iff aR = bR.$$

▶ **Beweis 9.4.5** Falls $a = 0$ ist, muss auch $b = 0$ sein, und die Behauptung folgt. Ist $a \neq 0$ und $a \sim b$, dann ist a ein Teiler von b und b ein Teiler von a nach Satz 9.2.7. Also gilt nach Satz 9.4.4 sowohl $aR \subset bR$ als auch $bR \subset aR$ und damit $aR = bR$. Die Umkehrung folgt problemlos mit Satz 9.4.4.   □

Damit sind die Vorbereitungen für den letzten Abschnitt im Wesentlichen abgeschlossen. Es ist für Studienanfängerinnen und Studienanfänger sicherlich nicht leicht, Theorieelemente aus verschiedenen Bereichen gleichzeitig im Blick zu behalten, wie es hier notwendig war. Doch der nun folgende Abschnitt umfasst auch schon einen recht fortgeschrittenen Inhalt.

9.5   Eigenschaften von Hauptidealringen

In diesem Abschnitt soll nun gezeigt werden, dass in Hauptidealringen so etwas wie eine eindeutige Produktdarstellung von Ringelementen durch Primelemente möglich ist. Damit wäre dann eine Eigenschaft gezeigt, die der in Satz 4.2.6, dem Hauptsatz der elementaren Zahlentheorie, bewiesenen eindeutigen Primfaktorzerlegung in $\mathbb{Z}$ entspricht.

Der folgende Satz zeigt zunächst, dass unzerlegbare Elemente und Primelemente in Hauptidealringen identisch sind. Er bietet damit eine teilweise Umkehrung von Satz 9.3.1, eben eingeschränkt auf einen speziellen Typ von Integritätsringen.

▶ **Satz 9.5.1**   Sei R ein Hauptidealring. Dann ist jedes unzerlegbare Element auch ein Primelement.

▶ **Beweisidee 9.5.1** Man betrachtet ein unzerlegbares Element $x \in R$ und nimmt an, dass es ein Produkt ab von Elementen aus a, $b \in R$ teilt. Eine geschickte Anwendung der beiden vorangegangenen Sätze zeigt, das alle Elemente des Rings sich als Linearkombination von a und x darstellen lassen, falls x *kein* Teiler von a ist. Man stellt nun das Einselement 1 geeignet dar, kommt durch Multiplikation mit b auf eine neue Linearkombination und zeigt, dass x jeden der Summanden, also auch die Summe teilen muss. Ist also x kein Teiler von a, so folgt zwingend, dass x ein Teiler von b sein muss. Das ist aber gerade die Definition eines Primelements.

▶ **Beweis 9.5.1** Sei $x \in R$ ein unzerlegbares Element. Zu zeigen ist, dass x mindestens einen der Faktoren a, $b \in R$ teilt, falls x das Produkt ab teilt.

Man nimmt also an, dass x ein Teiler von ab, aber kein Teiler von $a \in R$ ist. Sei $A = aR + xR = \{ar_1 + xr_2 | r_1, r_2 \in R\}$. Dann ist A ein Ideal (warum?). Da aber x kein Teiler von a ist, folgt $A \neq xR$ mit Satz 9.4.4. Andererseits ist R nach Voraussetzung ein Hauptidealring, das heißt, es gibt ein $q \in R$ mit $A = qR$. Dann ist aber $xR \subset qR$, und damit ist q nach Satz 9.4.4 ein Teiler von x.

Nach Voraussetzung ist x ein unzerlegbares Element, sodass q entweder zu x assoziiert oder aber eine Einheit sein muss. Mit Satz 9.4.5 würde aus $q \sim x$ aber $qR = xR$ folgen, und das geht nicht. Also muss q eine Einheit sein, das heißt, es gilt $q \sim 1$ (man schließt das mit Satz 9.2.4 und Definition 9.2.3), und dann ist $qR = R$ (wiederum nach Satz 9.4.5).

Man rechnet $A = aR + xR = qR = R$. Somit lässt sich jedes Element aus R in der Form $ar_1 + xr_2$ darstellen. Insbesondere gilt $1 = ar_1 + xr_2$ für geeignete $r_1, r_2 \in R$. Die Multiplikation der Gleichung mit b führt zu der Gleichung $b = ar_1b + xr_2b = (ab) \cdot r_1 + x \cdot (r_2b)$. Nun ist x trivialerweise ein Teiler von $x \cdot (r_2b)$ und nach Voraussetzung von ab, somit muss x auch ein Teiler von b sein. Damit ist x ein Primelement, und der Satz ist bewiesen.   □

Dieses Ergebnis ist ganz wesentlich im Rahmen der elementaren Zahlentheorie, denn es beschreibt eine Klasse von Ringen, in denen die gewohnten Eigenschaften von Primelementen erfüllt sind. Insbesondere sind in diesen Ringen die Primelemente die „Bausteine", mit deren Hilfe alle anderen Elemente dargestellt werden können. Dies zeigt der folgende Satz. Dabei muss man den Begriff *Produkt* in einer etwas weiter reichenden Bedeutung sehen, denn ein Produkt im Sinne des Satzes kann auch einmal aus einem einzelnen Faktor bestehen. Das entspricht genau dem, was man von $\mathbb{Z}$ kennt. Dort ist die eindeutige Primfaktorzerlegung der Zahl 17 ja auch durch $17 = 17$ gegeben.

▶ **Satz 9.5.2** In einem Hauptidealring R lässt sich jedes Element $r \in R$ als Produkt endlich vieler unzerlegbarer Elemente (und damit auch als Produkt endlich vieler Primelemente) darstellen, falls $r \neq 0$ und r keine Einheit ist.

▶ **Beweisidee 9.5.2** Man nimmt an, dass es ein Element r_1 gibt, das nicht als Produkt unzerlegbarer Elemente (mit den gegebenen Nebenbedingungen) geschrieben werden kann. Dann folgen drei Schritte im Beweis. Im ersten Schritt (1) zeigt man, dass aus der Existenz eines einzigen Elements auf die Existenz einer ganzen Folge solcher Elemente geschlossen werden kann. In dieser Kette kann man die Elemente so wählen, dass jedes Element jeweils echter Teiler des folgenden Elements ist. Im zweiten Schritt (2) betrachtet man die Vereinigung der durch diese Folge erzeugten Ideale und weist nach, dass sie wieder ein Ideal ist. Im dritten Schritt (3) benutzt man dann, dass dieses Ideal (wie alle anderen Ideale in einem Hauptidealring) ein Hauptideal ist, also von einem einzigen Element erzeugt sein muss. Daraus ergibt sich ein Widerspruch.

▶ **Beweis 9.5.2** (1) Sei $r_1 \in R$ ein Element des Rings, das sich nicht als Produkt endlich vieler unzerlegbarer Elemente darstellen lässt, aber von 0 verschieden und keine Einheit ist. Dann ist r_1 insbesondere zerlegbar und hat (mindestens) zwei echte Teiler r_2 und r_2^* (sonst wäre r_1 ja selbst unzerlegbar, und man hätte die gesuchte Darstellung). Von diesen beiden Teilern muss mindestens einer, also etwa r_2, nicht als Produkt endlich vieler unzerlegbarer Elemente dargestellt werden können (sonst könnte man nämlich auch r_1 entsprechend darstellen).

Offenbar kann man für r_2 genauso argumentieren, das heißt, auch r_2 hat einen echten Teiler r_3, der nicht als Produkt endlicher vieler unzerlegbarer Elemente darstellbar ist. Man kann also eine Folge $r_1, r_2, r_3, r_4, \ldots, r_i, \ldots$ von Ringelementen finden, sodass jeweils r_{i+1} ein echter Teiler von r_i ist ($i \in \mathbb{N}$) und alle diese Elemente r_i nicht als Produkt endlich vieler unzerlegbarer Elemente darstellbar sind. Damit ist (man vergleiche die Beweisidee) gezeigt, dass aus der Existenz eines einzigen Elements mit der geforderten Eigenschaft geschlossen werden kann, dass es eine ganze Folge solcher Elemente gibt.

(2) Weil $r_1 \neq 0$ ist, gilt damit nach Satz 9.4.4 insbesondere

$$\{0\} \neq r_1 R \subsetneq r_2 R \subsetneq r_3 R \subsetneq \ldots \subsetneq r_i R \ldots.$$

Diese Ideale von R sind natürlich auch gewöhnliche Teilmengen, und man kann ihre Vereinigung

$$A := \bigcup_{i \in \mathbb{N}} r_i R$$

betrachten. Man zeigt nun zunächst, dass A ein Ideal in R ist, also die Differenz von zwei Elementen aus A wieder in A liegt und auch das Produkt aus einem Element aus A und einem beliebigen Element des Rings R in A liegt. Seien $a_1, a_2 \in A$. Dann gibt es natürliche Zahlen m und n, sodass $a_1 \in r_m R$ und $a_2 \in r_n R$ ist. Wenn $m \leq n$, ist, dann gilt $r_m R \subset r_n R$, wenn $n \leq m$ ist, dann gilt $r_n R \subset r_m R$. In jedem Fall sind $a_1, a_2 \in r_{max(m,n)} R$, und damit liegt auch ihre Differenz in $r_{max(m,n)} R$. Entsprechend gilt für ein $a \in A$ dann $a \in r_n R$ für einen geeigneten Index n (und damit nebenbei auch alle größeren Indizes), also ist auch $ra \in r_n R \subset A$ für ein beliebiges Ringelement $r \in R$.

(3) Nun ist R ein Hauptidealring, das heißt, alle Ideale (und damit auch A) werden von nur einem Element erzeugt. Es muss also ein $k \in A$ geben, sodass $A = kR$ ist. Dann gibt es aber eine (ganz konkrete) natürliche Zahl l mit $k \in r_l R$, das heißt, r_l ist ein Teiler von k. Damit folgt aus Satz 9.4.4, dass $kR \subset r_l R$ gilt. Es ist aber $(k) = A$, also insbesondere $A \subset kR$. Damit bekommt man

$$A \subset kR \subset r_l R \subsetneq r_{l+1} R \subset A$$

und somit einen Widerspruch. Daher ist jedes Element in einem Hauptidealring, das weder das Nullelement noch eine Einheit ist, als Produkt von endlich vielen unzerlegbaren Elementen darstellbar. □

Der oben bewiesene Satz 9.5.1 besagt, dass in einem Hauptidealring jedes unzerlegbare Element auch ein Primelement ist. Nun wurde in Satz 9.5.2 nachgewiesen, dass in einem Hauptidealring alle von Null verschiedenen Elemente, die keine Einheiten sind, sich als Produkt endlich vieler unzerlegbarer Elemente darstellen lassen. Also lassen sich in einem Hauptidealring alle diese Elemente als Produkt von Primelementen darstellen. Das ist eine ganz wesentliche Eigenschaft, die damit nicht mehr auf den Spezialfall des Rings der ganzen Zahlen beschränkt ist. Diese Eigenschaft haben allerdings nicht nur Hauptidealringe, und deswegen soll ein eigener Begriff definiert werden, der hier der Vollständigkeit halber genannt wird, auch wenn nicht mehr viel damit gearbeitet wird.

▶ **Definition 9.5.1** Ein Integritätsring, in dem sich alle von Null verschiedenen Elemente, die keine Einheiten sind, als ein Produkt endlich vieler Primelemente darstellen lassen, heißt *faktorieller Ring*.

Faktorielle Ringe (und der Name ist damit ganz intuitiv gewählt) haben die Eigenschaft, dass die Produktdarstellung ihrer Elemente eindeutig bis auf Assoziiertheit und die Reihenfolge der Faktoren ist. Damit gilt für faktorielle Ringe etwas ganz Ähnliches wie der Hauptsatz der elementaren Zahlentheorie, und das ist der Satz 4.3.7.

▶ **Satz 9.5.3** Ein Integritätsring R ist genau dann ein faktorieller Ring, wenn jedes Element $r \in R$, das weder das Nullelement noch eine Einheit ist, sich bis auf Assoziiertheit und die Reihenfolge der Faktoren eindeutig als ein Produkt endlich vieler unzerlegbarer Elemente darstellen lässt.

▶ **Beweisidee 9.5.3** Man zeigt, dass in einem faktoriellen Ring die Zerlegung eines Elements (mit den genannten Eigenschaften) in unzerlegbare Elemente prinzipiell eindeutig ist. Das ist, ähnlich wie in Satz 4.3.7, die eigentliche Schwierigkeit im Beweis. Für die Umkehrung nimmt man an, dass ein unzerlegbares Element ein Produkt aus zwei Faktoren teilt und weist nach, dass es dann mindestens einen der Faktoren teilt. Durch diese Bedingung ist aber ein Primelement gerade definiert.

▶ **Beweis 9.5.3** „$\Longrightarrow$": Sei R ein faktorieller Ring. Definition 9.5.1 besagt, dass sich jedes vom Nullelement verschiedene Ringelement $r \in R$, das keine Einheit ist, als Produkt endlich vieler Primelemente darstellen lässt. Nun ist nach Satz 9.3.1 jedes Primelement ein unzerlegbares Element. Es ist daher nur noch die Eindeutigkeit (bis auf Assoziiertheit und die Reihenfolge der Faktoren) zu zeigen.

Sei also $r \in R$ ein Element mit den genannten Eigenschaften. Dann kann man $r = \prod_{i=1}^{n} p_i$ für gewisse Primelemente $p_i \in R$ schreiben. Sei nun $r = \prod_{j=1}^{m} u_j$ eine Darstellung von r, wobei die $u_j \in R$ unzerlegbare Elemente sind. Nach Definition 9.3.2 muss dann aber jedes p_i eines der u_j teilen. Auch p_1 teilt eines dieser Elemente, und weil man die Reihenfolge der Faktoren u_j beliebig wählen kann, darf man annehmen, dass p_1 ein Teiler von u_1 ist. Nach Definition 9.3.1 hat u_1 keinen echten Teiler, sodass $p_1 \sim u_1$ gelten muss, das heißt, p_1 und u_1 sind assoziierte Elemente. Damit ist dann $p_2 \cdot p_3 \cdot \ldots \cdot p_n = e \cdot u_2 \cdot u_3 \cdot \ldots \cdot u_m$ für eine Einheit $e \in R$.

Nun kann man entsprechend argumentieren, dass auch p_2 eines der u_j, also zum Beispiel (bei geeigneter Nummerierung) u_2 teilen muss. Es gilt dann $p_2 \sim u_2$, und auch $p_3 \cdot p_4 \cdot \ldots \cdot p_n$ und $u_3 \cdot u_4 \cdot \ldots \cdot u_m$ unterscheiden sich nur um eine Einheit. Setzt man diese Argumentation fort, so folgt $n \leq m$, denn zu jedem p_i muss es einen Teiler u_j geben, und verschiedene Primelemente p_i teilen verschiedene unzerlegbare Elemente u_j. Der Fall $n < m$ ist nicht möglich, denn eine Gleichung der Form $1 = e^* \cdot \prod_{j=k}^{m} u_j$ mit einer Einheit $e^* \in R$ ist nicht erfüllbar (schließlich sind die u_j nach Voraussetzung gerade *keine* Einheiten). Damit ist

$n = m$, und die Zerlegung von r ist bis auf Assoziiertheit und die Anordnung der Elemente eindeutig.

„$\Longleftarrow$": Sei r ein unzerlegbares Element und Teiler eines Produkts $r_1 r_2$ für geeignete Elemente $r_1, r_2 \in R$, die weder Einheiten noch das Nullelement sind. Nach Voraussetzung gibt es für diese Elemente eine (prinzipiell) eindeutige Darstellung durch unzerlegbare Elemente, das heißt, es ist $r_1 = \prod_{i=1}^{n} u_i$ und $r_2 = \prod_{j=1}^{m} u_j$ für geeignete unzerlegbare Elemente u_i und u_j. Weil r aber unzerlegbar und ein Teiler von $r_1 r_2 = \prod_{i=1}^{n} u_i \cdot \prod_{j=1}^{m} u_j$ ist, muss r zu einem u_k assoziiert sein. Damit ist r ein Teiler von u_k, und die Behauptung folgt mit Definition 9.3.2. $\qquad\square$

Damit ist eine wichtige Eigenschaft der ganzen Zahlen im Wesentlichen auf allgemeinere (aber doch spezielle) Ringe übertragen worden. Ein wichtiges Beispiel für Ringe, bei denen sich jedes Element als Produkt endlich vieler unzerlegbarer Elemente darstellen lässt, sind Hauptidealringe. Sie sind insbesondere auch faktorielle Ringe, was im folgenden Satz formuliert wird (man vergleiche auch Seite 238).

▶ **Satz 9.5.4** Jeder Hauptidealring ist ein faktorieller Ring.

▶ **Beweis 9.5.4** Diese Behauptung folgt sofort aus der Definition 9.5.1 des faktoriellen Rings und aus den Sätzen 9.5.1 und 9.5.2. $\qquad\square$

Beispiel 9.5.1

Man kann jede ganze Zahl eindeutig in ein Produkt von Primfaktoren zerlegen. Damit ist $\mathbb{Z}$ ein faktorieller Ring nach Definition 9.5.1. Da $\mathbb{Z}$ aber auch ein Hauptidealring ist, hätte man diese Eigenschaft genauso mit Satz 9.5.4 bekommen können.

Ein einziges Beispiel (und dann auch noch so ein im Rahmen dieses Buchs bereits gut untersuchtes wie der Ring $\mathbb{Z}$ der ganzen Zahlen) ist eigentlich viel zu wenig, zumal faktorielle Ringe in der Mathematik eine nicht unerhebliche Bedeutung haben. So ist die Eigenschaft eines Integritätsrings, ein faktorieller Ring zu sein, eine hinreichende (wenn auch keine notwendige) Bedingung für die Existenz eines größten gemeinsamen Teilers zu zwei Ringelementen.

An dieser Stelle sollen die ersten Einführungen in die Begriffe aber genügen. Es gibt viele Lehrbücher, die hier weitergehen und die man für ein vertiefendes Studium zur Hand nehmen kann (und das sollte man auf jeden Fall, wenn man die Lektüre bis zu dieser Stelle durchgehalten hat). Stellvertretend seien hier die Bände *Einführung in die Zahlentheorie* von Peter Bundschuh [5] und *Elementare Zahlentheorie* von Reinhold Remmert und Peter Ullrich [17] genannt. Dieser Abschnitt sollte nur aufzeigen, dass es weitergeht und wie es weitergehen kann, wenn man zahlentheoretische Fragestellungen verallgemeinert.

9.6   Übungsaufgaben

1. Zeigen Sie, dass in einem beliebigen Ring R mit Einselement 1 die Gleichung $(-1) \cdot (-1) = 1$ gilt.

2. Zeigen Sie, dass $\mathbb{Z}_6[X]$ Nullteiler hat.

3. Zeigen Sie, dass aus der Gültigkeit des Assoziativgesetzes der Addition in einem Integritätsring R auch die Gültigkeit im zugehörigen Polynomring $R[X]$ folgt. Überlegen Sie sich, worin die Schwierigkeiten beim Nachweis der anderen Gesetze liegen.

4. a) Bestimmen Sie die Einheiten von $\mathbb{Z}_6$.

   b) Zeigen Sie, dass $\overline{n-1} \in \mathbb{Z}_n$ für $n > 1$ immer eine Einheit ist.

5. Zeigen Sie, dass in einem Ring R ein Nullteiler niemals eine Einheit sein kann.

6. Sei R ein Integritätsring, und seien $a, b, c \in R$, sodass a ein Teiler von b und b ein Teiler von c ist. Zeigen Sie, dass dann auch a ein Teiler von c ist, dass also auch hier die Transitivität gilt.

7. Zeigen Sie, dass die Einheiten in einem kommutativen Ring mit Einselement 1 bezüglich der Multiplikation eine abelsche Gruppe bilden.

8. Bestimmen Sie die Einheiten im Ring $R = \{a + b\sqrt{-3} \mid a, b \in \mathbb{Z}\}$.

Anwendungen der elementaren Zahlentheorie 10

Inhaltsverzeichnis

Dieses Kapitel soll Eindrücke in einige einfache Anwendungen der elementaren Zahlentheorie geben. Der erste Abschnitt behandelt ein weit verbreitetes Verfahren, das vor allem zur Verwaltung von Warenbeständen benutzt wird und das Rechnen mit Restklassen benutzt. Der zweite Abschnitt führt in eine Verschlüsselungstechnik ein, bei der Primzahlen eine wesentliche Rolle spielen.

> *Die Mathematik als Fachgebiet ist so ernst, dass man keine*
> *Gelegenheit versäumen sollte, sie unterhaltsamer zu gestalten.*
>
> Blaise Pascal

Mathematik wirkt im Alltag, auch wenn einem das nicht unbedingt bewusst wird. Kein CD-Player würde ohne im Verborgenen ablaufende Programme mit recht anspruchsvollem mathematischen Hintergrund funktionieren können. Die Digitalisierung der gespeicherten akustischen Informationen erfordert nicht nur eine angemessene Organisation der gespeicherten Datenmassen, sondern es ist eine ständige Überprüfung und eventuelle Korrektur

K. Reiss und G. Schmieder, *Basiswissen Zahlentheorie*, Mathematik für das Lehramt,
DOI: 10.1007/978-3-642-39773-8_10, © Springer-Verlag Berlin Heidelberg 2014

von Fehlern beim Lesen der CD erforderlich, um ein brauchbares Ergebnis zu erzielen. Wer sich für diese und weitere Anwendungen interessiert, dem sei das Buch von Martin Aigner und Ehrhard Behrends [1] empfohlen. Doch auch weniger spektakuläre Bereiche basieren auf der Anwendung mathematischen (und ganz besonders zahlentheoretischen) Wissens. Im folgenden Text soll das anhand von Beispielen aufgezeigt werden.

10.1 Verwaltung von Lagerbeständen

Mit der EAN, der „European Article Number", werden beliebige Konsumartikel in einer Art und Weise bezeichnet, dass der Hersteller, das jeweilige Land der Herstellung und der Artikel selbst durch die Nummer zu identifizieren sind. Jede Nummer besteht dabei aus genau 13 Zeichen. Sehr lange, nämlich schon mehr als 30 Jahre, gibt es ein ganz ähnliches System für den Buchhandel. Dort heißt es ISBN (lange Zeit stand auf jedem Buch die ISBN-10), was eine Abkürzung für die so genannte „International Standard Book Number" ist. Von beiden Nummern und ihrem mathematischen Hintergrund handelt dieser Abschnitt.

10.1.1 EAN (European Article Number)

Die Zeiten von Papier und Bleistift im Einzelhandel sind lange vorbei. Jeder kennt mittlerweile die im Supermarkt eingesetzten Scannerkassen, die einen auf der Ware angebrachten Code lesen, der in Form von Strichen unterschiedlicher Breite dargestellt ist. Diese Striche sind nichts weiter als maschinenlesbare Zahldarstellungen. Die Zahlen finden sich in gewohnter Dezimaldarstellung übrigens stets unter der Strichdarstellung, also unter den so genannten „Barcodes". Mit Hilfe des Computers wird der Barcode in die Warenbezeichnung übersetzt, die dann zusammen mit dem Preis auf dem Kassenausdruck erscheint.

Gerade in diesem Umfeld kann es leicht zu einer fehlerhaften Übertragung kommen. So kann es Lesefehler des Scanners geben, die durch ein geknittertes oder verschmutztes Etikett hervorgerufen werden. Manchmal weigert sich der Scanner auch, ein Etikett überhaupt zu lesen. Dann folgt die Eingabe per Hand, was nun wiederum sehr fehleranfällig ist. Warum stimmt dennoch der Kassenzettel in der Regel mit dem Einkauf überein? Eigentlich müssten ja in einer gewissen (durchaus spürbaren) Anzahl von Fällen die Dose Filterkaffee mit der Tüte Erdnüsse aus dem Regal daneben verwechselt werden. Das Geheimnis der geringen Fehleranzahl ist eine eingebaute Plausibilitätsprüfung auf der Basis zahlentheoretischer Methoden. Man verwendet für diese Prüfung ganz bestimmte Prüfziffern. Das Verfahren ist im Prinzip der schon von Adam Ries empfohlenen Kreuzprobe (man vergleiche Abschn. 3.3) ähnlich.

Jede EAN besteht dabei aus 13 Ziffern, die in ihrer Abfolge als mehrstellige Zahlenblöcke gelesen werden. Die ersten zwei oder drei Ziffern stehen für den Länderkode. Waren, die mit den Ziffern 00 bis 09 beginnen, kommen aus den USA und aus Kanada. Für Deutschland sind die Ziffernfolgen 40 bis 43 bzw. 400 bis 440 vorgesehen. Artikel aus Taiwan erkennt man an der Ziffernfolge 471. Die Zahl 76 kennzeichnet Waren aus der Schweiz und 539 Waren aus Irland. Da es kaum eine Regel ohne Ausnahme gibt, stehen die Anfangsziffern 977, 978 und 979 allerdings für kein spezielles Land. Diese Nummern besagen vielmehr, dass der Artikel eine Zeitschrift oder ein Buch ist.

Der nächste Ziffernblock steht dann für den Hersteller, der diese Nummer über eine Zentrale zugewiesen bekommt. Die letzte Ziffer ist schließlich eine Prüfziffer (und was darunter genau zu verstehen ist, wird weiter unten erklärt).

Beispiel 10.1.1

Das Mineralwasser „Lesumer Stille Urquelle" hat die europäische Artikelnummer 40 10491 00070 6. Jeder Ziffernblock hat dabei (wie bereits erwähnt) eine feste Bedeutung.

- Die Zahl 40 besagt, dass das Produkt in Deutschland hergestellt wurde.
- 10491 ist der Herstellerfirma zugeteilt.
- 00070 ist die auf den Hersteller bezogene Produktnummer.
- 6 ist die zugeordnete Prüfziffer.

Die Prüfziffer wird über einen Algorithmus erzeugt. Man multipliziert dazu die davor stehenden Ziffern, links beginnend, abwechselnd mit 1 und mit 3 und bildet die Summe S dieser Ergebnisse. Die Prüfziffer P ist die Differenz zwischen S und dem nächstgrößeren Vielfachen von 10. Es muss also $P + S \equiv 0 \, (mod \, 10)$ gelten, und das heißt, es ist $P \equiv -S \, (mod \, 10)$. Im Beispiel des stillen Mineralwassers rechnet man

$$4 \cdot 1 + 0 \cdot 3 + 1 \cdot 1 + 0 \cdot 3 + 4 \cdot 1 + 9 \cdot 3 + 1 \cdot 1 + 0 \cdot 3 + 0 \cdot 1 + 0 \cdot 3 + 7 \cdot 1 + 0 \cdot 3 = 44.$$

Damit ist $S = 44$, und die Prüfziffer P ist in diesem Fall 6, also tatsächlich die letzte Ziffer der angegebenen EAN. Angenommen, eine Ziffer wurde falsch eingelesen, also etwa eine 7 statt der 4 an fünfter Stelle eingegeben. Dann rechnet man entsprechend

$$4 \cdot 1 + 0 \cdot 3 + 1 \cdot 1 + 0 \cdot 3 + 7 \cdot 1 + 9 \cdot 3 + 1 \cdot 1 + 0 \cdot 3 + 0 \cdot 1 + 0 \cdot 3 + 7 \cdot 1 + 0 \cdot 3 = 47.$$

Die neue Summe $s = 47$ weicht um 3 (und das ist die Differenz zwischer korrekter und falscher Eingabe) von der eigentlichen Summe $S = 44$ ab. Man bekommt eine Ziffer $p = 3$, die mit der Prüfziffer 6 nicht übereinstimmt.

Wird nämlich genau eine Ziffer falsch eingegeben, so weicht die sich daraus ergebende (falsche, aber korrekt berechnete) Summe s um $n \cdot 1$ oder $n \cdot 3$ nach unten oder oben ab, wobei n eine der Zahlen $1, \ldots, 9$ ist. Der Fall $n = 0$ kann nicht auftreten, denn er bedeutet ja gerade eine korrekte Eingabe. Wäre nun für die Prüfziffer P auch $P \equiv -s \, (mod \, 10)$, so würde $-s \equiv -S \, (mod \, 10)$ folgen, also $S - s \equiv 0 \, (mod \, 10)$ und $s - S \equiv 0 \, (mod \, 10)$. In jedem Fall hätte man dann $n \cdot 1 \equiv 0 \ (mod \ 10)$ bzw. $n \cdot 3 \equiv 0 \ (mod \ 10)$, je nachdem, ob der Eingabefehler an einer Stelle mit ungerader oder gerader Platznummer aufgetreten ist. Für $n \in \{1, \ldots, 9\}$ ist das aber unmöglich. *Mit Hilfe der Methode kann man also die fehlerhafte Eingabe nur einer Ziffer stets erkennen.*

Anders verhält es sich, wenn mehr als eine Ziffer falsch sein sollte. Man stelle sich als ganz einfaches Beispiel vor, dass die (richtigen) Ziffern alle 0 wären (auch wenn es eine solche EAN in der Realität nicht gibt). Dann ist $S = 0$ und damit auch $P = 0$. Verändert man nun etwa die erste Ziffer in 1 sowie die zweite in 3 und behält sonst alle Ziffern bei (und die sind alle gleich Null), so ist $S = 10$ und damit auch $P = 0$. In diesem Fall wird der Fehler nicht bemerkt.

Der vorige Absatz beschreibt eine prinzipielle Schwierigkeit. Es ist nämlich nicht möglich, sich ein Verfahren der beschriebenen Art auszudenken (und das ist eben ein relativ simples Verfahren), bei dem durch eine kleine Anzahl von Prüfziffern P stets eine falsch eingegebene Warennummer identifiziert werden kann. Die Anzahl der theoretisch möglichen Warennummern ist schließlich erheblich größer als die Anzahl der Prüfziffern. So zeigt ein einfacher Vergleich der Mächtigkeit dieser Mengen, dass (leider) nicht alle denkbaren Eingabefehler registriert werden können.

10.1.2 ISBN (International Standard Book Number)

Seit vielen Jahrzehnten stand auf jedem Buch eine zehnstellige Nummer, durch die es identifizierbar wurde. Für den Buchhandel war (und ist) es so leichter, die Lagerhaltung zu verwalten und neue Bestellungen aufzugeben. Diese Nummer wurde als ISBN bezeichnet (International Standard Book Number), und sie hatte drei Bestandteile, aus denen die Sprache des Buches, der Verlag und die verlagsinterne Kennung hervorgingen. Hinzu kam eine Prüfziffer, die nach einem Algorithmus erzeugt wurde. Auch wenn diese alte ISBN–10 seit dem 1. Januar 2007 nicht mehr verwendet wird und durch eine neue dreizehnstellige Nummer ISBN–13 abgelöst wurde, soll sie als Beispiel dienen, welche Rolle die Prüfziffer bei der eindeutigen Identifizierung einer Ware spielt. Die ersten neun Ziffern der alten ISBN bleiben in ihrer Funktion ohnehin unverändert.

- Der erste Ziffernblock (meist ist es nur eine einzelne Ziffer) steht für die Sprache, in der das Buch geschrieben ist. So bezeichnet 0 oder 1 ein englischsprachiges Buch (zum Beispiel aus USA, England, Australien, Indien); die 3 steht für ein Buch aus dem deutschen und die 91 für ein Buch aus dem schwedischen Sprachraum.
- Im zweiten Block findet man eine Kennung für den Verlag, in dem das Buch erschienen ist. Die Länge dieses Blocks kann (je nach Größe des Verlags bzw. Anzahl der verlegten Titel) variieren. So hat der Reclam-Verlag Leipzig als ein großer Verlag die Nummer 15, der Springer-Verlag Heidelberg die Nummer 540 und der Franzbecker-Verlag Hildesheim als ein eher kleiner Verlag die Nummer 88120.

- Es folgt eine Titelnummer, die der Verlag festlegt. Bei großen Verlagen mit vielen Titeln ist diese Nummer entsprechend länger als bei kleinen Verlagen.
- Die letzte Ziffer der alten ISBN–10 war schließlich eine Prüfziffer, die zwischen 0 und 10 liegen konnte. Zur Darstellung der Prüfziffer 10 wurde das römische Zeichen X benutzt.

Diese Prüfziffer erhielt man im Prinzip ganz ähnlich wie im Beispiel der EAN, doch die einzelnen Ziffern wurden mit anderen Zahlen multipliziert. Die Prüfziffer der ISBN–10 hängt mit den ersten neun Zeichen so zusammen, dass (von links beginnend) die erste Ziffer mit 10, die zweite mit 9, die dritte mit 8 usw. multipliziert wird. Dann wird (wie gehabt) die Summe S der Ergebnisse gebildet. Danach ergibt sich die Prüfziffer P als Differenz zur nächsten durch 11 teilbaren Zahl. Es ist also $S + P \equiv 0 \ (mod \ 11)$.

Beispiel 10.1.2

(i) *Das Buch der Beweise* von Martin Aigner und Günter Ziegler [2] hatte in einer früheren Auflage die ISBN 3-540-40185-7. Also ist

$$S = 3 \cdot 10 + 5 \cdot 9 + 4 \cdot 8 + 0 \cdot 7 + 4 \cdot 6 + 0 \cdot 5 + 1 \cdot 4 + 8 \cdot 3 + 5 \cdot 2 = 169.$$

Wegen $169 + 7 = 176 \equiv 0 \ (mod \ 11)$ ist 7 die richtige Prüfziffer.

(ii) Das zu Beginn des Kapitels erwähnte Buch *Alles Mathematik* von Martin Aigner und Ehrhard Behrends [1] hatte in der ersten Auflage die ISBN 3-528-03131-X. Es ist nämlich

$$3 \cdot 10 + 5 \cdot 9 + 2 \cdot 8 + 8 \cdot 7 + 0 \cdot 6 + 3 \cdot 5 + 1 \cdot 4 + 3 \cdot 3 + 1 \cdot 2 = 177,$$

und $177 + 10 = 187 = 17 \cdot 11$. Also ist die Prüfzahl 10, die durch das Zeichen X dargestellt wird.

Wird die i-te Ziffer, links beginnend, mit z_i bezeichnet, so ist zu prüfen, ob $\sum_{i=1}^{10} z_i \cdot (11-i) = S + P$ durch 11 teilbar ist, wobei die letzte Ziffer z_{10} (und das ist die Prüfziffer) als 10 zu lesen ist, wenn die ISBN mit X endet.

Fehlererkennung mit Hilfe der Prüfziffer

Im letzten Teil dieses Abschnitts soll nun gezeigt werden, wie ein Fehler bei der Eingabe einer ISBN–10 erkannt wird. Auch wenn diese Nummer nicht mehr verwendet wird, macht das für die mathematischen Überlegungen kaum einen Unterschied. Man stelle sich also vor, dass in einer Buchhandlung nach einem bestimmten Werk gefragt wird und die ISBN über die Tastatur eingegeben wird. Es ist nicht unwahrscheinlich, dass es dabei zur Verwechslung genau einer Ziffer oder zu so genannten Zahlendrehern kommt. Grundsätzlich gilt auch hier, dass das System nicht *jeden* Typ einer falscher Eingabe bemerkt, insbesondere dann nicht, wenn mehrere Einzelfehler in einer Eingabe vorkommen. Auf der anderen Seite ist es unwahrscheinlich, dass die (schließlich meist einigermaßen konzentriert getätigte) Eingabe der Ziffern allzu viele Fehler aufweist. Die beiden genannten Beispiele (genau eine falsche Ziffer oder genau ein Zahlendreher) sind die häufigsten Fehler, und sie werden tatsächlich bemerkt.

Angenommen, bei der Eingabe einer ISBN–10 ist genau eine Ziffer falsch eingetippt worden. Was passiert dann, wenn der Computer den Test auf Korrektheit ausführt? Der Platz, an dem die abweichende Ziffer steht, sei mit dem Index i_0 bezeichnet. Die ISBN des Buchs ließe sich korrekt als Ziffernfolge

$$z_1 z_2 \ldots z_{i_0-1} z_{i_0} z_{i_0+1} \ldots z_{10}$$

schreiben. Die Eingabe sieht fast genau so aus, nur ist die Ziffer z_{i_0} durch eine andere ersetzt worden, die mit y_{i_0} bezeichnet sein soll. Die fehlerhaft eingegebene Buchnummer ist also

$$z_1 z_2 \ldots z_{i_0-1} y_{i_0} z_{i_0+1} \ldots z_{10}.$$

In Wirklichkeit ist die oben genannte Testzahl

$$x = \sum_{i=1}^{10} z_i \cdot (11 - i) = \left(\sum_{i=1}^{i_0-1} z_i \cdot (11 - i) \right) + z_{i_0} \cdot (11 - i_0) + \left(\sum_{i=i_0+1}^{10} z_i \cdot (11 - i) \right),$$

aber nun ergibt sich statt x die Zahl

$$y = \left(\sum_{i=1}^{i_0-1} z_i \cdot (11 - i) \right) + y_{i_0} \cdot (11 - i_0) + \left(\sum_{i=i_0+1}^{10} z_i \cdot (11 - i) \right).$$

Da x die Testzahl zur richtigen ISBN ist, gilt $x \equiv 0 \,(mod\, 11)$. Die falsche Eingabe lässt sich nur dann mit Hilfe des Computers nicht bemerken, wenn sich auch $y \equiv 0 \,(mod\, 11)$ ergeben sollte. Dann wäre aber die Differenz $x - y$ durch 11 teilbar. Nun ist $x - y = (z_{i_0} - y_{i_0}) \cdot (11 - i_0)$. Der Faktor $11 - i_0$ ist sicher nicht durch 11 teilbar, denn i_0 liegt zwischen 1 und 10. Also müsste $z_{i_0} - y_{i_0}$ durch 11 teilbar sein. Die Ziffern z_{i_0} und y_{i_0} können nur die Werte $0, \ldots, 10$ annehmen, im Fall $i_0 \leq 9$ sogar nur die zwischen 0 und 9, und sie sind verschieden. Also ist $z_{i_0} - y_{i_0}$ in der Menge $\{-10, \ldots, -1, 1, \ldots, 10\}$ enthalten. Diese besitzt aber kein Element, das ein ganzzahliges Vielfaches von 11 ist. Damit ist nachgewiesen, dass das geschilderte Verfahren jede falsche Eingabe genau einer Ziffer der ISBN bemerkt.

Es soll nun untersucht werden, was im Fall von so genannten „Zahlendrehern" passiert. Statt der richtigen ISBN, die wie oben in der Form

$$z_1 z_2 \ldots z_{i_0-1} z_{i_0} z_{i_0+1} \ldots z_{10}$$

geschrieben ist, sei nun

$$z_1 z_2 \ldots z_{i_0-1} z_{i_0+1} z_{i_0} \ldots z_{10}$$

eingegeben, das heißt, die Ziffern z_{i_0} und z_{i_0+1} wurden vertauscht. Im Test berechnet der Computer nun die Zahl

$$y = \left(\sum_{i=1}^{i_0-1} z_i \cdot (11 - i) \right) + z_{i_0+1} \cdot (11 - i_0)$$

$$+ z_{i_0} \cdot (11 - i_0 - 1) + \left(\sum_{i=i_0+2}^{10} z_i \cdot (11 - i) \right).$$

Würde der Fehler nicht bemerkt, so müsste y ein Vielfaches von 11 sein. Die richtige Testzahl ist

$$x = \left(\sum_{i=1}^{i_0-1} z_i \cdot (11 - i) \right) + z_{i_0} \cdot (11 - i_0)$$

$$+ z_{i_0+1} \cdot (11 - i_0 - 1) + \left(\sum_{i=i_0+2}^{10} z_i \cdot (11 - i) \right),$$

und diese ist nach Voraussetzung durch 11 teilbar. Wie oben wird nun die Differenz $x - y$ betrachtet. Es ergibt sich

$$x - y = (z_{i_0} - z_{i_0+1})(11 - i_0) + (z_{i_0+1} - z_{i_0})(11 - i_0 - 1)$$
$$= (z_{i_0} - z_{i_0+1})(11 - i_0 - 11 + i_0 + 1) = z_{i_0} - z_{i_0+1}.$$

Damit nun wirklich ein „Zahlendreher" vorliegt, muss offenbar z_{i_0} von z_{i_0+1} verschieden sein. Dann aber ist die Differenz $z_{i_0} - z_{i_0+1}$ eine Zahl der Menge

$$\{-10, \dots, -1, 1, \dots, 10\},$$

wie oben schon überlegt wurde (wegen $i_0 \leq 9$ kann man hier den Wert 10 für $z_{i_0} - z_{i_0+1}$ sogar noch ausschließen, was aber nicht weiterführt). Diese Menge enthält aber keine Vielfachen von 11. Das geschilderte Prüfverfahren registriert jeden Fehler bei Eingabe der ISBN, der lediglich in einer Vertauschung zweier aufeinander folgenden Ziffern beruht.

10.2 Kryptographie

Die teilweise mehrere hundert Jahre alten Erkenntnisse über Primzahlen und Kongruenzen haben in den letzten Jahrzehnten eine bis in das tägliche Leben reichende Anwendung erfahren, nämlich die Verschlüsselung und damit möglichst sichere Übertragung von Daten.

Schon zur Zeit der Römer gab es den Bedarf, Texte vor unbefugtem Lesen zu schützen. Dazu wurden Buchstaben nach einem zwischen Absender und Empfänger verabredeten System ausgetauscht. Diese Methode ist allerdings recht einfach zu durchschauen, denn man muss sich für die (unbefugte) Entschlüsselung nur die unterschiedlichen Buchstabenhäufigkeiten in der jeweiligen Sprache zunutze machen.

Und es gibt erheblich bessere Wege der Verschlüsselung von Daten. So hat durch einschlägige Romane und einen Kinofilm die deutsche Verschlüsselungsmaschine *Enigma* aus dem Zweiten Weltkrieg einen legendären Ruf bekommen. In der Biographie des britischen Mathematikers Alan Turing (1912–1954), dem schließlich die Entschlüsselung des Codes der Enigma gelang, können nähere Fakten über die Maschine nachgelesen werden (man vergleiche [9]).

Allerdings war die Enigma keineswegs ein technisches Wunderwerk, das sich geniale Konstrukteure ausgedacht hatten, sondern nur die Abwandlung eines frei käuflichen Modells. Kernstück des Apparats waren drei Räder mit 26 Kontakten (für jeden Buchstaben ein Kontakt), die je nach ihrer Position eine unterschiedliche elektrische Verbindung zwischen den 26 möglichen Eingangs- und Ausgangsdaten herstellten. Ein aufleuchtendes Lämpchen zeigte dann den kodierten Buchstaben an. Die Enigma funktionierte somit elektrisch, allerdings noch nicht elektronisch. Im Kern handelte es sich um eine eher einfache mechanische Konstruktion.

Wenn man über eine baugleiche Maschine und die Kenntnis der Anfangsposition der Räder verfügte, war die Dekodierung einfach. Dann musste man die Stromrichtung einfach umkehren, um aus den kodierten Buchstaben die Buchstaben im Klartext zu bekommen. Waren diese Voraussetzungen nicht gegeben, so war die Dechiffrierung allerdings schwierig. Wie oben bereits erwähnt ist dieses Problem 1941 von Alan Turing trotzdem gelöst worden und dürfte wesentlich zum Sieg der Alliierten im Zweiten Weltkrieg beigetragen haben. Dennoch stellte man Turing Anfang der 50er Jahre des vergangenen Jahrhunderts in England wegen seiner Homosexualität vor Gericht. Kurze Zeit später hat er sich das Leben genommen.

Seit der Zeit der Enigma entwickelte sich die Kryptographie als ein Zweig mathematischer Anwendungen sprunghaft weiter. Hier soll das in der Praxis gängige RSA-Verfahren (der Name bezieht sich auf die Anfangsbuchstaben der Erfinder Rivest, Shamir und Adleman) aus den 1970er Jahren vorgestellt werden, das auf zahlentheoretischen Überlegungen der vorangegangenen Kapitel beruht. Erst wird die theoretische Seite erläutert, bevor ein Beispiel der Ver- und Entschlüsselung behandelt wird. Es geht hier nur darum, diese Kodierungsmethode als eine Anwendung zahlentheoretischer Erkenntnisse darzustellen, und nicht darum, alle Varianten und Möglichkeiten des Verfahrens zu behandeln.

Einheiten

In diesem Abschnitt soll zunächst an einige Definitionen und Ergebnisse aus früheren Kapiteln, insbesondere aus den Kapitel 7 und 9, erinnert werden. Dort wurde gezeigt, dass die Restklassen modulo n (mit $n \in \mathbb{N}$ und $n > 1$) bezüglich der kanonischen Addition und Multiplikation einen kommutativen Ring $\mathbb{Z}_n$ bilden. Ein Element $\overline{x} \in \mathbb{Z}_n$ heißt nach Definition 9.2.1 eine *Einheit*, wenn ein Element $\overline{y} \in \mathbb{Z}_n$ existiert, für das $\overline{x} \odot \overline{y} = \overline{1}$ ist. Anders ausgedrückt ist ein Ringelement (nicht nur aus $\mathbb{Z}_n$) genau dann eine Einheit, wenn es ein multiplikatives Inverses besitzt. In Bezug auf $\mathbb{Z}_n$ bedeutet die Eigenschaft, dass für die entsprechende Zahlen $x, y \in \mathbb{N}$ die Gleichung $xy \equiv 1 \ (mod\, n)$ gilt. In $\mathbb{Z}_n$ sind beispielsweise das Einselement $\overline{1}$ und dessen Negatives $\overline{-1}$ immer Einheiten. Welche Elemente im Ring $\mathbb{Z}_n$ sind darüber hinaus Einheiten? Diese Frage beantwortet der folgende Satz.

▶ **Satz 10.2.1** Es sei $n > 1$ eine natürliche Zahl und $x \in \{0, 1, \ldots, n-1\}$. Das Element $\overline{x} \in \mathbb{Z}_n$ ist genau dann eine Einheit dieses Rings, wenn x zu n teilerfremd ist.

▶ **Beweis 10.2.1** Sei $ggT(x, n) = 1$, also x teilerfremd zu n. Nach Satz 5.1.3 existieren in diesem Fall ganze Zahlen u, v mit $1 = ux + vn$. Da $vn \equiv 0 \ (mod\, n)$ ist, folgt $ux \equiv 1 \ (mod\, n)$. Damit ist $\overline{x} \in \mathbb{Z}_n$ eine Einheit.

Sei umgekehrt $\overline{x} \in \mathbb{Z}_n$ eine Einheit. Dann gibt es ein $\overline{u} \in \mathbb{Z}_n$ mit $\overline{u} \odot \overline{x} = \overline{1}$. Dann folgt aber $ux \equiv 1 \ (mod\, n)$ und somit $ux + vn \equiv 1 \ (mod\, n)$ für alle $v \in \mathbb{N}$. Also muss $ux + vn - 1$ ein Vielfaches von n sein. Das ist aber nicht möglich, wenn x und n einen echten Teiler gemeinsam haben. Also folgt $ggT(x, n) = 1$, und x und n sind teilerfremd. □

▶ **Folgerung 10.2.1** Sei $n > 1$ eine natürliche Zahl. Die Anzahl der Einheiten in $\mathbb{Z}_n$ ist gleich der Anzahl der zu n teilerfremden Zahlen zwischen 1 und $n - 1$ und damit gleich dem Wert $\varphi(n)$ der Euler'schen φ-Funktion.

▶ **Beweis 10.2.2** Mit Definition 8.3.1 der Euler'schen φ-Funktion ergibt sich unmittelbar die Behauptung. □

Beispiel 10.2.1

(i) Im Ring $\mathbb{Z}_4$ sind die Einheiten nach Satz 10.2.1 die Restklassen von 1 (das ist klar) und von 3, denn $1 \cdot 1 = 1 \equiv 1 \ (mod\, 4)$ und $3 \cdot 3 = 9 \equiv 1 \ (mod\, 4)$.

(ii) In $\mathbb{Z}_8$ sind (ebenfalls nach Satz 10.2.1) die Einheiten genau die Restklassen von 1, 3, 5, 7. Auch hier sind die Einheiten bezüglich der Multiplikation zu sich selbst invers.

(iii) Ist p eine Primzahl, so sind alle Restklassen in $\mathbb{Z}_p$ mit Ausnahme der Nullklasse Einheiten (man vergleiche Satz 9.2.1). Für $p = 5$ erhält man die Beziehungen $2 \cdot 3 \equiv 1 \ (mod\, 5)$ und $4 \cdot 4 \equiv 1 \ (mod\, 5)$, das heißt, die Klasse $\overline{4}$ ist zu sich selbst multiplikativ invers (was wegen $\overline{4} = \overline{-1}$ nicht erstaunt), während die Klassen $\overline{2}$ und $\overline{3}$ zueinander invers sind.

Die Einheiten selbst tragen wieder eine Gruppenstruktur. Das gilt in jedem Ring mit einem Einselement, hier interessiert aber nur der Fall der Restklassenringe modulo einer natürlichen Zahl n. Der folgende Satz wurde bereits in Kapitel 9 bewiesen (man vergleiche Satz 9.2.2).

▶ **Satz 10.2.2** Sei n eine natürliche Zahl. Die Menge der Einheiten von $\mathbb{Z}_n$ bildet bezüglich der Multiplikation eine kommutative Gruppe $\mathbb{Z}_n^*$.

Beispiel 10.2.2

Es ist $\mathbb{Z}_8^* = \{1, 3, 5, 7\}$ (wobei hier statt $\overline{x}$ einfach x geschrieben wird, da offensichtlich klar ist, was gemeint ist). Die Verknüpfungstafel der Gruppe $(\mathbb{Z}_8^*, \odot)$ sieht folgendermaßen aus:

$\odot$	1	3	5	7
1	1	3	5	7
3	3	1	7	5
5	5	7	1	3
7	7	5	3	1

Dies ist (wobei die Bezeichnung der Elemente natürlich variieren kann) die so genannte Klein'sche Vierergruppe, benannt nach dem Mathematiker Felix Klein (1849–1925), übrigens einem der bedeutendsten Mathematiker, der sich explizit auch mit dem Mathematikunterricht in der Schule befasst hat. Man beachte, dass in der Gruppe $(\mathbb{Z}_8^*, \odot)$ jedes Element zu sich selbst invers ist.

Anmerkung

Neben der Gruppe $(\mathbb{Z}_8^*, \odot)$ mit vier Elementen ist $(\mathbb{Z}_4, \oplus)$ eine weiteres Beispiel für eine Gruppe mit vier Elementen. Die Verknüpfungstafel hat allerdings eine prinzipiell andere Struktur. Beide Tafeln können nicht einfach durch Umbenennung der Elemente ineinander überführt werden.

$\oplus$	0	1	2	3
0	0	1	2	3
1	1	2	3	0
2	2	3	0	1
3	3	0	1	2

Man kann sich leicht vergewissern, dass es (bis auf Isomorphie, also bis auf Umbenennungen) keine weitere Gruppe mit vier Elementen gibt.

Die folgenden Überlegungen könnte man eigentlich auf die Restklassengruppen beschränken, denn nur diese sind später von Interesse. Es wird aber nicht schwieriger, wenn man ganz allgemein eine beliebige Gruppe mit endlich vielen Elementen betrachtet. Solche Gruppen nennt man *endliche Gruppen*.

▶ **Definition 10.2.1** Sei G eine endliche Gruppe. Die Anzahl $n \in \mathbb{N}$ der Elemente von G heißt *Ordnung* der Gruppe G. Man schreibt $|G| = n$.

Zwischen der Ordnung einer endlichen Gruppe G und der Ordnung einer Untergruppe U von G gibt es eine Beziehung. Der folgende Satz wird in der Literatur Joseph Louis Lagrange (1736–1813) zugeschrieben.

▶ **Satz 10.2.3** Satz von Lagrange
Die Ordnung jeder Untergruppe U einer endlichen Gruppe G ist ein Teiler der Ordnung von G.

▶ **Beweis 10.2.3** Sei G eine endliche Gruppe und U eine Untergruppe von G. Man kann die Linksnebenklassen xU für Elemente $x \in G$ betrachten. Wenn $xu_1 = xu_2$ für die Elemente $u_1, u_2 \in U$ ist, dann folgt (weil G eine Gruppe ist) $x^{-1}xu_1 = x^{-1}xu_2$, also $u_1 = u_2$. Folglich hat die Linksnebenklasse xU genauso viele Elemente wie die Untergruppe U.

Zwei Linksnebenklassen xU und yU sind nun entweder identisch oder aber sie haben kein Element gemeinsam. Falls nämlich $xu_1 = yu_2$ für die Elemente $u_1, u_2 \in U$ gilt, so ist $xu_1u_2^{-1} = y$, das heißt, es ist $y \in xU$. Also sind die beiden Linksnebenklassen schon dann identisch, wenn sie ein gemeinsames Element haben.

Sei nun $x_1 \in G$ gewählt. Man betrachtet $x_1 U$. Entweder es ist $x_1 U = G$ oder aber es gibt ein Element $x_2 \in G$ mit $x_2 \notin x_1 U$. Im zweiten Fall sind die beiden Mengen $x_1 U$ und $x_2 U$ disjunkt und enthalten jeweils dieselbe Anzahl von Elementen. Man bildet die Vereinigung $x_1 U \cup x_2 U$ und prüft, ob darin alle Elemente von G liegen. Falls nicht, wird das Verfahren fortgesetzt. Man bekommt nach $k \in \mathbb{N}$ Schritten (denn G ist endlich) eine Darstellung der Gruppe G als Vereinigung von Linksnebenklassen von U, also

$$G = \bigcup_{i=1}^{k} x_i U.$$

Jede der Mengen $x_i U$ besitzt dieselbe Anzahl von Elementen, nämlich $|U|$. Also gilt wegen der paarweisen Disjunktheit dieser Linksnebenklassen $|G| = k \cdot |U|$. □

Gruppen stellt man sich häufig multiplikativ geschrieben vor. Man benutzt dann eine sehr vertraut wirkende abkürzende Schreibweise. Statt des Produkts $a \cdot a \cdot \ldots \cdot a$ mit k gleichen Faktoren schreibt man a^k.

▶ **Satz 10.2.4** Ist G eine endliche Gruppe und $a \in G$, so existiert eine kleinste natürliche Zahl n mit $a^n = 1$. Man nennt n die Ordnung von a.

▶ **Beweis 10.2.4** Sei ein $a \in G$ gegeben. Da die Gruppe nach Voraussetzung nur endlich viele Elemente besitzt, muss es $k, m \in \mathbb{N}$ mit $k \neq m$ geben mit $a^k = a^m$. Es gelte $k < m$.

Durch k-malige Multiplikation der Gleichung $a^k = a^m$ mit dem Inversen a^{-1} geht diese in $1 = a^0 = a^{m-k}$ über. Also existiert ein $n \in \mathbb{N}$ (nämlich mindestens $n = m - k$) mit $a^n = 1$. Nach dem Prinzip des kleinsten Elements gibt es auch ein kleinstes $n \in \mathbb{N}$ mit dieser Eigenschaft, eben die Ordnung von a.   □

Betrachtet man nun ein Element a einer endlichen Gruppe G, so ist durch die Menge $\{a, a^2, ..., a^n\}$ ebenfalls eine Gruppe bestimmt, die eine Untergruppe von G ist. Man sagt, dass das Element a die Gruppe „erzeugt". Dieser Sachverhalt wird im folgenden Satz festgehalten (und dann bewiesen).

▶ **Satz 10.2.5** Sei G eine endliche Gruppe der Ordnung m und $a \in G$ ein Element der Ordnung n. Dann ist $A = \{a, a^2, ..., a^n\}$ eine Untergruppe von G, und es gilt $a^m = 1$.

▶ **Beweis 10.2.5** In Satz 10.2.4 ist formuliert, dass die Ordnung n des Elements a die kleinste natürliche Zahl mit $a^n = 1$ ist. Also sind die Elemente a_i ($i = 1, 2, \ldots, n$) alle verschieden. Ist nämlich $a^i = a^j$ für i, j mit $1 \leq i, j \leq n$, dann ist $a^{i-j} = 1$ und somit $i - j = 0$. Wegen $a^n = 1$ gilt $1 \in A$. Mit $a^k \in A$ (für $1 \leq k \leq n$) ist auch $a^{n-k} \in A$. Also hat jedes Element in A ein inverses Element in der Menge. Damit ist aber auch $a^i a^{n-j} \in A$ für alle $i, j \in \{1, 2, \ldots, n\}$. Aus dem Untergruppenkriterium (man vergleiche Seite 231) folgt, dass A eine Untergruppe von G ist. Nun ist n (nach Satz 10.2.3) ein Teiler von m, also gibt es ein $k \in \mathbb{N}$ mit $m = n \cdot k$. Somit ist $a^m = a^{nk} = 1^k = 1$.   □

10.2.1 Einheiten in $\mathbb{Z}_{pq}$

In diesem Abschnitt wird die Einheitengruppe $\mathbb{Z}_n^*$ von $\mathbb{Z}_n$ für den Spezialfall betrachtet, dass $n = pq$ mit verschiedenen Primzahlen p und q ist. Für die Anwendungen in der Kryptographie wird man dann von sehr großen Zahlen n, p und q ausgehen. Schließlich geht es darum, Informationen so zu übertragen, dass sie von dritten Personen möglichst schwer entschlüsselt werden können. Bei einer sehr großen Zahl n und großen Primfaktoren ist die Zerlegung in diese Primfaktoren aufwendig und selbst modernste Rechner brauchen dafür sehr lange Zeit (wenn sie es denn überhaupt schaffen). Dagegen ist die Suche nach großen Primzahlen p und q weniger aufwendig (es gibt Listen), und die Bestimmung des Produkts pq macht auch bei großen Zahlen keine Probleme.

   Die Anzahl der Einheiten in $\mathbb{Z}_{pq}$, also die Anzahl der Elemente von $\mathbb{Z}_{pq}^*$, ist nach Satz 10.2.1 die Zahl der zu n teilerfremdem Zahlen $0, \ldots, pq - 1$ (oder $1, \ldots, pq$, was dasselbe beschreibt). Dies ist der Wert der Euler'schen φ-Funktion an der Stelle pq, und somit nach Satz 10.2.1 (wenn man ihn hier im Vorgriff benutzt) gerade das Produkt $(p-1)(q-1)$. In einem so einfachen Fall kann man die Zahl auch direkt bestimmen. Die *nicht* zu pq teilerfremdem Zahlen $0, \ldots, pq - 1$ sind die Vielfachen $0, p, 2p, \ldots, (q-1)p$ bzw. $0, q, 2q, \ldots, (p-1)q$ von p bzw. von q. Das sind (denn nur die 0 kommt doppelt vor)

$q + p - 1$ verschiedene Elemente aus $\mathbb{Z}_n$. Es bleiben also genau $pq - (q + p - 1) = (p - 1)(q - 1)$ viele Elemente aus $\mathbb{Z}_n$ übrig, die somit zu n teilerfremd sind. Nach Satz 14.3.2 hat $\mathbb{Z}_n$ genauso viele Einheiten, und damit ist die Ordnung von $\mathbb{Z}_n^*$ gleich $(p - 1)(q - 1)$. Nach Satz 10.2.5 gilt nun

$$\overline{x}^{(p-1)(q-1)} = \overline{1}$$

für alle $\overline{x} \in \mathbb{Z}_{pq}^*$.

Sei also $n = pq$ für die Primzahlen p und q, und sei k eine natürliche Zahl mit der Eigenschaft $ggT(k, (p - 1)(q - 1)) = 1$. Dann gibt es nach Satz 5.1.3 ganze Zahlen ℓ und m, sodass $1 = \ell k + m(p - 1)(q - 1)$ ist. Aus der Gleichung $\overline{x}^{(p-1)(q-1)} = \overline{1}$ folgert man

$$\overline{x} = \overline{x}^{\ell k + m(p-1)(q-1)} = \overline{x}^{\ell k} \overline{x}^{m(p-1)(q-1)}$$
$$= \overline{x}^{\ell k} \left(\overline{x}^{(p-1)(q-1)} \right)^m = \overline{x}^{\ell k} = \left(\overline{x}^k \right)^{\ell}.$$

Diese Gleichung ist der Schlüssel für die folgende kryptographische Anwendung, das so genannte RSA-Verfahren der Kodierung.

10.2.2 Grundlagen des RSA-Verfahrens

Das Problem ist, dass ein Absender A einem Empfänger E die zwischen 1 und $n - 1$ liegende Zahl x geheim mitteilen möchte. Dabei sei wiederum $n = pq$ für zwei Primzahlen p und q. Die Zahl x kann nicht ganz beliebig gewählt werden, denn die Äquivalenzklasse $\overline{x} \in \mathbb{Z}_n$ von x muss auch in $\mathbb{Z}_{pq}^*$ liegen (es muss also nur vermieden werden, dass x ein Vielfaches von p oder von q ist). Allerdings geht man hier in der Praxis (wie bereits angesprochen) von einer sehr großen Zahl n aus, die wiederum das Produkt von zwei sehr großen Primzahlen p und q ist. Es gibt also hinreichend viele Elemente, die die genannten Bedingungen erfüllen. Eine Möglichkeit, das gegebene Problem zu lösen, liefert das *RSA-Verfahren*, dessen Abfolge in vier Schritten beschrieben werden kann.

(1) Der Empfänger legt sich (große und unterschiedliche Primzahlen p und q zurecht und berechnet $n = pq$. Er wählt $k, \ell \in \mathbb{N}$ so, dass $k\ell \equiv 1 \ (mod \ (p - 1)(q - 1))$ ist. Geheim hält der Empfänger p, q und ℓ, öffentlich sind n und k zu sehen. Diesen „öffentlichen Schlüssel" (public key) stellt der Empfänger jedem zur Verfügung, der ihm eine Nachricht senden möchte (z. B. auf seiner Internetseite).

(2) Der Absender möchte nun die Nachricht $\overline{x} \in \mathbb{Z}_n^*$ verschlüsselt an den Empfänger weitergeben. Dazu besorgt er sich die öffentlich bekannten Werte für n und k. Er berechnet die (verschlüsselte) Nachricht $y \in \mathbb{N}$, sodass $1 \leq y \leq n - 1$ und $y \equiv x^k \ (mod \ n)$ ist. Es ist also y der Repräsentant von $\overline{y} = \overline{x}^k$, der zwischen 1 und $n - 1$ liegt.

(3) Der Absender sendet die verschlüsselte Nachricht nun über (beliebig unsichere) Kanäle an den Empfänger.

(4) Der Empfänger berechnet $\bar{y}^\ell = (\bar{x}^k)^\ell = \bar{x}$ und hat damit die ursprüngliche Nachricht in entschlüsselter Form.

Die Sicherheit des Verfahrens ist gegeben, weil man aus n und k nur mit großem Aufwand in der Lage ist, die Zahl ℓ zu bestimmen. Am einfachsten wäre es noch, n zu faktorisieren, also p und q zu bestimmen. Das aber ist bei großen Zahlen kaum realisierbar. Auch aus einem Paar aus Nachricht x und Verschlüsselung y, das sich ja mit dem öffentlichen Schlüssel des Empfängers jeder herstellen kann, ließe sich ℓ bestimmen: Man weiß ja, dass $\bar{y}^\ell = \bar{x}$ ist. Deshalb wird ℓ in der Regel so groß gewählt, dass diese Arbeit ebenfalls zu aufwändig wird.

Im nächsten Abschnitt soll die Wirkungsweise der Ver- und Entschlüsselung vorgestellt werden (allerdings aus Gründen der übersichtlicheren Darstellung und der besseren Nachvollziehbarkeit auf einem normalen Computer mit relativ kleinen Primzahlen).

10.2.3 Praktische Zahlenkodierung

In diesem Abschnitt sei $p = 13$ und $q = 19$ gewählt. Dann ist $n = pq = 247$ und $(p-1)(q-1) = 216 = 2^3 \cdot 3^3$. Für k kommt jede ungerade Zahl infrage, die nicht durch 3 teilbar ist (zum Beispiel 5). Der euklidische Algorithmus (man vergleiche Abschn. 5.2) liefert $216 = 43 \cdot 5 + 1$ und somit $-43 \cdot 5 + 216 = 1$. Will man negative Werte für ℓ verhindern (was mehr eine Stilfrage als eine inhaltliche Frage ist), so kann man dazu die triviale Gleichung $216 \cdot 5 + (-5) \cdot 216 = 0$ addieren und erhält $173 \cdot 5 + (-4) \cdot 216 = 1$. Damit ist ℓ also 173. Welche x kann man nun übermitteln? Wie oben beschrieben, müssen aus den Zahlen von 1 bis 246 alle gestrichen werden, die Vielfache von 13 oder von 19 sind. Dies sind die Zahlen

$$13, 26, 39, 52, 65, 78, 91, 104, 117, 130, 143, 156, 169, 182, 195, 208, 221, 234$$

und

$$19, 38, 57, 76, 95, 114, 133, 152, 171, 190, 209, 228.$$

Nun soll $x = 30$ dem Empfänger geheim übermittelt werden.

(1) Dem Sender werden $n = 247$ und $k = 5$ mitgeteilt.
(2) Zu berechnen ist die Klasse von 30^5 in $\mathbb{Z}_{247}$. Die auftretenden Zahlen können (und sollten) durch Abziehen passender Vielfacher von 247 einigermaßen klein werden (die Berechnung mit Hilfe von Papier und Bleistift wird natürlich umso aufwendiger, je größer n ist). Man fragt nun, welcher kleine positive Repräsentant sich für die Klasse etwa von 37636 finden lässt? Es ist $\frac{37636}{247} = 152, \ldots$ und $37636 = 152 \cdot 247 + 92$. Folglich ist $\overline{37636} = \overline{92}$. Die Klasse von $30^2 = 900$ in $\mathbb{Z}_{247}$ ist die von $900 - 3 \cdot 247 = 159$. Die

Klasse von 30^4 ist die von $159^2 = 25281$, also die von $87 = 25281 - 247 \cdot 102$. Folglich ist $\overline{x}^5$ die Klasse von $87 \cdot 30 = 2610$, und das ist $\overline{140}$.

(3) Dem Empfänger wird nun $y = 140$ mitgeteilt.

(4) Jetzt rechnet der Empfänger die Klasse $\overline{140}^{173}$ in $\mathbb{Z}_{247}$ aus. Man geht wie im vorangegangenen Schritt vor.

Es ist $140^2 = 19600 = 79 \cdot 247 + 87$, also ist $\overline{y}^2 = \overline{87}$. Weiter ergibt sich daraus

$$
\begin{aligned}
\overline{y}^4 &= \overline{87^2} &&= \overline{7569} = \overline{159}, \\
\overline{y}^8 &= \overline{159^2} &&= \overline{25281} = \overline{87}, \\
\overline{y}^{16} &= \overline{87^2} &&= \overline{7569} = \overline{159} &&\text{(siehe oben),} \\
\overline{y}^{32} &= \overline{159^2} &&= \overline{87} &&\text{(siehe oben),} \\
\overline{y}^{64} &= \overline{87^2} &&= \overline{159} &&\text{(siehe oben),} \\
\overline{y}^{128} &= (\overline{y}^{64})^2 = \overline{159^2} &&= \overline{87} &&\text{(siehe oben).}
\end{aligned}
$$

Wegen $\ell = 173 = 128 + 32 + 8 + 4 + 1$ sind jetzt nur noch vier Multiplikationen auszuführen.

$$
\begin{aligned}
\overline{y}^{128+32} &= \overline{87 \cdot 87} &&= \overline{159}, \\
\overline{y}^{128+32+8} &= \overline{159 \cdot 87} &&= \overline{1}, \\
\overline{y}^{128+32+8+4} &= \overline{1 \cdot 159} &&= \overline{159}, \\
\overline{y}^{128+32+8+4+1} &= \overline{159 \cdot 140} &&= \overline{30}.
\end{aligned}
$$

Damit hat der Empfänger die Zahl x entschlüsselt. Selbstverständlich kann ein Computer diese Berechnung leicht ausführen. Die Verschlüsselung und Entschlüsselung der zur Verfügung stehenden Zahlen ist keine Frage der Rechenzeit.

10.2.4 Ein Beispiel zur Kodierung und Dekodierung

Um das beschriebene Verschlüsselungsverfahren auch zur Textverschlüsselung zu nutzen, müssen den im Text vorkommenden Buchstaben und Zeichen Zahlen aus dem zugelassenen Vorrat (der, wie oben beschrieben, von p und q abhängt) umkehrbar eindeutig zugeordnet werden. Weist man jedoch einem Buchstaben immer dieselbe Zahl zu, so ist der offen übermittelte Zahlenkode mit demselben Nachteil behaftet wie die oben erwähnte Geheimschrift der alten Römer, denn in jeder Sprache kommen bestimmte Buchstaben häufiger vor als andere. Doch auch hier gibt es eine leichte Abhilfe, die in einer zusätzlichen Vereinbarung zwischen Absender und Empfänger der Nachricht besteht. Sie wird so gewählt sein, dass sie, selbst wenn sie verraten werden sollte, nicht viel dabei nützen würde, aus einer verschlüsselten Zahlenreihe auf den Klartext zu schließen. Das folgende Verfahren erfüllt diese Bedingung.

(1) Die Buchstaben des Textes werden zuerst auf der Grundlage der alphabetischen Reihenfolge in Zahlen verwandelt. Die übrigen Zahlen, Satzzeichen und ähnliche Zeichen werden nach einer festgelegten Reihenfolge mit den verbleibenden Zahlen des Vorrats kodiert.

Angenommen, dieser Vorrat umfasst die Zahlen 1 bis r. Dabei soll $r \leq \min\{p - 1, q - 1\}$ sein, denn unter diesen Zahlen darf sich kein Vielfaches von p oder q befinden.

(2) Für den Text bekommt man nun eine Zahlenreihe

$$z_1, z_2, \ldots, z_k.$$

Sie wird nach einer Vereinbarung zwischen Absender und Empfänger verändert, um die geschilderte Schwachstelle der unterschiedlichen Häufigkeiten zu umgehen. Das Ergebnis sind auch wieder Zahlen zwischen 1 und r, also eine Zahlenreihe $z_1^*, z_2^*, \ldots, z_k^*$. Die Vorgehensweise ist natürlich nur dann sinnvoll, wenn aus $z_1^*, \ldots, z_k^*$ die eigentlich gesuchten Zahlen $z_1, \ldots, z_k$ rekonstruiert werden können. Ist $r + 1$ eine Primzahl, so könnte man $z_1^* = z_1$ und $z_j^* = z_j \cdot z_{j-1}^*$ für $j > 1$ ausmachen, wobei die Multiplikation in $\mathbb{Z}_{r+1}$ ausgeführt wird (und das Ergebnis durch den Repräsentanten zwischen 1 und r angegeben wird).

(3) Dann wird die Zahlenreihe $z_1^*, z_2^*, \ldots, z_k^*$ mit dem RSA-Verfahren verschlüsselt und übermittelt.

(4) Der Empfänger führt die RSA-Entschlüsselung durch und kennt dann ebenfalls die Zahlen $z_1^*, z_2^*, \ldots, z_k^*$.

(5) Aus diesen Informationen gewinnt er nun die Zahlen $z_1, z_2, \ldots, z_k$ zurück. Ist die Zuordnung $z_j \rightarrow z_j^*$ wie oben erfolgt, so gilt $z_1 = z_1^*$ und $z_j = z_j^* \cdot (z_{j-1}^*)^{-1}$ für $j = 2, \ldots, k$, wobei in $\mathbb{Z}_{r+1}$ zu rechnen ist (man beachte, dass $a^{-1} = a^{r-1}$ für alle $a \in \mathbb{Z}_{r+1} \backslash \{0\}$ gilt).

(6) Schließlich erhält der Empfänger aus der Zahlenreihe $z_1, \ldots, z_k$ den Klartext, wenn er die Zuordnung zwischen Zahlen und Buchstaben umkehrt.

10.2.5 Praktische Textkodierung

In diesem Abschnitt soll die Verschlüsselung und Entschlüsselung eines Textes unter Berücksichtigung der vorher genannten Aspekte durchgeführt werden. Damit alle Buchstaben von A bis Z zur Verfügung stehen, müssen die Primzahlen p und q hinreichend groß gewählt werden. Andererseits sollen die auftretenden Zahlen für dieses Beispiel im Rahmen dessen bleiben, was sich mit wenig Aufwand rechnen lässt.

Es sei $p = 41$ und $q = 53$, also $N = pq = 2173$ und $(p - 1)(q - 1) = 2080$. Es ist $2080 = 63 \cdot 33 + 1$, also $1 = 2080 - 63 \cdot 33$. Die Addition der trivialen Gleichung $0 = 2080 \cdot (-63) + 2080 \cdot 63$ führt zu

$$1 = 2080 \cdot (-62) + 2047 \cdot 63.$$

Als Exponenten zur Verschlüsselung können also, mit den Bezeichnungen des letzten Abschnitts, $k = 63$ und $\ell = 2047$ genommen werden.

Geheim übermittelt werden soll der Satz

MATHEMATIK MACHT SPASS!

Die zur Entschlüsselung notwendigen Zahlen 2047 und 2173 wurden dem Empfänger übermittelt.

(1) Zuerst müssen die Buchstaben und Zeichen dem Zahlenvorrat eindeutig zugeordnet werden. Nach dem, was oben angeführt wurde, kann man die Zahlen von 1 bis 36 verwenden. Die folgende Übersetzungstabelle muss Absender und Empfänger bekannt sein (die nicht benötigten Felder sind aus Gründen der Übersichtlichkeit zum Teil nicht ausgefüllt):

A	B	C	D	E	...	H	I	J	K	...	M	...	P	...	S	T	!
1	2	3	4	5	...	8	9	10	11	...	13	...	16	...	19	20	29

Dem Leerzeichen sei die Nummer 30 zugeordnet. Der genannte Text hat danach die Übersetzung

13 1 20 8 5 13 1 20 9 11 30 13 1 3 8 20 30 19 16 1 19 19 29

Hier handelt es sich um die Zahlen $z_1, \ldots, z_k$ (mit den Bezeichungen aus dem vorigen Abschnitt). Es ist $k = 22$, und mit der Wahl $r = 30$ ist der Zeichenvorrat abgedeckt.

(2) Diese Wahl von r hat den Vorzug, dass $r + 1$ eine Primzahl ist, sodass man die erste Kodierung $z_1^*, \ldots, z_k^*$ wie oben beschrieben durchführen kann, wobei wie zuvor die Verabredung

$$z_1^* = z_1, \quad z_j^* = z_j \cdot z_{j-1}^* \text{ für } j > 1$$

getroffen wird (die Multiplikationen sind in $\mathbb{Z}_{31}$ auszuführen). Die Zahlen $z_1^*, \ldots, z_k^*$ sind dann der Reihe nach

13 13 12 3 15 9 9 25 8 26 5 3 3 9 10 14 17 13 22 22 15 6 19.

Nach dem folgenden Programmschema lassen sich die $z_1^*, \ldots, z_k^*$ auf dem Computer berechnen (dabei wurde hier die Programmiersprache BASIC gewählt).

```
m=31:a=1                              Setzen von Startwerten
5 input b                            Eingabe von b = zⱼ
z=b*a                                Entspricht z_j^* = z_j · z_{j-1}^*
10 if z>m-1 then z=z-m:goto 10       Reduktion von z mod m = 31
a=z                                  Speichern für den nächsten
                                     Schritt
print z                              Ergebnisausgabe
goto 5                               Zur Eingabe des nächsten zⱼ
```

Natürlich muss der Empfänger auch $m = 31$ bzw. $r = m - 1 = 30$ kennen, um die eben durchgeführte Verwandlung der z_j in die Zahlen z_j^* rückgängig machen zu können. Man könnte diese Zahl aber auch als Teil der Nachricht mitschicken, wenn etwa vereinbart wurde, dass die letzte (RSA-kodierte) übermittelte Zahl im nächsten Schritt m bzw. r entspricht (hier ist das aber nicht aufgenommen worden).

(3) Als nächstes sind die Zahlen $z_1^*, \ldots, z_k^*$ nach dem RSA-Verfahren zu verschlüsseln, das heißt, es sind die Zahlen $(z_j^*)^{63}$ in $\mathbb{Z}_{2173}$ zu bestimmen. Das kann auf dem Computer nach folgendem Programmschema geschehen.

```
k=63 : n=2173                         Speichern der Konstanten
10 input x                            Eingabe von x
y=1                                   Vorbereitung der Berechnung
for i=1 to k                          Beginn der Schleife
y=y*x                                 Induktive Multiplikation
20 if y>n-1 then y=y-n : goto 20      Reduktion von y mod n
next i                                Falls i < k ist: Schleife
                                      fortsetzen
print y                               Ergebnisausgabe
goto 10                               Zur Eingabe eines neuen x
                                      gehen
```

Für x sind der Reihe nach die Zahlen z_j^* (mit $j = 1, \ldots, k$) einzugeben, und das Programm gibt deren RSA-Verschlüsselung als y aus. Hier ist das Ergebnis die Zahlenfolge

1288 1288 691 1982 1586 1713 1713 824 1250 915 1027 1982

1982 1713 1369 618 1442 1288 1775 1775 1586 2039 1587

Die eben ermittelten Zahlen werden dem Empfänger ohne weitere Vorsichtsmaßnahmen übermittelt.

(4) Der Empfänger hat die Zahlenreihe erhalten und entschlüsselt sie gemäß dem ihm bekannten Exponenten $\ell = 2047$ mit einem Computerprogramm, das folgendermaßen aussieht:

```
ℓ = 2047 : n = 2173              Speichern der Konstanten
10 input y                       Eingabe von y
x=1                              Vorbereitung der Berechnung
for i=1 to ℓ                     Beginn der Schleife
x=x*y                            Induktive Multiplikation
20 if x>n-1 then x=x-n : goto 20 Reduktion von x mod n
next i                           Falls i < ℓ ist: Schleife
                                 fortsetzen
print x                          Ergebnisausgabe
goto 10                          Zur Eingabe eines neuen y
                                 gehen
```

Er erhält die Zahlenreihe $z_1^*, \ldots, z_k^*$, also

$$13 \quad 13 \quad 12 \quad 3 \quad 15 \quad 9 \quad 9 \quad 25 \quad 8 \quad 26 \quad 5 \quad 3 \quad 3 \quad 9 \quad 10 \quad 14 \quad 17 \quad 13 \quad 22 \quad 22 \quad 15 \quad 6 \quad 19$$

zurück.

(5) Nun folgt die Berechnung der Zahlen $z_1, \ldots, z_{22}$. Mit der formalen Setzung $z_0^* := 1$ kann man

$$z_j = z_j^* \cdot (z_{j-1}^*)^{-1} = z_j^* \cdot (z_{j-1}^*)^{29}$$

für $j = 1, \ldots, 22$ schreiben, wobei die Rechnung in $\mathbb{Z}_{31}$ erfolgt. Man beachte, dass $z^{30} = 1$ für jedes Element $z \in \mathbb{Z}_{31} \backslash \{0\}$ gilt. Das folgt zum Beispiel aus dem kleinen Satz von Fermat 8.2.3. Das Programmschema kann dann (mit a für z_{j-1}^* und b für z_j^*) so aussehen:

```
s=29 : m=31                      Speichern der Konstanten
x=1                              Anfangsparameter x = (z_0^*)^{29} = 1
                                 (technisch, siehe oben)
5 input b                        Eingabe von b = z_j^*
y=1                              Vorbereitung der Berechnung
for i=1 to s                     Beginn der Schleife
y=y*b                            Induktive Multiplikation
10 if y>m-1 then z=z-m : goto 10 Reduktion von y mod m = 31
next i                           Falls i < 29 ist: Schleife fortsetzen
z=b*x                            Berechnung von z_j = z_j^* · (z_{j-1}^*)^{29}
15 if z>m-1 then z=z-m : goto 15 Reduktion von z mod m = 31
print z                          Ergebnisausgabe
x=y : goto 5                     Mit neuem x zur Eingabe
```

In dieses Programm sind die Zahlen $z_1^*, \ldots, z_{22}^*$ nacheinander mit der **input**-Anweisung einzugeben, es berechnet die jeweiligen $z_1, \ldots, z_{22}$. Die Ausgabe z des Programms ist jeweils die Zahl z_j.

Der Empfänger kennt damit die Zahlen

13 1 20 8 5 5 13 1 20 9 11 30 13 1 3 8 20 30 19 16 1 19 19 29.

(6) Mit Hilfe dieser Zahlen bekommt der Empfänger aus der ihm bekannten Tabelle (man vergleiche den ersten Schritt) den Klartext und weiß nun

MATHEMATIK MACHT SPASS!

Der wesentliche Unterschied zwischen Methoden, die auf mechanischen Verschlüsselungs-apparaten implementiert werden können, und dem hier beschriebenen RSA-Verfahren ist, dass ein Zahnrad mit so vielen Zähnen, wie dies durch die praktisch verwendeten Zahlen n gefordert wird, nicht realisierbar ist.

Im vorgestellten Verfahren bewältigt der Computer die Arithmetik in $\mathbb{Z}_n$ problemlos. Die Kodierungsmethode beruht im Kern auf sehr alten und einfachen zahlentheoretischen Überlegungen, deren Nutzen damals nicht erkannt werden konnte. Man kann es auch umgekehrt sehen: Hätte man damals keine Grundlagenforschung um ihrer selbst willen betreiben können, so würden diese Ergebnisse auch heute nicht zur Verfügung stehen. Mathematik hat nicht immer einen schnellen und unmittelbaren Nutzen, denn viele Ergebnisse haben sich erst im Laufe der Jahrhunderte als in der Praxis anwendbar erwiesen.

10.3 Übungsaufgaben

1. Den Produkten einer Warengruppe sei ein $(n+1)$-Tupel $(x_1, \ldots, x_n, y)$ $(n \geq 2)$ zu-geordnet, wobei die Einträge x_j jeweils die Ziffern $0, 1, \ldots, 9$ annehmen können und $y \in \{0, \ldots, 9\}$ eine aus $x_1, \ldots, x_n$ errechnete Prüfziffer ist. Kann dies so geschehen, dass bei falscher Angabe von genau $k \geq 1$ Ziffern x_j der Fehler durch Vergleich mit der vorher bekannten (richtigen) Prüfziffer y stets festgestellt wird? Beantworten Sie diese Frage getrennt für
   a) $k = 1$,
   b) $k \geq 2$.
2. Zeigen Sie, dass die Einheitengruppe $\mathbb{Z}_9^*$ zur additiven Gruppe $\mathbb{Z}_6$ isomorph ist.
3. Schreiben und testen Sie ein Computerprogramm zur Bestimmung der Primfaktorzer-legung einer natürlichen Zahl $n > 3$. Finden Sie damit große Primzahlen. Probieren Sie aus, für welche n die Grenzen der Verarbeitungskapazitäten des Computers erreicht werden.
4. Bestimmen Sie bis auf Isomorphie alle Gruppen der Ordnung 4.

Rationale Zahlen

11

Inhaltsverzeichnis

Die ganzen Zahlen haben die wunderbare Eigenschaft, dass jede Additionsgleichung mit Koeffizienten aus $\mathbb{Z}$ lösbar ist. Bei der Definition der rationalen Zahlen geht es nun darum, eine Entsprechung für Multiplikationsgleichungen zu finden. Dieses Kapitel führt systematisch in die rationalen Zahlen und den Umgang mit diesen Zahlen ein. Es sollte besser nicht überschlagen werden. Insbesondere ist es eine wichtige Voraussetzung für die Lektüre von Kapitel 12. In vorangegangenen Kapiteln wurden die natürlichen Zahlen aus den Peano-Axiomen entwickelt und die ganzen Zahlen als Äquivalenzklassen von Paaren natürlicher Zahlen hergeleitet. Durch eine ganz ähnliche Überlegung wird man nun die rationalen Zahlen auf der Grundlage der ganzen Zahlen bekommen.

K. Reiss und G. Schmieder, *Basiswissen Zahlentheorie*, Mathematik für das Lehramt,
DOI: 10.1007/978-3-642-39773-8_11, © Springer-Verlag Berlin Heidelberg 2014

11.1   Definition der rationalen Zahlen

Wonach du sehnlich ausgeschaut, Es wurde dir beschieden.
Du triumphierst und jubelst laut: „Jetzt hab' ich endlich Frieden!"
Ach, Freundchen, rede nicht so wild. Bezähme deine Zunge.
Ein jeder Wunsch, wenn er erfüllt, Kriegt augenblicklich Junge.

Wilhelm Busch:
Niemals (Schein und Sein)

Es sei noch einmal daran erinnert, dass die ganzen Zahlen aus den natürlichen Zahlen hergeleitet wurden, indem zunächst Gleichungen der Form $a = b + x$ mit $a, b \in \mathbb{N}$ betrachtet wurden. Die Gleichungen $a_1 = b_1 + x$ und $a_2 = b_2 + x$ (mit $a_1, a_2, b_1, b_2 \in \mathbb{N}$) wurden als gleichwertig (äquivalent) bezeichnet, wenn sie dieselbe Lösung $x \in \mathbb{Z}$ hatten. Selbstverständlich durfte man erst *nach* der Einführung von $\mathbb{Z}$ von einer solchen ganzzahligen Lösung x sprechen. Zu Beginn des Kapitel 6, also *vor* der eigentlichen Definition der ganzen Zahlen, musste der Sachverhalt durch eine Bedingung an die Koeffizienten der Gleichung umschrieben werden. Ganz analog kann man nun auch die multiplikative Gleichung

$$a = b \cdot x$$

betrachten, wobei a und b ganze Zahlen bezeichnen. Es ist offenbar vernünftig, $b \neq 0$ anzunehmen, denn für $b = 0$ kann diese Gleichung ohnehin entweder nicht lösbar sein (für $a \neq 0$), oder aber sie ist nicht eindeutig lösbar (wenn auch $a = 0$ ist, so ist jede ganze Zahl eine Lösung).

Von den angestrebten „Lösungen" x im Fall $b = 0$ und $a \neq 0$ wird natürlich erwartet, dass sie unter anderem das Distributivgesetz erfüllen. Aus diesem Gesetz und der (auch für die zu definierenden rationalen Zahlen wünschenswerten) eindeutigen Lösbarkeit von Gleichungen ergibt sich, dass die Multiplikation mit 0 immer das Ergebnis 0 haben muss. Aus $x \cdot 0 + x \cdot 0 = x \cdot (0 + 0) = x \cdot 0$ folgt $x \cdot 0 = 0$.

Um zur eigentlichen Definition der rationalen Zahlen zu kommen, wird wieder die schon beim Erzeugen der ganzen Zahlen verwendete Methode benutzt, die zu beschreibenden Objekte (also die rationalen Zahlen) mit Gleichungen (diesmal des Typs $a = b \cdot x$) zu identifizieren. Dabei sollen entsprechend Gleichungen als äquivalent angesehen werden, die (später einmal, wenn die rationalen Zahlen zur Verfügung stehen) für ein und dasselbe x erfüllt sind. Die Gleichungen $3 = 4x$ und $6 = 8x$ und $24 = 32x$ werden vernünftigerweise äquivalent sein. Zu sagen, wann ganz genau Gleichungen äquivalent sind, muss allerdings ein wesentlicher Bestandteil der anstehenden Definition sein. Es ist selbstverständlich legitim, sich dabei von Vorstellungen leiten zu lassen, die man bereits von den rationalen Zahlen mitbringt.

Es wäre nun nicht in Ordnung, an dieser Stelle eine rationale Zahl als das Ergebnis der Division einer ganzen mit einer natürlichen Zahl zu erkären, da eben diese Division in den vorangegangenen Kapiteln nicht eingeführt wurde. Ebenso bringt es nicht weiter, sich die rationalen Zahlen als die „Brüche" $\frac{a}{b}$ mit $a, b \in \mathbb{Z}$, $b \neq 0$ klarmachen zu wollen, es sei denn, man verbindet mit diesem Begriff nichts anderes als die Paare (a, b). Dann müsste man allerdings noch (a, b) und beispielsweise $(5a, 5b)$ als äquivalent identifizieren und danach die Rechenoperationen für diese Paare erklären. Es läuft alles darauf hinaus, die Gleichung $c = d \cdot x$ mit $c, d \in \mathbb{Z}, d \neq 0$ als gleichbedeutend (äquivalent) mit $a = b \cdot x$ einzustufen, falls $ad = bc$ gilt.

Analog wie in Kapitel 6 und entsprechend Satz 6.1.1 soll nun der folgende Satz 11.1.1 bewiesen werden. Man beachte, dass die dort definierte Äquivalenzrelation nicht dieselbe ist wie die in Kapitel 6 definierte Relation zur Einführung der ganzen Zahlen. Diese Relation dient ja auch einem ganz anderen Ziel. Man möchte im Ergebnis so etwas wie gleich große Brüche beschreiben, also wissen, wann $\frac{a}{b} = \frac{c}{d}$ für die ganzen Zahlen a, b, c und d ist (natürlich mit $b, d \neq 0$).

▶ **Satz 11.1.1** Auf der Menge

$$\mathbb{Z} \times (\mathbb{Z} \setminus \{0\}) = \{(z_1, z_2) \mid z_1 \in \mathbb{Z}, z_2 \in \mathbb{Z} \setminus \{0\}\}$$

ist durch

$$(a, b) \sim (c, d) :\Leftrightarrow ad = bc$$

eine Äquivalenzrelation definiert.

▶ **Beweisidee 11.1.1** Es ist nachzuweisen, dass diese Relation auf $\mathbb{Z} \times (\mathbb{Z} \setminus \{0\})$ reflexiv, symmetrisch und transitiv ist.

▶ **Beweis 11.1.1** Die Äquivalenz $(a, b) \sim (a, b)$ bedeutet $ab = ba$, was für alle $a, b \in \mathbb{Z}$ richtig ist. Also ist die Reflexivität erfüllt. Die Aussage $(c, d) \sim (a, b)$ heißt nichts anderes als $cb = da$, und das ist äquivalent zu $ad = bc$, also zu $(a, b) \sim (c, d)$. Damit ist die Symmetrie gegeben. Schließlich gilt mit $ad = bc$ und $cf = de$ auch $adf = bcf$ und $bcf = bde$, also ist $adf = bde$. Dann ist $(af - be) \cdot d = 0$. Da $d \neq 0$ vorausgesetzt ist, folgt $af - be = 0$ und damit $af = be$. Also ist auch die Transitivität gezeigt. □

Man liest leicht über diesen Beweis hinweg, denn alles darin klingt so selbstverständlich. Dennoch sollte man sich klarmachen, dass in allen drei Teilen des Beweises von Satz 11.1.1 die Kommutativität der Multiplikation in $\mathbb{Z}$ eine wichtige Rolle spielt. Wieder wird also auf Eigenschaften zurückgegriffen, die aus einem bereits konstruierten Zahlbereich bekannt sind.

Beispiel 11.1.1

Bezüglich der Relation $\sim$ ist $(-1, 2)$ äquivalent zu $(1, -2)$, $(-2, 4)$, $(3, -6)$, allgemein zu $(-n, 2n)$, wenn n eine ganze Zahl ungleich 0 ist. Es stimmt jedoch nicht, dass die Paare (a, b) und (c, d) genau dann äquivalent sind, wenn ein $n \in \mathbb{Z}$ existiert mit $(na, nb) = (c, d)$. So ist zwar $(3, -6)$ zu $(-1, 2)$ äquivalent, aber einen Faktor $n \in \mathbb{Z}$ mit $(3n, -6n) = (-1, 2)$ gibt es nicht.

Zu einer Äquivalenzrelation gehören Äquivalenzklassen, und sie spielen genau wie bei der Einführung der ganzen Zahlen auch hier *die* wesentliche Rolle.

▶ **Definition 11.1.1** Die Menge $\mathbb{Q}$ der rationalen Zahlen ist die Gesamtheit der Äquivalenzklassen im Sinne von Satz 11.1.1. Es ist somit

$$\mathbb{Q} := \{[(a, b)] | (a, b) \in \mathbb{Z} \times \mathbb{Z} \backslash \{0\}\}$$

mit

$$[(a, b)] = \{(c, d) \in \mathbb{Z} \times (\mathbb{Z} \backslash \{0\}) \mid (a, b) \sim (c, d)\}$$
$$= \{(c, d) \in \mathbb{Z} \times (\mathbb{Z} \backslash \{0\}) \mid ad = bc\}$$

für die Paare $(a, b) \in \mathbb{Z} \times (\mathbb{Z} \backslash \{0\})$.

Veranschaulichung der rationalen Zahlen als Äquivalenzklassen

Die Paare $(a, b) \in \mathbb{Z} \times \mathbb{Z}$ lassen sich als Gitterpunkte in der Ebene darstellen. Die Äquivalenzklasse $[(a, b)]$ des Paares (a, b) mit $b \neq 0$ und $ggT(a, b) = 1$ ist dann die Gesamtheit der Paare (na, nb) für $n \in \mathbb{Z} \backslash \{0\}$, also derjenigen Gitterpunkte mit Ausnahme von $(0, 0)$, die auf der Verbindungsgeraden von (a, b) und $(0, 0)$ liegen. Zum Beispiel besteht $[(1, -2)]$ aus den Paaren $(n, -2n)$ mit $n \in \mathbb{Z} \backslash \{0\}$.

Ist $k = ggT(a, b) \neq 1$, so gibt es teilerfremde ganze Zahlen a_1, b_1 mit $a = a_1 k$, $b = b_1 k$, und damit gilt $(a, b) \in [(a_1, b_1)]$. Die Klasse $[(a_1, b_1)]$ bestimmt sich also, wie es eben beschrieben wurde. Es ist $[(3, -6)] = [(-1, 2)] = \{(n, -2n) \mid n \in \mathbb{Z} \backslash \{0\}\}$, um ein Beispiel zu nennen.

Die ganze Zahl m erscheint in diesem Modell als die Menge der Gitterpunkte $(a, b) \neq (0, 0)$ auf der $(0, 0)$ mit $(m, 1)$ verbindenden Geraden.

Auf der Menge $\mathbb{Q}$ sollen (natürlich!) eine Addition und eine Multiplikation eingeführt werden. Das Ziel ist klar, denn irgendwann muss (wie gewohnt) für die Brüche $\frac{a}{b}$ und $\frac{c}{d}$ die Summe durch $\frac{ad+bc}{bd}$ und das Produkt durch $\frac{ac}{bd}$ bestimmt sein. Schreiben darf man das allerdings (noch) nicht so. Vielmehr muss man im Rahmen der definierten Äquivalenzklassen argumentieren.

▶ **Definition 11.1.2** Für $[(a, b)], [(c, d)] \in \mathbb{Q}$ sei durch

$$[(a, b)] \oplus [(c, d)] := [(ad + bc, bd)]$$

eine Addition und durch

$$[(a, b)] \odot [(c, d)] := [(ac, bd)].$$

eine Multiplikation definiert.

Die Definition der Addition und Multiplikation von Äquivalenzklassen greift auf deren Elemente (Repräsentanten) (a, b), (c, d) zurück. Das ergibt nur einen Sinn, wenn die so erhaltene Summe bzw. das Produkt nicht von der (willkürlichen) Wahl der Paare abhängt. Schließlich soll weiterhin $\frac{3}{5} + \frac{1}{8} = \frac{6}{10} + \frac{2}{16} = \frac{9}{15} + \frac{5}{40}$ sein. Die Operationen sollen also *wohldefiniert* sein (man vergleiche Kapitel 6 auf Seite 143).

▶ **Satz 11.1.2** Die in Definition 11.1.2 auf der Menge $\mathbb{Q}$ eingeführten Operationen sind wohldefiniert, also unabhängig von der Wahl der Repräsentanten. Für (a, b), (a', b'), (c, d), $(c', d') \in \mathbb{Z} \times (\mathbb{Z} \backslash \{0\})$ mit $(a, b) \sim (a', b')$ und $(c, d) \sim (c', d')$ gilt also

(i) $(ad + bc, bd) \sim (a'd' + b'c', b'd')$ und
(ii) $(ac, bd) \sim (a'c', b'd')$.

▶ **Beweis 11.1.2** Die Voraussetzung besagt $ab' = a'b$ und $cd' = c'd$. Also ist $(ad + bc)$ $b'd' = adb'd' + bcb'd' = ab'dd' + cd'bb' = a'bdd' + c'dbb' = (a'd' + b'c')bd$, woraus (i) folgt. Man rechnet außerdem $acb'd' = ab'cd' = a'bc'd = a'c'bd$ und hat damit (ii) gezeigt. □

Darüber hinaus haben die definierten Rechenoperationen allerhand gute Eigenschaften, die in den folgenden beiden Sätzen zusammengefasst werden. Natürlich sind es immer wieder die ordnenden Eigenschaften, die man von den natürlichen (und ganzen) Zahlen kennt bzw. zu schätzen wüsste, wenn sie erfüllt wären (zum Beispiel Kommutativität, Assoziativität, Existenz neutraler Elemente, Invertierbarkeit).

▶ **Satz 11.1.3** Die in Definition 11.1.2 erklärten Rechenoperationen sind kommutativ und assoziativ. Es gilt also für $[(a, b)]$, $[(c, d)]$, $[(e, f)] \in \mathbb{Q}$

$$[(a, b)] \oplus [(c, d)] = [(c, d)] \oplus [(a, b)]$$
$$[(a, b)] \odot [(c, d)] = [(c, d)] \odot [(a, b)]$$

und

$$[(a, b)] \oplus \Big([(c, d)] \oplus [(e, f)]\Big) = \Big([(a, b)] \oplus [(c, d)]\Big) \oplus [(e, f)],$$
$$[(a, b)] \odot \Big([(c, d)] \odot [(e, f)]\Big) = \Big([(a, b)] \odot [(c, d)]\Big) \odot [(e, f)].$$

▶ **Beweis 11.1.3** Diese Beziehungen kann man im Prinzip (aber mit etwas Aufwand im Fall der Addition) leicht nachrechnen (man vergleiche Übungsaufgabe 1 im Anschluss an dieses Kapitel und die Lösung der Aufgabe auf Seite 409). □

Außerdem gelten die im folgenden Satz zusammengefassten Regeln für das Rechnen mit rationalen Zahlen.

▶ **Satz 11.1.4** Für alle Paare $(a, b) \in \mathbb{Z} \times (\mathbb{Z} \setminus \{0\})$ sind die folgenden Rechenregeln erfüllt.

(1) Es ist $[(a, b)] \oplus [(0, 1)] = [(a, b)]$.
(2) Es ist $[(a, b)] \oplus [(-a, b)] = [(0, 1)]$.
(3) Es ist $[(a, b)] \odot [(1, 1)] = [(a, b)]$.
(4) Es ist $[(a, b)] \odot [(b, a)] = [(1, 1)]$, falls zusätzlich $a \neq 0$ ist.

▶ **Beweis 11.1.4** Die Regeln (1) und (3) rechnet man direkt nach. Regel (2) folgt aus $[(a, b)] \oplus [(-a, b)] = [(ab - ab, b^2)]$ und $(0, b^2) \sim (0, 1)$, denn $0 \cdot 1 = b^2 \cdot 0 = 0$. Regel (4) folgt aus $[(a, b)] \odot [(b, a)] = [(ab, ab)]$ und $(ab, ab) \sim (1, 1)$. □

Die rationale Zahl $[(0, 1)]$ ist also neutrales Element bezüglich der Addition, und $[(1, 1)]$ ist neutrales Element bezüglich der Multiplikation. Die Elemente verhalten sich damit wie die Elemente 0 bzw. 1 in $\mathbb{Z}$. Dabei ist $[(0, 1)]$ dasselbe wie $[(0, 2)]$ oder $[(0, 3)]$ oder $[(0, 27)]$, und $(1, 1)$ ist äquivalent zu $(2, 2)$ oder zu $(3, 3)$ oder zu $(17, 17)$. Sollte man Zweifel daran haben, so mache man sich klar, dass alle Überlegungen auf die bekannten Zusammenhänge $\frac{0}{1} = \frac{0}{2} = \frac{0}{3} = \ldots$ bzw. $\frac{1}{1} = \frac{2}{2} = \frac{3}{3} = \ldots$ hinauslaufen müssen.

Was sind nun die konkreten Unterschiede zwischen $\mathbb{Z}$ und $\mathbb{Q}$? Die Äquivalenzklasse $[(-a, b)]$ ist additiv invers zu $[(a, b)]$, wie die ganze Zahl $-m$ zu m. Ein multiplikativ inverses Element $[(b, a)]$ zu $[(a, b)]$ wie in (4) existiert in $\mathbb{Z}$ dagegen nur zu zwei Zahlen, nämlich zu 1 und zu -1. In $\mathbb{Q}$ ist das für alle Äquivalenzklassen der Fall, die ungleich $[(0, 1)]$ sind, also für alle Klassen $[(a, b)]$ mit $a, b \neq 0$.

Historisches zu den rationalen Zahlen

Die Verwendung (positiver) rationaler Zahlen hat schon früh Eingang in die Mathematik gefunden. Im Gegensatz zu den als suspekt (aber nützlich) angesehenen negativen ganzen Zahlen oder gar zu der im 16. Jahrhundert erstmals vorkommenden *imaginären Einheit i* als einer Quadratwurzel aus -1 wurde ihnen schon im alten Griechenland reale Existenz zugebilligt.

Wie selbstverständlich die rationalen Zahlen bereits im Mittelalter gehandhabt wurden, geht aus den Rechenbüchern von Adam Ries hervor. In seinem Bestseller *Rechenung nach der lenge/ auff den Linihen und Feder, Erstdruck 1550* werden rationale Größen wie folgt eingeführt: „Ein gebrochene zal/ist ein teil oder etlich teil von einem gantzen/wird mit zweien zaln geschrieben/die oberste zal heist der zeler/und die underste der nenner" (auf diese Einführung folgt dann erst die inhaltliche Erklärung des Symbols) „als $\frac{3}{4} f\ell$ soltu vornemen wen ein $f\ell$ in 4 teil geteilet ist/. so macht es der selben teil 3/desgleichen $\frac{1}{3} f\ell$ und hat das gantze allemal sovil teil als der nenner ist…". Die Abkürzung *fl* steht für „Taler" und leitet sich von „Florentiner" ab, einer Art europäischer Urwährung. Die Unterteilung einer Anzahl von Talern in gleiche Teile stellte natürlich kein Problem dar, wenn die Division unter Verwendung der kleineren Münzeinheiten aufging. Da aber ein Taler in 21 Groschen und ein Groschen in 12 Heller unterteilt wurden, war das oft der Fall (zum Beispiel in den von Ries angegebenen Beispielen). Die Teilung einer natürlichen Zahl (ohne dass diese eine Geldmenge, ein Gewicht oder etwas Ähnliches repräsentiert) kommt bei Ries allerdings nicht vor.

Ebenso wie bei der Erweiterung von $\mathbb{N}$ auf $\mathbb{Z}$ soll nun $\mathbb{Z}$ in $\mathbb{Q}$ isomorph eingebettet werden. Damit wird $\mathbb{Q}$ als eine Erweiterung von $\mathbb{Z}$ aufgefasst, bei der auch die Rechenoperationen entsprechend gelten. Es soll dazu eine Teilmenge $\mathbb{Z}^*$ von $\mathbb{Q}$ angegeben werden, die sich nur durch die Art der Darstellung als Äquivalenzklassen von Paaren von den ganzen Zahlen unterscheidet, nicht jedoch in der Struktur, die durch die Rechenoperationen auf $\mathbb{Z}^*$ gegeben sind. Man kann dann $\mathbb{Z}^*$ mit $\mathbb{Z}$ identifizieren und darf damit $\mathbb{Q}$ tatsächlich als eine Erweiterung von $\mathbb{Z}$ betrachten, auf die die Addition und die Multiplikation der ganzen Zahlen ausgedehnt worden ist. Die rationalen Zahlen bieten gegenüber $\mathbb{Z}$ allerdings den großen Vorteil, dass die Gleichung $a = b \cdot x$ für $b \neq 0$ in $\mathbb{Q}$ stets eine (eindeutige) Lösung besitzt, wie unten noch gezeigt werden wird.

Es ist sicherlich nicht überraschend, wie die Menge $\mathbb{Z}^*$ gewählt wird, wenn man ans Ziel denkt. Die ganzen Zahlen kann man prinzipiell durch viele Brüche beschreiben. So ist etwa $5 = \frac{5}{1} = \frac{10}{2} = \frac{50}{10}$. Am einfachsten empfindet man dabei vermutlich die erste Darstellung $5 = \frac{5}{1}$. Diese „einfachste" Darstellung nimmt man nun für die Definition von $\mathbb{Z}^*$.

Sei $\mathbb{Z}^* := \{[(z, 1)] \mid z \in \mathbb{Z}\}$. Dann gilt $\mathbb{Z}^* \subset \mathbb{Q}$ und für $[(a, 1)]$, $[(b, 1)] \in \mathbb{Z}^*$ ist

$$[(a, 1)] \oplus [(b, 1)] = [(a + b, 1)] \text{ sowie } [(a, 1)] \odot [(b, 1)] = [(ab, 1)].$$

Die Addition und die Multiplikation der Elemente aus $\mathbb{Z}^*$ sind also nur eine „verkleidete" Darstellung der Addition bzw. der Multiplikation in $\mathbb{Z}$. Es darf daher $[(z, 1)] \in \mathbb{Q}$ mit der ganzen Zahl z und damit $\mathbb{Z}^*$ mit $\mathbb{Z}$ identifiziert werden. In diesem Sinn gilt damit $\mathbb{Z} \subset \mathbb{Q}$. Man bekommt so problemlos das folgende Ergebnis.

▶ **Satz 11.1.5** Die Menge $(\mathbb{Z}, +, \cdot)$ lässt sich isomorph in die Menge $(\mathbb{Q}, \oplus, \odot)$ einbetten.

▶ **Beweis 11.1.5** Wie gesagt, die Identifizierung von $\mathbb{Z}^* := \{[(z, 1)] \mid z \in \mathbb{Z}\}$ mit $\mathbb{Z}$ führt sofort zum gewünschten Ergebnis (man vergleiche entsprechend auch Satz 6.3.4). □

Zur gewohnten Darstellung der rationalen Zahlen kommt man nun durch eine Vereinbarung über die Schreibweise.

Bruchschreibweise

Für $a \in \mathbb{Z}$ und $b \in \mathbb{Z}\backslash\{0\}$ sei $\dfrac{a}{b} := [(a, b)]$ (Bruchschreibweise). Man beachte, dass die aus der Schule bekannten Kürzungsregeln erfüllt sind, was aus der Definition der Äquivalenzrelation folgt. Statt $\oplus$ bzw. $\odot$ schreibt man nun $+$ bzw. $\cdot$ (mit den üblichen Vereinbarungen). Es darf außerdem 0 für $\frac{0}{1}$ und 1 für $\frac{1}{1}$ geschrieben werden. Allgemein ist n nichts anderes als $\frac{n}{1}$ für alle $n \in \mathbb{Z}$. Weiter vereinbart man $-\frac{a}{b} := \frac{-a}{b}$ für die additiv inverse rationale Zahl zu $\frac{a}{b}$. Im Fall $a \neq 0$ schreibt man auch $\left(\frac{a}{b}\right)^{-1} := \frac{b}{a}$ für das multiplikative Inverse zu $\frac{a}{b}$.

Auch Definition 11.1.2 lässt sich nun in der Form schreiben, wie man sie aus der Schule kennt, nämlich als

$$\frac{a}{b} + \frac{c}{d} = \frac{ad + bc}{bd} \quad \text{und} \quad \frac{a}{b} \cdot \frac{c}{d} = \frac{ac}{bd}.$$

Eine wichtige Eigenschaft der rationalen Zahlen ist die eindeutige Lösbarkeit von linearen Gleichungen, also von Gleichungen, in denen die Unbestimmte höchstens in der ersten Potenz vorkommt. Die Lösbarkeit behandelt der folgende Satz.

▶ **Satz 11.1.6** Es seien $a^*, b^*, c^* \in \mathbb{Q}$ und $c^* \neq 0$. Dann existiert genau ein $x \in \mathbb{Q}$ mit

$$a^* = b^* + c^* \cdot x.$$

▶ **Beweis 11.1.6** Es sei

$$a^* = \frac{a}{n}, \ b^* = \frac{b}{m}, \ c^* = \frac{c}{k}$$

mit $a, b, c \in \mathbb{Z}$, $n, m, k \in \mathbb{Z}\backslash\{0\}$. Falls die Gleichung $a^* = b^* + c^* \cdot x$ eine Lösung hat, kann man für a^*, b^* und c^* diese Brüche einsetzen und $-\frac{b}{m}$ auf beiden Seiten der Gleichung addieren. Man bekommt

$$\frac{am + (-b)n}{nm} = \frac{a}{n} - \frac{b}{m} = 0 + \frac{c}{k} \cdot x = \frac{c}{k} \cdot x.$$

Wegen $c^* \neq 0$, also $c \neq 0$ führt die Multiplikation mit $\left(\frac{c}{k}\right)^{-1} = \frac{k}{c}$ zu

$$\frac{k}{c} \cdot \frac{am + (-b)n}{nm} = \frac{k(am - bn)}{cnm} = 1 \cdot x = x.$$

Damit hat man eine Lösung gefunden, falls überhaupt eine Lösung existiert (das war Voraussetzung). Bisher wurde also nur gezeigt: *Wenn die Gleichung* $a^* = b^* + c^* \cdot x$ *eine Lösung* x *besitzt, so ist diese* $x = \frac{k(am-bn)}{cnm}$. Die Gleichung $a^* = b^* + c^* \cdot x$ hat also *höchstens eine* Lösung.

Diese Information kann jedoch wertlos sein, wenn die betrachtete Gleichung in Wirklichkeit gar keine Lösung hat. Zum Beispiel hat die Gleichung $x^2 = -1$ keine reelle (und damit erst recht keine rationale) Lösung. Aus ihr folgt aber durch Quadrieren $x^4 = 1$, und diese Gleichung hat die Lösungen 1 und -1. Es ist damit gezeigt, dass die Gleichung $x^2 = -1$ höchstens die Lösungen 1 und -1 besitzt. Einsetzen zeigt aber, dass diese Zahlen keineswegs Lösungen sind. Die oben durchgeführten Umformungen sind aber alle umkehrbar, und daraus folgt, dass die gefundene rationale Zahl x tatsächlich die Gleichung erfüllt (man könnte natürlich auch den gefundenen Kandidaten x in die Gleichung $a^* = b^* + c^* \cdot x$ einsetzen und nachprüfen, ob die Gleichung wirklich erfüllt ist).   □

Die rationalen Zahlen im alten Ägypten

Brüche waren prinzipiell auch den Ägyptern bekannt, wobei sie als Summe von Stammbrüchen dargestellt wurden (man beachte Aufgabe 7 im Anschluss an dieses Kapitel). Für die Darstellung wurde auf die gleichen Zeichen wie bei den natürlichen Zahlen zurückgegriffen, wobei ein spezielles Zeichen ergänzt wurde, wenn diese Zahl als ein Bruch aufgefasst werden sollte.

Eine Aufgabe aus dem *Papyrus Rhind* lautet: „Eine Menge, $\frac{1}{7}$ davon zu ihr hinzu. Es ergibt 19." Die Lösung der Aufgabe benutzt die Methode fortlaufender Verdopplungen und Halbierungen (man vergleiche [6]).

$$
\begin{array}{rl\qquad rl\qquad rl}
1 & 7 & 1 & 8 & /1 & 2\tfrac{1}{4}\tfrac{1}{8} \\[4pt]
\tfrac{1}{7} & 1 & /2 & 16 & /2 & 4\tfrac{1}{2}\tfrac{1}{4} \\[4pt]
\textit{zusammen} & 8 & \tfrac{1}{2} & 4 & /4 & 9\tfrac{1}{2} \\[4pt]
& & /\tfrac{1}{4} & 2 & & \\[4pt]
& & /\tfrac{1}{8} & 1 & & \\[4pt]
& & \textit{zusammen} & 19 & & \\
\end{array}
$$

$$
\begin{array}{rl}
\textit{Die Menge ist} & 16\tfrac{1}{2}\tfrac{1}{8} \\[4pt]
\tfrac{1}{7}\ \textit{von ihr} & 2\tfrac{1}{4}\tfrac{1}{8} \\[4pt]
\textit{zusammen} & 19 \\
\end{array}
$$

In die Logik dieser Rechnung kann man sich relativ leicht eindenken (und sie wurde auf Seite 83 auch schon einmal angesprochen). Die Grundidee ist dabei, die Gleichung $x + \frac{x}{7} = 19$ oder äquivalent $x = \frac{19}{8} \cdot 7$ zu lösen. Das geschieht, indem der Quotient $19 : 8$ mit 7 multipliziert wird. Für die Berechnung von $19 : 8$ wird zunächst eine geeignete additive Zerlegung des Dividenden 19 bestimmt, die durch Verdoppeln und Halbieren des Divisors 8 erreicht wird. Dahinter steckt nichts anderes als die

Darstellung der 19 durch Potenzen der Zahl 2. Verdoppelt man 8, so ist bereits $8 + 16 = 24 > 19$, das heißt, man kann hier bereits aufhören und halbiert die 8 fortlaufend, bis man 1 erreicht. Es ist $19 = 16 + 2 + 1$ und somit $19 : 8 = 2 + \frac{1}{4} + \frac{1}{8}$. Dieses Ergebnis muss nun mit 7 multipliziert werden, wobei auch hier auf der Basis fortgesetzten Verdoppelns gearbeitet wird (und wiederum die Darstellung der 7 durch Potenzen der Zahl 2 hinter der Rechnung steckt). Da $7 = 4 + 2 + 1$ ist, muss $7 \cdot \frac{19}{8} = (2 + \frac{1}{4} + \frac{1}{8}) + (4 + \frac{1}{2} + \frac{1}{4}) + (9 + \frac{1}{2})$ sein.

Die bisher angestellten Überlegungen zeigen, dass in $(\mathbb{Q}, +)$ und in $(\mathbb{Q}\backslash\{0\}, \cdot)$ die wesentlichen Rechengesetze gelten und die Lösbarkeit von additiven und multiplikativen Gleichungen gewährleistet ist. Ganz genau ausgedrückt gilt der folgende Satz, der Definition 7.2.5 voraussetzt (die Definition des Begriffs *Körper*).

▶ **Satz 11.1.7** Es sind $(\mathbb{Q}, +)$ und $(\mathbb{Q}\backslash\{0\}, \cdot)$ abelsche Gruppen. Da auch die Distributivgesetze erfüllt sind, ist $(\mathbb{Q}, +, \cdot)$ ein Körper.

▶ **Beweis 11.1.7** Fast alle Eigenschaften wurden oben bewiesen. Die Gültigkeit der Distributivgesetze folgt durch einfaches Rechnen.   □

Zum Schluss dieses Abschnitts soll noch die Ordnungsrelation $\leq$ von den ganzen Zahlen auf die rationalen Zahlen übertragen werden. Dabei wird diese Anordnung auf die Anordnung der ganzen Zahlen zurück geführt (und damit auf eine bereits bekannte Relation). Man argumentiert konkret $\frac{1}{4} < \frac{1}{3}$, weil $3 < 4$ ist, $-\frac{1}{4} < \frac{1}{3}$, weil $-3 < 4$ ist und $-\frac{1}{3} < \frac{1}{4}$, weil $-4 < 3$ ist. Ganz allgemein gibt diesen Zusammenhang die folgende Definition wieder.

▶ **Definition 11.1.3** Es seien $x = \frac{a}{b}$ und $y = \frac{c}{d}$ rationale Zahlen mit $a, c \in \mathbb{Z}$ und $b, d \in \mathbb{N}$. Dann gelte $x \leq y$, falls $ad \leq bc$ ist.

Man bestätigt durch direktes Nachrechnen, dass diese Definition tatsächlich nur von der Äquivalenzklasse des Paares (a, b) bzw. (c, d) und nicht von den speziellen Repräsentanten abhängt (siehe Übungsaufgabe 2 im Anschluss an dieses Kapitel). Gleiches gilt für die vertrauten Rechenregeln (mit $x, y, z \in \mathbb{Q}$):

 (i) $x \leq x$ für alle $x \in \mathbb{Q}$ (Reflexivität),
 (ii) aus $x \leq y$ und $y \leq x$ folgt $x = y$ (Identitivität; man vergleiche Definition 6.4.2),
(iii) aus $x \leq y$ und $y \leq z$ folgt $x \leq z$ (Transitivität),
(iv) aus $x \leq y$ folgt $x + z \leq y + z$,
 (v) aus $x \leq y$ und $0 \leq z$ folgt $x \cdot z \leq y \cdot z$.

Der Nachweis dieser Aussagen sei als Übungsaufgabe empfohlen (und das ist ebenfalls Aufgabe 2 nach diesem Kapitel). Es ist natürlich zu beachten, dass mit den Definitionen dieses

Abschnitts argumentiert werden muss und nicht mit aus der Schule bekannten Eigenschaften der rationalen Zahlen. Die abgeleiteten Relationen wie $<$, $>$ und $\geq$ kann man übrigens entsprechend auf $\mathbb{Q}$ übertragen.

11.2 $\mathbb{Q}$ ist eine große Menge: Dezimaldarstellung

Mit Hilfe der Dezimaldarstellung einer rationalen Zahl soll nun gezeigt werden, dass jede reelle Zahl durch rationale Zahlen mit beliebig großer Genauigkeit angenähert werden kann. Die Menge $\mathbb{R}$ der reellen Zahlen wird hier also nur gebraucht, um Besonderheiten der Menge $\mathbb{Q}$ herauszuarbeiten. Insbesondere wird dadurch dann plausibel, dass es sehr viele rationale Zahlen geben muss, $\mathbb{Q}$ also, wie es in der Überschrift steht, eine wirklich große Menge ist.

Auch in diesem Abschnitt wird auf einige Grundkenntnisse über reelle Zahlen zurückgegriffen, die aus der Schule als bekannt vorausgesetzt werden. Im Kapitel 12 wird dann behandelt, wie man die reellen Zahlen aus den rationalen Zahlen bekommen kann. Doch ist es trotzdem nützlich, eine gewisse Vertrautheit (eben durch das Schulwissen) mit dieser Menge zu haben.

Die Existenz nicht rationaler Zahlen

Der bekannteste Beweis, dass es nicht rationale reelle Zahlen (bis heute hat sich die wertende Bezeichnung *irrationale Zahl* gehalten) gibt, wurde von Euklid etwa 300 v. Chr. gegeben. Wegen seiner Eleganz gehört er zur mathematischen Allgemeinbildung: Wäre $\sqrt{2}$ rational, so gäbe es natürliche Zahlen a, b mit $\sqrt{2} = \frac{a}{b}$. Dabei dürfen (nach dem Hauptsatz der elementaren Zahlentheorie 4.3.7 und Definition 11.1.1) die Zahlen a und b als teilerfremd vorausgesetzt werden. Es folgt dann $2b^2 = a^2$, und somit muss a eine gerade Zahl sein. Sei $c \in \mathbb{N}$ mit $a = 2c$. Dann folgt $b^2 = 2c^2$, also muss auch b gerade sein, was wegen der Teilerfremdheit von a und b unmöglich ist.

Diesen Beweis findet man auch in vielen Schulbüchern für das neunte Schuljahr. Seltener hingegen kann man den folgenden Beweis sehen, der sich das Prinzip vom kleinsten Element zunutze macht: Man nimmt wiederum an, dass $\sqrt{2}$ rational ist, sich also in der Form $\sqrt{2} = \frac{n}{m}$ schreiben lässt. Dann ist $m\sqrt{2}$ eine natürliche Zahl, das heißt, die Menge $K = \{k \in \mathbb{N} \mid k\sqrt{2} \in \mathbb{N}\}$ ist nicht leer. Sei k^* das kleinste Element dieser Menge. Weil $1 < \sqrt{2} < 2$ gilt, folgt $k^* < \sqrt{2}k^* < 2k^*$ und somit $0 < \sqrt{2}k^* - k^* < k^*$. Es ist $\sqrt{2}k^* - k^* \in \mathbb{N}$ (als Differenz entsprechender natürlicher Zahlen), und es ist $(\sqrt{2}k^* - k^*) \cdot \sqrt{2} = 2k^* - \sqrt{2}k^* \in \mathbb{N}$ (ebenfalls als Differenz entsprechender natürlicher Zahlen). Damit ist $\sqrt{2}k^* - k^* \in K$, doch das ist wegen $0 < \sqrt{2}k^* - k^* < k^*$ ein Widerspruch zur Minimalität von k^*.

Bekanntlich besitzt jede nicht negative reelle Zahl x eine Dezimalentwicklung (oder Dezimaldarstellung) der Form

$$x = n, x_1 x_2 x_3 \ldots$$

mit einer ganzen Zahl $n \geq 0$ und Ziffern $x_1, x_2, \ldots \in \{0, 1, \ldots, 9\}$, wobei die so genannten 9er-Perioden vermieden werden können und sollen (auf Seite 274 wird darauf noch näher eingegangen). Man schreibt also nicht $0,9999\ldots = 0,\overline{9}$, sondern stattdessen eine schlichte 1.

Die Zahl $n \in \mathbb{N}_0$ denkt man sich dabei sinnvollerweise ebenfalls im Dezimalsystem angegeben, wie es im Kapitel 3 bereits dargestellt wurde. Die Dezimaldarstellung reeller Zahlen, die größer als 0 sind, ist dann (unter Vermeidung von 9er- Perioden) eindeutig bestimmt.

Die genaue Definition der Dezimaldarstellung $x = n, x_1 x_2 x_3 \ldots$ erfordert allerdings die Behandlung des Grenzwertbegriffs, der unten angedeutet wird, aber nicht vertieft dargestellt werden kann.

Anmerkung

Ist q eine reelle Zahl mit $-1 < q < 1$, so nähern sich die Zahlen

$$s_m := 1 + q + q^2 + \ldots + q^m = \sum_{j=0}^{m} q^j$$

dem „Grenzwert"

$$s := \frac{1}{1-q}.$$

Lässt man also m sehr groß werden, dann wird der Unterschied zwischen $s_m = 1 + q + q^2 + \ldots + q^m = \sum_{j=0}^{m} q^j$ und $s = \frac{1}{1-q}$ sehr klein. Im Rahmen der Analysis sagt man, dass dieser Unterschied „beliebig" klein werden kann. Diese Formulierung bedeutet, dass zu jeder (wie klein auch immer) vorgegebenen positiven Zahl ε der Abstand der Zahlen s_m und s kleiner als ε ist *für alle* hinreichend großen $m \in \mathbb{N}_0$. Hinreichend groß sind dabei alle m ab einer gewissen Grenze m_0 (also ist der Abstand beliebig klein für alle m mit $m \geq m_0$). Dabei wird die natürliche Zahl m_0 sicherlich umso größer sein müssen, je kleiner die vorgegebene Zahl ε ist. Es folgt eine (plausible) Begründung für diesen Sachverhalt. „Richtige" Beweise findet man in Lehrbüchern zur Analysis, zum Beispiel in [20].

Begründung

Nach der geometrischen Summenformel (man vergleiche Satz 2.3.1) ist

$$s_m = \frac{1 - q^{m+1}}{1-q}.$$

Wegen der Voraussetzung $-1 < q < 1$ nähern sich die Zahlen q^{m+1} dem Grenzwert 0. Durch Einsetzen sieht man die Behauptung. $\square$

Diese Überlegung kann aber auch folgendermaßen ausgedrückt werden: Für jedes $\varepsilon > 0$ gilt $-\varepsilon < q^{m+1} < \varepsilon$ mit Ausnahme höchstens endlich vieler $m \in \mathbb{N}_0$. Es ist daher plausibel, dass sich die Zahlen s_m für große m immer weniger von s unterscheiden. Man schreibt diesen Sachverhalt auch in Form einer *unendlichen Reihe*

$$\sum_{j=0}^{\infty} q^j = \frac{1}{1-q} \qquad (-1 < q < 1).$$

Der Ausdruck links ist die so genannte *geometrische Reihe*. Lässt man die Summation mit $j = 1$ beginnen, gilt wegen

$$\sum_{j=1}^{\infty} q^j = q \sum_{j=1}^{\infty} q^{j-1} = q \sum_{j=0}^{\infty} q^j$$

die Gleichung

$$\sum_{j=1}^{\infty} q^j = \frac{q}{1-q}.$$

Eine (nicht abbrechende) Dezimaldarstellung von $x = n, x_1 x_2 x_3 \ldots$ lässt sich ebenfalls als eine unendliche Reihe deuten, nämlich als

$$x = n + \sum_{j=1}^{\infty} \frac{x_j}{10^j}.$$

Diese Darstellung beinhaltet, dass man die Abweichung $x - S_m$ der Summen

$$S_m := n + \sum_{j=1}^{m} \frac{x_j}{10^j} = n, x_1 x_2 \ldots x_m$$

von der Zahl x (dem eigentlichen Grenzwert) kleiner als jede gewünschte positive Zahl bekommen kann, wenn nur m hinreichend groß gewählt wird. Es ist nämlich

$$x - S_m = 0, \underbrace{00 \ldots 0}_{m\text{-mal}} x_{m+1} x_{m+2} \cdots = \sum_{j=m+1}^{\infty} \frac{x_j}{10^j}.$$

Ersetzt man in der rechts auftauchenden Reihe alle x_j durch 9, so wird die neue Reihe sicher keinen kleineren Grenzwert bekommen können (was plausibel ist). Wegen

$$\sum_{j=m+1}^{\infty} \frac{9}{10^j} = \frac{9}{10^{m+1}} \sum_{j=0}^{\infty} \frac{1}{10^j} = \frac{9}{10^{m+1}} \cdot \frac{1}{1 - \frac{1}{10}} = 10^{-m}$$

läßt sich die Abschätzung $x - S_m \leq 10^{-m}$ aus dem Grenzwert der geometrischen Reihe ableiten.

An dieser Stelle soll nun das Problem der 9er-Perioden noch einmal aufgegriffen werden. Es soll auf zwei Arten die Gleichung

$$0,\overline{9} = 1$$

gezeigt werden.

Version 1: Es ist

$$0,\underbrace{99\dots9}_{k\text{-mal}} = \sum_{j=1}^{k} 9 \cdot 10^{-j} = \frac{9}{10} \sum_{j=0}^{k-1} 10^{-j}.$$

Der Grenzwert der Summe $\sum_{j=0}^{k-1} 10^{-j}$ ergibt sich als der der geometrischen Reihe mit $q = \frac{1}{10}$, also zu $\frac{1}{1-\frac{1}{10}} = \frac{10}{9}$. Für $0,\overline{9}$ liefert dieses den Wert $\frac{9}{10} \cdot \frac{10}{9} = 1$.

Version 2: Sei $x = 0,\overline{9}$. Dann ist jedenfalls $x \leq 1$, wie die Ziffer vor dem Komma zeigt. Wäre nun $x < 1$, so gäbe es eine Zahl y mit $x < y < 1$. Man kann zum Beispiel $y = \frac{x+1}{2}$ wählen. Sei $y = 0, y_1 y_2 \dots$ die zugehörige Dezimalentwicklung. Wäre nun eine Dezimalstelle y_j kleiner als 9, so würde $y < x$ folgen, im Widerspruch zur Annahme. Größer als 9 ist aber keine Dezimalziffer. Damit muss $y_j = 9$ für alle $j \in \mathbb{N}$ gelten und damit $x = y$, was ebenfalls der Annahme $x < y$ widerspricht. $\square$

Rationale Zahlen, so wie sie bisher in diesem Kapitel behandelt wurden, sind nichts anderes als Paare ganzer Zahlen (a, b) mit $b \neq 0$, die man bevorzugt in der Form $\frac{a}{b}$ schreibt. Wie bestimmt man die Dezimaldarstellung einer rationalen Zahl? Der Algorithmus dazu ist natürlich aus der Schule bekannt. Es soll hier überlegt werden, dass die Vorgehensweise auf der eindeutigen Division mit Rest beruht (man vergleiche Satz 3.2.1). $\square$

Mit konkreten Werten von a und b ist alles ganz einfach. Für $\frac{9}{5}$ rechnet man $9 = 1 \cdot 5 + 4$ und somit $\frac{9}{5} = 1 + \frac{4}{5}$. Um nun auch den Rest $\frac{4}{5}$ angemessen darzustellen, multipliziert man ihn mit 10 und geht gleichzeitig in der Darstellung eine Zehnerpotenz zurück. Es ist $40 = 8 \cdot 5 + 0$ und damit $\frac{9}{5} = 1, 8$. Entsprechend bekommt man die Dezimaldarstellung von $\frac{25}{4}$ durch die Rechnungen $25 = 6 \cdot 4 + 1$, $10 = 2 \cdot 4 + 2$ und $20 = 5 \cdot 4 + 0$. Es folgt $\frac{25}{4} = 6, 25$.

Sei nun allgemein eine rationale Zahl $\frac{a}{b}$ gegeben. Man darf $a, b \in \mathbb{N}$ annehmen, da für $a = 0$ die Dezimaldarstellung trivial ist und für negatives a die Entwicklung $\frac{a}{b} = (-n), a_1 a_2 a_3 \dots$ vereinbart wird, wenn $\frac{-a}{b} = n, a_1 a_2 a_3 \dots$ ist. Das nun beschriebene Verfahren zur Dezimaldarstellung einer als Bruch gegebenen rationalen Zahl umfasst die folgenden Schritte (oder, wenn man Glück hat und b ein Teiler von a ist, auch nur einen einzigen Schritt).

Schritt 1: Es existieren eindeutig bestimmte Zahlen $n, r \in \mathbb{N}_0$ mit $r < b$ und

$$a = n \cdot b + r.$$

Im Fall $r = 0$ bricht der Algorithmus ab, das heißt, es gilt $\frac{a}{b} = n$. Damit ist die Dezimaldarstellung gefunden.

Schritt 2: Ist $r \neq 0$, so existiert für die Zahl $10 \cdot r$ eine Darstellung

$$10 \cdot r = a_1 \cdot b + r_1$$

mit $a_1, r_1 \in \mathbb{N}_0$ und $r_1 < b$. Wegen $r < b$ muss $a_1 < 10$ sein, also $a_1 \in \{0, 1, \ldots, 9\}$ gelten. Somit ist

$$\frac{a}{b} = n + \frac{r}{b} = n + \frac{a_1}{10} + \frac{r_1}{10 \cdot b}.$$

Im Fall $r_1 = 0$ bricht der Algorithmus ab, das heißt, es gilt $\frac{a}{b} = n + \frac{a_1}{10}$.

Schritt 3: Ist $r_1 \neq 0$, so betrachtet man $10 \cdot r_1$. Für diese Zahl wird der Rest beim Teilen durch b bestimmt. Es sei

$$10 \cdot r_1 = a_2 \cdot b + r_2 \quad (a_2, r_2 \in \mathbb{N}_0, \; r_2 < b).$$

Wegen $r_1 < b$ muss gelten $a_2 < 10$, also $a_2 \in \{0, 1, \ldots, 9\}$. Somit ist

$$\frac{a}{b} = n + \frac{a_1}{10} + \frac{r_1}{10 \cdot b} = n + \frac{a_1}{10} + \frac{a_2}{100} + \frac{r_2}{100 \cdot b}.$$

Im Fall $r_2 = 0$ bricht der Algorithmus ab, das heißt, es gilt $\frac{a}{b} = n + \frac{a_1}{10} + \frac{a_2}{100}$.

Die weiteren Schritte: Die Fortsetzung dieses Verfahrens liefert die Dezimaldarstellung

$$\frac{a}{b} = n + \frac{a_1}{10} + \frac{a_2}{100} + \frac{a_3}{1000} + \frac{a_4}{10000} + \cdots.$$

Dies entspricht übrigens genau dem üblichen Schema der schriftlichen Division.

Bricht eine Dezimaldarstellung ab, gilt also ab einem gewissen Index j_0 für alle diese Ziffern $a_j = 0$ (wie gesagt, für $j \geq j_0$), so ist die zugehörige Zahl x rational, denn die endliche Summe $x = n + \sum_{j=1}^{j_0} \frac{a_j}{10^j}$ stellt offenbar eine rationale Zahl dar. Legt man diese Beobachtung zugrunde, so kann man zeigen, dass jede reelle Zahl durch rationale Zahlen mit einer beliebigen Genauigkeit angenähert werden kann. In der Sprache der Analysis heißt das, dass jede reelle Zahl Grenzwert einer passenden Folge rationaler Zahlen ist. In diesem Licht betrachtet, ist $\mathbb{Q}$ eine wirklich *große* Menge.

Diese Eigenschaft der rationalen Zahlen kann man auch so ausdrücken: Legt man einen beliebig herausgegriffenen Teil der Zahlengerade (als Darstellung der reellen Zahlen, wie man es aus der Schule kennt) unter ein starkes Mikroskop, so enthält der vergrößerte Ausschnitt stets rationale Zahlen, und zwar sogar unendlich viele, denn andernfalls könnte man durch nochmalige Vergrößerung einen Abschnitt ohne rationale Zahlen finden. Es wimmelt also geradezu innerhalb der reellen Zahlen von rationalen Zahlen.

Der folgende Beweis ist eigentlich recht einfach zu verstehen. Er benutzt jedoch Methoden der Analysis. Der Kern sind geeignete Abschätzungen, die allerdings erfahrungsgemäß zu Beginn des Mathematikstudiums nicht selten Schwierigkeiten machen. Man sollte sich davon aber keinesfalls schrecken lassen.

▶ **Satz 11.2.1** Zu jeder reellen Zahl x und zu jedem reellen $\varepsilon > 0$ existiert eine von x verschiedene rationale Zahl y, die sich von x um weniger als ε unterscheidet (das heißt, für alle $\varepsilon > 0$ existiert ein $y \in \mathbb{Q}$ mit $x \neq y$ und $x - \varepsilon < y < x + \varepsilon$).

▶ **Beweisidee 11.2.1** Ist x rational, so lässt sich die Aussage aus der Tatsache erhalten, dass es zu jedem $\varepsilon > 0$ eine (und nicht nur eine) rationale Zahl r gibt mit $0 < r < \varepsilon$, die man nur zu x addieren braucht. Ist $x \in \mathbb{R} \backslash \mathbb{Q}$, so kann man mit der (dann nicht endlichen) Dezimalentwicklung von x argumentieren, die man passend abbricht. Man erhält eine rationale Zahl dicht bei x.

▶ **Beweis 11.2.1** Falls x rational ist, kann man einfach $y := x + n^{-1}$ setzen, wobei $n \in \mathbb{N}$ so groß gewählt wird, dass $n^{-1} = \frac{1}{n} < \varepsilon$ gilt. Ist ε sehr klein, so ist ε^{-1} zwar sehr groß, aber $n_0 = [\varepsilon^{-1}] + 1$ ist bestimmt eine größere natürliche Zahl. Entsprechend ist $n_0^{-1} < \varepsilon$.

Sei nun x eine nicht rationale Zahl, also $x = n, a_1, a_2 \ldots$ (wie vereinbart ohne 9er-Periode). Sei außerdem eine positive Zahl ε gegeben. Durch Abbrechen in der Dezimalentwicklung von x nach der k-ten Nachkommastelle ergibt sich die rationale Zahl $y_k = n, a_1 a_2 \ldots a_k$. Man sieht

$$0 \leq x - y_k = 0, 0 \ldots 0 a_{k+1} a_{k+2} \cdots < \frac{a_{k+1} + 1}{10^{k+1}} \leq \frac{1}{10^k} =: c_k.$$

Nun nähern sich die Zahlen q^m mit wachsendem $m \in \mathbb{N}$ dem Grenzwert 0, falls $-1 < q < 1$ gilt (man vergleiche Seite 272 für q^{m+1}). Dasselbe trifft also auch auf die Zahlen c_k mit wachsendem $k \in \mathbb{N}$ zu. Wenn also die Zahlen c_k immer kleiner werden, so wird es mit wachsendem k auch eine Zahl geben, ab der diese und alle weiteren Zahlen $c_{k+1}, c_{k+2}, c_{k+3}, \ldots$ kleiner als die gegebene (sehr kleine) Zahl ε sind. Es existiert also ein $k_0 \in \mathbb{N}$ mit $c_k < \varepsilon$ für alle $k \in \mathbb{N}$ mit $k \geq k_0$. Genau dieses k sucht man sich aus und hält es fest. Die zugehörige rationale Zahl $y_k = n, a_1 a_2 \ldots a_k$ leistet, was in der Aussage des Satzes gefordert ist. $\square$

Anmerkung

Die Aussage des eben bewiesenen Satzes hat die einfache Konsequenz, dass in beliebiger Nähe jeder reellen Zahl stets unendlich viele rationale Zahlen liegen. Ist nämlich zu gegebenem $x \in \mathbb{R}$ ein $y_1 \in \mathbb{Q}$ mit $x \neq y_1$ gefunden, das sich von x um weniger als ε_1 unterscheidet, so werde ε_2 gleich dem Abstand von x zu y_1 gesetzt. Wegen $x \neq y_1$ ist

$\varepsilon_2 > 0$. Die Argumentation kann dann mit ε_2 wiederholt werden. Man bekommt eine rationale Zahl y_2 mit $x \neq y_2$, die sich von x um weniger als ε_2 unterscheidet. Daraus folgt $y_1 \neq y_2$, und man erhält induktiv eine Folge paarweise verschiedener rationaler Zahlen y_j, die sich x beliebig annähert.

Eine abbrechende Dezimalzahl ist immer eine rationale Zahl. Umgekehrt muss aber nicht jede rationale Zahl eine Darstellung als abbrechende Dezimalzahl haben. So sind $\frac{1}{25} = 0,04$, $\frac{1}{3} = 0,333...$ oder $\frac{2}{7} = 0,28571428571428...$ rationale Zahlen. Das sind bereits prinzipiell alle Möglichkeiten. Man erinnert sich vermutlich aus der Schule, dass die Dezimaldarstellung einer rationalen Zahl abbricht oder aber periodisch wird. Dabei kann man eigentlich in beiden Fällen das Wort *periodisch* verwenden. Einfach gesprochen meint man mit dem Begriff periodisch, dass sich eine bestimmte Ziffer oder Ziffernfolge wiederholt. Im Fall der abbrechenden Dezimalzahl ist das keine andere Ziffer als die Null. Mit dem folgenden Satz wird nun gezeigt, dass die Ziffern $a_1, a_2, a_3, \cdots \in \{0, 1, \ldots, 9\}$ in der Dezimaldarstellung einer rationalen Zahl tatsächlich regelmäßig auftreten müssen.

▶ **Satz 11.2.2** Eine reelle Zahl x ist genau dann rational, wenn ihre Dezimalentwicklung periodisch ist, das heißt, wenn es ein $n_0 \in \mathbb{N}$ und ein $k \in \mathbb{N}$ mit $x = z, x_1 x_2 \ldots$ und $x_j = x_{j+k}$ für alle $j \geq n_0$ gibt ($z \in \mathbb{Z}$; $x_i \in \{0, 1, \ldots, 9\}$).

▶ **Beweis 11.2.2** Jede rationale Zahl x besitzt eine Darstellung $x = \frac{a}{b}$ mit einer ganzen Zahl a und einer natürlichen Zahl b, wie Definition 11.1.1 sagt. Der Algorithmus zur Entwicklung der Dezimaldarstellung von x wurde oben beschrieben (man vergleiche Seite 274). An die dort verwendeten Bezeichnungen soll hier angeknüpft werden. Für die auftretenden Reste r_j im j-ten Schritt sind nun nur die b Zahlen $0, 1, \ldots, b-1$ möglich. Spätestens im $(b+1)$-ten Schritt des angegebenen Verfahrens wiederholt sich also eine dieser Zahlen und damit auch die Abfolge der entsprechenden Ziffern a_j. Damit hat jede rationale Zahl eine Darstellung als periodische Dezimalzahl.

Nun sei umgekehrt eine reelle Zahl x mit einer periodischen Dezimaldarstellung gegeben. Zu zeigen ist, dass x rational ist. Es soll genügen, dies an einem Beispiel zu verdeutlichen, das die Methode im allgemeinen Fall unmittelbar einsichtig macht.

Betrachtet wird die Dezimaldarstellung $x = 7,05\overline{12}$. Wegen

$$0,05 = \frac{5}{100}$$

und

$$0,00\overline{12} = \frac{1}{100} \cdot 0,\overline{12} = \frac{1}{100} \cdot \sum_{j=1}^{\infty} \frac{12}{100^j}$$

schreibt sich x als die unendliche Reihe

$$x = 7 + \frac{5}{100} + \frac{12}{100^2} \cdot \sum_{j=0}^{\infty} \frac{1}{100^j}.$$

Nach der Grenzwertformel für die geometrische Reihe auf Seite 273 ist damit

$$x = 7 + \frac{5}{100} + \frac{12}{100^2} \cdot \frac{1}{1 - \frac{1}{100}} = 7 + \frac{507}{9900},$$

und somit ist x eine rationale Zahl.   □

Anmerkung

In der Schule macht man sich das Umrechnen ein wenig leichter, denn zum Zeitpunkt der Behandlung des Bruchrechnens, kommen Grenzwertbetrachtungen nicht in Frage. Will man $0,00\overline{12}$ in einen Dezimalbruch verwandeln, so geht man von $100 \cdot 0,00\overline{12} = 0,12\overline{12}$ aus und subtrahiert $0,00\overline{12}$. Das Ergebnis ist

$$0,12\overline{12} - 0,00\overline{12} = 0,12 = \frac{12}{100}.$$

Damit ist

$$100 \cdot 0,00\overline{12} - 0,00\overline{12} = 99 \cdot 0,00\overline{12} = \frac{12}{100}$$

und

$$0,00\overline{12} = \frac{12}{9900}.$$

Diese Methode ist eigentlich nicht erlaubt. Schließlich müsste man zunächst zeigen, dass man mit unendlichen Dezimalbrüchen fast genauso wie mit endlichen Dezimalbrüchen rechnen darf. Doch im Unterricht der fünften oder sechsten Klasse ist das sicherlich für die Schülerinnen und Schüler kein echtes Problem. Die hier verwendete Sprechweise von *Dezimalbrüchen* ist übrigens üblich, wenn eine rationale Zahl in Form einer Dezimalzahl und nicht in Form eines Bruchs gegeben ist. Man redet auch von der *Dezimalbruchdarstellung* einer rationalen Zahl.

Im Hinblick auf das folgende Kapitel 12 über reelle Zahlen ist eine weitere Möglichkeit, wie man zur Darstellung einer rationalen Zahl kommt, von Bedeutung. Die Dezimaldarstellung einer rationalen (oder reellen) Zahl lässt sich nämlich auch durch fortgesetzte Intervallunterteilung erhalten. Mit der bereits gegebenen Begründung reicht es, ein $x > 0$ zu betrachten (alle anderen Fälle lassen sich leicht daraus ableiten). Es existiert dann genau ein Intervall $I_0 = [n, n + 1[$ mit $n \in \mathbb{N} \cup \{0\}$ und $x \in I_0$, denn selbstverständlich muss x zwischen zwei „benachbarten" natürlichen Zahlen liegen, also zwischen zwei natürlichen Zahlen, die sich nur um 1 unterscheiden. Die nun folgenden Schritte bedeuten im Grunde, dass x auf eine oder auf zwei oder auf drei oder auf . . . oder auf n Dezimalstellen genau bestimmt wird. Wenn man das mathematisch exakt schreibt, sieht es leider leicht abschreckend aus. Es wird also I_0 in 10 gleiche Teilintervalle

$$I_1^0 = \left[n, n + \frac{1}{10}\right[, \quad I_1^1 = \left[n + \frac{1}{10}, n + \frac{2}{10}\right[, \quad \ldots, \quad I_1^9 = \left[n + \frac{9}{10}, n + 1\right[$$

unterteilt. Die Zahl x liegt in genau einem dieser Intervalle, etwa in I_1^k. Dann ist die erste Dezimalstelle nach dem Komma gleich k. Also zerlegt man im nächsten Schritt dieses Intervall I_1^k wiederum in 10 gleiche Teilintervalle

$$I_2^0 = \left[n + \frac{k}{10}, n + \frac{k}{10} + \frac{1}{100}\right[, \quad I_2^1 = \left[n + \frac{k}{10} + \frac{1}{100}, n + \frac{k}{10} + \frac{2}{100}\right[,$$

$$\dots, \quad I_2^9 = \left[n + \frac{k}{10} + \frac{9}{100}, n + +\frac{k+1}{10}\right[.$$

Die Fortsetzung dieses Verfahrens führt zur Dezimaldarstellung von x. Der Vorteil dieser Methode besteht darin, dass man bei jedem Schritt eine (immer genauer werdende) Einschachtelung der zu beschreibenden Zahl erhält, die sowohl nach unten als auch nach oben eine Begrenzung liefert.

11.3   ℚ ist eine kleine Menge: Abzählbarkeit

Es scheint so, dass die Menge ℚ der rationalen Zahlen erheblich mehr Elemente besitzt als ihre echten Teilmengen ℤ oder ℕ. Man kann ℚ jedoch *abzählen*, und das heißt, man kann jeder natürlichen Zahl n eine rationale Zahl r_n so zuordnen, dass $\{r_n \mid n \in \mathbb{N}\} = \mathbb{Q}$ gilt. Die *Abzählung* erfasst also jede rationale Zahl. Ist das Zählen gelungen, so sieht man, dass in einem vernünftigen Sinn nicht mehr rationale Zahlen als natürliche Zahlen existieren können (man denke an das Beispiel von Hilberts Hotel in Kapitel 2). Das Wort „vernünftig" sollte dabei in mathematischer Hinsicht verstanden werden. Die Mengen ℕ und ℚ sind *gleichmächtig*, was bedeutet, dass es eine bijektive Abbildung zwischen diesen Mengen gibt (siehe Definition 11.3.1 in Anlehnung an Kapitel 1). Im Fall von ℕ und ℚ widerspricht das sicherlich der Intuition (und die kann prinzipiell durchaus vernünftig sein).

▶ **Definition 11.3.1** Zwei Mengen A und B heißen gleichmächtig, wenn sie bijektiv aufeinander abgebildet werden können. Eine Menge A heißt *abzählbar*, falls sie gleichmächtig zur Menge ℕ der natürlichen Zahlen ist.

Vorüberlegungen zur Bestimmung der Mächtigkeit von ℚ

> *Wir machen das jetzt nicht mit Logik oder Intuition, sondern eben mathematisch.*
>
> Studentin im 3. Semester

Wie also kann man die rationalen Zahlen „zählen"? Eine Idee ist, auf die Definition 11.1.1 zurückzugreifen. Die rationalen Zahlen hat man dort als Paare ganzer Zahlen erhalten, die man sich als Gitterpunkte eines ebenen Gitters vorstellen könnte. Ist es also tatsächlich möglich, diese Gitterpunkte zu nummerieren?

Ganz offensichtlich kann das Nummerieren nicht in beliebiger Weise geschehen. So nützt es nichts, wenn man ohne Abbiegen in horizontalen oder vertikalen „Bahnen" zählt, weil man in jeder Einzelnen dieser Bahnen jeweils unendlich viele Gitterpunkte hätte. Genauso wenig nützt es, etwa mit dem Zählen in der Reihenfolge $1, \frac{1}{2}, \frac{1}{3}, \frac{1}{4}, \frac{1}{5}, \ldots$ zu beginnen. Man bekommt zwar eine Menge von Brüchen, die in ihrer Mächtigkeit der von $\mathbb{N}$ entspricht, aber es sind alles Stammbrüche. Man darf gar nicht darüber nachdenken: Sollte der Beweis gelingen, dass $\mathbb{N}$ und $\mathbb{Q}$ gleiche Mächtigkeit haben, dann gibt es (locker gesprochen) auch genauso viele Brüche wie Stammbrüche.

Es hängt tatsächlich alles vom geeigneten Zählen ab. Dabei greift man auf die Definition der rationalen Zahlen als Äquivalenzklassen von Paaren $(a, b) \in \mathbb{Z} \times \mathbb{Z}\backslash\{0\}$ zurück. Es ist $(a, b) \sim (-a, -b)$, sodass es ausreicht, die Paare $(a, b) \in \mathbb{Z} \times \mathbb{N}$ zu betrachten.

Die Paare $(0, z)$ repräsentieren für beliebiges $z \in \mathbb{N}$ immer dieselbe rationale Zahl, nämlich $0 = [(0, 1)]$. Man setzt $R_1 = (0, 1)$ und hat damit die erste rationale Zahl bereits gezählt. Sie wird im Folgenden nicht mehr beachtet, sondern nur noch Paare (a, b) mit $a \in \mathbb{Z}\backslash\{0\}$ und $b \in \mathbb{N}$ sollen gezählt werden. Welches immer die erste dieser Zahlen ist, sie wird als R_2 abgelegt, die nächste Zahl als R_3, dann kommt R_4, dann R_5, dann R_6 und dann alle anderen R_i mit $i \in \mathbb{N}$.

Im Fall $R_1 = 0$ zählt man diese rationale Zahl nur einmal. Alle anderen Paare (a, b) mit den genannten Bedingungen für a und b werden eine eigene laufende Nummer bekommen. So repräsentieren $(3, 4)$, $(6, 8)$ und $(24, 32)$ (und damit $\frac{3}{4}$, $\frac{6}{8}$ und $\frac{24}{32}$) die gleiche rationale Zahl, die damit mehr als nur einmal bei der Zählung erfasst wird. Man beachte, dass unendlich viele natürliche Zahlen „verschwendet" werden, indem äquivalente Zahlenpaare verschiedene Nummern erhalten, weil es mehr als endlich viele Möglichkeiten gibt, eine Bruchzahl (durch Erweitern) darzustellen. Einerseits sollte es ja fast erschreckend sein, dass auch diese Erweiterung nichts an der prinzipiellen Gleichmächtigkeit zu $\mathbb{N}$ ändert. Es ist kaum mehr als ein Schönheitsfehler, der aber schließlich auch noch korrigiert wird.

11.3.1 Abzählen nach der Summe von Zähler und Nenner

Die *Grundidee* des folgenden Abzählens der rationalen Zahlen besteht darin, die (positiven) Brüche nach der Summe ihrer Zähler und Nenner anzuordnen. Zuerst kommen also alle Brüche, deren Summe aus Zähler und Nenner gerade 2 ist, dann die, bei denen diese Summe 3 ist, dann diejenigen, bei denen sich 4 als Summe ergibt. Man zählt zunächst die Teilmenge $H := \mathbb{N} \times \mathbb{N}$ (gewissermaßen nur die Hälfte, auch wenn das im Zusammenhang mit der Abzählbarkeit kein sonderlich guter Ausdruck ist).

Zum Verständnis trägt es bei, sich die Menge H als Gitterpunkte (n, m) im ersten Quadranten eines kartesischen Koordinatensystems vorzustellen. In H befinden sich ein Element (a, b) mit $a + b = 2$, zwei Elemente (a, b) mit $a + b = 3$, drei Elemente (a, b) mit $a + b = 4$, vier Elemente (a, b) mit $a + b = 5$ und allgemein genau $N - 1$ Elemente (a, b)

mit $a + b = N$, nämlich $(N - 1, 1)$, $(N - 2, 2)$, ..., $(2, N - 2)$, $(1, N - 1)$. Im konkreten Fall $N = 5$ sind dies die Gitterpunkte $(4, 1)$, $(3, 2)$, $(2, 3)$ und $(1, 4)$.

Betrachtet man nun die Anzahl aller Paare (a, b) mit $a, b \in \mathbb{N}$, deren Summe kleiner oder gleich 5 ist, so sind das $1 + 2 + 3 + 4 = 10$ Paare. Man braucht entsprechend 10 natürliche Zahlen, um diese Paare zu zählen. Allgemein werden zum Zählen der Paare (a, b) mit $2 \leq a + b \leq N$ also

$$1 + \cdots + (N - 1) = \frac{N(N - 1)}{2} =: K(N)$$

natürliche Zahlen gebraucht oder verbraucht (siehe Kapitel 2, Aufgabe 5, und die Lösung auf Seite 383). Es bietet sich an, als erstes Paar der Abzählung $(1, 1)$ zu nehmen, dann $(2, 1)$, $(1, 2)$, gefolgt von $(3, 1)$, $(2, 2)$, $(1, 3)$. So wird einerseits gestaffelt nach der in jedem Abschnitt konstanten Summe vorgegangen. Andererseits beginnt man innerhalb eines Bereichs der Summe a mit dem Element $(a - 1, 1)$ und setzt dies fort, indem von der ersten Koordinate jeweils 1 subtrahiert und zur zweiten Koordinate jeweils 1 addiert wird. Jedem Gitterpunkt ist dann eindeutig eine natürliche Zahl zugeordnet. Benennt man mit Seite 279 R_n das Paar mit der laufenden Nummer $n \in \mathbb{N}$, so ist $R_1 = (1, 1)$, $R_2 = (2, 1)$, $R_3 = (1, 2)$, $R_4 = (3, 1)$, $R_5 = (2, 2)$ und $R_6 = (1, 3)$.

Die folgende Abbildung veranschaulicht die Zählweise, bei der letztendlich alle positiven rationalen Zahlen eine Ordnungsnummer zugewiesen bekommen.

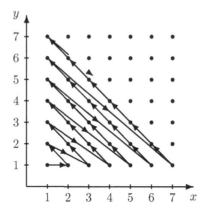

Doch wo findet man R_{27}, und welche laufenden Nummern bekommen die Paare, bei denen Zähler und Nenner die Summe 299 haben? Auch diese Fragen kann man beantworten.

Behauptung

Jedem Gitterpunkt kann man eindeutig eine natürliche Zahl (im Sinn der genannten Zählmethode) zuordnen.

Begründung

Das Paar $(7, 4) \in \mathbb{N} \times \mathbb{N}$ bezeichnet die rationale Zahl $\frac{7}{4}$, das heißt, die Summe aus Zähler und Nenner ist 11. Damit haben alle Paare mit einer Summe, die kleiner als 11 ist (zum Beispiel 10 oder 9 oder 4), auch eine kleinere Ordnungsnummer. Insgesamt gibt es $K(10)$ bereits verbrauchte Ordnungsnummern. Die Reihe mit der Summe 11 aus Zähler und Nenner beginnt mit dem Paar $(10, 1)$, gefolgt von $(9, 2)$, $(8, 3)$ und $(7, 4)$. Damit kann dem Paar $(7, 4)$ die Ordnungsnummer $K(10) + 4 = \frac{9 \cdot 10}{10} + 4 = 49$ gegeben werden. Nun ist $K(10) = K(7 + 4 - 1)$, und man weiß also wie Zähler und Nenner eines Bruchs die Rangreihe bestimmen. Allgemein wird (ganz entsprechend dem Beispiel) dem Paar $(a, b) \in \mathbb{N} \times \mathbb{N}$ die natürliche Zahl

$$K(a + b - 1) + b = \frac{(a + b - 1)(a + b - 2)}{2} + b$$

zugeordnet.   □

Behauptung

Zu jeder natürlichen Zahl gehört (im Sinn der genannten Zählmethode) ein Gitterpunkt.

Begründung

Wenn alle (a, b) mit $2 \le a + b \le N$ abgezählt sind, dann sind die natürlichen Zahlen $1, \ldots, K(N)$ „verbraucht". Somit ist der nächsten rationalen Zahl (die durch das Paar $(N, 1)$ bestimmt ist und zur Summe $N + 1$ gehört) die laufende Nummer $K(N) + 1$ zuzuteilen. Für das Paar $(N - j + 1, j)$ dieses Abschnitts ($j = 1, \ldots, N$) ergibt sich so die Nummer $K(N) + j$. Ist nun beispielsweise $K(N) + j = 27$, so überlegt man sich, dass $\frac{7 \cdot 6}{2} = 21$ Plätze bis einschließlich Summe 7 vergeben sind, aber $\frac{8 \cdot 7}{2} = 28 > 27$ ist, die Zahl also zu groß ist. Es ist $27 = 21 + 6$, folglich hat das Paar $(7 - 6 + 1, 6) = (2, 6)$ die laufende Nummer 27 (und war übrigens in Form von $(1, 3)$ mit der Platznummer 6 schon einmal gezählt worden).

Welches Paar $R_n = (a, b)$ gehört also allgemein zu einer gegebenen Zahl $n \in \mathbb{N}$? Dazu ist zuerst das größte M mit $K(M) < n$ zu ermitteln. Hat man es gefunden, so erhält man aus $K(a + b - 1) + b = \frac{(a+b-1)(a+b-2)}{2} + b$ die Informationen $b = n - K(M)$ und $a = M - b + 1$. Es ist $K(M) + b = n$, also $b = n - K(M)$, denn man zählt von $K(M)$ genau b Schritte bis zur n-ten Zahl (a, b). Genauso ist $a + b = M + 1$, also $a = M - b + 1$. Dann ist $R_n = (M - n + K(M) + 1, n - K(M))$. Man mache sich klar, dass zu jedem $(a, b) \in \mathbb{N} \times \mathbb{N}$ genau eine natürliche Zahl $n \ge 2$ existiert mit $R_n = (a, b)$ und umgekehrt.   □

11.3.2 Die Abzählbarkeit der rationalen Zahlen

Die Menge $(\mathbb{Z}\backslash\{0\} \times \mathbb{N}) \cup \{(0,1)\}$ kann man nun abzählen, wenn man die prinzipielle Methode dieser Vorüberlegungen verwendet. Sie wird als *Cantor'sches Diagonalverfahren* bezeichnet.

▶ **Satz 11.3.1** Die Menge $\mathbb{Q}$ der rationalen Zahlen ist abzählbar.

▶ **Beweisidee 11.3.1** Man gibt einfach eine passende Zählung an, die sich (fast) direkt aus der oben genannten Zählung ableiten lässt. Allerdings wurden dort nur den positiven rationalen Zahlen entsprechende natürliche Zahlen zugeordnet. In einem ersten Schritt (1) wird die Zählung (bezeichnet mit R_n) auf ganz $\mathbb{Q}$ erweitert, wobei akzeptiert wird, dass jeder Bruch dabei unendlich oft gezählt wird. Die neue Zählung wird mit r_n bezeichnet. In einem weiteren Schritt (2) werden dann noch die mehrfach gezählten rationalen Zahlen herausgenommen. Man bekommt schließlich eine eineindeutige Zuordnung zwischen rationalen und natürlichen Zahlen.

▶ **Beweis 11.3.1**

(1) Man gibt, wie oben erwähnt, in diesem ersten Schritt zunächst eine passende Zählung der rationalen Zahlen an. Die Bezeichnung R_n wird dabei wie auf Seite 280 verwendet. Dabei erhält das Paar $(0, 1)$ die laufende Nummer 1, also $r_1 := (0, 1)$. Für $n \in \mathbb{N}$ mit $n \geq 2$ setzt man

$$r_n := R_k, \quad \text{falls } n = 2k \text{ gerade ist, und}$$

$$r_n := (-a, b), \quad \text{falls } n = 2k + 1 \text{ ungerade und } R_k = (a, b) \text{ ist.}$$

Damit ist die Menge $\mathbb{Z}\backslash\{0\} \times \mathbb{N}$ mit den natürlichen Zahlen 2, 3, ... durchnummeriert. Jedem Paar (a, b) mit positivem a ist dabei eine gerade und jedem Paar (a, b) mit negativem a eine ungerade natürliche Zahl zugeordnet worden und umgekehrt. So sind beispielsweise $r_1, \ldots, r_7$ die Paare $(0, 1), (1, 1), (-1, 1), (2, 1), (-2, 1), (1, 2)$ und $(-1, 2)$ in dieser Reihenfolge. Zu jeder rationalen Zahl $q \neq 0$ gehören dabei unendlich viele natürliche Zahlen $n \geq 2$. Fasst man nämlich Brüche als Zahlenpaare auf, so verzichtet man auf eine gekürzte Darstellung.

(2) In diesem zweiten Schritt wird die Zählung so modifiziert, dass jeder natürlichen Zahl eindeutig eine rationale Zahl zugeordnet wird.

Für jede rationale Zahl x sei $T(x)$ die Menge aller natürlichen Zahlen n, für die r_n der gleichen rationalen Zahl x zugeordnet ist. Da keine Nummer mehrfach vergeben wurde, gilt $T(x) \cap T(y) = \emptyset$ für verschiedene rationale Zahlen x und y. Für $x \neq 0$ ist $T(x)$ eine unendliche Teilmenge von $\mathbb{N}$, nur $T(0) = \{1\}$ ist endlich.

Für jedes $x \in \mathbb{Q}$ gibt es ein Minimum $m(x) \in T(x)$. Fasst man diese Minima zur Menge $M := \{m(x) \mid x \in \mathbb{Q}\}$ zusammen, so reicht diese Teilmenge M der natürlichen Zahlen zur Abzählung von $\mathbb{Q}$ aus. Da die Menge M eine unendliche Teilmenge von $\mathbb{N}$

ist, lässt sie sich unter Verwendung aller natürlichen Zahlen „eins zu eins" abzählen. Dazu ordnet man einfach M der Größe nach und ordnet dann $n \in \mathbb{N}$ die n-te Zahl aus M bezüglich dieser Reihenfolge zu. Auf diese Weise lässt sich eine umkehrbar eindeutige Abzählung von $\mathbb{Q}$ mit sämtlichen natürlichen Zahlen erzielen. $\square$

11.4 $\mathbb{Q}$ ist eine kleine Menge: Rationale und reelle Zahlen

Man mag es kaum glauben, aber der letzte Abschnitt hat gezeigt, dass natürliche und rationale Zahlen die gleiche Mächtigkeit haben. Im vorletzten Abschnitt hat man hingegen gesehen, dass in beliebiger Nähe einer reellen Zahl immer eine rationale Zahl liegt (man sagt dazu auch, dass die rationalen Zahlen *dicht* auf der reellen Zahlengeraden liegen). Gibt es also genau so viele reelle wie rationale wie natürliche Zahlen? Nein, es gibt unvergleichlich viel mehr reelle als rationale Zahlen. Die beiden Mengen haben *nicht* dieselbe Mächtigkeit, was im Folgenden gezeigt wird.

Auch in diesem Abschnitt wird im Hinblick auf bestimmte Grundeigenschaften der reellen Zahlen $\mathbb{R}$ auf Schulwissen zurückgegriffen. Zum Verständnis der nachfolgenden Abschnitte sind die Überlegungen dieses Unterkapitels nicht erforderlich.

Die Existenz irrationaler Zahlen
Schon den Griechen war die Existenz irrationaler Zahlen bekannt (siehe Seite 269), also solcher Zahlen, die sich nicht in der Form $\frac{n}{m}$ mit natürlichen Zahlen n und m darstellen lassen. Betrachtet man etwa ein regelmäßiges Fünfeck, so ist das Verhältnis aus einer Diagonale und einer Seite nicht kommensurabel, das heißt, man kann es nicht mit Hilfe natürlicher Zahlen messen (man vergleiche Definition 11.5.1). Dennoch kann man das Fünfeck nur mit Zirkel und Lineal und damit ohne Verwendung eines Winkelmessers konstruieren (und hier vergleiche man die Bemerkung auf Seite 131 und die Hinweise zur Konstruktion auf Seite 291).

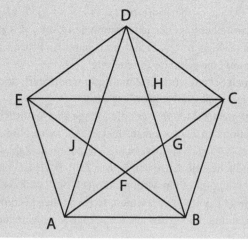

Im Pentagon sind alle Seiten gleich lang, alle Innenwinkel haben 108°, und jede Diagonale ist parallel zu einer der Fünfecksseiten. Insbesondere ist (mit den Bezeichnungen aus der Abbildung) $ABHE$ ein Parallelogramm. Sei d eine Diagonale und s eine Seite. Man sieht nun leicht (und nur unter Verwendung der genannten Eigenschaften) ein, dass

$$\frac{d}{s} = \frac{\overline{EC}}{\overline{AB}} = \frac{\overline{EC}}{\overline{EH}} = \frac{\overline{EF}}{\overline{EJ}} = \frac{\overline{EH}}{\overline{HC}}$$

und somit

$$\frac{d}{s} = \frac{s}{d-s}$$

gilt. Damit ist $s^2 = d^2 - ds$ und $d^2 + ds + s^2 = 0$. Diese Gleichung hat die (offensichtlich nicht negative) Lösung $d = \frac{s}{2} + \frac{s}{2}\sqrt{5}$. Damit rechnet man weiter und bekommt

$$\frac{d}{s} = \frac{\sqrt{5}+1}{2},$$

und das ist das Verhältnis des *goldenen* Schnitts. Sei also $\overline{AB}$ eine Strecke und S ein Punkt auf der Strecke $\overline{AB}$, sodass $\overline{AS} > \overline{BS}$ ist. Dann teilt der Punkt S die Strecke $\overline{AB}$ im goldenen Schnitt, falls das Verhältnis der längeren Strecke $\overline{AS}$ zur Strecke $\overline{AB}$ das Gleiche ist wie das Verhältnis der kürzeren Strecke $\overline{BS}$ zur längeren Strecke $\overline{AS}$.

Die für alle reellen x durch $f(x) = x^2$ gegebene Funktion bildet jede rationale Zahl auf eine solche ab, und es gibt irrationale (das heißt nicht rationale) reelle Zahlen, deren Bild in $\mathbb{Q}$ liegt, wie etwa $x = \sqrt{2}$.

Ganz anders liegen die Verhältnisse bei der durch $g(x) = 2^x = \exp(x \log 2)$ definierten Funktion, deren Abbildungsverhalten diskutiert werden soll. Das Bild einer rationalen Zahl x unter g muss nicht unbedingt wieder eine rationale Zahl sein. Die grundlegenden Eigenschaften der Exponential- und der Logarithmusfunktion sollten zum Verständnis der folgenden Bemerkungen aus der Schule bekannt sein.

Frage

Für welche $x \in \mathbb{Q}$ gilt $g(x) = 2^x = \exp(x \log 2) \in \mathbb{Q}$?

Offenbar gilt $g(n) = 2^n \in \mathbb{Q}$ für alle $n \in \mathbb{N}$. Ist also n eine natürliche Zahl, dann ist auch das Bild von n unter g eine natürliche Zahl. Aber auch für alle $z \in \mathbb{Z}\backslash\mathbb{N}$ ist das Problem leicht zu lösen. Es ist $2^0 = 1$, und mit $n \in \mathbb{N}$ ist $2^{-n} = \frac{1}{2^n}$ eine rationale Zahl. Es bleibt also der Fall, eine beliebige Zahl $x \in \mathbb{Q}$ zu betrachten. Dann existiert eine ganze Zahl $c \neq 0$ und eine natürliche Zahl d mit $x = \frac{c}{d}$. Bekanntlich ist dann $2^x = \sqrt[d]{2^c}$. Ist $c = 1$ und $d = 2$, bekommt man $2^x = \sqrt{2}$, und das ist *keine* rationale Zahl. Der folgende Satz zeigt, dass dieses Ergebnis für alle $x \in \mathbb{Q}\backslash\mathbb{Z}$ gilt.

▶ **Satz 11.4.1** Es ist 2^x mit $x \in \mathbb{Q}$ nur dann eine rationale Zahl, wenn x eine ganze Zahl ist.

▶ **Beweisidee 11.4.1** Es wird angenommen, dass sich 2^x als Bruch darstellen lässt und dann Satz 4.2.6 auf den Zähler a und den Nenner b dieses Bruches angewendet (Hauptsatz der elementaren Zahlentheorie). Anschließend wird umgeformt und gerechnet. Dabei kann man sich auf den Fall $a, b \in \mathbb{N}$ beschränken, denn mit 2^x ist auch $\frac{1}{2^x}$ eine rationale Zahl und umgekehrt.

▶ **Beweis 11.4.1** Sei $y = 2^x = \frac{a}{b}$ mit $a, b \in \mathbb{N}$ eine rationale Zahl. Nach dem Hauptsatz der elementaren Zahlentheorie (Satz 4.2.6) besitzen a und b eine bis auf die Reihenfolge eindeutige Zerlegung in Primfaktoren. Dabei darf gleich angenommen werden, dass a und b keine gemeinsamen Primfaktoren besitzen, wie es die im Rahmen von Satz 11.1.1 definierte Äquivalenzrelation beschreibt. In diesem Zusammenhang ist der Primteiler 2 von Interesse. Es sei also $\frac{a}{b} = \frac{\alpha}{\beta} \cdot 2^m$ mit ungeraden natürlichen Zahlen α, β (die natürlich auch 1 sein können) und einer ganzen Zahl m (und $m \in \mathbb{Z}$ muss man fordern, weil der Faktor 2 gar nicht auftreten kann und somit $m = 0$ ist bzw. auch im Nenner sein kann). Sei $x = \frac{c}{d}$ mit $c, d \in \mathbb{N}$. Die Gleichung $y = 2^x$ führt dann zu $y^d = 2^c$, also zu $(\frac{\alpha}{\beta} \cdot 2^m)^d = 2^c$ und somit zu

$$\alpha^d = \beta^d \cdot 2^{-md} \cdot 2^c = \beta^d \cdot 2^{-md+c}.$$

Das ist jedoch nur möglich, falls $-md + c = 0$ gilt. Also ist $c = md$, was

$$x = \frac{c}{d} = \frac{md}{d} = m$$

liefert. Daraus folgt $x = m$ und damit $x \in \mathbb{Z}$.   □

Also sind die ganzen Zahlen die einzigen rationalen Zahlen, deren Bilder unter der Funktion g rational sind. Macht man sich klar, wie der Graph der Funktion g verläuft, so ist das bemerkenswert. Die Intervalle $[n, n+1]$ für $n \in \mathbb{Z}$ werden unter der Abbildung g umso mehr gestreckt, je größer n ist und umgekehrt. Die Bildintervalle $[g(n), g(n+1)] = [2^n, 2^{n+1}]$ werden also mit kleiner werdendem $n \in \mathbb{Z}$ immer kürzer. Mit Ausnahme der Endpunkte trifft nie eine der unendlich vielen reellen Zahlen in $[n, n+1]$ auf eine rationale Zahl. Dasselbe Abbildungsverhalten weisen offenbar (und nur zum Beispiel) alle Funktionen der Form $f(x) = p^x$ mit einer Primzahl p auf. Die oben geführte Argumentation kann dafür fast wörtlich übernommen werden.

Dies ist bereits ein Indiz dafür, dass die rationalen Zahlen innerhalb der reellen Zahlen eine geradezu verschwindend kleine Menge bilden (aber wer würde sich nach den vielen unintuitiven Informationen über die Unendlichkeit noch trauen, einen Verdacht zu äußern). Eine Präzisierung dieser Vermutung gibt der folgende Satz.

▶ **Satz 11.4.2** Die Menge $\mathbb{R}$ der reellen Zahlen ist nicht abzählbar.

▶ **Beweisidee 11.4.2** Man schließt indirekt. Wäre die Menge aller reellen Zahlen abzählbar, so wäre es offensichtlich auch die Teilmenge der reellen Zahlen zwischen 0 und 1. Man kann also (unter der Annahme der Abzählbarkeit) alle reellen Zahlen aus diesem Intervall in einer Liste erfassen, in der die Zahlen in der Reihenfolge ihrer Abzählung untereinander geschrieben sind. Dazu notiert man sie in ihrer Dezimalentwicklung. Unter Verwendung der Dezimalziffern konstruiert man nun eine reelle Zahl, die keinesfalls in der Liste enthalten sein kann. Also ist jede Aufzählung reeller Zahlen notwendigerweise unvollständig.

▶ **Beweis 11.4.2** Wäre $\mathbb{R}$ abzählbar, so wären es erst recht die reellen Zahlen im Intervall $]0, 1[$. Jedes solche $x \in \mathbb{R}$ mit $0 < x < 1$ besitzt eine Dezimalentwicklung $x = 0, x_1 x_2 \ldots$ mit Ziffern $x_1, x_2, \cdots \in \{0, 1, \ldots, 9\}$. Um das mehrfache Auftreten einer reellen Zahl in dieser Liste auszuschließen, kann und soll dabei auf 9er-Perioden verzichtet werden (so ist etwa, wie bereits erwähnt, $0, 23\overline{9} = 0, 2399999 \ldots = 0, 24$). Damit ist die Dezimalentwicklung eindeutig.

Wäre nun die Menge $]0, 1[$ abzählbar, so könnten alle diese reellen Zahlen nummeriert werden, man könnte also (in irgendeiner Reihenfolge) eine erste, eine zweite, eine dritte, eine n-te und eine $(n + 11)$-te reelle Zahl angeben und sie somit als y_n (für $n \in \mathbb{N}$) bezeichnen. Jedes y_n besitzt dann eine Dezimalentwicklung

$$y_n = 0, a_{n1} a_{n2} a_{n3} \ldots$$

in der beschriebenen Form.

Diese y_n bilden den Ausgangspunkt für die Definition der reellen Zahl a', wobei $a' := 0, a_{11} a_{22} a_{33} \ldots$ ist. Es sind also die n-te Ziffer in der Dezimalbruchdarstellung von a' und die n-te Ziffer in der Dezimalbruchdarstellung von y_n identisch. Nun ist die Zahl $\frac{1}{9} = 0, \overline{1} \in]0, 1[$ eine reelle Zahl, sie kommt also unter den Zahlen y_n vor, das heißt, es gibt ein k mit $y_k = \frac{1}{9}$ und daher $a_{kk} = 1$. Also muss unter den Ziffern $a_{11}, a_{22}, a_{33}, \ldots$ mindestens einmal die Ziffer 1 erscheinen. Es gilt $a' \neq 0$, und weil $a' \neq 1$ ist, folgt $a' \in]0, 1[$.

Das Ziel ist es nun, zu zeigen, dass mit Hilfe von a' eine Zahl $b \neq 0$ konstruiert werden kann, sodass $b \neq y_n$ für alle n gilt. Sei also $b = 0, b_1 b_2 b_3 \ldots$ eine weitere reelle Zahl, wobei $b_j = 1$ ist, falls $a_{jj} \neq 1$, und $b_j = 2$, falls $a_{jj} = 1$ ist. In der Dezimalentwicklung von b kommen damit nur die Ziffern 1 und 2 vor.

Dann ist nach Wahl der b_j auch $b \neq 0$ und insbesondere $b \in]0, 1[$. Es müsste damit ein $m \in \mathbb{N}$ mit $y_m = b$ existieren. Wegen der Eindeutigkeit der von 9er-Perioden freien Dezimaldarstellungen (und diese Eindeutigkeit ist wichtig!) folgt $a_{mj} = b_j$ für alle $j \in \mathbb{N}$, also insbesondere $a_{mm} = b_m$, was der Definition der Ziffer b_m widerspricht. Also ist das Intervall $]0, 1[$, und damit erst recht die Menge aller reellen Zahlen, nicht abzählbar. □

▶ **Definition 11.4.1** Eine unendliche Menge, die nicht abzählbar ist, heißt *überabzählbar*.

Die Menge der reellen Zahlen kann man also nach dieser Definition und mit dem Ergebnis von Satz 11.4.2 als *überabzählbar* bezeichnen. Eine überabzählbare Menge hat eine größere Mächtigkeit als $\mathbb{Q}$ (oder als $\mathbb{N}$ oder als $\mathbb{Z}$).

Der folgende Satz betrachtet einen anderen Aspekt, unter dem ebenfalls die Menge der rationalen Zahlen als „verschwindend kleine" Teilmenge der reellen Zahlen erscheint. Man denke sich die reellen Zahlen als die Punkte auf der Zahlengerade. Mit einem Stift streicht man nun die (bezüglich einer Abzählung wie etwa der in Satz 11.3.1) erste rationale Zahl r_1 heraus, und zwar so, dass ein Strich der Länge $\frac{1}{2}$ auf der Zahlengerade eingezeichnet wird, in dessen Mitte r_1 liegt. Danach zeichnet man einen Strich der Länge $\frac{1}{4}$ mit r_2 in der Mitte und so weiter. Dadurch sind alle rationalen Zahlen (aber nicht nur diese) aus der Zahlengeraden gestrichen. Trotzdem bleibt noch viel übrig, denn die gesamte Länge aller dieser Striche ist

$$\frac{1}{2} + \frac{1}{4} + \cdots = \sum_{j=1}^{\infty} \frac{1}{2^j} = \frac{1}{2} \sum_{j=0}^{\infty} \frac{1}{2^j} = 1,$$

also erstaunlich kurz. Der Bleistift muss damit keineswegs unendlich lang sein, und es ist plausibel, dass man mit Strichen der Gesamtlänge 1 nicht die ganze Zahlengerade auslöschen kann.

Die gleiche Grundidee (wenn auch viel allgemeiner, aber damit formaler geschrieben) kommt im folgenden Satz zum Ausdruck. Auch hier werden die rationalen Zahlen auf der Zahlengerade markiert und dann mit kleinen Strichen überdeckt. Erstaunlich ist, dass man theoretisch mit dem winzigsten Bleistiftrest auskommt, der sich irgendwo in einer Schublade versteckt. Er genügt, um eine unendliche Anzahl winzigster Stückchen („Intervalle") zu bedecken.

▶ **Satz 11.4.3** Ist ε eine positive Zahl, so existieren offene Intervalle

$$I_j =]a_j, b_j[\subset \mathbb{R} \quad (j \in \mathbb{N}),$$

deren Längen $\varepsilon_j := b_j - a_j$ die Ungleichung $\varepsilon_1 + \varepsilon_2 + \varepsilon_3 + \cdots \leq \varepsilon$ erfüllen und deren Vereinigung $\mathbb{Q}$ enthält.

▶ **Beweis 11.4.3** Es sei durch r_j eine Abzählung von $\mathbb{Q}$ gegeben, das heißt, es sei $\mathbb{Q} = \{r_j \mid j \in \mathbb{N}\}$ und $\varepsilon_j := \dfrac{\varepsilon}{2^j}$ $(j \in \mathbb{N})$. Mit

$$I_j :=]r_j - \frac{\varepsilon_j}{2}, r_j + \frac{\varepsilon_j}{2}[$$

folgt unter Verwendung der geometrischen Summenformel (man vergleiche Satz 2.3.1)

$$\sum_{j=1}^{n} \varepsilon_j = \frac{\varepsilon}{2} \sum_{k=0}^{n-1} 2^{-k} = \frac{\varepsilon}{2} \cdot \frac{1 - \left(\frac{1}{2}\right)^n}{1 - \frac{1}{2}} = \varepsilon \left(1 - \left(\frac{1}{2}\right)^n\right) < \varepsilon$$

und damit die Behauptung.   □

Anmerkung

Die Vereinigung der Intervalle $I_1, I_2, \dots$ ist eine „kleine" Menge, da die „Gesamtlänge" (als Summe der Einzellängen dieser Intervalle) höchstens ε ist und diese positive Zahl beliebig klein vorgegeben werden kann. Da nach dem Satz $\mathbb{Q}$ in dieser „kleinen" Menge enthalten ist, bilden die rationalen Zahlen in diesem Sinne erst recht eine „kleine" Menge.

11.5 Kettenbrüche

Der euklidische Algorithmus (der ja bereits in Abschn. 5.2 behandelt wurde) liefert zu zwei natürlichen Zahlen n und m deren größten gemeinsamen Teiler $ggT(n, m)$. Das Verfahren bricht auf jeden Fall nach endlich vielen Schritten ab, wenn man es auf beliebige Zahlen $n, m \in \mathbb{N}$ anwendet. Zu zwei natürlichen (oder ganzen) Zahlen existiert also immer ein größter gemeinsamer Teiler (man vergleiche Satz 5.2.3).

Anders kann es aussehen, wenn man das gleiche Verfahren für beliebige reelle Zahlen $x, y > 0$ probiert. Das ist durchaus sinnvoll und wird darüber hinaus sogar eher dem gerecht, was Euklid in seinen „Elementen" beschrieben hat, nämlich zu entscheiden, ob zwei gegebene Strecken als Vielfache ein und derselben Grundeinheit aufgefasst werden können. Zwei solche Strecken werden als *kommensurabel* bezeichnet.

▶ **Definition 11.5.1** Zwei Strecken A_1, A_2 der Länge a_1 bzw. a_2 sind *kommensurabel*, wenn es natürliche Zahlen n, m und eine Strecke E der Länge e (Einheit im Sinne eines gemeinsamen Grundmaßes) gibt mit $a_1 = n \cdot e$ und $a_2 = m \cdot e$.

Die Zahlen a_1, a_2, e sind dabei, in moderner Auffassung, als reelle Zahlen zu sehen (die Euklid nicht kannte). Es sei noch einmal betont, dass für natürliche Zahlen $a_1 = n$ und $a_2 = m$ alles ganz einfach ist. Das Verfahren funktioniert auf jeden Fall mit $e = 1$, da $n = n \cdot 1$ und $m = m \cdot 1$ ist, und es klappt auch mit $e = ggT(n, m)$. Auch positive rationale Zahlen stellen kein echtes Problem dar, denn für $\frac{a}{b}$ und $\frac{c}{d}$ (mit $a, b, c, d > 0$) kann man $e = \frac{1}{kgV(b,d)}$ wählen.

Betrachtet man beliebige reelle Zahlen, so kann man sich zunächst überlegen, wie die Durchführung des euklidischen Algorithmus für Strecken praktisch zu bewerkstelligen ist: Falls A_1 länger als A_2 ist, so trage man A_2 auf A_1 so oft wie möglich ab. Dann trage man den verbliebenen Rest, der nun kürzer als A_2 ist, so oft wie möglich auf A_2 ab und so weiter. Aber leider ist bei diesem Vorgehen nicht klar, ob das Verfahren immer (also für beliebige Startstrecken A_1 und A_2) ein Ende haben wird. Die betrachteten Streckenlängen werden allerdings immer kürzer.

Man folgert aber aus der Definition (und mit dem in diesem Kapitel eingeführten Begriff der rationalen Zahl) problemlos eine höchst einfache Bedingung für die Kommensurabilität von Strecken beliebiger Länge.

▶ **Satz 11.5.1** Die Strecken A_1 der Länge a_1 und A_2 der Länge a_2 sind genau dann kommensurabel, wenn der Quotient $\frac{a_1}{a_2}$ eine rationale Zahl ist.

▶ **Beweis 11.5.1** Angenommen, A_1 und A_2 sind kommensurable Strecken. Dann ist $\frac{a_1}{a_2} = \frac{ne}{me} = \frac{n}{m}$ für $n, m \in \mathbb{N}$ (denn Strecken haben eine positive Länge) und mit den Bezeichnungen von Definition 11.5.1. Also ist der Quotient eine rationale Zahl. Ist umgekehrt $\frac{a_1}{a_2} = \frac{n}{m}$ (mit $n, m \in \mathbb{N}$) eine rationale Zahl, dann ist $a_1 = n \cdot \frac{a_2}{m}$ und $a_2 = m \cdot \frac{a_2}{m}$. Die Behauptung folgt mit $e = \frac{a_2}{m}$. □

Man bekommt als Konsequenz aus diesem Satz dann auch, dass die Diagonale eines Quadrats mit der Seitenlänge 1 zu der Quadratseite nicht kommensurabel ist, denn $\frac{\sqrt{2}}{1} = \sqrt{2}$ ist nicht rational. Es gibt also Strecken, die nicht kommensurabel sind. So einfach sich das (heute) feststellen lässt, so schwierig war der Weg bis zu dieser Erkenntnis. Im Altertum erschütterte sie gar das vorherrschende Weltbild. Man hatte lange Zeit die Kommensurabilität beliebiger Strecken als stets gegeben angenommen, obwohl begründete Zweifel daran schon früh aufgekommen waren.

Nun ist die Inkommensurabilität von $\sqrt{2}$ und 1 nur ein Beispiel. Interessant ist es, ganz allgemein festzustellen, wann zwei Strecken mit dem gleichen Maß gemessen werden können und wann das nicht möglich ist. Die adäquate Methode zur Entscheidung, ob zwei gegebene (positive) Strecken kommensurabel sind oder nicht, liefert der euklidische Algorithmus. Dabei bezieht man ihn nicht geometrisch auf das Abtragen von Strecken, wie es oben geschildert wurde, sondern man nimmt deren Längen, die als (positive) reelle Zahlen a_1, a_2 zu betrachten sind.

Im Fall $a_1 = a_2$ sind die Strecken kommensurabel mit $e = a_1 = a_2$. Im Fall $a_1 \neq a_2$ darf $a_1 > a_2$ angenommen werden. Der euklidische Algorithmus stellt sich dann in der Form

$$a_1 = n_1 \cdot a_2 + a_3 \text{ mit } n_1 \in \mathbb{N}, \ 0 \le a_3 < a_2,$$
$$a_2 = n_2 \cdot a_3 + a_4 \text{ mit } n_2 \in \mathbb{N}, \ 0 \le a_4 < a_3$$

(und so weiter) dar. Es ist somit

$$\frac{a_1}{a_2} = n_1 + \frac{a_3}{a_2} = n_1 + \frac{1}{\frac{a_2}{a_3}},$$
$$\frac{a_2}{a_3} = n_2 + \frac{a_4}{a_3} = n_2 + \frac{1}{\frac{a_3}{a_4}},$$
$$\frac{a_3}{a_4} = n_3 + \frac{a_5}{a_4} = n_3 + \frac{1}{\frac{a_4}{a_5}},$$

und so weiter. Für $\frac{a_1}{a_2}$ erhält man damit als Ergebnis den so genannten *Kettenbruch*

$$\frac{a_1}{a_2} = n_1 + \frac{a_3}{a_2} = n_1 + \cfrac{1}{n_2 + \cfrac{1}{\frac{a_3}{a_4}}} = n_1 + \cfrac{1}{n_2 + \cfrac{1}{n_3 + \cfrac{1}{\frac{a_4}{a_5}}}}.$$

Bricht der euklidische Algorithmus nach endlich vielen Schritten ab (erscheint also irgendwann der Rest $a_j = 0$), so ist $\frac{a_1}{a_2}$ eine rationale Zahl. Die Umkehrung ist auch richtig: Ist $\frac{a_1}{a_2} \in \mathbb{Q}$, so bricht der euklidische Algorithmus mit den Startdaten a_1, a_2 nach endlich vielen Schritten ab.

Die Konstruktion des regelmäßigen Fünfecks (Pentagon)

Auf der Basis des goldenen Schnitts ist die Konstruktion eines regelmäßigen Fünfecks nur mit Zirkel und Lineal möglich (man vergleiche Seite 284). Es wird dabei benutzt, dass eine Diagonale und eine Seite des Fünfecks im Verhältnis des goldenen Schnitts zueinander stehen.

Sei $\overline{AB}$ eine beliebige Strecke. Dann findet man den Punkt T, der diese Strecke im Verhältnis des goldenen Schnitts teilt, nach folgender Konstruktion: Man zeichnet ein rechtwinkliges Dreieck ABC mit $\overline{AB} = 2 \cdot \overline{BC}$. Ein Kreis um C mit Radius $\overline{BC}$ schneidet $\overline{AC}$ im Punkt D, ein Kreis um A mit Radius $\overline{AD}$ schneidet $\overline{AB}$ im Punkt T. Der Punkt T teilt die Strecke $\overline{AB}$ im Verhältnis des goldenen Schnitts.

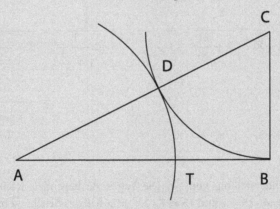

Zur Begründung reicht es, den Satz des Pythagoras zu kennen und zu rechnen. Setzt man $\overline{BC} = x$, so ist $\overline{AB} = 2x$ und somit $\overline{AC} = \sqrt{x^2 + (2x)^2} = x \cdot \sqrt{5}$. Also muss $\overline{AD} = x \cdot \sqrt{5} - x = x \cdot (\sqrt{5} - 1) = \overline{AT}$ sein. Damit gilt

$$\frac{\overline{AB}}{\overline{AT}} = \frac{2x}{x \cdot (\sqrt{5} - 1)} = \frac{2}{\sqrt{5} - 1} = \frac{\sqrt{5} + 1}{2}.$$

Eine geschickte Anwendung des Strahlensatzes (Schulwissen: Eine Parallele zu TC durch B schneidet AC im Hilfspunkt H, eine Parallele zu BC durch H schneidet AB im Punkt S) erlaubt die Konstruktion eines Punkts S, sodass B die Strecke $\overline{AS}$ im Verhältnis des goldenen Schnitts teilt. Damit kann man zu einer gegebenen Seite des Fünfecks die Diagonale konstruieren. Der Rest ist einfach, wenn man die Symmetrien im regelmäßigen Fünfeck beachtet.

11.5.1 Darstellung von rationalen Zahlen durch Kettenbrüche

Wem die Einführung oben ein wenig zu schnell ging, der sollte sich den Sachverhalt am besten am konkreten Beispiel rationaler Zahlen klarmachen. Hier kann man auf jeden Fall erreichen, dass das Verfahren abbricht und man als letzten Bruch einen Stammbruch, also einen Bruch mit dem Zähler 1, erhält. So bekommt man etwa durch

$$\frac{77}{62} = 1 + \frac{15}{62} = 1 + \frac{1}{\frac{62}{15}} = 1 + \frac{1}{4 + \frac{2}{15}} = 1 + \frac{1}{4 + \frac{1}{\frac{15}{2}}} = 1 + \frac{1}{4 + \frac{1}{7 + \frac{1}{2}}}$$

die Kettenbruchdarstellung von $\frac{77}{62}$ und durch

$$\frac{26}{99} = \frac{1}{\frac{99}{26}} = \frac{1}{3 + \frac{21}{26}} = \frac{1}{3 + \frac{1}{\frac{26}{21}}} = \frac{1}{3 + \frac{1}{1 + \frac{5}{21}}} = \frac{1}{3 + \frac{1}{1 + \frac{1}{\frac{21}{5}}}}$$

$$= \frac{1}{3 + \frac{1}{1 + \frac{1}{4 + \frac{1}{5}}}}$$

die Kettenbruchdarstellung von $\frac{26}{99}$. Die zugrunde liegenden Rechnungen sind $77 = 1 \cdot 62 + 15$, $62 = 4 \cdot 15 + 2$ und $15 = 7 \cdot 2 + 1$ im Fall des Bruchs $\frac{77}{62}$ bzw. $99 = 3 \cdot 26 + 21$, $26 = 1 \cdot 21 + 5$ und $21 = 4 \cdot 5 + 1$ im Fall des Bruchs $\frac{26}{99}$. Es stecken also nichts anderes als die eindeutige Division mit Rest und der euklidische Algorithmus dahinter. Nun weiß man, dass der euklidische Algorithmus abbricht, wenn die Eingaben natürliche Zahlen sind. Darüber hinaus muss der letzte entstehende Rest $r_0 = ggT(a, b) = 1$ sein, wenn man von einem voll gekürzten Bruch $\frac{a}{b}$ ausgeht. Entsprechend gehört zu einer rationalen Zahl eine Darstellung als abbrechender Kettenbruch. Man schreibt abgekürzt nur die „bestimmenden" Zahlen bzw. an die erste Stelle den ganzzahligen Anteil, also $\frac{77}{62} = [1; 4, 7, 2]$ und

$\frac{26}{99} = [0; 3, 1, 4, 5]$. Umgekehrt bestimmt natürlich auch jeder abbrechende Kettenbruch eine rationale Zahl. Dieses Ergebnis soll der Vollständigkeit halber als Satz (der aber wirklich eher ein Sätzchen ist) festgehalten werden.

▶ **Satz 11.5.2** Jede rationale Zahl kann in Form eines abbrechenden Kettenbruchs dargestellt werden, und jeder abbrechende Kettenbruch bezeichnet eine rationale Zahl.

Die Motivation für den Umgang mit solchen Kettenbrüchen, die rationale Zahlen darstellen, entstand aus dem Bedürfnis, unhandliche Brüche mit einem großen Zähler und einem großen Nenner durch einfachere Brüche zu approximieren. Beispiele dafür (etwa der Zusammenhang zwischen Kettenbrüchen und dem gregorianischen Kalender) werden im Buch von Harald Scheid [19] ausführlich beschrieben.

11.5.2 Darstellung von irrationalen Zahlen durch Kettenbrüche

Genauso wie man rationale Zahlen durch Kettenbrüche approximieren kann, ist es auch mit irrationalen Zahlen möglich. Hier wird man allerdings keinen abbrechenden, sondern vielmehr einen *nicht abbrechenden Kettenbruch* bekommen (man vergleiche Satz 11.5.2).

Sei $\mathbb{R}^+ = \{x \in \mathbb{R} \mid x > 0\}$. Sei $r \in \mathbb{R}^+$ eine positive irrationale Zahl und $n_0 = [r]$ die größte natürliche Zahl, die kleiner als r ist. Dann kann man für r auch

$$r = n_0 + \cfrac{1}{\cfrac{1}{r - n_0}}$$

schreiben. Das sieht danach aus, als würde man aus dem einfachen Zusammenhang $r = n_0 + r - n_0$ eine komplizierte Gleichung machen, und das ist zunächst auch einmal so. Um es ganz kompliziert aussehen zu lassen, wird dieses Verfahren außerdem mehrmals angewendet. So gilt nach Wahl von n_0 die Beziehung $0 < r - n_0 < 1$ und somit $\frac{1}{r - n_0} > 1$. Setzt man $r_1 := \frac{1}{r - n_0}$ und $n_1 := [r_1]$, so ist

$$r = n_0 + \cfrac{1}{r_1} = n_0 + \cfrac{1}{n_1 + r_1 - n_1} = n_0 + \cfrac{1}{n_1 + \cfrac{1}{\cfrac{1}{r_1 - n_1}}}.$$

Im nächsten Schritt setzt man dann $r_2 := \frac{1}{r_1 - n_1}$ und $n_2 := [r_2]$ und bekommt

$$r = n_0 + \cfrac{1}{n_1 + \cfrac{1}{n_2 + \cfrac{1}{r_2 - n_2}}}.$$

Ganz offensichtlich führt dieses Verfahren zu einer Kettenbruchdarstellung von r mit $r = [n_0; n_1, n_2, \ldots]$, wobei wiederum n_0 der ganzzahlige Anteil von r ist.

Beispiel 11.5.1

(i) Die Kettenbruchdarstellung von π beginnt mit $[3; 7, 15, 1, 292, \ldots]$, und somit sind $3, \frac{22}{7}, \frac{333}{106}, \frac{355}{113}, \frac{103993}{33102}, \ldots$ die ersten Näherungsbrüche von π (der Bruch $\frac{22}{7}$ wurde übrigens früher im Rahmen des Schulunterrichts als „Kreiszahl" benutzt).

(ii) Die Zahl $r = \frac{1}{2} \cdot (\sqrt{5} - 1)$ ist eine Lösung der Gleichung $x^2 + x - 1 = 0$ (man vergleiche die Hinführung zum goldenen Schnitt auf Seite 284). Also gilt $r = \frac{1}{1+r}$, und man bekommt (erfreulicherweise ganz ohne zu rechnen) die Darstellung

$$r = \cfrac{1}{1 + \cfrac{1}{1 + \cfrac{1}{1 + \ldots}}}$$

in Form eines Kettenbruchs. Insbesondere sieht man, dass auch Kettenbrüche *periodisch* werden können. Es ist $\frac{1}{2} \cdot (\sqrt{5} - 1) = [0; 1, 1, 1, 1, \ldots]$. Die Näherungsbrüche sind entsprechend $0, 1, \frac{1}{2}, \frac{2}{3}, \frac{3}{5}, \frac{5}{8}, \frac{8}{13}, \frac{13}{21}, \frac{21}{34}, \ldots$, das heißt, die Folge der Zähler und die Folge der Nenner ist gerade die Folge der Fibonacci-Zahlen (man vergleiche Seite 38).

Ein weiteres Beispiel findet man in Übungsaufgabe 9 im Anschluss an dieses Kapitel. Die hier nur angerissenen Eigenschaften von Kettenbrüchen werden in einer Vielzahl von Büchern zur Zahlentheorie vertieft dargestellt. Es sei besonders auf die Darstellungen bei Bundschuh [5] und (wie bereits erwähnt) Scheid [19] verwiesen.

11.6 Übungsaufgaben

1. Zeigen Sie, dass die in Definition 11.1.2 erklärten Rechenoperationen assoziativ und kommutativ sind (und damit die Behauptung von Satz 11.1.3 korrekt ist).

2. Beweisen oder widerlegen Sie die folgende Aussage (mit der Relation $\sim$ aus Satz 11.1.1): Für Paare $(a, b), (c, d) \in \mathbb{Z} \times (\mathbb{Z} \backslash \{0\})$ gilt $(a, b) \sim (c, d)$ genau dann, wenn ein $n \in \mathbb{Z}$ existiert mit

$$(a, b) = (nc, nd) \quad \text{oder} \quad (na, nb) = (c, d).$$

3. Zeigen Sie, dass die in Definition 11.1.3 gegebene Ordnungsrelation $x \leq y$ für die rationalen Zahlen $x = \frac{a}{b}$ und $y = \frac{c}{d}$ unabhängig von den Repräsentanten (a, b) und (c, d) ist, und beweisen Sie die Rechenregeln:

   a) $x \leq x$ (Reflexivität),

   b) aus $x \leq y$ und $y \leq x$ folgt $x = y$ (Identitivität),

   c) aus $x \leq y$ und $y \leq z$ folgt $x \leq z$ (Transitivität),

   d) aus $x \leq y$ folgt $x + z \leq y + z$,

   e) aus $x \leq y$ und $0 \leq z$ folgt $x \cdot z \leq y \cdot z$

   für alle $x, y, z \in \mathbb{Q}$.

4. Es sei n eine natürliche Zahl. Im Intervall $I_n := [-n, n]$ liegen (neben anderen) die rationalen Zahlen

$$-n, \quad -n + \frac{1}{n} = \frac{-n^2 + 1}{n}, \quad -n + \frac{2}{n} = \frac{-n^2 + 2}{n}, \quad \ldots,$$

$$n - \frac{1}{n} = \frac{-n^2 + 2n^2 - 1}{n}, \quad n,$$

   die in der Form $x_{n,j} = \frac{-n^2 + j}{n}$ für $j = 0, \ldots, 2n^2$ gegeben sind.

   a) Begründen Sie, dass jede rationale Zahl x als eine solche Zahl $x_{n,j}$ mit geeigneten Zahlen $n \in \mathbb{N}$ und $j \in \{0, \ldots, 2n^2\}$ darstellbar ist.

   b) Leiten Sie aus (a) eine Abzählung von $\mathbb{Q}$ her.

5. Es seien $x, y \in \mathbb{Q}$ mit $x < y$. Begründen Sie, dass es unendlich viele $z \in \mathbb{Q}$ gibt mit $x < z < y$.

6. Bestimmen Sie die Dezimalentwicklung von (a) $\frac{47}{3}$, (b) $\frac{47}{4}$, (c) $\frac{47}{7}$ exakt sowie mit dem Taschenrechner. Machen Sie mit dem Taschenrechner die Probe, indem Sie das Ergebnis mit dem Nenner multiplizieren.

7. Schreiben Sie als gekürzten Bruch: (a) $4,255$, (b) $3,\overline{7}$, (c) $1,0\overline{01}$.

8. Zeigen Sie, dass man jeden echten Bruch (also jeden Bruch $\frac{a}{b}$ mit $0 < \frac{a}{b} < 1$) als Summe verschiedener Stammbrüche schreiben kann.

9. Bestimmen Sie die Kettenbruchentwicklung von $\sqrt{2}$.

Reelle Zahlen

12

Inhaltsverzeichnis

Die reellen Zahlen sind in den vorangegangenen Kapiteln unter Rückgriff auf das Schulwissen schon mehrfach angesprochen worden. Es ist aber auch bereits klar geworden, dass dieses Wissen allein kein tragfähiges Fundament für ein tieferes Verständnis sein kann. Daher wird in diesem Kapitel die Menge der reellen Zahlen zusammen mit den zugehörigen Rechenoperationen aus den rationalen Zahlen konstruiert. Die Ausführungen erfordern eine gut fortgeschrittene Übung im abstrakten Denken. Insbesondere Abschn. 12.3 ist nicht einfach zu durchschauen. Zum Verständnis der folgenden Kapitel ist das Wissen um die Konstruktion von $\mathbb{R}$ aber keine Voraussetzung.

> *Einem ist sie die hohe, die himmlische Göttin, dem andern*
> *eine tüchtige Kuh, die ihn mit Butter versorgt.*
>
> Friedrich v. Schiller:
> Wissenschaft (aus den Xenien)

In diesem Kapitel geht es darum, das Schulwissen über reelle Zahlen auf eine solide Basis zu stellen. Es soll eine Vorstellung davon vermittelt werden, wie man die Menge der reellen Zahlen auf der Grundlage der rationalen Zahlen erhalten kann. Es ist nicht das Ziel, eine umfassende Einführung in die reellen Zahlen zu geben, die möglichst vollständig alle grundlegenden Eigenschaften behandelt. Dennoch erfordert diese Konstruktion eine detaillierte Betrachtung von Begriffen wie etwa den der Konvergenz von Folgen rationaler Zahlen. Die Mühe dürfte allerdings belohnt werden mit einer Vertiefung des mathematischen

K. Reiss und G. Schmieder, *Basiswissen Zahlentheorie*, Mathematik für das Lehramt,
DOI: 10.1007/978-3-642-39773-8_12, © Springer-Verlag Berlin Heidelberg 2014

Verständnisses allgemein und mit Einsichten in die typischen Schwierigkeiten und Irrtümer, die Schülerinnen und Schüler im Umgang mit diesen Zahlen haben.

Auf den ersten Blick scheint es die Methode der Wahl zu sein, beliebige Dezimalentwicklungen (mit einer entsprechenden Vereinbarung über 9er-Perioden) als die reellen Zahlen anzusehen. Doch das ist aus mehreren Gründen kein gangbarer Weg. Zum Beispiel würden dann die Definition der Summe und erst recht die Definition des Produkts reeller Zahlen enorme Probleme aufwerfen.

Die ganzen, aber auch die rationalen Zahlen, wurden in den Kapitel 6 und 11 eingeführt, um Gleichungen lösen zu können, die keine Lösungen innerhalb der zur Verfügung stehenden Zahlenmenge hatten. Das Verfahren bestand grob gesprochen darin, Gleichungen, die dieselben Lösungen besitzen (falls sie überhaupt welche haben), als äquivalent zu betrachten und die so erhaltene Äquivalenzrelation auf *alle* diese Gleichungen (also $x + a = b$ bei der Einführung von $\mathbb{Z}$ mit $a, b \in \mathbb{N}$ bzw. $cx = d$ mit $c \in \mathbb{N}$ und $d \in \mathbb{Z}$ bei der Konstruktion von $\mathbb{Q}$) auszudehnen, auch auf die zunächst in $\mathbb{N}$ bzw. $\mathbb{Z}$ nicht lösbaren Gleichungen. Der wesentliche Trick bestand darin, die zu definierenden Objekte, also die vorher nicht vorhandenen Lösungen, mit den Äquivalenzklassen zu identifizieren und ihnen so eine mathematische Existenz zu verschaffen.

Ein Zugang zu den reellen Zahlen
In der Schule werden die reellen Zahlen zumeist in der 9. Klasse behandelt. Die Darstellung kann in diesem Rahmen naturgemäß nicht sehr tief gehen. Der Ausgangspunkt ist in der Regel die Betrachtung eines Quadrats mit der Seitenlänge 1, das dann entsprechend auch die Fläche 1 hat. Unterteilt man es in vier kongruente Dreiecke und spiegelt jedes dieser Dreiecke an einer Quadratseite, so bekommt man ein Quadrat mit doppelter Fläche, also mit der Fläche 2.

Die Seitenlänge dieses Quadrats kann man auf dem Zahlenstrahl abtragen, sie bezeichnet also einen Punkt auf der Zahlengerade. Allerdings kann man zeigen, dass diesem Punkt keine der (bisher bekannten) rationalen Zahlen zugeordnet werden kann (der Beweis steht auf Seite 271). Die Zahl wird als $\sqrt{2}$ bezeichnet.

Die Argumentation kommt ohne den bekannten *Satz des Pythagoras* aus, der im Unterricht meist erst nach der Einführung der irrationalen Zahlen behandelt wird. Diesen Satz kann man allerdings sehr schön benutzen, um nicht nur $\sqrt{2}$, sondern auch $\sqrt{3}$, $\sqrt{5}$, $\sqrt{6}$ und $\sqrt{7}$ auf dem Zahlenstrahl zu markieren. Schauen Sie sich das Titelbild des Buchs an, und probieren Sie, die abgebildete „Wurzelschnecke" zu zeichnen.

Der Weg von den rationalen zu den reellen Zahlen kann in einer Weise beschritten werden, die zwar auch auf einer Äquivalenzrelation beruht, deren Definition jedoch deutlich anders motiviert ist. Hier geht es nicht primär um die Erweiterung des Zahlbereichs, um weitere Gleichungen zu lösen. Es wäre kein großer Fortschritt, die rationalen Zahlen um ein Element zu erweitern, das die Gleichung $x^2 = 2$ löst, denn die Gleichung $x^3 = 2$ hätte dann trotzdem noch keine Lösung. Abgesehen davon ist zum Beispiel die Kreiszahl π nicht Lösung einer Gleichung der Form $f(x) = 0$, wobei f ein Polynom mit rationalen Koeffizienten ist. Das Ziel muss also anders beschrieben und erreicht werden. Dabei heißt das Schlüsselwort *Konvergenz*.

Es gibt, wie unten genauer beschrieben wird, Folgen rationaler Zahlen, die sich in bestimmter Weise so verhalten, als wären sie konvergent, die aber in $\mathbb{Q}$ keinen Grenzwert besitzen. Will man auf dem Konzept der Konvergenz eine mathematische Theorie aufbauen, so ist deshalb $\mathbb{Q}$ keine geeignete Grundlage. Man kann aber $\mathbb{Q}$ passend zu einer Menge erweitern, in der die manchmal (man könnte auch sagen oft oder meistens) fehlenden Grenzwerte ergänzt werden. Die genannten Folgen rationaler Zahlen nähern sich sozusagen einem „Objekt" beliebig an, ohne dass dieses Objekt eine rationale Zahl ist. Deshalb kann man sagen, dass $\mathbb{Q}$ „Löcher" besitzt, und es geht darum, sie zu stopfen, also die Objekte aus $\mathbb{Q}$ heraus zu charakterisieren (etwas anderes bleibt schließlich nicht übrig) und die auf $\mathbb{Q}$ vorhandenen Strukturen (die Rechenoperationen und die Kleinerrelation) entsprechend auszuweiten. Daher muss man sich mit rationalen Zahlenfolgen genauer beschäftigen.

12.1 Konvergenz

Die folgenden Überlegungen haben naturgemäß von der Menge der rationalen Zahlen auszugehen (mehr kennt man ja noch nicht). Das Ziel ist es, einen Weg zu den reellen Zahlen zu finden. In der Definition der Konvergenz einer Folge rationaler Zahlen kann man also (zunächst) als Grenzwert nur eine rationale Zahl zulassen.

▶ **Definition 12.1.1** Eine Folge $x_1, x_2, x_3, \ldots$ rationaler Zahlen, kurz geschrieben als $(x_k)_{k \in \mathbb{N}}$, heißt *konvergent* gegen den Grenzwert $x \in \mathbb{Q}$, wenn mit wachsendem Index k der Abstand von x_k zu x beliebig klein wird. Genauer ausgedrückt: Zu jeder rationalen Zahl $\varepsilon > 0$ existiert ein $k_0 \in \mathbb{N}$ so, dass $|x_k - x| < \varepsilon$ für alle $k \geq k_0$ gilt. Die rationale

Zahlenfolge $(x_k)_{k\in\mathbb{N}}$ heißt konvergent (in $\mathbb{Q}$), wenn es eine rationale Zahl x gibt, gegen die sie *konvergiert*.

▶ **Folgerung 12.1.1** Ist $(x_k)_{k\in\mathbb{N}}$ eine konvergente Folge, so ist der Grenzwert eindeutig bestimmt.

Anmerkung

Der Betrag $|r|$ der rationalen Zahl r ist bekanntlich gleich r, falls $r \geq 0$ und $-r$ für negatives r (man vergleiche Definition 4.3.3). Man bekommt aus dieser Definition die folgenden aus der Schule bekannten Eigenschaften des Betrags (und man kann sie auch leicht durch Fallunterscheidung nach den Vorzeichen beweisen).

Für alle $a, b, c \in \mathbb{Q}$ mit $c \neq 0$ gilt

(i) $|ab| = |a||b|$,
(ii) $\left|\frac{a}{c}\right| = \frac{|a|}{|c|}$,
(iii) $\big||a| - |b|\big| \leq |a + b| \leq |a| + |b|$ *(Dreiecksungleichung)*.

Diese Eigenschaften werden im folgenden Text an der einen oder anderen Stelle gebraucht.

Eine Folge $(x_k)_{k\in\mathbb{N}}$ rationaler Zahlen kann konvergieren oder nicht. Hier sind einige Beispiele, die den Begriff der Konvergenz veranschaulichen sollen.

(i) Die durch $x_k := k$ definierte Folge konvergiert nicht, denn es gibt keine rationale (und auch keine reelle) Zahl x mit der Eigenschaft, dass der Abstand von $x_k = k$ zu x mit wachsendem k beliebig klein wird.

(ii) Die durch $x_k := (-1)^k$ gegebene Folge konvergiert ebenfalls nicht. Die beiden Zahlen 1 und -1 scheiden als „Grenzwert-Kandidat" x aus. Es stimmt nicht, dass x_k mit wachsendem k der Zahl 1 (bzw. -1) immer näher kommt, denn $(-1)^k$ nimmt alternierend die Werte 1 und -1 an.

(iii) Durch $x_k := \frac{1}{k}$ ist eine konvergente Folge $(x_k)_{k\in\mathbb{N}}$ definiert. Diese besitzt den Grenzwert 0. Sei nämlich eine positive rationale Zahl ε gegeben. Diese Zahl hat eine Bruchdarstellung $\varepsilon = \frac{m}{n}$ mit $m, n \in \mathbb{N}$. Für $k_0 := n + 1$ und $k \geq k_0$ gilt dann offenbar

$$|x_k - 0| = x_k = \frac{1}{k} < \frac{1}{n} \leq \frac{m}{n} = \varepsilon.$$

Wie kann man nun bestimmen, ob eine gegebene Folge konvergiert? Die Beantwortung dieser Frage ist alles andere als einfach und verlangt einige Vorbereitungen.

▶ **Definition 12.1.2** Ein *Abschnitt* rationaler Zahlen ist eine Menge der Form

$$A := \{y \in \mathbb{Q} \mid a < y < b\},$$

wobei a, b rationale Zahlen mit $a < b$ sind. Die Zahl $L(A) := b - a$ heißt die *Länge* von A.

Der Begriff des Abschnitts dürfte den Leserinnen und Lesern eher nicht vertraut sein. Dabei steckt eine Idee dahinter, die man vielleicht im Rahmen anderer Vorlesungen oder in der Schule schon gehört hat. Man könnte nämlich einen Abschnitt eigentlich auch als offenes Intervall bezeichnen. Aber gerade, weil dieser Begriff aus der Schule stets im Zusammenhang mit *reellen* Intervallen aufgetaucht sein dürfte, soll diese Benennung vermieden werden. Das reelle offene Intervall $]1, 2[$ enthält zum Beispiel $\sqrt{2}$, der von 1 und 2 eingeschlossene Abschnitt dagegen nicht.

▶ **Definition 12.1.3** Eine Folge von Abschnitten (rationaler Zahlen) $A_1, A_2, A_3, \ldots$ heißt *kontrahierend*, wenn sie die folgenden Eigenschaften hat:

(i) Es ist $A_1 \supset A_2 \supset A_3 \supset \ldots$.
(ii) Zu jeder positiven Zahl $\varepsilon \in \mathbb{Q}$ gibt es ein $n_0 \in \mathbb{N}$ mit $L(A_n) < \varepsilon$ für alle $n \in \mathbb{N}$ mit $n \geq n_0$.

Die Abschnitte A_n sind ineinander geschachtelt, denn für $n < m$ gilt $A_m \subset A_n$, und die Längen werden mit wachsendem Index beliebig klein.

Beispiel 12.1.1

Ist $x \in \mathbb{Q}$, so ist durch

$$B_n := \left\{ y \in \mathbb{Q} \mid x - \frac{1}{n} < y < x + \frac{1}{n} \right\}$$

eine kontrahierende Folge von Abschnitten gegeben. Bei diesen speziellen Abschnitten B_n lässt sich die Zahl x mit der Abschnittsfolge „einfangen" wie ein Fisch in einer immer enger werdenden Reuse. Dieses Phänomen ist aber nicht auf die gegebene Abschnittsfolge beschränkt. Vielmehr kann man das gleiche Verhalten bei beliebigen kontrahierenden Abschnittsfolgen beobachten, die einen gemeinsamen Punkt x enthalten.

▶ **Satz 12.1.1** Die Folge $(x_k)_{k \in \mathbb{N}}$ rationaler Zahlen sei konvergent gegen $x \in \mathbb{Q}$. Es sei $B_n := \left\{ y \in \mathbb{Q} \mid x - \frac{1}{n} < y < x + \frac{1}{n} \right\}$, und es sei $A_1, A_2, \ldots$ eine beliebige kontrahierende Folge von Abschnitten mit $x \in A_m$ für alle $m \in \mathbb{N}$. Dann gilt:

(i) Zu jedem $n \in \mathbb{N}$ existiert ein $k_0 \in \mathbb{N}$ mit $x_k \in B_n$ für alle $k \geq k_0$.
(ii) Zu jedem $m \in \mathbb{N}$ existiert ein $k_0 \in \mathbb{N}$ mit $x_k \in A_m$ für alle $k \geq k_0$.

▶ **Beweisidee 12.1.1** Entscheidend ist, dass jede der Mengen B_n bzw. A_n die Zahl x „im Innern" enthält (nach Definition 12.1.2 und mit den Bezeichnungen in dieser Definition gehören die Begrenzungen a, b von A nicht zu A). Da die Folgenglieder x_k dem Grenzwert x immer näher kommen, müssen sie bei festem n bzw. m schließlich (also ab einem k_0) in B_n bzw. A_m enthalten sein.

▶ **Beweis 12.1.1** Man wählt ein $n \in \mathbb{N}$ und wendet Definition 12.1.1 mit $\varepsilon := \frac{1}{n}$ an. Dann gibt es ein $k_0 \in \mathbb{N}$ mit $|x_k - x| < \varepsilon$ für alle $k \geq k_0$. Das bedeutet $x_k \in B_n$ für alle $k \geq k_0$, und damit ist (i) gezeigt.

Es sei nun ein $m \in \mathbb{N}$ vorgegeben und $A_m = \{y \in \mathbb{Q} \mid a_m < y < b_m\}$. Nach Voraussetzung gilt $x \in A_m$. Es sei δ das Minimum der beiden positiven rationalen Zahlen $x - a_m$ und $b_m - x$. Man findet eine natürliche Zahl n mit $\frac{1}{n} < \delta$. Dazu muss n nur größer sein als der Nenner von δ. Dann gilt $B_n \subset A_m$. Nach dem ersten Teil des Beweises findet man ein k_0 mit $x_k \in B_n$ für alle $k \geq k_0$. Also gilt erst recht $x_k \in A_m$ für alle $k \geq k_0$. Damit ist auch (ii) bewiesen.   □

Das eben gezeigte Ergebnis könnte man so interpretieren, dass zum Beweis der Konvergenz einer Folge nur die speziellen Abschnitte der Form B_n herangezogen werden brauchen und die allgemeineren Abschnitte A_n eigentlich überflüssig sind. Allerdings würde die Einschränkung auf die Abschnitte B_n die Kenntnis des Grenzwerts x der Folge $(x_k)_{k \in \mathbb{N}}$ voraussetzen. Der Normalfall stellt sich aber so dar, dass die Folge gegeben ist, der Grenzwert aber nicht bekannt ist. Die folgenden zwei Beispiele sollen die Probleme verdeutlichen.

Beispiel 12.1.2

  (i) Es sei $x_1 := 1$ und $x_{k+1} := \frac{x_k^2 + 2}{2x_k}$ für $k \in \mathbb{N}$. Die Folge $(x_k)_{k \in \mathbb{N}}$ ist durch diese Vorschrift induktiv definiert und besteht offenbar nur aus rationalen Zahlen. Ist die Folge (in $\mathbb{Q}$) konvergent?

  (ii) Es sei $x_1 := 1$ und $x_{k+1} := \frac{x_k^2 + 4}{2x_k}$ für $k \in \mathbb{N}$. Die Folge $(x_k)_{k \in \mathbb{N}}$ ist durch diese Vorschrift induktiv definiert und besteht offenbar nur aus rationalen Zahlen. Ist die Folge (in $\mathbb{Q}$) konvergent?

Auch wenn es überraschend sein mag, so lautet im Beispiel (i) die Antwort „nein", im Beispiel (ii) hingegen „ja", und das sieht man folgendermaßen ein.

Ist die Folge $(x_k)_{k \in \mathbb{N}}$ gegen x konvergent, so „überträgt sich" nach den Rechenregeln für konvergente Folgen (siehe Übungsaufgaben 1 und 2 in diesem Kapitel) die angegebene Gleichung

$$x_{k+1} := \frac{x_k^2 + a}{2x_k}$$

auf den Grenzwert x, das heißt, es gilt

$$x = \frac{x^2 + a}{2x},$$

da mit $(x_k)_{k \in \mathbb{N}}$ auch die Folge $(x_{k+1})_{k \in \mathbb{N}}$ gegen x konvergiert. Dabei ist $a = 2$ in Beispiel (i) und $a = 4$ in Beispiel (ii) zu setzen. Der eben genannte Bruch ergibt nur dann einen Sinn, wenn x nicht Null ist (die Zahlen x_k sind wegen $a > 0$ jedenfalls ungleich Null). Der Grenzwert x kann aber nicht Null sein, denn würden sich die Zahlen x_k der Null beliebig annähern, so würden die Ausdrücke $\frac{x_k^2+a}{2x_k}$, und damit x_{k+1}, beliebig groß werden, was sich widerspricht. Da alle x_k positiv sind und x nicht Null sein kann, ist auch x eine positive Zahl. Also gilt die Gleichung

$$x = \frac{x^2 + a}{2x},$$

und damit $x^2 = a$. Im Fall (ii), also für $a = 4$, hat diese Gleichung tatsächlich eine positive rationale Lösung, nämlich $x = 2$. Im Fall (i), also für $a = 2$, ist das dagegen nicht der Fall (man vergleiche Kapitel 11).

Damit kann die Folge in Beispiel (i) in $\mathbb{Q}$ nicht konvergent sein. Zu der Folge in Beispiel (ii) hat man einen hoffnungsvollen Kandidaten für den Grenzwert. Es bleibt allerdings noch zu zeigen, dass diese Folge tatsächlich gegen 2 konvergiert. Dazu wäre zu zeigen, dass zu jedem positiven $\varepsilon \in \mathbb{Q}$ die Differenz $|x_k - 2|$ für alle hinreichend großen $k \in \mathbb{N}$ kleiner als ε ist. Die Ausführung findet man in der Lösung von Übungsaufgabe 3 aus diesem Kapitel.

Lassen sich die in $\mathbb{Q}$ konvergenten Folgen ohne Kenntnis der Grenzwerte von den nicht konvergenten Folgen wie etwa in den Beispielen (i) und (ii) (auf Seite 300) abgrenzen? Das wäre von Vorteil, denn die Entscheidung über Grenzwerte kann sehr mühsam sein. Der folgende Satz gibt einen Anhaltspunkt. Er zeigt, dass im Fall der Konvergenz die Abstände der Folgeglieder mit wachsenden Indizes beliebig klein werden.

▶ **Satz 12.1.2** Ist die Folge $(x_k)_{k \in \mathbb{N}}$ rationaler Zahlen konvergent (in $\mathbb{Q}$), so existiert zu jeder rationalen Zahl $\varepsilon > 0$ ein $k_0 \in \mathbb{N}$ mit $|x_h - x_j| < \varepsilon$ für alle Indizes $h, j \geq k_0$.

▶ **Beweisidee 12.1.2** Es existiert nach Voraussetzung ein Grenzwert $x \in \mathbb{Q}$ der Folge $(x_k)_{k \in \mathbb{N}}$. Also kommen die rationalen Zahlen x_k dem Grenzwert x mit wachsendem k immer näher. Das geht aber nur, wenn sich die Folgenglieder x_h und x_j auch immer mehr annähern (unter der Voraussetzung, dass die Indizes h und j groß genug gewählt wurden).

▶ **Beweis 12.1.2** Es sei $(x_k)_{k \in \mathbb{N}}$ gegen $x \in \mathbb{Q}$ konvergent. Ist eine positive rationale Zahl ε gegeben, so ist auch $\frac{\varepsilon}{2}$ eine positive rationale Zahl. Nach Definition der Konvergenz gibt es dann ein $k_0 \in \mathbb{N}$ mit $|x_\ell - x| < \frac{\varepsilon}{2}$ für alle $\ell \geq k_0$. Man benutzt nun die Dreiecksungleichung und rechnet

$$|x_h - x_j| = |x_h - x + x - x_j| \leq |x_h - x| + |x - x_j|$$
$$= |x_h - x| + |x_j - x| < \frac{\varepsilon}{2} + \frac{\varepsilon}{2} = \varepsilon.$$

für $h, j \geq k_0$. Damit ist die Behauptung bewiesen. $\qquad\square$

Den eben bewiesenen Satz kann man als einen ersten Test dafür auffassen, ob eine Folge, von der man den Grenzwert nicht kennt, überhaupt konvergieren kann. Unabhängig davon, ob eine Folge in $\mathbb{Q}$ einen Grenzwert hat oder nicht, kann man auf dieser Grundlage die Menge aller rationalen Folgen in zwei Klassen einteilen. Bei der einen Menge von Folgen (nämlich bei denen, die den Test nicht erfüllen) ist es überflüssig, weitere Überlegungen nach einem Grenzwert anzustellen. Bei den anderen Folgen lohnt sich die weitere Suche nach einem Grenzwert. Das rechtfertigt es, diesen Folgen (mit Verdacht auf einen Grenzwert) einen Namen zu geben.

▶ **Definition 12.1.4** Die Folge $(x_k)_{k \in \mathbb{N}}$ rationaler Zahlen heißt eine *Cauchy-Folge*, falls zu jeder rationalen Zahl $\varepsilon > 0$ ein $k_0 \in \mathbb{N}$ existiert mit $|x_h - x_j| < \varepsilon$ für alle Indizes $h, j \geq k_0$.

Dieser Begriff ist benannt nach Augustin-Louis Cauchy (1789–1857). Er war ein bedeutender Wegbereiter der modernen Analysis, der wesentliche Entdeckungen im Bereich der Funktionentheorie gemacht hat.
  Man kann nun direkt aus Definition 12.1.1 eine wichtige Beziehung zwischen konvergenten Folgen und Cauchy-Folgen ableiten. Sie wird im folgenden Satz beschrieben.

▶ **Satz 2.1.3** Jede konvergente Folge ist eine Cauchy-Folge.

▶ **Beweisidee 12.1.3** Man wendet Definition 12.1.1 an.

▶ **Beweis 12.1.3** Sei $(x_k)_{k \in \mathbb{N}}$ konvergent gegen $x \in \mathbb{Q}$. Nach Definition 12.1.1 existiert zu jedem $\frac{\varepsilon}{2} > 0$ ein $k \in \mathbb{N}_0$, sodass $|x_k - x| < \frac{\varepsilon}{2}$ für alle $k \geq k_0$ gilt. Seien $h, j \in \mathbb{N}_0$ und $h, j \geq k_0$. Dann ist $|x_h - x_j| = |x_h - x + x - x_j| \leq |x_h - x| + |x - x_j| < \frac{\varepsilon}{2} + \frac{\varepsilon}{2} = \varepsilon$. Also ist $(x_k)_{k \in \mathbb{N}}$ eine Cauchy-Folge. $\qquad\square$

Ein Beispiel für die Gültigkeit des Satzes gibt es im Folgenden unter (i). Leider gilt die Umkehrung nicht, denn nicht jede Cauchy-Folge konvergiert, wie das folgende Beispiel (ii) zeigt.

Beispiel 12.1.3

(i) Die durch $x_k = \frac{1}{k}$ für alle $k \in \mathbb{N}$ definierte Folge ist eine Cauchy-Folge, denn sie ist konvergent (siehe Seite 300 und Satz 12.1.3). Man kann das Ergebnis aber auch direkt nachprüfen: Es ist $|x_h - x_j| = |\frac{1}{h} - \frac{1}{j}| = \frac{|j-h|}{jh}$. Ist eine positive rationale Zahl $\varepsilon = \frac{p}{q}$ gegeben, so ist $\frac{|j-h|}{jh} < \frac{p}{q}$, und damit $|j - h| \cdot q < jhp$ unter der Voraussetzung, dass j und h hinreichend groß sind, zu überprüfen. Es darf dabei offenbar $j \geq h$ angenommen werden, andernfalls vertauscht man einfach die Bezeichnungen. Der Vorteil ist, dass der Betrag entfallen kann, sodass die Ungleichung als $(j - h) \cdot q < jhp$ erscheint. Das ist dasselbe wie $(\frac{1}{h} - \frac{1}{j}) \cdot q < p$. Letzteres ist bestimmt dann richtig, wenn $\frac{1}{h} \cdot q < p$ ist. Da die Folge $\frac{1}{h}$ gegen Null konvergiert, ist $\frac{1}{h}$ sicher kleiner als $\frac{p}{2q}$, wenn nur h hinreichend groß, etwa $h \geq h_0$ ist. Damit ist insgesamt für $h, j \geq h_0$ die Abschätzung $|x_h - x_j| < \varepsilon$ gezeigt.

(ii) Wenn der Anfang einer Folge durch $x_1 = 1, x_2 = 1, 4, x_3 = 1, 41, x_4 = 1, 414, \ldots$ gegeben ist, so könnte sie gegen $\sqrt{2}$ streben. Allerdings ist $\sqrt{2}$ keine rationale Zahl, sodass dann diese Folge in $\mathbb{Q}$ nicht konvergent ist. Auf der anderen Seite wird sie, wenn der Folgenbeginn als repräsentativ betrachtet wird und es tatsächlich Dezimalstelle für Dezimalstelle ein bisschen dichter an $\sqrt{2}$ herangeht, eine Cauchy-Folge sein. Mit wachsenden Indizes rücken die Folgeglieder immer dichter zusammen.

Eine Cauchy-Folge rationaler Zahlen kann also (man vergleiche das erste Beispiel), muss aber nicht unbedingt einen Grenzwert in $\mathbb{Q}$ haben (man vergleiche das zweite Beispiel). Das ist unschön (zumindest für den Mathematiker), denn es liegt ja nicht daran, dass die Folge unangenehme Eigenschaften hat (wie die Folge im Beispiel auf Seite 300), sondern daran, dass der vermutete Grenzwert in den rationalen Zahlen nicht zur Verfügung steht. Das soll so nicht bleiben.

Das Konzept zur Behebung dieses Makels wird sein, diese in $\mathbb{Q}$ fehlenden Grenzwerte dadurch zu bekommen, dass man entsprechende Klassen von Cauchy-Folgen zusammenfasst (durch eine noch zu definierende Äquivalenzrelation) und sie mit den fehlenden Objekten identifiziert. Die Folge $x_1 = 1, x_2 = 1, 4, x_3 = 1, 41, x_4 = 1, 414$ wird dann genauso gegen $\sqrt{2}$ gehen wie etwa $y_1 = 1, 4, y_2 = 1, 414, y_3 = 1, 4142, y_4 = 1, 414213$ oder welche Folge auch immer, wenn nur gesichert ist, dass sie schließlich alle in Richtung desselben Grenzwerts gehen. Vergessen Sie nicht, dass in der Analysis die ersten 100, 1000 oder 1000000 Folgenglieder ohnehin ohne Belang sind. Man kann sich klarmachen, dass dieses im Grunde dieselbe Idee ist, die schon bei den ganzen bzw. den rationalen Zahlen benutzt wurde, wobei im Fall der reellen Zahlen allerdings der technische Aufwand deutlich größer ist.

Es gibt nun eine weitere Möglichkeit, die rationalen Cauchy-Folgen zu beschreiben (und jetzt zahlt es sich aus, dass oben beliebige kontrahierende Folgen von Abschnitten betrachtet wurden).

▶ **Satz 12.1.4** Eine Folge $(x_k)_{k \in \mathbb{N}}$ rationaler Zahlen ist genau dann eine Cauchy-Folge, wenn eine kontrahierende Folge von Abschnitten A_n existiert mit der Eigenschaft: Für jedes $n \in \mathbb{N}$ existiert ein $k_0 \in \mathbb{N}$ mit $x_k \in A_n$ für alle $k \geq k_0$.

▶ **Beweisidee 12.1.4** Wenn $(x_k)_{k \in \mathbb{N}}$ eine Cauchy-Folge ist, so rücken alle Folgenglieder mit wachsendem Index immer dichter zusammen. Genau das ist aber ebenfalls richtig, wenn eine kontrahierende Folge von Abschnitten A_n existiert, von denen jeder sämtliche x_k ab einem bestimmten Index enthält, denn die Länge der A_n wird ja immer kleiner und „schrumpft" gegen Null. Zum Beweis des Satzes sind also zwei Dinge zu erledigen. Einerseits muss zu einer vorgegebenen Cauchy-Folge eine kontrahierende Abschnittsfolge der behaupteten Art gefunden werden, andererseits muss eine beliebige Folge rationaler Zahlen, zu der solch eine Abschnittsfolge existiert, als Cauchy-Folge erkannt werden.

Im ersten Teil des Beweises („$\Longrightarrow$") soll eine kontrahierende Folge von Abschnitten mit der behaupteten Eigenschaft konstruiert werden. Diese Richtung ist nicht ganz einfach zu durchschauen. Zunächst wird dazu ein Abschnitt A_1 festgelegt, in dem alle Folgenglieder der Cauchy-Folge liegen. Das darf man, denn die meisten Folgenglieder sind ohnehin in der Umgebung eines potenziellen Grenzwert-Kandidaten zu finden. Außerhalb dieser Umgebung liegen höchstens endlich viele, was (wie bereits gesagt) den Analytiker unbeeindruckt lässt. Dieser Abschnitt A_1 wird anschließend sukzessive in kleinere Stücke zerlegt, die eine kontrahierende Folge bilden.

Die Umkehrung der Aussage („$\Longleftarrow$") ist dann leichter zu beweisen. Man braucht nicht viel mehr als die Definition 12.1.3 der kontrahierenden Abschnittsfolge.

▶ **Beweis 12.1.4** „$\Longrightarrow$": Es sei $(x_k)_{k\in\mathbb{N}}$ eine Cauchy-Folge. Es soll eine kontrahierende Folge von Abschnitten mit der behaupteten Eigenschaft konstruiert werden (diese Richtung ist, wie bereits angedeutet, schwieriger als die andere Richtung im Beweis).

Man wählt $\varepsilon = 1$. Zu diesem ε existiert (wie zu jedem anderen beliebig gewählten rationalen $\varepsilon > 0$ auch) nach Definition 12.1.4 ein k_0 mit $|x_h - x_j| < 1$ für alle $h, j \geq k_0$. Also gilt insbesondere $|x_{k_0} - x_j| < 1$ für alle $j \geq k_0$. Für diese j liegen damit alle x_j zwischen $x_{k_0} - 1$ und $x_{k_0} + 1$, und höchstens die Folgenglieder $x_1, \ldots, x_{k_0-1}$ tun das nicht (denn über diese ist keine Aussage gemacht worden). Nun besitzt eine endliche und nicht leere Menge rationaler Zahlen stets ein kleinstes und ein größtes Element (beweisen ließe sich das genauso wie die Existenz eines kleinsten Elementes in jeder nicht leeren Teilmenge der natürlichen Zahlen). Also besitzt auch die Menge

$$\{x_{k_0} - 1, x_{k_0} + 1, x_1, \ldots, x_{k_0-1}\}$$

ein kleinstes Element m und ein größtes M. Offensichtlich sind m und M rationale Zahlen. Alle Folgenglieder x_k sind daher in dem Abschnitt

$$A_1 := \{y \in \mathbb{Q} \mid m - 1 < y < M + 1\}$$

enthalten. Damit hat man einen Abschnitt konstruiert, der Ausgangspunkt für die weiteren Betrachtungen ist (man vergleiche die Ausführungen in der Beweisidee). Dieser Abschnitt A_1 hat die Länge $(M + 1) - (m - 1) = M - m + 2$ (und damit mindestens die Länge 2). Er wird in vier gleich lange Teile geteilt, also in

$$T_1 = \left\{ y \in \mathbb{Q} \mid m - 1 < y \leq m - 1 + \frac{M - m + 2}{4} \right\},$$

$$T_2 = \left\{ y \in \mathbb{Q} \mid m - 1 + \frac{M - m + 2}{4} \leq y \leq m - 1 + 2 \cdot \frac{M - m + 2}{4} \right\},$$

$$T_3 = \left\{ y \in \mathbb{Q} \mid m - 1 + 2 \cdot \frac{M - m + 2}{4} \leq y \leq m - 1 + 3 \cdot \frac{M - m + 2}{4} \right\},$$

$$T_4 = \left\{ y \in \mathbb{Q} \mid m - 1 + 3 \cdot \frac{M - m + 2}{4} \leq y < M + 1 \right\}.$$

Diese Teile haben damit mindestens die Länge $0,5$ und keinesfalls die Länge 0. Es stellt sich nun die Frage, in wie vielen dieser Mengen T_1, T_2, T_3, T_4 jeweils unendlich viele Folgenglieder x_k enthalten sein können. Die Antwort „in T_1 und in T_4" ist nicht möglich, weil die Folge (x_k) eine Cauchy-Folge ist. Sei nämlich zu $\varepsilon := \frac{M-m+2}{4}$ ein $k_0 \in \mathbb{N}$ gewählt mit $|x_h - x_j| < \varepsilon$ für alle $h, j \geq k_0$. Wenn nun sowohl $x_k \in T_1$ als auch $x_k \in T_4$ für unendlich viele k gelten würde, so gäbe es dann sowohl ein (und nicht nur ein) $h \geq k_0$ mit $x_h \in T_1$ als auch ein (und nicht nur ein) $j \geq k_0$ mit $x_j \in T_4$. Dann wäre aber $|x_h - x_j| \geq 2 \cdot \frac{M-m+2}{4}$, was $|x_h - x_j| < \varepsilon = \frac{M-m+2}{4}$ widerspricht.

Mit der gleichen Argumentation würde man auch T_1 und T_3 sowie T_2 und T_4 ausschließen können. Nun muss es aber mindestens in einer der Mengen T_1, T_2, T_3, T_4 unendlich viele Folgenglieder geben, da schließlich alle x_k in der Vereinigung dieser Mengen liegen. Somit kann man als Antwort auf die Frage feststellen, dass höchstens in zwei benachbarten Mengen unendlich viele Folgenglieder liegen können. Man kann also eine Vereinigung T von zwei benachbarten Mengen T_i ($i = 1, 2, 3, 4$) auswählen, sodass $x_k \in T$ mit Ausnahme nur endlich vieler Folgenelemente (und das sind dann nur endlich viele Indizes $k \in \mathbb{N}$) gilt.

Nun soll ein Abschnitt $A_2 \subset A_1$ gefunden werden, der alle x_k mit nur endlich vielen Ausnahmen enthält. Schön wäre es, wenn man diesen nächsten Abschnitt A_2 mit nur einem der T_i gleichsetzen könnte und nicht mit einer Vereinigung aus zwei Teilen. Leider kann es dabei ein Problem geben, nämlich dann, wenn sowohl in einem T_i als auch in T_{i+1} unendlich viele Folgenglieder liegen. Sollte man dann T_i oder T_{i+1} als nächsten Abschnitt auswählen? Es ist egal, wenn man einen kleinen Trick anwendet. Man kann diese Schwierigkeit nämlich dadurch beseitigen, dass man die Menge T_i über die Ränder hinaus etwas vergrößert. Ist etwa $T = T_1 \cup T_2$, so wäre mit

$$A_2 := \left\{ y \in \mathbb{Q} \mid m - 1 < y < m - 1 + \frac{3}{2} \cdot \frac{M - m + 2}{4} \right\}$$

ein Abschnitt gefunden, der den genannten Ansprüchen genügt. Entsprechend kann auch in den anderen Fällen ein passender Abschnitt A_2 gefunden werden.

Nun wird mit A_2 genauso verfahren, wie vorher mit A_1. Man teilt diese Menge wieder in vier Teile und ermittelt nach demselben Konstruktionsschema einen geeigneten Abschnitt $A_3 \subset A_2 \subset A_1$. Es geht genauso weiter. Die Länge des Abschnitts A_{n+1} ist dann höchstens das $\frac{3}{2} \cdot \frac{1}{2} = \frac{3}{4}$-fache der Länge von A_n. Damit ist klar, dass die Längen dieser Abschnitte mit wachsendem n gegen Null gehen. Die Folge der A_n ist also kontrahierend, und die Konstruktion garantiert, dass jedes A_n alle x_k mit Ausnahme nur endlich vieler k enthält. Zu jedem $n \in \mathbb{N}$ existiert damit ein (natürlich von n abhängender) Index k_0 mit $x_k \in A_n$ für alle $k \in \mathbb{N}$ mit $k \geq k_0$. Diese Richtung der Behauptung ist damit gezeigt.

„$\Longleftarrow$": Gegeben sei eine kontrahierende Abschnittsfolge $(A_n)_{n \in \mathbb{N}}$. Sei $(x_k)_{k \in \mathbb{N}}$ eine Folge rationaler Zahlen mit der Eigenschaft, dass zu jedem $n \in \mathbb{N}$ ein $k_0 \in \mathbb{N}$ mit

$x_k \in A_n$ für alle $k \geq k_0$ existiert. Man muss zeigen, dass dann $(x_k)_{k\in\mathbb{N}}$ eine Cauchy-Folge ist.

Sei $\varepsilon > 0$ eine rationale Zahl. Gesucht ist eine natürliche Zahl k_0, sodass für alle $h, j \in \mathbb{N}$ mit $h, j \geq k_0$ gilt $|x_h - x_j| < \varepsilon$. Da die Längen der Abschnitte A_n gegen Null gehen, gibt es ein $n_0 \in \mathbb{N}$ mit $L(A_{n_0}) < \varepsilon$. Nach Voraussetzung existiert ein $k_0 \in \mathbb{N}$ mit $x_k \in A_{n_0}$ für alle $k \geq k_0$. Für beliebige $h, j \geq k_0$ gilt also $x_h, x_j \in A_{n_0}$. Damit ist der Abstand $|x_h - x_j|$ der beiden Zahlen x_h und x_j kleiner als die Länge von A_{n_0} und damit erst recht kleiner als ε. Also ist $(x_k)_{k\in\mathbb{N}}$ eine Cauchy- Folge.   □

▶ **Satz 12.1.5** Es sei eine rationale Cauchy-Folge $(x_k)_{k\in\mathbb{N}}$ gegeben und dazu eine Folge von Abschnitten A_n mit der in Satz 12.1.4 genannten Eigenschaft gewählt. Falls ein $x \in \mathbb{Q}$ existiert mit $x \in A_n$ für alle $n \in \mathbb{N}$, so konvergiert $(x_k)_{k\in\mathbb{N}}$ gegen x.

▶ **Beweisidee 12.1.5** Man kann dieses kleine Ergebnis direkt zeigen.

▶ **Beweis 12.1.5** Sei $\varepsilon > 0$ eine rationale Zahl. Dann existiert ein $n \in \mathbb{N}$ mit $L(A_n) < \varepsilon$, und es gibt ein $k_0 \in \mathbb{N}$ mit $x_k \in A_n$ für alle $k \geq k_0$. Wegen $x \in A_n$ folgt $|x_k - x| < \varepsilon$ für alle $k \geq k_0$.   □

Für eine rationale Cauchy-Folge, die in $\mathbb{Q}$ nicht konvergent ist (wie etwa in Beispiel (i) auf Seite 300) kann es in einer beliebigen Abschnittsfolge $(A_n)_{n\in\mathbb{N}}$ mit den in Satz 12.1.4 genannten Eigenschaften kein Element geben, dass allen Abschnitten gemeinsam ist. In diesem Fall gilt also

$$\bigcap_{n\in\mathbb{N}} A_n = \emptyset.$$

Falls $(x_k)_{k\in\mathbb{N}}$ in $\mathbb{Q}$ konvergiert, so ist offenbar der Grenzwert eindeutig, sodass die A_n nicht mehr als ein Element gemeinsam haben können. Dann gilt also

$$\bigcap_{n\in\mathbb{N}} A_n = \{x\}$$

für jede Folge von Abschnitten gemäß Satz 12.1.4. Im Fall der Folge in Beispiel (ii) auf Seite 300 gilt $\bigcap_{n\in\mathbb{N}} A_n = \{2\}$ für jede Folge von Abschnitten gemäß Satz 12.1.4.

Diese Überlegung liefert, wenn auch von einem sehr theoretischen Standpunkt aus betrachtet, eine Unterscheidung der in $\mathbb{Q}$ konvergenten bzw. nicht konvergenten rationalen Cauchy-Folgen. Eine weitere Konsequenz aus Satz 12.1.4 soll im Folgenden formuliert werden.

▶ **Satz 12.1.6** Jede rationale Cauchy-Folge $(x_k)_{k\in\mathbb{N}}$ ist beschränkt, das heißt, es existiert eine rationale Zahl S mit $|x_k| \leq S$ für alle $k \in \mathbb{N}$.

▶ **Beweisidee 12.1.6** Man benutzt, dass es zu jeder Cauchy-Folge eine kontrahierende Folge von Abschnitten A_n wie in Satz 12.1.4 gibt. Diese Folge wird so konstruiert, dass bis auf endlich viele k die x_k alle in A_1 und damit zwischen zwei rationalen Zahlen liegen. Unter den verbleibenden (endlich vielen) Zahlen x_k außerhalb von A_1 gibt es eine mit dem größtem Betrag. Also können die Zahlen $|x_k|$ ($k \in \mathbb{N}$) insgesamt nicht beliebig groß werden.

▶ **Beweis 12.1.6** Nach Satz 12.1.4 existiert eine kontrahierende Folge von Abschnitten A_n, sodass es zu jedem $n \in \mathbb{N}$ ein $k_0 \in \mathbb{N}$ gibt mit $x_k \in A_n$ für alle $k \geq k_0$. Es sei

$$A_1 = \{x \in \mathbb{Q} \,:\, a_1 < x < b_1\}$$

und $k_1 \in \mathbb{N}$ mit $x_k \in A_1$, also $a_1 < x_k < b_1$, für alle $k \geq k_1$. Mehr wird an dieser Stelle nicht benötigt. Mit $s := \max\{|a_1|, |b_1|\}$ folgt $|x_k| \leq s$ für alle $k \geq k_1$. Die durch diese Ungleichung nicht erfassten Folgeglieder sind $x_1, \ldots, x_{k_1-1}$. Unter den Zahlen $|x_1|, \ldots, |x_{k_1-1}|$ gibt es eine größte Zahl, die mit σ bezeichnet sei (beweisen läßt sich das ganz ähnlich wie das Prinzip vom kleinsten Element im endlichen Fall, man vergleiche Kapitel 2). Mit $S := \max\{s, \sigma\}$ folgt die Behauptung. □

12.2 Die Erweiterung von $\mathbb{Q}$ auf $\mathbb{R}$

Wenn man nun mit dem Konvergenzbegriff arbeiten will, so wäre es sicher wünschenswert, wenn die Cauchy-Folgen in $\mathbb{Q}$ auch die konvergenten Folgen wären. Die Aussage von Satz 12.1.4 legt das nahe, wenn man die Folge der immer kürzer werdenden Abschnitte A_n betrachtet und bedenkt, dass die x_k stets ab einem bestimmten Index in jedem festgehaltenen Abschnitt A_n enthalten sind (genau für diese Erkenntnis wurde der Satz oben bewiesen). Doch das ist nicht richtig. Die Folge in Beispiel (i) auf Seite 300 ist (wie bereits diskutiert) in $\mathbb{Q}$ nicht konvergent. Aber sie ist eine Cauchy-Folge. Der Nachweis ist etwas kompliziert, weil die Folge induktiv definiert wurde und damit der Ausdruck $|x_h - x_j|$ nicht direkt zugänglich ist. Man rechnet nun

$$|x_{k+1} - x_k| = \left| \frac{x_k^2 + 2}{2x_k} - x_k \right| = \left| \frac{2 - x_k^2}{2x_k} \right|.$$

Der Nachweis, dass die Folge (x_k) mit $x_1 := 1$ und $x_{k+1} := \frac{x_k^2+2}{2x_k}$ eine Cauchy-Folge ist, soll nun in zwei Schritten (und das sind die folgenden beiden kleinen Sätze) geführt werden.

▶ **Satz 12.2.1** Gegeben sei die Folge (x_k) mit $x_1 := 1$ und $x_{k+1} := \frac{x_k^2+2}{2x_k}$. Für alle $k \in \mathbb{N}$ gilt $d_k := |x_{k+1} - x_k| \leq 2^{-k}$.

▶ **Beweis 12.2.1** Die Behauptung kann durch vollständige Induktion bewiesen werden.
Induktionsanfang: Für $k = 1$ ist $d_1 = |x_2 - x_1| = |\frac{3}{2} - 1| = \frac{1}{2}$.
Induktionsannahme: Für ein $k \in \mathbb{N}$ gelte $d_k \leq 2^{-k}$.
Induktionsschluss: Es ist zu zeigen, dass $d_{k+1} \leq 2^{-k-1}$ gilt.

Nun ist

$$d_{k+1} = \left| \frac{2 - x_{k+1}^2}{2x_{k+1}} \right| = \left| \frac{2 - \left(\frac{x_k^2+2}{2x_k}\right)^2}{\frac{x_k^2+2}{x_k}} \right|,$$

denn so ist die Folge definiert. Außerdem ist

$$\left| \frac{2 - \left(\frac{x_k^2+2}{2x_k}\right)^2}{\frac{x_k^2+2}{x_k}} \right| = \left| \left(2 - \left(\frac{x_k^2 + 2}{2x_k}\right)^2\right) \cdot \frac{x_k}{x_k^2 + 2} \right|.$$

Durch Ausmultiplizieren bekommt man

$$\left| \left(2 - \left(\frac{x_k^2 + 2}{2x_k}\right)^2\right) \cdot \frac{x_k}{x_k^2 + 2} \right| = \left| \frac{2 - x_k^2}{2x_k} \right|^2 \left| \frac{x_k}{x_k^2 + 2} \right|$$

und damit insgesamt

$$d_{k+1} = d_k^2 \cdot \left| \frac{x_k}{x_k^2 + 2} \right| = d_k^2 \cdot \frac{x_k}{x_k^2 + 2}.$$

Die letzte Gleichheit gilt, weil x_k (und damit der verbliebene Bruch) positiv ist. Nach der Induktionsannahme ist also

$$d_{k+1} \leq 2^{-2k} \cdot \frac{x_k}{x_k^2 + 2}.$$

Die Ungleichung $(x_k - 1)^2 > -1$ ist immer erfüllt, da das Quadrat einer rationalen Zahl nicht negativ sein kann. Also rechnet man $x_k - 2x_k > -2$ und damit $x_k + 2 > 2x_k$. Weil $x_k^2 + 2 > 0$ ist, folgt $\frac{x_k}{x_k^2+2} < \frac{1}{2}$. Man setzt ein und bekommt $d_{k+1} < 2^{-2k-1} \leq 2^{-k-1}$ für alle $k \in \mathbb{N}$. Damit ist die (erste) Behauptung bewiesen. $\square$

▶ **Satz 12.2.2** Die Folge $(x_k)_{k \in \mathbb{N}}$ mit $x_1 := 1$ und $x_{k+1} := \frac{x_k^2+2}{2x_k}$ ist eine Cauchy-Folge.

▶ **Beweis 12.2.2** Es sei eine positive rationale Zahl ε gegeben. Nachzuweisen ist, dass ein k_0 existiert mit $|x_h - x_j| < \varepsilon$ für alle $h, j \geq k_0$. Es darf dazu $h > j$ angenommen werden, das heißt, es ist $h = j + v$ mit einem passenden $v \in \mathbb{N}$.
Dann ist

$$\begin{aligned}
|x_h - x_j| &= |x_{j+v} - x_j| \\
&= |x_{j+v} - x_{j+v-1} + x_{j+v-1} - x_{j+v-2} + \ldots + x_{j+1} - x_j| \\
&= \left| \sum_{k=j}^{j+v-1} (x_{k+1} - x_k) \right|.
\end{aligned}$$

Ersetzt man die letzten Summanden durch ihre Beträge, so folgt aus der Dreiecksungleichung

$$|x_h - x_j| \leq \sum_{k=j}^{j+\nu-1} |x_{k+1} - x_k| = \sum_{k=j}^{j+\nu-1} d_k,$$

und mit der obigen Abschätzung für d_k erhält man

$$|x_h - x_j| \leq \sum_{k=j}^{j+\nu-1} 2^{-k} = \sum_{k=0}^{j+\nu-1} 2^{-k} - \sum_{k=0}^{j-1} 2^{-k}.$$

Die beiden Summen können nach der geometrischen Summenformel (Satz 12.3.1) bestimmt werden, und das führt zu

$$|x_h - x_j| \leq \frac{1 - \left(\frac{1}{2}\right)^{j+\nu}}{1 - \frac{1}{2}} - \frac{1 - \left(\frac{1}{2}\right)^{j}}{1 - \frac{1}{2}} = \left(\frac{1}{2}\right)^{j-1} \left(1 - \left(\frac{1}{2}\right)^{\nu}\right) < \left(\frac{1}{2}\right)^{j-1}.$$

Da die Folge der Zahlen 2^{1-j} gegen Null konvergiert, gibt es ein k_0 mit $2^{1-j} < \varepsilon$ für alle $j \geq k_0$. Also gilt auch $|x_h - x_j| < \varepsilon$ für alle $j \geq k_0$ und $h > j$, was zu zeigen war. $\square$

Die nicht konvergente Folge aus dem Beispiel (man vergleiche Seite 300) ist also eine Cauchy-Folge. Das ist unerfreulich, denn sie benimmt sich scheinbar wie eine konvergente Folge im Hinblick auf die Eigenschaft aus Satz 12.1.4, indem sie nämlich in eine passend gewählte kontrahierende Abschnittsfolge „eingesperrt" werden kann. Abhilfe garantiert nur eine sinnvolle Erweiterung der Menge der rationalen Zahlen.

Bei der Konstruktion der ganzen und der rationalen Zahlen ist der entsprechende Mangel der jeweiligen Zahlenmenge, dass Gleichungen der Form $x + a = b$ mit $a, b \in \mathbb{N}$ bzw. $ax = b$ mit $a \in \mathbb{N}$ und $b \in \mathbb{Z}$ nur in Spezialfällen lösbar sind, durch einen Trick behoben worden: Die fehlenden „Objekte" wurden durch die Gleichungen, genauer durch äquivalente Klassen der Gleichungen, die dasselbe „Objekt" beschreiben, definiert. Diese Vorgehensweise hilft auch hier. Zwei Cauchy-Folgen sollen auf jeden Fall als *äquivalent* gelten, falls sie denselben Grenzwert besitzen. Für solche Folgen gilt, dass die Folge der Differenzen den Grenzwert $0 \in \mathbb{Q}$ hat.

▶ **Definition 12.2.1** Zwei Cauchy-Folgen $(x_k)_{k \in \mathbb{N}}$ und $(y_k)_{k \in \mathbb{N}}$ rationaler Zahlen heißen *äquivalent*, kurz geschrieben als $(x_k) \sim (y_k)$, wenn die Folge der Zahlen $(x_k - y_k)$ gegen Null konvergiert.

Es ist noch nachzuweisen, dass diese Relation tatsächlich eine Äquivalenzrelation ist (durch die Namensgebung allein ist das natürlich noch nicht gesichert). Doch das ist einfach. Die Reflexivität ist offensichtlich, da die konstante Folge $(x_k - x_k) = (0)$ selbstverständlich gegen Null konvergiert. Konvergiert die Folge der rationalen Zahlen (a_k) gegen Null, so offenbar auch $(-a_k)$, denn $|a_k - 0| = |a_k| = |-a_k| = |-a_k - 0|$. Also konvergiert $(x_k - y_k)$ genau dann gegen Null, wenn dies auch $(y_k - x_k)$ tut. Damit gilt $(x_k) \sim (y_k)$ dann und nur dann, wenn $(y_k) \sim (x_k)$ zutrifft. Die Relation ist also symmetrisch. Seien schließlich (x_k), (y_k), (z_k) Cauchy-Folgen rationaler Zahlen und gelte $(x_k) \sim (y_k)$ sowie $(y_k) \sim (z_k)$. Dann soll auch $(x_k) \sim (z_k)$ erfüllt sein (und das ist die Transitivität). Dazu ist die Folge der Zahlen $(z_k - x_k)$ zu untersuchen. Da die Zahlen $z_k - y_k$ und auch $y_k - x_k$ gegen Null konvergieren, ist dies nach den Rechenregeln für Folgen (man vergleiche Übungsaufgabe 1 in diesem Kapitel) auch für deren Summe $z_k - y_k + y_k - x_k = z_k - x_k$ der Fall.

▶ **Definition 12.2.2** Die Menge $\mathbb{R}$ der reellen Zahlen ist die Menge der Äquivalenzklassen von rationalen Cauchy-Folgen bezüglich der Relation $\sim$ aus Definition 12.2.1.

Es soll natürlich in einem vernünftigen Sinn $\mathbb{Q} \subset \mathbb{R}$ gelten. Dazu bietet es sich an, eine gegebene rationale Zahl r mit der konstanten Folge $(x_k) = (r)$ für alle $k \in \mathbb{N}$ zu identifizieren. Offenbar ist diese Folge eine rationale Cauchy-Folge, und ihre Äquivalenzklasse (die natürlich auch andere Folgen enthält, wie zum Beispiel die durch $y_k := r + \frac{1}{k}$ gegebene) repräsentiert r als Element von $\mathbb{R}$. Nun sind noch die Addition und die Multiplikation sowie die Anordnungsrelation $<$ auf $\mathbb{R}$ zu übertragen. Dies erfolgt ganz analog wie bei der Erweiterung von $\mathbb{N}$ auf $\mathbb{Z}$ oder von $\mathbb{Z}$ auf $\mathbb{Q}$.

Es bezeichne $\mathbf{x} = [(x_k)_{k \in \mathbb{N}}]$ bzw. $\mathbf{y} = [(y_k)_{k \in \mathbb{N}}]$ die Äquivalenzklassen der rationalen Cauchy-Folgen (x_k) bzw. (y_k). Dann sind auch die durch $(x_k + y_k)$ und $(x_k \cdot y_k)$ gegebenen Folgen rationaler Zahlen Cauchy-Folgen (man vergleiche Übungsaufgabe 2). Das gestattet nun, auf $\mathbb{R}$ eine Addition, Multiplikation und eine Ordnungsrelation zu definieren.

▶ **Definition 12.2.3** Für die reellen Zahlen $\mathbf{x} = [(x_k)_{k \in \mathbb{N}}]$ und $\mathbf{y} = [(y_k)_{k \in \mathbb{N}}]$ sei

$$\mathbf{x} + \mathbf{y} := [(x_k + y_k)_{k \in \mathbb{N}}], \quad \mathbf{x} \cdot \mathbf{y} := [(x_k \cdot y_k)_{k \in \mathbb{N}}].$$

Außerdem gelte $\mathbf{x} < \mathbf{y}$ genau dann, wenn es eine rationale Zahl $c > 0$ und ein $k_0 \in \mathbb{N}$ gibt mit $x_k + c \leq y_k$ für alle $k \geq k_0$.

Wie üblich werde $\mathbf{x} \leq \mathbf{y}$ für die Aussage $\mathbf{x} < \mathbf{y}$ *oder* $\mathbf{x} = \mathbf{y}$ geschrieben. Auf die Definition von $>$ bzw. $\geq$ muss nicht extra eingegangen werden, sie geschieht ganz analog.

Natürlich muss die Wohldefiniertheit, also die Unabhängigkeit von den Repräsentanten (x_k), (y_k) der so definierten Summe, des Produkts und der Ordnungsbeziehung, noch sichergestellt werden. Hier sei auf die Übungen verwiesen, nämlich auf die Übungsaufgaben 4 und 5 im Anschluss an das Kapitel.

Anmerkungen

- Wie stellt sich in den so definierten reellen Zahlen zum Beispiel $\sqrt{2}$ dar? Dazu benötigt man eine Folge (x_k) rationaler Zahlen, die $\sqrt{2}$ beliebig gut annähert (also in $\mathbb{R}$ gegen

$\sqrt{2}$ konvergiert, aber dieser Begriff wird für reelle Grenzwerte erst weiter unten definiert). Diese ist dann auch eine Cauchy-Folge. Plausibel ist das nach dem Beweis von Satz 12.1.3, wenn man (verbotenerweise) schon mal $\sqrt{2}$ als Grenzwert betrachtet (um auf eine Idee überhaupt zu kommen, ist so etwas durchaus legitim). Man sieht aber auch die Richtigkeit dieser Behauptung nach Satz 12.1.4 ein. Offenbar kann man die x_k in eine kontrahierende Abschnittsfolge einspannen, wenn diese Folge den genannten Anforderungen genügt.

Wenn man sich eine solche Folge verschafft, ist es eine Möglichkeit, von der Dezimalentwicklung auszugehen, die man als bekannt annimmt. Es ist $\sqrt{2} = 1{,}414213\ldots$. Die rationale Folge

$$x_1 = 1,\ x_2 = 1{,}4,\ x_3 = 1{,}41,\ x_4 = 1{,}414,\ x_5 = 1{,}4142,\ \ldots$$

hat diese Eigenschaft. Aber auch die Folge (y_k) (die letzte Dezimale ist einfach jeweils um 1 gegenüber x_k vergrößert)

$$y_1 = 2,\ y_2 = 1{,}5,\ y_3 = 1{,}42,\ y_4 = 1{,}415,\ y_5 = 1{,}4143,\ \ldots$$

besitzt die genannten Eigenschaften. Beides sind rationale Cauchy-Folgen, und die Differenz $x_k - y_k$ geht gegen 0. Die Folgen (x_k) und (y_k) liegen also in derselben Äquivalenzklasse bezüglich $\sim$ und repräsentieren daher ein und dieselbe reelle Zahl (nämlich $\sqrt{2}$).

- Sind $x, y \in \mathbb{Q}$, so entsprechen diesen rationalen Zahlen in $\mathbb{R}$ jeweils die Klassen der konstanten Folge (x) bzw. (y). Der Summe $x + y$ ist entsprechend $[(x + y)]$, dem Produkt $[(xy)]$ als reelle Zahl zugeordnet. Die eben definierte Addition und Multiplikation in $\mathbb{R}$ ist also eine Fortsetzung der entsprechenden Rechenoperationen von $\mathbb{Q}$ auf die reellen Zahlen.

- Das neutrale Element bezüglich der eben definierten Addition ist die Klasse der konstanten Folge (0), die aus allen gegen 0 konvergenten Folgen rationaler Zahlen besteht. Für dieses neutrale Element soll wieder einfach 0 geschrieben werden. Entsprechend wird für das neutrale Element der Multiplikation, das die Klasse der konstanten Folge (1) ist, wieder nur als 1 notiert.

- Ist $\mathbf{x} = [(x_k)_{k \in \mathbb{N}}]$, so gilt $\mathbf{x} + [(-x_k)_{k \in \mathbb{N}}] = [(0)_{k \in \mathbb{N}}] = 0$, also ist $[(-x_k)_{k \in \mathbb{N}}] =: -\mathbf{x}$ das additive Inverse zu $\mathbf{x}$.

- Es reicht nicht aus, in der Definition der Kleinerbeziehung nur $x_k < y_k$ für alle $k \geq k_0$ zu fordern. Das zeigt das Beispiel der konstanten Folge $(0)_{k \in \mathbb{N}}$ bzw. $(\frac{1}{k})_{k \in \mathbb{N}}$. Beide Folgen repräsentieren in $\mathbb{R}$ dieselbe Klasse, nämlich die Null (die wieder mit dem Symbol 0 geschrieben werden soll). Natürlich gilt $0 < \frac{1}{k}$ für alle $k \in \mathbb{N}$. Es gibt aber kein *festes* $c \in \mathbb{Q}$ mit $0 + c = \frac{1}{k}$ für alle $k \in \mathbb{N}$.

- Ist $x_k \leq y_k$ für alle $k \geq k_0$, so gilt sicher $\mathbf{x} \leq \mathbf{y}$ für die entsprechenden reellen Zahlen. Die Umkehrung ist aber nicht generell richtig, wie das Beispiel $x_k = \frac{1}{k}$ und $y_k = 0$ zeigt.

- Für zwei reelle Zahlen $\mathbf{x}$ und $\mathbf{y}$ gilt stets genau eine der drei Aussagen $\mathbf{x} < \mathbf{y}, \mathbf{x} > \mathbf{y}$ oder $\mathbf{x} = \mathbf{y}$. Das ist leicht zu sehen, wenn man zu den Repräsentanten (x_k) bzw. (y_k) kontrahierende Abschnittsfolgen A_n bzw B_n nach Satz 12.1.4 wählt und deren Lage zueinander für große n betrachtet.

Der Betrag der reellen Zahl $\mathbf{x}$ kann nun genauso definiert werden, wie das für die rationalen Zahlen geschehen ist.

▶ **Definition 12.2.4** Der *Betrag* der reellen Zahl $\mathbf{x}$ wird festgelegt durch $|\mathbf{x}| = \mathbf{x}$, falls $\mathbf{x} \geq 0$ ist, und $|\mathbf{x}| := -\mathbf{x}$, falls $\mathbf{x} < 0$ ist.

Man beachte dabei, dass eine rationale Folge, deren Glieder zum Beispiel abwechselnd positiv und negativ sind, nur dann eine Cauchy-Folge sein kann, wenn sie (schon in $\mathbb{Q}$) gegen 0 konvergiert, also in $\mathbb{R}$ die Null repräsentiert. Weiter mache man sich klar (siehe Übungsaufgabe 6), dass die eben definierte Zahl $|\mathbf{x}|$ auch durch die Cauchy-Folge $(|x_k|)_{k \in \mathbb{N}}$ repräsentiert wird, falls $\mathbf{x}$ die zur Cauchy-Folge $(x_k)_{k \in \mathbb{N}}$ gehörende Klasse ist.

Es bleibt nachzuprüfen, ob die so definierten reellen Zahlen auch leisten, was ihre Einführung initiiert hat. Der Wunsch war, dass jede Cauchy-Folge rationaler Zahlen in $\mathbb{R}$ einen Grenzwert besitzt. Sei eine Cauchy-Folge $(x_k)_{k \in \mathbb{N}}$ in $\mathbb{Q}$ gegeben. Zuerst ist zu bestimmen, was den rationalen Zahlen x_k in $\mathbb{R}$ entspricht. Die Antwort auf diese Frage wurde schon oben gegeben. Zu jedem $k \in \mathbb{N}$ ist dazu x_k durch die konstante Folge $x_k, x_k, \ldots$ zu ersetzen. Diese sei mit $(x_{k\mu})_{\mu \in \mathbb{N}}$ bezeichnet. Der Zahl $x_k \in \mathbb{Q}$ entspricht dann die Äquivalenzklasse $\mathbf{x}_k$ der Folge $(x_{k\mu})_{\mu \in \mathbb{N}}$ bezüglich der Relation $\sim$. Dabei ist klar, dass jede der (konstanten) Folgen $(x_{k\mu})_{\mu \in \mathbb{N}}$ eine rationale Cauchy-Folge ist, die natürlich auch in $\mathbb{Q}$ konvergiert, nämlich gegen x_k. Der Cauchy-Folge $(x_k)_{k \in \mathbb{N}}$ entspricht in $\mathbb{R}$ die Folge $(\mathbf{x}_k)_{k \in \mathbb{N}}$. Den Begriff der Cauchy-Folge überträgt man nun wörtlich auf die reellen Zahlen $\mathbb{R}$.

▶ **Definition 12.2.5** Die Folge $(\mathbf{y}_k)_{k \in \mathbb{N}}$ reeller Zahlen heißt eine *Cauchy-Folge*, falls zu jeder reellen Zahl $\varepsilon > 0$ ein $k_0 \in \mathbb{N}$ existiert mit $|\mathbf{y}_h - \mathbf{y}_j| < \varepsilon$ für alle Indizes $h, j \geq k_0$.

In diesem Sinn ist jede rationale Cauchy-Folge $(x_k)_{k \in \mathbb{N}}$, die sich in den reellen Zahlen als $(\mathbf{x}_k)_{k \in \mathbb{N}}$ schreibt, eine Cauchy-Folge auch in $\mathbb{R}$. Das soll nun gezeigt werden.

▶ **Satz 12.2.3** Ist eine rationale Folge eine Cauchy-Folge in $\mathbb{Q}$, so besitzt die ihr entsprechende Folge in $\mathbb{R}$ (man vergleiche Definition 12.2.5) dieselbe Eigenschaft innerhalb der reellen Zahlen.

▶ **Beweisidee 12.2.3** Die gute Nachricht ist, dass die betrachtete Folge eine Cauchy-Folge im Bereich der rationalen Zahlen ist. Nun kann man sich oberflächlich sagen, dass dann ohnehin nichts passieren kann. Kann auch nicht, aber das wollen wir zeigen. Im Grunde geht es darum, die Folge so zu interpretieren, dass man für jedes reelle $\epsilon > 0$ ein rationales

ϵ_0 finden kann, das zwischen 0 und ϵ liegt. Zu diesem $\epsilon > 0$ gibt es die entsprechenden Indizes im Sinn von Definition 12.2.5.

▶ **Beweis 12.2.3** Es ist $\mathbf{x}_h - \mathbf{x}_j$ die Klasse der Folge $(x_{h\mu} - x_{j\mu})_{\mu \in \mathbb{N}}$, also der konstanten Folge $x_h - x_j, x_h - x_j, \ldots$. Dann ist der Betrag dieser Klasse die Klasse der ebenfalls konstanten Folge $|x_h - x_j|, |x_h - x_j|, \ldots$. Die reelle Zahl ε ist auch die Klasse einer Cauchy-Folge rationaler Zahlen ε_k. Die Null in $\mathbb{R}$ ist die Klasse der konstanten rationalen Folge $0, 0, \ldots$. Nun ist nach Voraussetzung $\varepsilon > 0$. Nach der Definition der Kleinerrelation gibt es ein k_1 und eine positive rationale Zahl ε_0 mit $\varepsilon_0 \leq \varepsilon_k$ für alle $k \geq k_1$. Also gilt $|\mathbf{x}_h - \mathbf{x}_j| < \varepsilon$, wenn ein $c \in \mathbb{Q}$ mit $0 < c < \varepsilon_0$ existiert und $|x_h - x_j| \leq c$ ist, denn die reellen Zahlen $\mathbf{x}_h$ und $\mathbf{x}_j$ werden durch die entsprechenden konstanten Folgen repräsentiert (die Zahl c muss wegen Definition 12.2.3 rational sein; für Cauchy-Folgen ist das Voraussetzung).

Damit ist nun die in $\mathbb{R}$ übertragene Folge $(\mathbf{x}_k)_{k \in \mathbb{N}}$ der rationalen Cauchy-Folge $(x_k)_{k \in \mathbb{N}}$ als Cauchy-Folge in $\mathbb{R}$ zu erkennen. Gezeigt werden muss dazu, dass zu jedem positiven $\varepsilon \in \mathbb{R}$ (was in dem oben geschilderten Sinn zu verstehen ist) ein $k_0 \in \mathbb{N}$ existiert mit $|\mathbf{x}_h - \mathbf{x}_j| < \varepsilon$ für alle $h, j \geq k_0$. Nach den obigen Überlegungen ist das sichergestellt, wenn bewiesen werden kann, das zu jeder positiven rationalen Zahl ε_0 ein $k_0 \in \mathbb{N}$ existiert mit $|x_h - x_j| < \varepsilon_0$ für alle natürlichen Zahlen $h, j \geq k_0$. Diese Aussage folgt aber unmittelbar, weil die rationale Folge $(x_k)_{k \in \mathbb{N}}$ in $\mathbb{Q}$ eine Cauchy-Folge ist. $\square$

12.3 Nachweis des Grenzwerts

Das Ziel dieses Abschnitts ist es nun, zu zeigen, dass jede Cauchy-Folge reeller Zahlen einen reellen Grenzwert hat und somit in $\mathbb{R}$ jede Cauchy-Folge konvergiert. Dazu muss zunächst der Konvergenzbegriff auf reelle Zahlenfolgen erweitert werden. Was soll es genau heißen, dass eine Folge *reeller* Zahlen $(\mathbf{y}_k)_{k \in \mathbb{N}}$ gegen die reelle Zahl $\mathbf{y}$ konvergiert? Als Antwort bietet sich die Übertragung des Konvergenzbegriffs für rationale Folgen an (man vergleiche Definition 12.1.4).

▶ **Definition 12.3.1** Eine Folge $(\mathbf{y}_k)_{k \in \mathbb{N}}$ reeller Zahlen *konvergiert* gegen $\mathbf{y} \in \mathbb{R}$, wenn zu jeder positiven reellen Zahl ε ein $k_0 \in \mathbb{N}$ existiert mit $|\mathbf{y}_k - \mathbf{y}| < \varepsilon$ für alle Indizes $k \geq k_0$. Man verwendet als Kurzschreibweise $\lim_{k \to \infty} \mathbf{y}_k = \mathbf{y}$ oder einfach $\mathbf{y}_k \to \mathbf{y}$.

Manchmal wird diese Definition auf den Begriff der *Nullfolge* zurückgeführt (und das ist eine Folge, die den Grenzwert 0 hat). Man braucht dann nur zu definieren, wann eine Folge $(\mathbf{z}_k)_{k \in \mathbb{N}}$ gegen $0 \in \mathbb{R}$ konvergiert. Eine reelle Folge $(\mathbf{y}_k)_{k \in \mathbb{N}}$ konvergiert damit genau dann gegen $\mathbf{y}$, wenn die durch $\mathbf{z}_k := \mathbf{y}_k - \mathbf{y}$ gegebene Folge gegen Null konvergiert (und das heißt, wenn diese Folge eine Nullfolge ist).

An einem Beispiel soll erklärt werden, wie man sich den Konvergenzbegriff aus Definition 12.3.1 vorzustellen hat.

Beispiel 12.3.1

Auf Seite 313 wurde die rationale Folge

$$x_1 = 1, \; x_2 = 1{,}4, \; x_3 = 1{,}41, \; x_4 = 1{,}414, \; \ldots$$

betrachtet, die (und das ist einmal wieder Schulwissen) auf der Dezimalentwicklung von $\sqrt{2}$ beruht. Wie ist diese Folge in die reellen Zahlen zu übertragen? Dazu ist jede der rationalen Zahlen x_k durch eine Cauchy-Folge rationaler Zahlen zu ersetzen, die gegen x_k konvergiert. Der bequemste Weg ist, die Zahl x_k durch die konstante Folge $x_k, \, x_k, \, x_k, \ldots$ zu ersetzen. Diese konstante Folge repräsentiert die Äquivalenzklasse $\mathbf{x}_k$ (als ein Beispiel).

Die Folge der reellen Zahlen $x_k = [(x_k)_{k \in \mathbb{N}}]$ kann man nun in Tabellenform so notieren, dass man die ausgewählten Repräsentantenfolgen für $\mathbf{x}_k$ zeilenweise untereinander schreibt.

$$
\begin{array}{c|lllll}
\mathbf{x}_1 & 1 & 1 & 1 & 1 & \ldots \\
\mathbf{x}_2 & 1{,}4 & 1{,}4 & 1{,}4 & 1{,}4 & \ldots \\
\mathbf{x}_3 & 1{,}41 & 1{,}41 & 1{,}41 & 1{,}41 & \ldots \\
\vdots & \vdots & \vdots & \vdots & \vdots
\end{array}
$$

Man vermutet, dass diese reelle Folge gegen die reelle Zahl $\mathbf{x} = [(x_n)_{n \in \mathbb{N}}]$ (bekannt als $\sqrt{2}$) konvergiert. Das lässt sich wie folgt einsehen. Zu betrachten sind dazu die reellen Zahlen $\mathbf{x}_k - \mathbf{x}$, die alle durch die Äquivalenzklassen $[(x_k - x_n)_{n \in \mathbb{N}}]$ gegeben sind. Es ist zu zeigen, dass die Folge der Differenzen gegen Null konvergiert. Ausgeschrieben sehen die rationalen Zahlen $x_k - x_n$ so aus:

$x_k - x_n$	$n = 1$	2	3	4	$\cdots$
$k = 1$	0	$-0{,}4$	$-0{,}41$	$-0{,}414$	$\cdots$
2	0,4	0	$-0{,}01$	$-0{,}014$	$\cdots$
3	0,41	0,01	0	$-0{,}004$	$\cdots$
4	0,414	0,014	0,004	0	
$\vdots$	$\vdots$	$\vdots$	$\vdots$	$\vdots$	$\vdots$

Hält man ein k fest, so stehen in der k-ten Zeile dieser Tabelle rechts von der 0 in der k-ten Stelle ($x_k - x_k = 0$) nur Zahlen, die mit $-0, \ldots$ beginnen und hinter dem Komma $k - 1$ Nullen aufweisen. Das liegt einfach daran, dass für $n \geq k$ die Zahlen x_k und x_n bis zur $(k - 1)$-ten Stelle hinter dem Komma übereinstimmen.

Zum Nachweis der Konvergenz $\mathbf{x}_k \to \mathbf{x}$ bleibt nun übrig, für jede positive reelle Zahl ε die Ungleichung $|\mathbf{x}_k - \mathbf{x}| < \varepsilon$ für alle genügend großen k zu prüfen. „Genügend groß" heißt dabei, dass eine Zahl $k_0 \in \mathbb{N}$ gefunden werden soll, sodass die genannte Ungleichung für alle $k \in \mathbb{N}$ mit $k \geq k_0$ richtig ist. Wie geht das?

Eine positive reelle Zahl ist die Äquivalenzklasse einer rationalen Folge $(r_n)_{n \in \mathbb{N}}$, zu der es ein positives $c \in \mathbb{Q}$ und ein $n_0 \in \mathbb{N}$ gibt mit $c \leq r_n$ für alle $n \geq n_0$. Entscheidend ist eigentlich nur diese Zahl c. Angenommen, es gilt $c \geq 0,001$ und $0,001 \leq r_n$ für $n \geq 23$. Die reelle Zahl $|\mathbf{x}_k - \mathbf{x}|$ wird durch die rationale Folge $(|x_k - x_n|)_{n \in \mathbb{N}}$ repräsentiert. Nach der obigen Überlegung ist $|x_k - x_n|$ sicher kleiner als $0,0001$ für $5 \leq k \leq n$, denn dann beginnt die Dezimalentwicklung von $|x_k - x_n|$ mit $0,0000 \dots$. Also ist $|x_k - x_n| < c$ für $5 \leq k \leq n$ und sogar $|x_k - x_n| + 0,0001 < 0,0002 < c$. Im Fall $23 \leq k \leq n$ darf dies zu $|x_k - x_n| + 0,0001 < c \leq r_n$ ergänzt werden. Nach Definition 12.2.3 kann hierfür auch $[(|x_k - x_n|)_{n \in \mathbb{N}}] < [(r_n)_{n \in \mathbb{N}}]$, also $|\mathbf{x}_k - \mathbf{x}| < \varepsilon$ geschrieben werden, wenn nur $k \geq 23 =: k_0$ ist.

Das kleine „Polster" in Form der Addition der Zahl $0,0001$ am Schluss hatte den Hintergrund, $|\mathbf{x}_k - \mathbf{x}| < \varepsilon$ und nicht nur $|\mathbf{x}_k - \mathbf{x}| \leq \varepsilon$ zu bekommen. Weiter unten wird sich allerdings erweisen, dass dieser Unterschied für den Nachweis der Konvergenz keine Rolle spielt.

Wie man nun für beliebiges c schließen kann, dürfte an dem eben durchgeführten Beispiel $c \geq 0,001$ deutlich geworden sein, sodass diese Überlegung nicht mehr explizit ausgeführt werden soll.

Möchte man die rationale Zahlenfolge $\mathbf{x}_k$ (siehe oben) durch eine nicht rationale Folge ersetzen, so bietet sich die folgende Überlegung an. Man ersetzt x_k durch die reelle Zahl $x_k + \sqrt{3} \cdot 10^{-k}$, die aber wieder durch die Klasse einer passenden Folge rationaler Zahlen dargestellt werden muss. Das kann durch die Dezimalentwicklung erfolgen. Es ist (mit Schulwissen) $\sqrt{3} = 1,73205 \dots$. Statt nun $1 = \mathbf{x}_1$ zu nehmen, repräsentiert durch die konstante Folge $1,1, \dots$, kann man die reelle Zahl $\mathbf{y}_1$ wählen, die durch die Folge $1, 1, 1,17, 1,173, 1,1732, \dots$ gegeben wird. Die erste der Tabellen oben schreibt sich dann so:

$$
\begin{array}{l|lllll}
\mathbf{x}_1 & 1,1 & 1,17 & 1,173 & 1,1732 & \dots \\
\mathbf{x}_2 & 1,41 & 1,417 & 1,4173 & 1,41732 & \dots \\
\mathbf{x}_3 & 1,411 & 1,4117 & 1,41173 & 1,411732 & \dots \\
\vdots & \vdots & \vdots & \vdots & \vdots &
\end{array}
$$

Die Änderungen werden in den Einträgen der k-ten Zeile jeweils erst ab der k-ten Stelle hinter dem Komma wirksam. Aus diesem Grund ist bereits klar, dass der Grenzwert $\sqrt{2}$ durch diesen Wechsel nicht beeinträchtigt wird.

Bevor nun die Frage beantwortet wird, ob tatsächlich jede reelle Cauchy-Folge einen reellen Grenzwert besitzt, soll das entsprechende Ergebnis für *rationale* Cauchy-Folgen in der folgenden Behauptung 12.3.1 gezeigt werden. Das Ziel bei der Konstruktion der reellen Zahlen war es schließlich, jeder (zunächst rationalen) Cauchy-Folge einen Grenzwert in $\mathbb{R}$ zuzuordnen. Sei also $(x_k)_{k \in \mathbb{N}}$ eine rationale Cauchy-Folge und $(\mathbf{x}_k)_{k \in \mathbb{N}}$ die zugeordnete reelle Cauchy-Folge. Welche reelle Zahl kommt also als Grenzwert der Folge $(x_k)_{k\in\mathbb{N}}$ in Frage? Die Antwort ergibt sich ganz analog wie im Fall der Konstruktion von $\mathbb{Z}$ bzw. $\mathbb{Q}$ auf der Basis von $\mathbb{N}$ bzw. $\mathbb{Z}$. Es ist nichts anderes als die Äquivalenzklasse der Folge $(x_k)_{k\in\mathbb{N}}$, die eine reelle Zahl $\mathbf{x}$ darstellt. Nach Definition 12.2.2 ist $\mathbf{x}$ die Zusammenfassung aller rationalen Cauchy-Folgen $(y_k)_{k\in\mathbb{N}}$, für die $x_k - y_k$ gegen 0 konvergiert.

▶ **Satz 12.3.1** Es sei $(x_k)_{k\in\mathbb{N}}$ eine rationale Cauchy-Folge, und es sei $(\mathbf{x}_k)_{k\in\mathbb{N}}$ die zugehörige reelle Cauchy-Folge, wobei jedes $\mathbf{x_k}$ für die konstante Folge $x_k, x_k, \ldots$ steht. Dann konvergiert $(\mathbf{x}_k)_{k\in\mathbb{N}}$ gegen die reelle Zahl $\mathbf{x}$, die gleich der Äquivalenzklasse der Cauchy-Folge $(x_k)_{k\in\mathbb{N}}$ ist.

▶ **Beweis 12.3.1** Es sei ein positives reelles ε gegeben. Nun ist nach Definition 12.3.1 zu untersuchen, ob ein $k_0 \in \mathbb{N}$ mit $|\mathbf{x}_k - \mathbf{x}| < \varepsilon$ für alle Indizes $k \geq k_0$ existiert. Die Detailbetrachtungen werden in mehreren Schritten ausgeführt.

a) Was ist $\mathbf{x}_k - \mathbf{x}$? Um das zu klären, ist ein Repräsentant von $\mathbf{x}_k$ und einer von $\mathbf{x}$ zu wählen (das sind rationale Zahlenfolgen) und die Differenzfolge zu betrachten. Die Wohldefiniertheit der Rechenoperationen sichert dabei, dass beliebige Repräsentanten gewählt werden können. Also kann man auch die konstante Folge $(x_k = x_{k\mu})_{\mu\in\mathbb{N}}$ für die reelle Zahl $\mathbf{x}_k$ nehmen. Als Repräsentant von $\mathbf{x}$ hat man die rationale Ausgangsfolge $(x_\mu)_{\mu\in\mathbb{N}}$. Die reelle Zahl $\mathbf{x}_k - \mathbf{x}$ ist also die Äquivalenzklasse bezüglich $\sim$ der durch $x_{k\mu} - x_\mu = x_k - x_\mu$ gegebenen rationalen Cauchy-Folge.

b) Die reelle Zahl $|\mathbf{x}_k - \mathbf{x}|$ (k ist im Moment fest) ist dann, wie oben schon angemerkt wurde, die Äquivalenzklasse bezüglich $\sim$ der durch $|x_k - x_\mu|$ (nur μ läuft als Index) gegebenen rationalen Cauchy-Folge.

c) Nun kommt die oben schon vorgegebene reelle Zahl $\varepsilon > 0$ ins Spiel. Dazu soll ein $k_0 \in \mathbb{N}$ gefunden werden mit $|\mathbf{x}_k - \mathbf{x}| < \varepsilon$ für alle $k \geq k_0$. Es sei $(\varepsilon_\mu)_{\mu\in\mathbb{N}}$ eine ε repräsentierende rationale Folge positiver Zahlen, von der (wegen $\varepsilon > 0$) gilt $\varepsilon_\mu \geq \varepsilon_0 > 0$ für alle $\mu \in \mathbb{N}$ mit einer passenden rationalen Zahl ε_0. Die Ungleichung $|\mathbf{x}_k - \mathbf{x}| < \varepsilon$ (k ist immer noch fest) bedeutet $|x_k - x_\mu| + c \leq \varepsilon_\mu$ für alle $\mu \geq \mu_0$ und $|\mathbf{x}_k - \mathbf{x}| \neq \varepsilon$, wobei $c \in \mathbb{Q}$ eine passende positive Zahl ist. Das ist sicher dann gewährleistet, wenn es gelingt, $|x_k - x_\mu| < \frac{\varepsilon_0}{2}$ zu zeigen für $\mu \geq \mu_0$ und $k \geq k_0$. Solche natürlichen Zahlen μ_0 und k_0 müssen nun gefunden werden.

d) Gibt es ein k_0 und ein μ_0 mit $|x_k - x_\mu| < \frac{\varepsilon_0}{2}$ für alle $k \geq k_0$ und $\mu \geq \mu_0$? Die Antwort ergibt sich daraus, dass die Folge (x_k) eine Cauchy-Folge ist. Denn diese liefert ein k_0 mit $|x_k - x_\mu| < \frac{\varepsilon_0}{2}$ für alle $k, \mu \geq k_0$. Mit der Setzung $\mu_0 := k_0$ ist die gewünschte Aussage also richtig.

Also ist $\lim_{k\to\infty} \mathbf{x_k} = \mathbf{x}$ (oder in anderer Schreibweise $\mathbf{x}_k \to \mathbf{x}$) nachgewiesen. Die der rationalen Cauchy-Folge $(x_k)_{k\in\mathbb{N}}$ entsprechende reelle Folge besitzt in $\mathbb{R}$ einen Grenzwert, nämlich die reelle Zahl $\mathbf{x}$.   □

Damit kann man mit der Menge der reellen Zahlen fast zufrieden sein. Allerdings ist es wünschenswert, dass nicht nur jede rationale Cauchy-Folge einen Grenzwert hat, sondern auch jede Cauchy-Folge aus beliebigen reellen Zahlen in $\mathbb{R}$ konvergiert. Das ist auch der Fall, aber es gibt beim Nachweis zwei zusätzliche Probleme.

- Bei einer beliebigen reellen Cauchy-Folge $(\mathbf{x}_k)_{k \in \mathbb{N}}$ kann man die reellen Zahlen $\mathbf{x}_k$ nicht immer durch konstante rationale Folgen repräsentieren, sondern muss auf geeignete andere rationale Cauchy-Folgen $(x_{k\mu})_{\mu \in \mathbb{N}}$ zurückgreifen.
- Der Kandidat $\mathbf{x}$ für den Grenzwert muss anders bestimmt werden. Eine rationale Cauchy-Folge, die diesen repräsentiert, ist nicht so offensichtlich zu sehen wie im eben behandelten Fall.

▶ **Satz 12.3.2** Jede reelle Cauchy-Folge konvergiert, das heißt, zu jeder Cauchy-Folge reeller Zahlen $\mathbf{x}_k$ existiert ein $\mathbf{x} \in \mathbb{R}$ mit $\mathbf{x}_k \to \mathbf{x}$.

▶ **Beweis 12.3.2** Aus Gründen der besseren Übersicht werden in diesem Beweis vier Schritte unterschieden.

(1) Wenn die Folge $(\mathbf{x}_k)_{k \in \mathbb{N}}$ eine Cauchy-Folge ist, so existiert nach Definition 12.2.5 zu jeder positiven reellen Zahl ε ein k_0 mit

$$|\mathbf{x}_h - \mathbf{x}_j| \leq \varepsilon$$

für alle $h, j \geq k_0$ (man beachte, dass aus $|\mathbf{x}_h - \mathbf{x}_j| < \varepsilon$ erst recht $|\mathbf{x}_h - \mathbf{x}_j| \leq \varepsilon$ folgt).

(2) Wird die reelle Zahl $\mathbf{x}_k$ durch die rationale Cauchy-Folge $(x_{k\mu})_{\mu \in \mathbb{N}}$ repräsentiert (also $\mathbf{x}_k = [(x_{k\mu})_{\mu \in \mathbb{N}}]$ in der oben schon verwendeten Schreibweise) und gilt $\varepsilon = [(\varepsilon_\mu)_{\mu \in \mathbb{N}}]$, so ist $|\mathbf{x}_h - \mathbf{x}_j| \leq \varepsilon$ sicher dann erfüllt, wenn ein $\mu_0 \in \mathbb{N}$ existiert mit

$$|x_{h\mu} - x_{j\mu}| \leq \varepsilon_\mu \quad (\mu \geq \mu_0)$$

für alle $h, j \geq k_0$. Man vergleiche den vorletzten Spiegelstrich von Definition 12.2.4. Ist M das Maximum der Zahlen k_0 und μ_0, so gilt erst recht

$$|x_{h\mu} - x_{j\mu}| \leq \varepsilon_\mu \quad (h, j, \mu \geq M).$$

(3) Man definiert nun die (rationale) Folge $(y_\mu)_{\mu \in \mathbb{N}}$ durch $y_\mu := x_{\mu\mu}$. Sei eine positive rationale Zahl δ vorgegeben. Würde man die oben durchgeführte Überlegung mit der Klasse $\mathbf{d}$ der (viel einfacheren) konstanten rationalen Folge (δ) statt $\varepsilon = [(\varepsilon_\mu)_{\mu \in \mathbb{N}}]$ noch einmal wiederholen (was man aber nicht wirklich tun muss), so würde man eine natürliche Zahl M' mit $|x_{h\mu} - x_{j\mu}| \leq \delta$ für alle $h, j, \mu \geq M'$ finden können. Damit folgt erst recht auch $|y_\mu - x_{j\mu}| \leq \delta$, wenn $j, m, \mu \geq M'$ ist. Also ergibt sich mit der Dreiecksungleichung

$$|y_\mu - y_m| = |y_\mu - x_{j\mu} + x_{j\mu} - y_m| \leq |y_\mu - x_{j\mu}| + |x_{j\mu} - y_m| \leq \delta + \delta$$
$$= 2\delta = c \leq \varepsilon_\mu$$

für alle $j, m, \mu \geq M'$. Damit ist gezeigt, dass (y_μ) eine rationale Cauchy-Folge ist.

(4) Also ist die Klasse $[(y_\mu)_{\mu \in \mathbb{N}}]$ eine reelle Zahl $\mathbf{y}$. Es soll nun $\mathbf{x}_k \to \mathbf{y}$ bewiesen werden. Sei eine positive reelle Zahl $\varepsilon = [(\varepsilon_\mu)_{\mu \in \mathbb{N}}]$ vorgegeben. Es ist die Folge der reellen Zahlen $|\mathbf{x}_k - \mathbf{y}|$ zu betrachten. Für festes k wird $|\mathbf{x}_k - \mathbf{y}|$ durch die Folge der rationalen Zahlen

$$|x_{k\mu} - y_\mu| = |x_{k\mu} - x_{\mu\mu}|$$

repräsentiert. Um zu zeigen, dass $|\mathbf{x}_k - \mathbf{y}| \leq \varepsilon$ für $k \geq K_0$ ist (wobei ein solches K_0 gesucht werden muss), reicht es wieder, $|x_{k\mu} - x_{\mu\mu}| \leq \varepsilon_\mu$ für alle hinreichend großen μ und alle $k \geq k_0$ zu überprüfen. Diese Ungleichungen gelten aber, weil $|x_{h\mu} - x_{j\mu}| \leq \varepsilon_\mu$ ($h, j, \mu \geq M$) ist, wenn M wie in (2), $K_0 = M$ und $\mu \geq M$ gewählt wird. Daraus ergibt sich, wie nach der Definition 12.3.1 angemerkt wurde, die behauptete Konvergenz der Folge $\mathbf{x}_k$ gegen $\mathbf{y}$. □

Die Umkehrung des Satzes gilt auch. Das kann man genauso beweisen, wie es in Satz 12.1.2 gemacht wurde. Damit hat man zusammenfassend das folgende Ergebnis.

▶ **Satz 12.3.3** Eine reelle Zahlenfolge ist genau dann konvergent in $\mathbb{R}$, wenn sie eine Cauchy-Folge ist.

Es hat sich also durchaus gelohnt, solchen Folgen in Definition 12.1.4 und in Definition 12.2.5 einen eigenen Namen zu geben.

Fazit

Wer die Konstruktion der reellen Zahlen aus den rationalen hier zum ersten Mal gelesen hat, wundert sich vermutlich, wie aufwendig sich die Konstruktion im Detail darstellt. In der Schule schien diese Menge relativ einfach, vertraut und anschaulich (in Form der Punkte der Zahlengerade). Doch was sind die Punkte einer Gerade eigentlich? Zeichnet man auf der Zahlengerade nur die zu den rationalen Zahlen gehörigen Punkte ein, so sieht die Gerade auch nicht anders aus. Löcher würde man jedenfalls nicht erkennen können. Irgendwie (aber wie?) würden trotzdem Punkte fehlen. Das Modell einer Gerade für die reellen Zahlen hat aber durchaus seine Berechtigung. Es zeigt die Tatsache, dass für zwei reelle (wie auch für rationale) Zahlen x, y stets genau eine der drei Möglichkeiten zutrifft

- $x = y$, dann sind die zugehörigen Geradenpunkte identisch, oder
- $x < y$, dann liegt der zu x gehörende Punkt links von dem zu y gehörenden (die übliche Darstellung angenommen), oder
- $x > y$, dann liegt der zu x gehörende Punkt rechts von dem zu y gehörenden Punkt.

Alle den reellen (oder auch „nur" den rationalen) Zahlen zugeordneten Punkte kann man im Grunde nicht sehen, sondern man kann sie sich höchstens denken. Durchläuft die Zeit in einer Stunde tatsächlich alle reellen Zahlen von 0 bis 60, wenn sie in Minuten gemessen wird? Niemand weiß, was Zeit wirklich ist und ob sie menschlicher Vorstellung überhaupt zugänglich ist. Deshalb ist die Frage nicht zu beantworten. Trotzdem ist die Vorstellung von den reellen Zahlen ein erprobtes Hilfsmittel, um zumindest einen Aspekt des Phänomens Zeit sinnvoll beschreiben zu können. Für einfache Zeitdauermessungen mag es ausreichend sein, rationale Zahlen zu verwenden. Für Sachverhalte wie die Geschwindigkeit oder die Beschleunigung reichen sie nicht aus, denn es fließen Konvergenzbetrachtungen ein, die in $\mathbb{Q}$ (wie man gesehen hat) nicht tragfähig sind.

12.4 Übungsaufgaben

1. Seien $a, b, c \in \mathbb{R}$ und $c \neq 0$. Zeigen Sie

   a) $|ab| = |a| \cdot |b|$;

   b) $|\frac{a}{c}| = \frac{|a|}{|c|}$;

   c) $||a| - |b|| \leq |a + b| \leq ||a| + |b||$.

2. (Rechenregeln für konvergente Folgen)
   Die rationalen Zahlenfolgen $(x_k)_{k \in \mathbb{N}}$ bzw. $(y_k)_{k \in \mathbb{N}}$ seien konvergent gegen $x \in \mathbb{Q}$ bzw. $y \in \mathbb{Q}$. Zeigen Sie, dass

   a) die durch $x_k + y_k$ gegebene rationale Folge gegen $x + y$ konvergiert,

   b) die durch $x_k \cdot y_k$ gegebene rationale Folge gegen $x \cdot y$ konvergiert.
      Gilt außerdem $y_k \neq 0$ und $y \neq 0$, so kann man die Folge der Quotienten $z_k := \frac{x_k}{y_k}$ betrachten. Zeigen Sie, dass dann

   c) die Folge $(z_k)_{k \in \mathbb{N}}$ gegen $\frac{x}{y}$ konvergiert.

3. (Rechenregeln für rationale Cauchy-Folgen)
   Es seien $(x_k)_{k \in \mathbb{N}}$ bzw. $(y_k)_{k \in \mathbb{N}}$ rationale Cauchy-Folgen. Zeigen Sie, dass die durch

   a) $x_k + y_k$,

   b) $x_k \cdot y_k$,

   c) $|x_k|$
      gegebenen rationalen Folgen Cauchy-Folgen sind. Gilt außerdem $y_k \neq 0$, so kann man die Folge der Quotienten $z_k := \frac{x_k}{y_k}$ betrachten. Zeigen Sie:

   d) Konvergiert $(y_k)_{k \in \mathbb{N}}$ nicht gegen Null, so ist $(z_k)_{k \in \mathbb{N}}$ eine Cauchy-Folge.

4. Es sei $x_1 := 1$ und $x_{k+1} := \frac{x_k^2 + 4}{2 x_k}$ für $k \in \mathbb{N}$. Zeigen Sie, dass die so definierte Folge $(x_k)_{k \in \mathbb{N}}$ rationaler Zahlen gegen 2 konvergiert.

5. Es bezeichne $\mathbf{x}$ bzw. $\mathbf{y}$ die Äquivalenzklassen der rationalen Cauchy-Folgen (x_k) bzw. (y_k). Dann sind nach Aufgabe 2 auch die durch $x_k + y_k$ und $x_k \cdot y_k$ gegebenen Folgen rationaler Zahlen Cauchy-Folgen. Zeigen Sie, dass die durch

   a) $\mathbf{x} + \mathbf{y} := [(x_k + y_k)_{k \in \mathbb{N}}]$,

   b) $\mathbf{x} \cdot \mathbf{y} := [(x_k \cdot y_k)_{k \in \mathbb{N}}]$

   definierte Addition und Multiplikation der Äquivalenzklassen wohldefiniert, also unabhängig von den gewählten Repräsentanten ist.

6. Die Bezeichnungen seien wie in Aufgabe 4. Nach Definition gilt $\mathbf{x} < \mathbf{y}$, falls ein $k_0 \in \mathbb{N}$ und eine rationale Zahl $c > 0$ existieren mit $x_k + c \leq y_k$ für alle $k \geq k_0$. Zeigen Sie, dass diese Relation wohldefiniert ist.

7. Es sei $\mathbf{x} = [(x_k)_{k \in \mathbb{N}}]$ eine reelle Zahl, die durch die Cauchy-Folge der rationalen Zahlen x_k bezüglich der Äquivalenzrelation $\sim$ repräsentiert wird. Beweisen Sie, dass die reelle Zahl $|\mathbf{x}|$ durch die rationale Cauchy-Folge $(|x_k|)_{k \in \mathbb{N}}$ repräsentiert wird (das heißt $|\mathbf{x}| = [(|x_k|)_{k \in \mathbb{N}}]$).

Komplexe Zahlen

13

Inhaltsverzeichnis

In diesem Kapitel soll die Menge der reellen Zahlen nochmals erweitert werden. Anschaulich gesprochen verlässt man dabei die Zahlengerade und kommt zur Zahlenebene. Das Ergebnis sind die komplexen Zahlen, die eine sehr nützliche Ergänzung des reellen Zahlenraums darstellen. Wie bisher wird auch hier darauf geachtet, dass nur Wissen um die reellen Zahlen und das Rechnen mit ihnen die Grundlage bilden. Dieser Schritt ist erheblich leichter durchzuführen (und auch zu verstehen) als die Erweiterung der rationalen zu den reellen Zahlen. Man muss das Kapitel nicht unbedingt lesen, um die folgenden Kapitel zu verstehen. Sollte man allerdings die komplexen Zahlen bisher eher furchtsam und aus der Entfernung betrachtet haben, bietet sich nun bei der Lektüre der ersten beiden Abschnitte die Chance, diese Ängste zu überwinden. Man wird dann hoffentlich zustimmen, dass die komplexen Zahlen ihren Namen, der Kompliziertheit suggeriert, eigentlich nicht verdient haben. Es sei nicht verschwiegen, dass die Abschn. 13.3 (im Anschluss an die Definition und die Rechenregeln) nicht ganz so einfach zu lesen sind. Es sei auch nicht verschwiegen, dass diese Erweiterung mit Verlusten verbunden: Mit komplexen Zahlen kann man zwar (fast) wie gewohnt rechnen, aber man kann zum Beispiel nicht mehr sinnvoll positive und negative Zahlen unterscheiden. Etwas anders als die bisher betrachteten Zahlenmengen sind sie dann also doch.

K. Reiss und G. Schmieder, *Basiswissen Zahlentheorie*, Mathematik für das Lehramt,   323
DOI: 10.1007/978-3-642-39773-8_13, © Springer-Verlag Berlin Heidelberg 2014

Wenn die Quelle tief genug ist,
wird das Wasser reichlich strömen.

Zen-Weisheit

Durch die Erweiterung der Menge der natürlichen Zahlen über die ganzen zu den rationalen Zahlen wurde die Möglichkeit geschaffen, Gleichungen der Form $ax + b = c$ mit $a \neq 0$ lösen zu können. Anders motiviert war die Einführung der reellen Zahlen. Hier ging es darum, den sich in $\mathbb{Q}$ schon intuitiv anbietenden Grenzwertbegriff auf eine tragfähige Grundlage zu stellen. Hat man sich an Äquivalenzrelationen und den Umgang mit Äquivalenzklassen erst einmal etwas gewöhnt, so werden einem im Nachhinein die in den Kapitel 6 und 11 ausgeführten Ideen wohl nicht mehr ganz fremd vorkommen. Die Einführung der reellen Zahlen im Kapitel 12 stellt sich dagegen viel aufwendiger dar und kann in dieser Form sicher kein Thema des Schulunterrichts sein. Das dort vermittelte Zahlenweltbild nimmt (und das ist auch gut so) nicht wahr, welche Abgründe man zu überwinden hat, wenn man die reellen Zahlen solide begründen will.

Den komplexen Zahlen begegnet man als Schülerin oder als Schüler kaum mehr als in vagen Andeutungen, meist von Vornherein eingehüllt in ein mysteriöses Licht. Die geisterhafte Aura von Irrlichtern, die es eigentlich gar nicht gibt, die aber trotzdem uns irdischen Wesen ab und zu aus einer anderen Welt heraus Erkenntnisse zuflüstern, haftet den komplexen Zahlen seit vielen hundert Jahren an. Dabei ist für die Akzeptanz der komplexen Zahlen kein weiterer Glaubensaufwand notwendig, wenn man erst einmal den reellen Zahlen eine mathematische Existenz zugebilligt hat.

Das soll in diesem Kapitel erarbeitet werden. Der athematische Zugewinn, den man durch Betrachtung und Einbeziehung der komplexen Zahlen erhält, ist erheblich. Im Rahmen dieses Buchs ist es nun nicht möglich, darauf auch nur annähernd einzugehen. Trotzdem ist es ein großer Vorteil, sich mit den komplexen Zahlen nicht erst dann vertraut zu machen, wenn man sie im Studium unbedingt braucht. Liebe Leserin, lieber Leser, Sie werden erstaunt sein, wie unberechtigt die verbreitete Skepsis ist. Wenn der Name nicht schon vergeben wäre, könnte man die komplexen Zahlen ohne weiteres als die „natürlichen" Zahlen bezeichnen. Es ist aus vielen Gründen schade, dass sie bis heute kaum Eingang in die Schulbücher gefunden haben. Auf den reellen Zahlen aufbauend wäre ihre Behandlung im Unterricht ohne weiteres in zufriedenstellender Weise möglich und sinnvoll.

13.1 Definition der komplexen Zahlen

Wie man weiß, hat die quadratische Gleichung $x^2 + 1 = 0$ im Bereich der reellen Zahlen keine Lösung. Anschaulich ist das leicht nachzuvollziehen. Betrachtet man nämlich den Graphen der Funktion $f(x) = x^2 + 1$, so bekommt man eine Normalparabel, die die x-Achse nicht schneidet und somit keine so genannte Nullstelle hat. Nun gibt es aber Situationen, in denen man so etwas wie eine Lösung der Gleichung gut gebrauchen könnte. Historisch gesehen wurde das sogar schon recht früh so gesehen (man vergleiche die Ausführungen ab Seite 330 und die ausführlichere Beschreibung in [7]). Überträgt man nun die aus $\mathbb{R}$ bekannte Wurzelschreibweise, so kann man mit $i = \sqrt{-1}$ die Lösung der quadratischen Gleichung $i^2 = -1$ bezeichnen. Damit ist allerdings noch nichts über die Existenz ausgesagt.

In diesem ersten Abschnitt des Kapitels wird geklärt, was man unter den komplexen Zahlen versteht. Letztendlich sollen dann komplexe Zahlen die Form $a + bi$ mit reellen Zahlen a, b und der so genannten imaginären Einheit i haben. Um allerdings eine saubere theoretische Fundierung zu bekommen, ist es nicht sinnvoll, einfach ein Objekt wie $i = \sqrt{-1}$ zu den reellen Zahlen hinzuzunehmen. Vielmehr kann es (genau wie in den Kapiteln 6, 11 und 12) nur darum gehen, diese neuen Objekte auf der Grundlage des bisherigen (gesicherten) Wissens zu erklären. Konkret darf man also nicht mehr als die reellen Zahlen für die Definition verwenden.

13.1.1 Die Zahlenebene

Komplexe Zahlen sollen, wie bereits erwähnt, die Form $a + bi$ mit $a, b \in \mathbb{R}$ und der imaginären Einheit i haben. Es spricht also nichts dagegen, sich zunächst auf die reellen Zahlen a und b zu beschränken und die imaginäre Einheit (heimlich) mitzudenken, aber nicht aufzuschreiben. Das macht die folgende Definition.

▶ **Definition 13.1.1** Die Menge $\mathbb{C}$ der *komplexen Zahlen* besteht aus allen Paaren (x, y) reeller Zahlen. Es ist also $\mathbb{C} = \{(x, y) \mid x, y \in \mathbb{R}\}$.

Eine Veranschaulichung dieser Menge $\mathbb{C}$ der komplexen Zahlen ist dann offensichtlich die Ebene $\mathbb{R}^2$, versehen mit kartesischen Koordinaten. Ist eine komplexe Zahl z gegeben, so gehören zu ihr zwei reelle Zahlen x und y, und es ist $z = (x, y)$. Ist $x \neq y$, so ist $z = (x, y)$ verschieden von (y, x).

▶ **Definition 13.1.2** Für die komplexe Zahl $z = (x, y)$ heißt x ihr *Realteil* (geschrieben $x = Re\, z$) und y ihr *Imaginärteil* (geschrieben $y = Im\, z$). Der *Betrag* von z, geschrieben als $|z|$, ist die reelle Zahl $\sqrt{x^2 + y^2}$. Die komplexe Zahl $\bar{z} := (x, -y)$ heißt die zu z *konjugiert komplexe Zahl*.

Betrachtet man den Realteil einer komplexen Zahl $z = (x, y)$, so ist er gerade die x-Koordinate des durch z bestimmten Punktes in der Ebene. Entsprechend ist der Imaginärteil von z die y-Koordinate dieses Punktes. In der Ebene kann man dann auch den Betrag von z veranschaulichen. Er ist nach dem Satz des Pythagoras nichts anderes als der Abstand des Punkts z zum Nullpunkt $(0, 0)$. Schließlich kann man auch die zu z konjugiert komplexe Zahl $\bar{z}$ geometrisch deuten. Sie entsteht aus z durch Spiegelung des Punkts an der x-Achse. Es ist $|z| = |\bar{z}|$, was man (sehr) leicht nachrechnen kann.

Beispiel 13.1.1

Die komplexe Zahl $z = (-2, 1)$ hat den Realteil -2 und den Imaginärteil 1. Es ist $|z| = \sqrt{4 + 1} = \sqrt{5}$ und die konjugiert komplexe Zahl ist $\overline{z} = (-2, -1)$.

13.1.2 Polarkoordinaten

Es gibt eine weitere (häufig benutzte) Möglichkeit, komplexe Zahlen darzustellen, nämlich durch Polarkoordinaten. Dahinter steckt die Idee, einen Punkt z der Ebene nicht durch Angabe seiner kartesischen Koordinaten zu beschreiben, sondern durch seinen Abstand r vom Nullpunkt und den Winkel α (im mathematisch positiven Sinn) zwischen der positiven x-Achse und der Verbindungsstrecke von z zum Ursprung des Koordinatensystems. Durch $(1, 1)$ ist etwa eindeutig ein Punkt in kartesischen Koordinaten beschrieben. Genau an die gleiche Position kommt man aber, wenn man in einem Winkel von $45°$ zur x-Achse eine Halbgerade abträgt und auf ihr die Länge $\sqrt{2}$ markiert.

Die zu Punkten (x, y) im ersten Quadranten $(x, y > 0)$ gehörenden Winkel kann man zwischen $0°$ und $90°$ wählen. Den Punkten im zweiten Quadranten $(x < 0$ und $y > 0)$ lassen sich Winkel zwischen $90°$ und $180°$ zuordnen. Im dritten Quadranten $(x, y < 0)$ sind die Winkelgrenzen $180°$ und $270°$ und im vierten schließlich $270°$ und $360°$. Zu beachten ist aber, dass Winkel stets nur bis auf Addition ganzzahliger Vielfacher des Vollwinkels (also $360°$) festgelegt sind. Subtrahiert man von den zum vierten Quadranten genannten Winkelgrenzen $360°$, so sieht man, dass man hier genauso gut den entsprechenden Punkten Winkel zwischen $-90°$ und $0°$ zuordnen kann.

Beschreibt man einen Punkt z durch r und α, so heißen r und α die *Polarkoordinaten* von z. Um eine gute Unterscheidung zwischen der Polarkoordinatendarstellung und der kartesischen Darstellung $z = (x, y)$ zu bekommen, sollen die Polarkoordinaten als $z = \langle r, \alpha \rangle$ notiert werden.

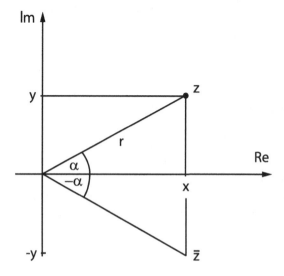

Es kommt dabei zu zwei Problemen, die man kennen sollte. Ist einerseits der zu beschreibende Punkt der Nullpunkt selbst, so ist $r = 0$, aber α kann beliebig gewählt werden. Winkel sind andererseits nur bis auf Addition ganzzahliger Vielfacher eines vollen Umlaufs bestimmt, denn ein Winkel von 360° ist nicht von einem Winkel von 0° zu unterscheiden.

Für die Darstellung des Winkels gibt es als Möglichkeiten das Gradmaß und das Bogenmaß. Es ist nun in vielerlei Hinsicht sinnvoll, die Winkel nicht im Gradmaß, sondern im Bogenmaß anzugeben. Dazu wird der Kreis mit Radius 1 um den Nullpunkt betrachtet. Jeder der Punkte auf diesem Kreis bestimmt einen Winkel. Es ist der Winkel, den die Verbindungsstrecke zwischen dem Ursprung und dem Punkt auf diesem Kreis mit der positiven x-Achse einschließt. Außerdem ist der betreffende Punkt eindeutig durch die Länge des im positiven Sinne durchlaufenden Kreisbogens von $(1, 0)$ bis zu diesem Punkt bestimmt. Die Umrechnung von Gradmaß auf Bogenmaß ist dann einfach proportional, wenn man berücksichtigt, dass der volle Kreis mit Radius 1 den Umfang 2π besitzt. Zum Beispiel entspricht dem Winkel von 30° das Bogenmaß

$$\frac{30}{360} \cdot 2\pi = \frac{\pi}{6}.$$

Das Bogenmaß ist eine Länge, aber es spielt für Betrachtungen im mathematischen Rahmen natürlich keine Rolle, ob man sich die Einheitslänge als 1 mm, 1 km oder als 1 Lichtjahr vorstellt.

Die Umrechnung von kartesischen Koordinaten in Polarkoordinaten und umgekehrt benötigt ein paar elementare Kenntnisse über Winkelfunktionen. Für $z = (x, y)$ ist, wie oben schon angemerkt, $r = |z| = \sqrt{x^2 + y^2}$. Durch Betrachtung des (rechtwinkligen) Dreiecks mit den Ecken $(0, 0)$, $(x, 0)$ und (x, y) erkennt man, dass $\tan\alpha = \frac{y}{x}$ ist, falls $x \neq 0$. Für die Ermittlung von α ist daher die Umkehrabbildung arctan der Tangensfunktion zuständig. Doch hier muss man vorsichtig sein, da arctan nach der üblichen Definition, der auch die Implementierung in Rechnern folgt, nur Werte zwischen $-\frac{\pi}{2}$ und $\frac{\pi}{2}$ liefert. In diesem Intervall (das ohne die Endpunkte betrachtet wird) nimmt nämlich der Tangens schon jede reelle Zahl irgendwo als Wert an.

Den Winkeln zwischen $-\frac{\pi}{2}$ und $\frac{\pi}{2}$ entsprechen (siehe den Beginn dieses Abschnitts) Punkte z im ersten oder im vierten Quadranten. Falls also $x > 0$ gilt, so ist der gelieferte Winkel $\alpha = \arctan\frac{y}{x}$ tatsächlich richtig.

Im Fall $x < 0$ (wenn also z im zweiten oder im dritten Quadranten liegt), stimmt dieses Ergebnis nicht, denn der Winkel müsste dann (bis auf Addition ganzzahliger Vielfacher von 2π) einen Wert zwischen $\frac{\pi}{2}$ und $\frac{3\pi}{2}$ haben. Die Tangensfunktion hat die Periode π, das heißt, es gilt $\tan\alpha = \tan(\alpha + \pi)$. Die zu erfüllende Gleichung $\tan\alpha = \frac{y}{x}$ wird also durch $\alpha + \pi$ genauso gelöst, wenn α eine Lösung ist. Ist nun α_1 der Winkel, den zum Beispiel der Taschenrechner nach Eingabe von $\frac{y}{x}$ und Drücken der TAN-Taste ausgegeben hat, so liegt dieser im Intervall $(-\frac{\pi}{2}, \frac{\pi}{2})$, und im Fall $x < 0$ ergibt sich der zu z gehörende Winkel daraus als $\alpha = \alpha_1 + \pi$. Im verbleibenden Fall $x = 0$ ist offenbar $\alpha = \frac{\pi}{2}$ für $y > 0$ und $\alpha = -\frac{\pi}{2}$ für $y < 0$ zu setzen (Abbildung. 13.1).

Abb. 13.1 Für die beiden
Punkte z und w in der
Abbildung ist jeweils der
Quotient aus Imaginär- und
Realteil gleich, während sich
der zugehörige Winkel aber
um π unterscheidet

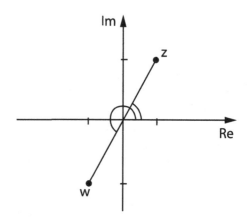

Dem Nullpunkt kann, wie schon erwähnt, kein bestimmter Winkel sinnvoll zugeordnet werden. Er nimmt in Bezug auf die Polarkoordinaten eine Sonderstellung ein. Die Umrechnung von kartesischen Koordinaten in Polarkoordinaten ist durch

$$z = (x, y) \quad \text{(kartesisch)} \quad \longrightarrow \quad z = \langle r, \alpha \rangle \quad \text{(polar) mit}$$

$$r = |z| = \sqrt{x^2 + y^2}, \quad \alpha = \begin{cases} \arctan \frac{y}{x} & \text{falls } x > 0 \\ \arctan \frac{y}{x} + \pi & \text{falls } x < 0 \\ \frac{\pi}{2} & \text{falls } x = 0 \text{ und } y > 0 \\ -\frac{\pi}{2} & \text{falls } x = 0 \text{ und } y < 0 \end{cases}$$

gegeben. Die umgekehrte Richtung ist einfacher. Sei $z = \langle r, \alpha \rangle$ in Polarkoordinaten gegeben und die kartesische Darstellung $z = (x, y)$ gesucht. Man betrachtet das rechtwinklige Dreieck mit den Ecken $(0, 0)$, $(x, 0)$ und $(x, y) = z$. Nun ist bekanntlich der Sinus eines Winkels α das Verhältnis der Gegenkathete von α zur Hypotenuse, und der Kosinus von α das Verhältnis der Ankathete von α zur Hypotenuse. Also bekommt man die Umrechnung

$$z = \langle r, \alpha \rangle \quad \text{(polar)} \quad \longrightarrow \quad z = (x, y) \quad \text{(kartesisch)}$$

mit $x = r \cos \alpha$ und $y = r \sin \alpha$ aus der Definition der Winkelfunktionen sin und cos im rechtwinkligen Dreieck.

Beispiel 13.1.2

(i) Die komplexe Zahl $z = (-2, 2)$ hat den Betrag $r = \sqrt{8} = 2 \cdot \sqrt{2}$, und sie liegt im zweiten Quadranten. Der zugehörige Winkel ist demnach $-\frac{\pi}{4} + \pi = \frac{3\pi}{4}$. In Polarkoordinaten ist also $z = \langle 2 \cdot \sqrt{2}, \frac{3\pi}{4} \rangle$.

(ii) Gegeben sei die Polarkoordinatendarstellung $w = \langle 7, \frac{5\pi}{3} \rangle$. Statt des Winkels $\frac{5\pi}{3}$ kann man auch $\frac{5\pi}{3} - 2\pi = -\frac{\pi}{3}$ schreiben. Der zugehörige Punkt liegt also im vierten

Quadranten, und es ist $\cos(-\frac{\pi}{3}) = \cos\frac{\pi}{3} = \frac{1}{2}$ sowie $\sin(-\frac{\pi}{3}) = -\sin\frac{\pi}{3} = -\frac{\sqrt{3}}{2}$. Die kartesische Darstellung ergibt sich daraus als $w = (\frac{7}{2}, -\frac{7\sqrt{3}}{2})$.

13.2 Addition und Multiplikation

Es bietet sich an, die Summe zweier komplexer Zahlen $z = (x, y)$ und $w = (u, v)$ komponentenweise zu bilden. Man definiert

$$z + w = (x, y) + (u, v) := (x + u, y + v).$$

Das stimmt mit der üblichen Vektoraddition im $\mathbb{R}^2$ überein. Es wird bei dieser Zahlbereichserweiterung darauf verzichtet, für die Addition komplexer Zahlen ein neues Symbol zu verwenden. Eine Verwechslung mit der Addition „+" in $\mathbb{R}$, die natürlich auf der rechten Seite gemeint ist, ist ja wirklich nicht zu befürchten.

Auch bei der Multiplikation komplexer Zahlen ist es nicht erforderlich, statt „$\cdot$" ein neues Symbol einzuführen. Das ist aber auch alles, was vertraut erscheint. Die in der Menge der komplexen Zahlen übliche Multiplikation scheint ansonsten (zumindest auf den ersten Blick) an den Haaren herbeigezogen zu sein. Man setzt

$$z \cdot w = (x, y) \cdot (u, v) := (xu - yv, xv + yu).$$

In Polarkoordinaten betrachtet wird dann aber deutlich, dass die so definierte Multiplikation einen vernünftigen Hintergrund hat. Seien also z und w komplexe Zahlen mit $z = (x, y)$ und $w = (u, v)$ (wobei x, y, u und v reelle Zahlen sind). Sei $z = \langle r, \alpha \rangle$ und $w = \langle \rho, \beta \rangle$ die jeweilige Darstellung in Polarkoordinaten. Dann ist (man vergleiche den vorigen Abschnitt auf Seite 328) $x = r\cos\alpha, y = r\sin\alpha, u = \rho\cos\beta$ und $v = \rho\sin\beta$. Also setzt man ein und rechnet

$$z \cdot w = (r\cos\alpha\,\rho\cos\beta - r\sin\alpha\,\rho\sin\beta, r\cos\alpha\,\rho\sin\beta + r\sin\alpha\,\rho\cos\beta)$$
$$= (r\rho(\cos\alpha\cos\beta - \sin\alpha\sin\beta), r\rho(\cos\alpha\sin\beta + \sin\alpha\cos\beta)).$$

Nach den Additionstheoremen für die Kosinus- bzw. die Sinusfunktion gilt

$$\cos\alpha\cos\beta - \sin\alpha\sin\beta = \cos(\alpha + \beta) \text{ und } \cos\alpha\sin\beta + \sin\alpha\cos\beta = \sin(\alpha + \beta).$$

Das zeigt

$$z \cdot w = (r\rho\cos(\alpha + \beta), r\rho\sin(\alpha + \beta)).$$

Wegen $\sin^2 t + \cos^2 t = 1$ für alle $t \in \mathbb{R}$ ist also $z \cdot w$ eine komplexe Zahl vom Betrag $r\rho$. In Polarkoordinaten ist damit

$$z \cdot w = \langle r, \alpha \rangle \cdot \langle \rho, \beta \rangle = \langle r\rho, \alpha + \beta \rangle \, .$$

Das Produkt von z und w ist also diejenige komplexe Zahl, deren Betrag gleich dem Produkt der Beträge von z und w ist, und der zugehörige Winkel ist die Summe der Winkel, die zu den Faktoren z und w gehören.

Es darf und soll nun auch gleich vereinbart werden, dass Regeln wie „Punktrechnung geht vor Strichrechnung" zur Vermeidung von allzu viel Klammern übernommen werden. Auch darf der Multiplikationspunkt wie gewohnt auch bei der Multiplikation komplexer Zahlen weggelassen werden. Der Vollständigkeit halber sollen die Definitionen der Rechenoperationen nun auch eine eigene Nummerierung bekommen.

▶ **Definition 13.2.1** Seien $z = (x, y)$ und $w = (u, v)$ komplexe Zahlen. Dann ist durch

$$z + w = (x, y) + (u, v) := (x + u, y + v)$$

eine Addition und durch

$$z \cdot w = (x, y) \cdot (u, v) := (xu - yv, xv + yu)$$

eine Multiplikation auf der Menge der komplexen Zahlen definiert.

Beispiel 13.2.1

Es seien $z = (-1, 3)$ und $w = (2, -1)$ komplexe Zahlen. Dann ist $z + w = (-1 + 2, 3 - 1) = (1, 2)$. Für das Produkt rechnet man $z \cdot w = ((-1) \cdot 2 - 3 \cdot (-1), (-1) \cdot (-1) + 3 \cdot 2) = (1, 7)$.

Historisches zu den komplexen Zahlen

Quadratwurzeln aus negativen Zahlen tauchten im 16. Jahrhundert erstmals im Zusammenhang mit dem Bemühen auf, quadratische und kubische Gleichungen zu lösen. Diesen Größen wurde jedoch keine reale Existenz zugebilligt. Eine quadratische Gleichung ohne reelle Lösungen sah man als „unmögliche Gleichung" an. Bei kubischen Gleichungen, für die Girolamo Cardano (1501–1576) eine Lösungsformel veröffentlicht hatte, trat jedoch ein als sehr eigenartig empfundener Effekt ein: In manchen Fällen ergaben sich die reellen Lösungen aus den Formeln als Summe komplexer Zahlen (die allerdings damals nicht so genannt wurden). Man konnte zu den anerkannten Lösungen nur auf dem Umweg über diese als suspekt angesehenen Ausdrücke gelangen. Es ließ sich also nicht vermeiden, mit ihnen zu rechnen, wenn auch nur rein formal. Rafaele Bombelli (1526–1572) hat in einem um 1560 erschienenen Buch Rechenregeln aufgestellt, die sich als sehr nützlich im Umgang mit diesen Geisterzahlen erwiesen.

Auch die großen Nachfolger René Descartes (1596–1650), Isaac Newton (1643–1727) und Gottfried Wilhelm Leibniz (1646–1716) billigten den komplexen Zahlen keine den reellen Zahlen gleichwertige Existenz zu. Sie blieben mysteriös, aber eben praktisch bei konkreten Rechenproblemen. Dasselbe gilt für Leonhard Euler (1707–1783), dessen geniale Intuition ihn mit traumwandlerischer Sicherheit in Bereiche vorstoßen ließ, für die der Boden zu dieser Zeit längst noch nicht bereitet war. Er betrachtete zum Beispiel die Exponentialfunktion, den Logarithmus und die trigonometrischen Funktionen in komplexwertigen Variablen und entdeckte so die nach ihm benannte *Euler'sche Gleichung* $\exp(ix) = \cos x + i \sin x$ mit $x \in \mathbb{R}$, die auf verblüffende Weise die Exponentialfunktion mit dem Kosinus und dem Sinus verbindet. Das wäre bei einer auf die reellen Zahlen beschränkten Sichtweise nicht zu ahnen (man betrachte jeweils die Graphen und versuche, eine Verwandschaft zu entdecken).

Manchmal wird vermutet, dass Euler bereits seit 1749 die Veranschaulichung von $\mathbb{C}$ als Zahlenebene gekannt hat. Es wäre dann aber schwer zu verstehen, warum er in seinem zuerst 1768 erschienenen Buch *Vollständige Anleitung zur Algebra* schreibt, „daß die Quadratwurzeln von negativen Zahlen nicht einmahl unter die möglichen Zahlen können gerechnet werden: Folglich müssen wir sagen, daß dieselben ohnmögliche Zahlen sind."

Erst 1797 hatte Caspar Wessel (1745–1818), ein norwegischer Landvermesser in dänischen Diensten, die entscheidende Idee, die gerichteten Strecken (also Vektoren) in der Ebene als komplexe Zahlen zu betrachten. Dieser Durchbruch, 1798 publiziert, wurde allerdings erst viel später wirklich wahrgenommen.

Für Carl Friedrich Gauß (1777–1855) waren die komplexen Zahlen als Punkte der Ebene vollständig legitime Zahlen. Mit aller Deutlichkeit und seiner ganzen mathematischen Autorität hat er mehrfach im Laufe seines Lebens versucht, auch in den Köpfen seiner Zeitgenossen die Mystik um diese Zahlen zu vertreiben. Der Fundamentalsatz der Algebra (man vergleiche Satz 13.6.2) war ein großes Thema seiner Zeit. Der Satz lag Gauß besonders am Herzen. Seine Richtigkeit war zwar vermutet, aber nicht bewiesen worden. Gauß hat sich immer wieder und bis ins hohe Alter mit diesem Satz beschäftigt. Er hat verschiedene Zugänge behandelt, die bis heute die Grundlage der gängigen Beweise darstellen.

13.3 Reelle Zahlen sind komplexe Zahlen

Bei jeder Erweiterung eines Zahlbereichs wurde bisher Wert darauf gelegt, dass sich die jeweils „alte" Menge isomorph in die Erweiterung, also in die „neue" Zahlenmenge, einbetten ließ. Das soll auch dieses Mal wieder geschehen. Die Idee, die reellen Zahlen mit der x-Achse der Ebene zu identifizieren, wird dabei sicher nicht überraschen. In diesem Abschnitt soll nun gezeigt werden, dass sich $\mathbb{R}$ problemlos isomorph in $\mathbb{C}$ einbetten lässt. Darüber hinaus wird eine neue Schreibweise für die komplexen Zahlen plausibel gemacht, mit der sich einfacher als mit Zahlenpaaren rechnen lässt.

Betrachtet man die Teilmenge $R := \{(t, 0) \mid t \in \mathbb{R}\}$ von $\mathbb{C}$, so stellt sich für zwei Punkte $(x, 0)$ und $(u, 0)$ aus R die Addition als

$$(x, 0) + (u, 0) = (x + u, 0)$$

und die Multiplikation in der Form

$$(x, 0) \cdot (u, 0) = (xu, 0)$$

dar. Bei beiden Operationen bleibt somit die Null in der zweiten Komponente erhalten. Setzt man also $(t, 0) \in \mathbb{C}$ mit der Zahl $t \in \mathbb{R}$ gleich, so unterscheiden sich die Mengen $R \subset \mathbb{C}$ und $\mathbb{R}$ strukturell bezüglich der Addition „+" und der Multiplikation „·" nicht. Die Abbildung

$$F : \begin{cases} \mathbb{R} \longrightarrow \mathbb{C} \\ t \longmapsto (t, 0) \end{cases}$$

ist nur eine Umbenennung, die wegen $F(x + u) = F(x) + F(u)$ und $F(x \cdot u) = F(x) \cdot F(u)$ Addition und Multiplikation vom Urbild auf das Bild überträgt. Es spielt keine Rolle, ob vor der Anwendung von F addiert (oder multipliziert) wird oder danach. Die Abbildung F ist *strukturerhaltend*, also ein Isomorphismus (man vergleiche Definition 6.3.3).

Man findet also die Menge $\mathbb{R}$ der reellen Zahlen als Teilmenge R von $\mathbb{C}$ wieder, wenn auch in einer leichten Verkleidung. Rechnet man in R, so könnte man das Entsprechende auch in $\mathbb{R}$ tun und umgekehrt. Die Resultate übersetzen sich mit Hilfe der Umbenennungsfunktion F. Es lohnt sich daher nicht, streng zwischen R und $\mathbb{R}$ zu unterscheiden. Wenn man vereinbart, die Menge der reellen Zahlen $\mathbb{R}$ künftig mit R gleichzusetzen, hat man nichts verloren, dafür aber die Inklusion $\mathbb{R} \subset \mathbb{C}$ gewonnen. Sie zeigt nämlich (da sie einschließlich der Übertragbarkeit der Rechenoperationen Addition und Multiplikation zu verstehen ist), dass $\mathbb{C}$ eine Zahlbereichserweiterung von $\mathbb{R}$ ist. Anders ausgedrückt ist die Menge aller Punkte der Ebene $\mathbb{R}^2$ mit einer Addition und einer Multiplikation so ausgestattet, dass die Punkte der x-Achse die reellen Zahlen bilden. Die Rechenoperationen auf der x-Achse, als Modell der reellen Zahlengeraden, sind also auf die Punkte der Ebene ausgedehnt worden. Das ist ein echter Gewinn.

Wenn man im beschriebenen Sinn die reellen Zahlen in die komplexen eingebettet hat, so kann man auch vereinbaren, dies in der Notation auszudrücken. Statt $(x, 0)$ darf auch gleich x geschrieben werden. Führt man für die komplexe Zahl $(0, 1)$ die Bezeichnung i ein (abgeleitet von „imaginärer Einheit"), so sieht man für $x, y \in \mathbb{R} = R$

$$x + i \cdot y = (x, 0) + (0, 1) \cdot (y, 0) = (x, 0) + (0, y) = (x, y).$$

Abb. 13.2 Man beachte, dass auf der imaginären Achse reelle Zahlen (wie $\sin\alpha$) eingetragen werden und nicht imaginäre (wie $i\sin\alpha$). Das entspricht der Gewohnheit bezüglich der Skalierung der Achsen im kartesischen Koordinatensystem, wo auch etwa 1 oder $\sqrt{2}$ auf der y-Achse markiert wird und nicht $(0,1)$ oder $(0,\sqrt{2})$

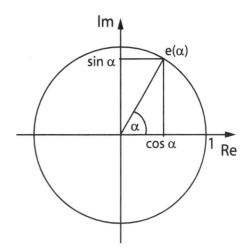

Die Schreibweise $x + iy$ statt (x, y) für die komplexe Zahl (x, y) hat, wie sich noch zeigen wird, viele Vorteile.

Die Addition komplexer Zahlen ist, wie erwähnt, gleichzeitig die übliche Addition von Vektoren in der Ebene. Für Letztere gibt es auch die Multiplikation mit reellen Zahlen λ in der Form $\lambda \cdot (x, y) = (\lambda x, \lambda y)$. Wenn nun λ als die komplexe Zahl $(\lambda, 0)$ aufgefasst wird, so ist das Ergebnis der (komplexen) Multiplikation mit (x, y) dasselbe:

$$(\lambda, 0) \cdot (x, y) = (\lambda \cdot x - 0 \cdot y, \lambda \cdot y + 0 \cdot x) = (\lambda x, \lambda y).$$

Eine komplexe Zahl wird also mit einer solchen aus R dadurch multipliziert (in der komplexen Multiplikation), indem Real- und Imaginärteil einzeln mit ihr multipliziert werden. Hierbei muss man sich jedoch klarmachen, dass die reelle Zahl einmal als komplexe Zahl, also als Element der Menge R, und andererseits, als Element von $\mathbb{R}$ im alten Sinn aufgefasst wird, um das Produkt mit Real- und Imaginärteil bilden zu können.

Eine in Polarkoordinaten gegebene komplexe Zahl $z = \langle r, \alpha \rangle$ schreibt sich kartesisch als $z = r\cos\alpha + ir\sin\alpha = r(\cos\alpha + i\sin\alpha)$. Setzt man $e(\alpha) := \cos\alpha + i\sin\alpha$, so ist also $\langle r, \alpha \rangle = r \cdot e(\alpha)$. Man beachte, dass wegen $\sin^2\alpha + \cos^2\alpha = 1$ stets $|e(\alpha)| = 1$ gilt. Der Punkt $e(\alpha)$ liegt also auf dem Kreis um 0 mit dem Radius 1, dem Einheitskreis, und es ist $|z| = r$. Die Notation (mehr ist es nicht) $z = r \cdot e(\alpha)$ stellt z mit Hilfe der Polarkoordinaten dieses Punkts dar und beinhaltet bereits die kartesische Schreibung, wenn man einfach die Definition von $e(\alpha)$ einsetzt und ausmultipliziert (Abbildung 13.2).

Die Bezeichnung $e(\alpha)$ hat einen bestimmten Grund. Wenn man nämlich die aus der Schule bekannte Exponentialfunktion $\exp(x)$ ins Komplexe fortsetzt (also für $z \in \mathbb{C}$ statt für reelle x betrachtet), so erhält man die *Euler'sche Gleichung* $\exp(i\alpha) = e(\alpha)$. Auf diese Tatsache kann hier nicht näher eingegangen werden, denn Analysis im Komplexen (also die Einführung und Untersuchung des Konvergenzbegriffs) ist wirklich nicht Gegenstand dieses Buchs.

13.4 Rechnen mit komplexen Zahlen

Im Bereich der komplexen Zahlen mit der definierten Addition und Multiplikation gelten im Wesentlichen alle auch aus $(\mathbb{R}, +, \cdot)$ bekannten Rechenregeln. Die folgenden Regeln können unmittelbar aus den Definitionen der Addition und Multiplikation abgeleitet werden. Sie haben ihre Basis in den entsprechenden Rechenregeln für reelle Zahlen.

▶ **Satz 13.4.1** Für alle $a, b, c \in \mathbb{C}$ gilt

(i) $a + (b + c) = (a + b) + c$ (Assoziativgesetz der Addition),
(ii) $a(bc) = (ab)c$ (Assoziativgesetz der Multiplikation),
(iii) $a + b = b + a$ (Kommutativgesetz der Addition),
(iv) $ab = ba$ (Kommutativgesetz der Multiplikation),
(v) $a(b + c) = ab + ac$ (Distributivgesetz).

▶ **Beweis 13.4.1** Alle Gesetze folgen durch Rechnen wegen ihrer Gültigkeit in $\mathbb{R}$. □

In $(\mathbb{C}, +, \cdot)$ ist aber auch eine weitere Eigenschaft erfüllt, die immer wieder eine besondere Rolle gespielt hat, nämlich die Lösbarkeit additiver und multiplikativer Gleichungen. Man kann zeigen, dass $(\mathbb{C}, +)$ und $(\mathbb{C}\backslash\{0\}, \cdot)$ Gruppen sind. Hat man das bewiesen, so kann man mit Satz 13.4.1 folgern, dass $(\mathbb{C}, +, \cdot)$ ein Körper ist.

▶ **Satz 13.4.2** $(\mathbb{C}, +, \cdot)$ ist ein Körper.

▶ **Beweis 13.4.2** Das neutrale Element bezüglich der Addition ist $(0, 0)$, für das oben bereits die vereinfachte Schreibweise 0 vereinbart wurde, denn $(0, 0) \in R$. Neutrales Element bezüglich der Multiplikation ist $1 \in R$, also das Element $(1, 0)$, wie direkt nachgerechnet werden kann. Noch einfacher ist das in Polarkoordinaten zu sehen. Es ist $1 = (1, 0) = \langle 1, 0 \rangle$. Die Koordinaten sind zwar jeweils gleich, aber man beachte ihre unterschiedliche Bedeutung. Für $z = \langle r, \alpha \rangle$ ergibt sich

$$z \cdot \langle 1, 0 \rangle = \langle r \cdot 1, \alpha + 0 \rangle = \langle r, \alpha \rangle = z.$$

Das inverse Element $-z$ zu $z = (x, y)$ bezüglich der Addition ist offensichtlich $(-x, -y)$. Für die Multiplikation ist die Bestimmung des jeweiligen inversen Elements etwas aufwendiger. Klar ist aber schon alles für $\lambda = (\lambda, 0) \in R\backslash\{0\}$, denn hier kann (siehe oben) wie in $\mathbb{R}$ gerechnet werden. Es ist

$$\lambda^{-1} = (\lambda, 0)^{-1} = (\lambda^{-1}, 0).$$

Zur Bestimmung des multiplikativ inversen Elements einer beliebigen komplexen Zahl $z \neq 0$ zieht man am einfachsten Polarkoordinaten heran. Mit $z = \langle r, \alpha \rangle$ gilt

$$z \cdot \langle r^{-1}, -\alpha \rangle = \langle 1, 0 \rangle = 1.$$

Also erhält man die gesuchte Zahl als $z^{-1} = \langle r^{-1}, -\alpha \rangle$. Weil die Assoziativgesetze, die Kommutativgesetze und das Distributivgesetz erfüllt sind (man vergleiche Satz 13.4.1), ist $(\mathbb{C}, +, \cdot)$ ein Körper.   □

Vom Umgang mit komplexen Zahlen Dieser kurze Abschnitt zeigt weitere Rechenregeln für die komplexen Zahlen. Diese Regeln sind manchmal ganz nützlich. Basis ist dabei das multiplikative Inverse z^{-1} der komplexen Zahl $z \neq 0$. Auch die kartesische Darstellung von z^{-1} kann nämlich relativ einfach hergeleitet werden. Für $z = \langle r, \alpha \rangle$ gilt $\bar{z} = \langle r, -\alpha \rangle$, da sich $\bar{z}$ aus z durch Spiegelung an der x-Achse ergibt. Aus $\cos(-\alpha) = \cos\alpha$ und $\sin(-\alpha) = -\sin\alpha$ lässt sich das auch ablesen. Daraus ergibt sich die folgende (wie gesagt oft nützliche) Rechenregel. Es ist

$$z \cdot \bar{z} = \langle r, \alpha \rangle \cdot \langle r, -\alpha \rangle = \langle r^2, 0 \rangle = (r^2, 0) = (|z|^2, 0) = |z|^2.$$

Somit folgt

$$z^{-1} = \langle r^{-1}, -\alpha \rangle = \langle r^{-2}, 0 \rangle \cdot \langle r, -\alpha \rangle = (r^{-2}, 0) \cdot \bar{z} = (r^2, 0)^{-1} \cdot \bar{z}.$$

Wenn man die gewohnte Bruchschreibweise auch für die komplexen Zahlen vereinbart, so ist also

$$z^{-1} = \frac{1}{z} = \frac{\bar{z}}{r^2} = \frac{\bar{z}}{|z|^2} = \frac{\bar{z}}{z \cdot \bar{z}}.$$

Mit $z = (x, y)$ kann das als

$$\frac{1}{z} = \left(\frac{x}{x^2 + y^2}, \frac{-y}{x^2 + y^2} \right)$$

geschrieben werden. Diese Darstellung für $\frac{1}{z}$ kommt also zustande, indem man den Bruch mit $\bar{z}$ erweitert, was dazu führt, dass der Nenner reell wird, sodass man danach die kartesische Darstellung unmittelbar aus der von $\bar{z}$ erhält. Zur Division einer komplexen Zahl durch eine reelle Zahl $\lambda \neq 0$ brauchen nämlich nur Real- und Imaginärteil einzeln dividiert werden. Die Division ist dasselbe wie die Multiplikation mit der reellen Zahl λ^{-1}.

Oben wurde schon die Schreibweise $x + iy$ für die komplexe Zahl (x, y) eingeführt. Die Zahl $x + iy$ darf als die Summe der reellen Zahl $x = (x, 0)$ mit $iy = (0, y)$ interpretiert werden, und Letzteres ist dasselbe wie $(0, 1) \cdot (y, 0)$, also das Produkt der imaginären Einheit i mit der reellen Zahl $y = (y, 0)$. Nun gilt die wichtige Gleichung

$$i^2 = (0, 1) \cdot (0, 1) = (-1, 0) = -1,$$

in Polarkoordinaten

$$i^2 = \left\langle 1, \frac{\pi}{2} \right\rangle \cdot \left\langle 1, \frac{\pi}{2} \right\rangle = \left\langle 1 \cdot 1, \frac{\pi}{2} + \frac{\pi}{2} \right\rangle = \langle 1, \pi \rangle = -1.$$

Die Berechnung von $(x + iy)(u + iv)$ kann mit dem Distributivgesetz unter Verwendung der anderen Rechengesetze ausgeführt werden. Wegen $i^2 = -1$ ergibt das die Beziehung

$$(x + iy)(u + iv) = xu - yv + i(xv + yu).$$

Um zwei kartesisch gegebene komplexe Zahlen zu multiplizieren, muss man also nur s $i^2 = -1$ anwenden. Damit ist es lohnend, dieses i noch einmal in einem Satz zu würdigen.

▶ **Satz 13.4.3** Die komplexe Zahl $i = (0, 1)$ heißt *imaginäre Einheit*. Es gilt $i^2 = -1$.

▶ **Beweis 13.4.3** Er wird durch Rechnen geführt: $i^2 = (0, 1) \cdot (0, 1) = (-1, 0) = -1$. □

Der folgende Satz betrifft schließlich einige weitere wichtige Regeln im Umgang mit komplexen Zahlen. Er zeigt, dass die Konjugation mit der Addition und der Multiplikation vertauschbar ist.

▶ **Satz 13.4.4** Für komplexe Zahlen $z = (x, y)$ und $w = (u, v)$ gilt

(i) $\overline{z + w} = \bar{z} + \bar{w}$,

(ii) $\overline{z \cdot w} = \bar{z} \cdot \bar{w}$.

(iii) $\bar{z} = z$ genau dann, wenn z reell ist.

▶ **Beweis 13.4.4** (i) Die Gleichung ergibt sich unmittelbar, wenn in kartesischen Koordinaten $z = x + iy$, $w = u + iv$ gerechnet wird. Denn es ist

$$\overline{z + w} = \overline{x + u + i(y + v)} = x + u - i(y + v) = x - iy + u - iv = \bar{z} + \bar{w}.$$

(ii) Im Fall $z = 0$ oder $w = 0$ ist die Aussage sicher richtig. Es sei nun $z = \langle r, \alpha \rangle$ und $w = \langle R, \beta \rangle$. Dann ist $zw = \langle rR, \alpha + \beta \rangle$ und (wegen der Bedeutung der Konjugation als Spiegelung an der reellen Achse)

$$\overline{z \cdot w} = \langle rR, -\alpha - \beta \rangle = \langle r, -\alpha \rangle \cdot \langle R, -\beta \rangle = \bar{z} \cdot \bar{w}.$$

(iii) Aus $\bar{z} = z$ folgt $Im\, z = -Im\, z$, also $Im\, z = 0$ und umgekehrt. □

Einige Anmerkungen zu komplexen Zahlen Schon im Schulunterricht ergibt sich die (in Übung 4 im Kapitel 6 auf Seite 153 für ganze Zahlen beantwortete) Frage, warum eigentlich „minus mal minus plus ist". Eine Quadratzahl (in $\mathbb{Z}$ oder $\mathbb{Q}$ oder $\mathbb{R}$) ist niemals negativ, und aus eben diesem Grund verwirrt in $\mathbb{C}$ die Gleichung $i^2 = -1$ zunächst. Die Vorbehalte gegen die komplexen Zahlen haben hierin sicherlich eine Ursache.

Doch auch in $\mathbb{C}$ gibt es in Bezug auf das Quadrieren eine gewisse Ordnung. Man kann sich nämlich überzeugen, dass für ein $a \in R$ und sein Inverses $(-a)$ bezüglich der Addition die Beziehung $a \cdot a = (-a) \cdot (-a)$ sogar ganz allgemein in jedem Ring R (und damit speziell auch im Körper $\mathbb{C}$ der komplexen Zahlen) gilt.

▶ **Satz 13.4.5** Sei R ein Ring und $a \in R$ ein beliebiges Element des Rings. Dann ist $a \cdot a = (-a) \cdot (-a)$ oder (anders geschrieben) $a^2 = (-a)^2$.

▶ **Beweis 13.4.5** Mit den Distributivgesetzen folgt

$$(-a) \cdot (a + (-a)) = (-a) \cdot a + (-a)(-a)$$

einerseits und $a + (-a) = 0$ andererseits. Aus $b \cdot 0 = b \cdot (0 + 0) = b \cdot 0 + b \cdot 0$ folgt $b \cdot 0 = 0$ für jedes Ringelement. Also ist $0 = (-a) \cdot a + (-a)(-a)$. Addiert man auf beiden Seiten $a \cdot a$, so erhält man

$$a \cdot a = a \cdot a + (-a) \cdot a + (-a) \cdot (-a) = (a + (-a)) \cdot a + (-a) \cdot (-a)$$
$$= 0 \cdot a + (-a) \cdot (-a) = (-a) \cdot (-a).$$

Man kann also $a^2 = (-a)^2$ als Konsequenz aus den Rechengesetzen in einem Ring ableiten. $\square$

Für reelle Zahlen lässt sich mit Hilfe der komplexen Multiplikation eine Deutung für diese Beziehung geben, die durchaus intuitiv ist. Für jede positive reelle Zahl x hat $-x$ die Polarkoordinatendarstellung $\langle x, \pi \rangle$. Damit ergibt sich

$$(-x)^2 = \langle x^2, 2\pi \rangle = \langle x^2, 0 \rangle = x^2.$$

Man kann auch für eine beliebige komplexe Zahl $z = \langle r, \alpha \rangle$ feststellen, dass

$$-z = (-1) \cdot z = \langle 1, \pi \rangle \cdot \langle r, \alpha \rangle = \langle r, \alpha + \pi \rangle$$

ist und erhält

$$(-z)^2 = \langle r^2, 2\alpha + 2\pi \rangle = \langle r^2, 2\alpha \rangle = z^2.$$

Damit hat man zwei (gleichwertige) Belege dafür, dass für ein Element $z \in \mathbb{C}$ und sein additives inverses Element $-z \in \mathbb{C}$ die Gleichung $z^2 = (-z)^2$ gilt. Man weiß damit auch, dass $i^2 = (-i)^2$ ist. Es bleibt aber vielleicht noch ein Unbehagen, weil dieses Quadrat „negativ" ist, was man vom Rechnen mit den reellen Zahlen her nicht kennt.

Das Problem liegt allerdings tiefer. Man muss sich nämlich die Frage stellen, ob es überhaupt sinnvoll ist, von einer beliebigen komplexen Zahl zu sagen, sie sei positiv oder negativ. Mit den bisher behandelten Eigenschaften kann man die Frage nicht beantworten, denn es fehlt eine Definition. Man kann nun versuchen, eine solche Definition zu geben. Dazu sollte man Eigenschaften zusammenstellen, die eine (noch zu präzisierende) Menge P „positiver" komplexer Zahlen auf jeden Fall haben soll. Die folgenden Anforderungen sollten positive Zahlen wohl erfüllen (und da besteht hoffentlich Einigkeit).

(i) Die positiven reellen Zahlen sollten (müssen) in P enthalten sein.

(ii) Für jede komplexe Zahl $z \neq 0$ sollte gelten, dass *entweder* $z \in P$ *oder* $-z \in P$ ist. Die Zahl 0 soll nicht positiv sein.

(iii) Mit $z, w \in P$ soll auch $z + w \in P$ und $z \cdot w \in P$ sein.

Leider muss man feststellen, dass diese Wünsche nicht auf einmal zu erfüllen sind. Wegen $i \neq 0$ gibt es nach Forderung (ii) nur die beiden Möglichkeiten $i \in P$ oder $-i \in P$. Wäre $i \in P$, so wäre es nach (iii) auch die Zahl $i \cdot i = i^2 = -1$. Wegen Forderung (i) muss aber $1 \in P$ sein, und wegen (ii) muss damit $-1 \notin P$ sein. Der gleiche Widerspruch ergibt sich aber auch, falls $-i \in P$ angenommen wird. Dann ist nämlich $(-i)^2 = i^2$. Eine Menge $P \subset \mathbb{C}$, die den Anforderungen (i), (ii) und (iii) gerecht wird, kann also nicht gefunden werden. Damit ist die Fragestellung, ob eine komplexe Zahl ungleich 0 positiv oder negativ ist, völlig müßig. Die Frage zielt auf eine Eigenschaft, die einer komplexen Zahl nicht sinnvoll zugeordnet werden kann.

Der Weg bis zu dieser Erkenntnis hat in der Wissenschaftsgeschichte viele hundert Jahre gedauert. Die Einteilung der reellen (aber auch der ganzen oder der rationalen) Zahlen in 0, negative und positive war so offensichtlich möglich und vertraut, dass man nicht den geringsten Zweifel hatte, dies müsste bei den komplexen Zahlen auch so sein. Die resultierenden Widersprüche führten zu Problemen beim Umgang mit den komplexen Zahlen.

13.5 Quadratische Gleichungen

Welchen Vorteil bieten die komplexen gegenüber den reellen Zahlen? Ganz zu Beginn hat man schon gesehen, dass in $\mathbb{C}$ die Gleichung $x^2 + 1 = 0$ eine Lösung hat. Das soll nun allgemeiner betrachtet werden. In diesem Abschnitt sollen quadratische Polynome behandelt werden, also Polynome der Form $p(z) = az^2 + bz + c$ mit reellen oder komplexen Koeffizienten a, b, c und $a \neq 0$.

Bekanntlich kann man in $\mathbb{R}$ quadratische Gleichungen nicht immer lösen. Die Gleichungen $x^2 + 1 = 0$ und $x^2 + x + 1 = 0$ sind dafür Beispiele. Andere quadratische Gleichungen sind lösbar, und sie haben entweder eine (wie etwa $x^2 - 2x + 1 = 0$) oder zwei Lösungen (wie etwa $x^2 - 5x + 6 = 0$). Macht man sich das anschaulich klar, so ist alles ganz einfach. Der Graph einer quadratischen Funktion $f(x) = ax^2 + bx + c$ mit der reellen Variablen x und mit den reellen Koeffizienten a, b und c kann die x-Achse gar nicht bzw. in einem Punkt oder in zwei Punkten schneiden.

Im Beispiel $f(x) = x^2 - 2x + 1$ kann man auch die Darstellung $f(x) = (x - 1)^2$ und im Beispiel $f(x) = x^2 - 5x + 6$ die Darstellung $f(x) = (x - 2) \cdot (x - 3)$ wählen. Dann sieht man, dass im ersten Fall $x = 1$ eine Nullstelle der Funktion ist. Im anderen Fall gibt es die beiden Nullstellen $x = 2$ und $x = 3$. Dieses Ergebnis gilt allgemein. Gibt es Nullstellen einer quadratischen Funktion, dann kann man den Funktionsterm in so genannte Linearfaktoren zerlegen, in denen die Variable jeweils nur in der ersten Potenz auftritt. Umgekehrt kann man bei der Darstellung einer quadratischen Funktion in Form von Linearfaktoren die Nullstellen von $f(x) = ax^2 + bx + c$ direkt ablesen (und das sind die Lösungen der zugehörigen Gleichung $ax^2 + bx + c = 0$).

Was im Bereich der reellen Zahlen nur unter bestimmten Bedingungen möglich ist, klappt nun im Bereich der komplexen Zahlen immer. Man kann zeigen, dass jedes quadratische Polynom $p(z) = az^2 + bz + c$ in der komplexen Variablen z und mit komplexen Koeffizienten a, b und c in Linearfaktoren zerlegt werden kann. Um diesen Satz zu beweisen (es handelt sich um Satz 13.5.2), ist es hilfreich, das „Wurzelziehen" in den komplexen Zahlen zu üben. Es sei eine komplexe Zahl $d \neq 0$ gegeben. Wie kann man alle $w \in \mathbb{C}$ mit $w^2 = d$ bestimmen? Oder anders gefragt: Was sind die Wurzeln aus d?

▶ **Satz 13.5.1** Ist $d \neq 0$ eine komplexe Zahl, so existieren genau zwei komplexe Zahlen w_1, w_2 mit $w_1^2 = w_2^2 = d$. Es ist $w_2 = -w_1$ und $w_1 = \langle \sqrt{r}, \frac{\alpha}{2} \rangle$, wenn $d = \langle r, \alpha \rangle$ gilt. Dabei bezeichnet $\sqrt{r}$ die positive reelle Wurzel aus $r = |d|$.

▶ **Beweisidee 13.5.1** Man gibt zwei Lösungen an und zeigt, dass es keine weiteren geben kann.

▶ **Beweis 13.5.1** Sei $d = \langle r, \alpha \rangle \neq 0$ eine komplexe Zahl, die in Polarkoordinaten gegeben ist. Für $w = \langle \rho, \beta \rangle$ erhält man $w^2 = \langle \rho^2, 2\beta \rangle$. Also erfüllen alle $w = \langle \rho, \beta \rangle$ mit $\rho^2 = r$ und $2\beta = \alpha$ die gewünschte Beziehung. Dabei ist ρ eindeutig als die *positive* reelle Wurzel aus r festgelegt, während es zwei Möglichkeiten gibt, die Gleichung $2\beta = \alpha$ zu erfüllen. Neben $\beta_1 = \frac{\alpha}{2}$ trifft dies auch auf $\beta_2 = \frac{\alpha}{2} + \pi$ zu, denn die Gleichung $2\beta = \alpha$ besagt dasselbe wie $2\beta = \alpha + 2\pi$ (schließlich ist der Winkel α nur modulo 2π bestimmt). Mit dem gleichen Argument könnte man dann auch $2\beta = \alpha + 4\pi$ schreiben, aber die sich daraus ergebende Lösung ist $\beta_3 = \frac{\alpha}{2} + 2\pi = \beta_1$, und das ist keine neue Lösung. Die beiden einzigen Wurzeln aus d sind also $w_1 = \langle \sqrt{r}, \frac{\alpha}{2} \rangle$ und $w_2 = \langle \sqrt{r}, \frac{\alpha}{2} + \pi \rangle = -w_1$. □

Anmerkung

Wenn x eine positive reelle Zahl ist, so denkt man bei dem Symbol $\sqrt{x}$ meist automatisch an die positive reelle Wurzel. Wenn beide Wurzeln gemeint sein können, drückt man das oft durch $\pm\sqrt{x}$ aus. Im Komplexen ist das problematisch, weil keine der beiden Wurzeln derart vor der anderen ausgezeichnet ist. Hier bedeutet daher das Symbol $\sqrt{d}$ die Gesamtheit der beiden Wurzeln, das heißt, $\sqrt{d}$ steht (wenn nichts weiter gesagt ist) gleichermaßen für die eine wie für die andere Möglichkeit.

▶ **Satz 13.5.2** Jedes quadratische Polynom

$$p(z) = az^2 + bz + c$$

in der komplexen Variablen z und mit komplexen Koeffizienten a, b, c ($a \neq 0$) kann in ein Produkt der Form

$$p(z) = a(z - z_1)(z - z_2)$$

zerlegt werden, wobei z_1 und z_2 passende komplexe Zahlen sind.

▶ **Beweisidee 13.5.2** Man beweist den Satz mit Hilfe der quadratischen Ergänzung der Gleichung $az^2 + bz + c = 0$, was ganz genau wie im Bereich der reellen Zahlen gemacht werden kann.

▶ **Beweis 13.5.2** Teilt man $az^2 + bz + c = 0$ durch a, so erhält man $z^2 + \frac{b}{a}z + \frac{c}{a} = 0$, was zu

$$\left(z + \frac{b}{2a}\right)^2 = \frac{b^2}{4a^2} - \frac{c}{a}$$

führt. Mit Satz 13.5.1 kann man diese Gleichung auflösen. Sind w_1, w_2 die beiden Wurzeln aus der rechten Seite, so erhält man die beiden Lösungen z_1, z_2 als

$$z_1 = -\frac{b}{2a} + w_1, \quad z_2 = -\frac{b}{2a} + w_2 = -\frac{b}{2a} - w_1.$$

Die Richtigkeit der Behauptung $p(z) = a(z - z_1)(z - z_2)$ für alle $z \in \mathbb{C}$ wird nun einfach durch Ausmultiplizieren nachgewiesen, denn es ist

$$-a(z_1 + z_2) = -a \cdot 2 \cdot \left(-\frac{b}{2a}\right) = b$$

und

$$a \cdot z_1 \cdot z_2 = a \left[\left(-\frac{b}{2a}\right)^2 - w_1^2\right] = a \left[\frac{b^2}{4a^2} - \left(\frac{b^2}{4a^2} - \frac{c}{a}\right)\right] = c.$$

Das ist das gewünschte Resultat.   □

Satz 13.5.2 kann man selbstverständlich auch auf ein reelles quadratisches Polynom $q(x) = \alpha x^2 + \beta x + \gamma$ in der reellen Variablen x mit reellen Koeffizienten α, β und γ anwenden. Er besagt dann ebenfalls, dass komplexe Zahlen w_1, w_2 existieren mit

$$q(x) = \alpha(x - w_1)(x - w_2)$$

für alle $x \in \mathbb{R}$. Man muss dazu nur die reelle Variable x in q durch eine komplexe Variable ersetzen. Das ist sinnvoll, denn $q(z) = \alpha z^2 + \beta z + \gamma$ ist für alle komplexen Zahlen z wegen $\mathbb{R} \subset \mathbb{C}$ erklärt. Die oben behauptete Aussage zur Möglichkeit einer Produktzerlegung liefert dann zunächst

$$q(z) = \alpha(z - w_1)(z - w_2)$$

mit geeigneten $w_1, w_2 \in \mathbb{C}$. Danach kann man die komplexe Variable z gegebenenfalls wieder auf die reellen Zahlen einschränken und bekommt so die genannte Darstellung.

Hat man das Polynom p in der Form $p(z) = a(z - z_1)(z - z_2)$ dargestellt, so folgt $p(z_1) = p(z_2) = 0$, denn in $\mathbb{C}$ (wie in jedem Körper) gilt der Satz, dass ein Produkt genau dann Null ergibt, wenn (mindestens) einer der Faktoren Null ist. Das liefert wegen $a \neq 0$ (wie im ersten Absatz dieses Abschnitts vereinbart) auch gleich noch die Umkehrung: Ist $z_0 \in \mathbb{C}$ mit $p(z_0) = 0$, so gilt $z_0 = z_1$ oder $z_0 = z_2$. Das Polynom p besitzt also genau die Nullstellen z_1 und z_2. Natürlich könnte es sein, dass $z_1 = z_2$ ist. In diesem Fall hat p diese komplexe Zahl als *doppelte* Nullstelle. Zählt man die Nullstellen von p in dieser Weise (man sagt dazu, mit Vielfachheit), so gilt damit der folgende Satz.

▶ **Satz 13.5.3** Jedes quadratische Polynom

$$p(z) = az^2 + bz + c$$

mit komplexen Koeffizienten a, b, c ($a \neq 0$) besitzt (mit Vielfachheit gezählt) genau zwei Nullstellen $z_1, z_2 \in \mathbb{C}$. Es ist $p(z) = a(z - z_1)(z - z_2)$ für alle $z \in \mathbb{C}$.

▶ **Beweis 13.5.3** Der Beweis wurde oben bereits geführt. □

Beispiel 13.5.1

Das (reelle) Polynom $q(x) = x^2 + 1$ besitzt keine reelle Nullstelle, da die Gleichung $x^2 = -1$ in $\mathbb{R}$ nicht lösbar ist. In $\mathbb{C}$ hat man aber die Nullstellen $z_1 = i$ und $z_2 = -i$. Also lässt sich q in der Form $q(x) = (x - i)(x + i)$ faktorisieren. Man kann das Produkt natürlich auch ausmultiplizieren und kann sich direkt von der Richtigkeit der Darstellung überzeugen.

Ein quadratisches Polynom mit reellen Koeffizienten kann also nicht reelle Nullstellen besitzen. In diesem Fall lässt sich eine weitergehende Aussage machen, die im folgenden Satz formuliert ist. Dieser Satz wird gleich zweimal auf recht unterschiedliche Art bewiesen.

▶ **Satz 13.5.4** Es sei $q(x) = ax^2 + bx + c$ ein quadratisches Polynom mit reellen Koeffizienten a, b, c ($a \neq 0$). Besitzt q eine nicht reelle Nullstelle w_1, so ist $w_2 = \overline{w_1}$ seine zweite Nullstelle.

▶ **Beweis 13.5.4** Unter Benutzung von Satz 13.5.2 schreibt man

$$q(z) = a(z - w_1)(z - w_2) \quad (z \in \mathbb{C})$$

mit passenden w_1, w_2. Ausmultiplizieren ergibt $q(z) = az^2 - a(w_1 + w_2)z + aw_1w_2$. Andererseits ist $q(z) = az^2 + bz + c$. Durch Gleichsetzen erhält man

$$-a(w_1 + w_2)z + aw_1w_2 = bz + c$$

für alle $z \in \mathbb{C}$. Speziell gilt das für $z = 0$, was $aw_1w_2 = c$ liefert. Das reduziert die Gleichung nun zu $-a(w_1 + w_2)z = bz$, wieder für alle $z \in \mathbb{C}$. Setzt man $z = 1$, so erhält man $-a(w_1 + w_2) = b$. Da a und b reelle Zahlen sind, muss dasselbe für $w_1 + w_2$ gelten. Das bedeutet aber $Im(w_1 + w_2) = Im\,w_1 + Im\,w_2 = 0$ und damit $Im\,w_1 = -Im\,w_2$. Wegen $aw_1w_2 = c$ muss auch w_1w_2 reell sein. Ist $w_1 = \langle r, \alpha \rangle$, so gilt $0 < \alpha < \pi$ oder $\pi < \alpha < 2\pi$, da w_1 als nicht reell angenommen wurde. Die Information, dass w_1w_2 reell ist, liefert $w_2 = \langle R, -\alpha \rangle$ oder $w_2 = \langle R, -\alpha + \pi \rangle$ für ein $R = |w_2|$, das gleich bestimmt wird. Man sieht aber schon, dass $R > 0$ gelten muss, denn sonst folgt $c = 0$ aus $aw_1w_2 = c$, und das Polynom wäre $q(x) = ax^2 + bx$, was außer 0 die weitere *reelle* Nullstelle $-ba^{-1}$ besitzt.

Also ist auch w_2 nicht reell, wie der zugehörige Winkel $-\alpha$ bzw. $-\alpha + \pi$ mit $R \neq 0$ zeigt. Die schon hergeleitete Beziehung $Im\,w_1 = -Im\,w_2$ zeigt nun $r \sin \alpha = -R \sin(-\alpha) = R \sin \alpha$ im Fall $w_2 = \langle R, -\alpha \rangle$ bzw. $r \sin \alpha = -R \sin(-\alpha + \pi) = -R \sin \alpha$. Wegen $\alpha \neq 0, \pi, 2\pi$ ist $\sin \alpha \neq 0$, und es folgt $r = R$ im ersten Fall. Im zweiten Fall würde sich $r = -R$ ergeben, was wegen $r, R > 0$ unmöglich ist. Also bleibt $w_2 = \langle r, -\alpha \rangle = \overline{w_1}$. $\qquad \square$

Man hätte den Anfang des Beweises abkürzen können, wenn man den so genannten *Koeffizientenvergleich* nutzt. Danach können zwei Polynome $P(z) = \sum_{j=0}^{n} a_j z^j$ und $Q(z) = \sum_{j=0}^{n} b_j z^j$ nur dann für alle $z \in \mathbb{C}$ (bzw. $z \in \mathbb{R}$, es reichen auch schwächere Voraussetzungen) übereinstimmen, wenn $a_j = b_j$ für alle $j = 0, \ldots, n$ gilt. Es folgt nun der zweite Beweis von Satz 13.5.4.

▶ **Beweis 13.5.5** Es ist nach Voraussetzung $q(w_1) = 0 = aw_1^2 + bw_1 + c$. Also gilt auch, unter mehrfacher Verwendung von Satz 13.4.4,

$$\overline{0} = 0 = \overline{aw_1^2 + bw_1 + c} = \overline{a}\,\overline{w_1}^2 + \overline{b}\,\overline{w_1} + \overline{c} = a\,\overline{w_1}^2 + b\,\overline{w_1} + c = q(\overline{w_1}).$$

Also ist $w_2 := \overline{w_1}$ eine Nullstelle von q, die nach Satz 13.4.4 (iii) von w_1 verschieden ist, denn w_1 ist nicht als reelle Zahl angenommen worden. Nach Satz 13.5.2 bzw. Satz 13.5.3 (der aber oben nur als Folgerung aus Satz 13.5.2 gewonnen wurde) hat q keine weiteren Nullstellen. $\qquad \square$

13.6 Gleichungen höherer Ordnung

Dieser letzte Abschnitt des Kapitels müsste eigentlich einen Warnhinweis tragen. Nein, Sie müssen den Abschnitt nicht lesen, um den Rest des Buchs zu verstehen. Nein, es handelt sich hier nicht mehr um Basiswissen. Ja, es wird die mathematische Sünde begangen, mit Begriffen zu arbeiten, die vorher (und in diesem Buch) nicht definiert wurden. Aber vielleicht haben Sie trotzdem Spaß daran, sich mit einem (nicht nur) historisch bedeutsamen mathematischen Inhalt auseinander zu setzen.

Es soll in diesem Abschnitt ein Inhalt angesprochen werden, der wieder einmal ganz typisch zeigt, mit welchen Fragestellungen sich die Mathematik (und das zum Teil seit Jahrhunderten) befasst. Der Ausgangspunkt wurde im vorangegangen Abschnitt besprochen, nämlich quadratische Gleichungen und ihre Lösungen. In $\mathbb{R}$ gibt es Probleme, doch in $\mathbb{C}$ können alle diese Probleme gelöst werden. Da kann man mutig werden, oder? Und so versucht man, nicht nur quadratische Gleichungen zu lösen, sondern (anders ausgedrückt) die Nullstellen beliebiger Polynome in $\mathbb{C}$ zu bestimmen (Abbildung 13.3).

Die Fragestellung wird mit dem so genannten *Fundamentalsatz der Algebra* beantwortet. Dieser Satz wird hier nicht bewiesen, aber es soll eine Vorstellung davon vermittelt werden, wie er bewiesen werden könnte. Der Anfang wird dabei aber ganz vorsichtig gewählt, mit (fast) der einfachsten Gleichung höherer Ordnung. Es sei also $d \neq 0$ eine komplexe Zahl und $n \geq 3$ eine natürliche Zahl. Welche Lösungen hat die Gleichung $z^n = d$?

▶ **Satz 13.6.1** Es sei $d \in \mathbb{C}\backslash\{0\}$ und $n \in \mathbb{N}$. Dann besitzt die Gleichung $z^n = d$ genau n paarweise verschiedene Lösungen $z_0, \ldots, z_{n-1}$. Für $d = \langle r, \alpha \rangle$ sind dieses die Zahlen $z_j = \langle \rho, \frac{\alpha+2\pi j}{n} \rangle$ $(j = 0, \ldots, n-1)$, wobei ρ die positive reelle n-te Wurzel aus r bezeichnet.

▶ **Beweisidee 13.6.1** Man kann Lösungen angeben und prüft dann, welche verschieden voneinander sind.

▶ **Beweis 13.6.1** Mit dem Ansatz $z = \langle \rho, \beta \rangle$ liefert die Gleichung $\rho^n = r$ und $n\beta = \alpha$. Die erste Bedingung zeigt $\rho = \sqrt[n]{r}$ (positive reelle Wurzel, da die Beträge positiv sind). Die zweite Bedingung ist, wie im Beweis von Satz 13.5.1, so auszuwerten, dass man die Mehrdeutigkeit der Winkel berücksichtigt. Man kann auch schreiben $n\beta = \alpha + 2\pi j$ mit beliebigen $j \in \mathbb{Z}$. Jedes $\beta_j := \frac{\alpha+2\pi j}{n}$ liefert demnach eine Lösung $z_j = \langle \rho, \beta_j \rangle$ der Gleichung $z^n = d$. Aber diese Lösungen sind teilweise identisch, wie zum Beispiel z_0 und z_n. Man sieht leicht ein (wenn man die Restklasse von j mod n betrachtet), dass jedes z_j mit einer der Lösungen $z_0, \ldots, z_{n-1}$ übereinstimmt und die komplexen Zahlen $z_0, \ldots, z_{n-1}$ paarweise verschieden sind, was man an den zugehörigen Winkeln erkennen kann. □

Der folgende Satz ist nun schon der angekündigte *Fundamentalsatz der Algebra*. Er kann als eine der größten Entdeckungen und Überraschungen in der Mathematikgeschichte bezeichnet werden. Der Name „Fundamentalsatz der Algebra" geht darauf zurück, dass in früherer Zeit unter Algebra die Lehre vom Lösen solcher Gleichungen verstanden wurde.

▶ **Satz 13.6.2** Jede Gleichung der Form

$$a_0 + a_1 z + a_2 z^2 + \cdots + a_n z^n = 0$$

mit komplexen Koeffizienten $a_0, a_1, \ldots, a_n$, $a_n \neq 0$ und $n \in \mathbb{N}$ besitzt in $\mathbb{C}$ so viele (mit Vielfachheit gezählte) Lösungen $z_1, \ldots, z_n$, wie der Grad n angibt.

Der Satz ist, um es locker auszudrücken, ganz schön heftig. Er sagt zwar, dass es Lösungen gibt und wie viele Lösungen es sind, er enthält aber keinerlei Information über die Art dieser Lösungen. Wie man sie bekommt, wird offen gelassen (und muss leider auch offen bleiben). Formeln aus Wurzeln, Summen und Produkten (wie im quadratischen Fall, aber auch für $n = 3$ und $n = 4$), in die man die Koeffizienten eingibt und die Punkte $z_1, \ldots, z_n$ geliefert bekommt, existieren nur für $n \leq 4$. Die Suche nach solchen so genannten Radikalen ist für $n \geq 5$ noch nicht einmal sinnvoll. Niels Henrik Abel hat schon 1826 nachgewiesen, dass es fertige Lösungsformeln der genannten Art für $n \geq 5$ nicht geben kann. Das uralte Problem des Lösens von Polynomgleichungen hat durch Satz 13.6.2 und das Ergebnis von Abel seinen Abschluss gefunden. Diese Resultate können hier zwar nicht bewiesen werden. Eine Beweisidee zum Fundamentalsatz der Algebra soll jedoch im folgenden Text dargestellt werden.

▶ **Beweisidee 13.6.2** Man betrachtet das Polynom $p(z) = a_0 + a_1 z + a_2 z^2 + \cdots + a_n z^n$ mit $a_j \in \mathbb{C}$ ($j = 0, 1, \ldots, n$) und $a_n \neq 0$. Es reicht, $a_n = 1$ anzunehmen, da die Polynome $p(z)$ und $\frac{p(z)}{a_n}$ dieselben Nullstellen besitzen.

Das Bild des Kreises $K_r := \{z \mid |z| = r\}$ unter p für festes r, also die Menge der Punkte $p(z)$ mit $|z| = r$, ist eine geschlossene Kurve in der Ebene $\mathbb{C}$ (und das ist so ein Begriff, der hier nicht definiert werden soll). Wird r vergrößert oder verkleinert, dann verformen sich diese Kurven nicht sprunghaft, sondern in etwa so, wie ein Gummiband seine Form verändert, wenn man etwas daran zieht.

Jeder Punkt $p(z)$ mit $|z| = r$ ist dann enthalten im Bild der Kreisscheibe $D_R := \{z \in \mathbb{C} \mid |z| \leq R\}$ unter p für jedes $R \geq r$, denn es ist $z \in D_R$. Lässt man nun r von 0 beginnend (K_0 besteht nur aus dem Nullpunkt) beliebig anwachsen, so überstreichen die genannten Bildkurven unter p nach und nach die gesamte Bildmenge von p. Für $r = 0$ besteht die „Bildkurve" nur aus dem Punkt $p(0) = a_0$, und für sehr kleine positive r halten sich die Bildkurven von K_r unter p dicht an diesem Punkt auf. Man kann sich leicht überlegen, dass $a_0 + a_1 r + a_2 r^2 + \ldots + a_n r^n$ nicht groß werden kann, wenn $r > 0$ eine kleine Zahl ist. Was passiert nun für große Werte von r? Das sieht man, wenn man das Polynom für $z \neq 0$ so umschreibt:

$$p(z) = z^n \left(\frac{a_0}{z^n} + \cdots + \frac{a_{n-1}}{z} + 1 \right).$$

Der Betrag des Summanden $\frac{a_j}{z^{n-j}}$ (für $j = 0, \ldots, n-1$) ist $\frac{|a_j|}{r^{n-j}}$ für $|z| = r$, und dieser Betrag geht gegen 0, wenn r beliebig groß wird. Das zeigt, dass man den Ausdruck

$$\frac{a_0}{z^n} + \cdots + \frac{a_{n-1}}{z} + 1$$

für alle hinreichend großen r annähernd durch 1 ersetzen kann, wobei die Abweichung mit wachsendem r immer kleiner wird. Für eine komplexe Zahl z mit sehr großem Betrag kann man also $p(z)$ annähernd durch $a_n z^n$ ersetzen. Daraus ersieht man nun einerseits, wenn

Abb. 13.3 Die n-ten Wurzeln der ganzen Zahl $d \neq 0$ liegen mit gleichmäßigem Winkelabstand auf einem Kreis um 0 mit dem Radius $\sqrt[n]{d} > 0$. In der nebenstehenden Abbildung stellen die fett markierten Punkte auf der Einheitskreislinie beispielsweise die vierten Wurzeln aus -1 dar

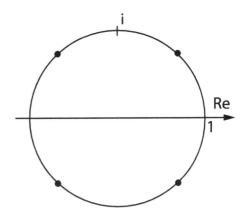

man die oben erwähnte Darstellung berücksichtigt, dass $|p(z)|$ für $z \in K_r$ größer als jede vorgegebene Zahl ist, wenn nur r genügend groß ist. Andererseits folgt aus $z = \langle r, \alpha \rangle$, dass für große r der Wert $p(z)$ ungefähr $z^n = \langle r^n, n\alpha \rangle$ ist. Um für festes r den Kreis K_r einmal zu durchlaufen, kann man α alle Werte von 0 bis 2π durchlaufen lassen. Die eben entwickelte Darstellungsweise zeigt dann, dass die Zahlen z^n den Kreis mit dem Radius r^n genau n-mal durchlaufen. Die Bildkurve von K_r unter p verhält sich also annähernd so wie der n-fach durchlaufene Kreis mit dem (riesigen) Radius r^n.

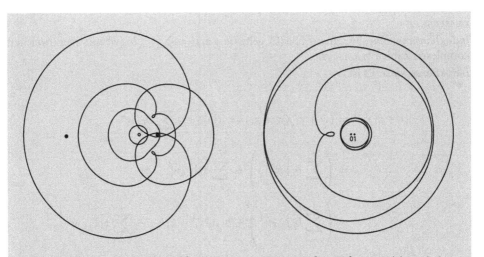

Die Abbildungen zeigen die Bilder von Kreisen K_r unter dem Polynom $p(z) = 0,8 + z - z^2 + 2z^3 + z^4$. Die Wahlen für r sind links $0,01 / 0,1 / 0,25 / 0,4$ und $0,6$. Rechts sind die Bildkurven für $r = 1,2$ und $r = 2$ dargestellt. Die Punkte 0 und 1 sind jeweils markiert.

Um nun die Bildkurven für kleine $r \geq 0$, angefangen mit der konstanten Kurve a_0 für $r = 0$, in solche Kurven zu verformen, die etwa außerhalb der Kreisscheibe um 0 mit dem Radius $2|a_0|$ liegen, müssen alle Punkte dieser speziellen Kreisscheibe überstrichen werden. Das ist oder klingt zumindest plausibel, auch wenn der formale Beweis einige Hilfsmittel erfordern würde. Nun liegen sowohl der Nullpunkt als auch der Startpunkt a_0 in der eben genannten Kreisscheibe, sodass also ein r und ein Punkt $z_1 \in K_r$ existieren müssen mit $p(z_1) = 0$.

Dadurch hat das Polynom p eine Nullstelle (die man nicht konkret angeben kann, aber das macht nichts). Das Ziel besteht nun darin, nachzuweisen, dass $p(z)$ als ein Produkt aus $z - z_1$ und einem Polynom von kleinerem Grad als n geschrieben werden kann. Das ist gar nicht besonders schwer zu zeigen. Man setzt zunächst (um die Übersicht zu behalten) $w =: z - z_1$ und erhält

$$p(z) = a_0 + a_1(w + z_1) + \cdots + a_n(w + z_1)^n.$$

Die Potenzen $(w + z_1)^j$ kann man schrittweise zu einem Ausdruck der Form

$$(w + z_1)^j = \sum_{k=0}^{j} b_{j,k} w^k$$

ausmultiplizieren (mit passenden komplexen Zahlen $b_{j,0}, \ldots, b_{j,j}$). Das lässt sich mit Induktion beweisen (man könnte auch mit dem binomischen Lehrsatz 2.4.3 argumentieren). *Induktionsanfang:* Für $j = 0$ ist die Behauptung richtig, denn $(w + z_1)^0 = 1$, also ist $b_{0,0} = 1$ zu setzen.
Induktionsannahme: Für ein $j \in \mathbb{N} \cup \{0\}$ gelte $(w + z_1)^j = \sum_{k=0}^{j} b_{j,k} w^k$ mit irgendwelchen komplexen Zahlen $b_{j,0}, \ldots, b_{j,j}$.
Induktionsschluss: Es ist

$$(w + z_1)^{j+1} = (w + z_1)(w + z_1)^j = (w + z_1) \sum_{k=0}^{j} b_{j,k} w^k$$

$$= \left(\sum_{k=0}^{j} b_{j,k} w^{k+1} \right) + \sum_{k=0}^{j} z_1 b_{j,k} w^k$$

$$= \left(\sum_{k=1}^{j} b_{j,k-1} w^k \right) + b_{j,j} w^{j+1} + z_1 b_{j,0} + \sum_{k=1}^{j} z_1 b_{j,k} w^k$$

$$= z_1 b_{j,0} + \left(\sum_{k=1}^{j} (b_{j,k-1} + z_1 b_{j,k}) w^k \right) + b_{j,j} w^{j+1}.$$

Mit den Setzungen $b_{j+1,0} := z_1 b_{j,0}$, $b_{j+1,k} := b_{j,k-1} + z_1 b_{j,k}$ für $k = 1, \ldots, j$ und $b_{j+1,j+1} := b_{j,j}$ ist also

$$(w + z_1)^{j+1} = \sum_{k=0}^{j+1} b_{j+1,k} w^k,$$

was zu zeigen war. Insgesamt erhält man also eine Darstellung

$$p(z) = \sum_{k=0}^{n} c_k w^k = \sum_{k=0}^{n} c_k (z - z_1)^k.$$

Wegen $p(z_1) = 0 = c_0$ beginnt die Summe tatsächlich erst mit $k = 1$, sodass man den Faktor $z - z_1$ ausklammern kann und

$$p(z) = (z - z_1) \sum_{k=1}^{n} c_k (z - z_1)^{k-1}$$

erhält. Das Polynom

$$q(z) := \sum_{k=1}^{n} c_k (z - z_1)^{k-1} = \sum_{m=0}^{n-1} c_{m+1} (z - z_1)^m$$

ist vom Grad höchstens $n - 1$. In Wirklichkeit ist dieser Grad gleich $n - 1$, weil sonst p nicht den Grad n gehabt haben könnte. Derselbe Schluss wie oben zeigt, dass auch q eine komplexe Nullstelle z_2 hat, die wegen $p(z) = (z - z_1)q(z)$ auch eine komplexe Nullstelle von p ist.

Nun kann man das Verfahren solange fortsetzen, bis sich (nach n Schritten) für das betreffende q eine Konstante ergibt, und hat dann n Nullstellen $z_1, \ldots, z_n$ von p gefunden. Und damit ist auch das Ende der *Beweisidee* erreicht.

13.7 Übungsaufgaben

1. Stellen Sie die folgenden komplexen Zahlen sowohl in ihrer kartesischen Form $x + iy$ als auch in Polarkoordinaten $\langle r, \alpha \rangle$ dar.
   a) $\dfrac{1}{i}$, b) $\dfrac{1 - i}{1 + i}$, c) $(2 + 2i)^3$, d) i^{22}.

2. Schreiben Sie die folgenden komplexen Zahlen in kartesischen Koordinaten:
   a) $\langle 3, \frac{3\pi}{4} \rangle$, b) $\langle 1, -\frac{\pi}{3} \rangle$.

3. Was ist 1^2, i^3, i^4? Was ist i^{-1}, i^{-2}, i^{-3}, i^{-4}?

4. Bestimmen Sie alle komplexen Zahlen z mit $z^3 = -1$.

5. Wo liegt der Fehler in folgender Umformung?

$$\sqrt{-1} = (-1)^{\frac{1}{2}} = (-1)^{\frac{2}{4}} = \sqrt[4]{(-1)^2} = \sqrt[4]{1} = \pm 1.$$

6. Es seien $z_0, z_1 \in \mathbb{C}$ mit $|z_0| < 1$ und $|z_1| = 1$. Zeigen Sie

$$\left| \frac{z_1 - z_0}{1 - \overline{z_0} z_1} \right| = 1.$$

7. Es seien a, b komplexe Zahlen. Bestimmen Sie jeweils die Lösungsgesamtheit folgender Gleichungen bzw. Ungleichungen.

   a) $|z - a| = |z - b|$,
   b) $|z - a| < |z - b|$,
   c) $|z - a| \leq |b|$,
   d) $|a - b| \leq |a - z| + |b - z|$.

8. Bestimmen Sie alle Nullstellen des Polynoms

   a) $p(z) = z^5 + z^4 + 16z + 16$,
   b) $p(z) = 1 + z + z^2 + \cdots + z^n = \sum_{j=0}^{n} z^j \quad (n \in \mathbb{N})$.

Zahlentheoretische Funktionen

14

Inhaltsverzeichnis

Dieses Kapitel gibt einen kurzen Einblick in die Elemente der analytischen Zahlentheorie. Einige wichtige Begriffe und grundlegende Definitionen sind der zentrale Inhalt. Dabei soll das Thema der zahlentheoretischen Funktionen nur angerissen werden. Das wesentliche Ziel des Kapitels ist es, die Leserinnen und Leser zur Beschäftigung mit weiterführender Literatur zu animieren und sie auf diese Lektüre ein wenig vorzubereiten.

> *Das schönste Glück des denkenden Menschen ist, das Erforschliche*
> *erforscht zu haben und das Unerforschliche ruhig zu verehren.*
>
> Johann Wolfgang von Goethe:
> Maximen und Reflexionen

In den vorangegangenen Kapiteln ist manchmal das Problem behandelt worden, einen für alle natürlichen Zahlen gegebenen Ausdruck möglichst explizit zu bestimmen. Ein Beispiel dafür ist die Summe $S(n) = \sum_{k=1}^{n} k$ der ersten n natürlichen Zahlen, für die die Gleichung $S(n) = \frac{n(n+1)}{2}$ gefunden wurde. Jedem $n \in \mathbb{N}$ wird auf diese Weise der Wert $S(n)$, der wieder eine natürliche Zahl ist, zugeordnet. Mathematisch wird diese Zuordnung

K. Reiss und G. Schmieder, *Basiswissen Zahlentheorie*, Mathematik für das Lehramt,   349
DOI: 10.1007/978-3-642-39773-8_14, © Springer-Verlag Berlin Heidelberg 2014

als *Funktion* oder als *Abbildung* bezeichnet und in der Form $S : \mathbb{N} \to \mathbb{N}$ notiert. Ein spezieller Typ von Funktionen soll in den folgenden Abschnitten behandelt werden. Es werden Beispiele für so genannte *zahlentheoretische Funktionen* gegeben und im Hinblick auf ihre Eigenschaften untersucht.

14.1 Begriffsbestimmung

Zahlentheoretische Funktionen sind Funktionen, die zunächst einmal zahlentheoretische Relevanz haben, wie das im Beispiel $S(n) = \frac{n \cdot (n+1)}{2}$ der Fall war. Das ist natürlich keine ordentliche mathematische Definition, denn die *zahlentheoretische Relevanz* ist kein feststehender Begriff. Dennoch trifft diese Begriffsbeschreibung den Kern der Sache. Die eigentliche Definition ist (wie gewohnt) viel trockener.

▶ **Definition 14.1.1** Jede Funktion $f : \mathbb{N} \longrightarrow M$ mit $M \subset \mathbb{C}$ heißt *eine zahlentheoretische Funktion*.

Damit sind alle Funktionen von $\mathbb{N}$ in eine Teilmenge von $\mathbb{C}$ zahlentheoretische Funktionen. Mit solchen Funktionen wird sich das Kapitel vorrangig beschäftigen.

Beispiel 14.1.1

Bereits in den vorangegangenen Kapiteln wurden einige Beispiele für zahlentheoretische Funktionen behandelt. Nicht immer haben sie einen eigenen Namen bekommen, aber immer hatte man die Zuordnung zwischen einer natürlichen Zahl und einer komplexen (oder auch natürlichen, ganzen bzw. reellen) Zahl. Die folgenden beiden Beispiele sind allerdings im vorangegangenen Text schon ausdrücklich erwähnt worden.

(i) In Satz 4.3.2 wurde die Anzahl der Teiler einer Zahl betrachtet. Die in der auf den Satz folgenden Definition 4.3.4 verwendete Bezeichnung $\tau(a)$ für die Anzahl der Teiler der natürlichen Zahl a bestimmt eine zahlentheoretische Funktion $\tau : \mathbb{N} \longrightarrow \mathbb{N}$ auf der Menge der natürlichen Zahlen. Es ist beispielsweise $\tau(1) = 1$ und $\tau(p) = 2$ für jede Primzahl p. Aber auch für ein beliebiges $m \in \mathbb{N}$ kann man $\tau(m)$ leicht bestimmen, wenn man die eindeutige Zerlegung von m in Primfaktoren kennt. Ist nämlich $m = \prod_{i=1}^{n} p_i^{\alpha_i}$ die eindeutige Zerlegung von m in Primfaktoren (man vergleiche Satz 4.2.6), so ist $\tau(m) = \prod_{i=1}^{n}(\alpha_i + 1)$.

(ii) In Definition 5.4.1 ging es um vollkommene Zahlen, wobei für ihre Definition die Summe aller Teiler einer natürlichen Zahl betrachtet wurde. Die dort erwähnte Funktion $\sigma : \mathbb{N} \longrightarrow \mathbb{N}$, die jedem $n \in \mathbb{N}$ die Summe aller Teiler von n zuordnet, ist eine zahlentheoretische Funktion. Es gilt $\sigma(1) = 1$, $\sigma(p) = p + 1$ für jede Primzahl p und $\sigma(a) = 2a$, falls a eine vollkommene Zahl ist.

Ganz offensichtlich sind übrigens weder die oben genannte Funktion S noch die Funktionen τ oder σ sinnvoll auf $\mathbb{Q}$, $\mathbb{R}$ oder gar $\mathbb{C}$ zu definieren.

14.2 Primzahlverteilung

Betrachtet man der Reihe nach die Primzahlen, so bekommt man eine zahlentheoretische Funktion $p : \mathbb{N} \to \mathbb{N}$, wobei unter $p(n)$ die n-te Primzahl zu verstehen ist. Die ersten Werte sind leicht anzugeben (etwa über das Sieb des Eratosthenes auf Seite 90). Es ist $p(1) = 2$, $p(2) = 3$, $p(3) = 5$, $p(4) = 7$, $p(5) = 11$, $p(6) = 13$, $p(7) = 17, \ldots$. Allerdings verschleiern die Punkte am Ende die große Schwierigkeit, beliebige Funktionswerte zu bestimmen. Man kennt keine geschlossene Formel für $p(n)$, also keinen konkreten Rechenausdruck, in den man n einsetzen und den Wert $p(n)$ (und das ist die n-te Primzahl) herausbekommen kann (wie das oben bei $S(n) = \frac{n(n+1)}{2}$ der Fall ist). Nach einer „Primzahlformel" ist in der Vergangenheit viel und vergeblich gesucht worden. Es darf mit ziemlicher Sicherheit davon ausgegangen werden, dass es keine Formel dieser Art geben kann.

Bei einer anderen Fragestellung ist man hingegen ein Stück weitergekommen. Es ist die Frage nach der Anzahl der Primzahlen bis zu einer gewissen Grenze $k \in \mathbb{N}$. In Kapitel 4 wurde schon einmal das Problem der so genannten Primzahllücken diskutiert. In der Abfolge der Primzahlen kommen nämlich beliebig große Lücken vor (man vergleiche Seite 99f.). Seien $a, b > 1$ natürliche Zahlen, und sei $N := (ab)!$ (man vergleiche Definition 2.3.1). Ist nun $c \in \{a, a + 1, \ldots, ab\}$, so ist die Zahl $N + c$ sicher keine Primzahl, da alle Teiler von c auch Teiler von N sind. Also ist $N + c$ auf jeden Fall durch c teilbar, und c ist größer 1 und kleiner $N + c$. Unter den Zahlen $N + a, \ldots, N + ab$ kann also keine Primzahl zu finden sein. Die Folge der Primzahlen hat damit mindestens eine Lücke der Länge $(N + ab) - (N + a) + 1 = a(b - 1) + 1$. Da a und b als natürliche Zahlen größer als 1 ganz beliebig gewählt wurden, kann auch die Differenz zwischen zwei aufeinander folgenden Primzahlen keiner Beschränkung unterliegen (sodass eine Aussage wie „unter 10000 aufeinander folgenden natürlichen Zahlen gibt es immer eine Primzahl" falsch ist). Plausibel ist allerdings, dass die „Primzahldichte" mit größer werdenden Zahlen allmählich abnehmen könnte. Irgendwo müssen ja die Lücken mit 1000, 10000 oder 10000000000 aufeinander folgenden Zahlen, die alle keine Primzahlen sind, zu finden sein.

Es ist also sinnvoll, die zahlentheoretische Funktion $\pi(k)$ zu betrachten, durch die jeder natürlichen Zahl k die Anzahl aller Primzahlen zugeordnet wird, die kleiner oder gleich k sind. Die ersten Werte sind $\pi(1) = 0$, $\pi(2) = 1$, $\pi(3) = 2$, $\pi(4) = 2$, $\pi(5) = 3$, $\pi(6) = 3$, $\pi(7) = 4$.

▶ **Definition 14.2.1** Sei k eine natürliche Zahl. Dann ist die *Primzahlverteilungsfunktion* $\pi : \mathbb{N} \longrightarrow \mathbb{N}$ durch

$$\pi(k) := \sum_{p \leq k} 1$$

bestimmt, wobei p eine Primzahl ist.

Man rechnet leicht Beispiele. So ist $\pi(10) = 4$, denn $1 + 1 + 1 + 1 = 4$ und 2, 3, 5 und 7 sind die Primzahlen, die nicht größer als 10 sind. Es ist, wie oben erwähnt, $\pi(1) = 0$, $\pi(2) = 1$ und $\pi(3) = 2$. Genauso kann man $\pi(7) = 4$ und $\pi(100) = 25$ unschwer bestimmen. Doch was nützen Beispiele? Wenig oder nichts. Wenn man diese Funktion $\pi : \mathbb{N} \to \mathbb{N}$ allerdings *genau* kennen würde, dann auch die Primzahlabzählung $p : \mathbb{N} \to \mathbb{N}$. Offenbar ist $m \in \mathbb{N}$ genau dann eine Primzahl, wenn $m \geq 2$ und $\pi(m) = \pi(m-1) + 1$ gilt. Außerdem ist die Korrektheit der Gleichung $\pi(p(n)) = n$ für alle $n \in \mathbb{N}$ leicht einzusehen.

Doch dann wird es schon schwieriger. Bereits die ersten Werte von π zeigen ein sprunghaftes Verhalten, sodass man leicht den Verdacht bekommt, auch diese Funktion sei nicht in den Griff zu bekommen. Der Versuch einer exakten Bestimmung von $\pi(k)$ ist nun tatsächlich ebenso chancenlos wie die exakte Bestimmung von $p(n)$ (zumindest für *alle* natürlichen Zahlen, denn die ersten zehntausend Werte könnte man mit akzeptablem Aufwand bekommen, zum Beispiel mit dem *Sieb des Eratosthenes* auf Seite 90).

Dennoch weiß man etwas über $\pi(k)$, und dieses Ergebnis geht auf eine Vermutung von Carl Friedrich Gauß (1777–1855) zurück, die er bereits im Alter von 15 Jahren formulierte. Gauß nahm an, dass sich $\pi(k)$ für große k asymptotisch genauso wie die Folge $\frac{k}{log(k)}$ verhält, wobei $log(k)$ den natürlichen Logarithmus der Zahl k bezeichnet. Die präzise Formulierung findet sich im folgenden Satz.

▶ **Satz 14.2.1** Großer Primzahlsatz
Es ist $\lim_{k \to \infty} \frac{\pi(k) \log(k)}{k} = 1$. Damit ist für große $k \in \mathbb{N}$ der Wert von $\pi(k)$ ungefähr $\frac{k}{log(k)}$.

Der Beweis kann an dieser Stelle nicht geführt werden, da er tiefer gehende Kenntnisse der analytischen Zahlentheorie erfordert. Wer mag, kann ihn etwa im Buch von Bundschuh [5] finden. Gauß konnte den Satz allerdings nicht beweisen. Den Nachweis haben der französische Mathematiker Jacques Hadamard (1865–1963) und der belgische Mathematiker Charles Jean Baron de la Vallée-Poussin (1866–1962) erst im Jahr 1896 (und dann unabhängig voneinander) erbracht. Entscheidend wird dabei die so genannte Riemann'sche ζ-Funktion benutzt (man vergleiche Abschn. 14.4).

14.3 Die Euler'sche φ-Funktion

Das nächste Beispiel einer zahlentheoretischen Funktion basiert auf der Fragestellung, wie viele der Zahlen von 1 bis k zu der natürlichen Zahl k teilerfremd sind. Dabei wird der Begriff der *Euler'schen φ-Funktion* benutzt, der in Definition 8.3.1 bereits betrachtet wurde (und φ bezeichnet bekanntlich den griechischen Buchstaben *phi*). Zur Erinnerung wird diese Definition hier noch einmal gegeben.

▶ **Definition 14.3.1** Die Euler'sche φ-Funktion ordnet jeder natürlichen Zahl n die Anzahl $\varphi(n)$ aller natürlichen Zahlen zu, die nicht größer als n und zu n teilerfremd sind. Es ist also $\varphi(n)$ die Anzahl aller $m \in \mathbb{N}$ mit $m \leq n$ und $ggT(n, m) = 1$.

Der Name dieser Funktion geht auf Leonhard Euler (1707–1783) zurück, den berühmten Schweizer Mathematiker, der sie erstmals im Zusammenhang mit dem kleinen Satz von Fermat betrachtete (man vergleiche den Satz von Fermat-Euler 8.3.3).

▶ **Satz 14.3.1** Für die Euler'sche φ-Funktion gilt $\varphi(k) \leq k - 1$ für alle $k > 1$. Es ist $\varphi(k) = k - 1$ genau dann, wenn die Zahl k eine Primzahl ist.

▶ **Beweisidee 14.3.1** Diesen Satz über die Euler'sche φ-Funktion kann man direkt aus der Definition ableiten.

▶ **Beweis 14.3.1** Offenbar kann k nicht zu sich selbst teilerfremd sein, falls $k > 1$ ist. Damit folgt $\varphi(k) \leq k - 1$ für alle $k > 1$. Wenn $\varphi(k) = k - 1$ ist, so sind alle Zahlen, die kleiner als k sind, zu k teilerfremd. Also muss k eine Primzahl sein. Ist umgekehrt k eine Primzahl, so ist $\varphi(k) = k - 1$, denn alle Zahlen, die kleiner als k sind, müssen zu k teilerfremd sein.   □

Man sieht, dass auch die Euler'sche φ-Funktion eng mit der Verteilung der Primzahlen zusammenhängt. Würde man die Werte $\varphi(k)$ für alle $k \in \mathbb{N}$ kennen, so hätte man sehr genaue Informationen über die Primzahlverteilung. Aber auch andere Fragen könnte man beantworten. Die in Kapitel 2 erwähnte Goldbach'sche Vermutung ließe sich nämlich entscheiden, wenn man die Euler'sche φ-Funktion kennen würde (man vergleiche Aufgabe 6 am Ende dieses Kapitels).

Man kann $\varphi(k)$ als einen „Gradmesser" dafür ansehen, wie sehr die natürliche Zahl k der Eigenschaft nahe kommt, eine Primzahl zu sein. Wird der maximal mögliche Wert $k - 1$ erreicht, so ist die Zahl k eine Primzahl. Je kleiner $\varphi(k)$ gegenüber $k - 1$ ist, umso mehr Teiler hat die Zahl k. Durch Betrachtung der jeweiligen Teiler bekommt man die folgende Tabelle für die ersten zwölf Werte von $\varphi(k)$.

n	1	2	3	4	5	6	7	8	9	10	11	12
$\varphi(n)$	1	1	2	2	4	2	6	4	6	4	10	4

Die Zahl $\varphi(k)$ lässt sich dann exakt angeben, wenn die Primteiler der Zahl k bekannt sind. Sicher hat eine Darstellung von φ in Form einer Wertetabelle, deren konkrete Berechnung die Kenntnis der Primfaktoren von k voraussetzt, nicht dieselbe Qualität wie die der Funktion $S(k) = \frac{k \cdot (k+1)}{2}$. Eine kurze, überschaubare und geschlossene Formel ist von Vorteil (allerdings ist auch bei einer geschlossenen Formel jeder Rechner für sehr große k irgendwann überfordert). Eine solche Formel kann man nun auch für die Euler'sche φ-Funktion angeben. Sie ist der Inhalt von Satz 14.3.2. Grundlage der darin enthaltenen Überlegungen ist die Darstellung einer natürlichen Zahl als Produkt ihrer Primfaktoren. Was genau passiert, kann man sich am besten an konkreten Beispielen veranschaulichen.

Beispiel 14.3.1

(i) Sei $k = 16 = 2^4$. Dann sind alle Vielfachen der Primzahl 2, die zwischen 1 und 2^4 liegen, sicher nicht teilerfremd zu 2^4. Weitere Zahlen kann es aber nicht geben, denn der Primfaktor 2 muss zwingend ein Teiler einer solchen Zahl sein. Also sind es (in diesem Bereich) genau die 2^3 natürlichen Zahlen $1 \cdot 2, 2 \cdot 2, 3 \cdot 2, \ldots, 2^3 \cdot 2$, die *nicht* zu 2^4 teilerfremd sind. Damit gibt es umgekehrt $2^4 - 2^3$ Zahlen, die teilerfremd zu 2^4 und nicht größer als 2^4 sind. Folglich ist $\varphi(2^4) = 2^4 - 2^3 = 2^3 \cdot (2-1) = 2^4 \cdot (1 - \frac{1}{2})$ (man könnte selbstverständlich $\varphi(2^4) = 8$ schreiben, aber für die Verallgemeinerung wird die umständlich scheinende Umformung gebraucht).

(ii) Sei $k = 144 = 2^4 \cdot 3^3$. Dann sind einerseits alle Vielfachen der Primzahl 2, die zwischen 1 und $2^4 \cdot 3^3 = 144$ liegen, sicher nicht teilerfremd zu 144. Andererseits sind auch alle Vielfachen der Primzahl 3, die zwischen 1 und 144 liegen, sicher nicht teilerfremd zu 144. Allerdings gibt es in diesen beiden Mengen gemeinsame Zahlen, nämlich alle durch 3 teilbaren geraden Zahlen. Man überlegt sich, dass es zwischen 1 und 144 genau $2^3 \cdot 3^2$ Zahlen gibt, die durch 2 teilbar sind, und $2^4 \cdot 3$ Zahlen, die durch 3 teilbar sind (und von denen nur die Hälfte nicht gerade ist). Also gibt es (zwischen 1 und 144) damit $2^3 \cdot 3^2 + 2^3 \cdot 3$ natürliche Zahlen, die *nicht* zu 144 teilerfremd sind. Entsprechend sind $2^4 \cdot 3^3 - (2^3 \cdot 3^2 + 2^3 \cdot 3) = 2^3 \cdot 3 \cdot 2 = 2^4 \cdot 3^2 \cdot (1 - \frac{1}{2}) \cdot (1 - \frac{1}{3})$ zu 144 teilerfremd. Wiederum wird hier benutzt, dass $p^m - p^{m-1} = p^m(1 - \frac{1}{p})$ für alle $p, m \in \mathbb{N}$ gilt.

Dieses zweite Beispiel sieht nicht wirklich gut aus. Es macht allerdings deutlich, dass beim Rechnen gemeinsame Vielfache der Primfaktoren beachtet werden müssen. Damit kommt man (in der Umkehrung, die hier ja von Bedeutung ist) darauf, dass nicht die einzelne Primzahl, sondern ein System zueinander teilerfremder Zahlen betrachtet werden muss, um $\varphi(k)$ für beliebiges $k \in \mathbb{N}$ zubestimmen.

▶ **Satz 14.3.2** Ist $k > 1$ eine natürliche Zahl und $k = p_1^{\alpha_1} \cdot \ldots \cdot p_n^{\alpha_n}$ die Primfaktorzerlegung von k im Sinn von Satz 4.2.6, dem Hauptsatz der elementaren Zahlentheorie. Dann ist

$$\varphi(k) = p_1^{\alpha_1 - 1}(p_1 - 1) \cdot \ldots \cdot p_n^{\alpha_n - 1}(p_n - 1) = k \prod_{m=1}^{n} \left(1 - \frac{1}{p_m}\right).$$

▶ **Beweisidee 14.3.2** Ist k eine Primzahlpotenz, etwa $k = p^\alpha$, so lassen sich leicht die Zahlen von 1 bis k angeben, die nicht zu k teilerfremd sind. Offenbar sind das genau die Zahlen mp mit $m = 1, \ldots, p^{\alpha-1}$. Daraus ergibt sich dann die gesuchte Anzahl durch Differenzbildung. Wenn man das Ergebnis für $k = p^\alpha$ kennt, so ist plausibel, dass man im allgemeinen Fall $k = p_1^{\alpha_1} \cdot \ldots \cdot p_n^{\alpha_n}$ das gesuchte Ergebnis durch Produktbildung aus den zu den einzelnen Primzahlpotenzen gehörenden Zahlen erhalten kann. Die Möglichkeit hierzu bietet der chinesische Restsatz 8.4.1.

▶ **Beweis 14.3.2** Es wird zunächst der (einfache) Fall betrachtet, dass die Zahl k nur einen Primfaktor hat. Sei p eine Primzahl, $\alpha \in \mathbb{N}$ und $k = p^\alpha$. Die durch p teilbaren Zahlen zwischen 1 und k sind nun genau die Vielfachen von p in dieser Menge, also die Zahlen $p, 2p, 3p, \ldots, p\,p^{\alpha-1} \cdot p = p^\alpha$. Gleichzeitig sind es genau diese $p^{\alpha-1}$ Zahlen, die in der Menge $\{1, \ldots, k\}$ nicht zu k teilerfremd sind. Also ist die Anzahl der zu k teilerfremden Zahlen (in der gegebenen Menge) gleich $\varphi(k) = \varphi(p^\alpha) = k - p^{\alpha-1} = p^{\alpha-1}(p-1) = p^\alpha(1 - \frac{1}{p})$.

Nun soll der allgemeine Fall behandelt werden. Es sei $M =: \{1, \ldots, k\}$ und $j \in M$. Dann ist j zu $k = p_1^{\alpha_1} \cdot \ldots \cdot p_n^{\alpha_n}$ genau dann teilerfremd, wenn j zu jeder der Primzahlen $p_1, \ldots, p_n$ teilerfremd ist. Dann ist j aber auch zu den Primzahlpotenzen $p_1^{\alpha_1}, \ldots, p_n^{\alpha_n}$ teilerfremd. Die gesuchten j sind also Lösungen des folgenden Systems linearer Kongruenzen (man vergleiche Kapitel 8):

$$(*) \qquad x \equiv r_1 \ (mod\ p_1^{\alpha_1}),\ x \equiv r_2 \ (mod\ p_2^{\alpha_2}), \ldots, x \equiv r_n \ (mod\ p_n^{\alpha_n}),$$

wobei die r_ν zu $p_\nu^{\alpha_\nu}$ teilerfremd sind ($\nu = 1, \ldots, n$). In diesem Zusammenhang sind diejenigen Lösungen $j = x$ von Interesse, die in M liegen. Sind Zahlen $r_\nu \in \{1, \ldots, p_\nu^{\alpha_\nu} - 1\}$ (für $\nu = 1, \ldots, n$) mit den genannten Eigenschaften vorgegeben, so besitzt das System $(*)$ nach dem Chinesischen Restsatz 8.4.1 Lösungen x, die durch die Elemente genau einer einzigen Restklasse modulo $p_1^{\alpha_1} \cdot \ldots \cdot p_n^{\alpha_n} = k$ gegeben sind. Diese Restklasse, die wegen der Vorgabe der r_ν nicht die Nullklasse sein kann, enthält dann genau ein Element j aus der Menge M. Startet man noch einmal mit einer Auswahl $r'_1, \ldots, r'_n$ derart, dass für mindestens ein $\mu \in \{1, \ldots, n\}$ gilt $r_\mu \neq r'_\mu$, so muss wegen $j \equiv r_\nu$ und $j' \equiv r'_\nu$ (für $\nu = 1, \ldots, n$) die entsprechende Zahl j' von j verschieden sein. Die Anzahl der zu k teilerfremdem $j \in M$ ist also gleich der Anzahl der möglichen Vorgaben von Zahlen $r_1, \ldots, r_n$. Für r_1 gibt es, wie oben überlegt wurde, genau $p_1^{\alpha_1-1}(p_1 - 1)$ Möglichkeiten, die zueinander nicht modulo $p_1^{\alpha_1}$ kongruent sind. Also kann man insgesamt

$$p_1^{\alpha_1-1}(p_1 - 1)\, p_2^{\alpha_2-1}(p_2 - 1) \cdot \ldots \cdot p_n^{\alpha_n-1}(p_n - 1)$$

$$= p_1^{\alpha_1}\left(1 - \frac{1}{p_1}\right) p_2^{\alpha_2}\left(1 - \frac{1}{p_2}\right) \cdot \ldots \cdot p_n^{\alpha_n}\left(1 - \frac{1}{p_n}\right) = k \prod_{m=1}^{n}\left(1 - \frac{1}{p_m}\right)$$

viele Systeme $(*)$ angeben, die paarweise verschiedene Lösungen j in M besitzen. Dies sind aber genau die Zahlen aus M, die zu k teilerfremd sind. Deren Anzahl ist einerseits die eben berechnete Zahl und zum anderen laut Definition gerade $\varphi(k)$. Damit ist die Behauptung bewiesen. □

Häufig liest man Satz 14.3.2 auch in der Variante, dass $\varphi(k) = k \cdot \prod_{p|k}(1 - \frac{1}{p})$ für eine natürliche Zahl $k > 1$ und ihre Primteiler p ist. Man überlegt sich leicht, dass die Formulierung äquivalent zu der gegebenen Formulierung ist. Mit dieser Darstellung der Aussage bekommt man problemlos das folgende Ergebnis.

▶ **Satz 14.3.3** Sei $k > 1$ eine natürliche Zahl. Dann gilt $\varphi(k^2) = k \cdot \varphi(k)$.

▶ **Beweisidee 14.3.3** Es genügt Rechnen und Umformen, und schon hat man den Beweis.

▶ **Beweis 14.3.3** Es ist $\varphi(k^2) = k^2 \cdot \prod_{p|k^2}(1 - \frac{1}{p})$ nach Satz 14.3.2, und es ist $\prod_{p|k^2}(1 - \frac{1}{p}) = \prod_{p|k}(1 - \frac{1}{p})$, denn alle Primteiler von k^2 müssen auch Primteiler von k sein. Also gilt

$$\varphi(k^2) = k^2 \cdot \prod_{p|k^2}\left(1 - \frac{1}{p}\right) = k^2 \cdot \prod_{p|k}\left(1 - \frac{1}{p}\right) = k \cdot \varphi(k)$$

nach Satz 14.3.2.   □

Aus Satz 14.3.2 lässt sich eine weitere (und wesentlich prägnantere) Eigenschaft der Euler'schen φ-Funktion herleiten.

▶ **Satz 14.3.4** Für m, $n \in \mathbb{N}$ gilt $\varphi(m) \cdot \varphi(n) \leq \varphi(m \cdot n)$. Dabei gilt Gleichheit genau dann, wenn m und n teilerfremd sind.

▶ **Beweisidee 14.3.4** Die drei Zahlen $\varphi(m)$, $\varphi(n)$ und $\varphi(m \cdot n)$ werden gemäß Satz 14.3.2 dargestellt, woraus die Behauptungen abgelesen werden können. Die Zerlegung in Primfaktoren der beiden Zahlen m und n sowie ihres Produkts $m \cdot n$ wird dabei ganz formal gehandhabt. Es kommt nicht darauf an, welche Primfaktoren die Zahlen genau haben. Man muss nur aufpassen, dass m und n auch gemeinsame Faktoren haben können, die dann in $m \cdot n$ entsprechend berücksichtigt werden.

▶ **Beweis 14.3.4** Die Primfaktoren von $m \cdot n$ seien mit p_j ($j \in J$) bezeichnet. Die Primteiler von m bzw. n seien die p_j mit $j \in J_1$ bzw. $j \in J_2$. Offenbar gilt $J = J_1 \cup J_2$. Die jeweilige Primfaktorzerlegung sei

$$m = \prod_{j \in J_1} p_j^{\alpha_j} \quad \text{bzw.} \quad n = \prod_{j \in J_2} p_j^{\beta_j}.$$

Ist $J' := J_1 \cap J_2$, so lässt sich das Produkt der Zahlen als

$$m \cdot n = \left(\prod_{j \in J_1 \backslash J'} p_j^{\alpha_j}\right) \cdot \left(\prod_{j \in J'} p_j^{\alpha_j + \beta_j}\right) \cdot \left(\prod_{j \in J_2 \backslash J'} p_j^{\beta_j}\right)$$

schreiben, und das ist die (bis auf die Reihenfolge der Faktoren eindeutige) Primfaktorzerlegung von $m \cdot n$. Nach Satz 14.3.2 gilt also

$$\varphi(m \cdot n) = m \cdot n \cdot \left(\prod_{j \in J_1 \setminus J'}\left(1 - \frac{1}{p_j}\right)\right) \cdot \left(\prod_{j \in J'}\left(1 - \frac{1}{p_j}\right)\right) \cdot \left(\prod_{j \in J_2 \setminus J'}\left(1 - \frac{1}{p_j}\right)\right)$$

$$= m \cdot n \cdot \prod_{j \in J}\left(1 - \frac{1}{p_j}\right).$$

Außerdem ist

$$\varphi(m) = m \cdot \prod_{j \in J_1}\left(1 - \frac{1}{p_j}\right) \quad \text{sowie} \quad \varphi(n) = n \cdot \prod_{j \in J_2}\left(1 - \frac{1}{p_j}\right)$$

und damit

$$\varphi(m) \cdot \varphi(n) = m \cdot n \cdot \left(\prod_{j \in J_1 \setminus J'}\left(1 - \frac{1}{p_j}\right)\right) \cdot \left(\prod_{j \in J'}\left(1 - \frac{1}{p_j}\right)^2\right) \cdot \left(\prod_{j \in J_2 \setminus J'}\left(1 - \frac{1}{p_j}\right)\right)$$

$$= m \cdot n \cdot \left(\prod_{j \in J}\left(1 - \frac{1}{p_j}\right)\right) \cdot \left(\prod_{j \in J'}\left(1 - \frac{1}{p_j}\right)\right).$$

Da die Faktoren des letzten Produkts kleiner als 1 sind, folgt die behauptete Ungleichung $\varphi(m) \cdot \varphi(n) \le \varphi(m \cdot n)$. Gleichheit tritt hier dann und nur dann auf, wenn

$$\prod_{j \in J'}\left(1 - \frac{1}{p_j}\right) = 1$$

gilt. Dieses ist aber genau dann der Fall, wenn J' leer ist, was gleichbedeutend mit der Teilerfremdheit von m und n ist. □

Die in Satz 14.3.4 betrachtete Eigenschaft der Euler'schen φ-Funktion soll nun noch einen Namen bekommen. Mit dieser Definition kann man dann sagen, dass sie multiplikativ ist.

▶ **Definition 14.3.2** Eine zahlentheoretische Funktion f heißt *multiplikativ*, wenn die Beziehung $f(ab) = f(a) \cdot f(b)$ für alle $a, b \in \mathbb{N}$ mit $ggT(a, b) = 1$ erfüllt ist.

Beispiel 14.3.2

(i) Die Euler'sche φ-Funktion ist nach Satz 14.3.4 eine multiplikative Funktion.

(ii) Die in Definition 4.3.4 betrachtete Funktion $\tau : \mathbb{N} \longrightarrow \mathbb{N}$, für die $\tau(n)$ die Anzahl der Teiler von n bezeichnet, ist multiplikativ. Seien $n, m \in \mathbb{N}$ mit $ggT(n, m) = 1$. Dann ist jeder Teiler k von nm in der Form $k = k_n \cdot k_m$ darstellbar, wobei k_n ein Teiler von n und k_m ein Teiler von m ist (und sowohl $k_n = 1$ als auch $k_m = 1$ gelten kann). Damit folgt aber schon $\tau(nm) = \tau(n) \cdot \tau(m)$, und die Funktion ist multiplikativ.

(iii) Die Funktion $\sigma : \mathbb{N} \longrightarrow \mathbb{N}$, die jedem $n \in \mathbb{N}$ die Summe aller Teiler von n zuordnet, ist multiplikativ. Sind nämlich $n, m \in \mathbb{N}$ mit $ggT(n, m) = 1$, dann ist

$$\sigma(n \cdot m) = \sum_{k|nm} k$$

(man vergleiche Definition 5.4.1). Weil n und m teilerfremd sind, ist (wie oben) jeder Teiler k von nm in der Form $k = k_n \cdot k_m$ darstellbar, wobei k_n ein Teiler von n und k_m ein Teiler von m ist (und auch hier sowohl $k_n = 1$ als auch $k_m = 1$ gelten kann). Somit ist

$$\sigma(n \cdot m) = \sum_{k|nm} k = \sum_{k_n|n, k_m|m} (k_n \cdot k_m).$$

Weil $ggT(n, m) = 1$ ist, gilt schließlich

$$\sigma(n \cdot m) = \sum_{k_n|n, k_m|m} (k_n \cdot k_m) = \sum_{k_n|n} k_n \cdot \sum_{k_m|m} k_m = \sigma(n) \cdot \sigma(m),$$

die Funktion ist also multiplikativ.

Zum Schluss des Abschnitts soll noch ein wichtiges Ergebnis angeführt und bewiesen werden. Es handelt sich um die so genannte *Teilersummenformel*. Auch sie geht auf Carl Friedrich Gauß zurück.

▶ **Satz 14.3.5** Teilersummenformel
Es gilt $k = \sum_{d|k} \varphi(d)$ für alle $k \in \mathbb{N}$.

▶ **Beweis 14.3.5** Sei d ein (zunächst einmal fester) Teiler von k. Man betrachtet nun alle Elemente d^* aus der Menge $\{1, 2, \ldots, k\}$, für die $ggT(k, d^*) = d$ ist. Damit gilt (anders ausgedrückt) $ggT(\frac{k}{d}, \frac{d^*}{d}) = 1$. Dann gibt es aber so viele Elemente d^* wie es zu $\frac{k}{d}$ teilerfremde Zahlen zwischen 1 und $\frac{k}{d}$ gibt. Diese Anzahl ist nach Definition der Euler'schen φ-Funktion gerade $\varphi(\frac{k}{d})$.

Zwei natürliche Zahlen haben immer einen größten gemeinsamen Teiler, und er ist eindeutig bestimmt. Betrachtet man also alle Teiler $d_1, d_2, \ldots, d_n$ von k, so bekommt man eine Klasseneinteilung der Menge $\{1, 2, \ldots, k\}$. Jede Zahl k^* aus der Menge gehört zu genau einem Teiler d_i in dem Sinn, dass $ggT(k, k^*) = d_i$ ist (konkret werden einige der Zahlen aus $\{1, 2, \ldots, k\}$ dann eben teilerfremd zu k sein, aber auch 1 ist ein Teiler von k, und die Zahlen finden sich in dieser Klasse wieder). Beim „Durchzählen" werden somit alle Zahlen der Menge $\{1, 2, \ldots, k\}$ einem Teiler zugeordnet. Es folgt

$$k = \sum_{i=1}^{n} \varphi\left(\frac{k}{d_i}\right),$$

und das kann man auch in der Form

$$k = \sum_{d|k} \varphi\left(\frac{k}{d}\right)$$

schreiben. Der letzte Schritt ist einfach. Zu jedem Teiler d von k gibt es den *Komplementärteiler* $\frac{k}{d}$. Es macht also keinen Unterschied, ob man über alle d oder über alle $\frac{k}{d}$ summiert. Damit folgt

$$k = \sum_{d|k} \varphi(d),$$

und das ist die Behauptung. $\qquad\square$

Es sei noch einmal angemerkt, dass die Euler'sche φ-Funktion eng mit verschiedenen (zahlentheoretischen) Problemen zusammenhängt. Je genauer man diese Funktion kennt, umso mehr weiß man über Primzahlen und deren Verteilung. Es wurde oben schon bemerkt, dass $k \in \mathbb{N}$ genau dann eine Primzahl ist, wenn $\varphi(k) = k - 1$ gilt. Alle Lösungen der Gleichung $\varphi(k) = k - 1$ zu finden würde also bedeuten, die Folge der Primzahlen angeben zu können. Die Frage, ob es unendlich viele Primzahlzwillinge gibt, ist äquivalent zu der Frage, ob das Gleichungssystem

$$\varphi(k) = k - 1, \; \varphi(k + 2) = k + 1$$

unendlich viele Lösungen hat. Die Euler'sche φ-Funktion spielt schließlich neuerdings in einem ganz anderen Bereich eine Rolle, nämlich im Zusammenhang mit der so genannten Bose-Einstein-Kondensation, die das Verhalten von Gasen nahe am absoluten Nullpunkt beschreibt (man vergleiche [22]).

14.4 Die Riemann'sche ζ-Funktion

In diesem Abschnitt geht es darum, interessante Sachverhalte und Bezüge darzustellen. Dabei ist es nicht möglich, auf die Beweise im Detail einzugehen, da sie meist erst nach einigen Semestern des Mathematikstudiums zugänglich wären. Es ist dennoch sinnvoll, sich wichtige mathematische Ergebnisse schon zu einem frühen Zeitpunkt anzusehen. Man erkennt hoffentlich Verbindungen zwischen verschiedenen mathematischen Gebieten, die gerne als separat angesehen werden. Als Hörerin oder Hörer einer Mathematikvorlesung zu Beginn des Studiums hat man nicht selten das Gefühl, Passagier auf einem Schiff mit unklarem Kurs zu sein. Hier sollen einige Reiseziele angegeben werden, die erreichbar sind, wenn auch vielleicht erst nach einer längeren Fahrt auf unruhiger See.

Zu einer gründlichen Einführung der Riemann'schen ζ-Funktion (wobei übrigens ζ den griechischen Buchstaben *zeta* bezeichnet) sind mathematische Kenntnisse erforderlich, die über das in diesem Buch präsentierte Wissen deutlich hinausgehen. Es soll jedoch versucht werden, die Grundlagen verständlich darzustellen. Die unten definierte Riemann'sche ζ-Funktion ist der Ausgangspunkt der *analytischen Zahlentheorie*, also der Zahlentheorie mit Mitteln der Analysis. Anfang der Betrachtungen ist nun ein Begriff, der schon einmal in diesem Buch angesprochen wurde, nämlich der Begriff der unendlichen Reihe.

▶ **Definition 14.4.1** Ist eine Folge reeller Zahlen $a_1, a_2, a_3, \ldots$ gegeben, so lassen sich für alle $m \in \mathbb{N}$ die *Teilsummen* $S_m := \sum_{n=1}^{m} a_n$, also die Summen der ersten m Folgenglieder bilden. Falls diese Teilsummenfolge konvergiert, so sagt man, die unendliche Reihe $\sum_{n=1}^{\infty} a_n$ ist *konvergent*, andernfalls heißt sie *divergent*.

Das Symbol $\sum_{n=1}^{\infty} a_n$ steht also für die Folge der Teilsummen. Ist die Reihe konvergent, so benutzt man üblicherweise dasselbe Symbol auch für ihren Grenzwert. Gegebenenfalls muss also aus dem Zusammenhang entnommen werden, ob die Teilsummenfolge oder der Grenzwert gemeint ist.

In jeder einführenden Vorlesung zur Analysis wird bewiesen, dass die Reihe $\sum_{n=1}^{\infty} a_n$ nur konvergieren kann, wenn die Folge der Summanden a_n für $n \to \infty$ gegen Null konvergiert. Das Umgekehrte gilt jedoch nicht, wie das Beispiel der harmonischen Reihe $\sum_{n=1}^{\infty} \frac{1}{n}$ zeigt. Offenbar konvergieren die Summanden $\frac{1}{n}$ mit wachsendem n gegen Null, aber für die Differenz der Teilsummen S_{2m} und S_m ergibt sich für beliebiges $m \in \mathbb{N}$:

$$S_{2m} - S_m = \sum_{n=1}^{2m} \frac{1}{n} - \sum_{n=1}^{m} \frac{1}{n} = \sum_{n=m+1}^{2m} \frac{1}{n} \geq \sum_{n=m+1}^{2m} \frac{1}{2m} = m\frac{1}{2m} = \frac{1}{2}.$$

Wäre die Reihe konvergent, so wären es auch die Folgen der Zahlen S_{2m} und S_m für $m \to \infty$, und beide hätten denselben Grenzwert (nämlich den der Reihe). Dann müssten jedoch die Zahlen $S_{2m} - S_m$ gegen Null konvergieren, was sie nach der eben dargestellten Abschätzung nicht tun. Die harmonische Reihe divergiert also, obwohl ihre Summanden gegen Null konvergieren.

Anders verhält es sich mit der Reihe $\sum_{n=1}^{\infty} \frac{1}{n^2}$, diese konvergiert (und zwar gegen $\frac{\pi^2}{6}$). Man kann sogar zeigen, dass für jedes $s > 1$ die Reihe $\sum_{n=1}^{\infty} \frac{1}{n^s}$ konvergiert, wobei die Potenzen n^s hier mit Schulwissen gehandhabt werden sollen. Es reicht für den Moment auch, sich nur rationale s vorzustellen: Für $s = \frac{p}{q}$ mit $p, q \in \mathbb{N}$ ist bekanntlich $n^s = \sqrt[q]{n^p}$. Es kann nun jeder Zahl $s > 1$ der Grenzwert der genannten Reihe zugeordnet werden.

▶ **Definition 14.4.2** Die für alle reellen Zahlen $s > 1$ durch

$$\zeta(s) := \sum_{n=1}^{\infty} \frac{1}{n^s}$$

gegebene Funktion heißt die *Riemann'sche ζ-Funktion*.

Man sieht der Riemann'schen ζ-Funktion (die hier auf reelle Werte von s beschränkt wurde) ihre große Bedeutung für die Zahlentheorie nicht auf den ersten Blick an. Generationen von Mathematikern haben sich mit den Eigenschaften befasst, aber bis heute ist das gesicherte Wissen über diese Funktion (die im strengen Sinn von Definition 14.1.1 keine zahlentheoretische Funktion ist) lückenhaft. Auf eines der Probleme in diesem Zusammenhang, die so genannte *Riemann'sche Vermutung*, ist sogar ein Preis von einer Million US-Dollar ausgesetzt. Die Vermutung betrifft die Nullstellen der ζ-Funktion, und sie geht (wie auch die Definition der ζ-Funktion) auf Bernhard Riemann (1826–1866) zurück. Er war nicht der einzige Mathematiker, der seiner Nachwelt unbewiesene Ideen hinterlassen hat. Er hat aber, wie bereits Goldbach und Fermat, ein Problem definieren können, das auch noch mehr als ein Jahrhundert nach seinem Tod die Gemüter in der Mathematik bewegt.

Im folgenden Text werden die großen Fragen und Probleme um die Riemann'sche ζ-Funktion allerdings keine Rolle spielen. Es soll ausreichen, wenn an zwei Beispielen Eigenschaften und Zusammenhänge geschildert werden. Dabei geht es zunächst um eine Darstellung von $\zeta(n)$ für $n \in \mathbb{N}$, in der die unendlichen Summen vermieden werden. Schon in diesem abgegrenzten Bereich wird man sehen, dass die Erfolge mathematischer Betrachtungen hier eher bescheiden sind.

14.4.1 Ungerade natürliche Zahlen und die Riemann'sche ζ-Funktion

Wie oben erwähnt, gilt $\zeta(2) = \frac{\pi^2}{6}$, und das ist ein übersichtlicher Term mit den präzisen Zahlen π und 6, der nur zwei Rechenoperationen (Quadrieren und Dividieren) umfasst. Für $\zeta(3)$ kennt man noch nicht einmal eine entsprechende Darstellung über Summen und Produkte „ordentlicher" Zahlen (und das sind solche wie π, e oder $\sqrt[5]{2 + \sin 1}$, also irgendwie ausgezeichnete und benannte reelle Zahlen). Gleiches gilt allgemein für $\zeta(2n + 1)$ mit $n \in \mathbb{N}$. Auch hier ist der genaue Wert in Form eines endlichen Rechenausdrucks nicht bekannt (in dem nur die bereits erwähnten „ordentlichen Zahlen mit einem Namen" vorkommen). Es spricht einiges dafür, dass die Werte nicht in der beschriebenen Weise auf Terme aus benannten Ausdrücke zurückzuführen sind. Naturgemäß ist diese Menge abzählbar, die reellen Zahlen sind es jedoch nicht (man vergleiche Kapitel 12). Das könnte für die Richtigkeit der Vermutung sprechen, dass eine „ordentliche" Darstellung im genannten Sinn nicht existiert.

14.4.2 Zusammenhänge der Riemann'schen ζ-Funktion mit den Primzahlen

Zwischen der Riemann'schen ζ-Funktion und den Primzahlen gibt es eine Beziehung, die im folgenden Satz formuliert ist. Sein Beweis soll nur angedeutet werden, da auch hier die grundlegenden Sätze und Definitionen eher der Analysis zuzurechnen sind und nicht im Rahmen dieses Buchs behandelt werden.

▶ **Satz 14.4.1** Bezeichnet man mit $p(n)$ die n-te Primzahl ($n \in \mathbb{N}$), so gilt für alle reellen Zahlen $s > 1$

$$\frac{1}{\zeta(s)} = \prod_{n=1}^{\infty} \left(1 - \frac{1}{p(n)^s} \right).$$

Dabei ist das unendliche Produkt entsprechend einer unendlichen Reihe definiert. Es ist also die Folge der Teilprodukte $P_m := \prod_{n=1}^{m} \left(1 - \frac{1}{p(n)^s} \right)$ oder (im Fall der Konvergenz) deren Grenzwert. Die Funktion $p : \mathbb{N} \longrightarrow \mathbb{N}$ wurde auf Seite 351 bereits erklärt.

Das Produkt ist übrigens unabhängig von der Reihenfolge der Faktoren (was man sich noch genauer überlegen könnte und müsste). Dann heißt die Aussage von Satz 14.4.1

$$\frac{1}{\zeta(s)} = \prod_{n=1}^{\infty} \left(1 - \frac{1}{p(n)^s} \right) = \prod_{p \in P} \left(1 - \frac{1}{p^s} \right),$$

wobei P die Menge der Primzahlen bezeichnet und selbstverständlich $s > 1$ auch eine reelle Zahl ist.

▶ **Beweisidee 14.4.1** Es ist

$$\zeta(s)(1 - 2^{-s}) = \sum_{n=1}^{\infty} n^{-s} - \sum_{n=1}^{\infty} (2n)^{-s}.$$

Auf der rechten Seite heben sich alle Summanden gegenseitig auf, die von der Form „gerade Zahl hoch $-s$" sind (eigentlich müsste man diese Überlegung für die Teilsummen anstellen und dann den Grenzübergang betrachten). Es bleibt demnach nur die Reihe $\sum_{k=1}^{\infty}$ $(2k - 1)^{-s}$ übrig. Entsprechend „überleben" in dem Ausdruck

$$\zeta(s)(1 - 2^{-s})(1 - 3^{-s})$$

nur die Summanden n^{-s} mit einem $n \in \mathbb{N}$, das weder durch 2 noch durch 3 teilbar ist. Diese Überlegung zeigt weiter, dass

$$\zeta(s)(1 - 2^{-s})(1 - 3^{-s}) \ldots (1 - p(k)^{-s})$$

die Reihe $\sum \nu^{-s}$ ist, wo ν alle natürlichen Zahlen durchläuft, die nicht durch $2, 3, \ldots,$ $p(k)$ teilbar sind. Der erste Summand dieser Reihe ist also 1, der zweite Summand ist $p(k + 1)^{-s}$. Diese verbleibende Reihe wird daher mit $k \to \infty$ gegen 1 konvergieren, wenn, wie vorausgesetzt, $s > 1$ gilt (man müsste allerdings weiter gehende Überlegungen anstellen, um dies tatsächlich sicherzustellen). Es folgt

$$\lim_{k \to \infty} \zeta(s) \prod_{n=1}^{k} (1 - p(n)^{-s}) = \zeta(s) \lim_{k \to \infty} \prod_{n=1}^{k} (1 - p(n)^{-s})$$

$$= \zeta(s) \prod_{n=1}^{\infty} (1 - p(n)^{-s}) = 1.$$

Man beachte, dass die vorletzte Gleichung nur die Definition des unendlichen Produkts wiedergibt. Das ist die Behauptung des Satzes (und das Ende der Beweisidee).

Speziell für $s = 2$ bekommt man mit dem oben angegebenen Wert für $\zeta(2)$ die überraschende Gleichung

$$\frac{6}{\pi^2} = \prod_{n=1}^{\infty} \left(1 - \frac{1}{p(n)^2}\right).$$

Zwischen der Euler'schen φ-Funktion und der Riemann'schen ζ- Funktion besteht eine interessante Beziehung, die hier ohne Beweis wiedergegeben werden soll (so wie auch der Zusammenhang zwischen $\zeta(s)$ und einer weiteren zahlentheoretischen Funktion, die die Anzahl der Teiler zählt; die Details sind zum Beispiel in [13] nachzulesen).

▶ **Satz 14.4.2** Für alle $s > 2$ gilt

$$\sum_{n=1}^{\infty} \frac{\varphi(n)}{n^s} = \frac{\zeta(s-1)}{\zeta(s)}.$$

Ein weiteres Beispiel der zahlentheoretischen Bedeutung der ζ-Funktion ist der Zusammenhang mit der leicht zu definierenden, aber schwer zu handhabenden Funktion $\tau(n)$, die jeder natürlichen Zahl die Anzahl ihrer Teiler zuordnet. Offenbar gilt stets $\tau(n) \geq 2$ für $n \geq 2$. Die Gleichheit ist genau dann gegeben, wenn n eine Primzahl ist. Die folgende Tabelle zeigt die Werte von τ zwischen $\tau(1)$ und $\tau(12)$.

n	1	2	3	4	5	6	7	8	9	10	11	12
$\tau(n)$	1	2	2	3	2	4	2	4	3	4	2	6

Man könnte nun den folgenden Satz beweisen, müsste dann aber auf analytische Methoden zurückgreifen. Dabei bezeichnet $\zeta^2(s)$ das Quadrat von $\zeta(s)$.

▶ **Satz 14.4.3** Für jedes $s > 1$ gilt

$$\sum_{n=1}^{\infty} \frac{\tau(n)}{n^s} = \zeta^2(s).$$

Über diese Gleichung kann man selbst im Spezialfall $s = 2$ staunen, für den die rechte Seite bekannt ist (nämlich $\frac{\pi^4}{36}$). Denn trotz der Unregelmäßigkeit der zahlentheoretischen

Funktion τ lässt sich der Grenzwert der Reihe $\sum_{n=1}^{\infty} \frac{\tau(n)}{n^2}$ konkret angeben, und in den gehen alle Werte $\tau(n)$ für $n \in \mathbb{N}$ ein. Sogar die Konvergenz dieser Reihe ist keineswegs offensichtlich.

Mit diesen Ergebnissen soll das Kapitel abgeschlossen werden. Es ging hier, wie mehrfach betont wurde, nur um einen ersten Einblick in ein historisch und aktuell bedeutsames Gebiet der Mathematik, in dem es noch viele offene Fragen für die weitere Forschung gibt.

14.5   Übungsaufgaben

1. Man zeige:
   a) Zu jeder natürlichen Zahl $m \in \mathbb{N}$ existieren nur höchstens endlich viele $k \in \mathbb{N}$ mit $\varphi(k) = m$.
   b) Aus $\varphi(k) = k - 2$ folgt $k = 4$.
2. Zeigen Sie, dass keine natürliche Zahl k mit $\varphi(k) = 14$ existiert.
3. Berechnen Sie die Werte $\varphi(124)$, $\varphi(256)$ und $\varphi(666)$.
4. Berechnen Sie $\varphi(p \cdot q)$ für den Fall, dass p und q Primzahlen sind.
5. Es sei $n > 1$ eine natürliche Zahl. Eine Restklasse $\overline{m} \in \mathbb{Z}_n$ heißt ein (additiv) erzeugendes Element von $\mathbb{Z}_n$, wenn sich jede Klasse $\overline{k} \in \mathbb{Z}_n$ in der Form

$$\overline{k} = \underbrace{\overline{m} \oplus \ldots \oplus \overline{m}}_{N\text{-}\mathrm{mal}} = N \cdot \overline{m}$$

mit einem passenden $N \in \mathbb{N}$ schreiben läßt. Zum Beispiel ist $\overline{2}$ ein erzeugendes Element von $\mathbb{Z}_3$, denn $\overline{2} \oplus \overline{2} = \overline{1}$ und $\overline{2} \oplus \overline{2} \oplus \overline{2} = \overline{0}$. Allerdings hat $\overline{2}$ in $\mathbb{Z}_4$ nicht diese Eigenschaft, denn es ist $\overline{2} \oplus \overline{2} = \overline{0}$, $\overline{2} \oplus \overline{2} \oplus \overline{2} = \overline{2}$, das heißt, die Vielfachen von $\overline{2}$ in $\mathbb{Z}_4$ sind nur die Klassen $\overline{0}$ und $\overline{2}$.

   Wieviele erzeugende Elemente gibt es in $\mathbb{Z}_n$?
6. Drücken Sie die Goldbach'sche Vermutung („jede gerade Zahl, die größer als 2 ist, kann man als Summe von zwei Primzahlen schreiben") mit Hilfe der Euler'schen φ-Funktion aus.

Lösungshinweise

Lösungshinweise zu den Aufgaben von Kapitel 1

1.1 Alle Aussagen kann man direkt aus den Definitionen ableiten. Gegebenenfalls kann ein Venn-Diagramm bei der Veranschaulichung helfen.

1.2 Fangen Sie doch einmal mit einer kleineren Menge wie $A = \{1, 2\}$ an und bestimmen Sie alle (vier) Teilmengen.

1.3 Zählen Sie beim Ergebnis des ersten und zweiten Teils der vorangegangenen Übungsaufgabe noch einmal nach. Überlegen Sie sich, was ein weiteres Element zur Anzahl der Teilmengen beiträgt.

1.4 Zeichnen Sie jeweils zwei Venn-Diagramme und schraffieren Sie die Flächen, die der linken bzw. der rechten Seite der Gleichung entsprechen.

1.5 Wenden Sie die Definitionen an und betrachten Sie, was mit einem konkreten Element geschieht. Achten Sie darauf, dass eine Äquivalenz $X \Longleftrightarrow Y$ durch $X \Longrightarrow Y$ und $Y \Longrightarrow X$ gezeigt wird.

1.6 Wählen Sie ein $x \in (A \cap B) \cup C$.

    a) In diesem Fall kann man zeigen, dass jedes $x \in (A \cap B) \cup C$ auch ein Element von $(A \cup B) \cap (B \cup C)$ und umgekehrt jedes $x \in (A \cup B) \cap (B \cup C)$ auch ein Element von $(A \cap B) \cup C$ ist, also $(A \cap B) \cup C = (A \cup B) \cap (B \cup C)$ gilt.

    b) Hier kann man zeigen, dass $A \cap (B \cup C) \subset (A \cap B) \cup C$ ist, aber die Gleichheit im Allgemeinen nicht erfüllt ist.

1.7 Für beide Teile ist es nützlich, zunächst ein Venn-Diagramm zu zeichnen. Man sieht, dass der erste Teil ganz leicht zu lösen ist und dass beim zweiten Teil alles von $A \cap B$ abhängt. Dann wendet man die Definition der Teilmengenbeziehung an. Man wählt dabei ein $x \in A$ (und das kann nicht aus B sein) sowie ein $x \in B$ (und das kann nicht aus A sein).

1.8 Überlegen Sie sich, wie man eine gerade Zahl als Produkt darstellen kann. Für das Widerlegen der Umkehrung genügt ein Gegenbeispiel.

K. Reiss und G. Schmieder, *Basiswissen Zahlentheorie*, Mathematik für das Lehramt, DOI: 10.1007/978-3-642-39773-8, © Springer-Verlag Berlin Heidelberg 2014

1.9 Versuchen Sie einen Beweis durch Kontraposition.

1.10 Nehmen Sie an, dass $\frac{a}{b} + \frac{b}{a} \leq 2$ ist, und rechnen Sie solange, bis sich eine offensichtlich unerfüllbare Aussage ergibt. Für die Umkehrung nehmen Sie $\frac{a}{b} + \frac{b}{a} > 2$ und $a = b$ an.

1.11 Zeichnen Sie auf Karopapier in ein Quadrat der Seitenlänge 4 cm ein Quadrat der Seitenlänge 3 cm ein. Was fällt Ihnen auf? Bedenken Sie außerdem, dass $a^2 - b^2 = (a + b) \cdot (a - b)$ für $a, b \in \mathbb{N}_0$ gilt.

1.12 Lassen Sie der Phantasie freien Lauf. Denken Sie insbesondere auch an Formulierungen, die einen eher versteckten Charakter haben.

Lösungshinweise zu den Aufgaben von Kapitel 2

2.1 a) Ist k ein Teiler von n, so gilt $n = k \cdot n_1$ für ein $n_1 \in \mathbb{N}$, entsprechend für m.

   b) Man mache sich klar, dass die Aussage mit der folgenden übereinstimmt und gehe wie in a) vor: Ist k ein Teiler von n und von $n + m$, so auch von m.

   c) $4 + 2 = 6$.

   d) siehe a).

   e) $3 \cdot 2 = 6$.

   f) $3 \cdot 4 = 12$.

2.2 Man versuche einen Beweis durch vollständige Induktion über n zu geben.

2.3 Man versuche einen Beweis durch vollständige Induktion über n zu geben.

2.4 Kann der beginnende Spieler stets erreichen, dass er in seinem zweiten Zug „4" sagt?

2.5 Man probiere, einen Beweis durch vollständige Induktion über m zu finden.

2.6 In beiden Fällen ist ein Beweis durch vollständige Induktion über n möglich.

2.7 Der Beweis kann mit Hilfe der vollständigen Induktion über n geführt werden.

2.8 a) Der Beweis kann mit Hilfe der vollständigen Induktion geführt werden. Man hält dabei m fest und wendet Induktion über n an.

   b) Diese Beziehung kann man direkt zeigen, wenn man das Ergebnis von Teil a) anwendet und m passend wählt.

2.9 a) Eine Gerade zerlegt die Ebene in 2 Teile. Kommt eine weitere Gerade hinzu, so entstehen 4 Teile, indem beide vorher dagewesenen Teile zerlegt werden. Bezeichnet A_n die Anzahl der Teile bei n Geraden, so ist also $A_1 = 2$ und $A_2 = 4$.

   Es ist zu empfehlen, sich die folgenden Überlegungen anhand einer Zeichnung etwa für den Übergang von 4 auf 5 Geraden zu verdeutlichen. Es seien nun schon $n - 1$ Geraden vorhanden und eine weitere, g_n, werde dazugenommen. Bewegt man sich von „Unendlich" kommend auf dieser Geraden, so zerschneidet diese eines der vorherigen Teile, wenn man das erste Mal eine der „alten" Geraden $g_1, \ldots, g_{n-1}$ trifft. Danach wird nach jedem Schnitt ebenfalls einer der vorher dagewesenen Teile in zwei neue zerschnitten. Die Gerade g_n trifft (weil sie nicht parallel zu den anderen ist) jede der Geraden $g_1, \ldots, g_{n-1}$, sodass es genau $n - 1$

solcher Schnitte gibt. Es sind also $n - 1 + 1 = n$ viele Teile mehr als vorher vorhanden. Damit gilt

$$A_n = A_{n-1} + n.$$

Welche geschlossene Formel für A_n folgt dieser rekursiven Gleichung (vermuten und mit Induktion zu beweisen)? Man mache sich klar, wo die Voraussetzung eingeht, dass nicht drei (oder mehr) Geraden einen gemeinsamen Punkt besitzen.

b) Sind zwei Geraden, etwa g_1 und g_2, parallel und dreht man eine davon um einen beliebig kleinen positiven Winkel um einen ihrer Punkte, so entsteht ein neues Ebenenstück. Sind mehr als zwei Geraden zueinander parallel, so lässt sich diese Überlegung zu je zweien nacheinander anstellen.

2.10 a) Beweis durch vollständige Induktion über n.

b) Beweis durch vollständige Induktion über n.

c) Einsetzen der Werte.

2.11 Zu überprüfen ist jeweils:

(P1) Jedem $x \in X$ ist genau ein x' als Nachfolger zugeordnet.

(P2) Man suche einen geeigneten Kandidaten für das Anfangselement a und prüfe nach: Es gibt kein $x \in X$ mit $a = x'$.

(P3) Für $x, y \in X$ mit $x \neq y$ gilt $x' \neq y'$.

(P4) Ist $Y \subset X$ mit $a \in Y$, und enthält Y zu jedem seiner Elemente auch dessen Nachfolger, so gilt $Y = X$.

2.12 Nehmen Sie an, die Menge N erfüllt die Peano-Axiome, und es gibt zwei Elemente $a, b \in N$, die keinen Vorgänger haben (das heißt, die für kein $n \in N$ Nachfolger sind). Was folgt dann aus (P4)?

Lösungshinweise zu den Aufgaben von Kapitel 3

3.1 Lesen Sie noch einmal die historischen Betrachtungen in diesem Kapitel, und leiten Sie daraus Ideen ab. Es gibt keine eindeutige Lösung, also diskutieren Sie mit anderen Studentinnen und Studenten.

3.2 Schreiben Sie die beiden Summanden in den jeweiligen Stellenwertsystemen und addieren Sie mit Hilfe einer $(1 + 1)$-Tafel (und die kann gedacht oder aufgeschrieben sein).

3.3 Das kommt natürlich ganz auf die Größe der Eierkartons an. Rechnen Sie die Aufgabe sowohl für Sechserpackungen als auch für Zehnerpackungen und Zwölferpackungen (und rechnen Sie mit möglichst wenig Aufwand).

3.4 Schreiben Sie a als Summe von Potenzen der Zahl 2 und multiplizieren Sie mit b. Welche Summanden bestimmen den Wert des Produkts $a \cdot b$?

3.5 Rechnen Sie die Zahlen zunächst jeweils in das Zehnersystem um. Oder aber überlegen Sie sich, welche Beziehung es zwischen dem Dualsystem und dem Hexadezimalsystem gibt. Diese Überlegung erleichtert auch den zweiten Teil der Aufgabe wesentlich.

3.6 Vergleichen Sie die Zahlen aus der vorigen Aufgabe in den beiden Darstellungen. Welche Systematik verbirgt sich dahinter? Überlegen Sie dann, welche Rolle die Potenzen der Zahl 2 mit geraden bzw. ungeraden Exponenten in der Darstellung spielen. Was passiert mit ihnen bei der Umwandlung in ein Stellenwertsystem zur Basis 4?

3.7 Rechnen Sie vom Zehnersystem in das Dualsystem um und überlegen Sie, wie man von dort in das Hexadezimalsystem kommt.

3.8 Man kann die Aufgabe mit vollständiger Induktion nach n lösen. Dabei sollte man sich zunächst klar machen, worin sich eine Zahl, die ausschließlich aus n Einsen besteht, und eine mit genau $n + 1$ Einsen (und keinen weiteren Ziffern) unterscheiden. Dazu genügt schon das Betrachten einer solchen Zahl im Dezimalsystem.

3.9 Zeigen Sie, dass der Satz 3.4.1 für $a = 1$ und eine beliebige natürliche Zahl $g > 1$ erfüllt ist. Die Induktionsannahme soll besagen, dass es für alle natürlichen Zahlen, die kleiner als a sind, eine g-adische Darstellung gibt. Wenden Sie nun den Satz 3.2.1 von der eindeutigen Division mit Rest auf a und g an.

3.10 Überlegen Sie sich für alle drei Teile der Aufgabe die Antworten zunächst im Dezimalsystem und übertragen sie dann sinngemäß auf das Dualsystem bzw. ein beliebiges Stellenwertsystem.

Lösungshinweise zu den Aufgaben von Kapitel 4

4.1 Diese Transitivität der Teilerrelation wurde schon für natürliche Zahlen in Satz 4.1.2 bewiesen. Übertragen Sie den Beweis auf ganze Zahlen.

4.2 Benutzen Sie die Definition und setzen Sie geeignet ein.

4.3 Benutzen Sie die Definition und setzen Sie geeignet ein.

4.4 Versuchen Sie, den Term $a^3 - a$ geeignet in Faktoren zu zerlegen.

4.5 Schreiben Sie n in der Form $2m + 1$ (mit $m \in \mathbb{N}_0$).

4.6 Überlegen Sie, wie Sie das Ergebnis der vorigen Aufgabe anwenden können.

4.7 a) Der Beweis gelingt durch geschicktes Umformen.
    b) Die Lösung von (a) zeigt sofort Wege für ähnliche Regeln.

4.8 Versuchen Sie es mit Hilfe der vollständigen Induktion.

4.9 a) Jeder echte Teiler hat einen Primteiler. Man wende Satz 4.1.2 an.
    b) Alle Primzahlen $\leq 47 \leq \sqrt{2233} = 47, 25 \ldots$ sind auf die Teilereigenschaft zu prüfen (siehe Tabelle auf Seite 91).
    c) Man vergleiche b).

4.10 Betrachten Sie die Reste der Zehnerpotenzen bei Teilung durch 7.

4.11 Ist $n = p \cdot m$, so ist $x^n = (x^m)^p$.

4.12 a) Zum Beispiel ist $25 = 16 + 9$ die Summe zweier Quadrate natürlicher Zahlen.

b) Die Zahlen x und y können nicht beide ungerade sein, denn mit $x = 2a + 1$, $y = 2b + 1$ würde folgen $x^2 + y^2 = 4a^2 + 4b^2 + 4a + 4b + 2$, was nicht durch 4 teilbar ist. Die Quadratzahl z^2 müsste jedoch durch 4 teilbar sein, wenn sie gerade ist. Sei angenommen, dass x gerade ist, $x = 2 \cdot x_1$. Es ist $x^2 + y^2 = z^2$ genau dann, wenn $x^2 = 4x_1^2 = (z + y)(z - y)$. Was folgt weiter für die Zahlen $z + y$ und $z - y$?

4.13   a) Sind die Zahlen p und $p + 2$ beide Primzahlen, so heißt dieses Zahlenpaar nach Definition 4.2.2 ein *Primzahlzwilling*. Bei dieser Definition findet man auch Beispiele.

      b) Denken Sie an Teilbarkeitseigenschaften von drei aufeinander folgenden Zahlen.

4.14   Hier hilft nur Rechnen und das Unterscheiden geeigneter Fälle.

4.15   Denken Sie an die Formel $(a + 1)(a - 1) = a^2 - 1$ und spielen Sie mit den Zahlen.

4.16   a) Betrachten Sie den Zusammenhang zwischen $4k + 3$ und $4k - 1$.

      b) Hier hilft im Prinzip die Methode von Satz 4.2.8 weiter. Verfahren Sie ganz analog, und nehmen Sie an, dass es nur endlich viele Primzahlen der Form $6k + 5$ gibt.

Lösungshinweise zu den Aufgaben von Kapitel 5

5.1   Zur Bestimmung von $ggT(a^2 - b^2, a + b)$ betrachtet man eine geeignete Zerlegung. Außerdem kann man $ggT(a^2 + b^2, a + b)$ im Fall $a = 0$ bzw. $b = 0$ direkt angeben. Bleibt also die Bestimmung von $ggT(a^2 + b^2, a + b)$ für $a, b \in \mathbb{N}$. Einen Verdacht bekommt man durch die Betrachtung einiger konkreter Zahlenpaare wie etwa $a = 4$, $b = 5$ und $a = 5$, $b = 7$.

5.2   Falls c ein Teiler von a oder b ist, folgt die Behauptung sofort. Man muss sich also überlegen, dass alle Primfaktoren von c Teiler von a oder von b sind.

5.3   Stellen Sie a und b jeweils als geeignetes Produkt von c dar und formen Sie $ggT(a, b)$ entsprechend um.

5.4   Zeigen Sie, dass jeder gemeinsame Teiler von a und b auch ein Teiler von $a + cb$ ist. Zeigen Sie außerdem, dass jeder gemeinsame Teiler von $a + cb$ und b auch ein Teiler von a ist.

5.5   Überlegen Sie, wie Sie eine ungerade Zahl n entsprechend der Aufgabe zerlegen können. Welches ist die untere Grenze für n? Falls n eine gerade Zahl ist, kann man zeigen, dass eine der Zerlegungen $n = (\frac{n}{2} + 1) + (\frac{n}{2} - 1)$ oder $n = (\frac{n}{2} + 2) + (\frac{n}{2} - 2)$ die Bedingungen erfüllt.

5.6   Überlegen Sie sich, warum $\prod_{i=1}^{r} p_i^{min(\alpha_i, \beta_i)}$ ein Teiler sowohl von a als auch von b sein muss. Folgern Sie, dass es keinen größeren gemeinsamen Teiler geben kann.

5.7   Lesen Sie noch einmal den Satz 5.1.1.

5.8   a) Setzen Sie für n konkrete natürliche Zahlen in die Formel ein.

      b) Probieren Sie einen Widerspruchsbeweis. Nehmen Sie also an, dass $2^n - 1$ eine Primzahl und $n = ab$ mit $a, b \neq 1$ ist. Versuchen Sie dann, $2^a - 1$ als einen Faktor von $2^{ab} - 1$ zu identifizieren. Außerdem sollten Sie sich für den zweiten Teil der Aufgabe die Lösung von Teil (a) noch einmal ansehen.

5.9 Es sei $a = k \cdot \ell$ mit einer ungeraden Zahl $\ell > 1$. Man schreibe den Ausdruck

$$-2^a - 1 = -(2^k)^\ell - 1 = (-(2^k))^\ell - 1$$

als geometrische Summe (man vergleiche Satz 2.3.1).

Lösungshinweise zu den Aufgaben von Kapitel 6

6.1 Betrachten Sie noch einmal die Schritte im Beweis von Satz 6.2.3.

6.2 Hier müssen die Überlegungen aus Satz 6.3.2 sinngemäß übertragen werden.

6.3 Es geht hier darum, ganz formal zu argumentieren. Dabei benutzt man Definition 6.4.1. Zu unterscheiden ist zwischen der Menge $\mathbb{N}$ im Sinn von Satz 6.3.2 und in der Bedeutung, die ihr im zweiten Kapitel gegeben wurde.

6.4 Rechnen Sie mit $n = [(n + 1, 1)]$ und $-m = [(1, m + 1)]$ und verwenden Sie die Operation $\odot$.

6.5 Überlegen Sie sich, dass die Relation reflexiv, identitiv (antisymmetrisch) und transitiv ist.

Lösungshinweise zu den Aufgaben von Kapitel 7

7.1 Wenden Sie die Definition der Kongruenz modulo m an und beachten Sie, dass Sie die Äquivalenz der beiden Formulierungen zeigen sollen.

7.2 Auch hier muss man nur auf die Definition der Kongruenz modulo m zurückgreifen und entsprechend der Aufgabe umformen.

7.3 Betrachten Sie den zweiten Beweis von Satz 2.3.1 und überlegen Sie, wie man $a - b$ als Faktor bekommen kann.

7.4 a) Zerlegen Sie 4^{100} in geeignete Faktoren, das heißt, betrachten Sie geeignete einfachere Potenzen von 4. Gehen Sie dabei vor wie im Beispiel nach Satz 7.1.5.

b) Man betrachte 4 und 4^2 in Bezug auf Kongruenz modulo 6.

c) Da hilft es, die Zahlen auszuschreiben und geeignete Faktoren zusammenzufassen und zu vereinfachen.

d) Betrachten Sie alle Faktoren von $n!$ und überlegen Sie, ob sie auch Faktoren von $n + 1$ sind. Denken Sie auch an mögliche Fallunterscheidungen.

7.5 a) Zeigen Sie, dass $n^2 - n$ gerade ist.

b) Zeigen Sie, dass $n^3 - n$ durch 3 teilbar ist.

7.6 Man kann die Behauptung durch Induktion beweisen.

7.7 Wenden Sie die Definitionen von Kongruenz und Teilbarkeit an, und formen Sie dann geeignet um.

7.8 Die Aufgabe löst man recht einfach mit Hilfe der vollständigen Induktion.

7.9   a) Betrachten Sie die Primteiler von 10. Nur sie kommen für Endstellenregeln in Frage.

     b) Überlegen Sie, wie man erkennen kann, ob eine im Vierersystem dargestellte Zahl gerade bzw. durch 4 teilbar ist. Wie kann man diese Überlegung verallgemeinern?

7.10 Sei n eine natürliche Zahl.

     a) Formen Sie $\sum_{i=0}^{n-1} i$ geeignet um (man vergleiche die Übungen zu Kapitel 2). Man sieht dann leicht ein, dass n eine ungerade Zahl sein muss.

     b) Auch hier sollten Sie zunächst geeignet umformen. Für die Summe der Quadratzahlen gilt $\sum_{i=0}^{n-1} i^2 = \frac{n\cdot(n-1)\cdot(2n-1)}{6}$ (man vergleiche Übung 5b) zu Kapitel 2 und die Lösung der Aufgabe auf Seite 384). Man sieht dann leicht ein, dass die Teilbarkeit durch 6 eine Rolle spielt und n weder durch 2 noch durch 3 teilbar sein darf.

7.11 Hier müssen (ganz einfach) die verschiedenen Eigenschaften eines Körpers nachgewiesen werden. Dabei kann man sich selbstverständlich alle Eigenschaften sparen, die im Verlauf des Kapitels bereits gezeigt wurden. Insbesondere sollte man Satz 7.2.7 berücksichtigen.

7.12 Da jedes Element ein inverses Element hat, gibt es ein zu a^{-1} inverses Element $\bar{a}$ mit $a^{-1} \circ \bar{a} = e$. Dann ist $a^{-1} = a^{-1} \circ a \circ a^{-1} = a^{-1} \circ a^{-1} \circ \bar{a}$. Durch geeignete Umformungen dieser Gleichung zeigt man $a^{-1} \circ a = e$. Die Behauptung $e \circ a = a \circ e = a$ folgt dann (fast) sofort.

Lösungshinweise zu den Aufgaben von Kapitel 8

8.1 Sie müssen die Zahlen $1, 2, \ldots, 10$ quadrieren und die Reste modulo 11 berechnen. Ein Blick in den Beweis von Satz 8.5.1 erleichtert das Rechnen.

8.2 Benutzen Sie die im Beweis des *Chinesischen Restsatzes* verwendete Methode.

8.3 Benutzen Sie den *Kleinen Satz von Fermat* und formen Sie entsprechend um.

8.4 Wählen Sie $a \in \mathbb{N}$ und versuchen Sie den Induktionsbeweis für alle $a \in \mathbb{N}$. Überlegen Sie sich dann, warum die Aussage auch für $a \in \mathbb{Z}$ gilt.

Lösungshinweise zu den Aufgaben von Kapitel 9

9.1 Stellen Sie in geeigneter Weise das Nullelement 0 dar.

9.2 Betrachten Sie die Nullteiler in $\mathbb{Z}_6$.

9.3 Die Aufgabe verlangt ausschließlich Rechenfertigkeiten, allerdings zugegebenermaßen bei Rechnungen, die recht umfangreich sind.

9.4 a) Stellen Sie eine Verknüpfungstafel auf.

b) Verallgemeinern Sie die Beobachtung aus Teil a).

9.5 Nehmen Sie an, dass es einen Nullteiler gibt, der gleichzeitig eine Einheit ist, und formen sie die dabei entstehenden Gleichungen sinnvoll um.

9.6 Man muss hier eigentlich nur auf die Definitionen zurückgreifen.

9.7 Orientieren Sie sich am Beweis von Satz 9.2.2 und führen Sie die entsprechenden Schritte sinngemäß durch.

9.8 Benutzen Sie, dass $N(x) \cdot N(y) = 1$ für alle Einheiten $x, y \in R$ und die in Beispiel (ii) nach Definition 9.3.3 betrachtete Normfunktion gilt.

Lösungshinweise zu den Aufgaben von Kapitel 10

10.1 a) Überlegen Sie sich eine passende Zuordnung $y = f(x_1, \ldots, x_n)$, die das Gewünschte leistet.

b) Betrachten Sie die verschiedenen Tupel $(x_1, \ldots, x_n)$ und deren Anzahl, denen verschiedene Prüfzahlen zukommen müssten.

10.2 $(\mathbb{Z}_9, \oplus)$ ist eine zyklische Gruppe. Wenn die Behauptung richtig ist, muss dasselbe auf $(\mathbb{Z}_6^*, \odot)$ zutreffen. Was ist das erzeugende Element für $\mathbb{Z}_6^*$ und wie muss ein Isomorphismus $f : \mathbb{Z}_9 \to \mathbb{Z}_6^*$ das erzeugende Element von $\mathbb{Z}_9$ abbilden?

10.3 Will man mit dem Computer testen, ob die natürliche Zahl t ein Teiler von $n \in \mathbb{N}$ ist, so kann das mit der Integer-Funktion geschehen, die einer Zahl x die größte ganze Zahl $int(x)$ zuordnet, die kleiner oder gleich x ist. Im Fall $x = int(x)$ sind die Nachkommastellen von x in Dezimalschreibweise also lauter Nullen. Im Fall $x = \frac{n}{t}$ ist die Information $x = int(x)$ also gleichbedeutend damit, dass t ein Teiler von n ist. Es gibt nicht nur eine Möglichkeit, ein solches Programm zu schreiben. Sicher ist es aber nicht ungeschickt, wie folgt vorzugehen: Man teste zunächst auf die Teilbarkeit durch $t = 2$. Wenn diese ausgeschöpft ist, versuche man $t = 3$ entsprechend und danach $5, 7, 9, 11, \ldots$. Es lohnt sich nicht, vorher die Primzahlen zu bestimmen, die als Teiler von n in Frage kommen, da sich durch die geschilderte Abfrage stets nur Primteiler ergeben. Der Effekt entspricht dem im Sieb des Erathostenes (siehe Abschn. 4.2).

Jede Berechnung auf dem Computer hat Grenzen. Wenn n so groß ist, dass der Rechner die Dezimaleingabe nicht mehr umsetzen kann und in Exponentialschreibweise übergeht, wird man erleben, dass $\frac{n}{2}$ als natürliche Zahl auch dann angesehen wird, wenn n ungerade ist. In diesen Bereichen kann ein solches Programm selbstverständlich keine verlässlichen Ergebnisse mehr liefern.

10.4 Die Sätze 10.2.3, 10.2.4 und 10.2.5 führen zum Ergebnis.

Lösungshinweise zu den Aufgaben von Kapitel 11

11.1 Das ist leider die pure Rechnerei und am besten ganz direkt zu machen.

11.2 Die in Satz 11.1.1 gegebene Definition der Äquivalenzrelation lautet $(a, b) \sim (c, d)$: $\Leftrightarrow ad = bc$. Dabei ist $b \neq 0$ und $d \neq 0$ vorausgesetzt (nur solche Paare sind in der Definition zugelassen!). Leicht zu sehen ist (einfach ausschreiben), dass aus $(a, b) = (nc, nb)$ oder $(na, nb) = (c, d)$ die Äquivalenz der Paare (a, b) und (c, d) folgt. Die andere Richtung ist sicher dann richtig, wenn eines der Paare aus teilerfremden Zahlen besteht: Sei etwa $ggT(c, d) = 1$ angenommen. Aus $ad = bc$ folgt dann $a = a_1 c$ und $b = b_1 d$. Einsetzen liefert $a_1 cd = b_1 dc$ und damit $a_1 = b_1 =: n$ (man beachte, dass weder c noch d Null sein können). Also ist dann $a = nc$ und $b = nd$.

Über den verbleibenden Fall, dass weder a, b noch c, d teilerfremd sind, denke man kritisch nach.

11.3 Man gebe sich äquivalente Paare (a, b) und (a', b') bzw. (c, d) und (c', d') vor und prüfe nach (ein kleiner Trick ist erforderlich). Die Eigenschaften a) bis e) sind ebenfalls durch Rückgriff auf Repräsentanten zu begründen.

11.4 a) Es sei eine rationale Zahl $x = \dfrac{a}{b}$ gegeben. Zeigen Sie, dass ein $m \in \mathbb{N}$ existiert mit

$\dfrac{am}{bm} = \dfrac{-(bm)^2 + j}{bm}$, wobei $j \in \{0, \ldots, 2(bm)^2\}$ ist.

b) Sei $n \in \mathbb{N}$ fest. Zur Indizierung der Zahlen $x_{n,j}$ werden $2n^2 + 1$ natürliche Zahlen benötigt, da j von 0 bis $2n^2$ läuft. Zur Nummerierung aller Zahlen in den ersten m „Abschnitten"

$$x_{1,0}, x_{1,1}, x_{1,2}, x_{2,0} \ldots, x_{2,8}, \ldots, x_{m,0}, \ldots, x_{m,2m^2}$$

werden damit $\sum_{k=1}^{m} (2k^2 + 1)$ viele natürliche Zahlen benötigt. Selbstverständlich kommen dabei einige rationale Zahlen (zum Beispiel 0) mehrfach vor. Eine Abzählung muss aber nicht injektiv sein und es würde den Aufwand kaum rechtfertigen, diese Wiederholungen zu vermeiden (trotzdem kann und soll man sich ruhig Gedanken machen, wie dieses gegebenenfalls zu erreichen wäre – es hätte mit den Teilern von n zu tun). Die schon in Abschn. 2.4 vorgestellte Formel für die Summe der ersten m Quadratzahlen verhilft zu einem geschlossenen Ausdruck.

11.5 Jede rationale Zahl z zwischen x und y schreibt sich in der Form $z = w + (y - x)$ mit einer rationalen Zahl w mit $0 < w < y - x$. Man versuche, unendlich viele solcher w zu finden.

11.6 Die gesuchten Dezimalentwicklungen ergeben sich aus dem bekannten Divisionsalgorithmus („schriftliches Dividieren").

11.7 Das entscheidende Hilfsmittel zur Lösung von Aufgaben dieses Typs beim Auftreten von Perioden (ungleich 0) ist die Geometrische Reihe (Abschn. 8.4).

11.8 Man macht sich das Verfahren am besten an einem Rechenbeispiel klar. Soll etwa $\frac{5}{13}$ als Summe von Stammbrüchen geschrieben werden, so kann man durch geeignete

Variation des Nenners feststellen, dass $\frac{1}{3} = \frac{5}{15} < \frac{5}{13} < \frac{5}{10} = \frac{1}{2}$ ist. Also ist $\frac{5}{13} = \frac{1}{3} + x$, wobei x ein Bruch ist, der kleiner als $\frac{5}{13}$ ist. Man rechnet $\frac{5}{13} - \frac{1}{3} = \frac{2}{39}$ und muss nun eine Zerlegung von $\frac{2}{39}$ bestimmen. Mit dem gleichen Verfahren wie oben findet man $\frac{1}{20} = \frac{2}{40} < \frac{2}{39} < \frac{2}{38} = \frac{1}{19}$. Weil $\frac{1}{20} - \frac{2}{39} = \frac{1}{780}$ ist, bekommt man die Lösung $\frac{5}{13} = \frac{1}{3} + \frac{1}{20} + \frac{1}{780}$. Dahinter steckt nichts anderes als die eindeutige Division mit Rest. Überlegen Sie sich also, was man für den echten Bruch $\frac{a}{b}$ allgemein über die Zerlegung $b = qa + r$ mit $0 \leq r < a$ aussagen kann und warum man mit mehrfacher Anwendung dieser Methode nach endlich vielen Schritten in jedem Fall eine Zerlegung hat.

11.9 Den ganzzahligen Anteil von $\sqrt{2} = 1,414213\ldots$ kann man unschwer bestimmen. Wendet man dann das beschriebene Verfahren an, zeigt sich sehr schnell eine Regelmäßigkeit.

Lösungshinweise zu den Aufgaben von Kapitel 12

12.1 Alle drei Aussagen folgen mehr oder minder direkt aus der Definition des Betrags einer rationalen Zahl. In Teil c) hilft darüber hinaus eine Fallunterscheidung.

12.2 (Rechenregeln für konvergente Folgen)
Die Voraussetzungen $x_k \to x$ und $y_k \to y$ bedeuten (in Kurzschreibweise):

$$\forall \delta > 0 \, \exists k_1 \in \mathbb{N} \, \forall k \in \mathbb{N} : k \geq k_1 \implies |x_k - x| < \delta$$

und

$$\forall \delta > 0 \, \exists k_2 \in \mathbb{N} \, \forall k \in \mathbb{N} : k \geq k_2 \implies |y_k - y| < \delta.$$

Dabei sind alle vorkommenden Zahlen rational. Für $k \geq k_0 := \max\{k_1, k_2\}$ ist sowohl $|x_k - x|$ als auch $|y_k - y|$ kleiner δ.

a) Um $x_k + y_k \to x + y$ zu zeigen ist zu untersuchen, ob $|x_k + y_k - (x + y)|$ für alle hinreichend großen k kleiner als ein beliebig vorgegebenes ε ist. Man versuche unter Benutzung der Dreiecksungleichung diesen Ausdruck so umzuformen, dass die Voraussetzung mit einem passenden δ benutzt werden kann.

b) Hier ist das Entsprechende für den Ausdruck $|x_k y_k - xy|$ durchzuführen. Man forme dazu $|x_k y_k - xy|$ so um, dass nur $x_k - x$, $y_k - y$, x und y auftauchen und wende die Voraussetzung mit einem passenden δ so an, dass am Schluss $|x_k y_k - xy| < \varepsilon$ für alle hinreichend großen k geschlossen werden kann.

c) Ist b) schon gezeigt, so muss nur noch $\frac{1}{y_k} \to \frac{1}{y}$ bewiesen werden. Dazu ist $\left|\frac{1}{y_k} - \frac{1}{y}\right|$ ähnlich wie oben umzuformen. Aus der Voraussetzung $y \neq 0$ ergibt sich die Abschätzung $|y_k| \geq \frac{|y|}{2}$ für alle hinreichend großen k, was in diesem Zusammenhang nützlich ist.

12.3 (Rechenregeln für rationale Cauchy-Folgen)

In dieser Aufgabe lässt sich die Voraussetzung in der Form schreiben:

$$\forall \delta > 0 \, \exists k_1 \in \mathbb{N} \, \forall h, j \in \mathbb{N} : h, j \geq k_1 \implies |x_h - x_j| < \delta$$

und

$$\forall \delta > 0 \, \exists k_2 \in \mathbb{N} \, \forall h, j \in \mathbb{N} : k \geq k_2 \implies |y_h - y_j| < \delta,$$

wobei alle in dem Ausdruck vorkommenden Zahlen rational sind. Für $h, j \geq k_0 :=$ $\max\{k_1, k_2\}$ ist sowohl $|x_h - x_j|$ als auch $|y_h - y_j|$ kleiner als δ.

a) Man gehe ähnlich wie in Aufgabe 1a) vor.

b) Der Ausdruck $|x_h y_h - x_j y_j|$ ist ähnlich wie in Aufgabe 1b) umzuformen. Nach Folgerung 12.1.6 ist jede rationale Cauchy-Folge beschränkt.

c) Man benutze die Dreiecksungleichung.

d) Die Vorgehensweise ist wie in Aufgabe 1c. Aus der Voraussetzung, dass (y_k) nicht gegen Null konvergiert, überlege man sich die Existenz einer Zahl $c > 0$ mit $c \leq |y_k|$ für alle hinreichend großen k (man vergleiche die Definition der $<$-Relation).

12.4 Es ist zu zeigen, dass die Zahlen $|x_k - 2|$ mit wachsendem k gegen Null gehen. Da die Folge induktiv gegeben ist, muss das mit Induktion gezeigt werden. Was ergibt sich für $|x_{k+1} - 2|$, wenn die Induktionsvorschrift verwendet wird? Man vermute eine Abschätzung für $|x_k - 2|$ durch eine geeignete Potenz von 2 (hier muss man etwas ausprobieren).

12.5 Es seien (X_k) und (Y_k) Folgen mit $(x_k) \sim (X_k)$ und $(y_k) \sim (Y_k)$, also $x_k - X_k \to 0$ und $y_k - Y_k \to 0$.

a) Zu zeigen ist $[(x_k + y_k)] = [(X_k + Y_k)]$, also $x_k + y_k - (X_k + Y_k) \to 0$.

b) Zu zeigen ist $[(x_k y_k)] = [(X_k Y_k)]$, also $x_k y_k - X_k Y_k \to 0$. Man kann ähnlich argumentieren wie in Aufgabe 1b) und 2b).

12.6 Es seien rationale Folgen (X_k) bzw. (Y_k) gewählt mit $(x_k) \sim (X_k)$ bzw. $(y_k) \sim (Y_k)$. Die Voraussetzung $\mathbf{x} < \mathbf{y}$ liefert eine positive rationale Zahl c und ein $k_0 \in \mathbb{N}$ mit $x_k + c \leq y_k$ für alle $k \geq k_0$. Da die Zahlen X_k bzw. Y_k für große k dicht an x_k bzw. y_k sind, wird sich diese Ungleichung für große k auf X_k und Y_k übertragen lassen, wobei allerdings c durch eine etwas kleinere positive Zahl zu ersetzen ist. Es könnte nämlich $x_k + c = y_k$ für viele k gelten; wenn sich dann X_k an x_k „von oben" und Y_k an y_k „von unten" nähert, so ist $X_k + c \leq Y_k$ offenbar nicht möglich.

12.7 Man unterscheide die Fälle $\mathbf{x} > 0$, $\mathbf{x} = 0$ und $\mathbf{x} < 0$ und zeige jeweils $[(|x_k|)] = |\mathbf{x}|$ durch Rückgriff auf die Definitionen des Betrages und der Äquivalenzrelation $\sim$.

Lösungshinweise zu den Aufgaben von Kapitel 13

13.1 Die Division durch eine komplexe Zahl wurde in Abschn. 13.4 behandelt. Ein Bruch läßt sich in die kartesische Gestalt umformen, indem mit dem konjugierten Nenner erweitert wird. Die Umformung der kartesischen Darstellung in Polarkoordinaten und umgekehrt wurde in Abschn. 13.1.2 behandelt.

13.2 Zur Umformung siehe Abschn. 13.1.2. Die Werte der Kosinus- und Sinusfunktion für die auftretenden Winkel kann man sich am Einheitskreis klarmachen (die beste Lösung) oder in einer Formelsammlung nachschlagen.

13.3 Das geht ganz leicht mit einfachem Rechnen.

13.4 Satz 13.6.1 liefert die Lösung. Es wird aber empfohlen, den Beweisansatz zu diesem Satz hier konkret nachzuvollziehen.

13.5 Schon der Start $\sqrt{-1}$ ist unscharf. Es könnte i oder auch $-i$ sein. Im Weiteren wird der Radikand quadriert. Welche Auswirkungen kann das haben? Denken Sie an die simple Gleichung $x = 1$, die natürlich nur eine Lösung besitzt. Welche Lösung besitzt die quadrierte Gleichung $x^2 = 1$?

13.6 Benutzen Sie, dass für jedes $\zeta \in \mathbb{C}$ gilt $|\zeta|^2 = \zeta \cdot \overline{\zeta}$. Es ist also $|\zeta| = 1$ dann und nur dann, wenn $\overline{\zeta} = \frac{1}{\zeta}$ gilt.

13.7 Sind $a, b \in \mathbb{C}$, so misst $|a - b|$ den Abstand der Punkte a und b (wie der Satz des Pythagoras zeigt).

13.8 a) Raten Sie zuerst eine ganzzahlige Nullstelle und teilen Sie das Polynom durch den entsprechenden Linearfaktor.
   Tipp: Ist $q(z) = a_0 + a_1 z + \ldots + a_k z^k$ ein Polynom mit *ganzzahligen* Koeffizienten $a_0, \ldots, a_n$, so ist jede ganzzahlige Nullstelle von q ein Teiler von a_0. Das ist der Fall wegen $a_0 = z(a_1 + a_2 z + \ldots + a_n z^{n-1})$, denn für $z \in \mathbb{Z}$ ist auch die Klammer rechts ganzzahlig.
   b) Machen Sie sich klar, dass die geometrische Summenformel (Satz 2.3.1) auch für komplexe Zahlen gilt.

Lösungshinweise zu den Aufgaben von Kapitel 14

14.1 a) Sei ein $m \in \mathbb{N}$ gegeben und $\varphi(k) = m$ für ein $k \in \mathbb{N}$ angenommen. Wegen der Aussage von Satz 14.3.2 können die Primteiler $p_1, \ldots, p_n$ und deren Exponenten in der Primfaktorzerlegung k und nicht beliebig groß sein. Geben Sie solche Schranken an (dabei darf man ruhig großzügig sein).
   b) Wäre $\varphi(k) = k - 2$ für ein $k \in \mathbb{N}$, so folgt zunächst $k > 3$, denn $\varphi(1) = \varphi(2) = 1$, $\varphi(3) = 2$. Wegen $ggT(1, k) = 1$ und $ggT(k, k) = k > 1$ wäre nach der Definition von φ unter den $k - 2$ Zahlen $2, \ldots, k - 1$ genau eine, die *nicht* zu k teilerfremd wäre, etwa h. Dann ist $k = h \cdot h_1$, und h_1 ist ebenfalls ein echter Teiler

von k. Das kann aber nur sein, wenn $h_1 = h$, also $k = h^2$ ist. Aus $h = 2$ folgt damit $k = 4$, und es gilt tatsächlich $\varphi(4) = 4 - 2 = 2$.

Im Fall $h > 2$ suche man eine weitere Zahl (außer h und $h^2 = k$), die zu k nicht teilerfremd ist.

14.2 Es ist $\varphi(1) = 1$. Gäbe es eine natürliche Zahl k mit $\varphi(k) = 14$, so wäre also $k > 1$. Die fragliche Gleichung sollte unter Benutzung von Satz 14.3.2 diskutiert werden.

14.3 Satz 14.3.2 gibt die gesuchten Werte, wenn die Primfaktorzerlegung der Zahlen 124, 256, 666 bekannt ist.

14.4 Wenden Sie im Fall $p \neq q$ Folgerung 14.3.4 an. Im Fall $p = q$ lassen sich die zu p^2 teilerfremden Zahlen zwischen 1 und p^2 angeben, oder man wendet direkt Satz 14.3.2 an.

14.5 Ist m ein echter Teiler von n, so kann $\overline{m}$ kein erzeugendes Element von $\mathbb{Z}_n$ sein. Denn ist etwa $n = h \cdot m$, so ist $\overline{h} \odot \overline{m} = \overline{h \cdot m} = \overline{0}$ und damit $\overline{h+1} \odot \overline{m} = \overline{m}$. Die verschiedenen Restklassen $\overline{\ell} \odot \overline{m}$ mit $\ell \in \mathbb{N}$ sind also

$$\overline{m}, \; \overline{2 \cdot m}, \; \ldots, \; \overline{(h-1) \cdot m}, \; \overline{0},$$

und das sind nur h viele, während $\mathbb{Z}_n$ jedoch $n > h$ Elemente besitzt.

Ist ein $k \in \mathbb{N}$ gegeben mit $m = ggT(k, n) > 1$, so ist m ein echter Teiler von n und die Vielfachen der Restklassen von $\overline{k}$ sind ihrerseits (bestimmte) Vielfache der Restklassen von $\overline{m}$. Also kann erst recht $\overline{k}$ nicht $\mathbb{Z}_n$ erzeugen.

Sei nun $\overline{m}$ ein erzeugendes Element. Es darf $m \in \{0, \ldots, n-1\}$ angenommen werden, da jede Restklasse in $\mathbb{Z}_n$ durch eine solche Zahl repräsentiert wird. Der Fall $m = 0$ scheidet aus, da die Nullklasse offensichtlich nicht $\mathbb{Z}_n$ erzeugt. Nach der obigen Überlegung muss m zu n teilerfremd sein, also $ggT(m, n) = 1$. Es bleibt zu zeigen, dass ein solches m tatsächlich $\mathbb{Z}_n$ erzeugt. Man nehme an, dass dieses nicht zuträfe und überlege sich, dass dann Zahlen $\ell_1, \ell_2 \in \{1, \ldots, n\}$ existieren müssten mit $\ell_1 \neq \ell_2$ und $\ell_1 \cdot m \equiv \ell_2 \cdot m \,(mod\, n)$. Warum widerspricht das der Annahme $ggT(m, n) = 1$?

14.6 Wie lässt sich die Aussage „p ist Primzahl" mit Hilfe der φ-Funktion ausdrücken?

Lösungen

Lösungen zu den Aufgaben von Kapitel 1

1.1 Es ist
  a) $A \cap \{a\} = \{a\}$,
  b) $A \cup \{a\} = A$,
  c) $\{a\} \cup \{\} = \{a\}$,
  d) $A \cup A = A$,
  e) $A \cap A = A$,
  f) $A \backslash A = \{\}$,
  g) $A \backslash \{\} = A$,
  h) $\{\} \backslash A = \{\}$.

1.2 Man sortiert die Teilmengen von $A = \{1, 2, 3, 4\}$ nach der Anzahl ihrer Elemente. Dann ist Menge $\mathcal{P}(A) = \{\{\}, \{1\}, \{2\}, \{3\}, \{4\}, \{1,2\}, \{1,3\}, \{1,4\}, \{2,3\}, \{2,4\}, \{3,4\ \}, \{1,2,3\}, \{1,2,4\}, \{1,3,4\}, \{2,3,4\}, \{1,2,3,4\}\}$ die Menge aller Teilmengen.

   Die Teilmengen von $B = \{1, 2, 3, 4, 5\}$ bekommt man leicht, indem man die Teilmengen von A übernimmt und dann noch einmal zu jeder dieser Teilmengen das Element 5 hinzu fügt.

   Es ist daher $\mathcal{P}(B) = \{\{\}, \{1\}, \{2\}, \{3\}, \{4\}, \{1,2\}, \{1,3\}, \{1,4\}, \{2,3\}, \{2,4\ \}, \{3,4\}, \{1,2,3\}, \{1,2,4\}, \{1,3,4\}, \{2,3,4\}, \{1,2,3,4\}, \{5\}, \{1,5\}, \{2,\ 5\}, \{3,5\}, \{4,5\}, \{1,2,5\}, \{1,3,5\}, \{1,4,5\}, \{2,3,5\}, \{2,4,5\}, \{3,4,5\}, \{1,2,3,5\}, \{1,2,4,5\}, \{1,3,4,5\}, \{2,3,4,5\}, \{1,2,3,4,5\}\}$.

1.3 Die Potenzmenge einer Menge mit 4 Elementen hat die Mächtigkeit 16, die einer Menge mit 5 Elementen hat die Mächtigkeit 32 und die einer Menge mit 6 Elementen noch einmal doppelt so viel, also die Mächtigkeit 64. Man vermutet entsprechend 2^n Elemente in der Potenzmenge einer Menge der Mächtigkeit n für ein beliebiges $n \in \mathbb{N}$ (auf Seite 32 wird diese Vermutung dann auch bewiesen).

1.4 a) Zu prüfen ist die Gleichung $A \cup B = A \cup (B \backslash A)$.

K. Reiss und G. Schmieder, *Basiswissen Zahlentheorie*, Mathematik für das Lehramt, 379
DOI: 10.1007/978-3-642-39773-8, © Springer-Verlag Berlin Heidelberg 2014

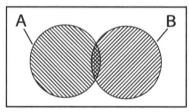
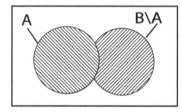

b) Zu prüfen ist die Gleichung $(A \cup B) \cup C = (A \cap C) \cup (B \cap C)$

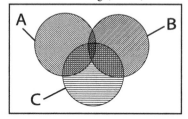
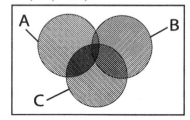

Auf der linken Seite sieht man $(A \cup B) \cap C$ und auf der rechten Seite $(A \cap C) \cup (B \cap C)$. In beiden Fällen ist die gleiche Fläche markiert.

1.5 a) Es ist zu zeigen, dass (i) $A \subset B \Longrightarrow A \cap B = A$ und (ii) $A \cap B = A \Longrightarrow A \subset B$ gilt. (i) Sei $A \subset B$. Dann gilt für jedes $x \in A$ auch $x \in B$ und somit $x \in A \cap B$. Also ist $A \subset A \cap B$. Da umgekehrt $A \cap B \subset A$ immer gilt, folgt $A \cap B = A$ mit der Definition der Gleichheit von Mengen auf Seite 6. (ii) Falls $A \cap B = A$ ist, dann folgt für jedes $x \in A$ auch $x \in A \cap B$ und somit $x \in B$.

b) Es ist zu zeigen, dass (i) $A \subset B \Longrightarrow A \cup B = B$ und (ii) $A \cup B = B \Longrightarrow A \subset B$ gilt. (i) Sei $A \subset B$. Da $B \subset A \cup B$ immer gilt, braucht nur $A \cup B \subset B$ gezeigt werden.

Ist $x \in A \cup B$, so muss $x \in A$ oder $x \in B$ gelten. Wegen $A \subset B$ folgt mit $x \in A$ auch $x \in B$. Also folgt aus $x \in A \cup B$ stets $x \in B$ und damit $A \cup B \subset B$.

(ii) Sei $A \cup B = B$ und $x \in A$. Mit $x \in A$ folgt $x \in A \cup B = B$ und somit $x \in B$, also $A \subset B$.

1.6 a) Sei $x \in (A \cap B) \cup C$. Weil x damit in der Vereinigung von zwei Mengen liegt, muss es in mindestens einer dieser beiden (Teil-)Mengen enthalten sein. Falls also $x \in A \cap B$ gilt, so ist $x \in A$ und $x \in B$ und somit ist auch $x \in A \cup C$ und $x \in B \cup C$ erfüllt. Insbesondere ist $x \in (A \cup B) \cap (B \cup C)$. Ist $x \in C$, so argumentiert man ganz ähnlich und bekommt das gleiche Ergebnis. Insbesondere hat man damit $(A \cap B) \cup C \subset (A \cup C) \cap (B \cup C)$ gezeigt.

Sei umgekehrt $x \in (A \cup C) \cap (B \cup C)$. Falls $x \in C$ ist, so folgt sofort $x \in (A \cap B) \cup C$. Sei also $x \in A \backslash C$. Da $x \in (A \cup C) \cap (B \cup C)$ gilt, folgt $x \in B$ und damit $x \in A \cap B$. Insbesondere ist $x \in (A \cap B) \cup C$ und somit $(A \cup C) \cap (B \cup C) \subset (A \cap B) \cup C$.

Wenn $(A \cap B) \cup C \subset (A \cup C) \cap (B \cup C)$ und $(A \cup C) \cap (B \cup C) \subset (A \cap B) \cup C$ gilt, müssen aber die beiden Mengen gleich sein.

b) Sei $x \in A \cap (B \cup C)$. Dann ist $x \in A$ und außerdem $x \in B$ oder $x \in C$. Dann muss aber notwendigerweise $x \in A$ und $x \in B$ oder aber $x \in A$ und $x \in C$ gelten, das heißt $A \cap (B \cup C) \subset (A \cap B) \cup C$.

Sei nun $x \in (A \cap B) \cup C$. Dann ist es möglich dass $x \in C$, aber $x \notin A$ gilt. Daraus folgt sofort $x \notin A \cap (B \cup C)$.

1.7 a) Falls $x \in A \backslash B$ ist, so ist insbesondere $x \in A$ und damit $x \in A \cup B$. Ist $x \in B \backslash A$, so ist $x \in B$ und damit auch in diesem Fall $x \in A \cup B$. Damit folgt die Behauptung.

b) Man macht sich unschwer an einem Venn-Diagramm klar, dass $(A \backslash B) \cup (B \backslash A) = A \cup B$ gilt, falls $A \cap B = \{\}$ ist. Zu zeigen ist also $A \cup B \subseteq (A \backslash B) \cup (B \backslash A)$, für $A \cap B = \{\}$ (denn die Umkehrung wurde im ersten Teil bereits gezeigt). Sei nun $x \in A \cup B$. Ist $x \in A$, dann ist $x \notin B$, denn $A \cap B = \{\}$. Also ist $x \in A \backslash B$. Ist $x \in B$, dann ist $x \notin A$, wiederum weil $A \cap B = \{\}$ ist. Also ist in diesem Fall $x \in B \backslash A$. Somit ist $A \cup B \subseteq (A \backslash B) \cup (B \backslash A)$ unter der Voraussetzung $A \cap B = \{\}$.

1.8 Seien a und b natürliche Zahlen. Wenn 2 ein Teiler von a und von b ist, dann kann man Zahlen $x, y \in \mathbb{N}$ finden, sodass $a = 2x$ und $b = 2y$ ist. Also ist $a \cdot b = 2x \cdot 2y = 4xy$. Somit ist 4 ein Teiler von $a \cdot b$. Umgekehrt ist 4 zwar ein Teiler von $36 = 4 \cdot 9$, aber damit ist 2 noch lange kein Teiler von 9. Die Umkehrung der Implikation gilt also nicht.

1.9 Wenn x eine natürliche Zahl und x^2 gerade ist, dann kann man $x^2 = 2n$ für ein $n \in \mathbb{N}$ schreiben. Ist nun aber 2 ein Teiler von x^2, dann muss auch 4 ein Teiler von x^2 und damit 2 ein Teiler von x sein. Benutzt wird hier ein eher intuitives Wissen und Zahlen und Teiler. Wer es ganz formal mag, sei auf Satz 4.3.6 verwiesen.

1.10 Angenommen es gilt $\frac{a}{b} + \frac{b}{a} \leq 2$. Dann folgt $\frac{a^2 + b^2}{ab} \leq 2$ und somit $a^2 + b^2 \leq 2ab$, denn es ist $a > 0$ und $b > 0$. Durch Umformen bekommt man $a^2 - 2ab + b^2 \leq 0$, also $(a - b)^2 \leq 0$. Für $a \neq b$ ist aber $a - b \neq 0$, also $(a - b)^2 > 0$. Also bleibt nur der Fall $a = b$, was der Annahme widerspricht.

Nach dieser Überlegung kann auch leicht ein direkter Zugang zur Lösung gefunden werden. Aus $a \neq b$ folgt $(a - b)^2 > 0$, also $a^2 - 2ab + b^2 > 0$. Wegen $a, b > 0$ ist auch $ab > 0$, und es darf durch ab geteilt werden, ohne dass das Zeichen „>" seine Richtung ändert. Damit ist $\frac{a^2 - 2ab + b^2}{ab} = \frac{a}{b} - 2 + \frac{b}{a}0$. Es folgt die Behauptung. Für die umgekehrte Richtung nimmt man $a = b$ an. Es folgt $\frac{a}{b} + \frac{b}{a} = \frac{a}{a} + \frac{a}{a} = 1 + 1 = 2$ im Widerspruch zur Voraussetzung. Also muss $a \neq b$ sein, falls $\frac{a}{b} + \frac{b}{a} > 2$ ist.

1.11 Aus dem Beispiel, das in den Lösungshinweisen steht (man vergleiche Seite 366), sieht man $3^2 + 7 = 4^2$, das heißt 4^2 und 3^2 unterscheiden sich um $7 = 2 \cdot 3 + 1$. Allgemein gilt $(n+1)^2 - n^2 = n^2 + 2n + 1 - n^2 = 2n + 1$. Die Differenz ist also eine ungerade Zahl, da sich jede ungerade natürliche Zahl, die größer als 1 ist, in dieser Form $k = 2n + 1$ schreiben lässt. Also folgt die Behauptung.

Allerdings bekommt man so nur eine Lösung. Betrachtet man etwa $27 = 2 \cdot 13 + 1$, so erhält man mit dieser Methode die Lösung $27 = 14^2 - 13^2$. Doch durch die Zerlegung $m^2 - n^2 = (m + n)(m - n)$ kann man leicht weitere Lösungen bekommen. So ist $27 = 9 \cdot 3 = (6 + 3) \cdot (6 - 3) = 6^2 - 3^2$, das heißt 27 ist die Differenz der Quadratzahlen 36 und 9.

Ganz allgemein kann man also mehrere Lösungen finden, wenn die ungerade Zahl k eine (oder mehrere) Zerlegungen in Faktoren hat, die alle größer als 1 sind. Man beachte, dass k als ungerade Zahl dann auch ein Produkt ungerader Faktoren sein muss. Ist $k = l \cdot m$, so ist $l + m$ eine gerade Zahl und $\frac{l+m}{2}$ somit eine natürliche Zahl. Damit rechnet man

$$k = \left(\frac{l+m}{2} + \left(l - \frac{l+m}{2} \right) \right) \cdot \left(\frac{l+m}{2} - \left(l - \frac{l+m}{2} \right) \right).$$

Nur wenn k eine Primzahl ist, dann ist ausschließlich die Zerlegung $k = k \cdot 1$ möglich, und es gibt für $k = 2n + 1$ nur die eine Lösung $k = 2n + 1 = (n + 1)^2 - n^2$.

1.12 Der Existenzquantor kann sprachlich beispielsweise in der Form „es gibt ein x ...", „es existiert ein x ...", „für mindestens ein x gilt ..." auftreten. Der Allquantor kann entsprechend durch Formulierungen wie „für alle x gilt ...", „für jedes x gilt ...", „sei x beliebig gewählt mit ..." ausgedrückt werden. Man sieht insbesondere, dass das Wort *alle* nicht unbedingt explizit in der sprachlichen Formulierung vorkommen muss.

Lösungen zu den Aufgaben von Kapitel 2

2.1 a) Die Aussage ist wahr. Aus $n = k \cdot n_1$ und $m = k \cdot m_1$ folgt $n + m = k \cdot (n_1 + m_1)$, also ist k ein Teiler von $n + m$.

b) Diese Aussage ist wahr. Es sei $n = k \cdot n_1$. Falls k nun Teiler von $n + m$ wäre, also $n + m = k \cdot \ell$ für ein $\ell \in \mathbb{N}$ gelten würde, so rechnet man $m = n + m - n = k \cdot (\ell - n_1)$. Weiter ist aber $m_1 := \ell - n_1 \in \mathbb{N}$. Also teilt k die Zahl m ebenfalls, und das ist ein Widerspruch zur Annahme, dass k ein Teiler von $n + m$ ist.

c) Die Aussage ist falsch, also genügt ein einziges Gegenbeispiel, um sie zu widerlegen, etwa das Beispiel $4 + 2 = 6$. Weder 4 noch 2 sind durch 3 teilbar, wohl aber 6.

d) Die Aussage ist wahr. Aus $n = k \cdot n_1$ und $m = k \cdot m_1$ folgt $n \cdot m = k \cdot k \cdot n_1 \cdot m_1$. Also ist k ein Teiler von $n \cdot m$.

e) Die Aussage ist falsch. Ein Gegenbeispiel bekommt man mit $n = k = 3$ und $m = 2$. Im Übrigen ist jeder Teiler einer natürlichen Zahl n immer auch einer von $n \cdot m$.

f) Die Aussage ist falsch. Ein Gegenbeispiel liefern die Zahlen $n = 3, m = 4$ und $k = 6$.

2.2 Induktion über n.

Induktionsanfang: $n = 1$. Dann ist $n + 2 = 3$ durch 3 teilbar.

Induktionsannahme: Für ein $n_0 \in \mathbb{N}$ gelte, dass genau eine der Zahlen $n_0, n_0 + 1, n_0 + 2$ durch 3 teilbar ist.

Induktionsschluss: Es ist zu zeigen, dass mit $n_1 = n_0 + 1$ auch genau eine der Zahlen $n_1, n_1 + 1, n_1 + 2$ durch 3 teilbar ist.

Wegen $n_1 = n_0 + 1$ und $n_1 + 1 = n_0 + 2$ ist dann nichts mehr zu beweisen, falls bereits $n_0 + 1$ oder $n_0 + 2$ durch 3 teilbar ist (beide Fälle wären durch die Induktionsannahme abgedeckt). Ist das nicht der Fall, so muss (wiederum nach der Induktionsannahme) n_0 durch 3 teilbar sein. Dann ist aber nach 1a) auch $n_1 + 2 = n_0 + 3$ durch 3 teilbar.

2.3 Induktion über n.

Induktionsanfang: $n = 1$. Dann ist $\sum_{i=1}^{1}(i \cdot i!) = 1 \cdot 1! = 1 = (1 + 1)! - 1$.

Induktionsannahme: Für ein $n_0 \in \mathbb{N}$ gelte $\sum_{i=1}^{n_0}(i \cdot i!) = (n_0 + 1)! - 1$.

Induktionsschluss: Es ist zu zeigen, dass $\sum_{i=1}^{n_0+1}(i \cdot i!) = (n_0 + 2)! - 1$ gilt.

Nun ist $\sum_{i=1}^{n_0+1}(i \cdot i!) = \left(\sum_{i=1}^{n_0}(i \cdot i!) \right) + (n_0 + 1) \cdot (n_0 + 1)!$. Die Induktionsannahme gestattet nun, zu schreiben $\sum_{i=1}^{n_0+1}(i \cdot i!) = (n_0 + 1)! - 1 + (n_0 + 1) \cdot (n_0 + 1)!$. Die rechte Seite ist (man vergleiche Definition 2.3.1) dasselbe wie $(n_0 + 1)!(1 + n_0 + 1) - 1 = (n_0 + 2)! - 1$, was zu zeigen war.

2.4 Sagt der beginnende Spieler „1", so bleiben dem zweiten die beiden Möglichkeiten „2,3" oder „2". Der erste Spieler kann im ersten Fall „4" bzw. im zweiten Fall „3,4" sagen. Das zeigt allgemein: Hat ein Spieler in einem Spielzug als letzte Zahl „x" gesagt, so hat er in jedem Fall die Möglichkeit, im nächsten Spielzug „$x + 3$" zu sagen. Der beginnende Spieler kann also seine Aktionen nacheinander mit den Zahlen 1, 4, 7, 10, 13, 16, 19 enden. Das heißt aber, dass bei dieser Strategie der andere Spieler immer verliert.

2.5 a) Beweis durch Induktion:

Induktionsanfang: $m = 1$. Dann ist $\displaystyle\sum_{k=1}^{1} k = 1 = \frac{1(1 + 1)}{2}$.

Induktionsannahme: Für ein $m_0 \in \mathbb{N}$ gelte $\displaystyle\sum_{k=1}^{m_0} k = \frac{m_0(m_0 + 1)}{2}$.

Induktionsschluss: Es ist zu zeigen, dass gilt

$$1 + 2 + \ldots + (m_0 + 1) = \sum_{k=1}^{m_0+1} k = \frac{(m_0 + 1)(m_0 + 2)}{2}.$$

Das lässt sich so einsehen:

$$\sum_{k=1}^{m_0+1} k = (m_0 + 1) + \sum_{k=1}^{m_0} k = m_0 + 1 + \frac{m_0(m_0 + 1)}{2}$$
$$= \frac{2(m_0 + 1)}{2} + \frac{m_0(m_0 + 1)}{2} = \frac{(2 + m_0)(m_0 + 1)}{2},$$

was zu zeigen war.

Anmerkung

Es gibt auch einen direkten Weg zu diesem Ergebnis, indem man die Summe einmal vorwärts und einmal rückwärts aufschreibt und addiert:

$$
\begin{array}{rcccccccc}
s = & 1 & + & 2 & + \ldots + & (m-1) & + & m \\
s = & m & + & (m-1) & + \ldots + & 2 & + & 1 \\
\hline
2s = & (m+1) & + & (m+1) & + \ldots + & (m+1) & + & (m+1)
\end{array}
$$

Also ist $2s = n \cdot (m+1)$, was das Ergebnis liefert.

Nach einer Anekdote soll Carl Friedrich Gauß als Schüler diese Methode gefunden haben, als sein Lehrer ihn mit der Aufgabe, alle Zahlen von 1 bis 100 zu addieren, eine Weile beschäftigen wollte.

b) Beweis durch Induktion:

Induktionsanfang: $m = 1$. Dann ist

$$
\sum_{k=1}^{1} k^2 = 1 = \frac{1(1+1)(2 \cdot 1 + 1)}{6}.
$$

Induktionsannahme: Für ein $m_0 \in \mathbb{N}$ gelte

$$
\sum_{k=1}^{m_0} k^2 = \frac{m_0(m_0 + 1)(2m_0 + 1)}{6}.
$$

Induktionsschluss: Es ist zu zeigen, dass gilt

$$
1^2 + 2^2 + \ldots + (m_0 + 1)^2 = \sum_{k=1}^{m_0+1} k^2
$$

$$
= \frac{(m_0 + 1)(m_0 + 2)(2(m_0 + 1) + 1)}{6}.
$$

Oft ist es gut, mit der komplizierter erscheinenden Seite der Gleichung zu beginnen, die Induktionsannahme einzubringen und geeignet umzuformen. Dabei kann es subjektiv durchaus unterschiedlich sein, was komplizierter erscheint. Es ist

$$
\sum_{k=1}^{m_0+1} k^2 = \left(\sum_{k=1}^{m_0} k^2 \right) + (m_0 + 1)^2
$$

$$
= \frac{m_0(m_0 + 1)(2m_0 + 1)}{6} + (m_0 + 1)^2
$$

$$
= \frac{m_0(m_0 + 1)(2m_0 + 1) + 6(m_0 + 1)^2}{6}
$$

$$= \frac{\big(m_0(2m_0 + 1) + 6(m_0 + 1)\big)(m_0 + 1)}{6}$$

$$= \frac{(2m_0^2 + 7m_0 + 6)(m_0 + 1)}{6}$$

$$= \frac{(m_0 + 2)(2m_0 + 3)(m_0 + 1)}{6}.$$

c) Beweis durch Induktion:

Induktionsanfang: $m = 1$. Dann ist

$$\sum_{k=1}^{1} k^3 = 1 = \left(\frac{1 \cdot 2}{2}\right)^2.$$

Induktionsannahme: Für ein $m_0 \in \mathbb{N}$ gelte

$$\sum_{k=1}^{m_0} k^3 = \left(\frac{m_0(m_0 + 1)}{2}\right)^2.$$

Induktionsschluss: Es ist zu zeigen, dass gilt

$$\sum_{k=1}^{m_0 + 1} k^3 = \left(\frac{m(m_0 + 1)}{2}\right)^2.$$

Es ist

$$\sum_{k=1}^{m_0 + 1} k^3 = \left(\sum_{k=1}^{m_0} k^3\right) + (m_0 + 1)^3 = \left(\frac{m_0(m_0 + 1)}{2}\right)^2 + (m_0 + 1)^3$$

$$= \left(\frac{m_0 + 1}{2}\right)^2 \cdot m_0^2 + \left(\frac{m_0 + 1}{2}\right)^2 \cdot 4(m_0 + 1)$$

$$= \left(\frac{m_0 + 1}{2}\right)^2 \left(m_0^2 + 4(m_0 + 1)\right)$$

$$= \left(\frac{m_0 + 1}{2}\right)^2 (m_0 + 2)^2.$$

2.6 a) Beweis durch Induktion:

Induktionsanfang: $n = 1$. Dann ist $\displaystyle\sum_{k=1}^{1} \frac{1}{k(k+1)} = \frac{1}{2} = \frac{1}{1+1}$.

Induktionsannahme: Für ein $n_0 \in \mathbb{N}$ gelte $\displaystyle\sum_{k=1}^{n_0} \frac{1}{k(k+1)} = \frac{n_0}{n_0 + 1}$.

Induktionsschluss: Es ist zu zeigen, dass gilt

$$\sum_{k=1}^{n_0+1} \frac{1}{k(k+1)} = \frac{n_0+1}{n_0+2}.$$

Das lässt sich so einsehen:

$$\sum_{k=1}^{n_0+1} \frac{1}{k(k+1)} = \frac{1}{(n_0+1)(n_0+2)} + \sum_{k=1}^{n_0} \frac{1}{k(k+1)}$$

$$= \frac{1}{(n_0+1)(n_0+2)} + \frac{n_0}{n_0+1}$$

$$= \frac{1+n_0(n_0+2)}{(n_0+1)(n_0+2)} = \frac{(n_0+1)^2}{(n_0+1)(n_0+2)} = \frac{n_0+1}{n_0+2}.$$

Es gibt hier auch noch einen direkteren Weg, der allerdings etwas Übung im Umgang mit dem Summenzeichen voraussetzt:
Es gilt offenbar $\frac{1}{k(k+1)} = \frac{1}{k} - \frac{1}{k+1}$. Damit ist

$$\sum_{k=1}^{n} \frac{1}{k(k+1)} = \sum_{k=1}^{n} \frac{1}{k} - \sum_{k=1}^{n} \frac{1}{k+1} = \sum_{k=1}^{n} \frac{1}{k} - \sum_{\ell=2}^{n+1} \frac{1}{\ell}$$

$$= 1 - \frac{1}{n+1} = \frac{n}{n+1}.$$

Dass alle Summanden mit Ausnahme des ersten aus der ersten Summe und des letzten aus der zweiten Summe wegfallen, sieht man auch ein, wenn man die beiden Summen für kleine n ausschreibt.

    b) Für $n = 1$ ist $\sum_{k=0}^{0} 2^k = 2^0 = 1 = 2^1 - 1$. Damit hat man den Induktionsanfang. Man nimmt nun an, $\sum_{k=0}^{n-1} 2^k = 2^n - 1$ für ein $n \in \mathbb{N}$ ist (Induktionsannahme). Dann rechnet man $\sum_{k=0}^{n} 2^k = \sum_{k=0}^{n-1} 2^k + 2^n = 2^n - 1 + 2^n = 2 \cdot 2^n - 1 = 2^{n+1} - 1$. Mit diesem Induktionsschluss ist die Behauptung bewiesen.

2.7 Es gilt $\sum_{i=1}^{1} F_i^2 = 1 = F_1 \cdot F_2$. Damit hat man den Induktionsanfang. Man nimmt nun an, dass $\sum_{i=1}^{n} F_i^2 = F_n \cdot F_{n+1}$ für ein $n \in \mathbb{N}$ gilt. Dann ist $\sum_{i=1}^{n+1} F_i^2 = F_n \cdot F_{n+1} + F_{n+1}^2 = F_{n+1} \cdot (F_n + F_{n+1}) = F_{n+1} \cdot F_{n+2}$, und man hat den Induktionsschluss gezeigt.

2.8 a) Die Einschränkung $m > 1$ ist notwendig, weil sonst F_{m-1} nicht definiert wäre. Ansonsten spielt sie für den Beweis keine Rolle. Sei also $m > 1$ fest gewählt.

Induktionsanfang: Für $n = 1$ rechnet man $F_{m-1} \cdot F_1 + F_m \cdot F_2 = F_{m-1} \cdot 1 + F_m \cdot 1 = F_{m-1} + F_m = F_{m+1}$. Entsprechend ist für $n = 2$ dann $F_{m-1} \cdot F_2 + F_m \cdot F_3 = F_{m-1} \cdot 1 + F_m \cdot 2 = F_{m-1} + F_m + F_m = F_{m+1} + F_m = F_{m+2}$. Damit ist der Induktionsanfang gezeigt, der hier für $n = 1$ *und* $n = 2$ geführt werden musste. Schließlich werden F_n und F_{n+1} in der Behauptung benutzt, sodass beide gültig sein müssen, damit man weiterarbeiten kann.

Induktionsannahme: Man nimmt an, dass $F_{m+n} = F_{m-1}F_n + F_m F_{n+1}$ für alle natürlichen Zahlen bis zu einem gewissen n und ein festes $m \in \mathbb{N}$ mit $m > 1$ gilt.

Induktionsschluss: Es ist $F_{m+(n+1)} = F_{m+n} + F_{m+(n-1)} = F_{m-1}F_n + F_m F_{n+1} + F_{m-1}F_{n-1} + F_m F_n = F_{m-1}\cdot(F_n + F_{n-1}) + F_m \cdot (F_{n+1} + F_n) = F_{m-1}\cdot F_{n+1} + F_m \cdot F_{n+2}$. Damit ist auch der Schluss von n auf $n+1$ gezeigt.

b) Man wählt $m = n+1$ im Sinne der Bezeichnungen von Teil a) dieser Aufgabe. Dann lässt sich $F_{m-1}F_n + F_m F_{n+1}$ als $F_{(n+1)-1}\cdot F_n + F_{n+1}F_{n+1} = F_n^2 + F_{n+1}^2$ schreiben. Es folgt $F_n^2 + F_{n+1}^2 = F_{(n+1)+n} = F_{2n+1}$.

2.9 a) Aus (siehe die Lösungshinweise) $A_n = A_{n-1} + n$ ergibt sich mit $A_1 = 2$:

$$A_n = A_{n-2} + (n-1) + n = \ldots = A_1 + 2 + 3 + \ldots + (n-1) + n$$
$$= 2 + 2 + 3 + \ldots + (n-1) + n = 1 + 1 + 2 + 3 + \ldots + n = 1 + \frac{n(n+1)}{2}.$$

Das lässt sich natürlich aus $A_n = A_{n-1} + n$ und $A_1 = 2$ mittels Induktion auch direkt beweisen.

b) Seien die k Geraden $g_1, \ldots, g_k$ untereinander parallel (die Nummerierung darf man natürlich genau so annehmen). Wird g_k um einen kleinen Winkel $\alpha > 0$ um irgendeinen Punkt auf g_k gedreht, so schneidet die neue Gerade nun auch $g_1, \ldots, g_{k-1}$. Es entstehen damit $k-1$ Teile der Ebene mehr. Dieselbe Überlegung wird mit den verbliebenen parallelen Geraden $g_1, \ldots, g_{k-1}$ wiederholt, indem g_{k-1} gedreht wird. In diesem Schritt zerschneiden nach der Drehung die Geraden die Ebene dann in $k-2$ Teile mehr als vorher. Nachdem mit allen Geraden $g_2, \ldots, g_k$ so verfahren worden ist, sind insgesamt (siehe Aufgabe 5 in diesem Kapitel)

$$(k-1) + (k-2) + \ldots + 2 + 1 = \frac{(k-1)k}{2}$$

Teile mehr vorhanden als vorher.

   Damit hat man nun das Ergebnis für den Fall, dass es eine Teilmenge von Geraden $g_1, g_2, \ldots, g_k$ gibt, die untereinander parallel sind, und dass sich aber alle anderen Geraden $g_{k+1}, g_{k+2}, \ldots, g_n$ paarweise schneiden. Im allgemeinen Fall mag es aber durchaus vorkommen, dass zwar g_1 nicht parallel zu g_{k+1} ist, aber g_{k+1} wiederum parallel zu $g_{k+2}, g_{k+3}, \ldots, g_{k+i}$ ist, es also insgesamt in der Menge der Geraden g_j mehrere so genannte Parallelenscharen gibt. Dieser Fall soll zum Schluss betrachtet werden, wobei er sich relativ leicht aus dem ersten Fall verallgemeinern lässt. Sind unter den n Geraden $g_1, \ldots, g_n$ nämlich etwa k Stück zueinander parallel, so ergibt sich die Gesamtzahl der Ebenen-Teile dadurch, dass von der maximalen Anzahl $1 + \dfrac{n(n+1)}{2}$ (man vergleiche Teil a) dieser Aufgabe) dann $\dfrac{(k-1)k}{2}$ subtrahiert wird (wenn genau k von ihnen untereinander parallel sind).

Sind genau jeweils $k_1, \ldots, k_m$ der Geraden untereinander parallel, so ist die gesuchte Anzahl A_n der Teile

$$A_n = 1 + \frac{1}{2}\left(n(n+1) - \sum_{j=1}^{m}(k_j - 1)k_j\right).$$

2.10 a) Beweis durch Induktion.

Induktionsanfang: Für $n = 3$ ist die Ungleichung wahr, denn es ist $7 < 8$.

Induktionsannahme: Für ein $n_0 \in \mathbb{N}$, $n_0 \geq 3$ gelte $2n_0 + 1 < 2^{n_0}$.

Induktionsschluss: Zu zeigen ist, dass die behauptete Ungleichung auch für $n_0 + 1$ richtig ist. Also ist nachzuweisen: $2(n_0 + 1) + 1 \leq 2^{n_0+1}$.
Nun ist $2(n_0+1)+1 = 2n_0+3 < 2^{n_0}+3$ nach Induktionsannahme. Wegen $3 \leq n_0$ gilt $3 < 8 = 2^3 \leq 2^{n_0}$. Also kann weiter abgeschätzt werden $2(n_0 + 1) + 1 < 2^{n_0} + 3 < 2^{n_0} + 2^{n_0} = 2 \cdot 2^{n_0} = 2^{n_0+1}$, was zu zeigen war.

b) Die Ungleichung wird ebenfalls induktiv bewiesen.

Induktionsanfang: Für $n = 4$ ist die Ungleichung wahr: $16 \leq 16$.

Induktionsannahme: Für ein $n_0 \in \mathbb{N}$, $n_0 \geq 4$ gelte $n_0^2 \leq 2^{n_0}$.

Induktionsschluss: Zu zeigen ist, dass die behauptete Ungleichung auch für $n_0 + 1$ richtig ist, das heißt: $(n_0 + 1)^2 \leq 2^{n_0+1}$.
Es ist $(n_0 + 1)^2 = n_0^2 + 2 \cdot n_0 + 1$, und aus der Induktionsannahme sowie der vorstehenden Teilaufgabe ergibt sich $(n_0 + 1)^2 \leq 2^{n_0} + 2^{n_0} = 2^{n_0+1}$, was zu zeigen war.

c) Es ist $2n + 1 \leq 2^n$ für $n = 1$ und $n = 2$ falsch, denn $2 \cdot 1 + 1 > 2^1$ und $2 \cdot 2 + 1 > 2^2$. Es ist $n^2 \leq 2^n$ für $n = 1$ und $n = 2$ richtig, aber nicht für $n = 3$, denn es ist zwar $1^2 \leq 2^1$ und $2^2 \leq 2^2$, aber $3^2 > 2^3$.

2.11 a) Die Axiome (P1) und (P3) gelten hier, aber (P2) und (P4) nicht.

b) Mit $a := 1$ gelten (P1), (P2), (P3), aber (P4) nicht: $\{1, 2, 3, \ldots\}$ ist eine nichtleere Teilmenge von X und erfüllt (P4), ist aber nicht gleich X.

c) Alle Peano-Axiome sind erfüllt, wobei hier das Element 0 die Rolle des ausgezeichneten Elementes a in den Peano-Axiomen spielt.
Die Menge $X = \{0, 2, 4, 6, \ldots\}$ hat also bezüglich der Nachfolgerbeziehungen dieselbe Struktur wie die „üblichen" natürlichen Zahlen $\mathbb{N} = \{1, 2, 3, \ldots\}$. Selbstverständlich wäre es ein schwerer Fehler, daraus auf die Gleichheit der zugrunde liegenden Mengen schließen zu wollen.

d) Jedes $x \in X$ hat hier einen Vorgänger, das heißt, (P2) ist für keines der beiden Elemente von X erfüllt und damit macht (P4) hier keinen Sinn, denn es ist kein Anfangselement a vorhanden. Die Axiome (P1) und (P3) sind dagegen (sie kommen ohne ein solches aus) sinnvoll und auch erfüllt.

e) Hier ist (P1) nach der Definition der Nachfolger klar. Das Element $a := 1 \in X$ erfüllt (P2). Jedoch ist (P3) wegen $-1' = 1'$ und $1 \neq -1$ verletzt. Das Induktionsaxiom (P4) ist bei diesem Beispiel richtig: Mit $1 \in Y$ folgt $1' = 0 \in Y$, damit dann auch $0' = -1 \in Y$, also $X = Y$.

2.12 Es sei N eine Menge, die (P1) bis (P4) erfüllt, wobei angenommen sei, dass $a, b \in N$ keinen Vorgänger haben. Nun sei M eine Teilmenge von N mit $a \in M$ und der Eigenschaft $n \in M \Longrightarrow n' \in M$ für alle $n \in N$ und ihr Nachfolger n'. Nach (P4) folgt $M = N$ und damit $b \in M$.

Für die Menge $K := M\backslash\{b\} = N\backslash\{b\}$ gilt, da b keinen Vorgänger hat, ebenfalls $n \in K \Longrightarrow n' \in K$. Wegen $K \neq N$ und (P4) muss somit $a \notin K$ gelten. Andererseits ist b das einzige Element von N, das nicht in K liegt. Damit folgt $a = b$.

Lösungen zu den Aufgaben von Kapitel 3

3.1 Stellenwertsysteme ermöglichen es, eine (übersichtliche) Darstellung auch für große Zahlen anzugeben. Insbesondere ist es bei dieser Darstellung gut möglich, die Grundrechenarten schriftlich durchzuführen. Die entsprechenden Algorithmen orientieren sich an dieser Zahldarstellung. Selbstverständlich gibt es auch hier Grenzen, sodass sehr große Zahlen zumeist in der Exponentialschreibweise als entsprechende Vielfache einer rationalen Zahl angegeben werden. Die Zahl 3456000000000000 liest sich leichter in der Form $3,456 \cdot 10^{15}$ und man bekommt eher ein Gefühl für die Größenordnung. Es muss nicht unbedingt diskutiert werden, ob diese Darstellung auch zum Rechnen besser geeignet ist, da in diesen Größenordnungen wohl eher selten mit Papier und Bleistift gerechnet wird. Wenn allerdings zwei Zahlen in dieser Darstellung gegeben sind, dann kann man zumindest eine überschlägige Multiplikation recht gut ausführen. Für die Addition gilt das auch, falls bei beiden Zahlen dieselbe Zehnerpotenz steht.

3.2 Es ist $466 = 7 \cdot 8^2 + 2 \cdot 8 + 2 = 1 \cdot 16^2 + 13 \cdot 16 + 2$ und $78 = 1 \cdot 8^2 + 1 \cdot 8 + 6 = 4 \cdot 16 + 14$. Man bekommt entsprechend die Darstellungen $(466)_{10} = (722)_8 = (1D2)_{16}$ und $(78)_{10} = (116)_8 = (4E)_{16}$. Es ist $(722)_8 + (116)_8 = (1040)_8$ und $(1D2)_{16} + (4E)_{16} = (220)_{16}$. In beiden Fällen entsteht jeweils ein Übertrag, der entsprechend berücksichtigt werden muss.

3.3 Für die Sechserpackungen ist das Rechnen leicht im Kopf zu machen. Man braucht $2 \cdot 5$ Kartons für die 5 Dutzend Eier und $2 \cdot 3 \cdot 12$ Kartons für 3 Gross Eier, also insgesamt 82 Sechserkartons. Für die Anzahl der Zehnerkartons muss man ins Zehnersystem und entsprechend etwas mehr rechnen. Das Ergebnis sind 50 Zehnerkartons, wobei ein Karton nur mit 2 Eiern gefüllt ist (die Details werden hier nicht im Einzelnen aufgeführt).

3.4 Seien a und b beliebige natürliche Zahlen. Dann kann man a in der Form

$$a = \sum_{i=0}^{n} a_i \cdot 2^i$$

mit $a_i \in \{0, 1\}$ schreiben (das ist die Dualdarstellung, die man nach Satz 3.4.1 bekommen kann). Es ist also

$$a \cdot b = \left(\sum_{i=0}^{n} a_i \cdot 2^i \right) \cdot b = \sum_{i=0}^{n} b \cdot a_i \cdot 2^i.$$

Nun ist $b \cdot a_i \cdot 2^i = 0$, falls $a_i = 0$ ist, und $b \cdot a_i \cdot 2^i = b \cdot 2^i$, falls $a_i = 1$ ist. Das Produkt $a \cdot b$ wird also nur durch diese Summanden (mit $a_i = 1$) bestimmt.

3.5 Es ist $(1100110000001)_2 = (1981)_{16}$ und es ist $(1ABC4)_{16} = (11010101111000100)_2$. Dieser zweite Teil wird höchst unübersichtlich, wenn man tatsächlich vom Hexadezimalsystem zuerst in das Dezimalsystem und dann in das Dualsystem umrechnet. Einfacher ist es, direkt von der hexadezimalen in die duale Darstellung zu wechseln. Die Ziffernfolge $1ABC4$ steht für die Summe $1 \cdot 16^4 + 10 \cdot 16^3 + 11 \cdot 16^2 + 12 \cdot 16^1 + 4 \cdot 16^0$. Es gilt $1 \cdot 16^4 = 1 \cdot (2^4)^4 = 1 \cdot 2^{4 \cdot 4} = 1 \cdot 2^{16}$ und entsprechend $10 \cdot 16^3 = 8 \cdot 16^3 + 2 \cdot 16^3 = 1 \cdot 2^{15} + 1 \cdot 2^{13}$.

Diese Betrachtung, bei der der erste Faktor in Potenzen von 2 aufgespalten wird, lässt sich fortsetzen und man bekommt $11 \cdot 16^2 = 8 \cdot 16^2 + 2 \cdot 16^2 + 1 \cdot 16^2 = 1 \cdot 2^{11} + 1 \cdot 2^9 + 1 \cdot 2^8$, $12 \cdot 16^1 = 8 \cdot 16^1 + 4 \cdot 16^1 = 1 \cdot 2^7 + 1 \cdot 2^6$. Darüber hinaus ist $4 \cdot 16^0 = 2^2$, und man bekommt so die vollständige Darstellung. Auch dieses Verfahren mag vielleicht fehleranfällig erscheinen, es vermeidet aber den Umweg über das Dezimalsystem.

3.6 Sei

$$a = \sum_{i=0}^{n} a_i \cdot 2^i = a_0 \cdot 2^0 + a_1 \cdot 2^1 + a_2 \cdot 2^2 + a_3 \cdot 2^3 + \ldots + a_n \cdot 2^n$$

die Darstellung von a durch Potenzen von 2 mit Ziffern $a_i \in \{0, 1\}$ und $a_n \neq 0$, da nach Voraussetzung $a \in \mathbb{N}$ gilt. Man macht sich leicht klar, dass $a_0 + 2 \cdot a_1$ bestimmt, welchen Faktor der Wert 4^0 bekommt. Entsprechend bestimmt $a_2 + 2 \cdot a_3$ den Faktor für 4^1 usw. Es bleibt also die Arbeit, dieser Überlegung einen schriftlichen (formalen) Rahmen zu geben und in der Darstellung

$$a = \sum_{i=0}^{m} b_i \cdot 4^i$$

sowohl m als auch die b_i zu bestimmen. Nun ist

$$a = \sum_{i=0}^{m} b_i \cdot 4^i = \sum_{i=0}^{m} b_i \cdot 2^{2i}$$

und für ein gerades n folgt sofort $m = \frac{n}{2}$. Ist n ungerade, dann gilt $m = \left[\frac{n}{2}\right] = \frac{n-1}{2}$, wobei für eine reelle Zahl x mit dem Symbol $[x]$ (oder auch manchmal $\lfloor x \rfloor$) die größte Zahl $k \in \mathbb{N}_0$ bezeichnet wird, für die $k \leq x$ ist.

Man überlegt sich, dass $b_i = a_{2i} + 2 \cdot a_{2i+1}$ für alle $i = 0, 1, 2, \ldots, m-1$ ist. Für gerades n ist $b_m = a_n = 1$, für ungerades n ist $b_m = a_{n-1} + 2 \cdot a_n = 2 + a_{n-1}$.

Betrachtet man den Fall, dass vom Vierersystem ins Zweiersystem gewechselt werden soll, so sei die natürliche Zahl a durch Potenzen von 4 beschrieben, also

$$a = \sum_{j=0}^{k} a_j \cdot 4^j$$

mit $a_j \in \{0, 1, 2, 3\}$ und $a_k \neq 0$. Dann kann man a als

$$a = \sum_{j=0}^{k} a_j \cdot 2^{2j} = \sum_{j=0}^{k} (b_j + 2c_j) \cdot 2^{2j}$$

für gewisse $b_j, c_j \in \{0, 1\}$ schreiben, denn der Ziffernvorrat der a_j kann nur aus den Ziffern 0, 1, 2, 3 bestehen.

Dann folgt aber

$$a = \sum_{j=0}^{k} (b_j + 2c_j) \cdot 2^{2j} = \sum_{j=0}^{k} (b_j \cdot 2^{2j}) + \sum_{j=0}^{k} (c_j \cdot 2^{2j+1})$$

und daher

$$a = b_0 \cdot 2^0 + c_0 \cdot 2^1 + b_1 \cdot 2^2 + c_1 \cdot 2^3 + \ldots + b_k \cdot 2^{2k} + c_k \cdot 2^{2k+1} = \sum_{i=0}^{2k+1} d_i \cdot 2^i$$

mit $d_i = b_{\frac{i}{2}}$, falls i gerade ist, und $d_i = c_{\frac{i-1}{2}}$, falls i ungerade ist.

Die letzten Zeilen sind vermutlich nicht sehr hübsch anzusehen. Einfacher versteht man die Grundidee, wenn man sie sich in ein konkretes Zahlenbeispiel übersetzt.

3.7 Angenommen, Sie sind 23 Jahre alt. Es ist $23 = 1 \cdot 2^4 + 0 \cdot 2^3 + 1 \cdot 2^2 + 1 \cdot 2^1 + 1 \cdot 2^0$, das heißt, es ist $(23)_{10} = (10111)_2$. Man leitet leicht ab, dass dann $(23)_{10} = (10111)_2 = (17)_{16}$ gilt. Aber auch dann, wenn Sie bereits einen höheren Geburtstag gefeiert haben, bleibt das Prinzip gleich. So ist $98 = 1 \cdot 2^6 + 1 \cdot 2^5 + 0 \cdot 2^4 + 0 \cdot 2^3 + 0 \cdot 2^2 + 1 \cdot 2^1 + 0 \cdot 2^0$, das heißt $(98)_{10} = (1100010)_2$. Man überlegt sich leicht, dass $2^6 + 2^5 = 2^2 \cdot 2^4 + 2 \cdot 2^4$ und somit $(98)_{10} = (1100010)_2 = (62)_{16}$ ist.

3.8 Mit dem Hinweis auf Seite 368 überlegt man sich, dass sich im Zehnerssystem, dass $1111 = 111 \cdot 10 + 1$, $11111 = 1111 \cdot 10 + 1$ und $111111 = 11111 \cdot 10 + 1$ ist. Diese Grundidee wird im Induktionsschluss verwendet, wobei sie auf ein beliebiges Stellenwertsystem und eine beliebig große Zahl der gegeben Art übertragen wird.

Für $n = 1$ ist $1 \cdot (g - 1) = g^1 - 1$, das heißt der Induktionsanfang ist gezeigt. Sei $a(n)$ die Zahl mit n Einsen, so wie es in der Aufgabe gefordert ist. Man nimmt also an, dass $a(n) \cdot (g-1) = g^n - 1$ für ein $n \in \mathbb{N}$ ist (Induktionsannahme). Sei $a(n+1)$ entsprechend die Zahl, die aus $n+1$ Einsen besteht. Dann ist offensichtlich (und man vergleiche dazu die Bemerkung zu Beginn dieser Lösung) $a(n + 1) = a(n) \cdot g + 1$. Man rechnet also $a(n + 1) \cdot (g - 1) = (a(n) \cdot g + 1) \cdot (g - 1) = a(n) \cdot (g - 1) \cdot g + (g - 1) = (g^n - 1) \cdot g + g - 1 = g^n \cdot g - g + g - 1 = g^{n+1} - 1$ und hat damit den Induktionsschluss gemacht.

3.9 Sei $a = 1$. Dann gilt für ein beliebiges $g \in \mathbb{N}$ (also auch, wie in Satz 3.4.1 gefordert, für $g \in \mathbb{N}\backslash\{1\}$) die Gleichung $1 = 1 \cdot g^0$. Damit ist die gesuchte g-adische Darstellung von $a = 1$ bereits angegeben und der Induktionsanfang gezeigt.

Sei $a \in \mathbb{N}\backslash\{1\}$. Man nimmt nun an, die Behauptung sei für jede Zahl $x \in \mathbb{N}$ mit $x < a$ erfüllt, das heißt, jedes $x < a$ habe eine eindeutige g-adische Darstellung. Sei außerdem $a = q \cdot g + r$ mit $0 \leq r < g$ die eindeutige Darstellung von a bei Division mit Rest durch g im Sinne von Satz 3.2.1. Dann gibt es eine g-adische Darstellung auch für das eindeutig bestimmte $q \in \mathbb{N}$, denn aus $g > 1$ folgt $q < a$. Somit hat q eine eindeutige g-adische Darstellung der Form $q = \sum_{i=0}^{n} k_i g^i$. Man rechnet $a = q \cdot g + r = (\sum_{i=0}^{n} k_i g^i) \cdot g + r = k_n \cdot g^{n+1} + k_{n-1} \cdot g^n + k_{n-2} \cdot g^{n-1} + ... + k_1 \cdot g^2 + k_0 \cdot g^1 + r \cdot g^0$. Da $r < g$ gilt, hat man damit eine g-adische Darstellung von a gefunden. Man macht sich leicht klar, dass alle Bedingungen an die Koeffizienten der Darstellung erfüllt sind, denn es ist $k_n \neq 0$, $0 \leq k_i < g$ für $i < n$ sowie $0 \leq r < g$. Diese g-adische Darstellung von a ist eindeutig, da die Zahlen q und r nach Satz 3.2.1 eindeutig bestimmt sind.

3.10 Es ist $1110 : 10 = 111$, $1011010 : 10 = 101101$ und $1001010100 : 100 = 10010101$. Die Division durch 2 bzw. 4 im Dualsystem entspricht der Division durch 10 bzw. 100 im Dezimalsystem. Entsprechend heißt das Verdoppeln einer Zahl im Dualsystem nicht anderes, als dass eine Null hinzugefügt wird. Im Stellenwertsystem zu einer beliebigen Basis g ist entsprechend jede Division durch g^n ein Streichen der letzten n Nullen (natürlich nur unter der Voraussetzung, dass diese Division im Bereich der natürlichen Zahlen überhaupt durchgeführt werden kann, es also „genügend Nullen am Ende" gibt).

Lösungen zu den Aufgaben von Kapitel 4

4.1 Da a ein Teiler von b und b ein Teiler von c ist, gibt es nach Definition 4.3.1 ganze Zahlen x und y mit $b = xa$ und $c = yb$. Es folgt durch einfaches Einsetzen $c = yxa$. Da mit y und x auch yx eine ganze Zahl ist, ist die Behauptung bewiesen.

4.2 Seien a, b, c und d ganze Zahlen, sodass $a|b$ und $c|d$ erfüllt sind. Dann gibt es nach Definition 4.3.1 $x, y \in \mathbb{Z}$ mit $b = ax$ und $d = cy$. Also ist $bd = ac \cdot xy$ und da $xy \in \mathbb{Z}$ ist, folgt $ac|bd$.

4.3 Wenn a ein Teiler von b ist, dann gibt es ein $x \in \mathbb{Z}$ mit $b = ax$. Dann ist $bc = axc = acx$ und es folgt $ac|bc$. Sei umgekehrt ac ein Teiler von bc. Dann ist $ac \cdot x = bc$ für ein $x \in \mathbb{Z}$, also auch $axc = bc$. Damit ist $ax = b$, weil $c \neq 0$ ist. Also ist a ein Teiler von b.

4.4 Es ist $a^3 - a = a \cdot (a^2 - 1) = (a - 1) \cdot a \cdot (a + 1)$. Da eine der drei Zahlen $a - 1, a, a + 1$ für jedes $a \in \mathbb{Z}$ durch 3 teilbar ist (man vergleiche Übung 2 in Kapitel 2), ist auch ihr Produkt durch 3 teilbar.

4.5 Weil n ungerade ist, gibt es ein $m \in \mathbb{N}_0$ mit $n = 2m + 1$, also $n^2 = (2m + 1)^2 = 4m^2 + 4m + 1$. Das Problem ist also, ob es ein $a \in \mathbb{N}_0$ mit $n^2 = (2m + 1)^2 = 4m^2 + 4m + 1 = 8a + 1$ gibt. Nun lässt sich die Gleichung $4m^2 + 4m + 1 = 8a + 1$ so umformen, dass man $4(m^2 + m) = 8a$ bekommt, also $m^2 + m = 2a$ und somit $m \cdot (m + 1) = 2a$. Da $m \in \mathbb{N}_0$ ist, ist entweder m oder $m + 1$ gerade, die Gleichung hat also eine (sogar eindeutige) Lösung für a in $\mathbb{N}_0$.

4.6 Eine ungerade Zahl n lässt sich in der Form $n = 2m + 1$ für ein geeignetes $m \in \mathbb{N}_0$ darstellen. Es ist $(2m + 1)^4 = (2m + 1)^2 \cdot (2m + 1)^2 = (8b + 1) \cdot (8b + 1)$ für ein $b \in \mathbb{N}_0$ nach Aufgabe 4.5. Nun rechnet man $(8b + 1) \cdot (8b + 1) = 64b^2 + 16b + 1 = 16 \cdot (4b^2 + b) + 1$. Damit ist eine Darstellung $n^4 = (2m + 1)^4 = 16a + 1$ für $a = 4b^2 + b$ möglich. Mit $b \in \mathbb{N}_0$ ist auch $a \in \mathbb{N}_0$, und die gesuchte Darstellung ist gefunden.

4.7 a) Wegen $100a + b = 98a + 2a + b$ folgt die Behauptung, denn $7|98$, also gilt $7|98a$ für alle $a \in \mathbb{Z}$.

  b) Die Regeln beruhen auf einer geeigneten Auswahl des Faktors für die Multiplikation. So gilt etwa $9|(a + 2b) \Longleftrightarrow 9|(100a + 2b)$ für alle $a \in \mathbb{Z}$.

4.8 Für $n = 1$ gilt, dass $a - 1$ ein Teiler von $a - 1$, also hat man den Induktionsanfang. Als Induktionsannahme geht man davon aus, dass $a - 1$ ein Teiler von $a^n - 1$ für ein $n \in \mathbb{N}$ ist. Nun ist aber $a^{n+1} - 1 = (a^n - 1) \cdot a + (a - 1)$. Da $a - 1$ nach Induktionsannahme ein Teiler von $a^n - 1$ ist und $a - 1$ trivialerweise ein Teiler von $a - 1$ ist, muss $a - 1$ nach Satz 4.1.1 auch Teiler der Summe und damit von $a^{n+1} - 1$ sein.

4.9 a) Ist n keine Primzahl, so existiert ein Teiler t von n mit $2 \leq t \leq \sqrt{n}$. Für jeden Primteiler p von t gilt dann $p|n$ nach Satz 4.1.2 und $p \leq t \leq \sqrt{n}$.

  b) Es gilt $7|2233$, also ist 2233 keine Primzahl.

  c) Zu prüfen ist, ob die Zahlen 2, 3, 5, 7, 11, 13, 17, 19, 23, 29, 31, 37, 41, 43 und 47 Teiler von 2237 sind. Das ist nicht der Fall, und 2237 ist daher eine Primzahl.

4.10 a) Die Reste bei Division durch 7 der Zahlen 1, 10, 100, 1000, 10000 sind 1, 3, 2, 6, 4. Damit besitzen die Zahlen

$$n = a_0 \cdot 1 + a_1 \cdot 10 + a_2 \cdot 100 + a_3 \cdot 1000 + a_4 \cdot 10000$$

und

$$a_0 \cdot 1 + a_1 \cdot 3 + a_2 \cdot 2 + a_3 \cdot 6 + a_4 \cdot 4$$

denselben Rest, wenn sie durch 7 geteilt werden. Die Teilbarkeit durch 7 ist gleichbedeutend damit, dass der Rest 0 ist. Daraus folgt die Behauptung.

Noch eine kleine Anmerkung für interessierte Leserinnen und Leser: Hat n weniger als 5 Stellen, so sind die überflüssigen Ziffern a_j gleich Null zu setzen. Für größere Zahlen kann das Kriterium leicht ausgeweitet werden, wenn man die zugehörigen Reste der höheren Zehnerpotenzen hinzunimmt: 5 für 10^5, dann wiederholen sich die Faktoren 1, 3, 2, 6, 4, 5 zyklisch.

b) Die Teilbarkeit durch 7 (bzw. allgemein g) wird dadurch nicht berührt, wenn ein Vielfaches von 7 (bzw. g) addiert oder subtrahiert wird, wie Satz 4.1.1 zeigt.

Also ist $m := a_0 \cdot 1 + a_1 \cdot 3 + a_2 \cdot 2 + a_3 \cdot 6 + a_4 \cdot 4$ genau dann durch 7 teilbar, wenn dieses auf

$$m - a_3 \cdot 7 - a_4 \cdot 7 = a_0 \cdot 1 + a_1 \cdot 3 + a_2 \cdot 2 - a_3 \cdot 1 - a_4 \cdot 3$$

zutrifft. Der Rest ergibt sich mit a).

4.11 Mit $n = p \cdot m$ ist die Gleichung $x^n + y^n = z^n$ gleichbedeutend mit $x^n + y^n = (x^m)^p + (y^m)^p = (z^m)^p$. Hat also die erste Gleichung eine Lösung mit natürlichen Zahlen, so auch die Gleichung $a^p + b^p = c^p$, nämlich $a = x^m$, $b = y^m$, $c = z^m$. Wenn man also gezeigt hätte, dass die letztgenannte Gleichung keine Lösung $a, b, c \in \mathbb{N}$ besitzt, so kann die erste auch keine in $x, y, z \in \mathbb{N}$ haben.

4.12 a) Zum Beispiel ist $25 = 5^2 = 3^2 + 4^2$.

b) In den Lösungshinweisen wurde bereits begründet, dass x und y nicht beide ungerade sein können.

Sei x gerade, also $x = 2 \cdot x_1$ (anderenfalls kann man x und y einfach vertauschen). Es ist $x^2 + y^2 = z^2$ genau dann, wenn

$$x^2 = 4x_1^2 = z^2 - y^2 = (z + y)(z - y).$$

Ist $z + y$ gerade, so sind entweder y und z beide gerade oder beide ungerade. Damit muss auch $z - y$ gerade sein. Umgekehrt muss auch $z + y$ gerade sein, wenn $z - y$ es ist. Da wegen der obigen Gleichung mindestens einer der Faktoren $z + y$ oder $z - y$ gerade ist, sind es beide. Daher darf gesetzt werden

$$z + y = 2 \cdot u \quad \text{und} \quad z - y = 2 \cdot v$$

mit passenden $u, v \in \mathbb{N}$.

Daraus folgt $z = u + v$, $y = u - v$, $u \cdot v = x_1^2$. Die letzte dieser drei Gleichungen kann nur gelten, wenn alle zu u bzw. zu v gehörigen Primfaktoren entweder doppelt vorkommen oder sowohl in u wie auch in v einfach auftreten, damit das Produkt ein Quadrat sein kann. Es existiert also eine Darstellung $u = k \cdot m^2$, $v = k \cdot \ell^2$, das heißt

$$x = 2 \cdot x_1 = 2 \cdot k \cdot m \cdot \ell, \quad y = u - v = k \cdot (m^2 - \ell^2),$$
$$z = u + v = k \cdot (m^2 + \ell^2).$$

Jede Lösung x, y, z der Gleichung $x^2 + y^2 = z^2$ mit $x, y, z \in \mathbb{N}$ hat also (bis auf die Reihenfolge) eine solche Darstellung mit $k, m, \ell \in \mathbb{N}$, $m > \ell$. Umgekehrt erfüllen die so dargestellten Zahlentripel x, y, z diese Gleichung, wie man direkt nachrechnen kann.

Die Lösungen von $x^2 + y^2 = z^2$ mit natürlichen Zahlen x, y und z heißen *pythagoreische Tripel*. Dahinter steckt natürlich der *Satz des Pythagoras*: In einem rechtwinkligen Dreieck ist die Summe der Quadrate über den Katheten gleich dem Quadrat über der Hypotenuse.

4.13   a) 3 und 5, 5 und 7, 11 und 13, 17 und 19, 29 und 31, 41 und 43 usw.

   b) In Aufgabe 3 in 2.4 wurde gezeigt, dass stets eine der aufeinander folgenden Zahlen n, $n + 1$, $n + 2$ durch 3 teilbar ist.

   Ist nun $p > 3$, so ist p (als Primzahl) nicht durch 3 teilbar. Ist $p + 2$ auch eine Primzahl, so muss $p + 1$ durch 3 teilbar sein. Dann ist jedoch auch $p + 4 = (p + 1) + 3$ durch 3 teilbar und kann daher keine Primzahl sein.

   Für $p = 3$ ergibt sich mit 5 und 7 somit die einzige Möglichkeit, dass alle drei Zahlen Primzahlen sind.

4.14 Es ist

$$n^4 - 6n^3 + 23n^2 - 18n = (n^4 - 6n^3 - n^2 + 6n) + 24(n^2 - n).$$

Nun ist offensichtlich 24 genau dann ein Teiler von $n^4 - 6n^3 + 23n^2 - 18n$, wenn dieses für $m := n^4 - 6n^3 - n^2 + 6n$ zutrifft, sofern dieses auch eine natürliche Zahl ist. Durch formale Rechnung bekommt man

$$m = n(n^3 - 6n^2 - n + 6) = (n - 1)n(n + 1)(n - 6)$$

(man beachte, dass eine solche Faktorisierung für $n^4 - 6n^3 + 23n^2 - 18n$ nicht existiert!). Also ist $m \in \mathbb{N}$, falls $n \geq 7$ gilt. Für $n = 2, \ldots, 6$ kann man die Behauptung direkt bestätigen. Es ergibt sich

n	$n^4 - 6n^3 + 23n^2 - 18n$	
2	24	$= 1 \cdot 24$
3	72	$= 3 \cdot 24$
4	168	$= 7 \cdot 24$
5	360	$= 15 \cdot 24$
6	720	$= 30 \cdot 24$

Nun sei n eine natürliche Zahl $n \geq 7$.

1. Fall: n ist ungerade.

Dann sind $n - 1$ und $n + 1$ gerade und von drei aufeinander folgenden Zahlen ist immer genau eine durch 3 teilbar. Außerdem muss $n - 1$ oder $n + 1$ durch 4 teilbar sein, weil von zwei aufeinander folgenden geraden Zahlen immer eine durch 4 teilbar ist. Also ist in diesem Fall $(n - 1) \cdot n \cdot (n + 1)$ durch $4 \cdot 3 \cdot 2 = 24$ teilbar.

2. Fall: n ist gerade.

Dann ist auch $n - 6$ gerade, also durch 2 teilbar. Außerdem ist n genau dann durch 4 teilbar, wenn $n - 2$ und damit auch $n - 6 = n - 2 + 4$ dies nicht ist, das heißt, entweder n oder $n - 6$ ist durch 4 teilbar. Also ist $(n - 1) \cdot n \cdot (n + 1)(n - 6)$ durch $3 \cdot 4 \cdot 2 = 24$ teilbar, da wie im ersten Fall jedenfalls $(n - 1) \cdot n \cdot (n + 1)$ durch 3 teilbar ist.

4.15 Seien p und q Primzahlen mit $p + 2 = q$. Weil p und q ungerade sind, kann man ein $n \in \mathbb{N}$ finden, sodass $p = 2n - 1$ und $q = 2n + 1$ gilt. Dann ist $p \cdot q = (2n - 1) \cdot (2n + 1) = (2n)^2 - 1$ und $pq + 1$ ist eine gerade Quadratzahl. Das kann man auch an Beispielen testen: Es ist $3 \cdot 5 + 1 = 16$ und $29 \cdot 31 + 1 = 900$. Das Ergebnis überrascht allerdings nicht, wenn man sich an die Formel $(a + b) \cdot (a - b) = a^2 - b^2$ erinnern kann.

Leider muss es keine Darstellung $p = 4n - 1$ und $q = 4n + 1$ für die ungeraden Zahlen p und q geben. Genauso kommt nämlich $p = 4n + 1$ und $q = 4n + 3$ in Frage (und das ist nicht das Gleiche). Im ersten Fall ist $pq + 1$ durch 16 teilbar (zum Beispiel $3 \cdot 5 + 1 = 16$), im zweiten Fall kommt man über das Attribut „gerade" beim Term $pq + 1$ aber nicht hinaus.

Betrachtet man schließlich die Zahlen $6n + 1, 6n + 3, 6n + 5$, so fällt auf, dass $6n + 3$ durch 3 teilbar und damit sicher keine Primzahl ist. Der Fall $p = 6n + 1$ und $q = 6n + 5$ kann auch nicht eintreten, denn dann wäre das Paar kein Primzahlzwilling. Also muss $p = 6n - 1$ und $q = 6n + 1$ für ein $n \in \mathbb{N}$ gelten. Damit ist $pq + 1 = (6n - 1)(6n + 1) + 1 = (6n)^2$ und damit eine durch 36 teilbare Quadratzahl. Aber auch diese Erkenntnis hilft natürlich nicht bei der Frage weiter, ob es unendlich viele Primzahlzwillinge gibt.

4.16 a) Es ist $4k - 1 = 4 \cdot (k - 1) + 3$ für alle $k \in \mathbb{N}$. Wenn es also unendlich viele Primzahlen der Form $4k - 1$ gibt, dann auch unendlich viele der Form $4k + 3$.

   b) Zur Lösung führen ganz ähnliche Überlegungen wie sie im Beweis von Satz 4.2.8 gemacht wurden. Zunächst gilt $11 = 6 \cdot 1 + 5$, also gibt es Primzahlen der gesuchten Art $6k + 5$. Darüber hinaus ist jede Primzahl, die größer als 5 ist, entweder in der Form $6k + 1$ oder in der Form $6k + 5$ darstellbar (die ungerade Zahl $6k + 3 = 3 \cdot (2k + 1)$ ist sicherlich keine Primzahl). Schließlich ist $(6a + 1)(6b + 1) = 6 \cdot (6ab + a + b) + 1$ für alle $a, b \in \mathbb{N}$, das heißt, Produkte von Zahlen der Form $6k + 1$ haben wieder diese Form.

   Angenommen, es gäbe nur endlich viele Primzahlen $p_1, p_2, \ldots, p_n$ der Form $6k + 5$. Dann ist $m = 6 \cdot p_1 \cdot p_2 \cdot \ldots \cdot p_n - 1$ sicherlich keine Primzahl, denn m ist größer als die größte dieser Primzahlen. Die Zahl m ist ungerade, hat also eindeutig bestimmte Primteiler, die alle ungerade sind. Nun ist $m = 6 \cdot p_1 \cdot p_2 \cdot \ldots \cdot p_n - 1 = 6 \cdot p_1 \cdot p_2 \cdot \ldots \cdot p_n - 6 + 5 = 6r + 5$ für ein geeignetes $r \in \mathbb{N}$. Weil $m - 6p_1p_2 \ldots p_n = 1$ ist, kann keine der Primzahlen $p_1, p_2, \ldots p_n$ die Zahl m teilen. Nun sind aber nach der Annahme die Primzahlen $p_1, p_2, \ldots, p_n$ alle Primzahlen der Form $6k + 5$, und so muss m ausschließlich Primfaktoren der Form $6k + 1$ haben.

Es folgt, dass m von der Form $m = 6s + 1$ für ein $s \in \mathbb{N}$ ist. Man rechnet somit $6r + 5 = 6s + 1$, was $3(s - r) = 2$ liefert. Diese Gleichung ist jedoch für keine ganze Zahl $s - r$ erfüllbar.

Ganz allgemein gilt der *Dirichlet'sche Primzahlsatz*, dass es für $a, b, k \in \mathbb{N}$ unendlich viele Primzahlen der Form $ak + b$ gibt, falls $ggT(a, b) = 1$ ist. Dieser Satz wurde erstmals von Johann Peter Gustav Lejeune Dirichlet (1805–1859) gezeigt. Einen Beweis findet man etwa bei Hasse [8].

Lösungen zu den Aufgaben von Kapitel 5

5.1 Man kann $a \neq -b$ wählen, da sonst $ggT(a^2 - b^2, a + b)$ nicht definiert ist. Also ist somit $a + b \neq 0$. Wenn nun a und b ganze Zahlen mit $ggT(a, b) = 1$ sind, ist wegen $a^2 - b^2 = (a + b)(a - b)$ dann $ggT(a^2 - b^2, a + b) = |a + b|$.

Für den zweiten Teil der Aufgabe betrachtet man zunächst den Fall $a = 0$. Dann ist $ggT(a^2 + b^2, a + b) = b$ und der größte gemeinsame Teiler ist direkt angegeben. Entsprechendes gilt selbstverständlich für $b = 0$. Ist $(a, b) = (1, -1)$ bzw. $(a, b) = (-1, 1)$, dann ist $ggT(a^2 + b^2, a + b) = ggT(2, 0) = 2$ und der größte gemeinsame Teiler ist wiederum direkt angegeben.

Man kann also $a, b \in \mathbb{Z} \backslash \{0\}$ und $(a, b) \neq (1, -1)$ bzw. $(a, b) \neq (-1, 1)$ voraussetzen. Angenommen $ggT(a^2 + b^2, a + b) = x \neq 1$. Dann ist x ein Teiler von $a + b$ und von $a^2 + b^2$, aber nicht von a und nicht von b, da $ggT(a, b) = 1$ ist. Aus $x|(a + b)$ folgt $x|(a + b)^2$, also $x|(a^2 + 2ab + b^2)$. Mit $x|(a^2 + b^2)$ folgt $x|2ab$. Wenn x verschieden von 1 und keine Primzahl ist, dann hat x Primteiler. Nimmt man irgendeinen dieser Primteiler, etwa y, dann teilt dieses y entweder 2 oder a oder b. Wenn y aber (o.B.d.A.) a teilt, dann auch b (wegen y teilt $a + b$). Also ist y ein Teiler von 2. Da x nun aber weder a noch b teilt, muss x ein Teiler von 2 sein. Entsprechend gilt $ggT(a^2 + b^2, a + b) \in \{1, 2\}$. Es folgt sofort $ggT(a^2 + b^2, a + b) = 1$, falls eine der Zahlen gerade und die andere Zahl ungerade ist und $ggT(a^2 + b^2, a + b) = 2$, falls a und b ungerade sind.

5.2 Wenn c ein Teiler von $a \cdot b$ ist, dann gilt $ggT(ab, c) = c$, und jeder Primfaktor von c teilt entweder a oder b oder beide Zahlen. Sei $c_1 = ggT(a, c)$ und $c_2 = ggT(b, c)$. Dann ist $c_1c_2 = ggT(a, c) \cdot ggT(b, c)$. Aber c muss ein Teiler von c_1c_2 sein, denn c_1c_2

umfasst alle Primfaktoren, die sowohl in c als auch in a bzw. b vorkommen. Also folgt die Behauptung.

5.3 Nach Voraussetzung ist c ein gemeinsamer Teiler von a und b (und damit ist insbesondere $\frac{a}{c} \in \mathbb{Z}$ und $\frac{b}{c} \in \mathbb{Z}$). Also ist $a = cx$ und $b = cy$ für geeignete ganze Zahlen x und y. Es gilt nach Satz 5.1.2 aber $ggT(a, b) = ggT(cx, cy) = |c| \cdot ggT(x, y) = |c| \cdot ggT(\frac{a}{c}, \frac{b}{c})$. Für $c \neq 0$ bekommt man die gesuchte Beziehung durch Multiplikation mit $\frac{1}{|c|}$.

5.4 Sei x ein Teiler von a und b. Dann ist x auch ein Teiler von $a + cb$ und damit ein gemeinsamer Teiler von $a + cb$ und b. Sei y ein Teiler von $a + cb$ und b. Dann ist y auch ein Teiler von $(a + cb) - cb = a$. Insbesondere haben also die Zahlenpaare alle Teiler gemeinsam. Es folgt $ggT(a, b) = ggT(a + cb, b)$.

5.5 Durch einfaches Probieren sieht man sofort ein, dass die geforderte Zerlegung für $x = 1, 2, 3, 4, 6$ nicht möglich ist. Sei also $x \in \mathbb{N}$, $x \geq 5$ und x ungerade. Dann gilt $x = y + (y + 1)$ für ein passendes $y \in \mathbb{N}$, und man hat die gesuchte Darstellung gefunden. Sei nun $x \in \mathbb{N}$ gerade und $x \geq 8$. Jede solche gerade Zahl x ist in der Form $x = 2y$ und insbesondere in der Form $x = (y + 1) + (y - 1)$ bzw. $x = (y + 2) + (y - 2)$ darstellbar. Es gilt: Ist y gerade, dann ist $ggT(y + 1, y - 1) = 1$, ist y ungerade, dann ist entsprechend $ggT(y + 2, y - 2) = 1$.

Diese beiden Behauptungen über den größten gemeinsamen Teiler kann man begründen, indem man sich zunächst überlegt, dass $ggT(a + n, a) \leq n$ für alle $a, n \in \mathbb{N}$ mit $n < a$ gilt. Dies folgt aus Satz 5.2.2 (mit $q = 1$ und $r = n$), denn $ggT(a + n, a) = ggT(a, n) \leq n$. Entsprechend ist $ggT(y + 1, y - 1) \leq 2$ und somit $ggT(y + 1, y - 1) = 1$ für gerades y. Ist y ungerade, dann sind auch $y + 2$ und $y - 2$ ungerade, und es gilt $ggT(y + 2, y - 2) \leq 4$. Somit ist $ggT(y + 2, y - 2) = 1$ oder $ggT(y + 2, y - 2) = 3$. Der zweite Fall ist aber nicht möglich, da zwei Zahlen, deren Differenz 4 ist, nicht beide durch 3 teilbar sein können.

5.6 Sei $a = \prod_{i=1}^{r} p_i^{\alpha_i}$ und $b = \prod_{i=1}^{r} p_i^{\beta_i}$. Dann haben auch alle Teiler x von a bzw. b die Form $x = \prod_{i=1}^{r} p_i^{\gamma_i}$ für gewisse γ_i mit $\gamma_i \leq \alpha_i$ bzw. $\gamma_i \leq \beta_i$. Entsprechend gilt für gemeinsame Teiler $x = \prod_{i=1}^{r} p_i^{\gamma_i}$ sowohl $\gamma_i \leq \alpha_i$ als auch $\gamma_i \leq \beta_i$ und somit für den größten gemeinsamen Teiler $\gamma_i = min(\alpha_i, \beta_i)$.

5.7 Da nach Satz 5.1.1 die Gleichung $ggT(a, b) = ggT(|a|, |b|)$ für alle $a, b \in \mathbb{Z}$ gilt, kann man den euklidischen Algorithmus problemlos anwenden. Schließlich sind $|a|$ und $|b|$ in jedem Fall natürliche Zahlen.

5.8 a) Es sind $2^2 - 1 = 3$, $2^3 - 1 = 7$, $2^5 - 1 = 31$ und $2^7 - 1 = 127$ Primzahlen. Sollte man den Verdacht bekommen, dass dieses Verfahren der Berechnung von $2^i - 1$ für alle i zu weiteren Primzahlen führt, so wird man mit $2^{11} - 1 = 2047 = 23 \cdot 89$ ein Gegenbeispiel finden (und damit ist insbesondere auch die zweite Hälfte von Teil b) bewiesen).

   b) Man nimmt an, dass $2^n - 1$ eine Primzahl und $n = a \cdot b$ ist. Dann ist

$$2^{ab} - 1 = (2^a - 1) \cdot \left(2^{a \cdot (b-1)} + 2^{a \cdot (b-2)} + 2^{a(b-3)} + \ldots + 2^{a \cdot 2} + 2^a + 1 \right).$$

Man sieht das am besten ein, wenn man die beiden Faktoren multipliziert und so

$$(2^a - 1) \cdot (2^{a \cdot (b-1)} + 2^{a \cdot (b-2)} + 2^{a(b-3)} + \ldots + 2^{a \cdot 2} + 2^a + 1)$$

$$= 2^a \cdot 2^{a \cdot (b-1)} + 2^a \cdot 2^{a \cdot (b-2)} + 2^a \cdot 2^{a(b-3)} + \cdots + 2^a \cdot 2^{a \cdot 2}$$

$$\quad + 2^a \cdot 2^a + 2^a - 2^{a \cdot (b-1)} - 2^{a \cdot (b-2)} - 2^{a(b-3)} - \cdots - 2^{a \cdot 2} - 2^a - 1$$

$$= 2^{a+ab-a} + 2^{a+ab-2a} + 2^{a+ab-3a} \cdots + 2^{a+2a} + 2^{2a} + 2^a$$

$$\quad - 2^{ab-a} - 2^{ab-2a} - 2^{ab-3a} - \cdots - 2^{a \cdot 2} - 2^a - 1$$

$$= 2^{ab} + 2^{ab-a} - 2^{ab-a} + 2^{ab-2a} - 2^{ab-2a} + 2^{ab-3a}$$

$$\quad - 2^{ab-3a} + \cdots + 2^{2a} - 2^{2a} + 2^a - 2^a - 1$$

$$= 2^{ab} - 1$$

bekommt.

5.9 Es sei $a = k \cdot \ell$ mit einer ungeraden Zahl $\ell > 1$. Nach der geometrischen Summenformel (Satz 2.3.1, hier anzuwenden mit den Setzungen $x := -(2^k)$ und $n := \ell - 1$) ist

$$-2^a - 1 = -\left(\left(2^k\right)^\ell\right) - 1 = \left(-\left(2^k\right)\right)^\ell - 1 = x^\ell - 1 = x^{n+1} - 1$$

$$= (x - 1) \sum_{j=0}^{n} x^j = \left(-\left(2^k\right) - 1\right) \left(\sum_{j=0}^{\ell-1} \left(-\left(2^k\right)\right)^j\right)$$

und damit

$$2^a + 1 = \left(\left(2^k\right) + 1\right) \left(\sum_{j=0}^{\ell-1} \left(-\left(2^k\right)\right)^j\right).$$

Man beachte, dass die Summe positiv ist, da andernfalls die rechte Seite, und damit auch die linke, negativ oder Null wäre. Da die Summe aber sicher eine ganze Zahl darstellt, muss sie damit eine natürliche Zahl sein.

Also ist $t := (2^k) + 1$ ein Teiler von $2^a + 1$. Es ist $3 \leq t$ und $t < 2^a + 1$, da aus $t = 2^a + 1$ folgen würde $\ell = 1$. Damit kann $2^a + 1$ keine Primzahl sein.

Lösungen zu den Aufgaben von Kapitel 6

6.1 Es ist

$$[(a, b)] \oplus [(c, d)] = [(a + c, b + d)] = [(c + a, d + b)] = [(c, d)] \oplus [(a, b)]$$

nach Definition der Addition in $(\mathbb{Z}, \oplus)$ und da in $(\mathbb{N}, +)$ das Kommutativgesetz erfüllt ist. Genauso folgt

$$[(a, b)] \odot [(c, d)] = [(ac + bd, ad + bc)] = [(ca + db, cb + da)] = [(c, d)] \odot [(a, b)]$$

aus der Definition der Multiplikation in $\mathbb{Z}$ und mit der Gültigkeit des Kommutativgesetzes in $(\mathbb{N}, +)$ und $(\mathbb{N}, \cdot)$. Also gilt in $(\mathbb{Z}, \oplus)$ und $(\mathbb{Z}, \odot)$ das Kommutativgesetz.

6.2 Man betrachtet wiederum $\varphi \colon \mathbb{N} \longrightarrow \mathbb{Z}^+$ mit $\varphi(n) = [(n + 1, 1)]$ für $n \in \mathbb{N}$. Dann ist $\varphi(n_1) \odot \varphi(n_2) = [(n_1 + 1, 1)] \odot [(n_2 + 1, 1)] = [((n_1 + 1) \cdot (n_2 + 1) + 1, (n_1 + 1) + (n_2 + 1))] = [((n_1 n_2 + n_1 + n_2 + 1) + 1, n_1 + n_2 + 1 + 1)] = [(n_1 n_2 + 1, 1)] = \varphi(n_1 n_2)$. Also ist φ ein Homomorphismus. Da φ nach Satz 6.3.1 bijektiv ist, ist φ damit auch ein Isomorphismus.

6.3 Sei $x = [(a + 1, 1)] \in \mathbb{Z}^+$. Nach Definition 6.4.1 gibt es ein $n \in \mathbb{N}$ mit $0 + n = n = x$, das heißt x ist eine natürliche Zahl in $\mathbb{Z}$. Dieses sind nach Satz 6.3.2 genau die Klassen $[(a + 1, 1)]$ mit $a \in \mathbb{N}$ im Sinne des zweiten Kapitels. Andererseits bilden diese Klassen nach Definition die Menge $\mathbb{Z}^+$.

6.4 Seien $n, m \in \mathbb{N}_0$. Dann gilt $[(n + 1, 1)] \odot [(m + 1, 1)] = [((n + 1)(m + 1) + 1, (n + 1) + (m + 1))] = [((nm + n + m + 1) + 1, n + m + 1 + 1)] = [(nm + 1, 1)]$, $[(n+1, 1)] \odot [(1, m+1)] = [((n+1) + (m+1), (n+1)(m+1) + 1)] = [(1, nm + 1)]$, $[(1, n+1)] \odot [(m+1, 1)] = [((m+1) + (n+1), 1 + (n+1)(m+1))] = [(1, nm + 1)]$ und $[(1, n+1)] \odot [(1, m+1)] = [(1 + (n+1)(m+1), (m+1) + (n+1))] = [(nm + 1, 1)]$. Die Regeln folgen durch Übertragen in die „übliche" Schreibweise.

6.5 Die Relation R ist reflexiv, denn für alle $a \in \mathbb{N}$ ist a ein Teiler von a. Die Relation ist auch identitiv, denn wenn a ein echter Teiler von b, dann gilt $b > a$ und b kann kein Teiler von a sein. Die Transitivität wurde schließlich schon in Satz 4.3.4 bewiesen.

Lösungen zu den Aufgaben von Kapitel 7

7.1 Seien $a, b \in \mathbb{Z}$ und $m \in \mathbb{N}$. Sei $a \equiv b \pmod{m}$. Dann bekommt man durch die eindeutige Division mit Rest von a und b durch m die Zerlegungen $a = q_1 \cdot m + r_1$ und $b = q_2 \cdot m + r_2$ mit $0 \leq r_1, r_2 < m$. Man betrachtet $a - b$ und bekommt durch Umformen $r_1 - r_2 = (a - b) - (q_1 - q_2) \cdot m$. Da nach Voraussetzung m ein Teiler von $a - b$ ist, muss m auch ein Teiler von $r_1 - r_2$ sein. Nun ist aber $r_1, r_2 \in \mathbb{N}_0$ und $r_1 < m$ sowie $r_2 < m$. Damit ist auch die Differenz der beiden Zahlen vom Betrag her kleiner als m, das heißt $-m < r_1 - r_2 < m$. Es folgt $r_1 - r_2 = 0$ und somit $r_1 = r_2$.

Sei auf der anderen Seite $a = q_1 \cdot m + r$ und $b = q_2 \cdot m + r$. Dann ist $a - b = q_1 \cdot m - q_2 \cdot m = (q_1 - q_2) \cdot m$. Damit ist m ein Teiler von $a - b$, also gilt nach Definition $a \equiv b \pmod{m}$.

7.2 Sei $a = q_1 \cdot m + b$ und $c = q_2 \cdot m + d$. Dann rechnet man $a + c = (q_1 \cdot m + b) + (q_2 \cdot m + d) = (q_1 + q_2) \cdot m + (b + d)$ und somit $(a + c) - (b + d) =$

$(q_1 + q_2) \cdot m$. Insbesondere gilt $a + c \equiv b + d \ (mod \ m)$. Entsprechend ist $a - c = (q_1 - q_2) \cdot m + (b - d)$, und es folgt genauso $a - c \equiv b - d \ (mod \ m)$. Außerdem ist $a \cdot c = (q_1 \cdot m + b) \cdot (q_2 \cdot m + d) = (q_1 \cdot q_2 \cdot m + q_1 \cdot d + q_2 \cdot b) \cdot m + b \cdot d$ und damit $a \cdot c \equiv b \cdot d \ (mod \ m)$.

7.3 Es ist $a^k - b^k = (a - b) \cdot (b^{k-1} + ab^{k-2} + a^2b^{k-3} + \ldots + a^{k-2}b + a^{k-1}) = ab^{k-1} + a^2b^{k-2} + a^3b^{k-3} + \ldots + a^{k-1}b + a^k - b^k - ab^{k-1} - a^2b^{k-2} - \ldots - a^{k-2}b^2 - a^{k-1}b$, wie schon in Satz 2.3.1 gezeigt wurde.

7.4 a) Es ist $4^2 = 16 \equiv 2 \ (mod \ 7)$, also ist $4^{10} = (4^2)^5 \equiv 2^5 \ (mod \ 7) \equiv 4 \ (mod \ 7)$. Damit gilt $4^{100} = (4^{10})^{10} \equiv 4^{10} \ (mod \ 7) \equiv 4 \ (mod \ 7)$. Folglich lassen 4^{100} und 4 bei Division durch 7 den gleichen Rest, nämlich 4.

b) Es ist $4^2 = 16 \equiv 4 \ (mod \ 6)$ und somit ist $4^n \equiv 4 \ (mod \ 6)$ für alle $n \in \mathbb{N}$. Damit gilt $4^{1000} \equiv 4^{10000} \equiv 4^{100000} \equiv 4 \ (mod \ 6)$.

c) Man rechnet genau wie im Teil (a) und bekommt $9! \equiv 0 \ (mod \ 10)$ (denn $9!$ enthält insbesondere die Faktoren 2 und 5) sowie $10! \equiv 10 \ (mod \ 11)$, $11! \equiv 0 \ (mod \ 12)$ und $12! \equiv 12 \ (mod \ 13)$.

d) Falls $n + 1$ keine Primzahl ist, hat $n + 1$ eine Zerlegung in Faktoren a und b mit $1 < a, b < n+1$. Sind a und b verschieden, dann folgt sofort $n! \equiv 0 \ (mod \ n+1)$. Sonst muss $n + 1 = p^2$ eine Quadratzahl und p eine Primzahl sein. Ist $p > 2$, dann sind p und $2p$ Faktoren von $n!$ und es folgt $n! \equiv 0 \ (mod \ n + 1)$. Es ist also nur der Fall $p = 2$ zu untersuchen, für den man $2 \cdot 3 \equiv 2 \ (mod \ 4)$ rechnet.

7.5 a) Es ist $n^2 \equiv n \ (mod \ 2)$, denn $n^2 - n = n \cdot (n - 1)$ und da für jede natürliche Zahl entweder n oder $n - 1$ durch 2 teilbar ist, muss auch das Produkt durch 2 teilbar sein.

b) Es ist $n^3 \equiv n \ (mod \ 3)$, denn $n^3 - n = (n+1) \cdot n \cdot (n-1)$ und da für jede natürliche Zahl n entweder $n + 1$ oder n oder $n - 1$ durch 3 teilbar ist, muss auch das Produkt dieser Zahlen durch 3 teilbar sein.

Die Behauptung kann nicht auf beliebige natürliche Zahlen verallgemeinert werden, denn $n^4 - n$ muss nicht durch 4 teilbar sein. So ist beispielsweise $3^4 - 3 = 78$ nicht durch 4 teilbar.

7.6 *Induktionsanfang:* Für $n = 1$ gibt es nichts zu zeigen, denn $a_1 \equiv b_1 \ (mod \ m)$ ist ja gerade die Voraussetzung.

Induktionsannahme: Es sei also $\prod_{i=1}^{n} a_i \equiv \prod_{i=1}^{n} b_i \ (mod \ m)$ für eine natürliche Zahl n.

Induktionsschluss: Man betrachtet $x = \prod_{i=1}^{n} a_i \in \mathbb{Z}$ und $y = \prod_{i=1}^{n} b_i \in \mathbb{Z}$. Dann ist $x \equiv y \ (mod \ m)$ nach Induktionsannahme und $a_{n+1} \equiv b_{n+1} \ (mod \ m)$ nach Voraussetzung. Somit gilt nach Teil (c) der Übungsaufgabe 2 für das Produkt der beiden Zahlen, dass $x \cdot a_{n+1} \equiv y \cdot b_{n+1} \ (mod \ n)$ und daher auch $\prod_{i=1}^{n+1} a_i \equiv \prod_{i=1}^{n+1} b_i \ (mod \ n)$ ist.

7.7 Da m ein Teiler von n ist, gibt es ein $x \in \mathbb{N}$, sodass $n = x \cdot m$ ist. Außerdem gibt es ein $y \in \mathbb{Z}$ mit der Eigenschaft $a - b = y \cdot m$, denn es ist $a \equiv b \ (mod \ m)$. Damit rechnet man $a - b = yn = yx \cdot m$, also $a \equiv b \ (mod \ m)$ nach Definition.

7.8 Für $n = 1$ ist $10^{2n} - 1 = 99$ und $10^{2n+1} + 1 = 1001$. Also gelingt in beiden Fällen ein Induktionsanfang. Also macht man die Induktionsannahme, dass $10^{2n} - 1$ bzw. $10^{2n+1} + 1$ für ein $n \in \mathbb{N}$ durch 11 teilbar ist. Der Induktionsschluss ist dann nicht schwierig, wobei die Terme jeweils in geeignete Summanden zerlegt werden. Im einen Fall rechnet man $10^{2(n+1)} - 1 = 10^{2n} \cdot 10^2 - 1 = 1 \cdot 10^{2n} - 1 + 99 \cdot 10^{2n}$. Es ist $10^{2n} - 1$ nach Induktionsannahme durch 11 teilbar und 99 ist ohnehin durch 11 teilbar. Damit gilt die Aussage für alle natürlichen Zahlen. Im anderen Fall sieht man die Behauptung ganz ähnlich ein. Es ist $10^{2(n+1)+1} + 1 = 10^{2n+1} \cdot 10^2 + 1 = 1 \cdot 10^{2n+1} + 1 + 99 \cdot 10^{2n+1}$. Wiederum ist $10^{2n+1} + 1$ nach Induktionsannahme durch 11 teilbar. Weil 99 ebenfalls den Teiler 11 hat, ist die Behauptung damit für alle natürlichen Zahlen gezeigt.

7.9 a) Sei $k = max(n, m)$, also die größere der beiden Zahlen $n, m \in \mathbb{N}_0$. Dann ist eine Zahl im Zehnersystem durch $2^n \cdot 5^m$ teilbar, wenn ihre letzten k Ziffern durch $2^n \cdot 5^m$ teilbar sind. Ist nämlich $a = \sum_{i=0}^{r} x_i \cdot 10^i \in \mathbb{N}_0$ eine Zahl, dann ist $2^n \cdot 5^m$ ein Teiler von $a_1 = \sum_{i=k}^{r} x_i \cdot 10^i$. Also muss nur geprüft werden, ob $a_2 = \sum_{i=0}^{k-1} x_i \cdot 10^i$ durch $2^n \cdot 5^m$ teilbar ist.

Konkrete Regeln sind etwa, dass eine natürliche Zahl durch $4 = 2^2$ teilbar ist, falls ihre letzten beiden Ziffern durch 4 teilbar sind oder dass sie durch $8 = 2^3$ teilbar ist, falls ihre letzten drei Ziffern durch 8 teilbar sind. Darüber hinaus ist beispielsweise eine natürliche Zahl durch $250 = 2 \cdot 5^3$ teilbar, wenn ihre letzten drei Ziffern durch 250 teilbar sind.

b) Sei $a = \sum_{i=0}^{m} x_i \cdot 4^i$ mit $x_i \in \mathbb{N}_0$. Dann ist a gerade, falls die letzte Ziffer (und das ist x_0) gleich 0 oder 2 ist. Die Zahl a ist durch 4 teilbar, falls die letzte Ziffer eine 0 ist. Sie ist durch 8 teilbar, falls die letzten beiden Ziffern 20 oder 00 lauten. Schließlich ist sie durch 16 teilbar, falls die letzten beiden Ziffern 00 sind.

Allgemein kann man also formulieren, dass eine im Vierersystem geschriebene Zahl durch 2^m teilbar ist, falls bei geradem $m = 2k$ die letzten k Ziffern alle 0 sind und bei ungeradem $m = 2k + 1$ die letzten k Ziffern 0 sind und die Ziffer davor entweder 0 oder 2 ist. Diese Behauptungen folgen direkt aus der 4-adischen Darstellung der Zahl.

7.10 a) Es gilt $\sum_{i=0}^{n-1} i = \frac{n \cdot (n-1)}{2}$ wie in Aufgabe 4 im zweiten Kapitel gezeigt wurde. Ist n ungerade, dann ist $n - 1$ gerade, also $\frac{n-1}{2} \in \mathbb{Z}$. Damit ist n ein Teiler von $\sum_{i=0}^{n-1} i = \frac{n \cdot (n-1)}{2}$. Ist n hingegen eine gerade Zahl, dann gilt $n = 2^m \cdot x$ für ein geeignetes $m \in \mathbb{N}$ und eine ungerade Zahl $x \in \mathbb{N}$. Entsprechend ist 2^{m-1} die höchste Potenz der Zahl 2, die $\sum_{i=0}^{n-1} i$ teilt und n ist kein Teiler von $\sum_{i=0}^{n-1} i$.

b) Es ist $\sum_{i=0}^{n-1} i^2 = \frac{n \cdot (n-1) \cdot (2n-1)}{6}$. Ist also n ein Teiler dieser Zahl, dann muss $\frac{(n-1) \cdot (2n-1)}{6}$ eine ganze Zahl sein. Dies ist einerseits nur dann möglich, wenn n ungerade ist, denn dann ist 2 ein Teiler von $n - 1$ und natürlich auch von $2n - 1$. Andererseits darf 3 kein Teiler von n sein, denn dann wäre 3 auch ein Teiler von $2n$, also sicherlich nicht von $n - 1$ oder $2n - 1$. Umgekehrt teilt 3 entweder $n - 1$ oder $n + 1$ (bzw. $2n + 2$ bzw. $2n - 1$), falls 3 kein Teiler von n ist. Also gilt die Behauptung genau dann, wenn n weder durch 2 noch durch 3 teilbar ist.

7.11 In Satz 7.2.7 wurde gezeigt, dass die Restklassen modulo m bezüglich der Addition und Multiplikation von Restklassen einen kommutativen Ring bilden. Zu zeigen bleibt also lediglich, dass es in $(\mathbb{Z}_2 \setminus \{\bar{0}\}, \odot)$ ein neutrales Element gibt und dass es zu jedem Element ein inverses Element bezüglich dieses neutralen Elements gibt. Nun hat aber $\mathbb{Z}_2 \setminus \{\bar{0}\}$ nur ein einziges Element, nämlich das Element $\bar{1}$, für das dann $\bar{1} \odot \bar{1} = \bar{1}$ gilt. Es ist also neutrales Element und zu sich selbst invers. Die Menge $\mathbb{Z}_2$ der Restklassen modulo 2 ist also bezüglich der Addition und Multiplikation von Restklassen ein Körper.

7.12 Sei $a \circ e = a$ für $a \in G$, $a \circ a^{-1} = e$ und $\bar{a}$ inverses Element zu a^{-1} (denn irgendein inverses Element muss a^{-1} ja haben), also $a^{-1} \circ \bar{a} = e$. Dann ist $a^{-1} = a^{-1} \circ e = a^{-1} \circ a \circ a^{-1}$. Somit ist (gleich passend in Klammern gesetzt, was man wegen der Assoziativität darf) dann auch $(a^{-1} \circ a) \circ (a^{-1} \circ \bar{a}) = a^{-1} \circ e \circ \bar{a} = a^{-1} \circ \bar{a} = e$, denn man hat ja nur die beiden Gleichungen mit $\bar{a}$ multipliziert. Also gilt $a^{-1} \circ a = e$.

Man rechnet mit diesem Ergebnis weiter und bekommt $e \circ a = (a \circ a^{-1}) \circ a = a \circ (a^{-1} \circ a) = a \circ e = a$. Damit gilt für das neutrale Element $e \in G$ und jedes $a \in G$ die Gleichung $a \circ e = a = e \circ a$.

Lösungen zu den Aufgaben von Kapitel 8

8.1 Es ist $1^2 \equiv 1$ *(mod 11)*, $2^2 \equiv 4$ *(mod 11)*, $3^2 \equiv 9$ *(mod 11)*, $4^2 \equiv 5$ *(mod 11)* und $5^2 \equiv 3$ *(mod 11)*. Da $1^2 \equiv 10^2$ *(mod 11)*, $2^2 \equiv 9^2$ *(mod 11)*, $3^2 \equiv 8^2$ *(mod 11)*, $4^2 \equiv 7^2$ *(mod 11)* und $5^2 \equiv 6^2$ *(mod 11)* ist (man vergleiche den Beweis von Satz 8.5.1), sind 1, 3, 4, 5 und 9 quadratische Reste bzw. 2, 6, 7, 8 und 10 quadratische Nichtreste modulo 11. In Bezug auf das Legendre-Symbol gilt

$$\left(\frac{1}{11}\right) = \left(\frac{3}{11}\right) = \left(\frac{4}{11}\right) = \left(\frac{5}{11}\right) = \left(\frac{9}{11}\right) = 1$$

und

$$\left(\frac{2}{11}\right) = \left(\frac{6}{11}\right) = \left(\frac{7}{11}\right) = \left(\frac{8}{11}\right) = \left(\frac{10}{11}\right) = -1$$

(auch wenn danach nicht explizit gefragt wurde).

8.2 Da 3, 5 und 7 paarweise teilerfremd sind, ist das System linearer Kongruenzen nach dem *Chinesischen Restsatz* (Satz 8.4.1) lösbar und die Lösungen liegen in einer Kongruenzklasse modulo $3 \cdot 5 \cdot 7 = 105$. Nach der beschriebenen Methode rechnet man also zunächst $m = 3 \cdot 5 \cdot 7 = 105$. Damit ist $k_1 = 35$, $k_2 = 21$ und $k_3 = 15$, das heißt, man benötigt Lösungen der Kongruenzen $35x \equiv 1$ *(mod 3)*, $21x \equiv 1$ *(mod 5)* und $15x \equiv 1$ *(mod 7)*. Diese Lösungen existieren nach Satz 8.1.3, und man bekommt etwa $k_1' = 2$, $k_2' = 1$ und $k_3' = 1$. Damit ist $x = \sum_{j=1}^{3} a_j k_j k_j' = 2 \cdot 35 \cdot 2 + 4 \cdot 21 \cdot 1 + 6 \cdot 15 \cdot 1 = 314$. Alle anderen Lösungen liegen mit x in einer gemeinsamen Äquivalenzklasse modulo 105, das heißt $y_1 = 209$ oder $y_2 = 104$ sind weitere Lösungen des Systems linearer Kongruenzen. Auch $y_3 = -1$ ist eine Lösung, auf die man nebenbei durch scharfes Ansehen der Kongruenzen hätte stoßen können. Die allgemeine Lösung y ist also durch $y \equiv 104 \ (mod\ 105)$ bestimmt.

8.3 Wenn p und a teilerfremd sind, dann folgt die Aussage direkt aus Satz 8.2.3 durch Multiplikation mit a auf beiden Seiten der Kongruenz. Falls p und a nicht teilerfremd sind, muss p als Primzahl ein Teiler von a sein. Dann ist p aber auch ein Teiler von a^p, und somit ist $a^p \equiv a \equiv 0 \ (mod\ p)$.

8.4 *Induktionsanfang:* Es ist $1^p - 1 = 0$ durch p teilbar.

Induktionsvoraussetzung: Es sei $a^p \equiv a \ (mod\ p)$ für ein $a \in \mathbb{N}$.

Induktionsschluss: Man betrachtet $(a+1)^p - (a+1)$ und formt den Term mit Hilfe von Satz 2.4.3 um. Es gilt $(a+1)^p - (a+1) = a^p + \binom{p}{1} \cdot a^{p-1} + \binom{p}{2} \cdot a^{p-2} + \ldots + \binom{p}{p-1} \cdot a + 1 - (a+1)$. Nun sind alle dabei auftretenden Binomialkoeffizienten $\binom{p}{i}$ durch p teilbar (man überlege sich das anhand der Darstellung der Binomialkoeffizienten als Brüche in Satz 2.4.3). Weil aber auch $a^p + 1 - (a+1) = a^p - a$ nach Induktionsvoraussetzung durch p teilbar ist, folgt die Behauptung für alle $a \in \mathbb{N}$.

Für $a = 0$ ist die Behauptung sofort klar, denn $0^p - 0 = 0$ ist durch p teilbar. Mit $a > 0$ gilt aber $(-a)^2 - (-a) = a^2 + a = a^2 - a + 2a$, und weil $2a$ auf jeden Fall durch 2 teilbar ist, klappt der Nachweis für $p = 2$ auch mit einer negative Zahl. Für eine ungerade Primzahl p rechnet man $(-a)^p - (-a) = -(a^p - a)$. Wenn aber $a^p - a$ durch p teilbar ist, dann auch $-(a^p - a)$.

Lösungen zu den Aufgaben von Kapitel 9

9.1 Es ist $(-1)+1 = 0 = (-1) \cdot (1+(-1)) = (-1) \cdot 1 + (-1) \cdot (-1) = (-1) + (-1) \cdot (-1)$, und somit gilt $(-1) \cdot (-1) = 1$.

9.2 Aus Satz 9.12 folgt, dass $\mathbb{Z}_6$ Nullteiler hat, weil beispielsweise $2 \cdot 3 = 0$ ist, gilt auch $2X \cdot 3X = 0$.

9.3 Gegeben sei ein Integritätsring R und die Menge $R[X]$ der Polynome über R zusammen mir der in Definition 9.15 definierten Addition und Multiplikation. Seien $f = \sum_{i=0}^{m} a_i X^i$, $g = \sum_{i=0}^{n} b_i X^i$ und $h = \sum_{i=0}^{r} c_i X^i$ Polynome über R. Dann gilt bezüglich der Addition der Polynome das Assoziativgesetz. Es folgt recht einfach, da die Addition komponentenweise erklärt ist. Es ist nämlich

$$(f+g)+h = \left(\sum_{i=0}^{m} a_i X^i + \sum_{i=0}^{n} b_i X^i \right) + \sum_{i=0}^{r} c_i X^i$$

$$= \left(\sum_{i=0}^{max(m,n)} (a_i + b_i) X^i \right) + \sum_{i=0}^{r} c_i X^i$$

$$= \sum_{i=0}^{max(m,n,r)} (a_i + b_i + c_i) X^i.$$

Auf das gleiche Ergebnis kommt man, wenn man anders klammert.

$$f + (g+h) = \sum_{i=0}^{m} a_i X^i + \left(\sum_{i=0}^{n} b_i X^i + \sum_{i=0}^{r} c_i X^i \right)$$

$$= \sum_{i=0}^{m} a_i X^i + \sum_{i=0}^{max(n,r)} (b_i + c_i) X^i$$

$$= \sum_{i=0}^{max(m,n,r)} (a_i + b_i + c_i) X^i.$$

Die zweite Frage ist nicht schwer zu beantworten. Man vermutet sicherlich keine prinzipiellen Schwierigkeiten, der Nachweis der einzelnen Eigenschaften gestaltet sich aber rechenaufwendig und unübersichtlich. Deswegen soll darauf an dieser Stelle auch verzichtet werden.

9.4 a) Die Einheiten sind $\overline{1}$ und $\overline{5}$, denn $\overline{1} \cdot \overline{1} = \overline{1}$ und $\overline{5} \cdot \overline{5} = \overline{1}$.

b) Es ist $\overline{(n-1)} \cdot \overline{(n-1)} = \overline{n}^2 - 2\overline{n} + \overline{1} = \overline{1}$.

9.5 Sei $e \in R$ eine Einheit, die gleichzeitig ein Nullteiler in R ist. Dann gibt es Elemente $e^*, b \in R$ $(b \neq 0)$ mit $ee^* = 1$ und $eb = 0$. Es folgt $1 = 1 + 0 = ee^* + eb = e(e^* + b)$. Damit ist $e^* + b$ ein Element der Einheitengruppe und das in einer Gruppe eindeutig bestimmte inverse Element zu e. Also muss $e^* + b = e^*$ und damit $b = 0$ im Widerspruch zur Voraussetzung gelten.

9.6 Wenn a ein Teiler von b und b ein Teiler von c ist, dann gibt es Elemente $r_1, r_2 \in R$ mit $ar_1 = b$ und $br_2 = c$. Dann ist aber $ar_1 r_2 = c$ und damit ist a ein Teiler von c.

9.7 Da $(R, +, \cdot)$ ein Ring ist, muss die Multiplikation auch in der Menge E der Einheiten eine assoziative und kommutative Verknüpfung sein. Darüber hinaus ist 1 eine Einheit, also gehört auch das Einselement der Multiplikation zu E. Sind nun e_1 und e_2 Einheiten, dann gibt es Elemente e_1^* und e_2^* mit $e_1 \cdot e_1^* = e_2 \cdot e_2^* = 1$. Also ist auch $(e_1 \cdot e_1^*) \cdot (e_2 \cdot e_2^*) = 1 = (e_1 \cdot e_2) \cdot (e_1^* \cdot e_2^*)$, das heißt $e_1 \cdot e_2$ ist eine Einheit. Somit ist E eine abelsche Gruppe.

9.8 Das Element $x = a + b\sqrt{-3}$ ist eine Einheit in R genau dann, wenn es ein Element $y = c + d\sqrt{-3} \in R$ mit $xy = 1$ gibt. Wegen $N(x) \cdot N(y) = N(xy) = 1$ und $N(x), N(y) \in \mathbb{N}$ folgt $N(x) = N(y) = 1$ (man vergleiche die Lösungshinweise). Also ist $a^2 + 3b^2 = 1$. Die Gleichung ist aber in $\mathbb{Z}$ nur lösbar für $b = 0$ und $a = 1$ bzw. $a = -1$. Damit sind nur die Elemente $1 = 1 + 0 \cdot \sqrt{-3}$ und $-1 = -1 + 0 \cdot \sqrt{-3}$ Einheiten in R.

Lösungen zu den Aufgaben von Kapitel 10

10.1 Sei durch $f(x_1, \ldots, x_n) = y$ die Zuordnung der Prüfzahl gegeben und $M := \{0, \ldots, 9\}$.

    a) Die Einträge $x_1, \ldots, x_n$ können als Restklassen in $\mathbb{Z}_{10}$ aufgefaßt werden. Es sei dann $f(x_1, \ldots, x_n) := x_1 + \cdots + x_n$ (Addition in $\mathbb{Z}_{10}$). Stimmen die Tupel $(a_1, \ldots, a_n)$ und $(b_1, \ldots, b_n)$ nur in einer Stelle nicht überein, so gilt $f(a_1, \ldots, a_n) \neq f(b_1, \ldots, b_n)$. Die falsche Angabe genau einer Stelle wird also mit diesem f erkannt.

    b) Zunächst wird der Fall $k = 2$ diskutiert. Es reicht anzunehmen, dass die ersten beiden Einträge x_1, x_2 nicht korrekt angegeben, die anderen dagegen richtig sind. Es gibt genau 100 Möglichkeiten, x_1 und x_2 zu wählen. Da f nur 10 Werte annimmt, existieren stets Auswahlen $(a, c) \neq (b, d)$ in $M \times M$, sodass bei fest gewählten $x_3, \ldots, x_n$ gilt

$$f(a, c, x_3, \ldots, x_n) = f(b, d, x_3, \ldots, x_n).$$

Der Fehler kann also nicht in jedem Fall erkannt werden. Für $k > 2$ folgt dasselbe entsprechend.

10.2 Die Einheiten in $\mathbb{Z}_9$ sind die Klassen von $1, 2, 4, 5, 7, 8$, da diese Zahlen zu 9 teilerfremd sind. Benennt man die Klasse $\overline{k}$ einfach durch den Repräsentanten k, so erhält man die Verknüpfungstabelle in $\mathbb{Z}_9^*$ als

$\cdot$	1	2	4	5	7	8
1	1	2	4	5	7	8
2	2	4	8	1	5	7
4	4	8	7	2	1	5
5	5	1	2	7	8	4
7	7	5	1	8	4	2
8	8	7	5	4	2	1

$\mathbb{Z}_9^*$ ist zyklisch mit dem erzeugenden Element 2. Es ist

$$2^1 = 2, \ 2^2 = 4, \ 2^3 = 8, \ 2^4 = 7, \ 2^5 = 5, \ 2^6 = 1.$$

Zur Unterscheidung von $\mathbb{Z}_9^*$ seien die Elemente von $\mathbb{Z}_6$ mit $0,1,2,3,4,5$ bezeichnet (also wieder als die Restklassen der entsprechenden natürlichen Zahlen, allerdings hier in

$\mathbb{Z}_6$ statt in $\mathbb{Z}_9$). Erzeugendes Element in $\mathbb{Z}_6$ ist 1. Der gesuchte Isomorphismus lässt sich wie folgt erhalten: Es sei $f(1) := 2$. Die weiteren Werte sind dann durch die Homomorphieeigenschaft $f(a + b) = f(a) \cdot f(b)$ (die ja gelten soll) festgelegt. Man erhält

$$f(2) = f(1 + 1) = f(1) \cdot f(1) = 2 \cdot 2 = 4$$

und entsprechend

$$f(3) = 8, \; f(4) = 7, \; f(5) = 5, \; f(6) = f(0) = 1.$$

Man sieht, dass f eine bijektive Abbildung von $\mathbb{Z}_6$ auf $\mathbb{Z}_9^*$ ist. Die Homomorphieeigenschaft von f folgt aus der Konstruktion: Es seien a, b aus $\mathbb{Z}_6$. Dann ist (mit der üblichen Schreibweise) $a = n \cdot 1$ und $b = m \cdot 1$ mit passenden $n, m \in \mathbb{N} \cup \{0\}$, denn $(\mathbb{Z}_6, +)$ ist zyklisch. Wegen $a + b = (n + m) \cdot 1$ (wobei in $\mathbb{Z}_6$ zu rechnen ist) ergibt sich mit der Definition von f wie oben $f(a + b) = 2^{n+m}$, wobei rechts in $(\mathbb{Z}_9^*, \cdot)$ gerechnet werden muss. Andererseits ist $f(a) = 2^n$ und $f(b) = 2^m$, woraus

$$f(a + b) = 2^{n+m} = 2^n \cdot 2^m = f(a) \cdot f(b)$$

folgt. f ist also ein Isomorphismus von $\mathbb{Z}_6$ aus $\mathbb{Z}_9^*$. Die Struktur beider Gruppen ist damit gleich.

10.3 Die in den Lösungshinweisen geschilderte Idee kann zum Beispiel durch das folgende Basic-Programm umgesetzt werden, das leicht in andere gängige Programmiersprachen zu übertragen ist.

Zu Zeile 10: Es ist oft erforderlich, schon zu Beginn Speicherplatz für die zu ermittelnden Primteiler zu reservieren. Man braucht dazu eine Schranke (Abschätzung nach oben) für die zu erwartende Teilerzahl $\tau(n)$ von n, die am Ende von Kapitel 14 bereits definiert wurde. Eine genaue Bestimmung ist jedoch hoffnungslos und man muss sich mit einigermaßen groben Näherungen zufrieden geben. Sicher ist $\tau(n)$ umso größer, je kleiner viele Teiler von n sind. Da jeder Teiler t von n mindestens 2 ist, erhält man eine Schranke y für $\tau(n)$ durch die Gleichung $2^y = n$. Natürlich kann y nur ganzzahlig sein, wenn n eine Zweierpotenz ist. Aber darauf kommt es in diesem Zusammenhang nicht an. In jedem Fall gilt $\tau(n) \leq y$.

Es bleibt noch, die Gleichung $2^y = n$ nach y aufzulösen. Dazu wird ein Logarithmus benötigt und es spielt keine Rolle, ob man natürliche Logarithmen (als Umkehrung der reellen Exponentialfunktion) oder die früher weit verbreiteten 10er Logarithmen (als Umkehrung der Funktion $x \to 10^x$) benutzt. Wendet man auf beiden Seiten einen Logarithmus log an, so ergibt sich mit den üblichen Rechenregeln $y \log 2 = \log n$, also $y = \frac{\log n}{\log 2}$. Da nun aber die im Programm zu benennende Speicherplatzzahl ganzzahlig sein soll, empfiehlt es sich, zur nächst kleineren ganzen Zahl überzugehen, was durch den `int`-Befehl bewirkt wird. Da es oft Probleme mit Rundungsfehlern gibt, ist es sinnvoll, zu diesem Ergebnis noch 1 zu addieren.

`cls`	Bildschirm löschen.
`input n`	Eingabe der Zahl n.
`10 s=1+int(log(n)/log(2))`	Schranke für die Teilerzahl von n (Erklärung siehe unten).
`dim t(s)`	Reservierung der Speicherplätze für die Teiler.
`m=n:k=0`	Setzen von Startdaten.
`20 x=m/2 if x=int(x) then 40`	Test auf Teilbarkeit durch 2.
`goto 50`	Ab Zeile 50 werden ungerade Teiler probiert.
`40 k=k+1:m=x:t(k)=2:goto 20`	Teiler 2 registrieren, Durchteilen, Vorbereitung des Tests auf weitere Teiler 2.
`50 t=1`	Vorbereitung des Tests auf ungerade Teiler.
`60 t=t+2`	Der Test beginnt mit $t = 3$.
`70 x=m/t if x=int(x) then 90`	Abfrage, ob t Teiler von m ist.
`80 goto 100`	Dieses t ist erledigt.
`90 k=k+1:m=x:t(k)=t:goto 70`	Teiler t registrieren, Durchteilen, Test für t noch einmal durchführen.
`100 if t>m then 110`	Zur Ausgabe, falls $t > m$.
`goto 60`	Sonst nächstes ungerades t testen.
`110 print ''Primteilerzahl='';k`	Anzahl der Primteiler von n ausgeben.
`print`	Neue Zeile der Ausgabe beginnen.
`print ''Primteiler:'';`	
`for j=1 to k`	
`print t(j);`	Die gefundenen Primteiler der Reihe nach ausgeben.
`next j`	

Die Grenze der Vertrauenswürdigkeit der Ergebnisse hängt von der Rechengenauigkeit ab, die für das jeweilige Programm vorgegeben ist. Im Normalfall ist diese bei einer achtstelligen Zahl n erreicht. Aber auch bei (nicht zu maßloser) Überschreitung der Grenze ist die Programmausgabe nicht ganz ohne Informationswert. Wenn für $n = 123456789$ der Primfaktor 2 angezeigt wird, ist das natürlich auf den Effekt zurückzuführen, dass der Computer n in Exponentialschreibweise übernimmt und dabei die Ziffer 9 „vergisst". Die danach ausgegebenen „großen" Primzahlen sind aber durchaus solche, da n bereits geteilt wurde und der Rechner mit Zahlen arbeitet (m im Programm oben), mit denen er exakt umgehen kann. Allerdings kann man nicht davon ausgehen, dass es sich wirklich um Teiler der Ausgangszahl n handelt, da das Durchteilen mit dem beschriebenen Fehler behaftet ist. Für $n = 123456789$ ergab sich die Ausgabe der „Primfaktoren" 2, 2, 2, 3, 59, 87187. Bis auf 3 ist keine dieser Zahlen ein Teiler von n, aber es sind Primzahlen. Bei Einschaltung doppelter Rechengenauigkeit verschieben sich die genannten Grenzen entsprechend.

10.4 Nach Satz 10.2.4 gibt es zu jedem Element a einer endlichen Gruppe G eine kleinste Zahl $n \in \mathbb{N}$, sodass $a^n = e$ das neutrale Element der Gruppe ist. Nach Satz 10.2.5 bilden die Elemente $a, a^2, a^3, \ldots, a^n = e$ eine Untergruppe von G. Nach Satz 10.2.3 ist schließlich die Ordnung einer Untergruppe ein Teiler der Ordnung der Gruppe. Also kann eine Gruppe der Ordnung 4 nur Elemente der Ordnung 1 (und das ist das neutrale Element selbst), 2 und 4 haben.

Falls G außer dem neutralen Element e nur noch Elemente a, b, c der Ordnung 2 hat, so gilt $a^2 = b^2 = c^2 = e$. Wegen der Kürzungsregel 7.2.5 muss $a \circ b = c$, $a \circ c = b$ und $b \circ c = a$ sein. Damit ist diese Gruppe (die auf Seite 250 bereits vorgestellte Klein'sche Vierergruppe) bis auf Isomorphie eindeutig bestimmt.

Falls G ein Element a der Ordnung 4 hat, sind a, a^2 und a^3 vom neutralen Element verschieden. Dann ist a^3 das inverse Element zu a (und umgekehrt) und a^3 hat ebenfalls die Ordnung 4. Entsprechend ist a^2 das einzige Element der Ordnung 2. Auch diese Gruppe, die so genannte *zyklische Gruppe* der Ordnung 4 ist damit bis auf die Benennung der Elemente festgelegt.

Lösungen zu den Aufgaben von Kapitel 11

11.1 Seien $[(a, b)], [(c, d)] \in \mathbb{Q}$. Dann rechnet man: $[(a, b)] \oplus [(c, d)] = [(ad + bc, bd)] = [(cb + da, db)] = [(c, d)] \oplus [(a, b)]$, denn in $\mathbb{Z}$ ist sowohl die Addition als auch die Multiplikation kommutativ. Entsprechend (und aus dem selben Grund) ist $[(a, b)] \odot [(c, d)] = [(ac, bd)] = [(ca, db)] = [(c, d)] \odot [(a, b)]$. Also gilt für beide Rechenarten das Kommutativgesetz.

Mit Hilfe des Assoziativgesetzes in $\mathbb{Z}$ kann man nun zeigen, dass dieses Gesetz auch in $\mathbb{Q}$ für die Addition und die Multiplikation gilt. Es ist nämlich $[(a, b)] \oplus \Big([(c, d)] \oplus [(e, f)]\Big) = [(a, b)] \oplus [(cf + de, df)] = [(adf + b(cf + de), bdf)] = [((adf + bcf) + bde, bdf)] = [((ad + bc)f + bde, bdf)] = [(ad + bc, bd)] \oplus [(e, f)] = \Big([(a, b)] \oplus [(c, d)]\Big) \oplus [(e, f)]$ und $[(a, b)] \odot \Big([(c, d)] \odot [(e, f)]\Big) = [(a, b)] \odot [(ce, df)] = [(ace, bdf)] = [(ac, bd)] \odot [(e, f)] = \Big([(a, b)] \odot [(c, d)]\Big) \odot [(e, f)]$ (was zumindest schneller zu rechnen ist).

11.2 Die Behauptung ist falsch, wie das Beispiel $(a, b) = (2, 4)$ und $(c, d) = (3, 6)$ zeigt.

11.3 Es sei $x = \frac{a}{b} = \frac{a'}{b'}$ und $y = \frac{c}{d} = \frac{c'}{d'}$, also $ab' = a'b$ und $cd' = c'd$. Mit a, b, c, d ausgedrückt bedeutet $x \leq y$, dass $ad \leq cb$ gilt. Zu zeigen ist $a'd' \leq c'b'$.

Aus $ad \leq cb$ folgt durch Multiplikation mit $b'd'$ ($\in \mathbb{N}$) die Ungleichung $adb'd' \leq cbb'd'$, also $(ab')dd' = (a'b)dd' \leq (cd')bb' = (c'd)bb'$. Nun ist $a'bdd' \leq c'dbb'$ gleichbedeutend mit $0 \leq (c'b' - a'd')bd$. Da $bd > 0$, muss gelten $0 \leq c'b' - a'd'$, also $a'd' \leq c'b'$, was zu zeigen war.

a) Es sei $x = \dfrac{a}{b}$. Es ist trivialerweise $ab \leq ab$, was mit $x \leq x$ gleichbedeutend ist.

b) Aus $ad \leq cb$ (Bezeichnungen wie oben) und $cb \leq ad$ folgt $ad = cb$, das heißt $x = \dfrac{a}{b} = \dfrac{c}{d} = y$.

c) Es sei $x = \dfrac{a}{b}, y = \dfrac{c}{d}, z = \dfrac{e}{f}$.

Aus $x \leq y$ und $y \leq z$ folgt nach Definition $ad \leq cb$ und $cf \leq ed$. Wird die erste dieser Ungleichungen mit f, die zweite mit b multipliziert, so erscheint $adf \leq bcf \leq bde$. Also gilt $adf \leq bde$, was dasselbe ist wie $0 \leq (be - af)d$. Wegen $d > 0$ folgt daraus wie oben $0 \leq be - af$, das heißt $af \leq be$, also $x \leq z$.

d) Die Bezeichnungen seien wie in c). Es sei $x = \dfrac{a}{b}, y = \dfrac{c}{d}$ und $z = \dfrac{e}{f}$. Dann ist

$$x + z \leq \frac{af + be}{bf}, \quad y + z = \frac{cf + de}{df}.$$

Aus der Voraussetzung $ad \leq bc$ folgt zunächst $adf^2 \leq bcf^2$, und dann $adf^2 + bdef \leq bcf^2 + bdef$. Das ist dasselbe wie $(af + be)df = (cf + de)bf$, und dieses gibt die Behauptung.

e) Die Bezeichnungen seien wie in c). Wegen $0 \leq z$ ist $0 \leq e$. Aus $ad \leq bc$ folgt damit $aedf \leq cebf$ und somit die Behauptung.

11.4 a) Es sei $x = \dfrac{a}{b}$ gegeben. Mit $m \in \mathbb{N}$ gilt $\dfrac{a}{b} = \dfrac{am}{bm} = \dfrac{-(bm)^2 + j}{bm}$ mit einem $j \in \{0, \ldots, 2(bm)^2\}$ genau dann, wenn $j = am + (bm)^2$ ist. Wegen $m \in \mathbb{N}$ gilt $j \geq 0$ genau dann, wenn $-a \leq b^2 m$ ist, was für alle hinreichend großen Zahlen m sicher richtig ist. Die zweite Ungleichung $j \leq 2(bm)^2$ ist gleichbedeutend mit $a \leq b^2 m$, was ebenfalls für alle hinreichend großen m zutrifft.

b) In den Lösungshinweisen wurde schon dargestellt, dass zur Nummerierung der Zahlen $x_{n,j}$ in den ersten m „Abschnitten", also der rationalen Zahlen

$$x_{1,0}, x_{1,1}, x_{1,2}, \ldots, x_{m,0} \ldots, x_{m,2m^2}$$

insgesamt $\sum_{k=1}^{m}(2k^2 + 1)$ viele natürliche Zahlen benötigt, wobei man sich nicht darum kümmert, dass dabei manche rationale Zahlen mehrfach vorkommen. Mit der Summenformel für die ersten m Quadratzahlen aus Abschn. 2.4 erhält man

$$\sum_{k=1}^{m}(2k^2 + 1) = 2\frac{m(m + 1)(2m + 1)}{6} + m$$

$$= m\frac{(m + 1)(2m + 1) + 3}{3}.$$

Nun sei eine natürliche Zahl k gegeben und es soll die k-te rationale Zahl $x_{n,j}$ der Abzählung angegeben werden, wenn man sich von dem bereits angedeuteten Abzählverfahren leiten lässt. Dazu ist zunächst die kleinste natürliche Zahl n zu bestimmen mit

$$k \le n\frac{(n+1)(2n+1)+3}{3}.$$

Diese gibt die Information, dass k zur Nummerierung einer Zahl des n-ten „Abschnitts" $x_{n,0}, \ldots, x_{n,2n^2}$ dient. Dabei hat $x_{n,0}$ in der gesamten Abzählung die Nummer $1+(n-1)\frac{n(2n-1)+3}{3}$, da bis zum Erreichen des Endes des $(n-1)$-ten „Abschnitts" genau $(n-1)\frac{n(2n-1)+3}{3}$ Zahlen vorgekommen sind. Also ist der zugehörige Index j gleich $k-1+(n-1)\frac{n(2n-1)+3}{3}$ und die k zugeordnete rationale Zahl ist $x_{n,j}$ mit dem eben bestimmten n und j.

11.5 Ist w irgendeine rationale Zahl mit $0 < w < y-x$, so liegt $z := x+w$ zwischen x und y. Für jede natürliche Zahl $n > 1$ erfüllt offenbar die Zahl $w_n := \frac{n-1}{n}(y-x)$ diese Voraussetzungen, und für verschiedene $n \in \mathbb{N}$ sind diese Zahlen verschieden.

11.6 a) Es ist $\frac{47}{3} = 15,\overline{6}$.

b) Es ist $\frac{47}{4} = 11,75$.

c) Es ist $\frac{47}{7} = 6,\overline{714285}$.

Bei der Probe mit dem Taschenrechner kann es passieren, dass 9er-Perioden (im Rahmen der angezeigten Stellen) statt der exakten Zahl angezeigt werden.

11.7 a) Es liegt keine Periode (ungleich 0) vor. Also ist $4,255 = \frac{4255}{1000} = \frac{851}{200}$.

b) Mit dem Grenzwert der geometrischen Reihe (Abschn. 8.4) erhält man

$$3,\overline{7} = 3 + 7 \cdot \sum_{j=1}^{\infty} 10^{-j} = 3 + 7 \cdot \frac{1}{10} \sum_{j=0}^{\infty} 10^{-j} = 3 + 7 \cdot \frac{1}{10} \cdot \frac{1}{1-\frac{1}{10}}$$

$$= 3 + \frac{7}{9} = \frac{34}{9}.$$

c) Mit dem Grenzwert der geometrischen Reihe (Abschn. 8.4) erhält man

$$1,00\overline{1} = 1 + \sum_{j=1}^{\infty} \frac{1}{10^{2j+1}}$$

$$= 1 + \frac{1}{10^3} \sum_{j=0}^{\infty} (10^{-2})^j$$

$$= 1 + \frac{1}{10^3} \cdot \frac{1}{1-10^{-2}}$$

$$= 1 + \frac{1}{10^3 - 10} = \frac{991}{990}.$$

11.8 Sei $\frac{a}{b}$ ein Bruch mit $0 < \frac{a}{b} < 1$. Die vollständige Division mit Rest ergibt $b = qa + r$ mit $q > 0$ und $0 \le r < a$, da $b > a$ ist. Ist $r = 0$, so ist man fertig, denn dann ist $\frac{a}{b}$ (gegebenenfalls sieht man es erst nach dem Kürzen) ein Stammbruch. Im anderen Fall ist $\frac{1}{q} > \frac{a}{b}$, aber $\frac{1}{q+1} < \frac{a}{b}$. Für b kann man in jedem Fall $b = (q+1) \cdot a + (r-a)$ schreiben.

Man muss nun die Differenz $\frac{a}{b} - \frac{1}{q+1}$ berechnen und setzt dabei $(q+1) \cdot a + (r-a)$ für b ein. Achtung, was jetzt kommt, sieht rechnerisch unübersichtlich aus und hat doch nur ein Ziel: Man muss zeigen, dass die Differenz einen Bruch ergibt, der einen *kleineren* Zähler als $\frac{a}{b}$ hat. Ist das der Fall, so kann man den Prozess nicht endlos fortsetzen, sondern er muss schließlich bei einem Zähler 1 enden. Also rechnet man

$$\frac{a}{b} - \frac{1}{q+1} = \frac{a}{(q+1) \cdot a + (r-a)} - \frac{1}{q+1}$$
$$= \frac{a \cdot (q+1) - a \cdot (q+1) - (r-a)}{((q+1) \cdot a + (r-a)) \cdot (q+1)}.$$

Damit ist das Ziel erreicht, denn dieser Bruch hat den Zähler $a - r$, und es ist $a - r < a$.

Man kann also jeden echten Bruch als Summe von Stammbrüchen schreiben. Die Lösung suggeriert vielleicht eine eindeutige Darstellung, aber das ist nicht der Fall. So ist beispielsweise $\frac{5}{6} = \frac{1}{2} + \frac{1}{3} = \frac{1}{2} + \frac{1}{4} + \frac{1}{12}$.

11.9 Es ist $[\sqrt{2}] = 1$ und $(\sqrt{2} - 1) \cdot (\sqrt{2} + 1) = 1$, also $\frac{1}{\sqrt{2}-1} = \sqrt{2} + 1$. Mit diesen Angaben rechnet man

$$\sqrt{2} = 1 + (\sqrt{2} - 1)$$
$$= 1 + \frac{1}{\sqrt{2} + 1}$$
$$= 1 + \cfrac{1}{2 + \cfrac{1}{\sqrt{2} + 1}}$$
$$= 1 + \cfrac{1}{2 + \cfrac{1}{2 + \cfrac{1}{\sqrt{2} + 1}}}$$

und $\sqrt{2} = [1; 2, 2, 2, 2, \ldots]$ ist die gesuchte Kettenbruchdarstellung.

Lösungen zu den Aufgaben von Kapitel 12

12.1 a) Die Gleichung $|ab| = |a| \cdot |b|$ folgt sofort, da nach Definition $|ab| \geq 0$ und $|a||b| \geq 0$ für alle $a, b \in \mathbb{Q}$ gilt.

b) Die Gleichung $\left|\frac{a}{c}\right| = \frac{|a|}{|c|}$ folgt genauso direkt aus der Definition des Betrags einer rationalen Zahl.

c) Nach Definition des Betrags ist $-|a| \leq a \leq |a|$ für alle $a \in \mathbb{Q}$ und somit auch $-|a| + -|b| = -(|a| + |b|) \leq a + b \leq |a| + |b|$. Weil $|-|a| - |b|| = |a| + |b|$ ist, folgt $|a + b| \leq ||a| + |b|| = |a| + |b|$.

Es bleibt also zu zeigen, dass $\big||a| - |b|\big| \leq |a+b|$ ist. Dies sieht man mit Hilfe einer Fallunterscheidung. Angenommen a und b haben verschiedene Vorzeichen. Für $a > b$ ist dann $|a+b| = \big||a| - |b|\big|$, und für $a < b$ ist $|a+b| = \big|-|a| + |b|\big| = \big|(-1) \cdot (-|a| + |b|)\big| = \big||a| - |b|\big|$. Falls entweder $a, b \geq 0$ oder $a, b < 0$ gilt, so ist $|a+b| = |(-1) \cdot (a+b)| = |a| + |b|$. In jedem Fall ist $|a| + |b| \geq |a| - |b|$, denn diese Ungleichung ist äquivalent zu $2 \cdot |b| \geq 0$, was man durch Umformen bekommt.

12.2 (Rechenregeln für konvergente Folgen)

Alle vorkommenden Zahlen seien rational (die entsprechenden Überlegungen sind allerdings für reelle Zahlen auch richtig). Es gilt $x_k \to x$ und $y_k \to y$, also (in Kurzschreibweise)

$$\forall \delta > 0 \; \exists k_1 \in \mathbb{N} \; \forall k \in \mathbb{N} : k \geq k_1 \Longrightarrow |x_k - x| < \delta$$

und

$$\forall \delta > 0 \; \exists k_2 \in \mathbb{N} \; \forall k \in \mathbb{N} : k \geq k_2 \Longrightarrow |y_k - y| < \delta.$$

Man beachte, dass für $k \geq k_0 := \max\{k_1, k_2\}$ sowohl $|x_k - x|$ als auch $|y_k - y|$ kleiner δ ist.

a) Es sei ein $\varepsilon > 0$ gegeben und zu $\delta := \frac{\varepsilon}{2}$ die Zahl k_0 wie oben gewählt. Dann folgt für alle $k \geq k_0$ aus der Dreiecksungleichung

$$|(x_k + y_k) - (x + y)| = |x_k - x + y_k - y| \leq |x_k - x| + |y_k - y| < \delta + \delta = \varepsilon.$$

Da $\varepsilon > 0$ beliebig vorgegeben war, folgt die Behauptung $x_k + y_k \to x + y$.

b) Es ist $|x_k y_k - xy| = |(x_k - x)(y_k - y) + x_k y + y_k x - 2xy|$. Für ein $\delta > 0$, das zunächst nicht näher bestimmt wird, und das zugehörige k_0 wie oben ergibt sich mit der Dreiecksungleichung für $k \geq k_0$

$$|x_k y_k - xy| \leq |(x_k - x)(y_k - y)| + |x_k y - xy| + |y_k x - xy|$$
$$= |x_k - x||y_k - y| + |x_k - x||y| + |y_k - y||x| < \delta^2 + \delta(|x| + |y|).$$

Zu jedem vorgegebenem $\varepsilon > 0$ kann offenbar ein $\delta > 0$ so gefunden werden, dass $\delta^2 + \delta(|x| + |y|)$ kleiner als ε ist. Sei ein solches δ gewählt und dazu k_0 wie oben bestimmt. Dann ergibt sich $|x_k y_k - xy| < \varepsilon$ für alle $k \geq k_0$.

Da $\varepsilon > 0$ beliebig vorgegeben war, folgt die Behauptung $x_k y_k \to xy$.

c) Wegen b) reicht es zu zeigen, dass die Folge der Zahlen $\frac{1}{y_x}$ gegen $\frac{1}{y}$ konvergiert. Es ist

$$\left| \frac{1}{y_k} - \frac{1}{y} \right| = \left| \frac{y - y_k}{y y_k} \right|.$$

Nach Voraussetzung ist $y \neq 0$. Daher existiert ein $k_1 \in \mathbb{N}$ mit $|y_k| \geq \frac{|y|}{2}$ für alle $k \geq k_1$. Ist ein $\varepsilon > 0$ gegeben, so existiert zu $\delta := \frac{\varepsilon |y|^2}{2}$ ein k_2 mit $|y_k - y| < \delta$ für alle $k \geq k_2$. Es sei nun k_0 das Maximum der Zahlen k_1 und k_2. Damit ergibt sich für alle $k \geq k_0$ die Abschätzung

$$\left| \frac{1}{y_k} - \frac{1}{y} \right| = \frac{|y_k - y|}{|y||y_k|} < \frac{\delta}{|y|\frac{|y|}{2}} = \frac{2\delta}{|y|^2} = \varepsilon.$$

12.3 (Rechenregeln für rationale Cauchy-Folgen)

a) Es sei ein $\varepsilon > 0$ gegeben. Dann existieren k_1, k_2 mit $|x_h - x_j| < \frac{\varepsilon}{2}$ für alle $h, j \geq k_1$ und $|y_h - y_j| < \frac{\varepsilon}{2}$ für alle $h, j \geq k_2$. Ist k_0 das Maximum von k_1 und k_2, so gelten beide Aussagen für alle $h, j \geq k_0$. Für diese h, j ergibt sich mit der Dreiecksungleichung auch

$$|(x_h + y_h) - (x_j + y_j)| \leq |x_h - x_j| + |y_h - y_j| < \frac{\varepsilon}{2} + \frac{\varepsilon}{2} = \varepsilon.$$

b) Nach Folgerung 12.1.6 ist jede Cauchy-Folge beschränkt, das heißt es existiert ein M_1 mit $|x_k| \leq M_1$ und ein M_2 mit $|y_k| \leq M_2$ für alle $k \in \mathbb{N}$. Für $M := \max\{M_1, M_2\}$ ist damit $|y_h| + |x_j| \leq 2M$ für alle $j \geq k$.

Es sei ein $\varepsilon > 0$ gegeben und $\delta := \frac{\varepsilon}{2M}$ gesetzt. Dann existieren k_1, k_2 mit $|x_h - x_j| < \delta$ für alle $h, j \geq k_1$ und $|y_h - y_j| < \delta$ für alle $h, j \geq k_2$. Ist k_0 das Maximum von k_1 und k_2, so gelten beide Aussagen für alle $h, j \geq k_0$.

Nun ist für diese h, j

$$|x_h y_h - x_j y_j| = |(x_h - x_j)y_h + x_j(y_h - y_j)| \leq |x_h - x_j||y_h|$$
$$|x_j||y_h - y_j| < \delta|y_h| + |x_j|\delta = (|y_h| + |x_j|)\delta \leq 2M\delta = \varepsilon.$$

c) Aus der Dreiecksungleichung folgt $\big||x_h| - |x_j|\big| \leq |x_h - x_j|$. Da (x_k) eine Cauchy-Folge ist, folgt die Behauptung unmittelbar.

d) Wegen b) muss nur gezeigt werden, dass $\left(\frac{1}{y_k}\right)$ eine Cauchy-Folge ist. Es ist

$$\left| \frac{1}{y_h} - \frac{1}{y_j} \right| = \frac{|y_h - y_j|}{|y_h||y_j|}.$$

Nach Voraussetzung ist (y_k) nicht gegen 0 konvergent und kein y_k ist Null. Also existiert eine positive Zahl $c \in \mathbb{Q}$ mit $c \leq |y_k|$ für alle $k \in \mathbb{N}$: Andernfalls gäbe es zu jedem $c > 0$ ein k mit $|y_k| < c$; da $y_k = 0$ verboten ist, käme die Folge der y_k der Zahl 0 beliebig nahe. Das widerspräche aber der Voraussetzung $y_k \to y \neq 0$.

Nun sei ein $\varepsilon > 0$ vorgegeben und $\delta := \varepsilon c^2$ gesetzt. Für alle $k \geq k_2$ gilt dann $|y_h - y_j| < \delta$. Mit $k_0 := \max\{k_1, k_2\}$ folgt für alle $k \geq k_0$

$$\left| \frac{1}{y_h} - \frac{1}{y_j} \right| < \frac{\delta}{c^2} = \varepsilon.$$

12.4 Durch Induktion wird gezeigt:

$$|x_k - 2| \leq 2^{-k+1}.$$

Induktionsanfang: $|x_1 - 2| = |1 - 2| = 1 = 2^0$.

Induktionsannahme: Für ein $k \in \mathbb{N}$ gelte $|x_k - 2| \leq 2^{-k+1}$.

Induktionsschluss: Dann gilt (für dieses k) auch $|x_k| \geq 2 - 2^{-k+1}$. Es ist

$$|x_{k+1} - 2| = \left| \frac{x_k^2 + 4}{2x_k} - 2 \right| = \frac{|x_k - 2|^2}{2|x_k|} \leq \frac{2^{-2k+2}}{2(2 - 2^{-k+1})} = \frac{2^{-2k}}{1 - 2^{-k}} \leq 2^{-k+2}.$$

Damit ist die obige Abschätzung bewiesen. Da die Folge der Zahlen 2^{-k+1} gegen Null konvergiert, folgt $x_k \to 2$.

12.5 Es sei $(X_k)_{k \in \mathbb{N}} \in [(x_k)_{k \in \mathbb{N}}] = \mathbf{x}$ und $(Y_k)_{k \in \mathbb{N}} \in [(y_k)_{k \in \mathbb{N}}] = \mathbf{y}$.

a) Zu zeigen ist $(x_k + y_k)_{k \in \mathbb{N}} \sim (X_k + Y_k)_{k \in \mathbb{N}}$, also $x_k + y_k - (X_k + Y_k) \to 0$. Wegen $x_k - X_k \to 0$ und $y_k - Y_k \to 0$ folgt das aus Aufgabe 1a.

b) Zu zeigen ist $(x_k y_k)_{k \in \mathbb{N}} \sim (X_k Y_k)_{k \in \mathbb{N}}$, also $x_k y_k - (X_k Y_k) \to 0$. Nun ist $x_k y_k - (X_k Y_k) = (x_k - X_k) y_k + X_k (y_k - Y_k)$.

Wegen $x_k - X_k \to 0$, $y_k - Y_k \to 0$ und der Beschränktheit der Cauchy-Folgen (y_k) und (X_k) folgt die Behauptung.

12.6 Es sei $(X_k)_{k \in \mathbb{N}} \in [(x_k)_{k \in \mathbb{N}}] = \mathbf{x}$ und $(Y_k)_{k \in \mathbb{N}} \in [(y_k)_{k \in \mathbb{N}}] = \mathbf{y}$, das heißt $x_k - X_k \to 0$ und $y_k - Y_k \to 0$.

Nach Voraussetzung existiert ein $k_0 \in \mathbb{N}$ und eine rationale Zahl $c > 0$ mit $x_k + c \leq y_k$ für alle $k \geq k_0$.

Für $\varepsilon := \frac{c}{4}$ existiert ein $k_1 \in \mathbb{N}$ mit $|x_k - X_k| < \varepsilon$ und $|y_k - Y_k| < \varepsilon$ für alle $k \geq k_1$ (dass die Abschätzung für beide Folgen simultan erhalten werden kann, wurde schon in Aufgabe 1 erklärt). Dann ist für $k \geq k_2 := \max\{k_0, k_1\}$

$$X_k + \frac{3}{4}c = X_k - x_k + x_k + \frac{3}{4}c \leq |X_k - x_k| + x_k + \frac{3}{4}c < \varepsilon + x_k + \frac{3}{4}c = x_k + c$$

$$\leq y_k = Y_k + y_k - Y_k \leq Y_k + |y_k - Y_k| < Y_k + \varepsilon = Y_k + \frac{c}{4}.$$

Damit ist die Ungleichung $X_k + \frac{c}{2} \leq Y_k$ für diese k gezeigt.

12.7 Es sei $\mathbf{x} = [(x_k)_{k \in \mathbb{N}}]$ eine reelle Zahl. Im Fall $\mathbf{x} > 0$ ist $|\mathbf{x}| = \mathbf{x}$, und es existiert eine positive rationale Zahl ε_0 mit $x_k \geq \varepsilon_0 > 0$ für alle $k \geq k_0$, da die reelle Null durch die konstante Folge (0) repräsentiert wird. Für $k \geq k_0$ gilt dann aber auch $x_k = |x_k|$, das heißt $[(x_k)_{k \in \mathbb{N}}] = [(|x_k|)_{k \in \mathbb{N}}]$.

Im Fall $\mathbf{x} = 0$ gilt $[(x_k)_{k\in\mathbb{N}}] = [(0)_{k\in\mathbb{N}}]$, also $x_k \to 0$. Dann gilt aber auch $|x_k| \to 0$ und weiter $x_k - |x_k| \to 0$, und somit $[(x_k)_{k\in\mathbb{N}}] = [(|x_k|)_{k\in\mathbb{N}}]$.

Im Fall $\mathbf{x} < 0$ ist $|\mathbf{x}| = -\mathbf{x} = [(-x_k)_{k\in\mathbb{N}}]$, und es gilt $x_k + c \le 0$ für alle $k \ge k_0$ mit einem passenden $k_0 \in \mathbb{N}$ und einer rationalen Zahl $c > 0$. Also ist $x_k < 0$ für $k \ge k_0$ und damit $|x_k| = -x_k$ für diese k. Es folgt (man vergleiche Bemerkung 3 nach Definition 12.2.3)

$$[(|x_k|)] = [(-x_k)] = -[(x_k)] = -\mathbf{x}.$$

Lösungen zu den Aufgaben von Kapitel 13

13.1 a) Kartesisch: $\frac{1}{i} = \frac{i}{ii} = \frac{-i}{1} = -i$.

Polarkoordinaten: Es ist $i = \langle 1, \frac{\pi}{2} \rangle$ und damit $\frac{1}{i} = \langle 1, -\frac{\pi}{2} \rangle$.

b) Kartesisch: $\frac{1-i}{1+i} = \frac{(1-i)^2}{(1+i)(1-i)} = \frac{1-2i-1}{2} = -i$.

Polarkoordinaten: Es ist $1 - i = \langle \sqrt{2}, -\frac{\pi}{4} \rangle$ und $1 + i = \langle \sqrt{2}, \frac{\pi}{4} \rangle$. Also ist $\frac{1-i}{1+i} = \langle \frac{\sqrt{2}}{\sqrt{2}}, -\frac{\pi}{4} - \frac{\pi}{4} \rangle = \langle 1, -\frac{\pi}{2} \rangle$.

c) Kartesisch: $(2+2i)^3 = 2^3 + 3 \cdot 2^2 2i + 3 \cdot 2(2i)^2 + (2i)^3 = 8 + 24i - 24 - 8i = -16 + 16i$.

Polarkoordinaten: Es ist $2 + 2i = \langle 2\sqrt{2}, \frac{\pi}{4} \rangle$ und damit

$$(2 + 2i)^3 = \left\langle (2\sqrt{2})^3, \frac{3\pi}{4} \right\rangle = \left\langle 8\sqrt{2}, \frac{3\pi}{4} \right\rangle.$$

d) Kartesisch: Es ist $i^2 = -1, i^3 = -i, i^4 = 1$ und damit auch $i^{22} = i^2 \cdot i^{20} = -(i^4)^5 = -1$.

Polarkoordinaten: Wegen $i = \langle 1, \frac{\pi}{2} \rangle$ ist $i^{22} = \langle 1^{22}, \frac{22\pi}{2} \rangle = \langle 1, \pi \rangle$.

13.2 a) $3 \cos \frac{3\pi}{4} + 3i \sin \frac{3\pi}{4} = -\frac{3}{\sqrt{2}} + \frac{3i}{\sqrt{2}} = \frac{3}{\sqrt{2}}(-1 + i)$.

b) $\cos \frac{-\pi}{3} + i \sin \frac{-\pi}{3} = \frac{1}{2} - i\frac{\sqrt{3}}{2}$.

13.3 Zuerst kommen die positiven Exponenten: Es ist $(0, 1) \cdot (0, 1) = (0 \cdot 0 - 1 \cdot 1, 0 \cdot 1 + 1 \cdot 0) = (-1, 0)$ und somit ist $i^2 = -1$, was auch schon auf Seite 336 steht. Damit rechnet man $(0, 1) \cdot (0, 1) \cdot (0, 1) = (-1, 0) \cdot (0, 1) = ((-1) \cdot 0 - 1 \cdot 0, (-1) \cdot 1 + 0 \cdot 0) = (0, -1) = (-1, 0) \cdot (0, 1)$, also $i^3 = -i$. Schließlich ist dann $(0, 1) \cdot (0, 1) \cdot (0, 1) \cdot (0, 1) = (0, -1) \cdot (0, 1) = (0 \cdot 0 - (-1) \cdot 1, 0 \cdot (-1) + 1 \cdot 0) = (1, 0)$ und somit $i^4 = 1$. Insgesamt ist also $i^2 = -1, i^3 = i^2 \cdot i = (-1) \cdot i = -i$ und $i^4 = i^2 \cdot i^2 = (-1)^2 = 1$ (und das sieht doch ganz plausibel aus, oder?).

Man rechnet nun mit den negativen Exponenten genauso einfach. Weil nämlich $(\mathbb{C}, +, \cdot)$ ein Körper ist, gibt es bezüglich der Multiplikation die inversen Elemente i^{-1} zu i, i^{-2} zu i^2, i^{-3} zu i^3 und i^{-4} zu i^4. Damit ist $i^{-1} = -i$, denn $(-1) \, cdot \, (-(-1)) = 1$. Es ist $i^{-2} = -1$, denn $(-1) \cdot (-1) = 1$ und $i^{-3} = -i$, weil $i^{-3} \, cdot \, i = (-i) \cdot i = 1$ ist. Wegen $i^4 = 1$, muss auch $i^{-4} = 1$ sein.

13.4 Wegen $-1 = \langle 1, \pi \rangle = \langle 1, 3\pi \rangle = \langle 1, 5\pi \rangle$ sind die Lösungen $z_1 = \langle 1, \frac{\pi}{3} \rangle$, $z_2 = \langle 1, \pi \rangle$
und $z_3 = \langle 1, \frac{5\pi}{3} \rangle = \langle 1, -\frac{\pi}{3} \rangle$. In kartesischen Koordinaten lauten diese $z_1 = \frac{1}{2} +$
$i\frac{\sqrt{3}}{2}$, $z_2 = -1$ und $z_3 = \frac{1}{2} - i\frac{\sqrt{3}}{2} = \overline{z_1}$. Man kann auch direkt Satz 13.6.1 anwenden.

13.5 Das Symbol $\sqrt[4]{1}$ steht gleichberechtigt für alle Zahlen z mit $z^4 = 1$, wozu auch $z = i$
bzw. $z = -i$ gehört. Dass man mit dem Quadrieren einer Gleichung neue Lösungen
produzieren kann, ist ein bekannter Effekt: Die Gleichung $x = 1$ hat selbstverständlich
nur eine Lösung. Die quadrierte Gleichung $x^2 = 1$ dagegen zwei.

13.6 Mit $w := \frac{z_1 - z_0}{1 - \overline{z_0} z_1}$ folgt durch mehrmalige Anwendung von Satz 13.4.4 (i) und (ii):
$\overline{w} = \frac{\overline{z_1} - \overline{z_0}}{1 - z_0 \overline{z_1}}$. Erweitern mit z_1 ergibt $\overline{w} = \frac{\overline{z_1} z_1 - \overline{z_0} z_1}{z_1 - z_0 \, overline{z_1} z_1}$. Wegen $1 = |z_1|^2 = z_1 \cdot \overline{z_1}$
hat man $\overline{w} = \frac{1 - \overline{z_0} z_1}{z_1 - z_0}$ und weiter $|w|^2 = w \cdot \overline{w} = 1$, das heißt $|w| = 1$.

13.7 a) Es darf $a \neq b$ angenommen werden, denn sonst ist die Gleichung von allen $z \in \mathbb{C}$
erfüllt.

Die Gleichung ist von allen $z \in \mathbb{C}$ erfüllt, deren Abstand von a und von b gleich
ist, also von allen z auf der Mittelsenkrechten der Verbindungsstrecke. Das ist die
Gerade durch $\frac{a+b}{2}$ in der Richtung, die durch $b - a$ gegeben ist. Also lassen sich die
Lösungen in der Form $z = \frac{a+b}{2} + t(b - a)$ mit dem Parameter $t \in \mathbb{R}$ darstellen.

b) Im Fall $a = b$ erfüllt kein z die Ungleichung. Es sei also $a \neq b$ angenommen.

Die Bedingung bedeutet, dass z näher an a als an b liegt. Damit ist die Lösungs-
menge die Halbebene H, die von der in a) bestimmten Geraden begrenzt wird mit
$a \in H$. Man kann die Ungleichung auch quadrieren und erhält

$$(z - a)\overline{(z - a)} = z\overline{z} - z\overline{a} - \overline{z}a + a \, overlinea$$
$$= |z|^2 - 2 \, Re\,(z\overline{a}) + |a|^2 < (z - b)\overline{(z - b)} = |z|^2 - 2 \, Re\,(z\overline{b}) + |b|^2.$$

Das reduziert sich zu

$$2 \, Re\,\left(z\overline{(a - b)}\right) < |a|^2 - |b|^2.$$

Entsprechend kann man die Gerade aus a) auch durch die Gleichung
$2 \, Re\,(z\overline{(a - b)}) = |a|^2 - |b|^2$ beschreiben.

c) Die Ungleichung beschreibt alle $z \in \mathbb{C}$, deren Abstand von a kleiner oder gleich
dem Betrag von b sind. Im Fall $b = 0$ ist das nur der Punkt $z = a$, sonst ist die Lö-
sungsmenge die Kreisscheibe mit Mittelpunkt a und dem Radius $|b|$ (einschließlich
des Randkreises).

d) Dieses ist (in leichter Verkleidung) die so genannte Dreiecksungleichung: Man
betrachte das Dreieck in $\mathbb{C}$ mit den Eckpunkten a, b, z. Die Beträge $|a - b|$, $|a - z|$
und $|b - z|$ sind die Längen der Seiten. Die Ungleichung ist also immer erfüllt,
auch dann, wenn alle drei Eckpunkte auf einer Geraden liegen.

Schreibt man $|a - b| \stackrel{\bullet}{=} |a - z + z - b|$ und setzt $u = a - z$, $v = z - b$, so
erscheint die Dreiecksungleichung in der üblichen Form $|u + v| \leq |u| + |v|$, wobei
u, v beliebige komplexe Zahlen sein dürfen.

13.8 a) Durch Einsetzen findet man, dass $z_1 = -1$ eine Nullstelle ist. Durchteilen liefert
$p(z) = (z+1)(z^4+16)$. Die Nullstellen von z^4+16 bestimmen sich nach Satz 13.6.1.
Wegen $-16 = \langle 16, \pi \rangle$ sind dieses die Zahlen $\langle 2, \frac{\pi}{4} \rangle$, $\langle 2, \frac{3\pi}{4} \rangle$, $\langle 2, \frac{5\pi}{4} \rangle$, $\langle 2, \frac{7\pi}{4} \rangle$,
also $z_2 = \sqrt{2}(1 + i)$, $z_3 = \sqrt{2}(-1 + i)$, $z_4 = \sqrt{2}(-1 - i)$ und $z_5 = \sqrt{2}(1 - i)$.

b) Nach der geometrischen Summenformel (Satz 2.3.1) gilt

$$p(z) = \sum_{j=0}^{n} z^j = \frac{z^{n+1} - 1}{z - 1}.$$

Weiter gilt $p(1) = n + 1$, wie direktes Einsetzen zeigt. Also ist $p(z)$ genau dann 0,
wenn $z^{n+1} - 1 = 0$ und $z \neq 1$ gilt. Die Punkte z mit $z^{n+1} = 1$ ermittelt man nach
Satz 13.6.1. Es sind die Zahlen $z_j = \langle 1, \frac{2\pi j}{n+1} \rangle$ mit $j = 0, \ldots, n$. Wegen $z_0 = 1$ sind
die z_j mit $j = 1, \ldots, n$ die Nullstellen des Polynoms. In kartesischen Koordinaten
sind das die Punkte $z_j = \cos \frac{2\pi j}{n+1} + i \sin \frac{2\pi j}{n+1}$ mit $j = 1, \ldots, n$.

Lösungen zu den Aufgaben von Kapitel 14

14.1 a) Aus Satz 14.3.2 folgt, dass kein Primteiler von k größer als $m + 1$ sein kann. Es gibt
aber nur endlich viele Primzahlen kleiner oder gleich $m + 1$, da es nur endlich viele
natürliche Zahlen mit dieser Eigenschaft gibt. Auf der anderen Seite gilt $p_j \geq 2$ für
alle $j = 1, \ldots, n$, und damit nach Satz 14.3.2

$$m = \varphi(k) \geq 2^{\alpha_1-1} \cdot 2^{\alpha_2-1} \cdot \ldots \cdot 2^{\alpha_n-1} = 2^{\alpha_1-1+\alpha_2-1+\ldots+\alpha_n-1}.$$

Sei μ die größte natürliche Zahl mit $2^\mu \leq m$. Dann muss gelten $\alpha_1 + \alpha_2 + \ldots +$
$\alpha_n - n \leq \mu$, und damit $\alpha_j - 1 \leq \mu$, das heißt $\alpha_j \leq \mu + 1$ für alle $j = 1, \ldots, n$.

Es bleibt nun nur zu zeigen, dass die Anzahl n der Primteiler nicht beliebig groß
werden kann. Die obige Abschätzung $p_j \geq 2$ lässt sich verbessern, da höchstens ein
Primteiler, etwa p_1, gleich 2 sein kann. Also gilt $p_1 \geq 2$ und $p_j \geq 3$ für $j = 2, \ldots, n$.
Nach Satz 14.3.2 kann man also wie folgt abschätzen:

$$m = \varphi(k) = p_1^{\alpha_1-1}(p_1 - 1) \cdot \ldots \cdot p_n^{\alpha_n-1}(p_n - 1)$$
$$\geq (p_1 - 1)(p_2 - 1) \ldots (p_n - 1) \geq 1 \cdot 2 \cdot \ldots \cdot 2 = 2^{n-1}.$$

Daraus folgt $n - 1 \leq \mu$, also $n \leq \mu + 1$.

Da sowohl die Primteiler p_j, deren Anzahl n, als auch die zugehörigen Exponenten in der Primfaktorzerlegung von k die genannten, nur von m abhängenden
Schranken nicht übersteigen dürfen, existieren nur endlich viele Zahlen k, die
überhaupt als Kandidaten für die Gleichung $\varphi(k) = m$ in Frage kommen (für
manche m gibt es überhaupt keine Lösungen, man vergleiche Aufgabe 13.2).

b) In den Lösungshinweisen wurde schon gezeigt, dass aus der Voraussetzung $k = h^2$ folgt. Im Fall $h = 2$, also $k = 4$, gilt die Aussage. Ist $h > 2$, so $2h < h^2 = k$, und $2h$ ist zu k ebenfalls nicht teilerfremd. Also ist dann $\varphi(k) < k - 2$.

14.2 Es ist $\varphi(1) = 1$. Gäbe es eine natürliche Zahl k mit $\varphi(k) = 14$, so wäre also $k > 1$. Nach Satz 14.3.2 müsste also gelten

$$14 = p_1^{\alpha_1 - 1}(p_1 - 1) \cdot \ldots \cdot p_n^{\alpha_n - 1}(p_n - 1),$$

wobei $p_1, \ldots, p_n$ die Primfaktoren von $k = p_1^{\alpha_1} \ldots p_n^{\alpha_n}$ sind. Es darf $\alpha_1 < \ldots < \alpha_n$ angenommen werden. Da 14 die Primfaktorzerlegung $2 \cdot 7$ besitzt, folgt $n \leq 2$, denn die beiden Primfaktoren hängen eng zusammen (Im Grunde kommen als Faktoren nur 2 und $3 = 2 + 1$ bzw. $6 = 7 - 1$, 7 und $8 = 7 + 1$ in Frage). Also hat man die folgenden drei Fälle zu diskutieren:

(i) $n = 2$, also $p_1 = 2, p_2 = 7$. Es ist $p_1^{\alpha_1 - 1}(p_1 - 1)p_2^{\alpha_2 - 1}(p_2 - 1)$. Aus $14 = 2 \cdot 7$ folgt $\alpha_1, \alpha_2 \leq 2$.

Mit $\alpha_1 = \alpha_2 = 1$ ergibt sich
$p_1^{\alpha_1 - 1}(p_1 - 1)p_2^{\alpha_2 - 1}(p_2 - 1) = 1 \cdot 1 \cdot 1 \cdot 6 \neq 14$.
Mit $\alpha_1 = 1, \alpha_2 = 2$ ergibt sich
$p_1^{\alpha_1 - 1}(p_1 - 1)p_2^{\alpha_2 - 1}(p_2 - 1) = 1 \cdot 1 \cdot 7 \cdot 6 \neq 14$.
Mit $\alpha_1 = 2, \alpha_2 = 1$ ergibt sich
$p_1^{\alpha_1 - 1}(p_1 - 1)p_2^{\alpha_2 - 1}(p_2 - 1) = 2 \cdot 1 \cdot 1 \cdot 6 \neq 14$.
Mit $\alpha_1 = \alpha_2 = 2$ ergibt sich
$p_1^{\alpha_1 - 1}(p_1 - 1)p_2^{\alpha_2 - 1}(p_2 - 1) = 2 \cdot 1 \cdot 7 \cdot 6 \neq 14$.
Also ist $n = 2$ nicht möglich.

(ii) $n = 1, p_1 = 2$. Es ist $p_1^{\alpha_1 - 1}(p_1 - 1) = 2 \neq 14$.

(iii) $n = 1, p_1 = 7$. Es ist $p_1^{\alpha_1 - 1}(p_1 - 1) = 7(7 - 1) \neq 14$.

Damit führt $n = 1$ auch zu keiner Lösung, und die Behauptung ist gezeigt.

14.3 Die jeweilige Primfaktorzerlegung ist $124 = 2^2 \cdot 31$, $256 = 2^8$ und $666 = 2 \cdot 3^2 \cdot 37$. Nach Satz 14.3.2 ist
$\varphi(124) = 2^1(2 - 1) \cdot 31^0(31 - 1) = 60,$
$\varphi(256) = 2^7(2 - 1) = 128,$
$\varphi(666) = 2^0(2 - 1) \cdot 3^1(3 - 1) \cdot 37^0(37 - 1) = 216.$

14.4 Aus der Voraussetzung, dass p, q prim sind, folgt $\varphi(p) = p - 1$ und $\varphi(q) = q - 1$. Im Fall $p \neq q$ sind p und q teilerfremd, sodass nach Folgerung 14.3.4 gilt $\varphi(p \cdot q) = \varphi(p) \cdot \varphi(q) = (p - 1)(q - 1)$.

Ist $p = q$, also $p \cdot q = p^2$, so sind die Zahlen $k = p, 2p, \ldots, p^2$ die einzigen zwischen 1 und p^2 mit $ggT(k, p^2) \neq 1$. Also ist $\varphi(p^2) = p^2 - p = (p - 1)p$ (das ist dieselbe Überlegung wie zu Beginn des Beweises von Satz 14.3.2, man könnte das Ergebnis natürlich auch kürzer mit der Satzaussage erhalten).

14.5 In den Lösungshinweisen wurde schon gezeigt, dass $ggT(m, n) = 1$ notwendig ist, wenn die Restklasse $\overline{m}$ die Gruppe $\mathbb{Z}_n$ erzeugt, wobei gleich $m \in \{1, \ldots, n - 1\}$ angenommen werden darf.

Sei nun ein solches m gegeben und die Menge der Restklassen

$$\mathbb{N}\overline{m} := \left\{ \overline{\ell} \odot \overline{m} \mid \ell \in \mathbb{N} \right\}$$

betrachtet. Diese Menge kann, als Teilmenge von $\mathbb{Z}_n$, höchstens n Elemente besitzen. Hat sie genau n Elemente, so enthält sie jedes Element von $\mathbb{Z}_n$, das heißt zu jedem $\overline{k} \in \mathbb{Z}_n$ existiert ein $\ell \in \mathbb{N}$ mit $\overline{k} = \overline{\ell} \odot \overline{k}$, und damit ist $\overline{m}$ als erzeugendes Element nachgewiesen.

Besitzt $\mathbb{N}\overline{m}$ weniger als n Elemente, so trifft das auch auf die Menge $\{ \overline{\ell \cdot m} \mid \ell = 1, \ldots, n \}$ zu, denn diese ist nach der Definition von $\mathbb{Z}_n$ gleich $\mathbb{N}\overline{m}$. Dann existieren Zahlen $\ell_1, \ell_2 \in \{1, \ldots, n\}$ mit $\ell_1 \neq \ell_2$ und $\overline{\ell_1 \cdot m} = \overline{\ell_2 \cdot m}$. Sei $\ell_1 < \ell_2$ angenommen (andernfalls vertausche man einfach die Bezeichnungen). Dann folgt $\overline{(\ell_2 - \ell_1) \cdot m} = 0$, das heißt es existiert ein $\nu \in \mathbb{N}$ mit $(\ell_2 - \ell_1) \cdot m = \nu \cdot n$. Da m zu n teilerfremd angenommen wurde, muss n ein Teiler von $\ell_2 - \ell_1$ sein, was aber wegen $1 \leq \ell_2 - \ell_1 \leq n - 1$ unmöglich ist.

Damit ist gezeigt, dass $\overline{m}$ mit $m \in \{1, \ldots, n\}$ genau dann $\mathbb{Z}_n$ additiv erzeugt, wenn m und n teilerfremd sind, also $ggT(m, n) = 1$ zutrifft. Die Anzahl dieser m ist (nach Definition) gleich $\varphi(n)$.

14.6 Sei eine gerade Zahl $n > 2$ gegeben. Dann ist $n = 2k$ mit einer natürlichen Zahl $k > 1$. Die Gold'bachsche Vermutung fragt nach der Existenz von Primzahlen p_1, p_2 mit $2k = p_1 + p_2$. Eine Zahl p ist genau dann prim, wenn $\varphi(p) = p - 1$ gilt, wie oben schon überlegt wurde. Also ist die Vermutung äquivalent zu der Aussage:

„Zu jeder natürlichen Zahl k existiert eine natürliche Zahl $m < 2k - 1$ mit $\varphi(m) = m - 1$ und $\varphi(2k - m) = 2k - m - 1$.“

Literaturverzeichnis

[1] M. Aigner, E. Behrends, *Alles Mathematik – von Pythagoras zum CD-Player*, 2. Aufl. (Vieweg, Braunschweig, 2002)

[2] M. Aigner, G. Ziegler, *Das Buch der Beweise*, 2. Aufl. (Springer, Heidelberg, 2003)

[3] F.L. Bauer, M. Wirsing, *Elementare Aussagenlogik* (Springer, Berlin, 1991)

[4] I.N. Bronstejn, K.A. Semendjajew, G. Musiol, H. Mühlig, *Taschenbuch der Mathematik*, 6. Aufl. (Harri Deutsch, Frankfurt, 2005)

[5] P. Bundschuh, *Einführung in die Zahlentheorie*, 5. Aufl. (Springer, Heidelberg, 2002)

[6] P. Damerow, W. Lefèvre, *Rechenstein, Experiment Sprache* (Klett-Cotta, Stuttgart, 1981)

[7] H.-D. Ebbinghaus, H. Hermes, F. Hirzebruch, M. Koecher, K. Mainzer, J. Neukirch, A. Prestel, R. Remmert, *Zahlen*, 3. Aufl. (Springer, Berlin, 1992)

[8] H. Hasse, *Vorlesungen über Zahlentheorie*, 2. Aufl. (Springer, Heidelberg, 1964)

[9] A. Hodges, *Alan Turing, Enigma*, 2. Aufl. (Springer, Wien, 1994)

[10] G. Hübner, D. Kluge, D. Kleinschmidt, H. Knolle, E. Pohle, H. Prange, J. Schneider, H. Westermann, E. Zimmer, *Mathebaum 2. Mathematik für Grundschulen*, (Schroedel, Hannover, 1999)

[11] G. Hübner, D. Kluge, D. Kleinschmidt, H. Knolle, E. Pohle, J. Schneider, S. Umberg, H. Westermann, *Mathebaum 3. Mathematik für Grundschulen* (Schroedel, Hannover, 2000)

[12] G. Hübner, D. Kleinschmidt, H. Knolle, E. Pohle, J. Schneider, S. Umberg, H. Westermann, *PMathebaum 4. Mathematik für Grundschulen* (Schroedel, Hannover, 2000)

[13] A.A. Karatsuba, S.M. Voronin, *The Riemann Zeta-Function* (Walter de Gruyter, Berlin, 1992)

[14] R. Lindner, B. Wohak, H. Zeltwanger, *Planen, Entscheiden, Herrschen. Vom Rechnen zur elektronischen Datenverarbeitung* (Rowohlt, Reinbek, 1988)

[15] S.K. Park, K.W. Miller, Random number generators: good ones are hard to find. Comm ACM **31**(10), 1192–1201 (1988)

K. Reiss und G. Schmieder, *Basiswissen Zahlentheorie*, Mathematik für das Lehramt, DOI: 10.1007/978-3-642-39773-8, © Springer-Verlag Berlin Heidelberg 2014

[16] W. Popp, *Wege des exakten Denkens. Vier Jahrtausende Mathematik* (Ehrenwirth, München, 1981)

[17] R. Remmert, P. Ulrichm, *Elementare Zahlentheorie* (Birkhäuser, Basel, 1995)

[18] U. Schätz, F. Eisentraut (Hrsg.), *Delta 5. Mathematik für Gymnasien* (C.C. Buchner, Bamberg, 2003)

[19] H. Scheid, *Zahlentheorie*, 4. Aufl. (Spektrum, Heidelberg, 2006)

[20] G. Schmieder, *Analysis* (Vieweg, Braunschweig, 1994)

[21] M. Schröder, B. Wurl, A. Wynands (Hrsg.), *Maßstab 5. Mathematik Realschule* (Schroedel, Hannover, 2005)

[22] C. Weiss, M. Block, M. Holthaus, G. Schmieder, Cumulants of partitions. J. Phys. A: Math. Gen. **36**, 1827–1844 (2003)

Sachverzeichnis

K. Reiss und G. Schmieder, *Basiswissen Zahlentheorie*, Mathematik für das Lehramt,

DOI: 10.1007/978-3-642-39773-8, © Springer-Verlag Berlin Heidelberg 2014